全国大学生电子设计竞赛“十三五”规划教材

全国大学生电子设计竞赛
常用电路模块制作
（第2版）

主编　黄智伟　王明华

北京航空航天大学出版社

内容简介

针对全国大学生电子设计竞赛的特点和要求编写的《全国大学生电子设计竞赛常用电路模块制作(第2版)》共有9章，内容包括：微控制器电路模块制作，微控制器外围电路模块制作，放大器电路模块制作，传感器电路模块制作，电机控制电路模块制作，信号发生器电路模块制作，电源电路模块制作，系统设计与制作，以及系统的接地、供电和去耦等。所有电路模块都提供电路图和PCB图，以及元器件布局图。

本书以全国大学生电子设计竞赛应用所需要的常用电路模块为基础，以实际电路模块为模板，突出了电路模块的制作，叙述简洁清晰，工程性强，可作为高等院校电子信息、通信工程、自动化、电气控制等专业学生参加全国大学生电子设计竞赛的培训教材，也可作为各类电子制作、课程设计、毕业设计的教学参考书，还可作为电子工程技术人员进行电子电路设计与制作的参考书。

图书在版编目(CIP)数据

全国大学生电子设计竞赛常用电路模块制作 / 黄智伟，王明华主编. -- 2版. -- 北京 ：北京航空航天大学出版社，2016.9

ISBN 978-7-5124-2245-2

Ⅰ. ①全… Ⅱ. ①黄… ②王… Ⅲ. ①电子电路－制作－高等学校－教学 Ⅳ. ①TN710.05

中国版本图书馆CIP数据核字(2016)第215754号

全国大学生电子设计竞赛常用电路模块制作(第2版)

主编 黄智伟 王明华

责任编辑 杨 昕

*

北京航空航天大学出版社出版发行

北京市海淀区学院路37号(邮编100191) http://www.buaapress.com.cn

发行部电话：(010)82317024 传真：(010)82328026

读者信箱：emsbook@buaacm.com.cn 邮购电话：(010)82316936

北京建宏印刷有限公司印装 各地书店经销

*

开本：710×1 000 1/16 印张：28.5 字数：607千字

2016年9月第2版 2024年1月第3次印刷 印数：3 201～3 400册

ISBN 978-7-5124-2245-2 定价：69.00元

若本书有倒页、脱页、缺页等印装质量问题，请与本社发行部联系调换。联系电话：(010)82317024

序

全国大学生电子设计竞赛是教育部倡导的四大学科竞赛之一，是面向大学生的群众性科技活动，目的在于促进信息与电子类学科课程体系和课程内容的改革；促进高等院校实施素质教育以及培养大学生的创新能力、协作精神和理论联系实际的学风；促进大学生工程实践素质的培养，提高针对实际问题进行电子设计与制作的能力。

1. 规划教材由来

全国大学生电子设计竞赛既不是单纯的理论设计竞赛，也不仅仅是实验竞赛，而是在一个半封闭的、相对集中的环境和限定的时间内，由一个参赛队共同设计、制作完成一个有特定工程背景的作品。作品成功与否是竞赛能否取得好成绩的关键。

为满足高等院校电子信息工程、通信工程、自动化、电气控制等专业学生参加全国大学生电子设计竞赛的需要，我们修订并编写了这套规划教材：《全国大学生电子设计竞赛系统设计（第3版）》、《全国大学生电子设计竞赛电路设计（第3版）》、《全国大学生电子设计竞赛技能训练（第3版）》、《全国大学生电子设计竞赛制作实训（第3版）》、《全国大学生电子设计竞赛常用电路模块制作（第2版）》、《全国大学生电子设计竞赛ARM嵌入式系统应用设计与实践（第2版）》、《全国大学生电子设计竞赛基于TI器件的模拟电路设计》。该套规划教材从2006年出版以来，已多次印刷，一直是全国各高等院校大学生电子设计竞赛训练的首选教材之一。随着全国大学生电子设计竞赛的深入发展，特别是2007年以来，电子设计竞赛题目要求的深度、广度都有很大的提高。2009年竞赛的规则与要求也出现了一些变化，如对“最小系统”的定义、“性价比”与“系统功耗”的指标要求等。为适应新形势下全国大学生电子设计竞赛的要求与特点，我们对该套规划教材的内容进行了修订与补充。

2. 规划教材内容

《全国大学生电子设计竞赛系统设计（第3版）》在详细分析了历届全国大学生电子设计竞赛题目类型与特点的基础上，通过48个设计实例，系统介绍了电源类、信号源类、无线电类、放大器类、仪器仪表类、数据采集与处理类以及控制类7大类赛题的变化与特点、主要知识点、培训建议、设计要求、系统方案、电路设计、主要芯片、程序设计等内容。通过对这些设计实例进行系统方案分析、单元电路设计、集成电路芯片选择，可使学生全面、系统地掌握电子设计竞赛作品系统设计的基本方法，培养学生系统分析、开发创新的能力。

序

《全国大学生电子设计竞赛电路设计(第3版)》在详细分析了历届全国大学生电子设计竞赛题目的设计要求及所涉及电路的基础上,精心挑选了传感器应用电路、信号调理电路、放大器电路、信号变换电路、射频电路、电机控制电路、测量与显示电路、电源电路、ADC驱动和DAC输出电路9类共180多个电路设计实例,系统介绍了每个电路设计实例所采用的集成电路芯片的主要技术性能与特点、芯片封装与引脚功能、内部结构、工作原理和应用电路等内容。通过对这些电路设计实例的学习,学生可以全面、系统地掌握电路设计的基本方法,培养电路分析、设计和制作的能力。由于各公司生产的集成电路芯片类型繁多,限于篇幅,本书仅精选了其中很少的部分以"抛砖引玉"。读者可根据电路设计实例举一反三,并利用参考文献中给出的大量的公司网址,查询更多的电路设计应用资料。

《全国大学生电子设计竞赛技能训练(第3版)》从7个方面系统介绍了元器件的种类、特性、选用原则和需注意的问题;印制电路板设计的基本原则、工具及其制作;元器件、导线、电缆、线扎和绝缘套管的安装工艺和焊接工艺;电阻、电容、电感、晶体管等基本元器件的检测;电压、分贝、信号参数、时间和频率、电路性能参数的测量,噪声和接地对测量的影响;电子产品调试和故障检测的一般方法,模拟电路、数字电路和整机的调试与故障检测;设计总结报告的评分标准,写作的基本格式、要求与示例,以及写作时应注意的一些问题等内容;赛前培训、赛前题目分析、赛前准备工作和赛后综合测评实施方法、综合测评题及综合测评题分析等。通过上述内容的学习,学生可以全面、系统地掌握在电子竞赛作品制作过程中必需的一些基本技能。

《全国大学生电子设计竞赛制作实训(第3版)》指导学生完成SPCE061A 16位单片机、AT89S52单片机、ADμC845单片数据采集、PIC16F882/883/884/886/887单片机等最小系统的制作;运算放大器运算电路、有源滤波器电路、单通道音频功率放大器、双通道音频功率放大器、语音录放器、语音解说文字显示系统等模拟电路的制作;FPGA最小系统、彩灯控制器等数字电路的制作;射频小信号放大器、射频功率放大器、VCO(压控振荡器)、PLL-VCO环路、调频发射器、调频接收机等高频电路的制作;DDS AD9852信号发生器、MAX038函数信号发生器等信号发生器的制作;DC-DC升压变换器、开关电源、交流固态继电器等电源电路的制作;GU10 LED灯驱动电路、A19 LED灯驱动电路、AC输入0.5 W非隔离恒流LED驱动电路等LED驱动电路的制作。介绍了电路组成、元器件清单、安装步骤、调试方法、性能测试方法等内容,可使学生提高实际制作能力。

《全国大学生电子设计竞赛常用电路模块制作(第2版)》以全国大学生电子设计竞赛中所需要的常用电路模块为基础,介绍了AT89S52、ATmega128、ATmega8、C8051F330/1单片机,LM3S615 ARM Cortex-M3微控制器,LPC2103 ARM7微控制器PACK板的设计与制作;键盘及LED数码管显示器模块、RS-485总线通信模块、CAN总线通信模块、ADC模块和DAC模块等外围电路模块的设计与制作;放大器模块、信号调理模块、宽带可控增益直流放大器模块、音频放大器模块、D类放大器模块、菱形功率放大器模块、宽带功率放大器模块、滤波器模块的设计与制作；反射式光电传感器模块、超声波发射与接收模块、温湿度传感器模块、阻抗测量模块、音频信号检测模块的设计与制作；直流电机驱动模块、步进电机驱动模块、函数信号发生器模块、DDS 信号发生器模块、压频转换模块的设计与制作；线性稳压电源模块、DC/DC 电路模块、Boost 升压模块、DC－AC－DC 升压电源模块的设计与制作；介绍了电路模块在随动控制系统、基于红外线的目标跟踪与无线测温系统、声音导引系统、单相正弦波逆变电源、无线环境监测模拟装置中的应用；介绍了地线的定义、接地的分类、接地的方式，接地系统的设计原则、导体的阻抗、地线公共阻抗产生的耦合干扰，模拟前端小信号检测和放大电路的电源电路结构、ADC 和 DAC 的电源电路结构、开关稳压器电路、线性稳压器电路，模/数混合电路的接地和电源 PCB 设计，PDN 的拓扑结构、目标阻抗、基于目标阻抗的 PDN 设计、去耦电容器的组合和容量计算等内容。本书以实用电路模块为模板，叙述简洁清晰，工程性强，可使学生提高常用电路模块的制作能力。所有电路模块都提供电路图、PCB 图和元器件布局图。

《全国大学生电子设计竞赛 ARM 嵌入式系统应用设计与实践（第 2 版）》以 ARM 嵌入式系统在全国大学生电子设计竞赛应用中所需要的知识点为基础，介绍了 LPC214x ARM 微控制器最小系统的设计与制作，可选择的 ARM 微处理器，以及 STM32F 系列 32 位微控制器最小系统的设计与制作；键盘及 LED 数码管显示器电路、汉字图形液晶显示器模块、触摸屏模块、LPC214x 的 ADC 和 DAC、定时器/计数器和脉宽调制器（PWM）、直流电机、步进电机和舵机驱动电路、光电传感器、超声波传感器、图像识别传感器、色彩传感器、电子罗盘、倾角传感器、角度传感器、E^2PROM 24LC256 和 SK－SDMP3 模块、nRF905 无线收发器电路模块、CAN 总线模块电路与 LPC214x ARM 微控制器的连接、应用与编程；基于 ARM 微控制器的随动控制系统、音频信号分析仪、信号发生器和声音导引系统的设计要求、总体方案设计、系统各模块方案论证与选择、理论分析及计算、系统主要单元电路设计和系统软件设计；MDK 集成开发环境、工程的建立、程序的编译、HEX 文件的生成以及 ISP 下载。该书突出了 ARM 嵌入式系统应用的基本方法，以实例为模板，可使学生提高 ARM 嵌入式系统在电子设计竞赛中的应用能力。本书所有实例程序都通过验证，相关程序清单可以在北京航空航天大学出版社网站“下载中心”下载。

《全国大学生电子设计竞赛基于 TI 器件的模拟电路设计》介绍的模拟电路是电子系统的重要组成部分，也是电子设计竞赛各赛题中的一个重要组成部分。模拟电路在设计制作中会受到各种条件的制约（如输入信号微弱、对温度敏感、易受噪声干扰等）。面对海量的技术资料、生产厂商提供的成百上千种模拟电路芯片，以及数据表中几十个参数，如何选择合适的模拟电路芯片，完成自己所需要的模拟电路设计，实际上是一件很不容易的事情。模拟电路设计已经成为电子系统设计过程中的瓶颈。本书从工程设计和竞赛要求出发，以 TI 公司的模拟电路芯片为基础，通过对模拟电路芯片的基本结构、技术特性、应用电路的介绍，以及大量的、可选择的模拟电路芯片、应用电路及 PCB 设计实例，图文并茂地说明了模拟电路设计和制作中的一些方法、技巧及应该注意的问题，具有很好的工程性和实用性。

3. 规划教材特点

本规划教材的特点：以全国大学生电子设计竞赛所需要的知识点和技能为基础，内容丰富实用，叙述简洁清晰，工程性强，突出了设计制作竞赛作品的方法与技巧。"系统设计"、"电路设计"、"技能训练"、"制作实训"、"常用电路模块制作"、"ARM嵌入式系统应用设计与实践"和"基于TI器件的模拟电路设计"这7个主题互为补充，构成一个完整的训练体系。

《全国大学生电子设计竞赛系统设计(第3版)》通过对历年的竞赛设计实例进行系统方案分析、单元电路设计和集成电路芯片选择，全面、系统地介绍电子设计竞赛作品的基本设计方法，目的是使学生建立一个"系统概念"，在电子设计竞赛中能够尽快提出系统设计方案。

《全国大学生电子设计竞赛电路设计(第3版)》通过对9类共180多个电路设计实例所采用的集成电路芯片的主要技术性能与特点、芯片封装与引脚功能、内部结构、工作原理和应用电路等内容的介绍，使学生全面、系统地掌握电路设计的基本方法，以便在电子设计竞赛中尽快"找到"和"设计"出适用的电路。

《全国大学生电子设计竞赛技能训练(第3版)》通过对元器件的选用、印制电路板的设计与制作、元器件和导线的安装和焊接、元器件的检测、电路性能参数的测量、模拟/数字电路和整机的调试与故障检测、设计总结报告的写作等内容的介绍，培训学生全面、系统地掌握在电子竞赛作品制作过程中必需的一些基本技能。

《全国大学生电子设计竞赛制作实训(第3版)》与《全国大学生电子设计竞赛技能训练(第3版)》相结合，通过对单片机最小系统、FPGA最小系统、模拟电路、数字电路、高频电路、电源电路等30多个制作实例的讲解，可使学生掌握主要元器件特性、电路结构、印制电路板、制作步骤、调试方法、性能测试方法等内容，培养学生制作、装配、调试与检测等实际动手能力，使其能够顺利地完成电子设计竞赛作品的制作。

《全国大学生电子设计竞赛常用电路模块制作(第2版)》指导学生完成电子设计竞赛中常用的微控制器电路模块、微控制器外围电路模块、放大器电路模块、传感器电路模块、电机控制电路模块、信号发生器电路模块和电源电路模块的制作，所制作的模块可以直接在竞赛中使用。

《全国大学生电子设计竞赛ARM嵌入式系统应用设计与实践(第2版)》以ARM嵌入式系统在全国大学生电子设计竞赛应用中所需要的知识点为基础；以LPC214x ARM微控制器最小系统为核心；以LED、LCD和触摸屏显示电路，ADC和DAC电路，直流电机、步进电机和舵机的驱动电路，光电、超声波、图像识别、色彩识别、电子罗盘、倾角传感器、角度传感器，E^2PROM，SD卡，无线收发器模块，CAN

总线模块的设计制作与编程实例为模板，使学生能够简单、快捷地掌握 ARM 系统，并且能够在电子设计竞赛中熟练应用。

《全国大学生电子设计竞赛基于 TI 器件的模拟电路设计》从工程设计出发，结合电子设计竞赛赛题的要求，以 TI 公司的模拟电路芯片为基础，图文并茂地介绍了运算放大器、仪表放大器、全差动放大器、互阻抗放大器、跨导放大器、对数放大器、隔离放大器、比较器、模拟乘法器、滤波器、电压基准、模拟开关及多路复用器等模拟电路芯片的选型、电路设计、PCB 设计以及制作中的一些方法和技巧，以及应该注意的一些问题。

4. 读者对象

本规划教材可作为电子设计竞赛参赛学生的训练教材，也可作为高等院校电子信息工程、通信工程、自动化、电气控制等专业学生参加各类电子制作、课程设计和毕业设计的教学参考书，还可作为电子工程技术人员和电子爱好者进行电子电路和电子产品设计与制作的参考书。

作者在本规划教材的编写过程中，参考了国内外的大量资料，得到了许多专家和学者的大力支持。其中，北京理工大学、北京航空航天大学、国防科技大学、中南大学、湖南大学、南华大学等院校的电子竞赛指导老师和队员提出了一些宝贵意见和建议，并为本规划教材的编写做了大量的工作，在此一并表示衷心的感谢。

由于作者水平有限，本规划教材中的错误和不足之处，敬请各位读者批评指正。

黄智伟

2016 年 6 月 18 日于南华大学

第2版前言

随着全国大学生电子设计竞赛的深入和发展，电子设计竞赛从题目要求的深度、广度都有了很大的提高，在竞赛规则中对微控制器选型的限制、电路模块使用的限制、“最小系统”的定义、“性价比”与“系统功耗”指标的要求等也出现了一些变化。本书是针对新形势下全国大学生电子设计竞赛的特点和要求，为高等院校电子信息工程、通信工程、自动化和电气控制等专业学生编写的在电子设计竞赛中常用电路模块制作的培训教材。

本书的特点是以全国大学生电子设计竞赛中所需要的常用电路模块为基础，以实际电路模块为模板，突出了电路模块的制作，叙述简洁清晰，工程性强，可以培养学生的设计与制作、综合分析与开发创新的能力。本书也可以作为参加各类电子制作、课程设计、毕业设计的教学参考书，以及电子工程技术人员进行电子电路设计与制作的参考书。

全书共分9章。第1章，微控制器电路模块制作，介绍了AT89S52单片机PACK板，ATmega128单片机PACK板，ATmega8单片机PACK板，C8051F330/1单片机PACK板，LM3S615 ARM Cortex－M3微控制器PACK板，LPC2103 ARM 7微控制器PACK板的设计与制作。

第2章，微控制器外围电路模块制作，介绍了键盘及LED数码管显示器模块，RS－485总线通信模块，CAN总线通信模块，基于ADS930的8位30 MHz采样速率的ADC模块，基于MCP3202的12位ADC模块，基于DAC904的14位165的MSPS DAC模块，基于THS5661的12位100 MSPS的DAC模块，基于TLV5618的双12位DAC模块的设计与制作。

第3章，放大器电路模块制作，介绍了基于MAX4016＋ THS3902的放大器模块，基于AD624的信号调理模块，基于AD603的放大器模块，基于AD8055的放大器模块，基于AD811的放大器模块，基于ICL7650/53的放大器模块，宽带可控增益直流放大器模块，基于LM386的音频放大器模块，基于TEA2025的音频功率放大器模块，D类放大器模块，菱形功率放大器模块，基于BUF634的宽带功率放大器模块，滤波器模块的设计与制作。

第4章，传感器电路模块制作，介绍了反射式光电传感器模块，超声波发射与接收模块，温湿度传感器模块，基于AD5933的阻抗测量模块，音频信号检测模块的设计与制作。

第5章,电机控制电路模块制作,介绍了基于L298N的直流电机驱动模块,基于L297+L298N的步进电机驱动模块,基于TA8435H的步进电机驱动模块的设计与制作。

第6章,信号发生器电路模块制作,介绍了基于MAX038的函数信号发生器模块,基于AD9850的信号发生器模块,基于AD652的压频转换模块的设计与制作。

第7章,电源电路模块制作,介绍了线性稳压电源模块基于MAX887的3.3 V DC-DC电路模块,基于MAX1771的Boost升压模块,基于UC3843的Boost升压模块,DC-AC-DC升压电源模块的设计与制作。

第8章,系统设计与制作,介绍了随动控制系统,基于红外线的目标跟踪与无线测温系统,声音导引系统,单相正弦波逆变电源,无线环境监测模拟装置的系统设计方法,以及电路模块在系统设计中的应用。

第9章,系统的接地、供电和去耦,介绍了地线的定义、分类和方式,接地系统的设计原则,导体的阻抗,地线公共阻抗产生的耦合干扰,模拟前端小信号检测和放大电路的电源电路结构,ADC和DAC的电源电路结构,开关稳压器、线性稳压器电路,模/数混合电路的接地和电源PCB设计,PDN的拓扑结构,目标阻抗定义,基于目标阻抗的PDN设计,去耦电容器的组合和容量计算等内容。

本书所有电路模块都提供了电路图、PCB图和元器件布局图。

本书在编写过程中,参考了大量的国内外著作和资料,得到了许多专家和学者的大力支持,听取了多方面的意见和建议。李富英高级工程师对本书进行了审阅,南华大学王彦教授、朱卫华副教授、陈文光教授、李圣副教授,湖南理工学院陈松、胡文静、刘翔老师,湖南师范大学邓月明博士、张翼、李军、戴焕昌、汤玉平、金海锋、李林春、谭仲书、彭湃、尹晶晶、全猛、周到、杨乐、黄俊、伍云政、李维、周望、李文玉、方果、许超龙、姚小明、马明、黄政中、邱海枚、欧俊希、陈杰、彭波、许俊杰、李扬宗、肖志刚、刘聪、汤柯夫、樊亮、曾力、潘策荣、赵俊、王永栋、晏子凯、何超,湖南理工学院的尹慧、王立、何华梁等人为本书的编写也做了大量的工作,在此一并表示衷心的感谢。

由于我们水平有限,不足之处敬请各位读者批评指正。

黄智伟

2016年7月于南华大学

第1版前言

随着全国大学生电子设计竞赛的深入和发展，电子设计竞赛在题目要求的深度、广度上都有了很大的提高，在竞赛规则中对微控制器选型、电路模块采用的限制、"最小系统"的定义、"性价比"与"系统功耗"指标的要求等也出现了一些变化。本书是针对新形势下全国大学生电子设计竞赛的特点和要求，为高等院校电子信息工程、通信工程、自动化和电气控制等专业学生编写的在电子设计竞赛中常用电路模块制作的培训教材。

本书的特点是以全国大学生电子设计竞赛中所需要的常用电路模块为基础，以实际电路模块为模板，突出了电路模块的制作，叙述简洁清晰，工程性强，可以培养学生的设计与制作、综合分析与开发创新的能力。本书也可以作为参加各类电子制作、课程设计、毕业设计的教学参考书，以及电子工程技术人员进行电子电路设计与制作的参考书。

全书共分8章：第1章为微控制器电路模块制作，介绍了AT89S52单片机PACK板，ATmega128单片机PACK板，ATmega8单片机PACK板，C8051F330/1单片机PACK板，LM3S615 ARM Cortex-M3微控制器PACK板，LPC2103 ARM 7微控制器PACK板的设计与制作；第2章为微控制器外围电路模块制作，介绍了键盘及LED数码管显示器模块，RS-485总线通信模块，CAN总线通信模块，基于ADS930的8位30 MHz采样速率的ADC模块，基于MCP3202的12位ADC模块，基于DAC904的14位165 MSPS的DAC模块，基于THS5661的12位100 MSPS的DAC模块，基于TLV5618的双12位DAC模块的设计与制作；第3章为放大器电路模块制作，介绍了基于MAX4016+THS3902的放大器模块，基于AD624的信号调理模块，基于AD603的放大器模块，基于AD8055的放大器模块，基于AD811的放大器模块，基于ICL7650/53的放大器模块，宽带可控增益直流放大器模块，基于LM386的音频放大器模块，基于TEA2025的音频功率放大器模块、D类放大器模块、菱形功率放大器模块，基于BUF634的宽带功率放大器模块、滤波器模块的设计与制作；第4章为传感器电路模块制作，介绍了反射式光电传感器模块，超声波发射与接收模块，温湿度传感器模块，基于AD5933的阻抗测量模块，音频信号检测模块的设计与制作；第5章为电机控制电路模块制作，介绍了基于L298N的直流电机驱动模块，基于L297+L298N的步进电机驱动模块，基于TA8435H的步进电机驱动模块的设计与制作；第6章为信号发生器电路模块制作，介绍了基于MAX038的函数信号发生器模块，基于AD9850的信号发生器模块，基于AD652的压频转换模块的设计与制作；第7章为电源电路模块制作，介绍了线性稳压电源模块，基于MAX887的3.3 V DC-DC电路模块，基于MAX1771的Boost升压模块，基于UC3843的Boost升压模块，DC-AC-DC升压电源模块的设计与制作；第8章为系统设计与制作，介绍了随动控制系统，基于红外线的目标跟踪与无线测温系统，声音导引系统，单相正弦波逆变电源，无线环境监测模拟装置的系统设计方法，以及电路模块在系统设计中的应用。所有电路模块都提供电路图、PCB图和元器件布局图。

本书在编写过程中，参考了大量的国内外著作和资料，得到了许多专家和学者的大力支持，听取了多方面的意见和建议。李富英高级工程师对本书进行了审阅，南华大学王彦副教授、朱卫华副教授、陈文光副教授、李圣老师，湖南理工学院陈松、胡文静、刘翔老师，湖南师范大学邓月明老师、张翼、李军、戴焕昌、汤玉平、金海锋、李林春、谭仲书、彭湃、尹晶晶、全猛、周到、杨乐、黄俊、伍云政、李维、周望、李文玉、方果、许超龙、姚小明、马明、黄政中、邱海枚、欧俊希、陈杰、彭波、许俊杰、李扬宗、肖志刚、刘聪、汤柯夫、樊亮、曾力、潘策荣、赵俊、王永栋、晏子凯、何超，湖南理工学院的尹慧、王立、何华梁等为本书的编写也做了大量的工作，在此表示衷心的感谢。

由于作者水平有限，不足之处在所难免，敬请各位读者批评指正。

黄智伟

2010年9月于南华大学

目　录

第1章　微控制器电路模块制作 …… 1

1.1　AT89S52单片机PACK板 …… 1
1.1.1　AT89S52单片机简介 …… 1
1.1.2　AT89S52单片机封装形式与引脚端功能 …… 1
1.1.3　AT89S52单片机PACK板电路和PCB …… 5
1.2　ATmega128单片机PACK板 …… 6
1.2.1　ATmega128单片机简介 …… 6
1.2.2　ATmega128单片机封装形式与引脚端功能 …… 7
1.2.3　ATmega128单片机PACK板电路和PCB …… 10
1.3　ATmega8单片机PACK板 …… 15
1.3.1　ATmega8单片机简介 …… 15
1.3.2　ATmega8单片机封装形式与引脚端功能 …… 16
1.3.3　ATmega8单片机PACK板电路和PCB …… 19
1.4　C8051F330/1单片机PACK板 …… 20
1.4.1　C8051F330/1单片机简介 …… 20
1.4.2　C8051F330/1单片机封装形式与引脚端功能 …… 21
1.4.3　C8051F330/1单片机PACK板电路和PCB …… 24
1.5　LM3S615 ARM Cortex-M3微控制器PACK板 …… 25
1.5.1　LM3S600系列微控制器简介 …… 25
1.5.2　LM3S615微控制器的封装形式与引脚端功能 …… 27
1.5.3　LM3S615微控制器PACK板电路和PCB …… 32
1.5.4　EasyARM615 ARM开发套件 …… 33
1.6　LPC2103 ARM 7微控制器PACK板 …… 34
1.6.1　LPC2103系列微控制器简介 …… 34
1.6.2　LPC2103微控制器的封装形式与引脚端功能 …… 36

1.6.3　LPC2103 微控制器 PACK 板电路和 PCB …………………………… 41
1.6.4　EasyARM2103 ARM 开发套件 ………………………………………… 43

第 2 章　微控制器外围电路模块制作 …………………………………………… 44

2.1　键盘及 LED 数码管显示器模块 ………………………………………… 44
2.1.1　ZLG7290B 简介 ……………………………………………………… 44
2.1.2　ZLG7290B 封装形式与引脚端功能 …………………………………… 44
2.1.3　ZLG7290B 键盘及 LED 数码管显示器模块电路和 PCB ……………… 45
2.1.4　ZLG7290B 4×4 矩阵键盘模块电路和 PCB …………………………… 49
2.2　RS-485 总线通信模块………………………………………………… 51
2.2.1　MAX485 封装形式与引脚端功能 ……………………………………… 51
2.2.2　MAX485 的典型应用 ………………………………………………… 52
2.2.3　MAX485 总线通信模块电路和 PCB …………………………………… 52
2.3　CAN 总线接口通信模块 ……………………………………………… 56
2.3.1　CAN 总线简介 ……………………………………………………… 56
2.3.2　CAN 总线接口通信模块结构 ………………………………………… 57
2.3.3　CAN 总线接口通信模块电路和 PCB …………………………………… 64
2.4　基于 ADS930 的 8 位 30 MHz 采样速率的 ADC 模块 ………………… 66
2.4.1　ADS930 简介 ………………………………………………………… 66
2.4.2　基于 ADS930 的 ADC 模块电路和 PCB ……………………………… 68
2.5　基于 MCP3202 的 12 位 ADC 模块 …………………………………… 69
2.5.1　MCP3202 简介 ……………………………………………………… 69
2.5.2　基于 MCP3202 的 ADC 模块电路和 PCB ……………………………… 71
2.6　基于 DAC904 14 位 165 MSPS 的 DAC 模块 ………………………… 74
2.6.1　DAC904 简介………………………………………………………… 74
2.6.2　基于 DAC904 的 DAC 模块电路和 PCB ……………………………… 77
2.7　基于 THS5661 12 位 100 MSPS 的 DAC 模块 ………………………… 79
2.7.1　THS5661 简介 ……………………………………………………… 79
2.7.2　基于 THS5661 的 DAC 模块电路和 PCB ……………………………… 81
2.8　基于 TLV5618 的双 12 位 DAC 模块 ………………………………… 84
2.8.1　TLV5618 简介 ……………………………………………………… 84
2.8.2　基于 TLV5618 的 DAC 模块电路和 PCB ……………………………… 85

第 3 章　放大器电路模块制作 …………………………………………………… 87

3.1　基于 MAX4016+THS3092 的放大器模块 …………………………… 87
3.1.1　MAX4016 简介 ……………………………………………………… 87

3.1.2　THS3092 简介 …… 88

3.1.3　基于 MAX4016＋THS3092 的放大器模块电路和 PCB …… 90

3.2　基于 AD624 的信号调理模块 …… 93

3.2.1　AD624 简介 …… 93

3.2.2　基于 AD624 的信号调理电路模块和 PCB …… 95

3.3　基于 AD603 的放大器模块 …… 97

3.3.1　AD603 简介 …… 97

3.3.2　基于 AD603 的放大器模块电路和 PCB …… 98

3.4　基于 AD8055 的放大器模块 …… 102

3.4.1　AD8055 简介 …… 102

3.4.2　基于 AD8055 的放大器模块电路和 PCB …… 103

3.5　基于 AD811 的放大器模块 …… 106

3.5.1　AD811 简介 …… 106

3.5.2　基于 AD811 的放大器模块电路和 PCB …… 107

3.6　基于 ICL7650/53 的放大器模块 …… 112

3.6.1　ICL7650/53 简介 …… 112

3.6.2　基于 ICL7650 的放大器模块电路和 PCB …… 114

3.7　宽带可控增益直流放大器模块 …… 117

3.7.1　宽带可控增益直流放大器模块电路结构 …… 117

3.7.2　宽带可控增益直流放大器模块电路与 PCB …… 121

3.8　基于 LM386 的音频放大器模块 …… 125

3.8.1　LM386 简介 …… 125

3.8.2　基于 LM386 的音频放大器模块电路和 PCB …… 126

3.9　基于 TEA2025 的音频功率放大器模块 …… 127

3.9.1　TEA2025 简介 …… 127

3.9.2　基于 TEA2025 的音频功率放大器模块电路和 PCB …… 129

3.10　D 类放大器模块 …… 131

3.10.1　D 类放大器简介 …… 131

3.10.2　D 类放大器模块系统结构 …… 139

3.10.3　三角波产生电路模块和 PCB …… 139

3.10.4　比较器及驱动电路和 PCB …… 139

3.10.5　前置放大器电路和 PCB …… 145

3.10.6　偏置电路和 PCB …… 146

3.10.7　功率输出级及低通滤波器电路和 PCB …… 147

3.11　菱形功率放大器模块 …… 149

3.12　基于 BUF634 的宽带功率放大器模块 …… 149

3.12.1　BUF634 简介 …… 149
3.12.2　BUF634 宽带功率放大器模块电路和 PCB …… 149
3.13　滤波器模块 …… 156
3.13.1　LTC1068 简介 …… 156
3.13.2　低通滤波器电路和 PCB …… 162
3.13.3　高通滤波器电路和 PCB …… 162
第 4 章　传感器电路模块制作 …… 169
4.1　反射式光电传感器模块 …… 169
4.1.1　3 路反射式光电传感器模块电路和 PCB …… 169
4.1.2　8 路反射式光电传感器模块电路和 PCB …… 171
4.2　超声波发射与接收模块 …… 173
4.2.1　超声波发射与接收电路主要 IC 简介 …… 173
4.2.2　超声波发射与接收模块电路和 PCB …… 174
4.3　温湿度传感器模块 …… 177
4.3.1　SHTxx 温湿度传感器简介 …… 177
4.3.2　SHTxx 温湿度传感器模块电路和 PCB …… 180
4.4　基于 AD5933 的阻抗测量模块 …… 180
4.4.1　AD5933 简介 …… 180
4.4.2　基于 AD5933 的阻抗测量模块电路和 PCB …… 190
4.5　音频信号检测模块 …… 194
4.5.1　音频信号检测模块 IC 简介 …… 194
4.5.2　音频信号检测模块电路和 PCB …… 195
第 5 章　电机控制电路模块制作 …… 200
5.1　基于 L298N 的直流电机驱动模块 …… 200
5.1.1　L298N 双全桥电机驱动器的封装形式和尺寸 …… 200
5.1.2　L298N 双全桥电机驱动器的典型应用电路 …… 203
5.1.3　L298N 直流电机驱动模块电路和 PCB …… 203
5.2　基于 L297＋L298N 的步进电机驱动模块 …… 207
5.2.1　L297 步进电机控制器封装形式与尺寸 …… 207
5.2.2　L297 步进电机控制器的典型应用电路 …… 208
5.2.3　L297＋L298N 步进电机驱动模块电路和 PCB …… 210
5.3　基于 TA8435H 的步进电机驱动模块 …… 212
5.3.1　TA8435H 步进电机控制器的封装形式与尺寸 …… 212
5.3.2　TA8435H 步进电机控制器的典型应用电路 …… 214

5.3.3　TA8435H 步进电机驱动模块电路和 PCB …… 214

第 6 章　信号发生器电路模块制作 …… 219

6.1　基于 MAX038 的函数信号发生器模块 …… 219
6.1.1　MAX038 简介 …… 219
6.1.2　基于 MAX038 的函数信号发生器模块电路和 PCB …… 222
6.2　基于 AD9850 的信号发生器模块 …… 224
6.2.1　AD9850 简介 …… 224
6.2.2　基于 AD9850 的信号发生器模块电路和 PCB …… 229
6.3　基于 AD652 的压频转换模块 …… 233
6.3.1　AD652 简介 …… 233
6.3.2　基于 AD652 的压频转换模块电路和 PCB …… 238

第 7 章　电源电路模块制作 …… 240

7.1　线性稳压电源模块制作 …… 240
7.1.1　整流模块制作 …… 240
7.1.2　±12 V 和±5 V 电源模块制作 …… 242
7.2　基于 MAX887 的 3.3 V DC－DC 电路模块 …… 244
7.2.1　MAX887 简介 …… 244
7.2.2　3.3 V DC－DC 电路和 PCB …… 245
7.3　基于 MAX1771 的升压(Boost)电路模块 …… 246
7.3.1　MAX1771 简介 …… 246
7.3.2　24～36 V DC－DC 升压电路和 PCB …… 247
7.4　基于 UC3843 的 Boost 升压模块 …… 249
7.4.1　UC3843 简介 …… 249
7.4.2　DC－DC 升压电路和 PCB …… 250
7.5　DC－AC－DC 升压电源模块 …… 252
7.5.1　系统组成 …… 252
7.5.2　DC－AC 电路 …… 252
7.5.3　倍压整流电路 …… 253
7.5.4　PWM 调制电路 …… 253
7.5.5　DC－AC－DC 升压电源模块电路和 PCB …… 255

第 8 章　系统设计与制作 …… 257

8.1　随动控制系统 …… 257
8.1.1　设计要求 …… 257

8.1.2 方案的论证与选择 …… 258
8.1.3 系统算法设计 …… 260
8.1.4 控制器最小系统模块 …… 261
8.1.5 液晶显示模块 …… 262
8.1.6 4×4 矩阵键盘电路 …… 263
8.1.7 存储电路模块 …… 265
8.1.8 步进电机驱动模块 …… 265
8.1.9 角度传感器电路模块 …… 268
8.1.10 系统软件设计 …… 269
8.1.11 系统测试 …… 271
8.2 基于红外线的目标跟踪与无线测温系统 …… 272
8.2.1 设计要求 …… 272
8.2.2 系统设计方案论证及选择 …… 273
8.2.3 光源检测电路 …… 278
8.2.4 步进电机驱动电路 …… 280
8.2.5 PT100 温度传感器测量电路 …… 282
8.2.6 串口扩展模块电路 …… 284
8.2.7 SK-SDMP3 模块的音频输出电路 …… 286
8.2.8 ATmega8 和液晶显示器的电路设计 …… 286
8.2.9 定位仪 A 主控器的外围电路 …… 288
8.2.10 系统各模块连接 …… 297
8.2.11 系统软件设计 …… 298
8.2.12 系统测试 …… 302
8.3 声音导引系统 …… 304
8.3.1 设计要求 …… 304
8.3.2 系统方案设计 …… 306
8.3.3 控制方案设计和论证 …… 308
8.3.4 可移动声源模块电路设计 …… 309
8.3.5 声音接收器模块电路设计 …… 314
8.3.6 控制器模块电路设计 …… 316
8.3.7 定位点语音提示电路设计 …… 322
8.3.8 系统接线与供电 …… 324
8.3.9 系统软件设计 …… 324
8.4 单相正弦波逆变电源 …… 326
8.4.1 系统方案论证与比较 …… 326
8.4.2 系统组成 …… 329

8.4.3　DC-DC 变换器电路 …… 330
8.4.4　DC-AC 变换器电路 …… 332
8.4.5　真有效值转换电路 …… 340
8.4.6　过流保护电路 …… 341
8.4.7　空载检测电路 …… 342
8.4.8　浪涌短路保护电路 …… 343
8.4.9　电流检测电路 …… 343
8.4.10　死区时间控制电路 …… 343
8.4.11　辅助电源电路 1 …… 344
8.4.12　辅助电源电路 2 …… 345
8.4.13　高频变压器的绕制 …… 345
8.4.14　低通滤波器电路 …… 346
8.4.15　单片机及外围电路 …… 347
8.5　无线环境监测模拟装置 …… 349
8.5.1　设计要求 …… 349
8.5.2　系统方案设计 …… 352
8.5.3　理论分析与计算 …… 353
8.5.4　发射电路设计 …… 354
8.5.5　接收电路设计 …… 355
8.5.6　系统软件设计 …… 360

第 9 章　系统的接地、供电和去耦 …… 363

9.1　接　地 …… 363
9.1.1　地线的定义 …… 363
9.1.2　接地的分类 …… 364
9.1.3　接地的方式 …… 368
9.1.4　接地系统的设计原则 …… 373
9.1.5　导体的电阻 …… 374
9.1.6　导体的电感 …… 377
9.1.7　回路电感 …… 380
9.1.8　导体的阻抗 …… 382
9.1.9　地线公共阻抗产生的耦合干扰 …… 383
9.2　模/数混合系统的电源电路 …… 384
9.2.1　模拟前端小信号检测和放大电路的电源电路结构 …… 384
9.2.2　ADC 和 DAC 的电源电路结构 …… 385
9.2.3　开关稳压器电路 …… 386

9.2.4　线性稳压器电路 …… 387
9.2.5　±15 V 输出的低噪声线性稳压器电路 …… 388
9.3　模/数混合电路的接地和电源 PCB 设计 …… 391
9.3.1　PCB 按电路功能分区 …… 391
9.3.2　设计理想的接地和电源参考面 …… 393
9.3.3　采用独立的模拟地和数字地 …… 395
9.3.4　模拟地和数字地的连接 …… 397
9.3.5　最小化电源线和地线的环路面积 …… 406
9.4　去　耦 …… 409
9.4.1　PDN 与 SI、PI 和 EMI …… 409
9.4.2　PDN 的拓扑结构 …… 410
9.4.3　目标阻抗 …… 413
9.4.4　基于目标阻抗的 PDN 设计 …… 414
9.4.5　去耦电容器组合的阻抗特性 …… 418
9.4.6　去耦电容器的容量计算 …… 423

参考文献 …… 429

第1章

微控制器电路模块制作

1.1 AT89S52 单片机 PACK 板

1.1.1 AT89S52 单片机简介

AT89S52 是一种低功耗、高性能的 CMOS 8 位微控制器，具有 8 KB 在系统可编程 Flash 存储器；使用 Atmel 公司高密度非易失性存储器技术制造，片上 Flash 允许程序存储器在系统可编程，也适于常规编程器。AT89S52 具有 8 KB Flash，256 B RAM，32 位 I/O 口线，看门狗定时器，2 个数据指针，3 个 16 位定时器/计数器，1 个 6 向量 2 级中断结构，全双工串行口，片内晶振及时钟电路。另外，AT89S52 可降至 0 Hz 静态逻辑操作，支持 2 种软件，可选择节电模式。在空闲模式下，CPU 停止工作，允许 RAM、定时器/计数器、串口、中断继续工作。在掉电保护方式下，RAM 内容被保存，振荡器被冻结，单片机一切工作停止，直到下一个中断或硬件复位为止。AT89S52 是在电子设计竞赛中最常用的单片机之一。

1.1.2 AT89S52 单片机封装形式与引脚端功能

AT89S52 采用 PDIP、PLCC 和 TQFP 三种封装形式，PDIP 封装形式如图 1-1 所示，PDIP 封装尺寸如表 1-1 所列。

表 1-1 AT89S52 PDIP 封装尺寸 mm

符　号	最小值	最大值	符　号	最小值	最大值
A	—	4.826	B1	1.041	1.651
A1	0.381	—	L	3.048	3.556
D	52.070	52.578	C	0.203	0.381
E	15.240	15.875	eB	15.494	17.526
E1	13.462	13.970	e	2.540 典型值	
B	0.356	0.559			

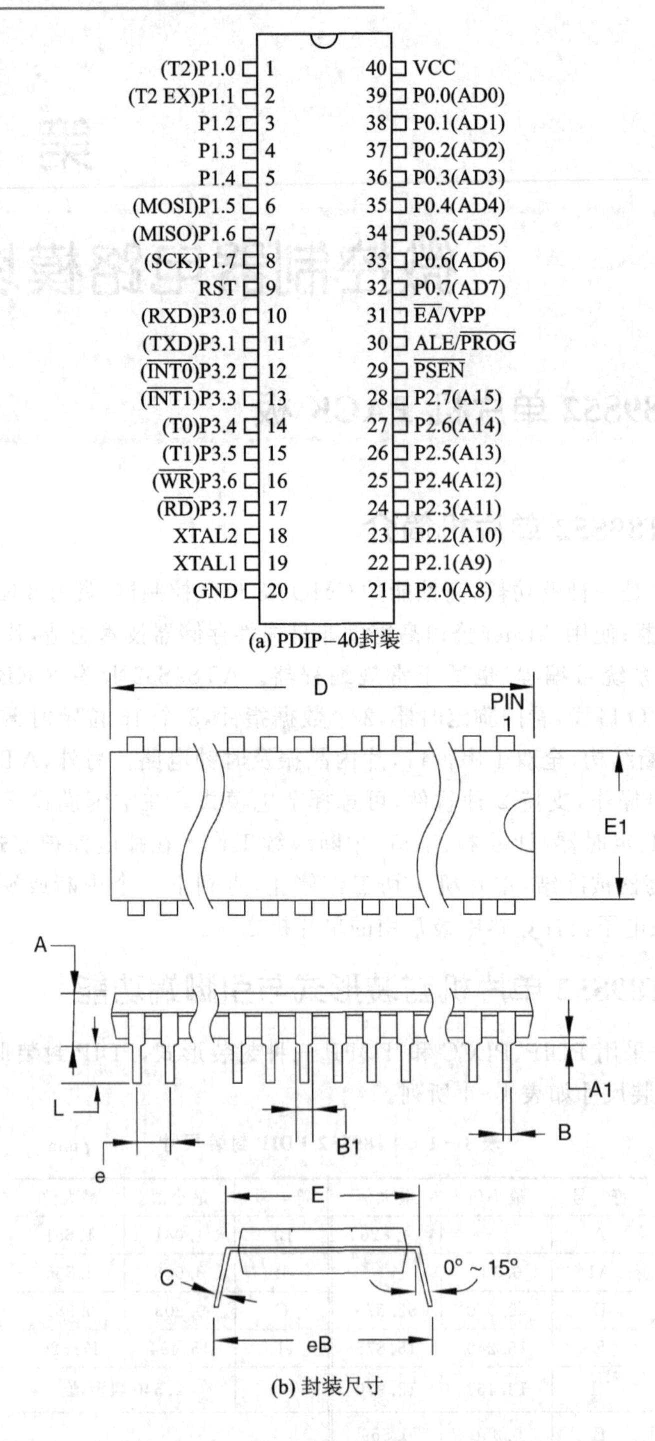

图 1-1　AT89S52 PDIP 封装形式与尺寸

AT89S52 的引脚端功能如下。

VCC:电源。

GND:地。

P0.0～P0.7:P0 口是一个 8 位漏极开路的双向 I/O 口。作为输出口,每位能驱动 8 个 TTL 逻辑电平。对 P0 端口写"1"时,引脚端用作高阻抗输入。当访问外部程序和数据存储器时,P0 口也被作为低 8 位地址/数据复用。在这种模式下,P0 具有内部上拉电阻。在 Flash 编程时,P0 口也用来接收指令字节;在程序校验时,输出指令字节。程序校验时,需要外部上拉电阻。

P1.0～P1.7:P1 口是一个具有内部上拉电阻的 8 位双向 I/O 口,P1 输出缓冲器能驱动4 个TTL 逻辑电平。对 P1 端口写"1"时,内部上拉电阻把端口拉高,此时可以作为输入口使用。作为输入使用时,被外部拉低的引脚端由于内部电阻的原因,将输出电流(I_{IL})。此外,P1.0 和 P1.2 分别作为定时器/计数器 2 的外部计数输入(P1.0/T2)和定时器/计数器 2 的触发输入(P1.1/T2EX),具体如表 1-2 所列。在 Flash 编程和校验时,P1 口接收低 8 位地址字节。

表 1-2 P1 口引脚端第二功能

引脚端	第二功能
P1.0	T2(定时器/计数器 T2 的外部计数输入),时钟输出
P1.1	T2EX(定时器/计数器 T2 的捕捉/重载触发信号和方向控制)
P1.5	MOSI(在系统编程用)
P1.6	MISO(在系统编程用)
P1.7	SCK(在系统编程用)

P2.0～P2.7:P2 口是一个具有内部上拉电阻的 8 位双向 I/O 口,P2 输出缓冲器能驱动4 个TTL 逻辑电平。对 P2 端口写"1"时,内部上拉电阻把端口拉高,此时可以作为输入口使用。作为输入使用时,被外部拉低的引脚由于内部电阻的原因,将输出电流(I_{IL})。

在访问外部程序存储器或用 16 位地址读取外部数据存储器时(如执行"MOVX @DPTR"),P2 口送出高 8 位地址。在这种应用中,P2 口使用很强的内部上拉发送 1。在使用8 位地址(如"MOVX @RI")访问外部数据存储器时,P2 口输出 P2 锁存器的内容。

在 Flash 编程和校验时,P2 口也接收高 8 位地址字节和一些控制信号。

P3.0～P3.7:P3 口是一个具有内部上拉电阻的 8 位双向 I/O 口,P3 输出缓冲器能驱动4 个TTL 逻辑电平。对 P3 端口写"1"时,内部上拉电阻把端口拉高,此时可以作为输入口使用。作为输入使用时,被外部拉低的引脚由于内部电阻的原因,将输出电流(I_{IL})。

P3 口也作为 AT89S52 的特殊功能(第二功能)使用,如表 1-3 所列。

表 1-3 P3 口的第二功能

引脚端	第二功能	引脚端	第二功能
P3.0	RXD(串行输入)	P3.4	T0(定时器 0 外部输入)
P3.1	TXD(串行输出)	P3.5	T1(定时器 1 外部输入)
P3.2	$\overline{\text{INT0}}$(外部中断 0)	P3.6	$\overline{\text{WR}}$(外部数据存储器写选通)
P3.3	$\overline{\text{INT1}}$(外部中断 1)	P3.7	$\overline{\text{RD}}$(外部数据存储器读选通)

在 Flash 编程和校验时,P3 口也接收一些控制信号。

RST:复位输入。晶振工作时,RST 引脚持续 2 个机器周期的高电平使单片机复位。看门狗计时完成后,RST 引脚输出 96 个晶振周期的高电平。特殊寄存器 AUXR(地址 8EH)上的 DISRTO 位可以使此功能无效。在 DISRTO 默认状态下,复位高电平有效。

ALE/$\overline{\text{PROG}}$:地址锁存控制信号(ALE)是访问外部程序存储器时,锁存低 8 位地址的输出脉冲。在 Flash 编程时,此引脚(PROG)也用作编程输入脉冲。

在一般情况下,ALE 以晶振 1/6 的固定频率输出脉冲,可用来作为外部定时器或时钟使用。然而特别强调,在每次访问外部数据存储器时,ALE 脉冲将会跳过。

如果需要,则通过将地址为 8EH 的 SFR 的第 0 位置"1",使 ALE 操作将无效。这一位置"1",ALE 仅在执行 MOVX 或 MOVC 指令时有效;否则,ALE 将被微弱拉高。这个 ALE 使能标志位(地址为 8EH 的 SFR 的第 0 位)的设置对微控制器处于外部执行模式下无效。

$\overline{\text{PSEN}}$:外部程序存储器选通信号。当 AT89S52 从外部程序存储器执行外部代码时,$\overline{\text{PSEN}}$在每个机器周期被激活两次,而在访问外部数据存储器时,$\overline{\text{PSEN}}$将不被激活。

$\overline{\text{EA}}$/VPP:访问外部程序存储器控制信号。为使能 0000H~FFFFH 的外部程序存储器读取指令,$\overline{\text{EA}}$必须接 GND。为了执行内部程序指令,$\overline{\text{EA}}$应该接 VCC。

在 Flash 编程期间,$\overline{\text{EA}}$也接收 12 V VPP 电压。

XTAL1:振荡器反相放大器和内部时钟发生电路的输入端。

XTAL2:振荡器反相放大器的输出端。

1.1.3　AT89S52 单片机 PACK 板电路和 PCB

AT89S52 采用 PDIP 封装，AT89S52 单片机 PACK 板电路与 PCB 图如图 1－2 所示。

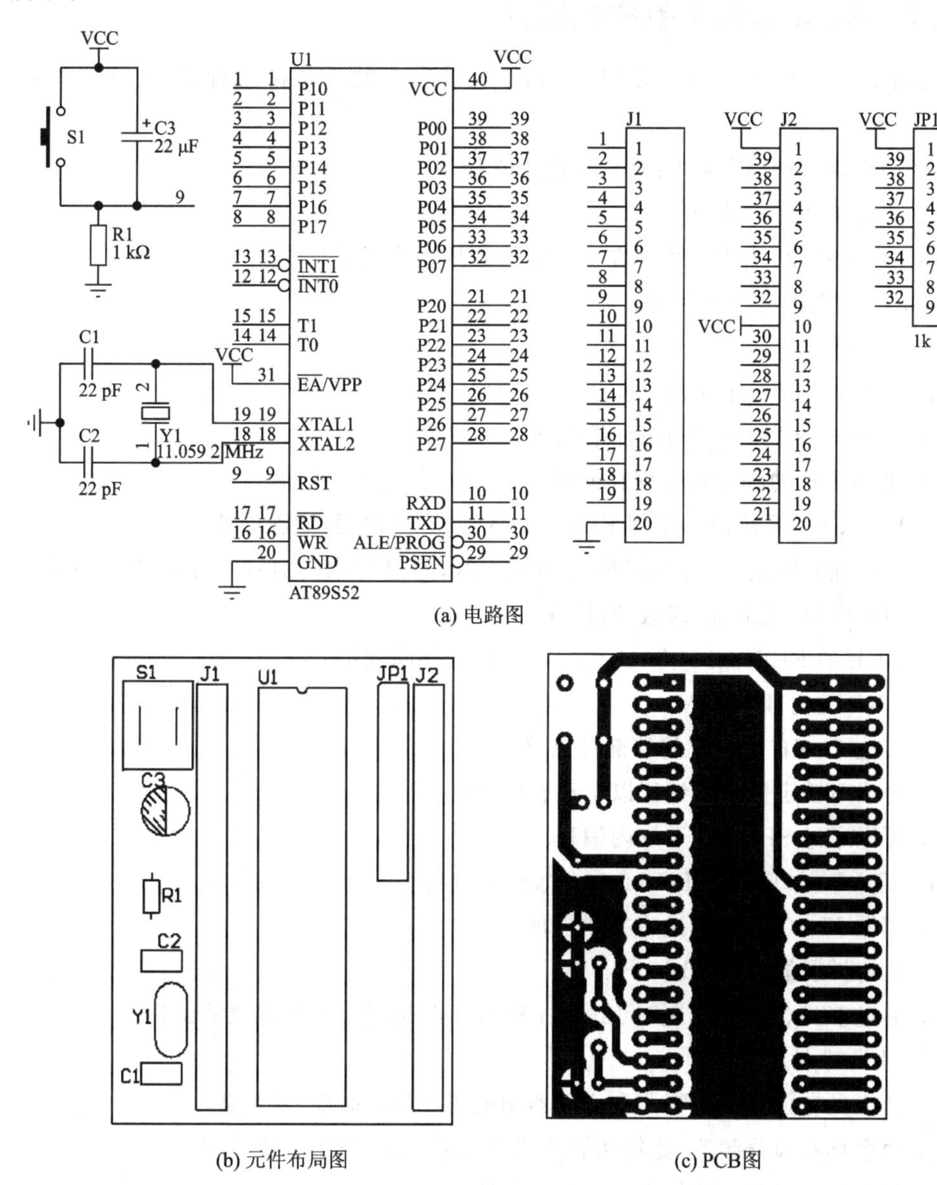

图 1－2　AT89S52 单片机 PACK 板电路与 PCB 图

1.2　ATmega128 单片机 PACK 板

1.2.1　ATmega128 单片机简介

ATmega128(ATmega128L)是 Atmel 公司生产的 8 位微处理器,其产品特点如下:

① 高性能、低功耗的 AVR 8 位微处理器。

② 先进的 RISC 结构。

- 133 条指令,大多数可以在一个时钟周期内完成;
- 32×8 通用工作寄存器;
- 全静态工作;
- 工作于 16 MHz 时性能高达 16 MIPS;
- 只需两个时钟周期的硬件乘法器。

③ 非易失性的程序和数据存储器。

- 128 KB 的系统内可编程 Flash(寿命:10 000 次写/擦除周期);
- 具有独立锁定位、可选择的启动代码区,通过片内的启动程序可以实现系统内编程,真正的读/修改/写操作;
- 4 KB 的 EEPROM(寿命:100 000 次写/擦除周期);
- 4 KB 的内部 SRAM;
- 多达 64 KB 的优化的外部存储器空间;
- 可以对锁定位进行编程以实现软件加密;
- 可以通过 SPI 实现系统内编程。

④ JTAG 接口(与 IEEE 1149.1 标准兼容)。

- 遵循 JTAG 标准的边界扫描功能;
- 支持扩展的片内调试;
- 通过 JTAG 接口实现对 Flash、EEPROM、熔丝位和锁定位的编程。

⑤ 外设特点。

- 两个具有独立预分频器和比较器功能的 8 位定时器/计数器;
- 两个具有预分频器、比较功能和捕捉功能的 16 位定时器/计数器;
- 具有独立预分频器的实时时钟计数器;
- 两路 8 位 PWM;
- 6 路分辨率可编程(2~16 位)的 PWM;
- 输出比较调制器;

➢ 8路10位ADC：8个单端通道，7个差分通道，2个具有可编程增益（×1，×10，或×200）的差分通道；
➢ 面向字节的两线接口；
➢ 两个可编程的串行USART；
➢ 可工作于主机/从机模式的SPI串行接口；
➢ 具有独立片内振荡器的可编程看门狗定时器；
➢ 片内模拟比较器。

⑥ 特殊的处理器特点。

➢ 上电复位以及可编程的掉电检测；
➢ 片内经过标定的RC振荡器；
➢ 片内/片外中断源；
➢ 6种睡眠模式：空闲模式、ADC噪声抑制模式、省电模式、掉电模式、Standby模式以及扩展的Standby模式；
➢ 可以通过软件选择时钟频率；
➢ 通过熔丝位可以选择ATmega103兼容模式；
➢ 全局上拉禁止功能。

⑦ I/O和封装。

➢ 53个可编程I/O口线；
➢ 64引脚TQFP与64引脚MLF封装。

⑧ 工作电压。

➢ 2.7～5.5 V ATmega128L；
➢ 4.5～5.5 V ATmega128。

⑨ 速度等级。

➢ 0～8 MHz ATmega128L；
➢ 0～16 MHz ATmega128。

ATmega128是一个功能强大的单片机，可以为许多嵌入式控制应用提供灵活而低成本的解决方案。

Atmel公司为ATmega128提供了一整套的编程与系统开发工具，包括C语言编译器、宏汇编、程序调试器/软件仿真器、仿真器及评估板。

1.2.2　ATmega128单片机封装形式与引脚端功能

ATmega128单片机采用64引脚TQFP与64引脚MLF封装，64引脚TQFP封装形式如图1-3所示，64引脚TQFP封装尺寸如表1-4所列。

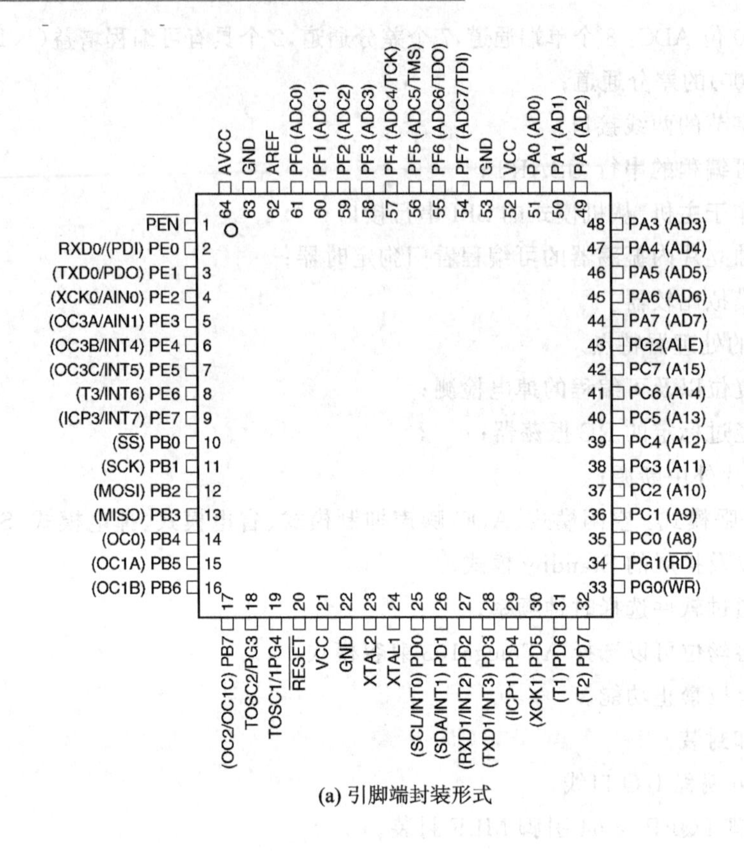

(a) 引脚端封装形式

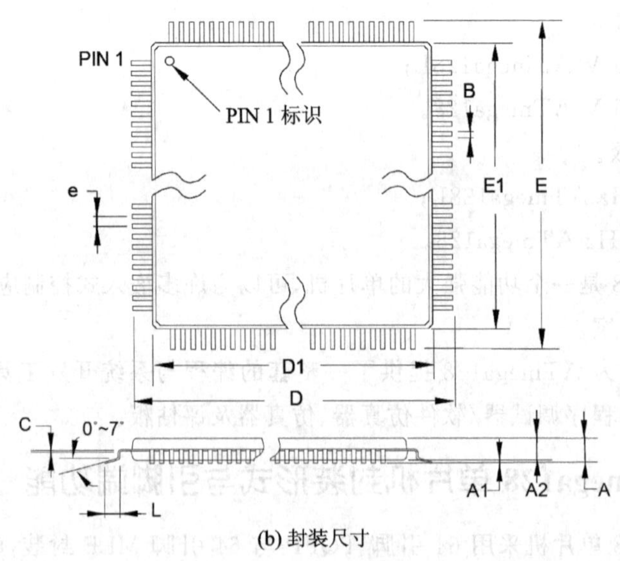

(b) 封装尺寸

图 1-3　ATmega128 单片机 TQFP 封装形式

表1-4　ATmega128单片机TQFP封装尺寸　　mm

符　号	最小值	标准值	最大值	符　号	最小值	标准值	最大值
A	—		1.20	E1	13.90	14.00	14.10
A1	0.05		−0.15	B	0.30	—	0.45
A2	0.95	1.00	1.05	C	0.09	—	0.20
D	15.75	16.00	16.25	L	0.45	—	0.75
D1	13.90	14.00	14.10	e	0.80典型值		
E	15.75	16.00	16.25				

引脚功能如下所示。

VCC:数字电路的电源。

GND:地。

端口A(PA7～PA0):端口A为8位双向I/O口,并具有可编程的内部上拉电阻。其输出缓冲器具有对称的驱动特性,可以输出和吸收大电流。作为输入使用时,若内部上拉电阻使能,则端口被外部电路拉低时将输出电流。复位发生时端口A为三态。

端口A也可以用作其他不同的特殊功能,更多的内容请登录www.atmel.com查阅*ATmega128 Datasheet*。

端口B(PB7～PB0):端口B为8位双向I/O口,并具有可编程的内部上拉电阻。其输出缓冲器具有对称的驱动特性,可以输出和吸收大电流。作为输入使用时,若内部上拉电阻使能,则端口被外部电路拉低时将输出电流。复位发生时端口B为三态。

端口B也可以用作其他不同的特殊功能,更多的内容请登录www.atmel.com查阅*ATmega128 Datasheet*。

端口C(PC7～PC0):端口C为8位双向I/O口,并具有可编程的内部上拉电阻。其输出缓冲器具有对称的驱动特性,可以输出和吸收大电流。作为输入使用时,若内部上拉电阻使能,则端口被外部电路拉低时将输出电流。复位发生时端口C为三态。

端口C也可以用作其他不同的特殊功能,更多的内容请登录www.atmel.com查阅*ATmega128 Datasheet*。在ATmega103兼容模式下,端口C只能作为输出,而且在复位发生时不是三态。

端口D(PD7～PD0):端口D为8位双向I/O口,并具有可编程的内部上拉电阻。其输出缓冲器具有对称的驱动特性,可以输出和吸收大电流。作为输入使用时,若内部上拉电阻使能,则端口被外部电路拉低时将输出电流。复位发生时端口D为三态。

端口D也可以用作其他不同的特殊功能,更多的内容请登录www.atmel.com

查阅 *ATmega128 Datasheet*。

端口 E(PE7～PE0):端口 E 为 8 位双向 I/O 口,并具有可编程的内部上拉电阻。其输出缓冲器具有对称的驱动特性,可以输出和吸收大电流。作为输入使用时,若内部上拉电阻使能,则端口被外部电路拉低时将输出电流。复位发生时端口 E 为三态。

端口 E 也可以用作其他不同的特殊功能,更多的内容请登录 www.atmel.com 查阅 *ATmega128 Datasheet*。

端口 F(PF7～PF0):端口 F 为 ADC 的模拟输入引脚。如果不作为 ADC 的模拟输入,则端口 F 可以作为 8 位双向 I/O 口,并具有可编程的内部上拉电阻。其输出缓冲器具有对称的驱动特性,可以输出和吸收大电流。作为输入使用时,若内部上拉电阻使能,则端口被外部电路拉低时将输出电流。复位发生时端口 F 为三态。

如果使能 JTAG 接口,则复位发生时引脚 PF7(TDI)、PF5(TMS)和 PF4(TCK)的上拉电阻使能。端口 F 也可以作为 JTAG 接口。在 ATmega103 兼容模式下,端口 F 只能作为输入引脚。

端口 G(PG4～PG0):端口 G 为 5 位双向 I/O 口,并具有可编程的内部上拉电阻。其输出缓冲器具有对称的驱动特性,可以输出和吸收大电流。作为输入使用时,若内部上拉电阻使能,则端口被外部电路拉低时将输出电流。复位发生时端口 G 为三态。

端口 G 也可以用作其他不同的特殊功能。在 ATmega103 兼容模式下,端口 G 只能作为外部存储器的锁存信号以及 32 kHz 振荡器的输入,并且在复位时这些引脚初始化为 PG0=1,PG1=1 及 PG2=0。PG3 和 PG4 是振荡器引脚。

$\overline{\text{RESET}}$:复位输入引脚。超过最小门限时间的低电平将引起系统复位。门限时间的更多内容请登录 www.atmel.com 查阅 *ATmega128 Datasheet*。低于此时间的脉冲不能保证可靠复位。

XTAL1:反相振荡器放大器及片内时钟操作电路的输入。

XTAL2:反相振荡器放大器的输出。

AVCC:AVCC 为端口 F 以及 ADC 转换器的电源,需要与 VCC 相连接,即使没有使用 ADC 也应该如此。使用 ADC 时应该通过一个低通滤波器与 VCC 连接。

AREF:AREF 为 ADC 的模拟基准输入引脚。

$\overline{\text{PEN}}$:$\overline{\text{PEN}}$是 SPI 串行下载的使能引脚。在上电复位时保持$\overline{\text{PEN}}$为低电平将使器件进入 SPI 串行下载模式。在正常工作过程中$\overline{\text{PEN}}$引脚没有其他功能。

1.2.3　ATmega128 单片机 PACK 板电路和 PCB

ATmega128 单片机 PACK 板电路和 PCB 图如图 1－4 所示,ATmega128 单片机 PACK 板接口控制板电路和 PCB 图如图 1－5 所示。

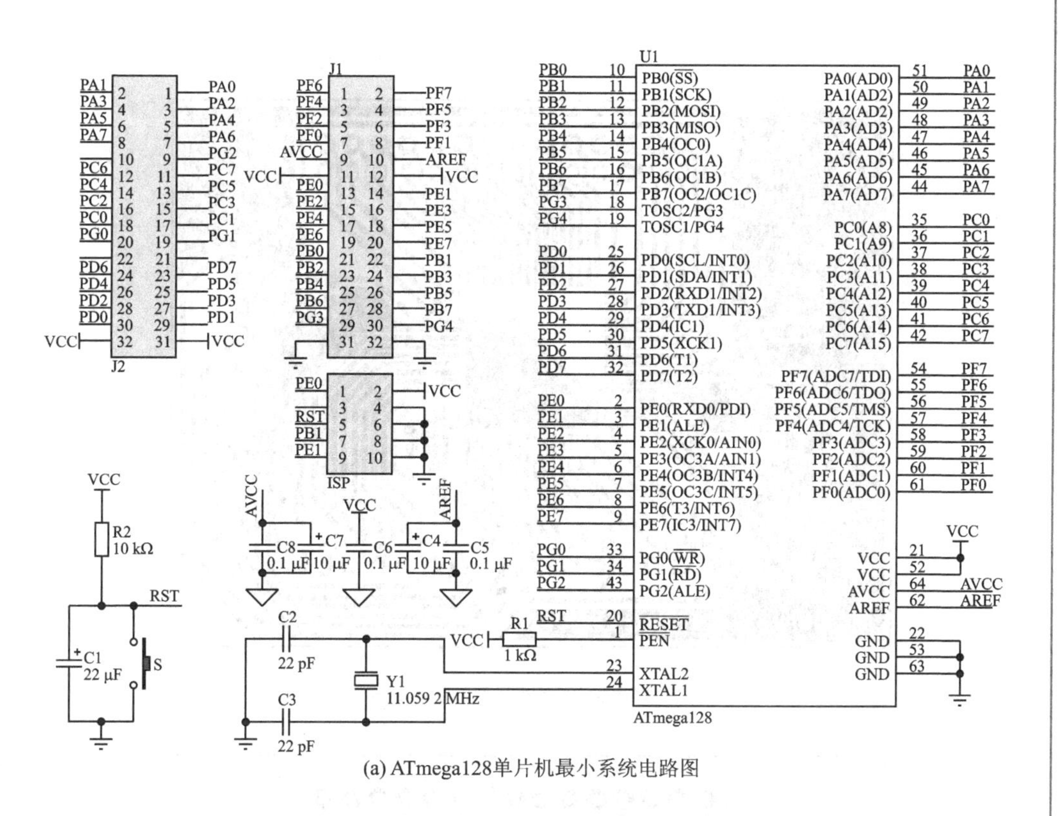

(a) ATmega128单片机最小系统电路图

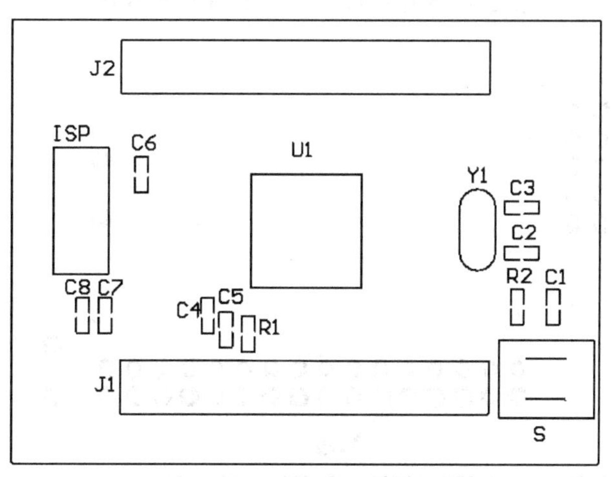

(b) ATmega128最小系统元件布局图

图1-4 ATmega128单片机PACK板电路和PCB图

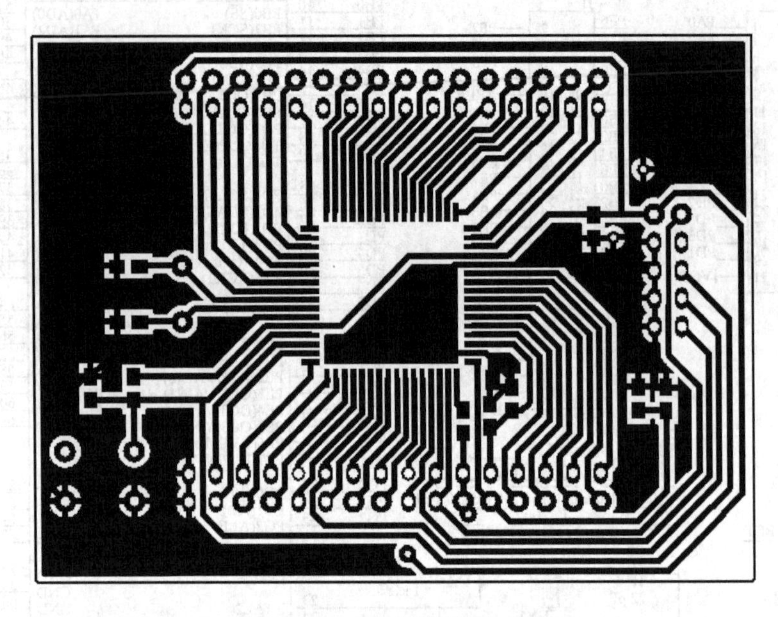

(c) ATmega128最小系统顶层PCB图

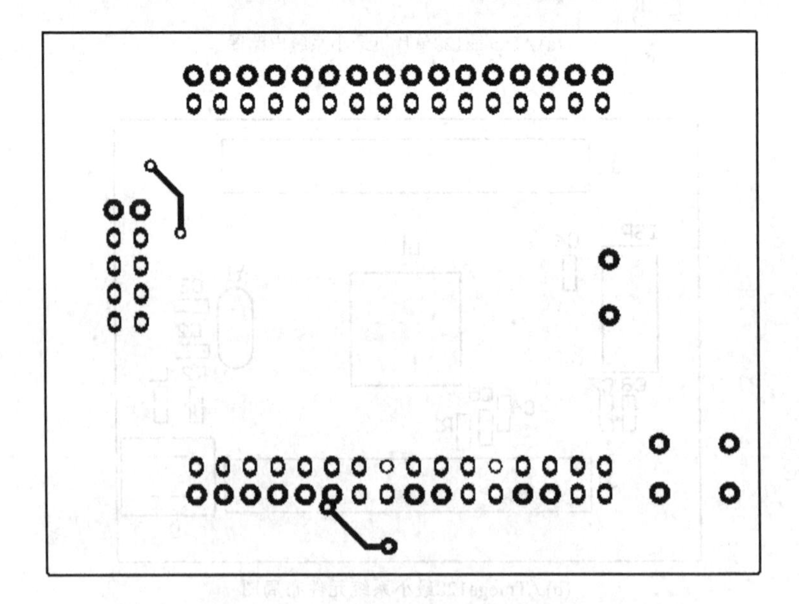

(d) ATmega128最小系统底层PCB图

图1-4 ATmega128单片机PACK板电路和PCB图(续)

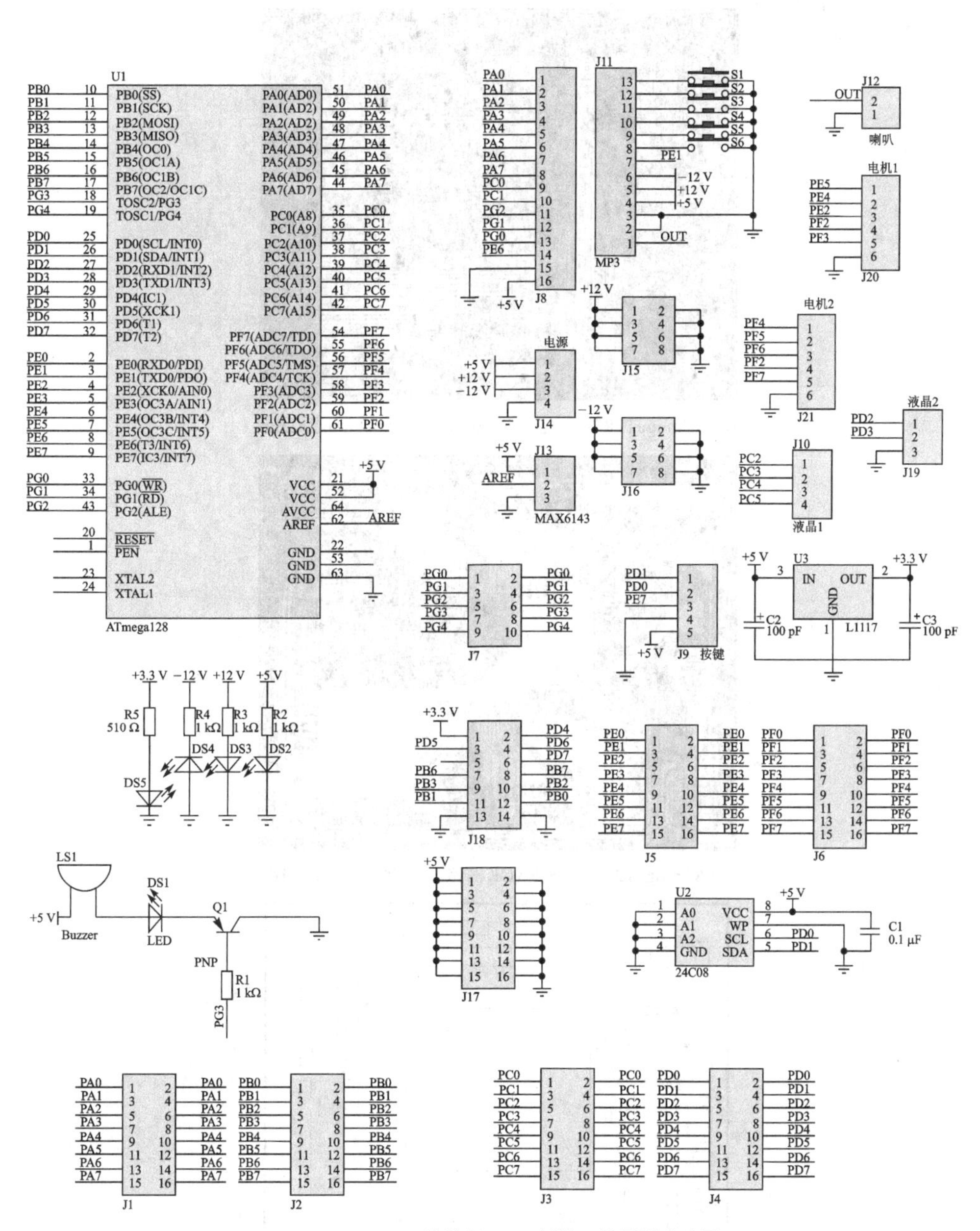

(a) ATmega128单片机PACK板接口扩展板电路图

图1-5 ATmega128单片机PACK板接口控制板电路和PCB图

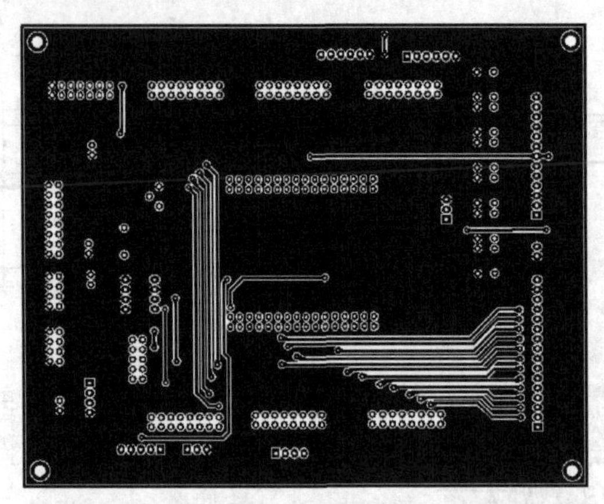

(b) ATmega128单片机PACK板接口扩展板顶层PCB图

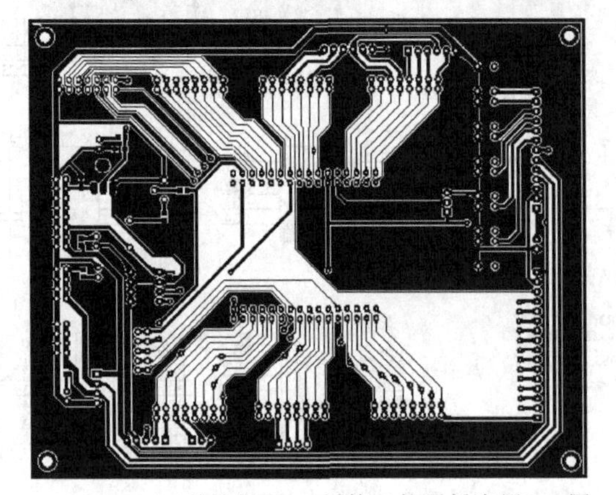

(c) ATmega128单片机PACK板接口扩展板底层PCB图

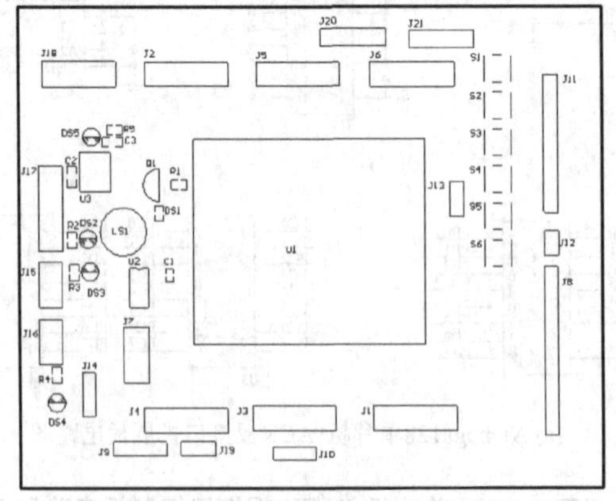

(d) ATmega128单片机PACK板接口扩展板元件布局图

图1-5　ATmega128单片机PACK板接口控制板电路和PCB图(续)

1.3 ATmega8单片机PACK板

1.3.1 ATmega8单片机简介

ATmega8是基于增强的AVR RISC结构的低功耗8位CMOS微控制器。由于其先进的指令集以及单时钟周期指令执行时间,ATmega8的数据吞吐率高达1 MIPS/MHz,从而可以缓解系统在功耗和处理速度之间的矛盾。

ATmega8的产品特性如下:

① 高性能、低功耗的8位AVR微处理器。

② 先进的RISC结构。

- 130条指令(大多数指令执行时间为单个时钟周期);
- 32个8位通用工作寄存器;
- 全静态工作;
- 工作于16 MHz时性能高达16 MIPS;
- 只需两个时钟周期的硬件乘法器。

③ 非易失性程序和数据存储器。

- 8 KB的系统内可编程Flash(擦写寿命:10 000次);
- 具有独立锁定位的可选Boot代码区,通过片上Boot程序实现系统内编程,真正的同时读/写操作;
- 512 B的EEPROM(擦写寿命:100 000次);
- 1 KB的片内SRAM;
- 可以对锁定位进行编程以实现用户程序的加密。

④ 外设特点。

- 两个具有独立预分频器的8位定时器/计数器,其中之一有比较功能;
- 一个具有预分频器、比较功能和捕捉功能的16位定时器/计数器;
- 具有独立振荡器的实时计数器RTC;
- 三通道PWM;
- TQFP与MLF封装的8路ADC(8路10位ADC);
- PDIP封装的6路ADC(6路10位ADC);
- 面向字节的两线接口;
- 两个可编程的串行USART;
- 可工作于主机/从机模式的SPI串行接口;
- 具有独立片内振荡器的可编程看门狗定时器;
- 片内模拟比较器。

⑤ 特殊的处理器特点。

- 上电复位以及可编程的掉电检测;
- 片内经过标定的 RC 振荡器;
- 片内/片外中断源;
- 5 种睡眠模式:空闲模式、ADC 噪声抑制模式、省电模式、掉电模式及 Standby 模式。

⑥ I/O 和封装。

- 23 个可编程的 I/O 口;
- 28 引脚 PDIP 封装,32 引脚 TQFP 封装,32 引脚 MLF 封装。

⑦ 工作电压。

- 2.7~5.5 V (ATmega8L);
- 4.5~5.5 V (ATmega8)。

⑧ 速度等级。

- 0~8 MHz (ATmega8L);
- 0~16 MHz (ATmega8)。

⑨ 4 MHz 时功耗, 3 V, 25 ℃。

- 工作模式:3.6 mA;
- 空闲模式:1.0 mA;
- 掉电模式:0.5 μA。

ATmega8 是一个功能强大的单片机,可以为许多嵌入式控制应用提供灵活而低成本的解决方案。

Atmel 公司为 ATmega8 提供了一整套的编程与系统开发工具,包括 C 语言编译器、宏汇编、程序调试器/软件仿真器、仿真器及评估板。

1.3.2 ATmega8 单片机封装形式与引脚端功能

ATmega8 单片机采用 28 引脚 DIP,32 引脚 TQFP 和 32 引脚 MLF 封装,32 引脚 TQFP 封装形式如图 1-6 所示,32 引脚 TQFP 封装尺寸如表 1-5 所列。

ATmega8 引脚功能如下所示。

VCC:数字电路的电源。

GND:地。

端口 B(PB7~PB0)(XTAL1/XTAL2/TOSC1/TOSC2):端口 B 为 8 位双向I/O 口,具有可编程的内部上拉电阻。其输出缓冲器具有对称的驱动特性,可以输出和吸收大电流。作为输入使用时,若内部上拉电阻使能,则端口被外部电路拉低时将输出电流。在复位过程中,即使系统时钟还未起振,端口 B 也处于高阻状态。

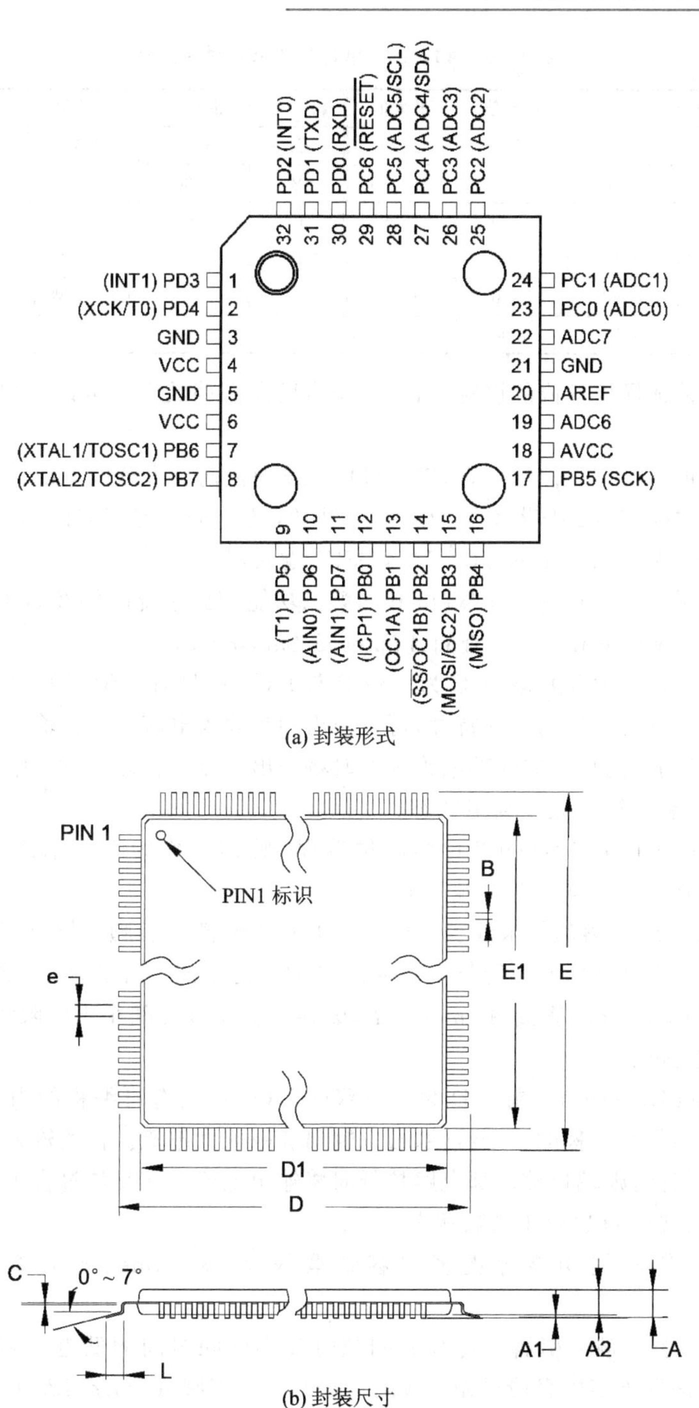

(a) 封装形式

(b) 封装尺寸

图 1－6　ATmega8 32 引脚 TQFP 封装形式与尺寸

表 1-5 ATmega8 单片机 TQFP 封装尺寸 mm

符 号	最小值	标准值	最大值	符 号	最小值	标准值	最大值
A	—		1.20	E1	6.90	7.00	7.10
A1	0.05		—0.15	B	0.30	—	0.45
A2	0.95	1.00	1.05	C	0.09	—	0.20
D	8.75	9.00	9.25	L	0.45	—	0.75
D1	6.90	7.00	7.10	e	0.80 典型值		
E	8.75	9.00	9.25				

通过时钟选择熔丝位的设置,PB6 可作为反向振荡放大器或时钟操作电路的输入端。

通过时钟选择熔丝位的设置,PB7 可作为反向振荡放大器的输出端。

若将片内标定 RC 振荡器作为芯片时钟源,且 ASSR 寄存器的 AS2 位设置,则 PB7、PB6 作为异步 T/C2 的 TOSC2、TOSC1 输入端。

端口 B 的其他功能见 P55“端口 B 的第二功能”及“系统时钟及时钟选项”,更多内容请登录 www.atmel.com 查阅 *ATmega8 Datasheet* 。

端口 C(PC5~PC0):端口 C 为 7 位双向 I/O 口,具有可编程的内部上拉电阻。其输出缓冲器具有对称的驱动特性,可以输出和吸收大电流。作为输入使用时,若内部上拉电阻使能,则端口被外部电路拉低时将输出电流。在复位过程中,即使系统时钟还未起振,端口 C 也处于高阻状态。

PC6/$\overline{\text{RESET}}$:若 RSTDISBL 熔丝位编程,则 PC6 作为 I/O 引脚使用。**注意:** PC6 的电气特性与端口 C 的其他引脚不同。

若 RSTDISBL 熔丝位未编程,则 PC6 作为复位输入引脚。持续时间超过最小门限时间的低电平将引起系统复位。端口 C 的其他功能、门限时间等更多的内容请登录 www.atmel.com 查阅 *ATmega8 Datasheet* 。持续时间小于门限时间的脉冲不能保证可靠复位。

端口 D(PD7~PD0):端口 D 为 8 位双向 I/O 口,具有可编程的内部上拉电阻。其输出缓冲器具有对称的驱动特性,可以输出和吸收大电流。作为输入使用时,若内部上拉电阻使能,则端口被外部电路拉低时将输出电流。在复位过程中,即使系统时钟还未起振,端口 D 也处于高阻状态。

端口 D 的其他功能等更多内容请登录 www.atmel.com 查阅 *ATmega8 Datasheet* 。

$\overline{\text{RESET}}$:复位输入引脚。持续时间超过最小门限时间的低电平将引起系统复位。门限时间等更多内容请登录 www.atmel.com 查阅 *ATmega128 Datasheet* 。持续时间小于门限时间的脉冲不能保证可靠复位。

AVCC:AVCC 是 A/D 转换器、端口 C (3~0)及 ADC(7、6)的电源。不使用 ADC 时,该引脚应直接与 VCC 连接。使用 ADC 时应通过一个低通滤波器与 VCC

连接。**注意：**端口 C(5、4)为数字电源，VCC。

AREF：A/D 的模拟基准输入引脚。

ADC7、ADC6(TQFP 与 MLF 封装)：TQFP 与 MLF 封装的 ADC7、ADC6 作为 A/D 转换器的模拟输入，为模拟电源且作为 10 位 ADC 通道。

1.3.3　ATmega8 单片机 PACK 板电路和 PCB

ATmega8 单片机 PACK 板电路和 PCB 图如图 1－7 所示。

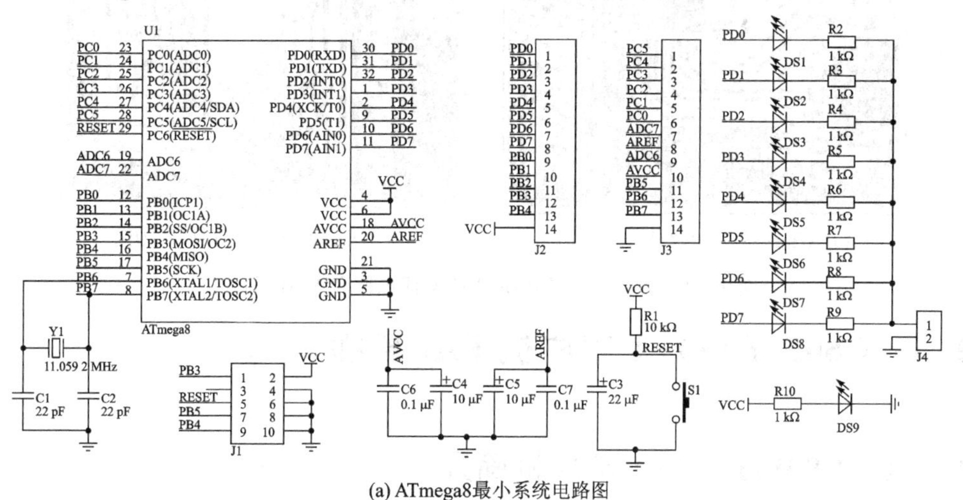

(a) ATmega8最小系统电路图

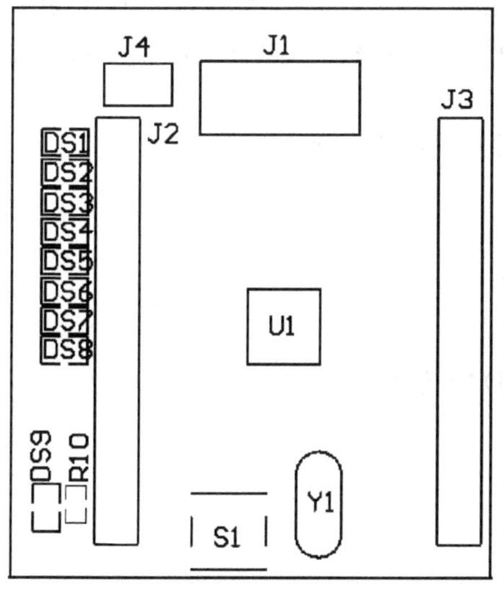

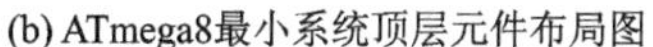
(b) ATmega8最小系统顶层元件布局图

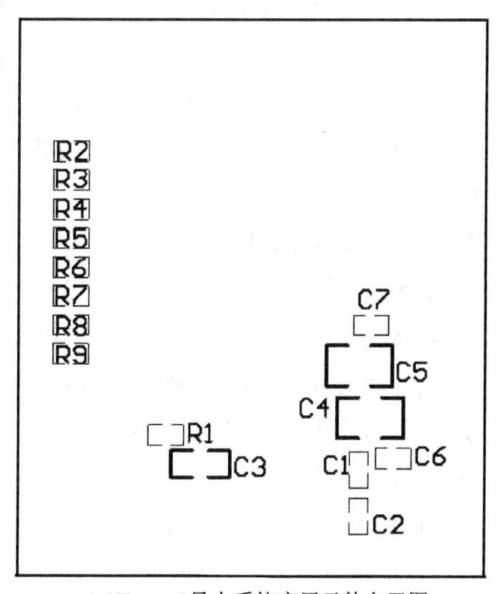

(c) ATmega8最小系统底层元件布局图

图 1－7　ATmega8 单片机 PACK 板电路和 PCB 图

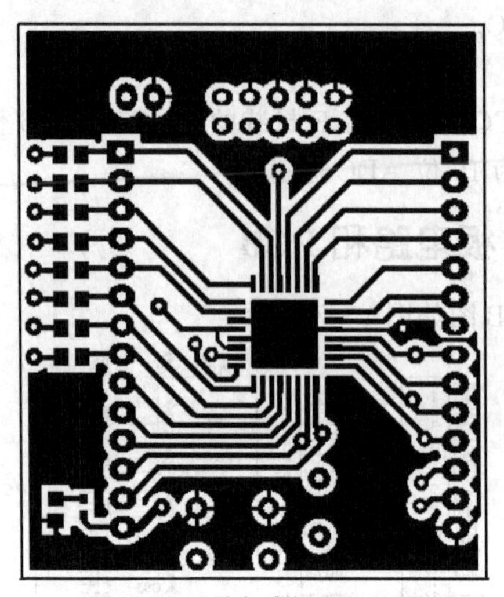

(d) ATmega8最小系统顶层PCB图

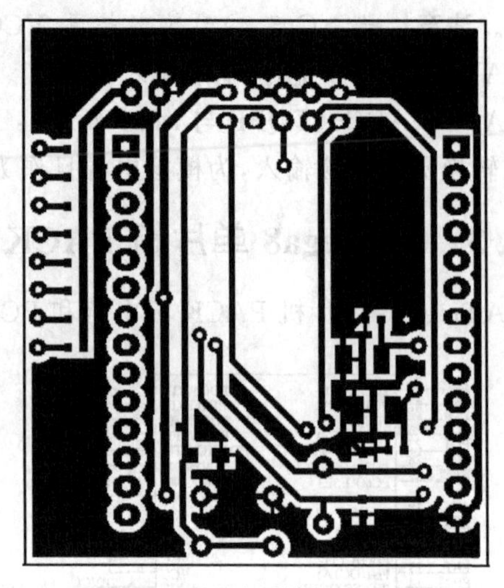

(e) ATmega8最小系统底层 PCB图

图 1-7 ATmega8 单片机 PACK 板电路和 PCB 图(续)

1.4 C8051F330/1 单片机 PACK 板

1.4.1 C8051F330/1 单片机简介

C8051F330/1 8 KB ISP Flash 微控制器是完全集成的混合信号片上系统型 MCU,采用 Silicone Labs 专利 CIP-51 微控制器内核,与 MCS-51 指令集完全兼容,是一个真正能独立工作的片上系统。

C8051F330/1 8 KB ISP Flash 微控制器产品特性如下:

(1) 模拟外设

① 10 位 ADC(只限于 F330)。

➢ ADC 转换速率可达 200 kSPS;

➢ 可多达 16 个外部单端或差分输入;

➢ V_{REF}可在内部 V_{REF}、外部引脚或 VDD 中选择;

➢ 内部或外部转换启动源;

➢ 内置温度传感器。

② 10 位电流输出 DAC(只限于 F330)。

③ 比较器。

➢ 可编程回差电压和响应时间;

➢ 可配置为中断或复位源;

➢ 小电流(<0.4 μA)。

(2) 在片调试

① 片内调试电路提供全速、非侵入式的在系统调试(不需仿真器)。

② 支持断点、单步、观察/修改存储器和寄存器。

③ 比使用仿真芯片、目标仿真头和仿真插座的仿真系统有更优越的性能。

④ 廉价而完整的开发套件。

(3) 高速 8051 微控制器内核

① 流水线指令结构;70%的指令的执行时间为一个或两个系统时钟周期。

② 速度可达 25 MIPS(时钟频率为 25 MHz 时)。

③ 扩展的中断系统。

(4) 存储器

① 768 B 内部数据 RAM(256 B+512 B)。

② 8 KB Flash;可在系统编程,扇区大小为 512 B。

(5) 数字外设

① 17 个端口 I/O;均耐 5 V 电压,大灌电流。

② 硬件增强型 UART、SMBus 和增强型 SPI 串口。

③ 4 个通用 16 位定时器/计数器。

④ 16 位可编程定时器/计数器阵列(PCA),有 3 个捕捉/比较模块。

⑤ 使用 PCA 或定时器和外部时钟源的实时时钟方式。

(6) 时钟源

① 两个内部振荡器。

➢ 24.5 MHz,±2%的精度,可支持无晶体 UART 操作;

➢ 80 kHz/40 kHz/20 kHz/10 kHz 低频率、低功耗振荡器。

② 外部振荡器:晶体、RC、C 或外部时钟。

③ 可在运行中切换时钟源,适用于节电方式。

(7) 供电电压

① 2.7～3.6 V。

② 典型工作电流:6.4 mA @ 25 MHz;9 μA @ 32 kHz。

③ 典型待机电流:0.1 μA。

(8) 温度范围

温度范围:−40～+85 ℃。

(9) 封　装

20 脚 MLP。

1.4.2　C8051F330/1 单片机封装形式与引脚端功能

C8051F330/1 单片机采用 20 引脚 PDIP 和 20 引脚 QFN 封装,引脚端功能如表 1-6所列,QFN 封装形式如图 1-8 所示,QFN 封装尺寸如表 1-7 所列。

表1-6　C8051F330/1单片机引脚端功能

引　脚	符　号	类　型	功　能
3	VDD		电源
2	GND		地
4	$\overline{RST}$ C2CK	数字I/O 数字I/O	器件复位。内部上电复位或VDD监视器的漏极开路输出。一个外部源可以通过将该引脚驱动为低电平(至少10 μs)来启动一次系统复位 C2调试接口的时钟信号
5	P2.0 C2D	数字I/O 数字I/O	端口P2.0 C2调试接口的双向数据信号
1	P0.0 VREF	数字I/O或模拟输入 模拟输入	端口P0.0 外部VREF输入
20	P0.1 IDA0	数字I/O或模拟输入 模拟输出	端口P0.1 IDA0输出
19	P0.2 XTAL1	数字I/O或模拟输入 模拟输入	端口P0.2 外部时钟输入。对于晶体或陶瓷谐振器,该引脚是外部振荡器电路的反馈输入
18	P0.3 XTAL2	数字I/O 模拟I/O或数字输入	端口P0.3 外部时钟输出。该引脚是晶体或陶瓷谐振器的激励驱动器。对于CMOS时钟、电容或RC振荡器配置,该引脚是外部时钟输入
17	P0.4	数字I/O或模拟输入	端口P0.4
16	P0.5	数字I/O或模拟输入	端口P0.5
15	P0.6 CNVSTR	数字I/O或模拟输入 数字输入	端口P0.6 ADC0外部转换启动输入或IDA0更新源输入
14	P0.7	数字I/O或模拟输入	端口P0.7
13	P1.0	数字I/O或模拟输入	端口P1.0
12	P1.1	数字I/O或模拟输入	端口P1.1
11	P1.2	数字I/O或模拟输入	端口P1.2
10	P1.3	数字I/O或模拟输入	端口P1.3
9	P1.4	数字I/O或模拟输入	端口P1.4
8	P1.5	数字I/O或模拟输入	端口P1.5
7	P1.6	数字I/O或模拟输入	端口P1.6
6	P1.7	数字I/O或模拟输入	端口P1.7

表1-7 C8051F330/1单片机QFN封装尺寸 mm

符　号	最小值	典型值	最大值	符　号	最小值	典型值	最大值
A	0.81	0.90	1.00	L	0.45	0.55	0.65
A1	0	0.02	0.05	N	—	20	—
A2	—	0.65	1.00	ND	—	5	—
A3	—	0.25	—	NE	—	5	—
b	0.18	0.23	0.30	R	0.09	—	—
D	—	4.00	—	AA	—	0.435	—
D2	2.00	2.15	2.25	BB	—	0.435	—
E	—	4.00	—	CC	—	0.18	—
E2	2.00	2.15	2.25	DD	—	0.18	—
e	—	0.5	—				

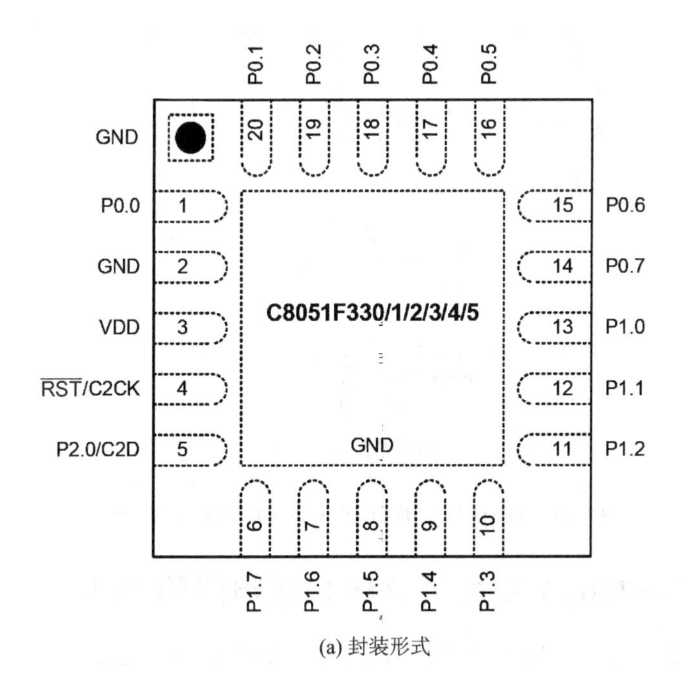

(a) 封装形式

图1-8 C8051F330/1单片机QFN封装形式和尺寸

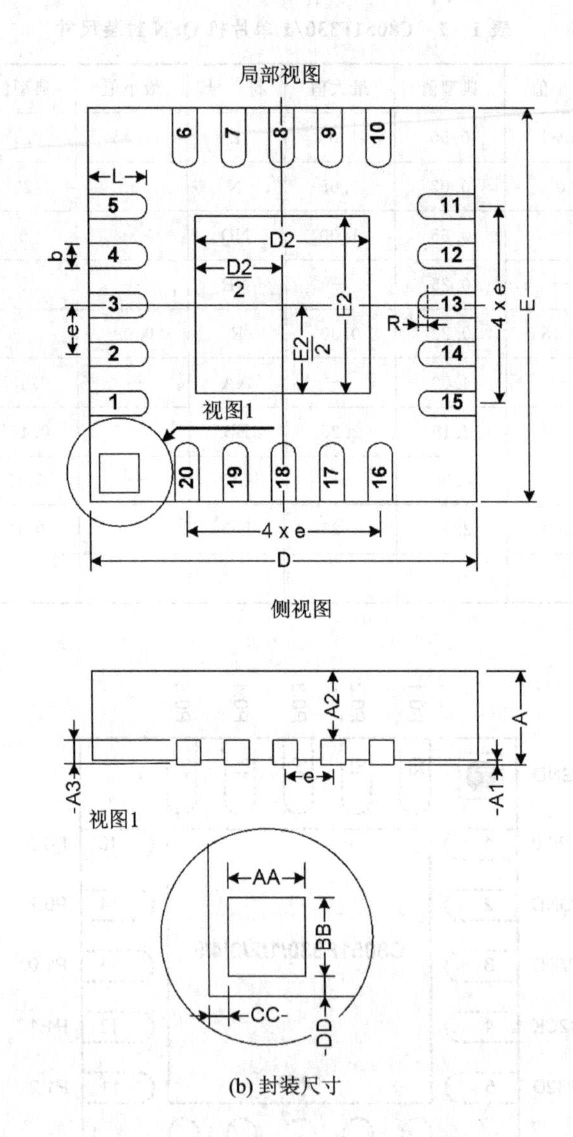

(b) 封装尺寸

图 1-8 C8051F330/1 单片机 QFN 封装形式和尺寸(续)

1.4.3 C8051F330/1 单片机 PACK 板电路和 PCB

C8051F330/1 单片机 PACK 板电路和 PCB 图如图 1-9 所示。

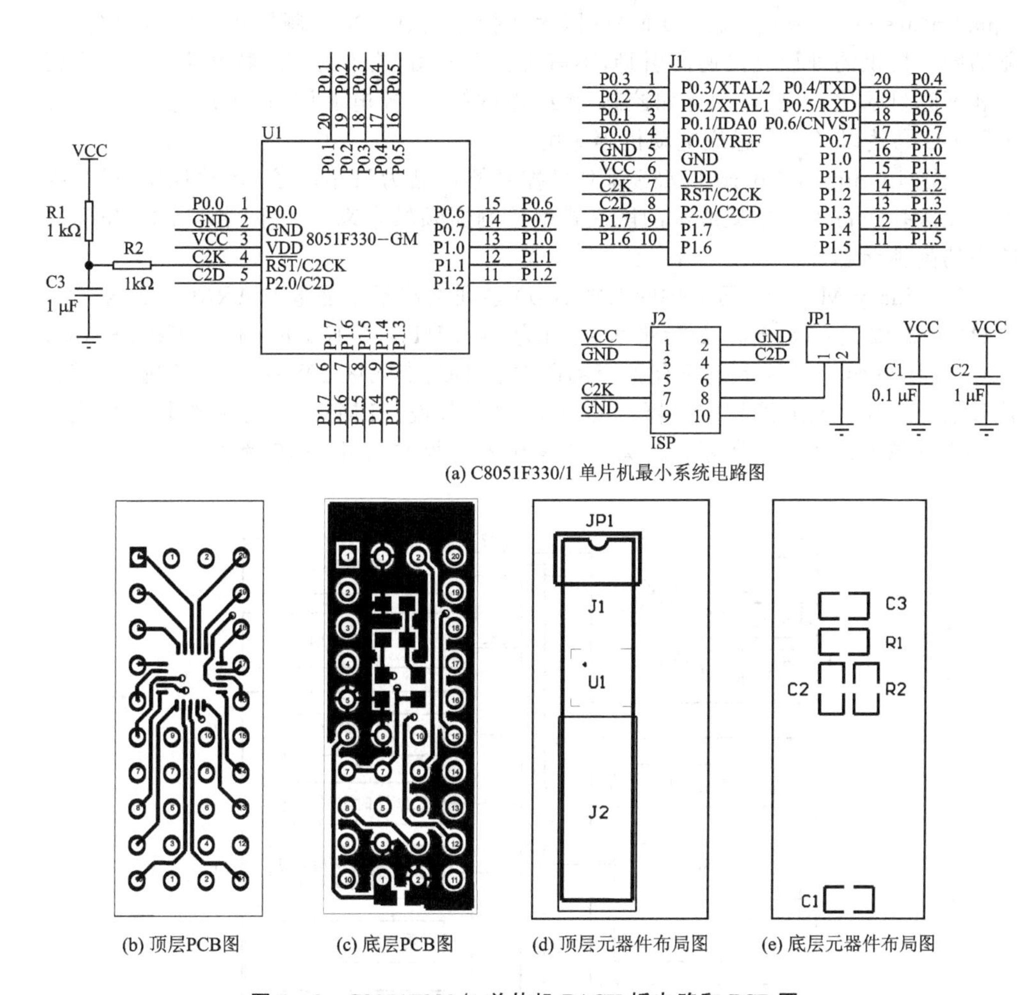

(a) C8051F330/1 单片机最小系统电路图

图1-9 C8051F330/1单片机PACK板电路和PCB图

1.5 LM3S615 ARM Cortex-M3 微控制器 PACK 板

1.5.1 LM3S600 系列微控制器简介

Luminary Micro(流明诺瑞)公司设计、经销、出售基于 ARM Cortex-M3 的 LM3S 系列微控制器(MCU)。作为 ARM 公司的 Cortex-M3 技术的主要合伙人，Luminary Micro 公司已经向业界推出了首颗 Cortex-M3 处理器的芯片，用 8 位/16 位的成本获得了 32 位的性能。Luminary Micro 公司的 LM3S 系列微控制器包含运行在 50 MHz 频率下的 ARM Cortex-M3 MCU 内核、嵌入式 Flash 和 SRAM、一个低压降的稳压器、集成的掉电复位和上电复位功能、模拟比较器、10 位 ADC、SSI、GPIO、看门狗和通用定时器、UART、I²C、USB、运动控制 PWM 以及正交编码器

(quadrature encoder)输入、100 MHz以太网控制器、CAN控制器等,芯片内部固化驱动库。提供的外设直接通向引脚,不需要特性复用,这个丰富的特性集非常适合楼宇和家庭自动化、工厂自动化和控制、无线电网络、工控电源设备、步进电机、有刷和无刷DC马达以及AC感应电动机等应用。

美国Luminary Micro LM3S系列微控制器产品为汽车电子、运动控制、过程控制以及医疗设备等要求低成本的嵌入式微控制器领域带来了一系列具有32位运算能力的高性能芯片。

Luminary Micro公司提供的LM3S600系列微控制器是基于ARM Cortex-M3内核的32位微控制器。支持最大主频为50 MHz,32 KB Flash,8 KB SRAM,LQFP-48封装。芯片上集成有正交编码器、ADC、带死区PWM、温度传感器、模拟比较器、UART、SSI、通用定时器、I²C和CCP等外设。LM3S600系列微控制器内部结构方框图如图1-10所示。**注意:**不是所有特性在LM3S615微控制器中都可以使用。

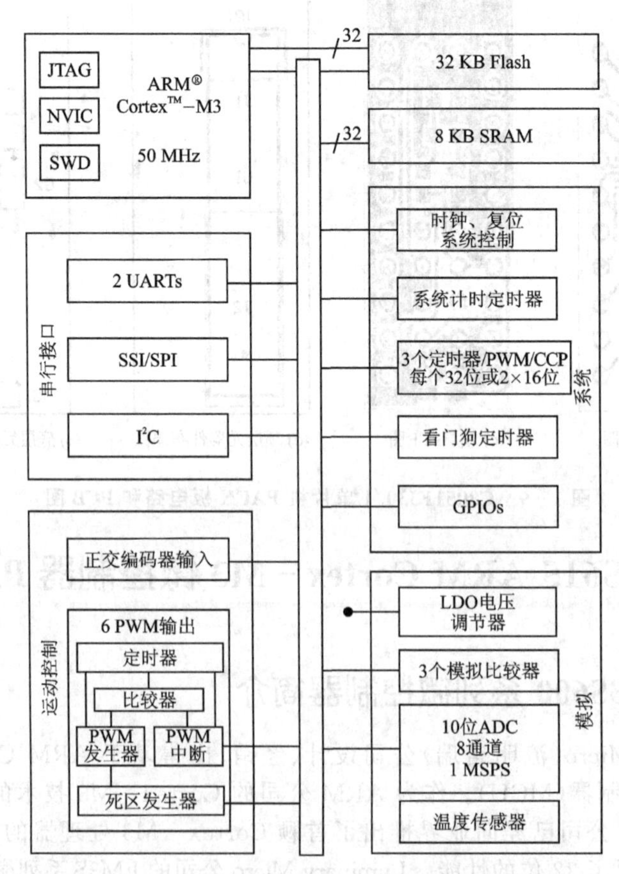

图1-10 LM3S600系列微控制器内部结构方框图

1.5.2 LM3S615 微控制器的封装形式与引脚端功能

LM3S615 微控制器采用 48 引脚 LQFP 封装，封装形式与尺寸如图 1－11 所示，封装尺寸如表 1－8 所列。

表 1－8 LM3S615 微控制器封装尺寸 mm

符 号	最小值	标准值	最大值	符 号	最小值	典型值	最大值
A	—	—	1.60	b	0.17	0.22	0.27
A1	0.05	—	0.15	b1	0.17	0.20	0.23
A2	—	0.65	1.00	c	0.09	—	0.20
A3	1.35	1.40	1.45	c1	0.09	—	0.16
D	9.00BSC			外形和位置的容限			
D1	7.00BSC			aaa	0.20		
E	9.00BSC			bbb	0.20		
E1	7.00BSC			ccc	0.18		
L	0.45	0.60	0.75	ddd	0.18		
e	0.5BSC						

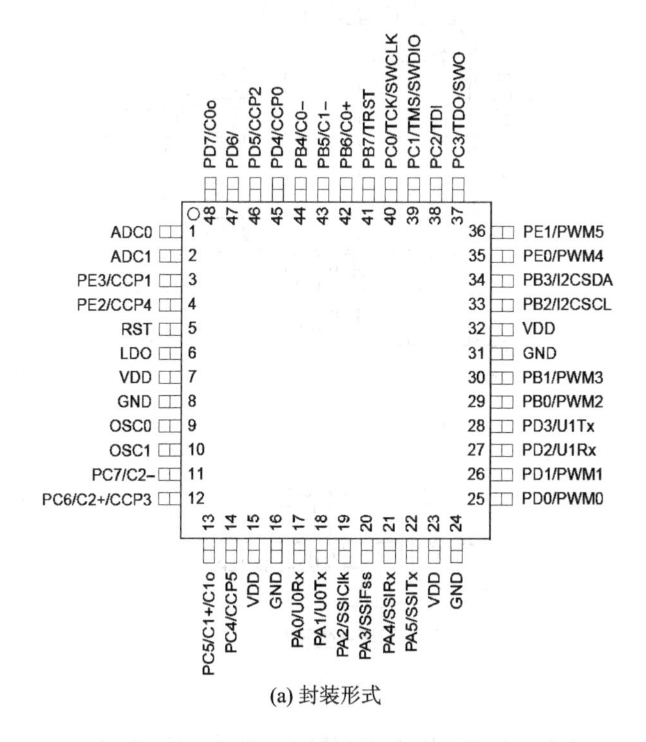

(a) 封装形式

图 1－11 LM3S615 微控制器封装形式与尺寸

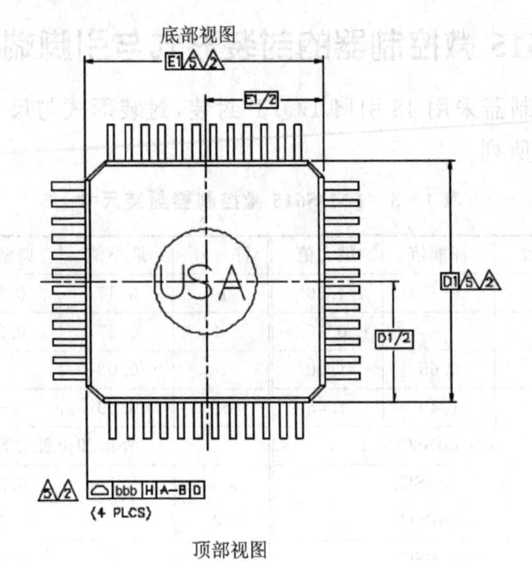

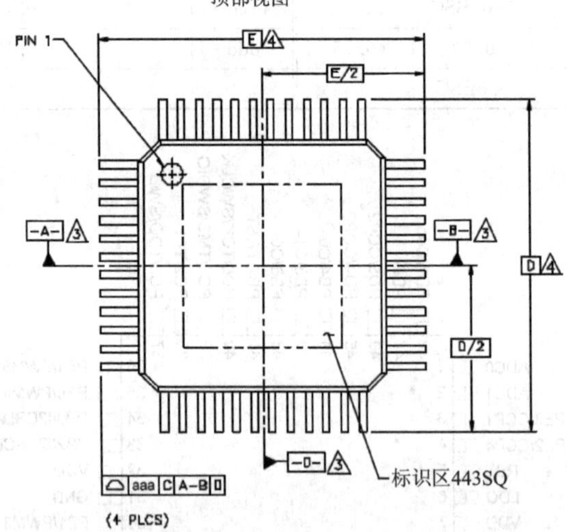

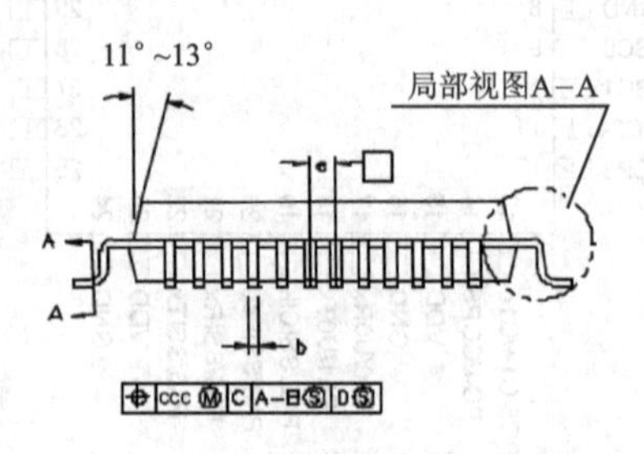

(b) 封装尺寸

图 1-11 LM3S615 微控制器封装形式与尺寸(续)

LM3S615 微控制器引脚端功能如表 1-9 所列。

表 1-9 LM3S615 微控制器引脚端功能

引 脚	符 号	输入/输出类型	缓冲区类型	功 能
1	ADC0	I	模拟	模/数转换器输入 0
2	ADC1	I	模拟	模/数转换器输入 1
3	PE3	I/O	TTL	GPIO 端口 E 位 3
	CCP1	I/O	TTL	捕获/比较/PWM 1
4	PE2	I/O	TTL	GPIO 端口 E 位 2
	CCP4	I/O	TTL	捕获/比较/PWM 4
5	$\overline{\text{RST}}$	I	TTL	系统复位输入
6	LDO		电源	低压差稳压器输出电压。这个引脚在引脚和 GND 之间需要一个 1 μF 或更大的外部电容
7	VDD		电源	I/O 和某些逻辑的电源正极
8	GND		电源	逻辑和 I/O 引脚的地
9	OSC0	I	模拟	主振荡器晶体输入或外部时钟参考输入
10	OSC1	O	模拟	主振荡器晶体输出
11	PC7	I/O	TTL	GPIO 端口 C 位 7
	C2−	I	模拟	模拟比较器 2 负极输入
12	PC6	I/O	TTL	GPIO 端口 C 位 6
	C2+	I	模拟	模拟比较器 2 正极输入
	CCP3	I/O	TTL	捕获/比较/PWM 3
13	PC5	I/O	TTL	GPIO 端口 C 位 5
	C1+	I	模拟	模拟比较器 1 正极输入
	C1o	O	TTL	模拟比较器 1 输出
14	PC4	I/O	TTL	GPIO 端口 C 位 4
	CCP5	I/O	TTL	捕获/比较/PWM 5
15	VDD		电源	I/O 和某些逻辑的电源正极
16	GND		电源	逻辑和 I/O 引脚的地
17	PA0	I/O	TTL	GPIO 端口 A 位 0
	U0Rx	I	TTL	UART 模块 0 接收
18	PA1	I/O	TTL	GPIO 端口 A 位 1
	U0Tx	O	TTL	UART 模块 0 发送

续表 1-9

引脚	符号	输入/输出类型	缓冲区类型	功能
19	PA2	I/O	TTL	GPIO 端口 A 位 2
	SSIClk	I/O	TTL	SSI 时钟
20	PA3	I/O	TTL	GPIO 端口 A 位 3
	SSIFss	I/O	TTL	SSI 帧
21	PA4	I/O	TTL	GPIO 端口 A 位 4
	SSIRx	I	TTL	SSI 模块 0 接收
22	PA5	I/O	TTL	GPIO 端口 A 位 5
	SSITx	O	TTL	SSI 模块 0 发送
23	VDD		电源	I/O 和某些逻辑的电源正极
24	GND		电源	逻辑和 I/O 引脚的地
25	PD0	I/O	TTL	GPIO 端口 D 位 0
	PWM0	O	TTL	PWM 0
26	PD1	I/O	TTL	GPIO 端口 D 位 1
	PWM1	O	TTL	PWM 1
27	PD2	I/O	TTL	GPIO 端口 D 位 2
	U1Rx	I	TTL	UART 模块 1 接收。在 IrDA 模式下时,该信号具有 IrDA 调制
28	PD3	I/O	TTL	GPIO 端口 D 位 3
	U1Tx	O	TTL	UART 模块 1 发送。在 IrDA 模式下时,该信号具有 IrDA 调制
29	PB0	I/O	TTL	GPIO 端口 B 位 0
	PWM2	O	TTL	PWM 2
30	PB1	I/O	TTL	GPIO 端口 B 位 1
	PWM3	O	TTL	PWM 3
31	GND		电源	逻辑和 I/O 引脚的地
32	VDD		电源	I/O 和某些逻辑的电源正极
33	PB2	I/O	TTL	GPIO 端口 B 位 2
	I2CSCL	I/O	OD	I^2C 模块 0 时钟
34	PB3	I/O	TTL	GPIO 端口 B 位 3
	I2CSDA	I/O	OD	I^2C 模块 0 数据
35	PE0	I/O	TTL	GPIO 端口 E 位 0
	PWM4	O	TTL	PWM 4

续表 1-9

引 脚	符 号	输入/输出类型	缓冲区类型	功 能
36	PE1	I/O	TTL	GPIO 端口 E 位 1
	PWM5	O	TTL	PWM 5
37	PC3	I/O	TTL	GPIO 端口 C 位 3
	TDO	O	TTL	JTAG TDO
	SWO	O	TTL	JTAG SWO
38	PC2	I/O	TTL	GPIO 端口 C 位 2
	TDI	I	TTL	JTAG TDI
39	PC1	I/O	TTL	GPIO 端口 C 位 1
	TMS	I/O	TTL	JTAG TMS
	SWDIO	I/O	TTL	JTAG SWDIO
40	PC0	I/O	TTL	GPIO 端口 C 位 0
	TCK	I	TTL	JTAG/SWD CLK
	SWCLK	I	TTL	JTAG/SWD CLK
41	PB7	I/O	TTL	GPIO 端口 B 位 7
	TRST	I	TTL	JTAG TRSTn
42	PB6	I/O	TTL	GPIO 端口 B 位 6
	C0+	I	模拟	模拟比较器 0 正极输入
43	PB5	I/O	TTL	GPIO 端口 B 位 5
	C1-	I	模拟	模拟比较器 1 负极输入
44	PB4	I/O	TTL	GPIO 端口 B 位 4
	C0-	I	模拟	模拟比较器 0 负极输入
45	PD4	I/O	TTL	GPIO 端口 D 位 4
	CCP0	I/O	TTL	捕获/比较/PWM 0
46	PD5	I/O	TTL	GPIO 端口 D 位 5
	CCP2	I/O	TTL	捕获/比较/PWM 2
47	PD6	I/O	TTL	GPIO 端口 D 位 6
	Fault	I	TTL	PWM 错误
48	PD7	I/O	TTL	GPIO 端口 D 位 7
	C0o	O	TTL	模拟比较器 0 输出

1.5.3　LM3S615 微控制器 PACK 板电路和 PCB

LM3S615 微控制器 PACK 板电路和 PCB 图如图 1-12 所示。

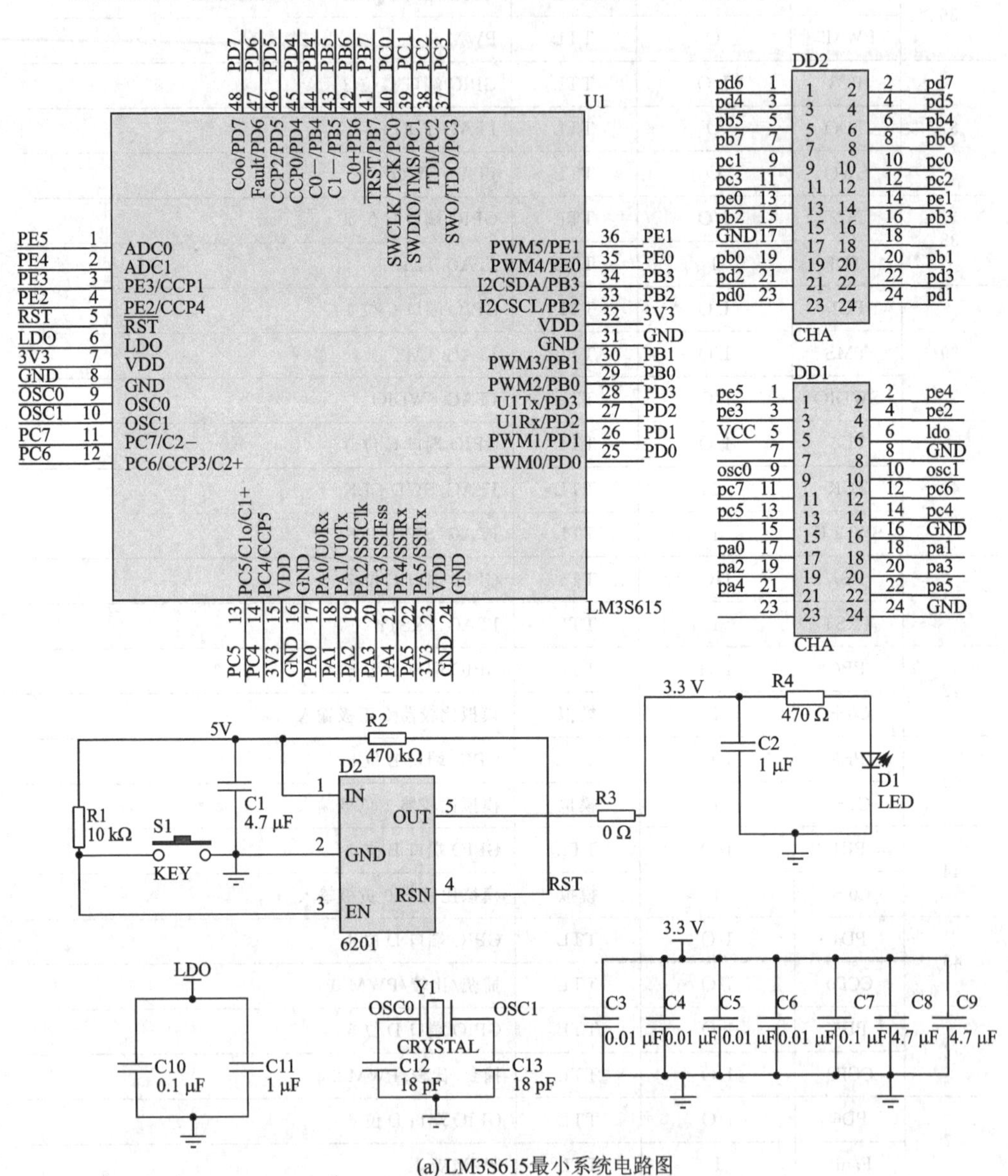

(a) LM3S615最小系统电路图

图 1-12　LM3S615 微控制器 PACK 板电路和 PCB 图

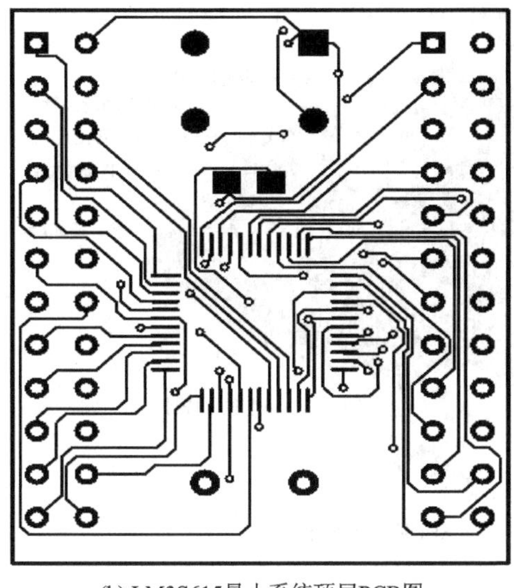

(b) LM3S615最小系统顶层PCB图

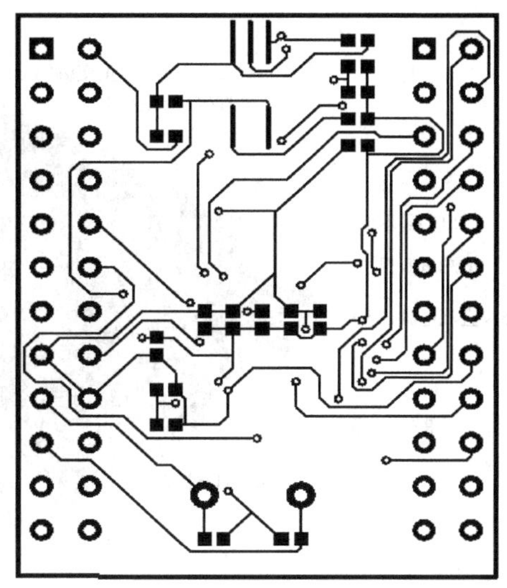

(c) LM3S615最小系统底层PCB图

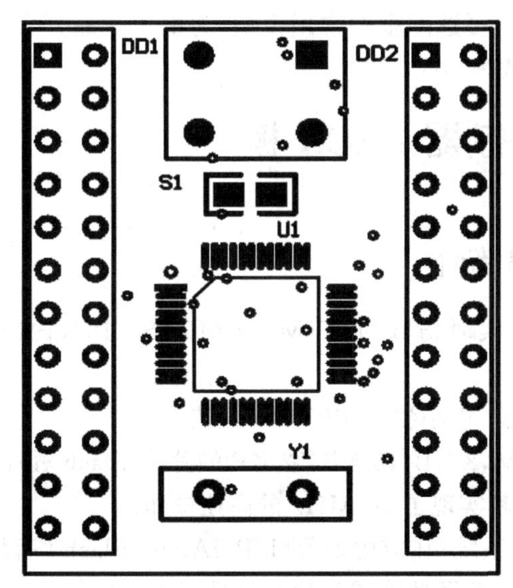

(d) LM3S615最小系统顶层元器件布局图

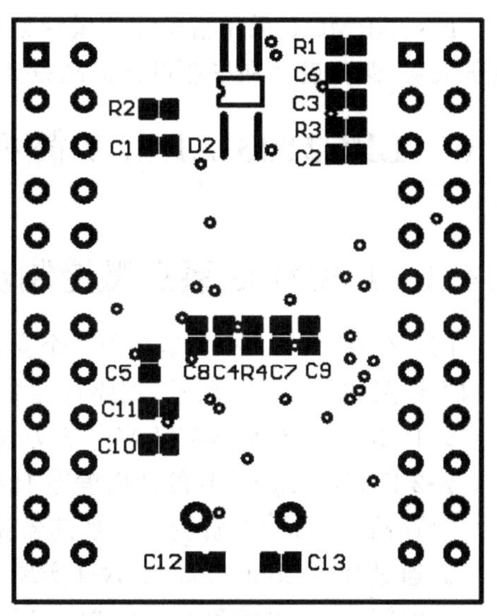

(e) LM3S615最小系统底层元器件布局图

图 1-12　LM3S615 微控制器 PACK 板电路和 PCB 图(续)

1.5.4　EasyARM615 ARM 开发套件

周立功单片机公司提供的 EasyARM615 ARM 开发套件,可以支持 LM3S1xxA、LM3S3xx、LM3S6xx 和 LM3S8xx 系列 CPU PACK;支持 μC/OS Ⅱ操作系统(提供移植代码),EasyARM615 开发板实物如图 1-13 所示。

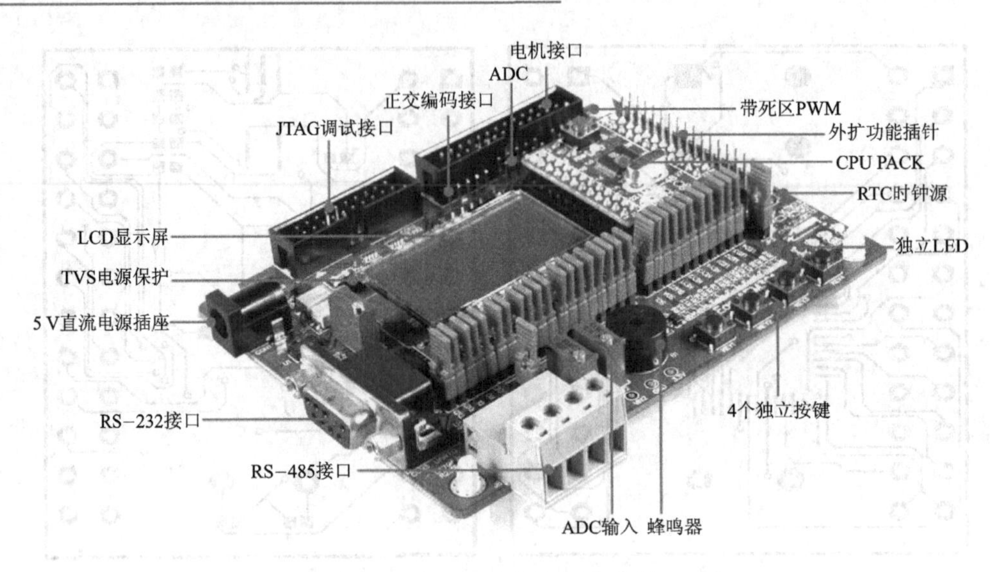

图 1-13　EasyARM615 开发板

EasyARM615 采用搭积木式模块架构，可选配多种常用模块，为电子产品开发、电子大赛、课程设计和毕业设计提高设计效率。

1.6　LPC2103 ARM 7 微控制器 PACK 板

1.6.1　LPC2103 系列微控制器简介

LPC2101/2102/2103 是基于一个支持实时仿真的 ARM7TDMI-S CPU，内部结构方框图如图 1-14 所示，主要特性如下。

- 16 位/32 位 ARM7TDMI-S 处理器，极小型 LQFP-48 封装。
- 2 KB/4 KB/8 KB 的片内静态 RAM，8 KB/16 KB/32 KB 的片内 Flash 程序存储器，128 位宽的接口/加速器使其实现了 70 MHz 的高速操作。
- 通过片内 Boot-loader 软件实现在系统/在应用编程(ISP/IAP)。Flash 编程时间：1 ms可编程 256 B，单个 Flash 扇区擦除或整片擦除只需 400 ms。
- EmbeddedICE RT 通过片内 RealMonitor 软件来提供实时调试。
- 10 位的 A/D 转换器含有 8 个模拟输入，每个通道的转换时间低至 2.44 μs，专用的结果寄存器使中断开销降到最低。
- 2 个 32 位的定时器/外部事件计数器，具有 7 路捕获和 7 路比较通道。
- 2 个 16 位的定时器/外部事件计数器，具有 3 路捕获和 7 路比较通道。
- 低功耗实时时钟(RTC)，有独立的供电电源和专门的 32 kHz 时钟输入。
- 多个串行接口，包括 2 个 UART(16C550)，2 个快速 I^2C 总线(400 kbps)以及带缓冲和可变数据长度功能的 SPI 和 SSP。

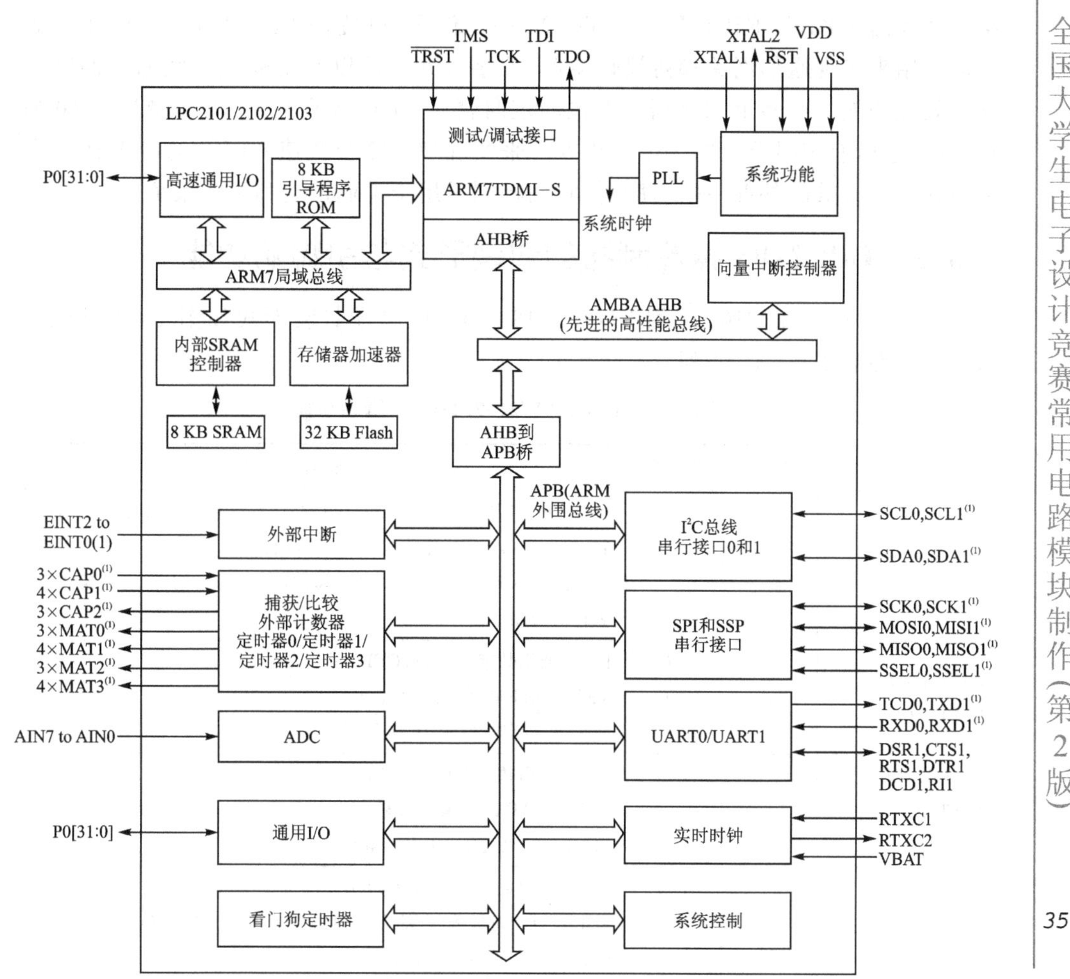

图 1-14　LPC2101/2102/2103 的内部结构方框图

- 向量中断控制器,可配置优先级和向量地址。
- 多达 32 个可承受 5 V 的通用 I/O 口。
- 高达 13 个边沿或电平有效的外部中断引脚。
- 通过可编程的片内 PLL(可能的输入频率范围:10～25 MHz)可实现最大为 70 MHz 的 CPU 时钟频率,设置时间为 100 μs。
- 片内集成的振荡器,工作在 1～25 MHz 的外部晶体下。
- 节电模式包括空闲模式、RTC 有效的睡眠模式和掉电模式。
- 通过外设功能的单独使能/禁止和调节外设时钟来实现功耗的最优化。
- 通过外部中断或 RTC 将处理器从掉电模式中唤醒。

由于 LPC2101/2102/2103 的尺寸非常小且功耗极低,非常适合于那些将小型化作为主要要求的应用,多个 UART、SPI 到 SSP 和 2 个 I²C 总线组成的混合串行通信接口和片内 2 KB/4 KB/8 KB 的 SRAM 一起作用,可使得 LPC2101/2102/2103 非常适合用来实现通信网关和协议转换器、数字协处理器以及足够大空间的缓冲区的强大处理功能。而多个 32 位和 16 位的定时器、一个经改良后的 10 位 ADC、PWM 特性(通过所有定时器上的一个输出匹配来实现)和 32 个快速 GPIO(含有多达 9 个边沿或电平有效的外部中断引脚)使它们特别适用于工业控制和医疗系统。

1.6.2 LPC2103 微控制器的封装形式与引脚端功能

LPC2101/2102/2103 采用 LQFP-48 封装,引脚端封装形式如图 1-15 所示,引脚端功能如表 1-10 所列。

表 1-10 LPC2101/2102/2103 引脚端功能

符 号	引 脚	类 型	功能描述
P0.0~P0.31		I/O	P0 口:P0 口是一个 32 位双向 I/O 口。每个位都有独立的方向控制。除 P0.31 只能作为输出口外,其他所有 31 个引脚都可用作通用数字双向 I/O 口。P0 口引脚的操作取决于引脚连接模块所选择的功能
P0.0/TXD0/ MAT3.1	13①	I/O O O	P0.0:通用数字 I/O 口(GPIO); TxD0:UART0 的发送器输出; MAT3.1:定时器 3 PWM 输出 1
P0.1/RXD0/ MAT3.2	14②	I/O I O	P0.1:通用数字 I/O 口(GPIO); RxD0:UART0 的接收器输入; MAT3.2:定时器 3 PWM 输出 2
P0.2/SCL0/ CAP0.0	18③	I/O I/O	P0.2:通用数字 I/O 口(GPIO); SCL0:I^2C0 时钟输入/输出,开漏输出(符合 I^2C 规范); CAP0.0:定时器 0 捕获输入 0
P0.3/SDA0/ MAT0.0	21③	I/O I/O O	P0.3:通用数字 I/O 口(GPIO); SDA0:I^2C0 数据输入/输出,开漏输出(符合 I^2C 规范); MAT0.0:定时器 0 PWM 输出 0
P0.4/SCK0/ CAP0.1	22④	I/O I/O I	P0.4:通用数字 I/O 口(GPIO); SCK0:SPI0 串行时钟,SPI 主机输出或从机输入的时钟; CAP0.1:定时器 0 捕获输入 1
P0.5/MISO0/ MAT0.1	23④	I/O I/O O	P0.5:通用数字 I/O 口(GPIO); MISO:SPI0 主机输入从机输出,SPI 从机到主机的数据传输; MAT0.1:定时器 0 PWM 输出 1
P0.6/MOSI0/ CAP0.2	24②	I/O I/O I	P0.6:通用数字 I/O 口(GPIO); MOSI:SPI0 主机输出从机输入,SPI 主机到从机的数据传输; CAP0.2:定时器 0 捕获输入 2

续表 1-10

符　号	引　脚	类　型	功能描述
P0.7/SSEL0/ MAT2.0	28[②]	I/O I O	P0.7:通用数字 I/O 口(GPIO); SSEL0:SPI0 从机选择,选择 SPI 接口用作从机; MAT2.0:定时器 2 PWM 输出 0
P0.8/TXD1/ MAT2.1	29[④]	I/O O O	P0.8:通用数字 I/O 口(GPIO); TxD1:UART1 的发送器输出; MAT2.1:定时器 2 PWM 输出 1
P0.9/RXD1/ MAT2.2	30[②]	I/O I O	P0.9:通用数字 I/O 口(GPIO); RxD1:UART1 的接收器输入; MAT2.2:定时器 2 PWM 输出 2
P0.10/RTS1/ CAP1.0/AIN3	35[④]	I/O O I I	P0.10:通用数字 I/O 口(GPIO); RTS1:UART1 请求发送输出; CAP1.0:定时器 1 捕获输入 0; AIN3:模拟输入 3
P0.11/CTS1/ CAP1.1/AIN4	36[③]	I/O O I I	P0.11:通用数字 I/O 口(GPIO); CTS1:UART1 的清零发送输出; CAP1.1:定时器 1 捕获输入 1; AIN4:模拟输入 4
P0.12/DSR1/ MAT1.0/AIN5	37[④]	I/O I O I	P0.12:通用数字 I/O 口(GPIO); DSR1:UART1 的数据设置就绪输入; MAT1.0:定时器 1 PWM 输出 0; AIN5:模拟输入 5
P0.13/DTR1/ MAT1.1	41[④]	I/O O O	P0.13:通用数字 I/O 口(GPIO); DTR1:UART1 的数据终端就绪输出; MAT1.1:定时器 1 PWM 输出 1
P0.14/DCD1/ SCK1/EINT1	44[③]	I/O I I/O I	P0.14:通用数字 I/O 口(GPIO); DCD1:UART1 数据载波检测输入; SCK1:SPI1 串行时钟,SPI 主机时钟输出或从机时钟输入; EINT1:外部中断 1 输入
P0.15/RI1/ EINT2	45[④]	I/O I I	P0.15:通用数字 I/O 口(GPIO); RI1:UART1 铃声指示输入; EINT2:外部中断 2 输入
P0.16/EINT0/ MAT0.2	46[②]	I/O I O	P0.16:通用数字 I/O 口(GPIO); EINT0:外部中断 0 输入; MAT0.2:定时器 0 PWM 输出 2

续表 1-10

符 号	引 脚	类 型	功能描述
P0.17/CAP1.2/ SCL1	47①	I/O I I/O	P0.17:通用数字 I/O 口(GPIO); CAP1.2:定时器 1 捕获输入 2; SCL1 I2C:时钟输入/输出,开漏输出(符合 I^{2}C 规范)
P1.8/CAP1.3/ SDA1	48①	I/O I I/O	P0.18:通用数字 I/O 口(GPIO); CAP1.3:定时器 1 捕获输入 3; SDA1:I2C1 数据输入/输出,开漏输出(符合 I^{2}C 规范)
P0.19/MAT1.2/ MISO1	1①	I/O O I/O	P0.19:通用数字 I/O 口(GPIO); MAT1.2:定时器 1 PWM 输出 2; MISO1:SSP 主入从出,作主机时为数据输入,作从机时为数据输出
P0.20/MAT1.3/ MOSI1	2②	I/O O I/O	P0.20:通用数字 I/O 口(GPIO); MAT1.3:定时器 1 PWM 输出 3; MOSI1:SSP 主出从入,作主机时为数据输出,作从机时为数据输入
P0.21/SSEL1/ MAT3.0	3④	I/O I O	P0.21:通用数字 I/O 口(GPIO); SSEL1:SPI1 从机选择,选择 SPI 接口用作从机; MAT3.0:定时器 3 PWM 输出 0
P0.22/AIN0	32④	I/O I	P0.22:通用数字 I/O 口(GPIO); AIN0:模拟输入 0
P0.23/AIN1	33①	I/O I	P0.23:通用数字 I/O 口(GPIO); AIN1:模拟输入 1
P0.24/AIN2	34①	I/O I	P0.24:通用数字 I/O 口(GPIO); AIN2:模拟输入 2
P0.25/AIN6	38①	I/O I	P0.25:通用数字 I/O 口(GPIO); AIN6:模拟输入 6
P0.26/AIN7	39①	I/O I	P0.26:通用数字 I/O 口(GPIO); AIN7:模拟输入 7
P0.27/TRST/ CAP2.0	8④	I/O O I	P0.27:通用数字 I/O 口(GPIO); TRST:JTAG 接口的测试复位; CAP2.0:定时器 2 捕获输入 0
P0.28/TMS/ CAP2.1	9④	I/O O I	P0.28:通用数字 I/O 口(GPIO); TMS:JTAG 接口的测试模式选择; CAP2.1:定时器 2 捕获输入 1

续表 1-10

符　号	引　脚	类　型	功能描述
P0.29/TCK/ CAP2.2	10④	I/O O I	P0.29:通用数字I/O口(GPIO); TCK:JTAG接口测试时钟; CAP2.2:定时器2捕获输入2
P0.30/TDI/ MAT3.3	15④	I/O I O	P0.30:通用数字I/O口(GPIO); TDI:JTAG接口测试数据输入; MAT3.3:定时器3 PWM输出3
P0.31/TDO	16④	O O	P0.31:通用数字输出口; TDO:JTAG接口测试数据输出
RTXC1	20⑤	I	RTC:振荡器电路的输入
RTXC2	25⑤	O	RTC:振荡器电路的输出
RTCK	26⑤	I/O	返回的测试时钟输出:JTAG端口的额外信号。当处理器频率变化时,帮助调试器保持同步。带内部上拉的双向口
X1	11	I	振荡器电路和内部时钟发生器的输入
X2	12	O	振荡放大器的输出
DBGSEL	27	I	调试选择:当引脚为低电平时,器件正常工作;当引脚为高电平时,进入调试模式。它是一个带内部下拉的输入
$\overline{RST}$	6	I	外部复位输入:该引脚的低电平将器件复位,并使I/O口和外围恢复默认状态,处理器从地址0开始执行。带滞后作用的TTL,最大可承受5 V的电压
VSS	7,19,43	I	地:0 V参考点
VSSA	31	I	模拟地:0 V参考点。正常情况下与VSS电压值相同,但要求两者隔离来使噪声和故障降至最低
VDDA	42	I	3.3 V模拟电源:正常情况下与VDD(3V3)电压值相同,但要求两者隔离来使噪声和故障降至最低。该电压为片内PLL供电
VDD(1V.8)	5	I	1.8 V内核供电电源:内部电路的电源
VDD(3V3)	17,40	I	3.3 V电源:I/O口的电源
VBAT	4	I	RTC电源:3.3 V,用作RTC的电源

表1-10说明如下:

(1) 标注①的引脚最大可承受5 V的电压,提供数字I/O功能,采用TTL电平,具有滞后作用和10 ns的转换速度控制。

(2) 标注②的引脚最大可承受5 V的电压,提供数字I/O功能,采用TTL电平,具有滞后作用和10 ns的转换速度控制。这些引脚配置为输入时,可利用内置的干扰滤波器滤除短于3 ns的脉冲。

(3) 标注③的引脚最大可承受电压为 5 V、兼容 I^2C 总线 400 kHz 规范的开漏输出数字 I/O 口。这些引脚用作输出时需要外部上拉。

(4) 标注④的引脚最大可承受 5 V 的电压,提供数字 I/O 功能(TTL 电平,具有滞后作用和 10 ns 的转换速度控制)和模拟输入功能。这些引脚配置为数字输入时,可利用内置的干扰滤波器滤除短于 3 ns 的脉冲。当配置用作 ADC 模拟输入时,其数字功能被禁止。

(5) 标注⑤的引脚提供特殊的模拟功能。

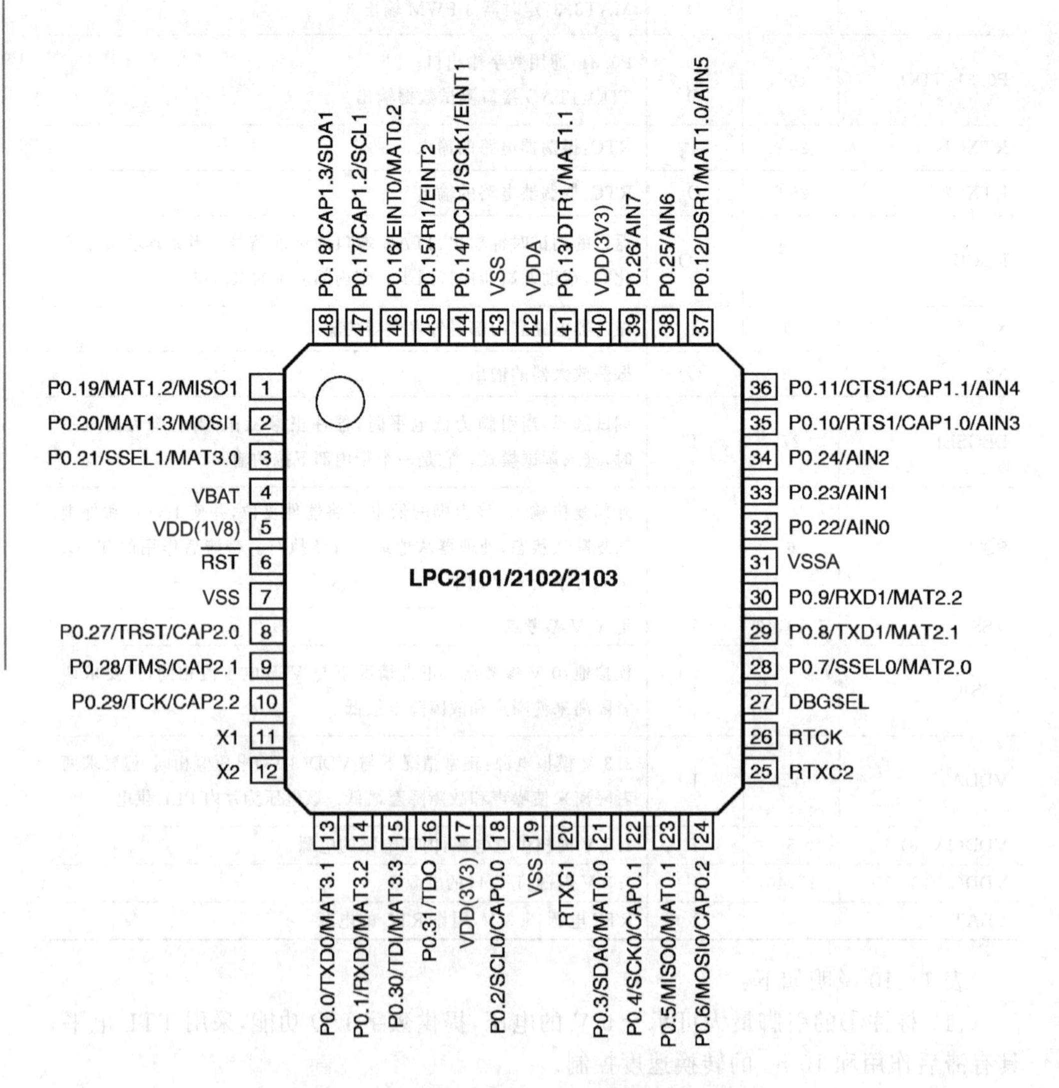

图 1-15 LPC2101/2102/2103 引脚端封装形式

1.6.3 LPC2103微控制器PACK板电路和PCB

LPC2103微控制器PACK板电路和PCB图如图1-16所示。

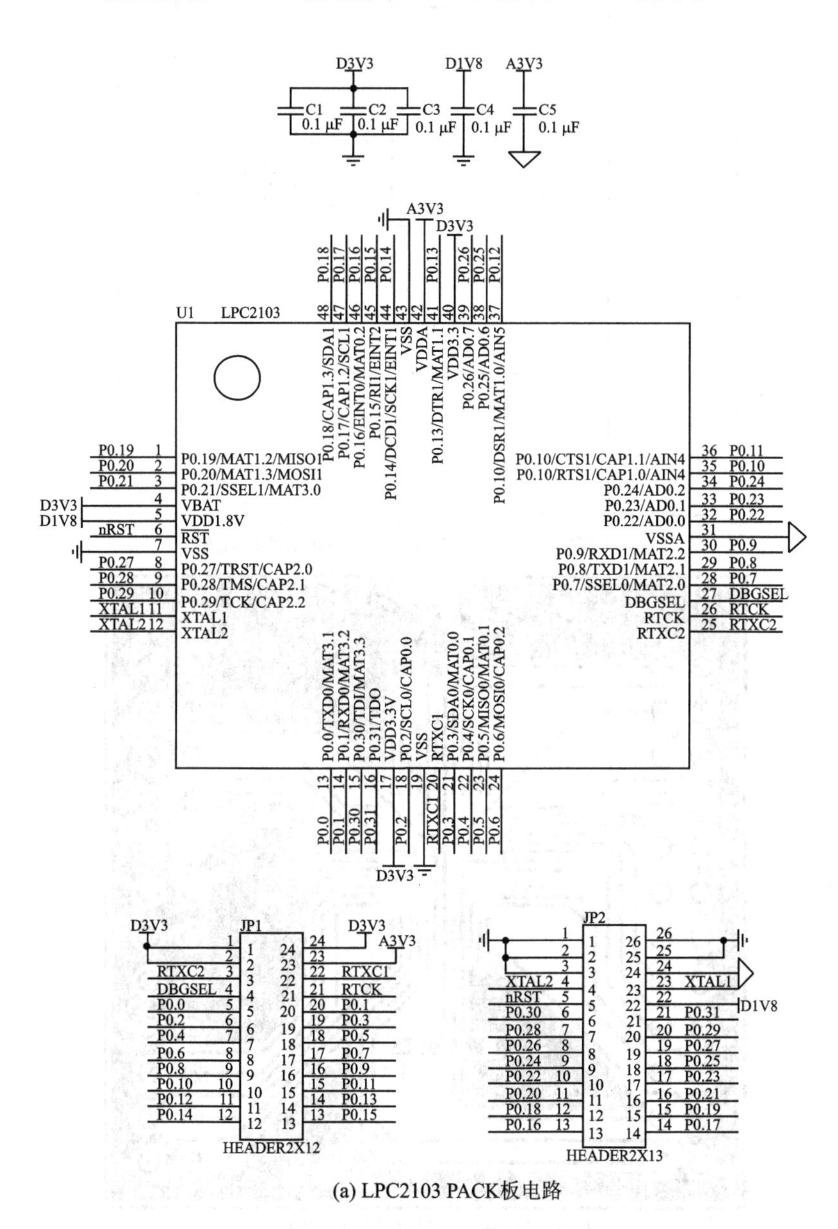

图1-16 LPC2103微控制器PACK板电路和PCB图

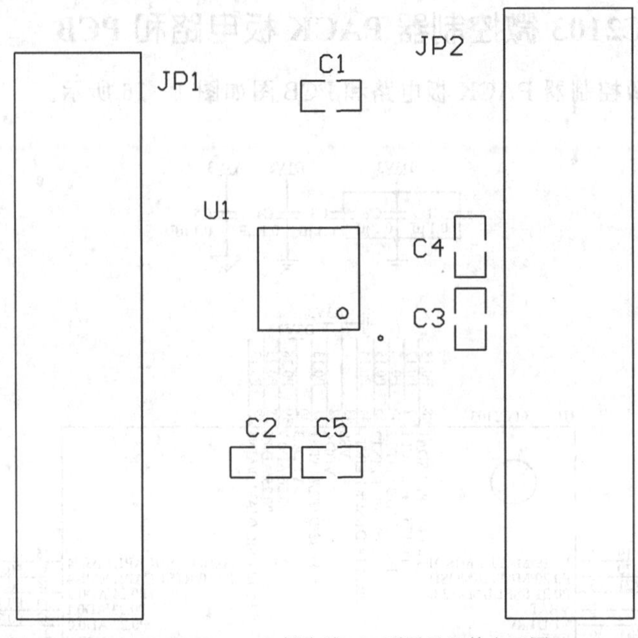

(b) LPC2103 PACK板电路PCB顶层元器件布局图

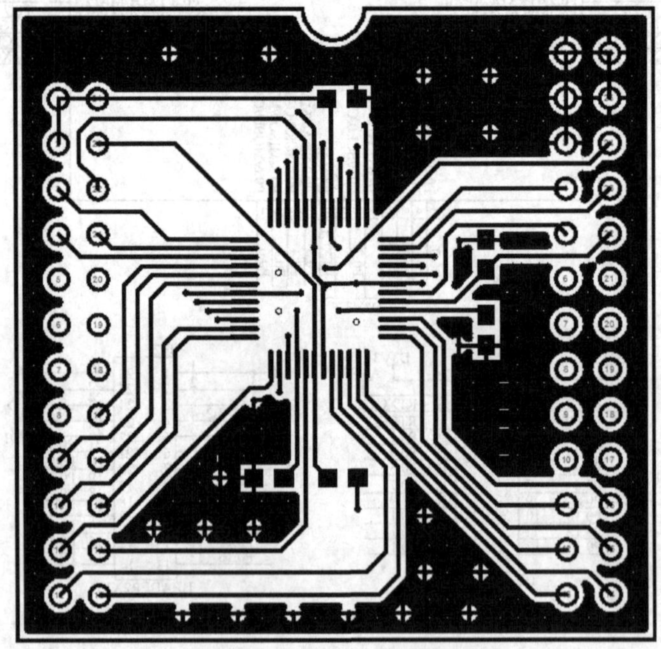

(c) LPC2103 PACK板电路顶层PCB图

图 1－16　LPC2103 微控制器 PACK 板电路和 PCB 图(续)

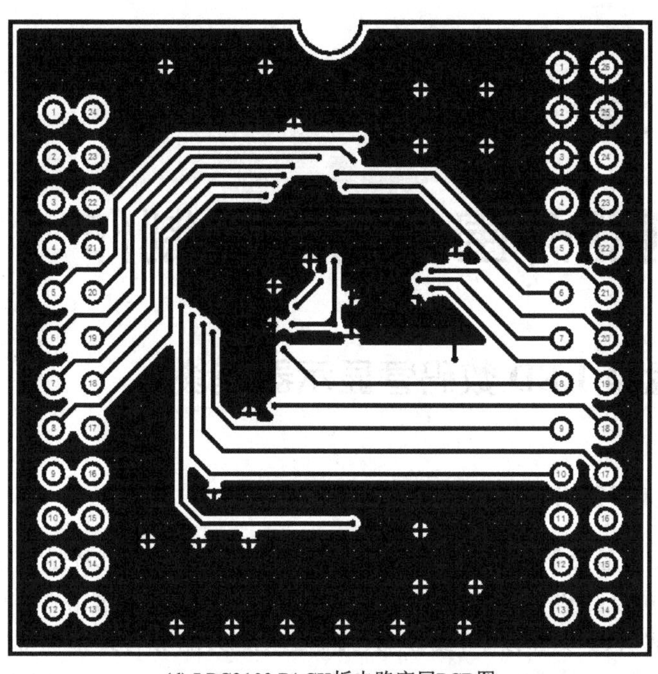

(d) LPC2103 PACK板电路底层PCB图

图1-16 LPC2103微控制器PACK板电路和PCB图(续)

1.6.4 EasyARM2103 ARM开发套件

EasyARM2103是广州致远电子有限公司针对高校师生而研发的一款嵌入式开发套件,具有极高的性价比,配套提供详细的教材和大量完整的设计方案,适用于学习、竞赛和毕业设计多层次开发。

EasyARM2103开发板采用了NXP公司基于ARM7TDMI-S核、LQFP48封装的LPC2103芯片,具有JTAG仿真调试和ISP编程功能。开发板上提供了按键、发光二极管等常用的功能器件,具有RS-232接口电路和I^2C存储器电路。用户可以更换兼容的CPU进行仿真调试,如LPC2101和LPC2102等。开发板上所有的I/O口全部引出,灵活的跳线组合,极大地方便用户进行32位ARM嵌入式系统的开发实验。

EasyARM2103开发板大部分元件采用直插式封装,锻炼学生动手能力,加强学生对常识性器件的了解。在EasyARM2103开发板研发的过程中,采纳了多名重点高校资深教授的建议和意见,结合学生学习、竞赛等应用的特点进行设计改进,产品完全符合高校师生的应用需求。与学生使用芯片自主从"0"阶段开发相比,结合配套教材的EasyARM2103开发板大大降低了学习、开发的门槛,短期内即可熟练应用开发板进行相关电子项目的实践开发。

第2章

微控制器外围电路模块制作

2.1 键盘及LED数码管显示器模块

2.1.1 ZLG7290B简介

键盘及LED显示器电路采用ZLG7290B实现。ZLG7290B是广州周立功单片机发展有限公司自行设计的数码管显示驱动及键盘扫描管理芯片，能够直接驱动8位共阴式数码管(1英寸以下)或64只独立的LED；能够管理多达64只按键，自动消除抖动，其中有8只可以作为功能键使用；段电流可达20 mA，位电流可达100 mA以上；利用功率电路可以方便地驱动1英寸以上的大型数码管；具有闪烁、段点亮、段熄灭、功能键和连击键计数等强大功能；提供10种数字和21种字母的译码显示功能，或者直接向显示缓存写入显示数据；不接数码管而仅使用键盘管理功能时，工作电流可降至1 mA；与微控制器之间采用I^2C串行总线接口，只需两根信号线，节省I/O资源；工作电压范围为3.3～5.5 V；工作温度范围为－40～＋85 ℃；该芯片为工业级芯片，抗干扰能力强，在工业测控中已有大量应用。

2.1.2 ZLG7290B封装形式与引脚端功能

1. ZLG7290B的引脚端功能

ZLG7290B采用DIP－24(窄体)或者SOP－24封装，其引脚端功能如表2－1所列。

2. ZLG7290B工作原理

ZLG7290B是一种采用I^2C总线接口的键盘及LED驱动管理器件，须外接6 MHz的晶振。使用时ZLG7290B的从地址为70H，器件内部通过I^2C总线访问的寄存器地址范围为00H～17H，任一个寄存器都可按字节直接读/写，并支持自动增址功能和地址翻转功能。

(1) 驱动数码管显示

使用ZLG7290B驱动数码管显示有两种方法：第一种方法是向命令缓冲区(07H～08H)写入复合指令，向07H写入命令并选通相应的数码管，向08H写入所要显示的数据,这种方法每次只能写入一字节的数据,多字节数据的输出可在程序中用循环写入的方法实现;第二种方法是向显示缓存寄存器(10H～17H)写入所要显示的数据的段码,段码的编码规则从高位到低位为 abcdefgdp,这种方法每次可写入1～8字节数据。

表 2-1 ZLG7290 引脚功能

引 脚	符 号	类 型	功 能
13,12,21,22,3～6	Dig7～Dig0	输入/输出	LED 显示位驱动及键盘扫描线
10～7,2,1,24,23	SegH～SegA	输入/输出	LED 显示段驱动及键盘扫描线
20	SDA	输入/输出	I^2C 总线接口数据/地址线
19	SCL	输入/输出	I^2C 总线接口时钟线
14	$\overline{INT}$	输出	中断输出端,低电平有效
15	$\overline{RES}$	输入	复位输入端,低电平有效
17	OSC1	输入	连接晶体以产生内部时钟
18	OSC2	输出	
16	VCC	电源	电源正(3.3～5.5 V)
11	GND	电源	电源地

(2) 读取按键

使用 ZLG7290B 读取按键时,读普通键的入口地址和读功能键的入口地址不同,读普通按键的地址为 01H,读功能键的地址为 03H。读普通键返回按键的编号,读功能键返回的不是按键编号,需要程序对返回值进行翻译,转换成功能键的编号。ZLG7290B 具有连击次数计数器,通过读取该寄存器的值可区别单击键和连击键,判断连击次数还可以检测被按时间;连击次数寄存器只为普通键计数,不为功能键计数。此外,ZLG7290B 的功能键寄存器,实现了 2 个以上的按键同时按下,来扩展按键数目或实现特殊功能,类似于 PC 的 Shift、Ctrl 和 Alt 键。

3. 与微控制器连接

ZLG7290B 通过 I^2C 接口与微控制器进行串口通信,I^2C 总线接口传输速率可达 32 kbps。ZLG7290B 的 I^2C 总线通信接口主要由 SDA、SCL 和 $\overline{INT}$ 3 个引脚组成。SCL 线用来传递时钟信号,SDA 线负责传输数据,SDA 和 SCL 与微控制器相连时,需加 3.3～10 kΩ 的上拉电阻。$\overline{INT}$ 负责传递键盘中断信号,与微控制器相连时须串联一个 470 Ω 的电阻。ZLG7290B 与微控制器连接示意图如图 2-1 所示。

2.1.3 ZLG7290B 键盘及 LED 数码管显示器模块电路和 PCB

一个采用 ZLG7290B 构成的 8 位 LED 显示器和 16 键的应用电路原理图和 PCB 图如图 2-2 和图 2-3 所示。

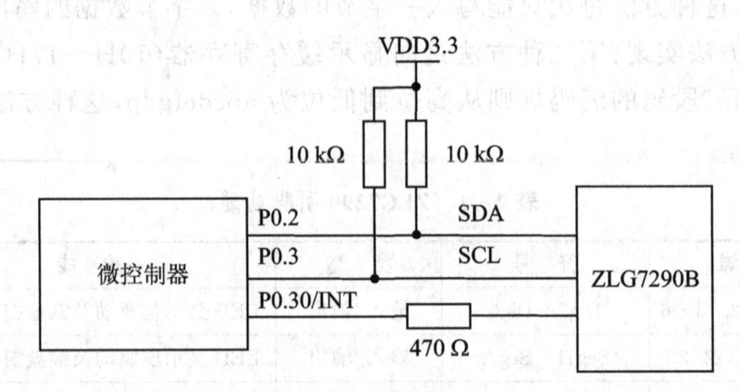

图 2-1　ZLG7290B 与微控制器进行通信的示意图

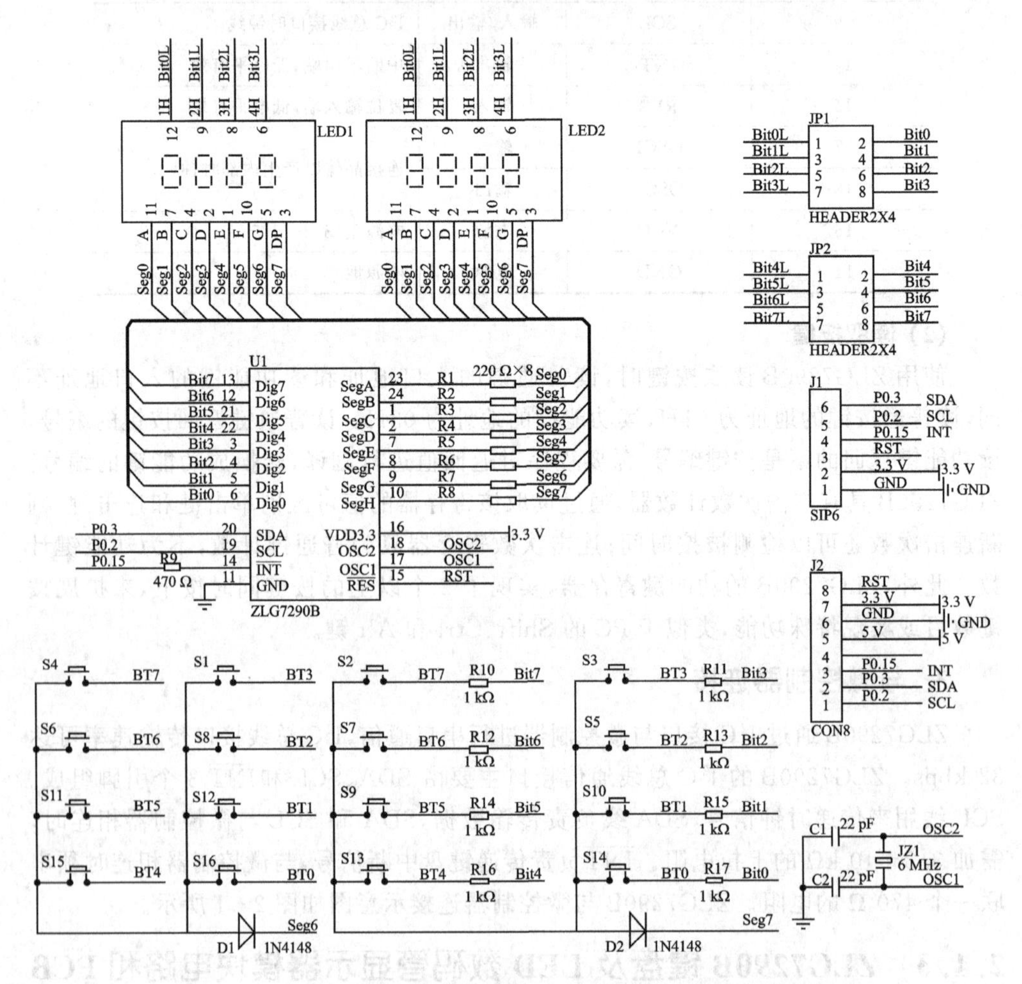

图 2-2　ZLG7290B 8 位 LED 显示器和 16 键的应用电路原理图

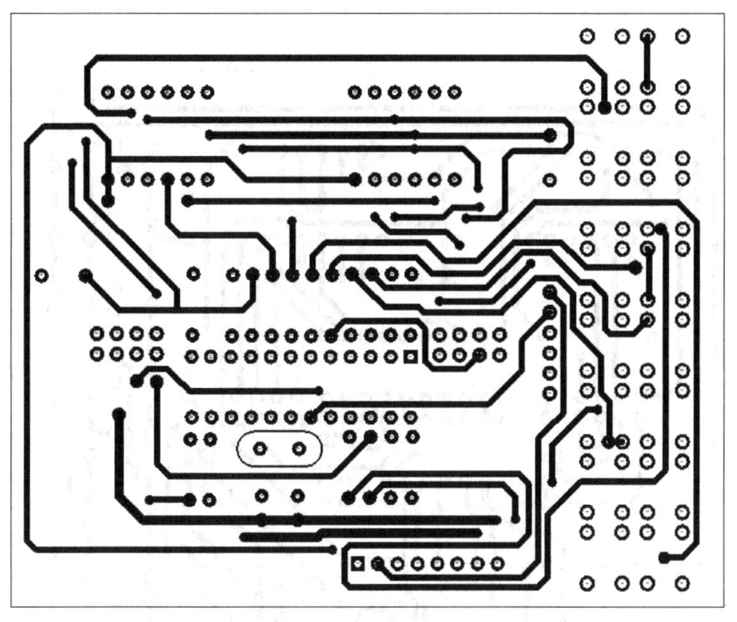

(a) ZLG7290B 8位LED显示器和16键应用电路顶层PCB图

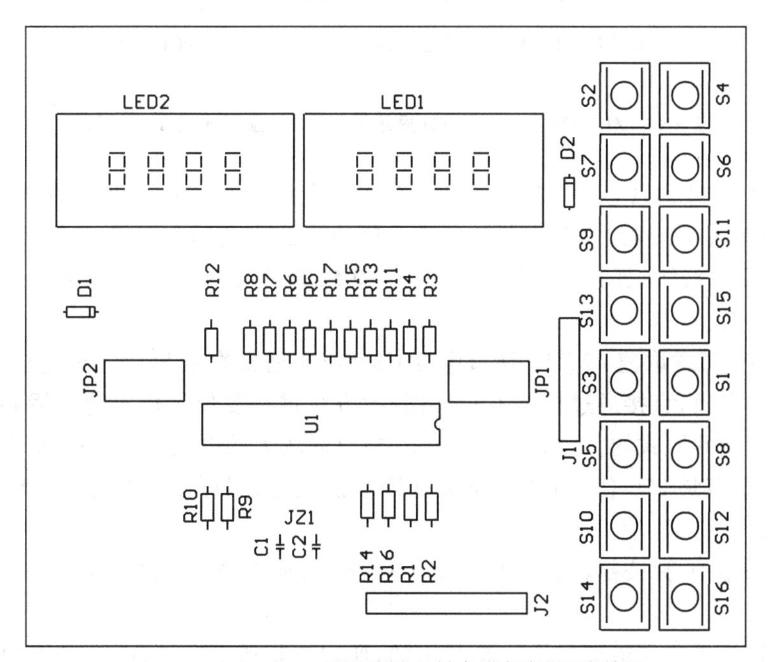

(b) ZLG7290B 8位LED显示器和16键应用电路顶层字符层

图 2-3 ZLG7290B 8 位 LED 显示器和 16 键应用电路 PCB 图

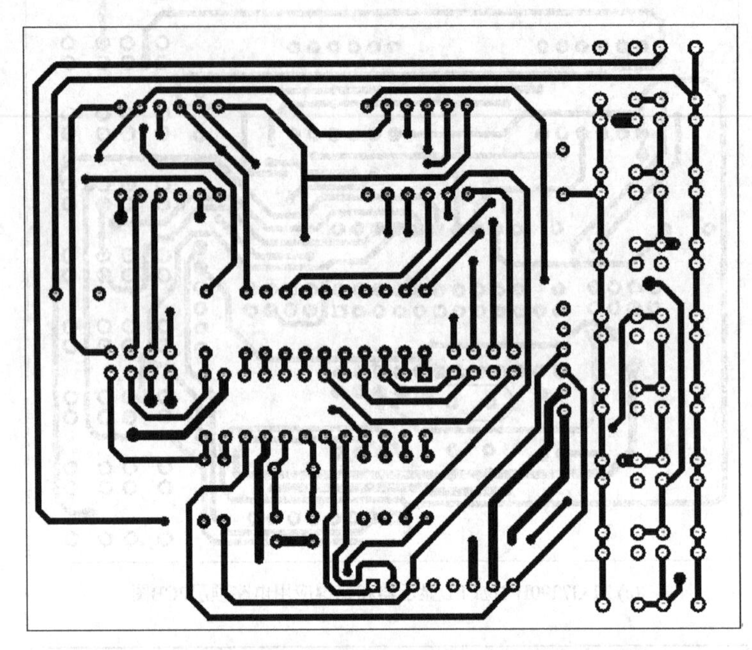

(c) ZLG7290B 8位LED显示器和16键应用电路底层PCB图

图2-3 ZLG7290B 8位LED显示器和16键应用电路PCB图(续)

在图2-2中,U1就是ZLG7290B。为了使电源更加稳定,一般要在VDD3.3到GND之间接入47~470 μF的电解电容。J1(或J2)是ZLG7290B与微控制器的接口,按照I^2C总线协议的要求,信号线SCL和SDA上必须要分别加上拉电阻,其典型值是10 kΩ。

晶振Y1通常取值6 MHz,调节电容C3和C4通常取值为22 pF左右。复位信号是低电平有效,直接通过拉低RST引脚的方法进行复位。数码管采用共阴式的,不能直接使用共阳式的。数码管在工作时要消耗较大的电流,R1~R8是LED的限流电阻,典型值是270 Ω。如果要增大数码管的亮度,则可以适当减小电阻值,最低为200 Ω。

键盘采用16只按键,键盘电阻R10~R17的典型值是3.3 kΩ,这里选择的是1 kΩ。

数码管扫描线和键盘扫描线是共用的,所以二极管D1和D2是必需的,有了它们就可以防止按键干扰数码管显示的情况发生。

ZLG7290B应用中应注意的一些问题如下。

1. ZLG7290B 一定要放在控制面板上

ZLG7290B 可广泛应用于仪器仪表、工业控制器、条形显示器和控制面板等领域。在实际应用中，控制面板和主机板往往是分离的，它们之间有几十厘米的距离，要用长长的排线相连。键盘和数码管一般都位于控制面板上，主控制器则在主机板上。

在设计时千万注意：ZLG7290B 一定要跟着控制面板走，而不要放在主机板上，ZLG7290B 驱动数码管显示采用的是动态扫描法，为了防止显示出现闪烁，采用了比较高的扫描频率。扫描键盘同样用的也是频率较高的信号。如果 ZLG7290B 放在主机板上，那么这些扫描信号势必要走长线，而高频信号最忌讳走长线，这容易导致显示混乱、按键失灵等故障。如果 ZLG7290B 放在控制面板上，那么由于走的是短线，就不易出现上述问题了。不必担心 ZLG7290B 与主控制器之间通信的 I^2C 总线会有问题。因为 I^2C 总线的通信速率是由主控制器控制的，可以做得低一些，所以允许走长线。

2. 复位引脚可以由主控制器直接控制

在工业控制应用中，为了增强抗干扰能力，建议采用独立的稳定直流电源给 ZLG7290B 供电，VCC 与 GND 之间的电容也要相应加大。另外，复位引脚最好由主控制器来控制，每隔几分钟强制复位一次，复位脉冲宽度可以在 20 ms 左右，一闪而过，肉眼很难察觉。定时强制复位可以有效防止偶尔由于电磁干扰而产生的显示不正常和按键失灵的现象。

3. 驱动 1 英寸以上的大数码管时，要另外加驱动电路

ZLG7290B 的驱动能力有限，如果直接驱动 1 英寸以上的大数码管，则可能会导致显示亮度不够，需要另外加驱动电路。

4. 降低晶振频率

在 ZLG7290B 的典型应用电路中，晶振频率采用 4 MHz。在一般情况下，能够稳定地工作。但是在电磁环境恶劣的现场，建议把晶振频率再降低一些，降为 1～3 MHz。许多本来“有问题”的电路，在把晶振频率降下来之后就完全正常了。晶振频率降低后，I^2C 总线的通信速率也要适当降低。ZLG7290B 的闪烁显示功能将受到影响，闪烁速度将因晶振频率的下降而跟着变慢，这时要适当调整闪烁控制寄存器 Flash On Off 的数值。

2.1.4　ZLG7290B 4×4 矩阵键盘模块电路和 PCB

ZLG7290B 4×4 矩阵键盘模块电路原理图和 PCB 图如图 2-4 所示。

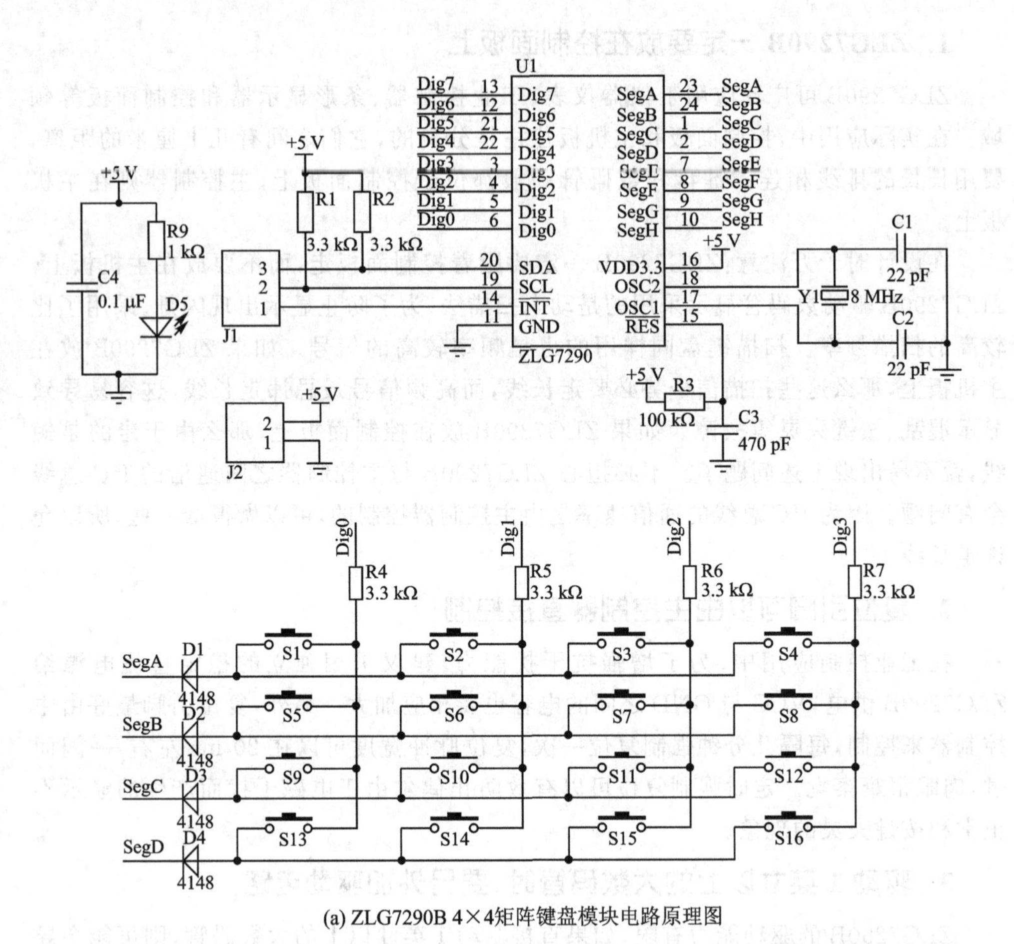

(a) ZLG7290B 4×4矩阵键盘模块电路原理图

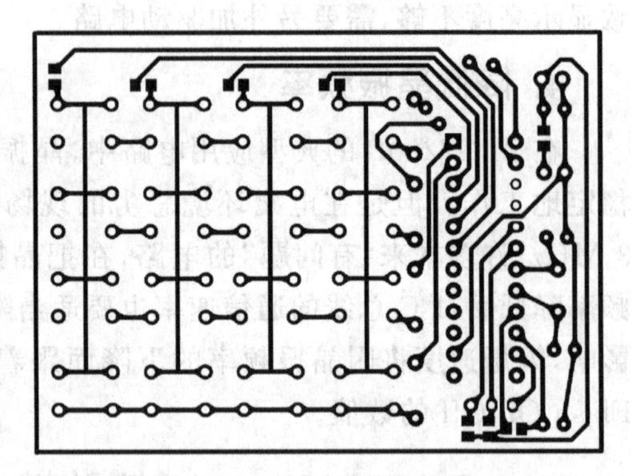

(b) ZLG7290B 4×4矩阵键盘模块顶层PCB图 (c) ZLG7290B 4×4矩阵键盘模块底层PCB图

图 2-4 ZLG7290B 4×4 矩阵键盘模块电路原理图和 PCB 图

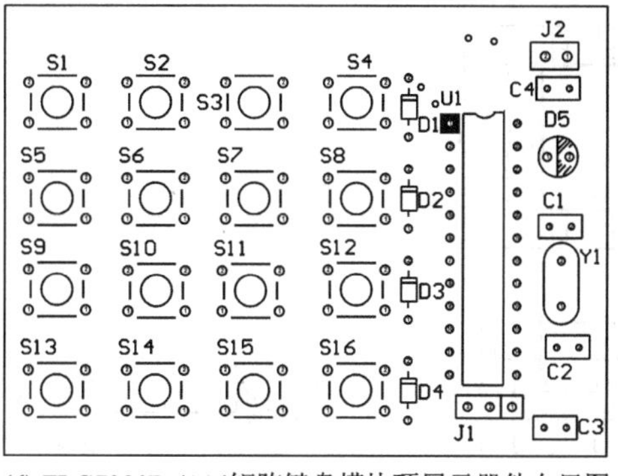

(d) ZLG7290B 4×4矩阵键盘模块顶层元器件布局图

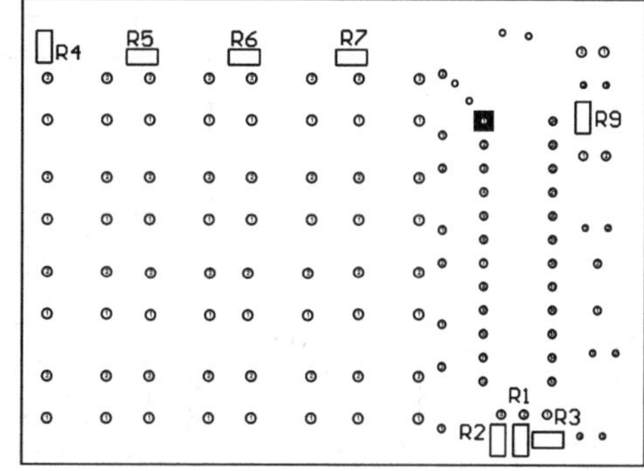

(e) ZLG7290B 4×4矩阵键盘模块底层元器件布局图

图 2-4　ZLG7290B 4×4 矩阵键盘模块电路原理图和 PCB 图(续)

2.2　RS-485 总线通信模块

2.2.1　MAX485 封装形式与引脚端功能

Maxim 公司生产的 MAX485 是一款用于 RS-485 总线通信的低功率半双工收发器件，芯片内部集成了一个驱动器和一个接收器，符合 RS-485 总线通信标准。MAX485 芯片采用单一电源+5 V 工作，额定电流为 300 μA，完成将 TTL 电平转换为 RS-485 电平的功能，将输入的 TTL 电平转换成差分电平输出。

MAX485 有 DIP、μMAX 和 SO 三种封装，DIP 封装形式和尺寸如图 2-5 所示，DIP 封装尺寸如表 2-2 所列，引脚端功能如表 2-3 所列。

表 2-2　MAX485 DIP 封装尺寸

符　号	in		mm	
	最小值	最大值	最小值	最大值
A	0.053	0.069	1.35	1.75
A1	0.004	0.010	0.10	0.25
B	0.014	0.019	0.35	0.49
C	0.007	0.010	0.19	0.25
e	0.050BSC		1.27BSC	
E	0.150	0.157	3.8	4.00
H	0.228	0.224	5.80	6.20
L	0.016	0.050	0.40	1.27

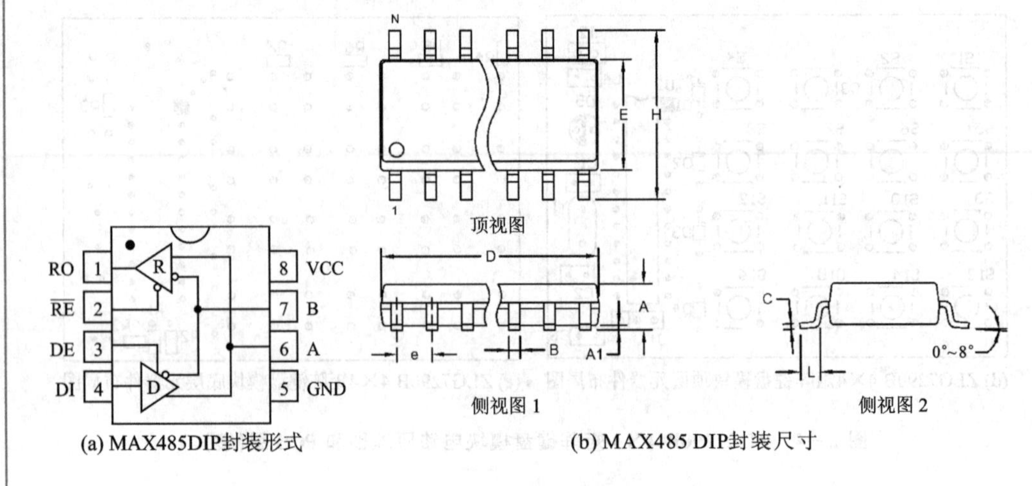

(a) MAX485DIP封装形式 (b) MAX485 DIP封装尺寸

图 2-5 MAX485 DIP 封装形式和尺寸

表 2-3 MAX485 引脚端功能

引　脚	符　号	功　能
1	RO	接收器输出
2	$\overline{RE}$	接收器输出使能:引脚为 0,允许接收器输出;引脚为 1,禁止接收器输出
3	DE	驱动器工作使能:引脚为 1,允许驱动器工作;引脚为 0,禁止驱动器工作
4	DI	驱动器输入
5	GND	接地端
6	A	接收器非反相输入端和驱动器非反相输出端
7	B	接收器反相输入端和驱动器反相输出端
8	VCC	电源输入,电压范围为 4.75～5.25 V

2.2.2 MAX485 的典型应用

MAX485 的典型应用示意图如图 2-6 所示,构成一个典型的半双工 RS-485 网络。

2.2.3 MAX485 总线通信模块电路和 PCB

MAX485 总线通信模块电路原理图和 PCB 图如图 2-7 所示。为防止本机硬件故障时总线中其他分机的通信受到影响,在 MAX485 信号输出端串联了两个 20 Ω 的电阻 R4_2 和 R5_2。在应用系统的现场施工中,由于通信载体是双绞线,它的特性阻抗约为 120 Ω,所以在线路设计时,在 RS-485 网络传输的始端和末端应各接 1 个约为 120 Ω 的匹配电阻(如图 2-7 中R1_2、R6_2 两个电阻串联约为 120 Ω),以减少线路上传输信号的反射。

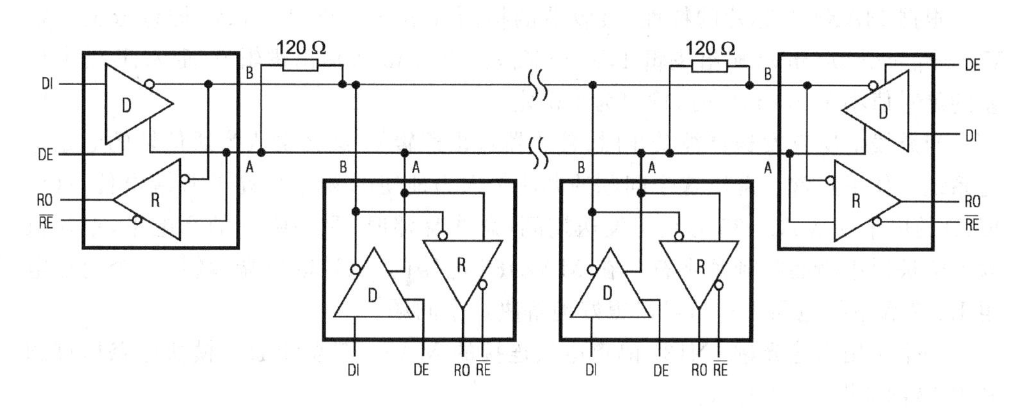

图 2－6　MAX485 的典型应用示意图

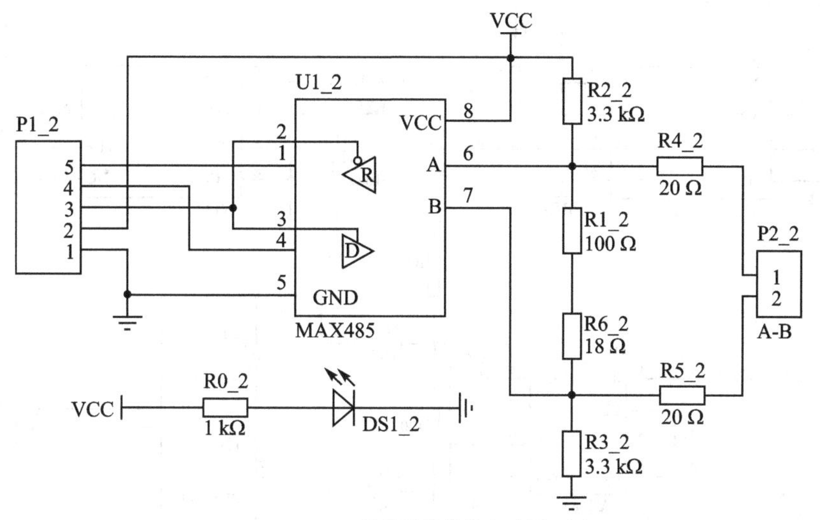

(a) MAX485总线通信模块电路原理图

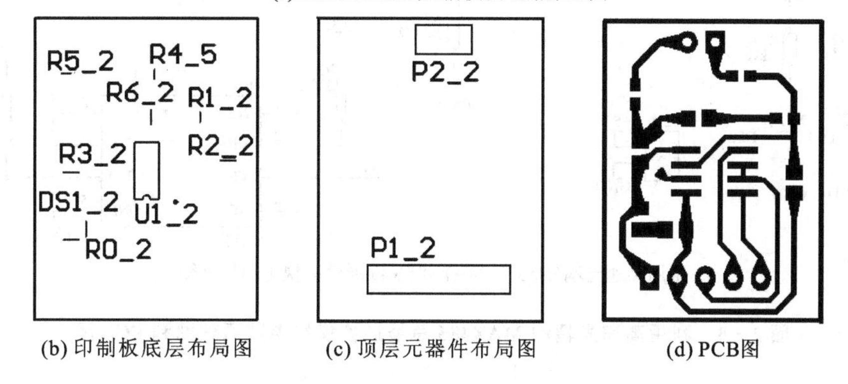

(b) 印制板底层布局图　(c) 顶层元器件布局图　(d) PCB图

图 2－7　MAX485 总线通信模块电路原理图和 PCB 图

根据MAX485芯片的特性,接收器的检测灵敏度为± 200 mV,即差分输入端 $V_A - V_B \geq +200$ mV,输出逻辑 1,$V_A - V_B \leq -200$ mV,输出逻辑 0;而A、B端电位差的绝对值小于200 mV时,输出为不确定。

当总线上所有发送器被禁止时,接收器输出逻辑 0,这会误认为通信帧的起始引起系统工作不正常。解决这个问题的办法是人为地使A端电位高于B端电位,这样RXD的电平在MAX485总线不发送期间(总线悬浮时)呈现唯一的高电平,单片机就不会被误中断而收到乱字符。在MAX485电路的A、B输出端,增加一个上拉电阻R2_2和下拉电阻R3_2,可以很好地解决这个问题。

一个利用高速光耦6N137隔离电气连接的MAX485总线通信模块电路原理图和PCB图如图2-8所示。

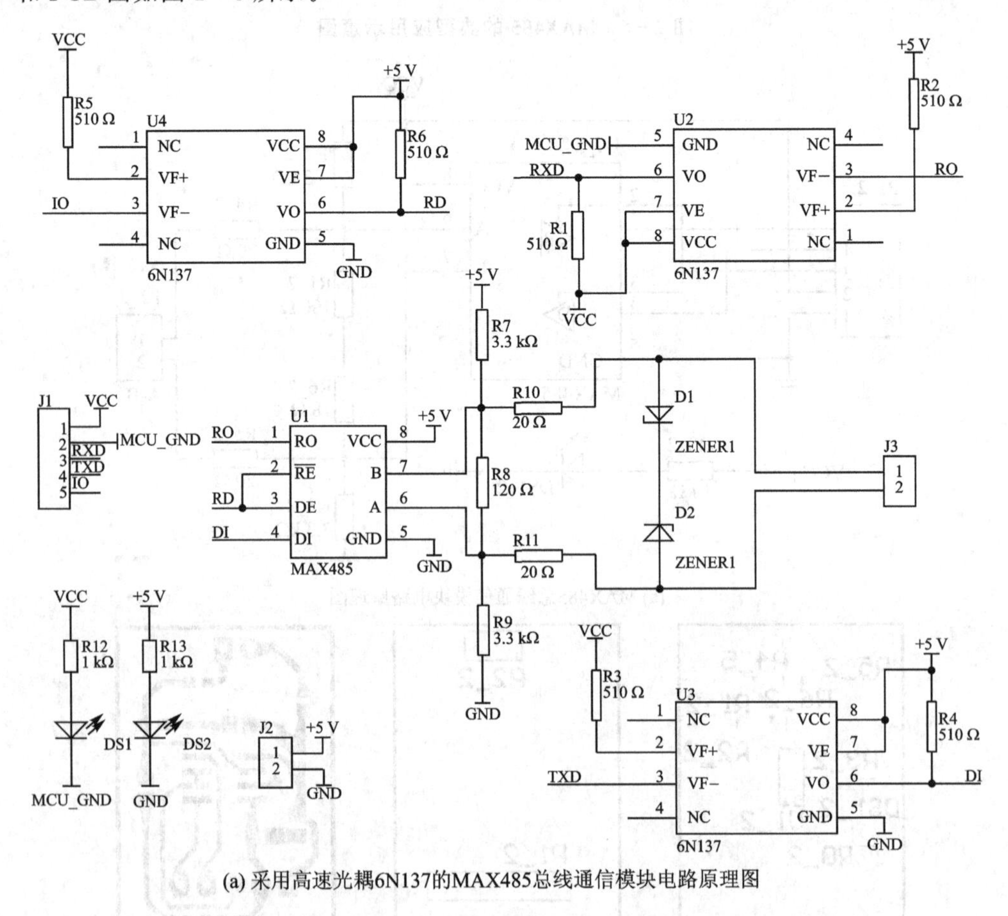

(a) 采用高速光耦6N137的MAX485总线通信模块电路原理图

图2-8 利用高速光耦的MAX485总线通信模块电路原理图和PCB图

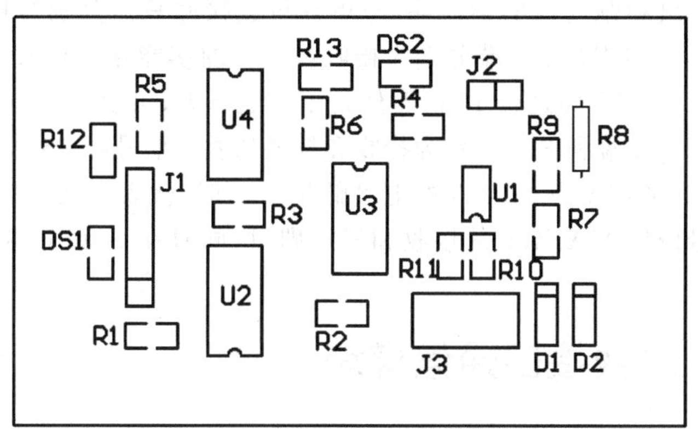

(b) 顶层元器件布局图

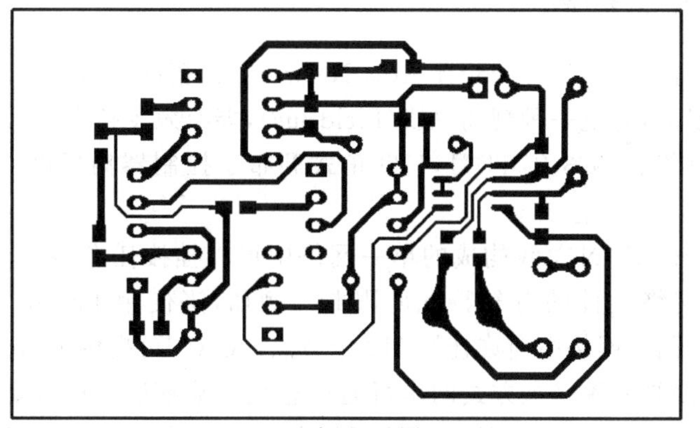

(c) 底层PCB图

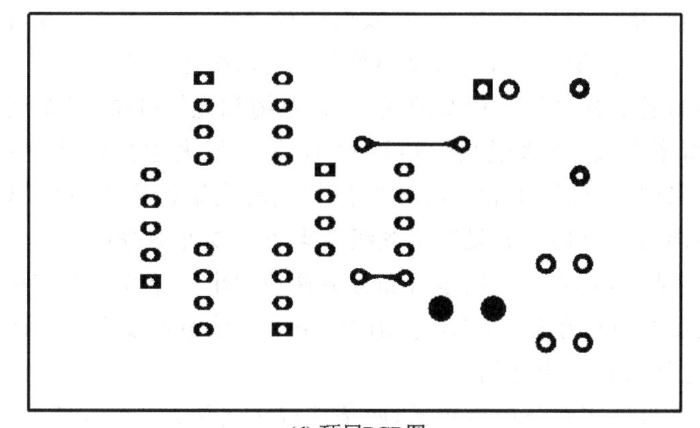

(d) 顶层PCB图

图 2－8　利用高速光耦的 MAX485 总线通信模块电路原理图和 PCB 图(续)

MAX485芯片的内部含有一个驱动器和接收器,引脚非常简单,RO和DI端分别为接收器的输出和驱动器的输入端,与单片机连接时只需分别与单片机的RXD和TXD相连即可。$\overline{RE}$和DE端分别为接收和发送的使能端,当$\overline{RE}$为逻辑0时,器件处于接收状态;当DE为逻辑1时,器件处于发送状态,可以采用单片机的I/O端控制这两个引脚。A端和B端分别为接收和发送的差分信号端,当A引脚的电平高于B时,代表发送的数据为1;当A的电平低于B端时,代表发送的数据为0。所以只需要一个信号控制MAX485的接收和发送即可,同时在A和B端之间加120 Ω的匹配电阻。

2.3 CAN总线接口通信模块

2.3.1 CAN总线简介

控制器局域网CAN(Controller Area Network)是德国Bosch公司于1983年为汽车应用而开发的,它是一种现场总线(FieldBus),能有效支持分布式控制和实时控制的串行通信网络。1993年11月,ISO正式颁布了控制器局域网CAN国际标准(ISO 11898)。

一个理想的由CAN总线构成的单一网络中可以挂接任意多个节点,实际应用中节点数目受网络硬件的电气特性所限制。例如,当使用Philips P82C250作为CAN收发器时,同一网络中允许挂接110个节点。CAN可提供1 Mbps的数据传输速率。CAN总线是一种多主方式的串行通信总线。基本设计规范要求有高的位速率,高抗电磁干扰性,并可以检测出产生的任何错误。当信号传输距离达到10 km时,CAN总线仍可提供高达50 kbps的数据传输速率。CAN总线具有很高的实时性能,已经在汽车工业、航空工业、工业控制和安全防护等领域中得到了广泛应用。

CAN总线的通信介质可采用双绞线、同轴电缆和光导纤维,最常用的是双绞线。通信距离与波特率有关,最大通信距离可达10 km,最大通信波特率可达1 Mbps。CAN总线仲裁采用11位标识和非破坏性位仲裁总线结构机制,可以确定数据块的优先级,保证在网络节点冲突时最高优先级节点不需要冲突等待。CAN总线采用了多主竞争式总线结构,具有多主站运行和分散仲裁的串行总线以及广播通信的特点。CAN总线上任意节点可在任意时刻主动向网络上其他节点发送信息而不分主次,因此可在各节点之间实现自由通信。

CAN总线信号使用差分电压传送,两条信号线被称为CAN_H和CAN_L,静态时均约为2.5 V,此时状态表示为逻辑1,也可以叫做“隐性”。采用CAN_H比CAN_L高表示逻辑0,称为“显性”,通常电压值为CAN_H=3.5 V和CAN_L=1.5 V。当“显性”位和“隐性”位同时发送时,最后总线数值将为“显性”。

CAN总线的一个位时间可以分成4个部分:同步段、传播时间段、相位缓冲段1

和相位缓冲段 2。每段时间份额的数目都是可以通过 CAN 总线控制器编程控制，而时间份额的大小 t_q 由系统时钟 t_{sys} 和波特率预分频值 BRP 决定：$t_q = BRP/t_{sys}$。

- 同步段：用于同步总线上的各个节点，在此段内期望有一个跳变沿出现(其长度固定)。如果跳变沿出现在同步段之外，那么沿与同步段之间的长度叫做沿相位误差。采样点位于相位缓冲段 1 的末尾和相位缓冲段 2 的开始处。
- 传播时间段：用于补偿总线上信号传播时间和电子控制设备内部的延迟时间。因此，要实现与位流发送节点的同步，接收节点必须移相。CAN 总线非破坏性仲裁规定，发送位流的总线节点必须能够收到同步于位流的 CAN 总线节点发送的显性位。
- 相位缓冲段 1：重同步时可以暂时延长。
- 相位缓冲段 2：重同步时可以暂时缩短。
- 同步跳转宽度：长度小于相位缓冲段。

同步段、传播时间段、相位缓冲段 1 和相位缓冲段 2 的设定与 CAN 总线的同步、仲裁等信息有关，其主要思想是要求各个节点在一定误差范围内保持同步。必须考虑各个节点时钟(振荡器)的误差和总线的长度带来的延迟(通常每米延迟为 5.5 ns)。正确设置 CAN 总线的各个时间段，是保证 CAN 总线良好工作的关键。

按照 CAN 2.0B 协议规定，CAN 总线的帧数据有如图 2-9 所示的两种格式：标准格式和扩展格式。作为一个通用的嵌入式 CAN 节点，应该支持上述两种格式。

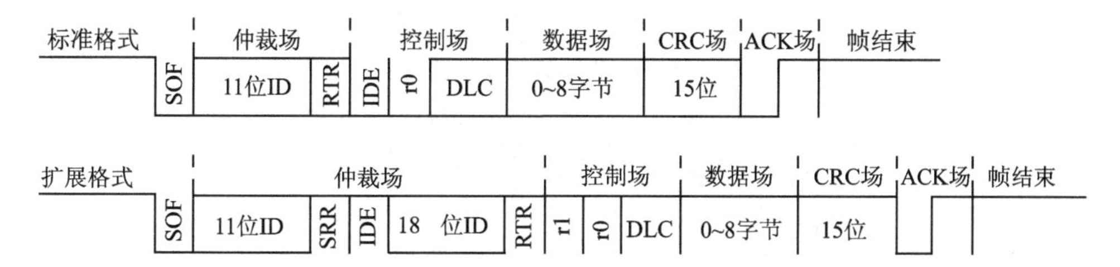

图 2-9　CAN 总线数据帧格式

2.3.2　CAN 总线接口通信模块结构

CAN 总线接口通信模块主要包含主控制器、CAN 总线控制器和 CAN 总线收发器。

1. 主控制器

主控制器选用美国 Atmel 公司的 AVR 单片机 ATmega128。ATmega128 单片机为基于 AVR RISC 结构的 8 位低功耗 CMOS 微处理器，片内含 128 KB 的系统内可编程 Flash 程序存储器、4 KB 的 EEPROM、4KB 的 SRAM、53 个通用 I/O 端口线、32 个通用工作寄存器、实时时钟(RTC)、4 个比较灵活的具有比较模式和 PWM 功能的定时器/计数器(T/C)、2 个USART、面向字节的两个接口(TWI)以及 8 通道

10位ADC。ATmega128单片机完全满足CAN总线通信系统的硬件资源需要。

2. CAN控制器

CAN总线控制器选用Philips公司生产的CAN总线控制器SJA1000。SJA1000可以应用于移动目标和一般工业环境中的区域网络控制。SJA1000是Philips公司生产的半导体PCA82C200 CAN控制器BasicCAN的替代产品，BasicCAN模式和PCA82C200兼容，而且它增加了一种新的工作模式PeliCAN，这种模式支持具有很多新特性的CAN 2.0B协议。

SJA1000采用DIP-28和SO-28两种封装形式，SO封装形式和尺寸如图2-10所示，SO封装尺寸如表2-4所列，典型应用示意图如图2-11所示。

表2-4 SJA1000 SO封装尺寸

符号	in		mm	
	最小值	最大值	最小值	最大值
A	—	0.10	—	2.65
A1	0.004	0.012	0.10	0.30
A2	0.089	0.096	2.25	2.45
A3	0.01		0.25	
b_p	0.014	0.019	0.36	0.49
c	0.009	0.013	0.23	0.32
D	0.69	0.71	17.7	18.1
E	0.29	0.30	7.4	7.6
e	0.050		1.27	
H_E	0.394	0.419	10.00	10.65
L	0.055		1.4	
L_p	0.016	0.043	0.4	1.1
Q	0.039	0.043	1.0	1.1
v	0.01		0.25	
w	0.01		0.25	
y	0.004		0.1	
Z	0.016	0.035	0.4	0.6
θ			0°	8°

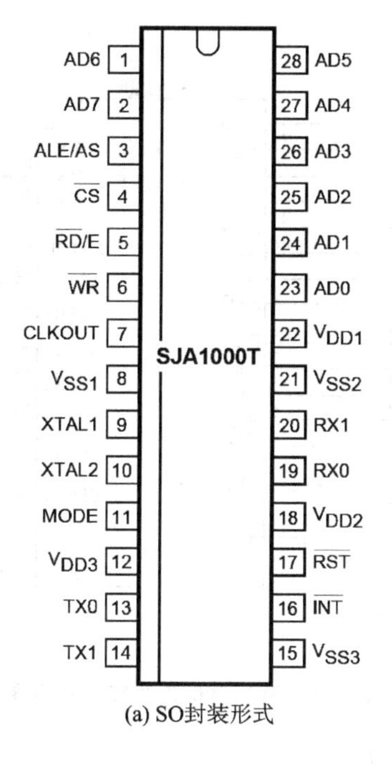

(a) SO封装形式

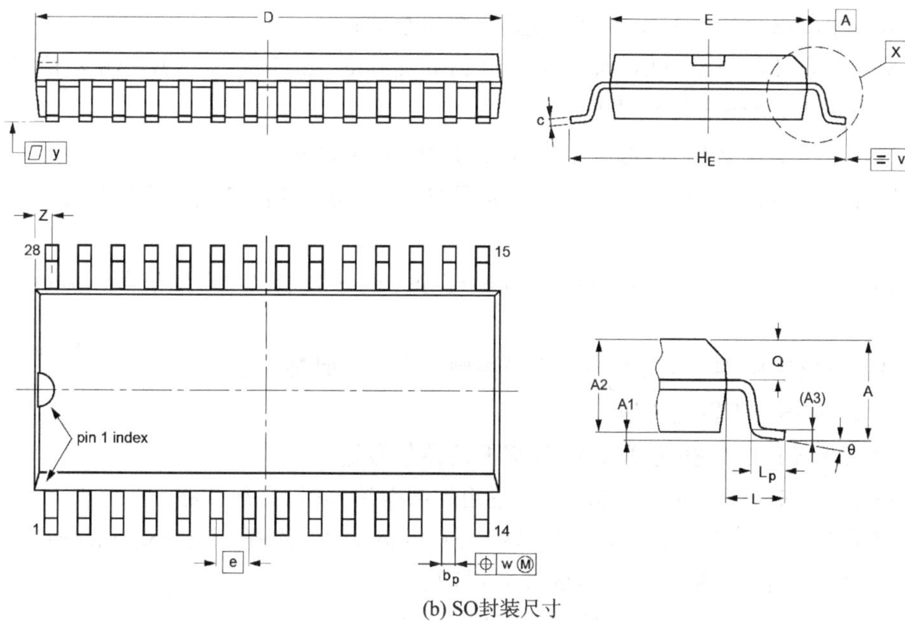

(b) SO封装尺寸

图 2-10　SJA1000 SO 封装形式和尺寸

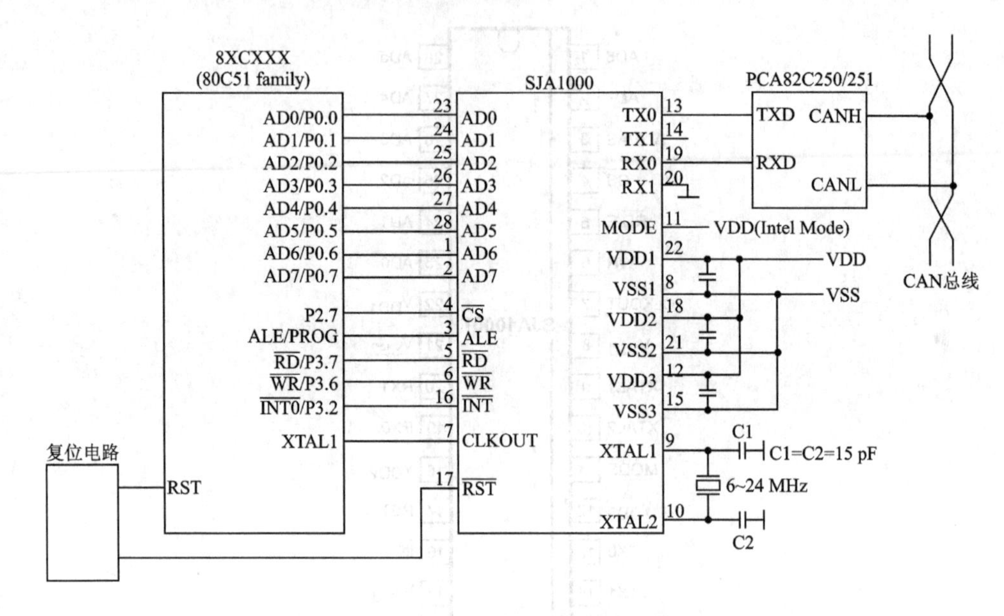

图 2-11 SJA1000典型应用示意图

SJA1000引脚端功能如下。

引脚端2,1,28～23,AD7～AD0:地址/数据总线;

引脚端3,ALE/AS:ALE输入信号(Intel mode,Intel模式);AS输入信号(Motorola mode,Motorola模式);

引脚端4,$\overline{CS}$:片选输入,低电平有效,允许访问SJA1000;

引脚端5,$\overline{RD}$/E:来自微控制器的RD信号(Intel mode)或者E使能信号(Motorola mode);

引脚端6,$\overline{WR}$:来自微控制器的WR信号(Intel mode)或者$\overline{RD}$/$\overline{WR}$信号(Motorola mode);

CLKOUT(引脚端7):SJA1000为微控制器产生的时钟输出信号;

引脚端,VSS1:逻辑电路地;

引脚端9,XTAL1:振荡器输入;外部振荡器信号输入;

引脚端10,XTAL2:振荡器输出;当使用外部振荡器时,必须开路;

引脚端11,MODE:模式选择,"1"选择Intel mode;"0"选择Motorola mode;

引脚端12,VDD3:输出驱动器的5 V电源;

引脚端13,TX0:来自CAN输出驱动器0的输出;

引脚端14,TX1:来自CAN输出驱动器1的输出;

引脚端15,VSS3:输出驱动器接地;

引脚端16,$\overline{INT}$:中断输出,用来中断微控制器;

引脚端17,$\overline{RST}$:复位输入,用来复位CAN接口;

引脚端 18,VDD2:输入比较器的 5 V 电源;

引脚端 19,20,RX0,RX1:SJA1000 比较器的输入;

引脚端 21,VSS2:输入比较器接地;

引脚端 22,VDD1:逻辑电路 5 V 电源。

3. CAN 收发器

CAN 总线收发器选用 Philips 公司生产的专用 CAN 总线收发器 PCA82C250,可以提供 CAN 总线协议控制器和物理总线的接口。此器件对器件提供差动发送能力,对 CAN 总线控制器提供差动接收能力。

PCA82C250 采用 DIP-8 和 SO-8 两种封装形式,SO 封装形式和尺寸如图 2-12 所示,SO 封装尺寸如表 2-5 所列,典型应用示意图如图 2-13 所示。

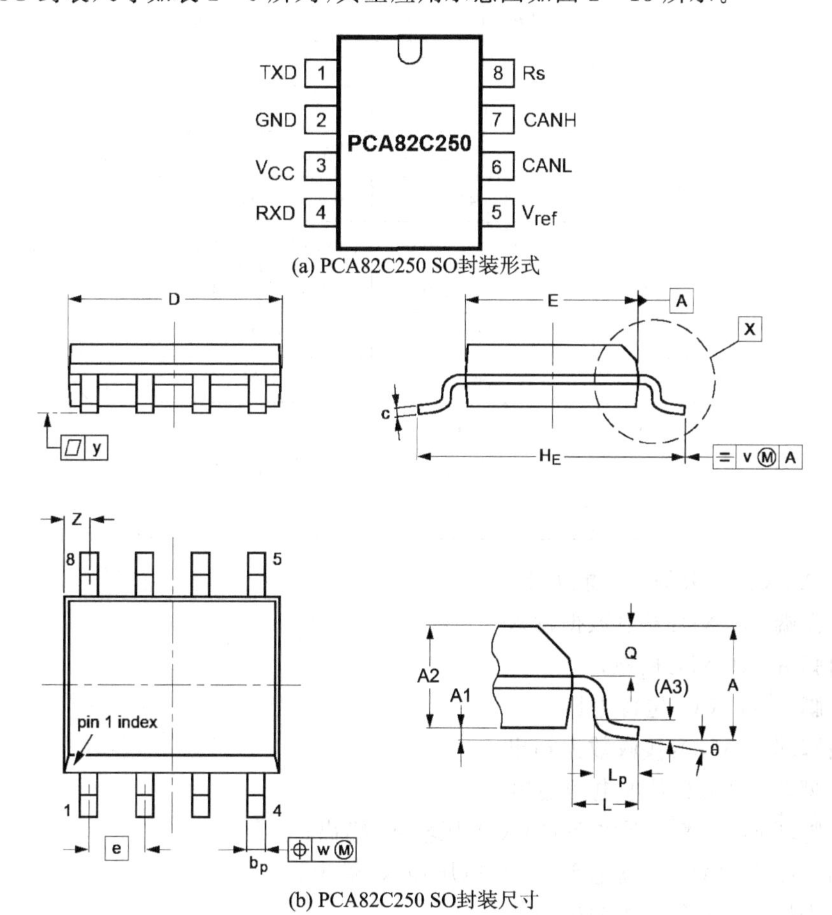

(a) PCA82C250 SO封装形式

(b) PCA82C250 SO封装尺寸

图 2-12　PCA82C250 SO 封装形式和尺寸

表 2-5　PCA82C250 SO 封装尺寸

符　号	in		mm	
	最小值	最大值	最小值	最大值
A	—	0.069	—	1.75
A1	0.004	0.010	0.10	0.25
A2	0.049	0.057	1.25	1.45
A3	0.01		0.25	
b_p	0.014	0.019	0.36	0.49
c	0.0075	0.0100	0.19	0.20
D	0.19	0.20	4.8	5.0
E	0.15	0.16	3.8	4.0
e	0.050		1.27	
H_E	0.228	0.244	5.8	6.2
L	0.041		1.05	
L_p	0.016	0.039	0.4	1.0
Q	0.024	0.028	0.6	0.7
v	0.01		0.25	
w	0.01		0.25	
y	0.004		0.1	
Z	0.012	0.028	0.3	0.7
θ			0°	8°

PCA82C250 引脚端功能如下。

引脚端 1,TXD:发射数据输入;

引脚端 2,GND:接地;

引脚端 3,VCC:电源电压;

引脚端 4,RXD:接收数据输出;

引脚端 5,Vref:基准电压输出;

引脚端 6,CANL:低电平 CAN 电压输入/输出;

引脚端 7,CANH:高电平 CAN 电压输入/输出;

引脚端 8,Rs:斜率电阻输入。

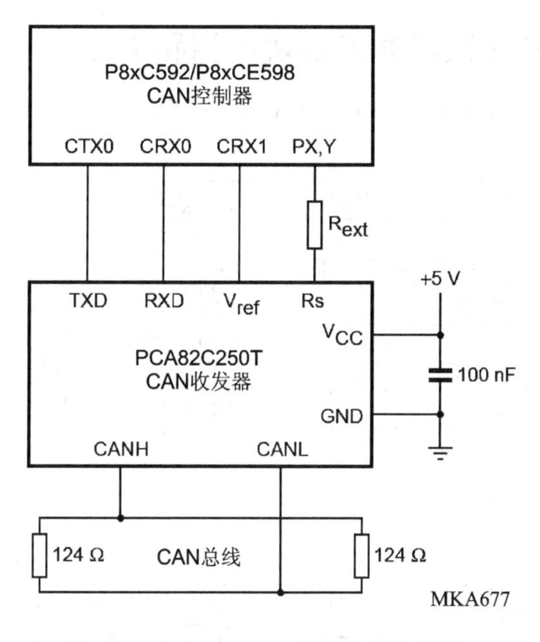

图 2-13　PCA82C250 典型应用示意图

4. 高速光电耦合器

为了增强 CAN 总线节点的抗干扰能力，SJA1000 的 TX0 和 RX0 并不是直接与 PCA82C250的 TXD 和 RXD 相连，而是通过高速光电耦合器 6N137 后与 PCA82C250 相连，这样就很好地实现了总线上各 CAN 总线节点之间的电气隔离。6N137 是高速光电耦合器，兼容 TTL 和 COMS 电平，可通过信号的宽度为10 MHz，完全满足 CAN 总线信号 1 Mbps 的通信速率。6N137 内部结构与引脚端封装如图 2-14所示，引脚端输入/输出关系如表 2-6所列。

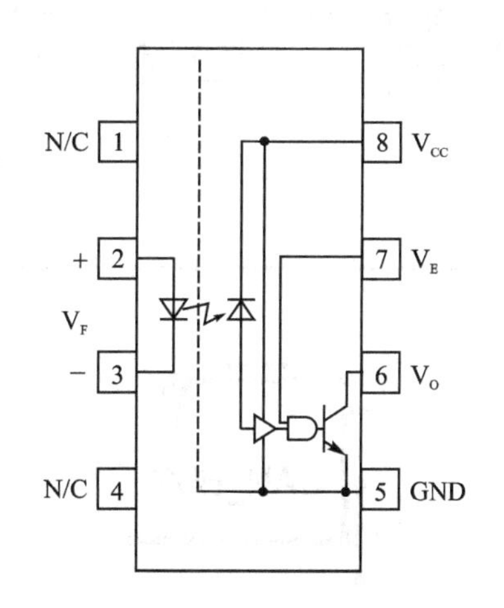

图 2-14　6N137 内部结构与引脚端封装

表 2-6　6N137 引脚端输入/输出关系

输入(V_F+)	使能(V_E)	输出(V_O)	输入(V_F+)	使能(V_E)	输出(V_O)
高电平	高电平	低电平	低电平	低电平	高电平
低电平	高电平	高电平	高电平	未连接	低电平
高电平	低电平	高电平	低电平	未连接	高电平

2.3.3 CAN 总线接口通信模块电路和 PCB

CAN 总线接口通信模块电路原理图和 PCB 图如图 2－15 所示。

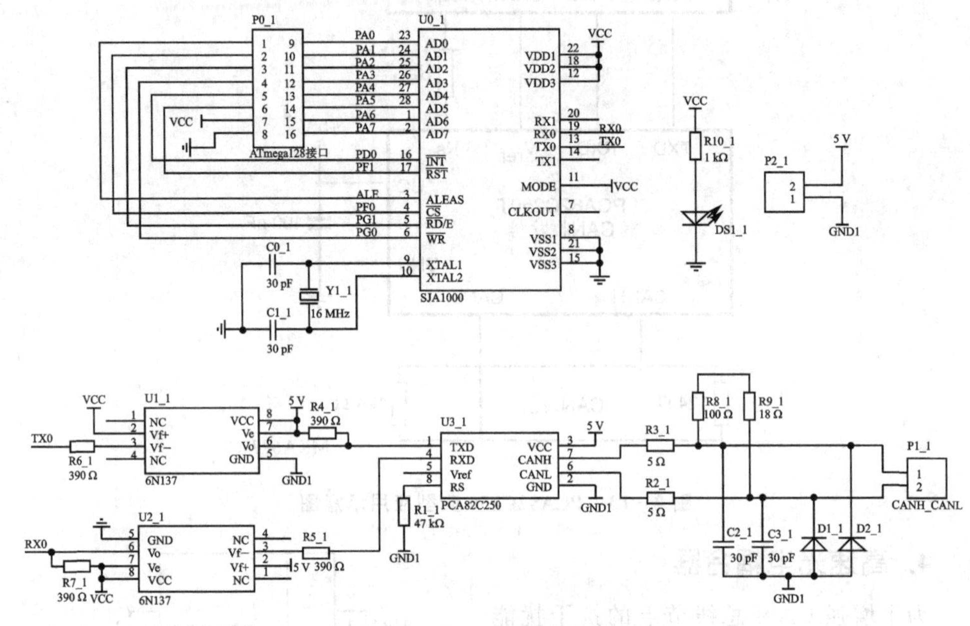

(a) CAN总线接口通信模块电路原理图

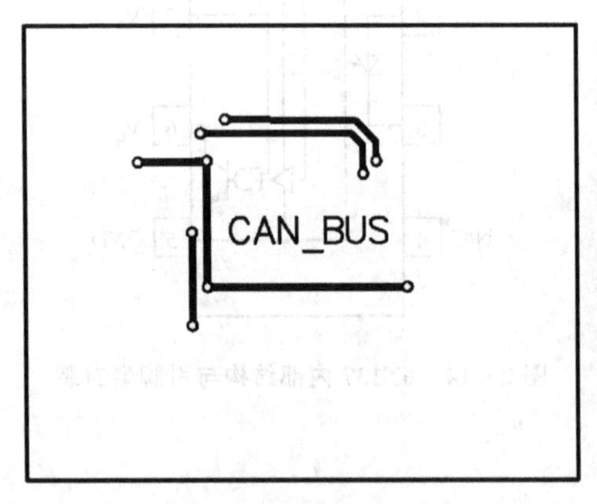

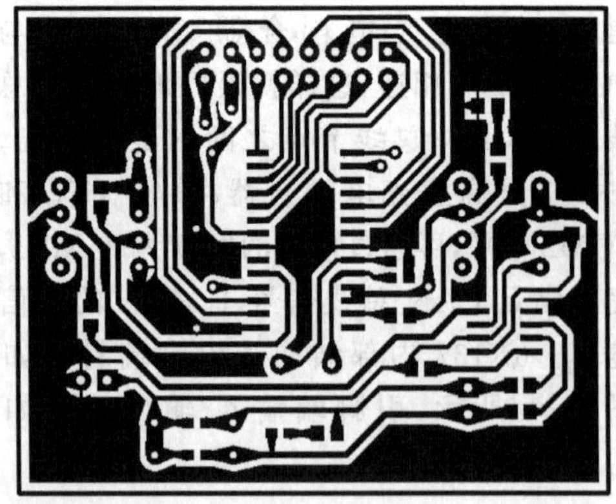

(b) 顶层PCB图　　　　(c) 底层PCB图

图 2－15　CAN 总线接口通信模块电路原理图和 PCB 图

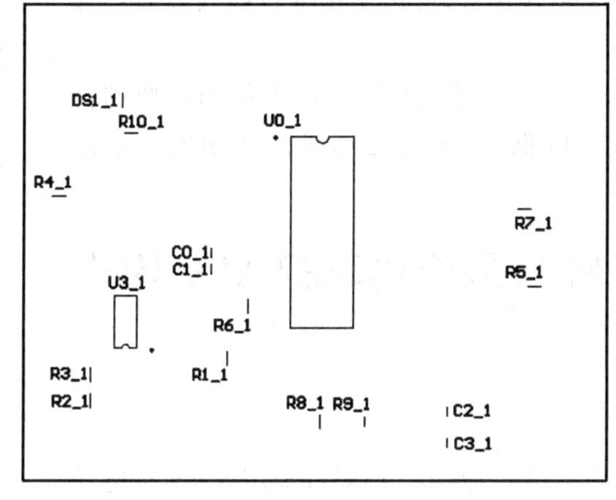

(d) 顶层元器件布局图

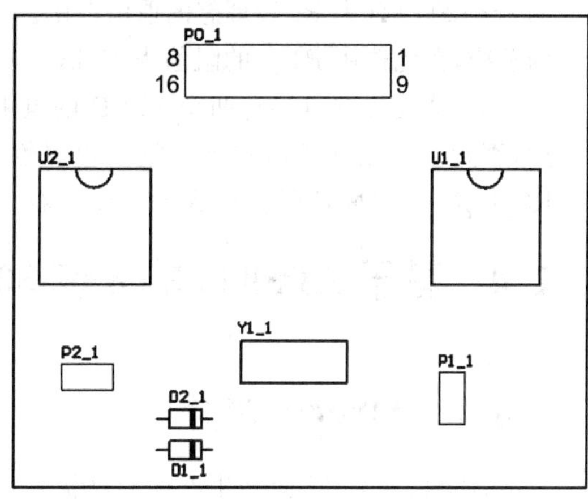

(e) 底层元器件布局图

图 2-15　CAN 总线接口通信模块电路原理图和 PCB 图(续)

在图 2-15 中应注意以下几点：

① 因为使用 AVR 单片机与 SJA1000 接口，所以 MODE 引脚接高电平 VCC (Intel 模式)。

② SJA1000 的 AD0～AD7 连接到 ATmega128 的 PA 端口，CS 连接到 ATmega128的 PF0 端口，即当 PF0 为 0 时，CPU 片外存储器地址可选中 SJA1000，单片机通过这些地址可以实现对 SJA1000 的控制，执行相应的读/写操作。SJA1000 的$\overline{RD}$、$\overline{WR}$和$\overline{ALE}$分别与 ATmega128 的对应引脚相连，INT 接 ATmega128 的 INT0，ATmega128 也可通过中断方式访问 SJA1000。

③ 为增强 CAN 总线节点的抗干扰能力，SJA1000 的 TX0 和 RX0 通过 U1_1、U2_1 两个高速光电耦合器 6N137 后与 PCA82C250 相连，以便实现总线上各 CAN 总线节点之间的电气隔离，光耦部分电路所采用的两个电源 VCC 和+5 V 必须完全隔离。

④ PCA82C250 与 CAN 总线的接口部分也采取一定的安全和抗干扰措施。PCA82C250 的 CANH 和 CANL 引脚各自通过 1 个 5 Ω 的电阻与 CAN 总线相连起一定的限流作用，保护 PCA82C250 免受过流的冲击；CANH 和 CANL 与地之间并联了 2 个 30 pF 的小电容 C2_1 和 C3_1，可以起到滤除总线上的高频干扰和一定的防电磁辐射的作用；在两根 CAN 总线接入端与地之间分别反接了一个保护二极管 D1_1 和 D2_1，当 CAN 总线有较高的负电压时，通过二极管的短路可起到一定的过压保护作用。

PCA82C250 的 Rs 引脚与地之间的电阻 Rs 称为斜率电阻，它的取值决定系统处于高速工作方式还是斜率控制方式，把该引脚直接与地相连，系统将处于高速工作方式，在这种方式下，为避免射频干扰，建议使用屏蔽电缆作为总线；而在波特率较低，总线较短时，一般采用斜率控制方式，上升及下降的斜率取决于 Rs 的阻值，实验数据表明15～200 kΩ为Rs较理想的取值范围。在这种方式下，可以使用平行线或双绞线作为总线，在此选用R1_1的阻值为47 kΩ。

⑤ 总线两端应接有两个120 Ω的电阻，这对于匹配总线阻抗起着相当重要的作用，否则会使数据通信的抗干扰及可靠性大大降低，甚至无法通信。选用两个电阻R8_1、R9_1串联使阻值达到120 Ω左右。

2.4 基于ADS930的8位30 MHz采样速率的ADC模块

2.4.1 ADS930简介

ADS930是TI公司生产的高速流水线型模/数转换器(ADC)，采用3～5 V电源供电，芯片内部包含有一个宽带跟踪/保持器、一个8位ADC和内部基准，信号输入范围为1～2 V，具有30 MHz的采样速率。ADS930采用数字误差校正技术，具有优良的差分线性，低失真和高信噪比，采用SSOP-28封装。

ADS930的内部结构如图2-16所示，引脚端封装形式如图2-17所示，引脚端功能如表2-7所列，时序图如图2-18所示。

表2-7 ADS930引脚端功能

引 脚	符 号	功 能
1	$+V_S$	模拟电路电源
2	L_{VDD}	输出逻辑驱动器电源电压
3,4,22	NC	未连接
5～12	Bit8～Bit1	第8位数据(D7,LSB位)～第1位数据(D0,MSB位)
13,14	GND	模拟电路地
15	CLK	转换器时钟输入
16	$\overline{OE}$	输出使能，低电平有效
17	Pwrdn	电源关闭控制
18	$+V_S$	模拟电路电源
19,20	GND	模拟电路地
21	LpBy	内部基准电源旁路(+)
23	$1V_{REF}$	1 V基准输出
24	$\overline{IN}$	互补输入端
25	LpBy	内部基准电源旁路(-)
26	CM	共模电压输出
27	+IN	模拟输入
28	$+V_s$	模拟电源

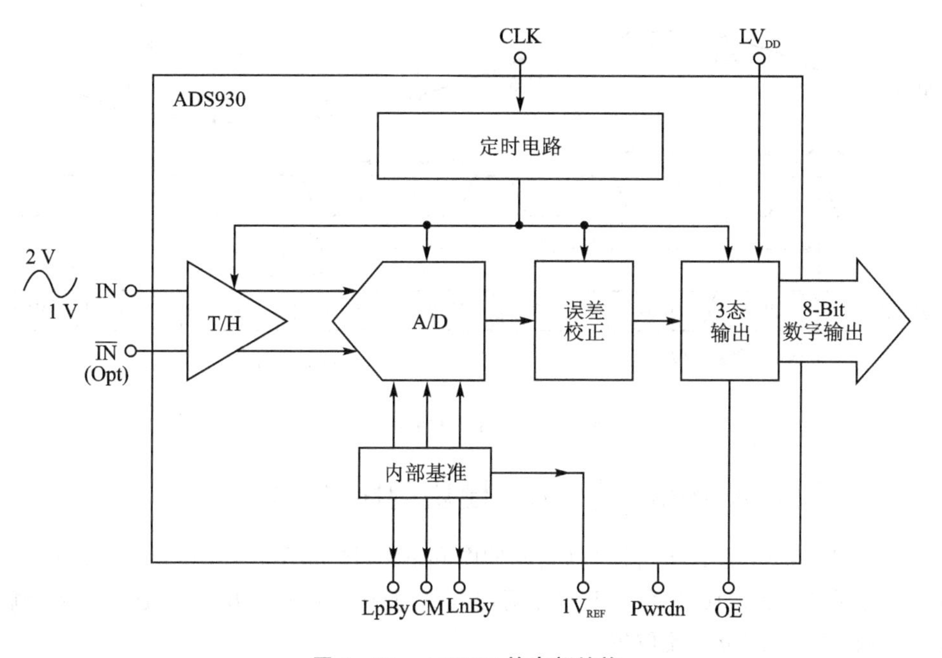

图 2-16　ADS930 的内部结构

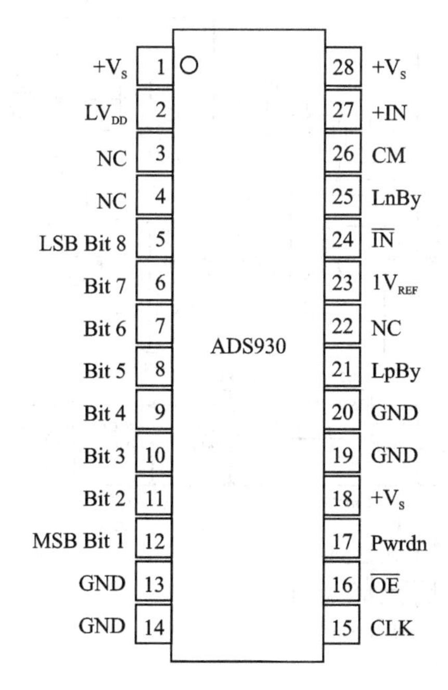

图 2-17　ADS930 的引脚端封装形式

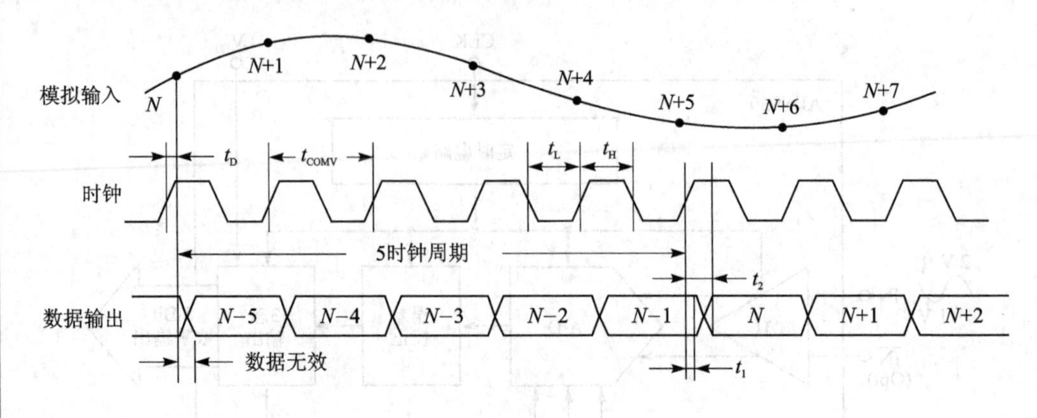

图 2-18 ADS930 时序图

2.4.2 基于 ADS930 的 ADC 模块电路和 PCB

基于 ADS930 的 ADC 模块电路原理图和 PCB 图如图 2-19 所示。模块中采用宽带双运放 MAX4016 作为前级信号调理电路,其中一路作为电压跟随。F_R1 调节放大倍数,F_R5 调节直流偏置。

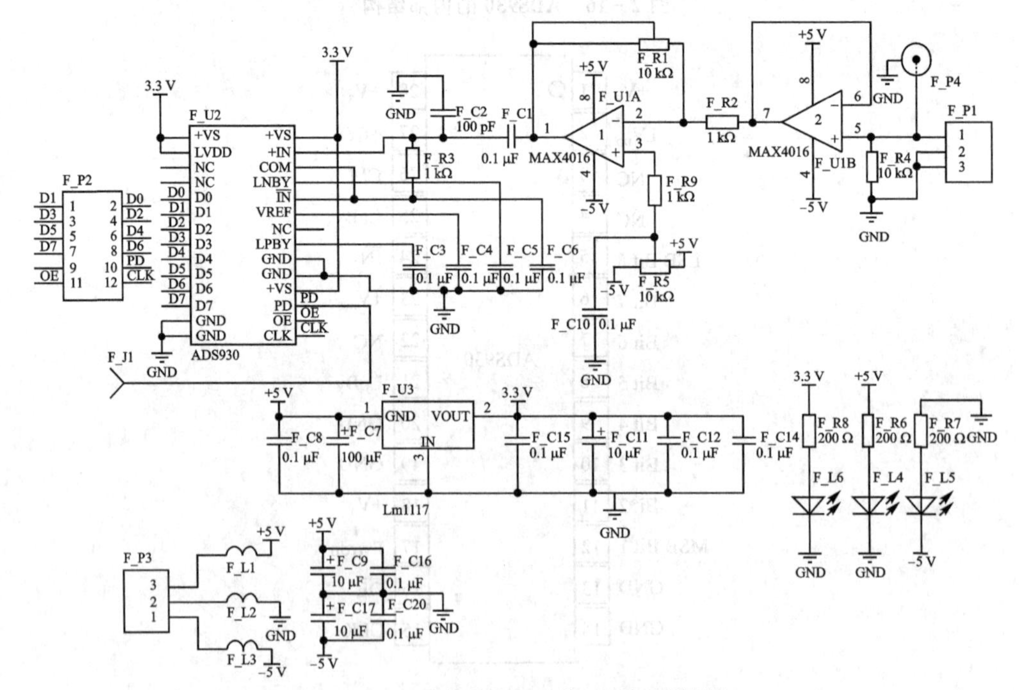

图 2-19 基于 ADS930 的 ADC 模块电路原理图和 PCB 图

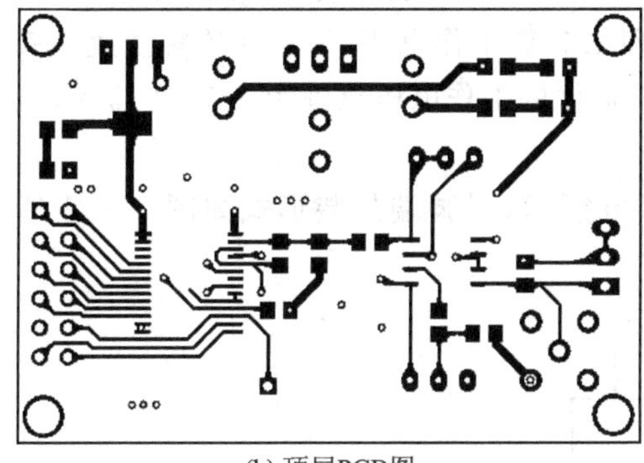

(b) 顶层PCB图

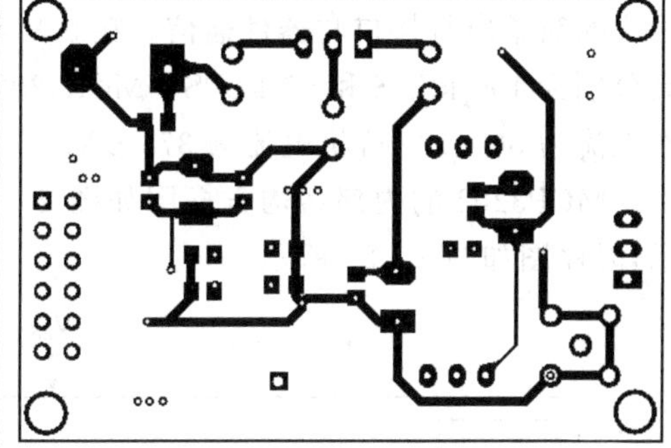

(c) 底层PCB图

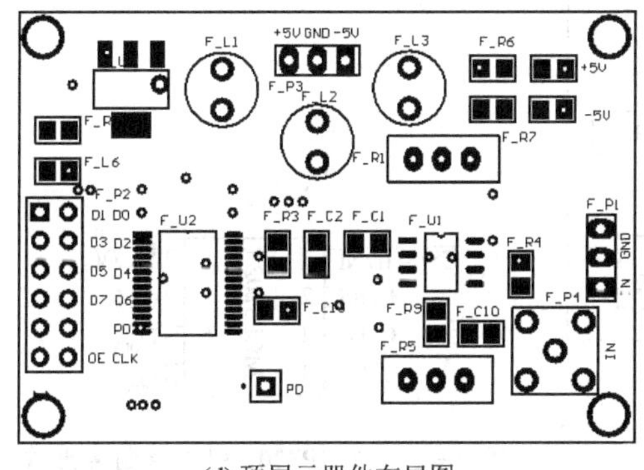

(d) 顶层元器件布局图

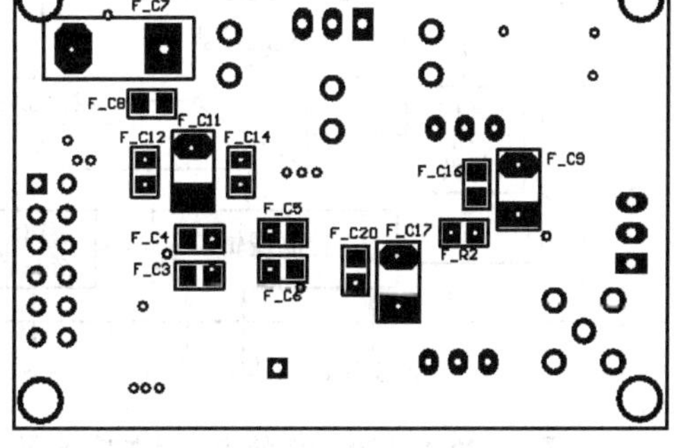

(e) 底层元器件布局图

图 2-19　基于 ADS930 的 ADC 模块电路原理图和 PCB 图(续)

模块调试步骤如下：

① 通过 F_P3 口加上±5 V 电源，注意极性；

② 将信号发生器输出的正弦信号(频率可达 25 MHz，幅值范围 $-5\ \text{V} \leqslant U_i \leqslant +5\ \text{V}$)加在 F_P1 口；

③ 调节 F_R1(调节增益，顺时针增大，反之减少)和 F_R5 电位器(调节直流偏移量，顺时针增大，反之减少)，使加到 AD930 的输入信号电压范围处于 1.0～2.0 V。

2.5　基于 MCP3202 的 12 位 ADC 模块

2.5.1　MCP3202 简介

MCP3202 是 Microchip 公司生产的一款具有片上采样和保持电路的 12 位逐次逼近型模/数转换器(ADC)。MCP3202 可被编程为单通道伪差分输入对或双通道单端输入。差分非线性 DNL(Differential Nonlinearity)规定为±1 LSB，积分非线性

INL(Integral Nonlinearity)为±1 LSB。具有一个3线SPI兼容接口,可以与符合SPI协议的简单串行接口与器件通信。在5 V和2.7 V工作电压下,器件的转换速率最高分别为100 kSPS和50 kSPS。MCP3202器件的工作电压范围为2.7～5.5 V,工作电流为500 μA,待机电流为375 pA。

MCP3202的内部结构方框图如图2-20所示,引脚端封装形式如图2-21所示,时序图如图2-22所示。

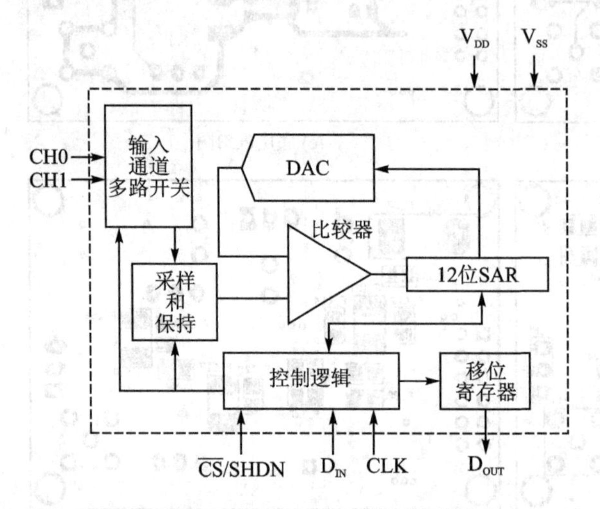

图2-20 MCP3202的内部结构方框图

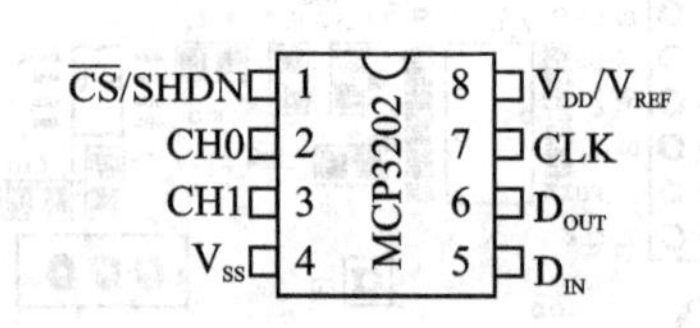

图2-21 MCP3202引脚端封装形式

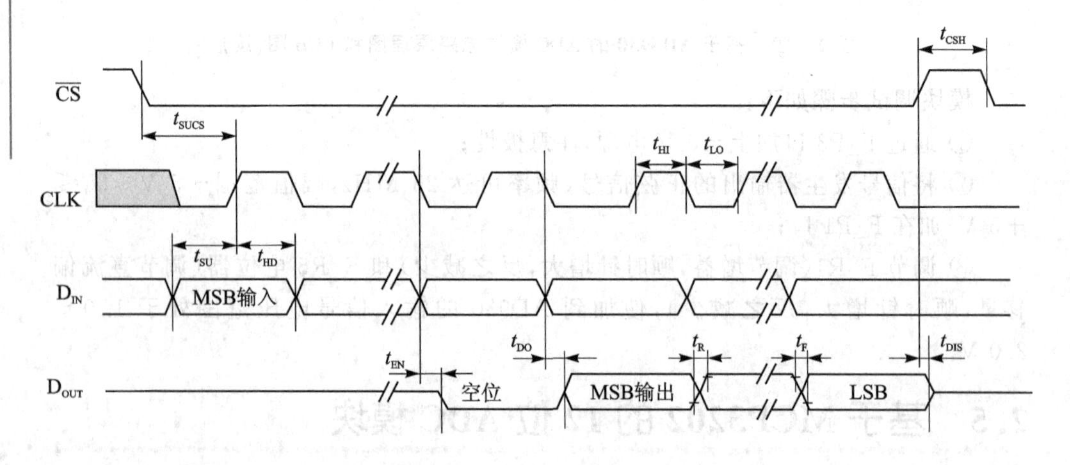

图2-22 MCP3202的时序图

MCP3202的引脚端功能如下。

引脚端1,$\overline{CS}$/SHDN:片选/关断控制输入;

引脚端2,CH0:通道0模拟输入;

引脚端3,CH1:通道1模拟输入;

引脚端 4，V_{SS}：接地；

引脚端 5，D_{IN}：串行数据输入；

引脚端 6，D_{OUT}：串行数据输出；

引脚端 7，CLK：串行时钟；

引脚端 8，V_{DD}/V_{REF}：+2.7～5.5 V 电源和参考电压输入。

2.5.2　基于 MCP3202 的 ADC 模块电路和 PCB

1. 1 路输入的 MCP3202 ADC 模块电路和 PCB

基于 MCP3202 的 ADC 模块电路原理图和 PCB 图如图 2－23 所示。如果输入到 ADC 的信号源不是低阻抗源，则必须对它进行缓冲处理，否则将产生不精确的转换结果。模块前端使用了 MCP601 运算放大器来驱动 MCP3202 的模拟输入端。该放大器的低阻抗输出被用作转换器的输入，并提供了一个用于消除高频噪声的有源低通滤波器，来消除任何可能与转换结果混叠的信号。

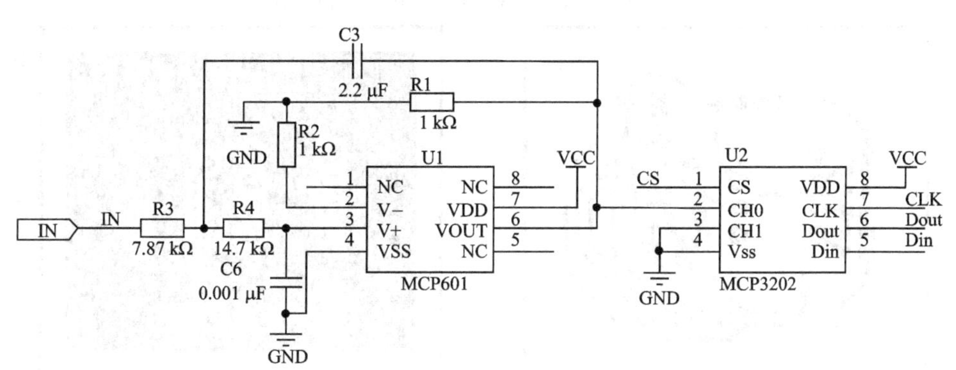

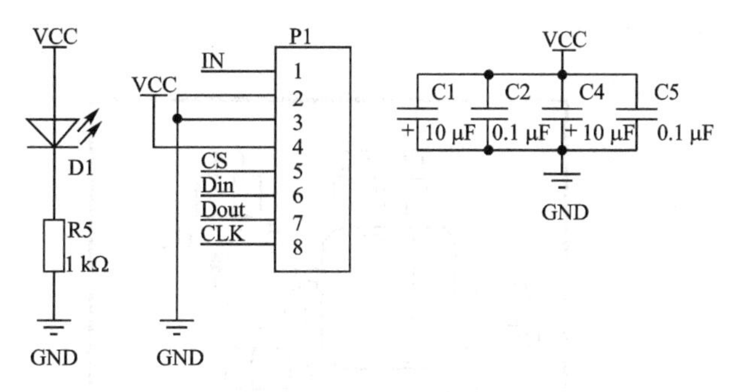

(a) 基于MCP3202的ADC电路原理图

图 2－23　基于 MCP3202 的 ADC 模块电路原理图和 PCB 图

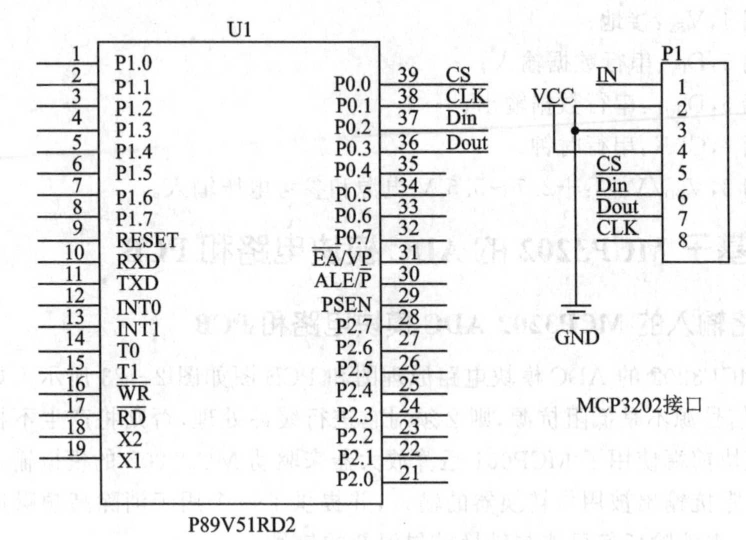

(b) MCP3202 ADC模块与微控制器的接口

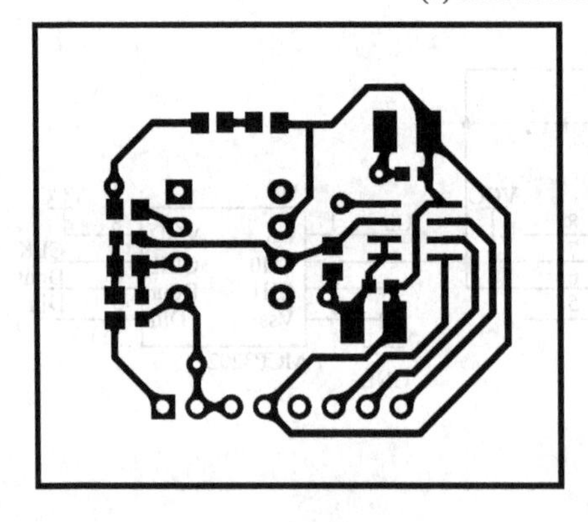

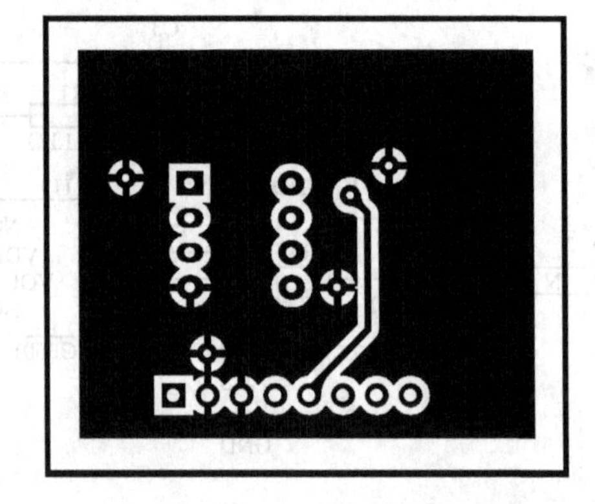

(c) 顶层PCB图

(d) 底层PCB

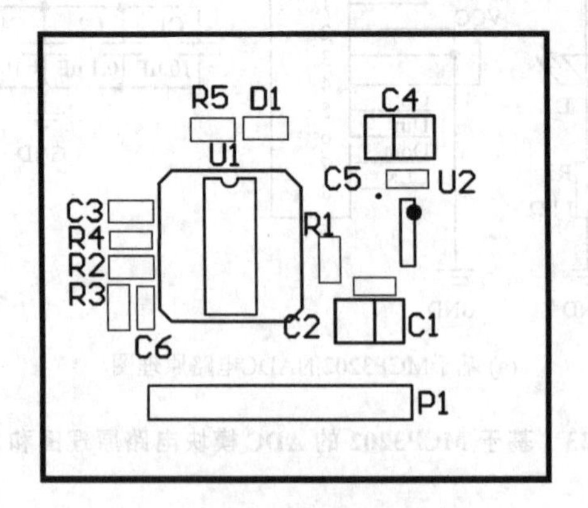

(e) 顶层元器件布局图

图 2-23 基于 MCP3202 的 ADC 模块电路原理图和 PCB 图(续)

2．2 路输入的 MCP3202 ADC 模块电路和 PCB

2 路输入的 MCP3202 ADC 模块电路原理图和 PCB 图如图 2－24 所示。

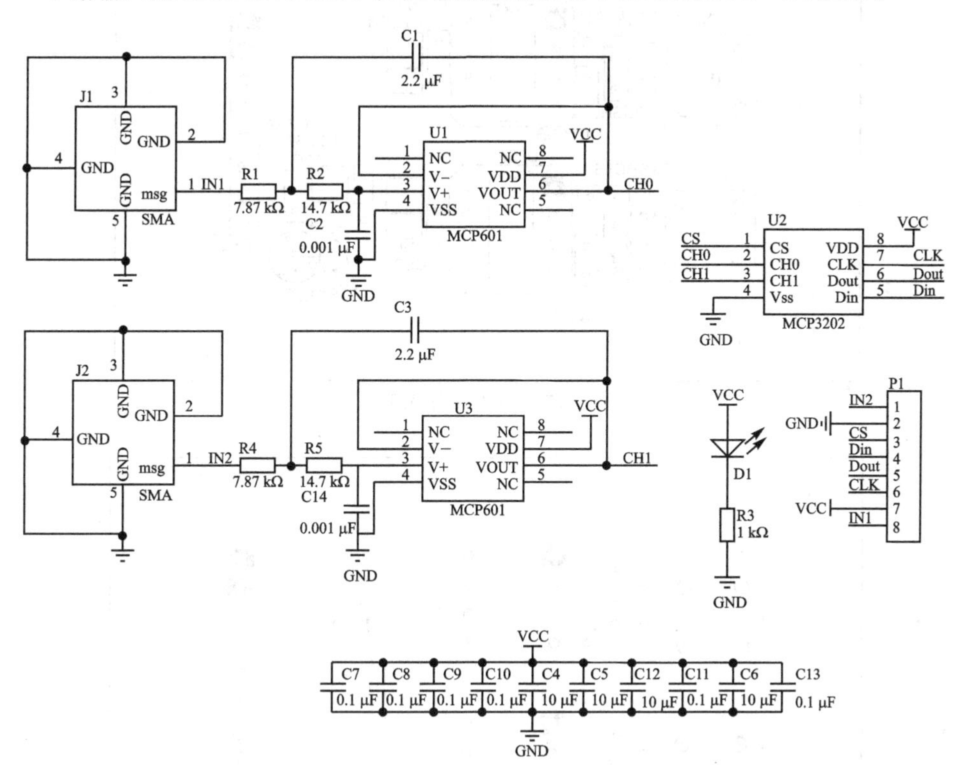

(a) 2路输入的MCP3202 ADC模块电路原理图

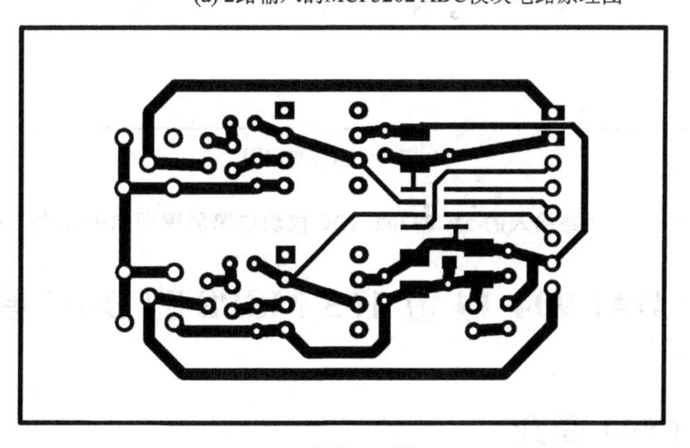

(b) 底层PCB图

图 2－24　2 路输入的 MCP3202 ADC 模块电路原理图和 PCB 图

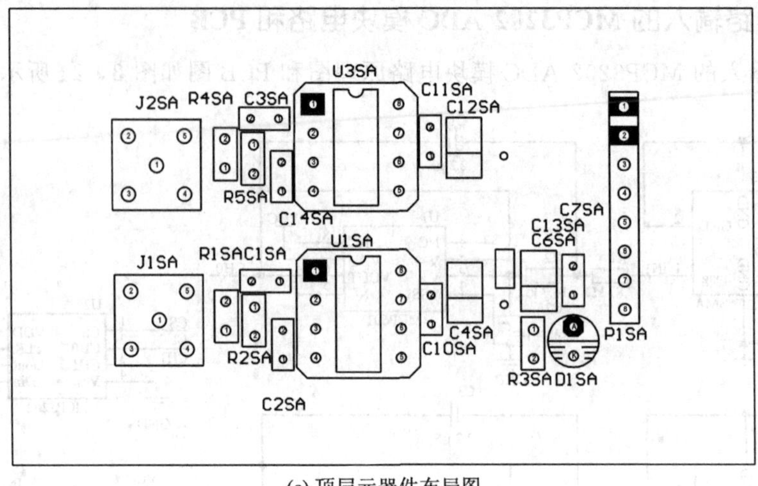

(c) 顶层元器件布局图

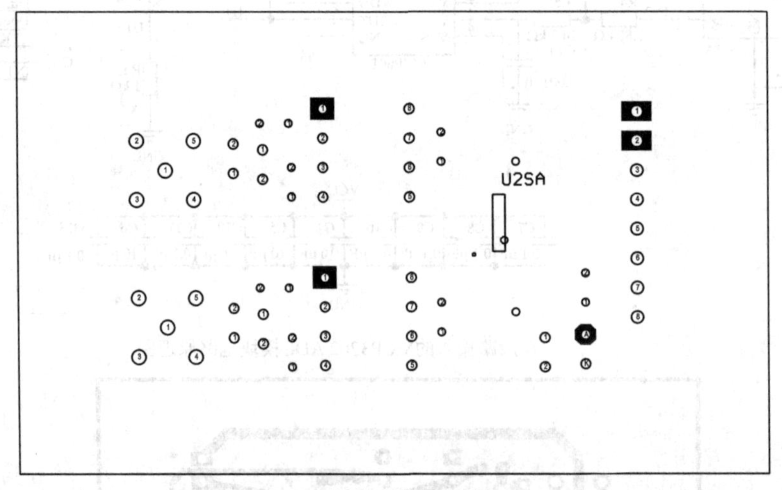

(d) 底层元器件布局图

图 2-24 2路输入的 MCP3202 ADC 模块电路原理图和 PCB 图(续)

2.6 基于 DAC904 14 位 165 MSPS 的 DAC 模块

2.6.1 DAC904 简介

DAC904 是 TI 公司生产的高性能数/模转换器,具有 14 位的分辨率、165 MSPS 的输出更新速率。DAC904 的工作电压为 2.7~5.5 V,5 V 时功耗只有 170 mW,SFDR 在以100 MSPS 20 MHz 输出时可达 64 dB,具有内部基准,也可以选择外部基准,采用 TSSOP-28 或 SO-28 封装。

DAC904 的引脚端封装形式如图 2-25 所示，引脚功能如表 2-8 所列，时序图如图 2-26 所示，内部结构与典型连接如图 2-27 所示。

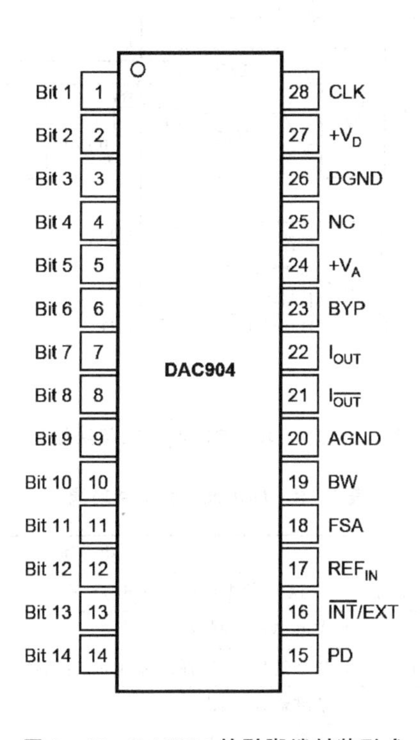

图 2-25　DAC904 的引脚端封装形式

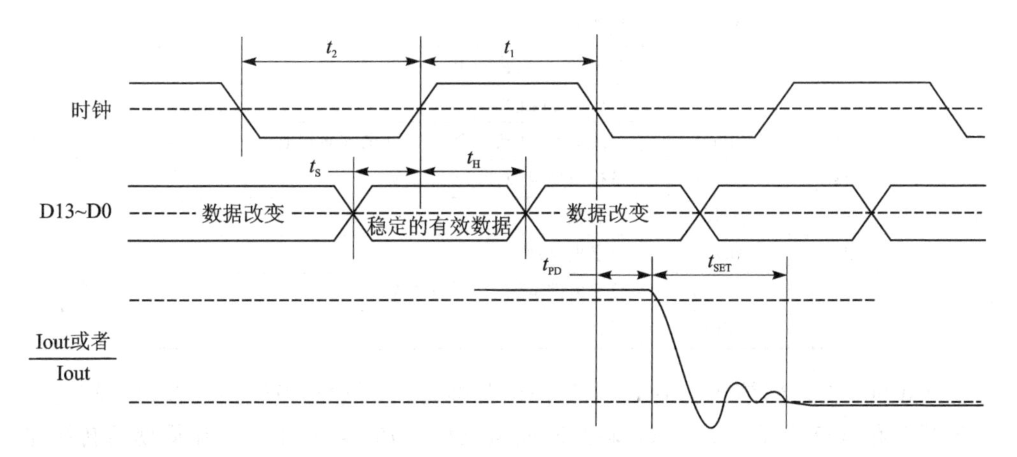

图 2-26　DAC904 的时序图

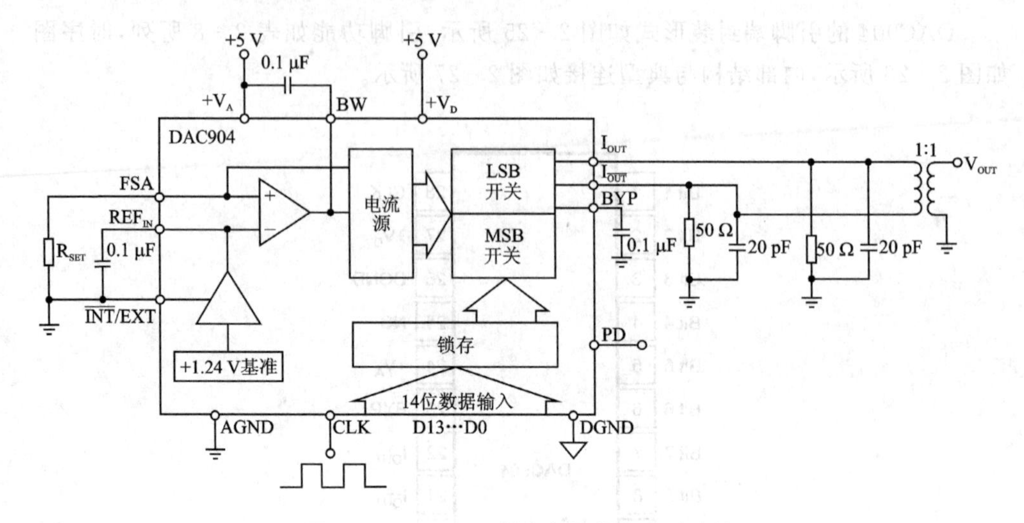

图 2-27 DAC904 的内部结构与典型连接

表 2-8 DAC904 引脚端功能

引 脚	符 号	功 能
1～14	Bit 1～Bit 14	第 14 位数据(D13)(MSB)～第 1 位数据(D0)LSB
15	PD	省电模式控制,高电平有效
16	$\overline{INT}$/EXT	基准选择,0:选择内部基准;1:选择外部基准
17	REF_{IN}	基准输入/输出
18	FSA	满量程输出调节
19	BW	带宽/降噪
20	AGND	模拟电路地
21	$I_{\overline{OUT}}$	互补 DAC 电流输出
22	I_{out}	DAC 电流输出
23	BYP	旁路节点:连接一个 0.1 μF 电容器到地
24	$+V_A$	模拟电路电源:2.7～5.5 V
25	NC	未连接
26	DGND	数字电路地
27	$+V_D$	数字电路电源:2.7～5.5 V
28	CLK	时钟输入

DAC900 的内部结构包括 1.24 V 内部基准源、10 位数/模转换内核、分段开关、LSB 开关和电流源等。DAC900 转换时间典型值<40 ns,在 1 个工作周期后转换完成。内部基准引脚 17 主要用来连接外部旁路电容,典型值为 0.1 μF。输入 DAC900 的时钟既可以是+5 V 也可以是+3 V 的 CMOS 逻辑电平。当高速转换时,推荐使用占空比为 50%的时钟信号,以满足高性能的需要。但是,DAC900 可以在占空比为 40%～60%的时钟信号下工作而性能几乎保持不变。

2.6.2 基于 DAC904 的 DAC 模块电路和 PCB

基于 DAC904 的 DAC 模块电路原理图和 PCB 图如图 2－28 所示。

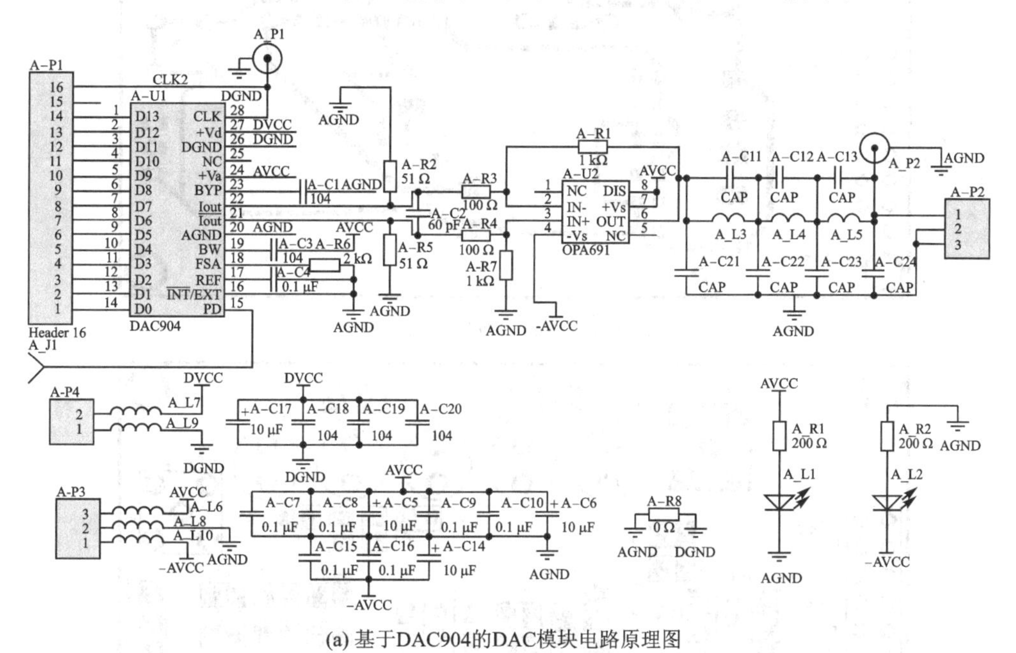

(a) 基于DAC904的DAC模块电路原理图

(b) DAC904 DAC模块的顶层PCB图

图 2－28 基于 DAC904 的 DAC 模块电路原理图和 PCB 图

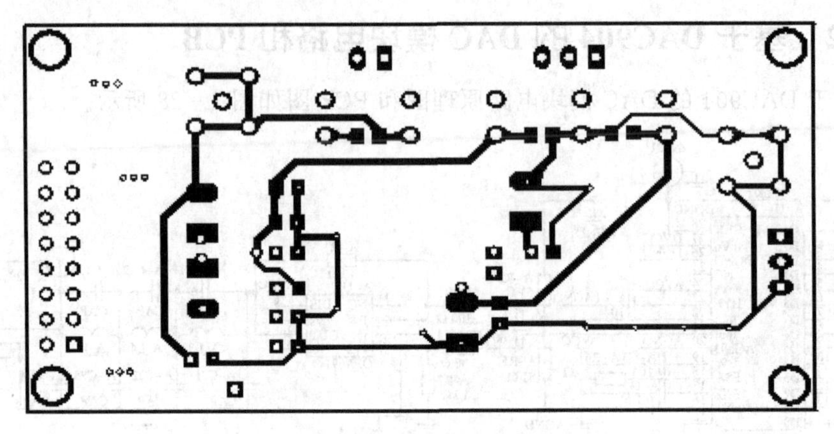

(c) DAC904 DAC模块的底层PCB图

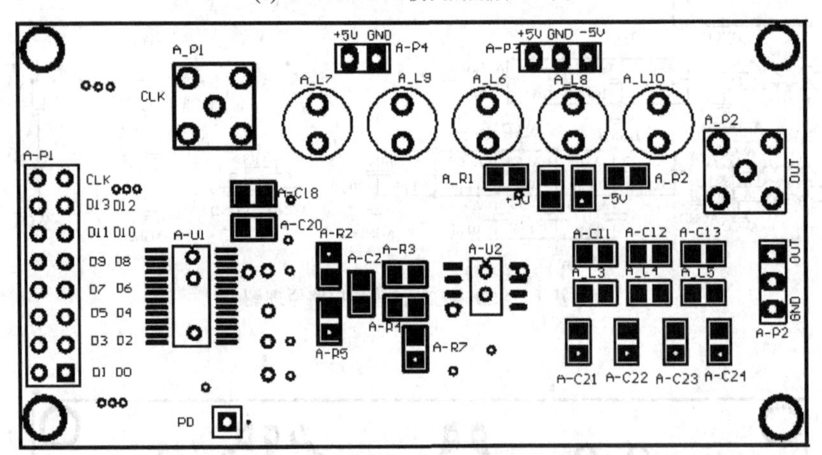

(d) DAC904 DAC模块的顶层元器件布局图

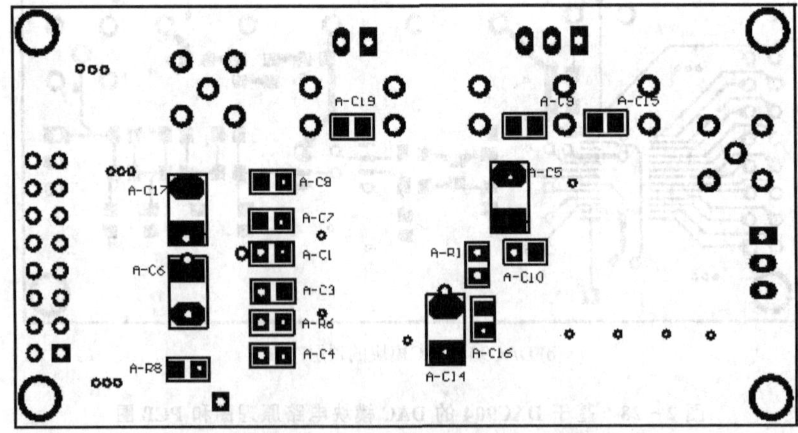

(e) DAC904 DAC模块的底层元器件布局图

图 2-28 基于 DAC904 的 DAC 模块电路原理图和 PCB 图(续)

2.7 基于 THS5661 12 位 100 MSPS 的 DAC 模块

2.7.1 THS5661 简介

THS5661 是 TI 公司生产的低功耗 CMOS 数字模拟转换器(DAC)，具有 12 位分辨率，100 MSPS 的数据更新速率，1 ns 的建立/保持时间，具有 1.2 V 片上基准，2～20 mA 的差分可调节的电流输出，同时支持单端和差分应用，兼容 3 V 和 5 V CMOS 数字接口。在 5 V 电源电压时功耗为 175 mW，在睡眠模式时为 25 mW，采用 SOIC－28 和 TSSOP－28 封装。

THS5661 的封装形式、内部结构和时序图如图 2－29 所示。

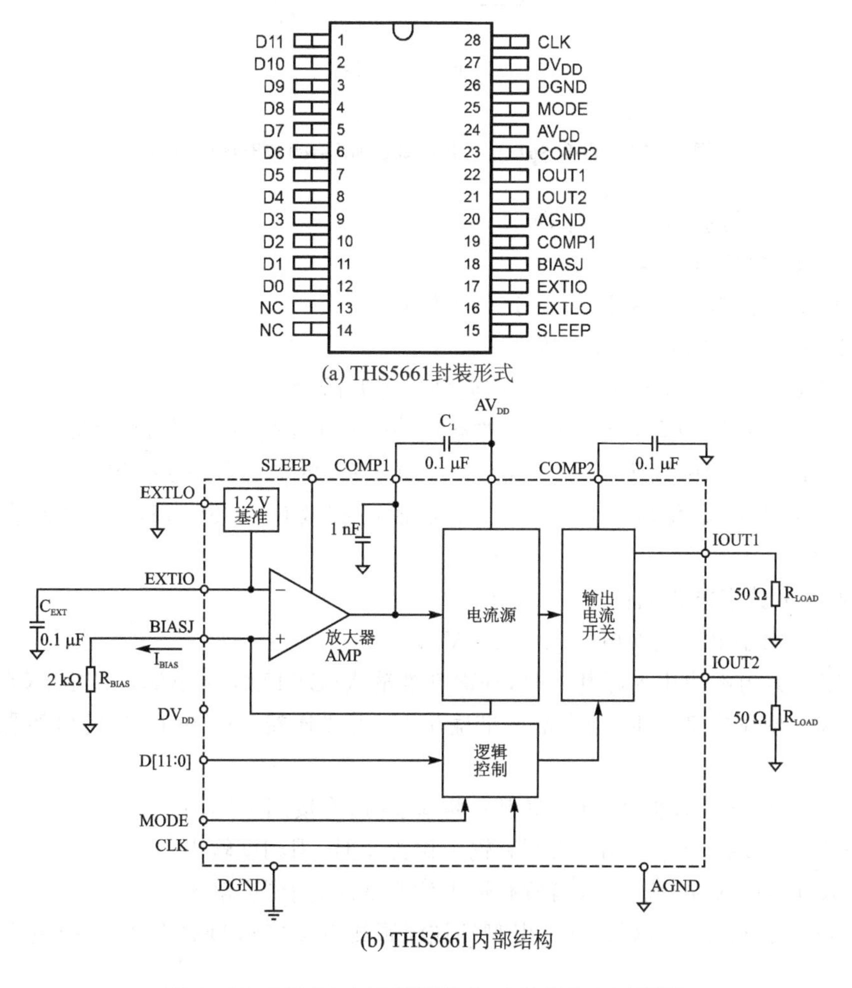

图 2－29　THS5661 的封装形式、内部结构和时序图

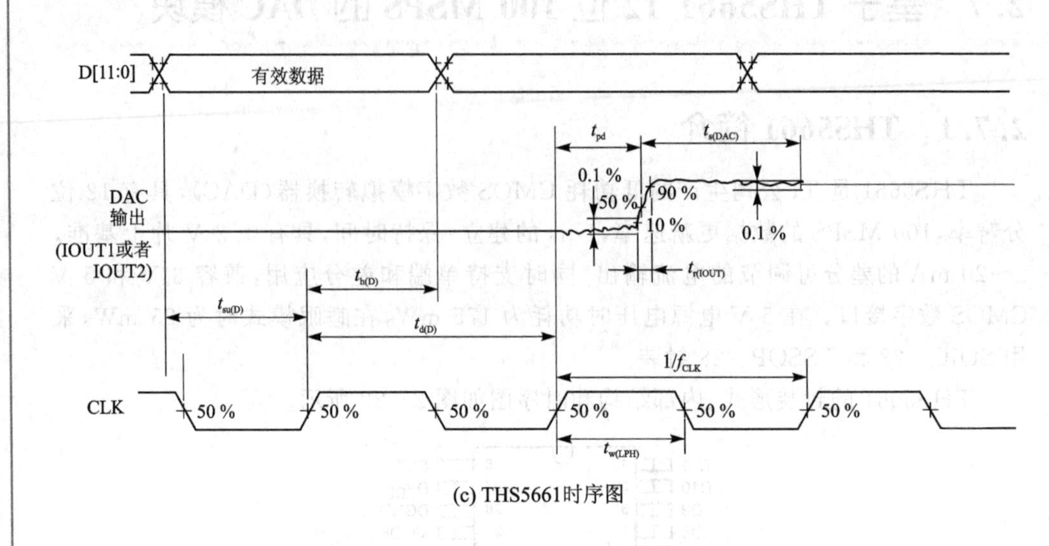

(c) THS5661时序图

图 2-29 THS5661 的封装形式、内部结构和时序图(续)

THS5661 的引脚功能如下所示。

AGND:模拟电路地;

AV_{DD}:模拟电路电源电压(4.5～5.5 V);

BIASJ:满刻度输出电流偏置;

CLK:外部时钟输入,输入数据在时钟的上升沿锁存;

COMP1:补偿和退耦连接点,需要连接一个 0.1 μF 的电容器到 AV_{DD};

COMP2:内部偏置接点,需要连接一个 0.1 μF 的电容器到模拟地;

D[11:0]:数据位输入 0～11;D11 是最高有效位(MSB),D0 是最低有效位(LSB);

DGND:数字电路地;

DV_{DD}:数字电路电源电压(3～5.5 V);

EXTIO:当不使用内部基准时,外部基准输入(EXTLO = AV_{DD});当 EXTLO= AGND 时,使用内部基准;当内部基准输出时,需要连接一个 0.1 μF 的电容器到模拟地;

EXTLO:内部基准地,当不使用内部基准时,连接到 AV_{DD};

IOUT1:DAC 电流输出,当所有输入位为 1 时,满刻度输出;

IOUT2:DAC 电流输出,当所有输入位为 0 时,满刻度输出;

MODE:模式选择,如果这个引脚端被浮置或者连接到 DGND,则选择模式 0;

NC：未连接；

SLEEP：睡眠模式控制，异步硬件电源低功耗控制，高电平有效(5 ms)。

2.7.2　基于 THS5661 的 DAC 模块电路和 PCB

基于 THS5661 的 DAC 模块电路原理图和 PCB 图如图 2－30 所示。

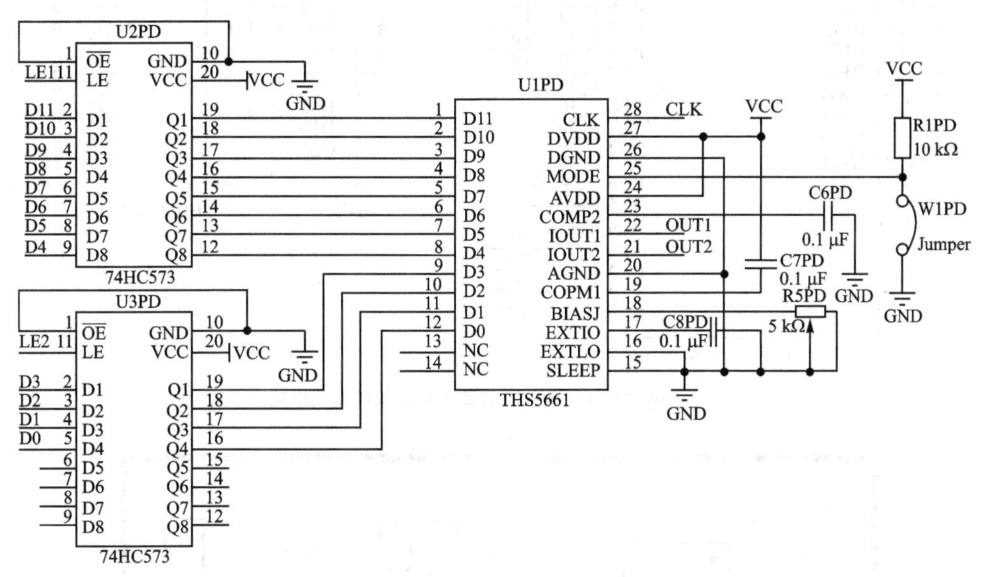

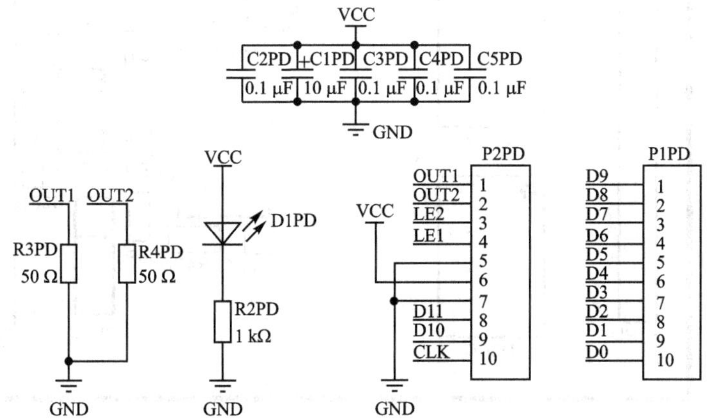

(a) 基于THS5661的DAC模块电路原理图

图 2－30　基于 THS5661 的 DAC 模块电路原理图和 PCB 图

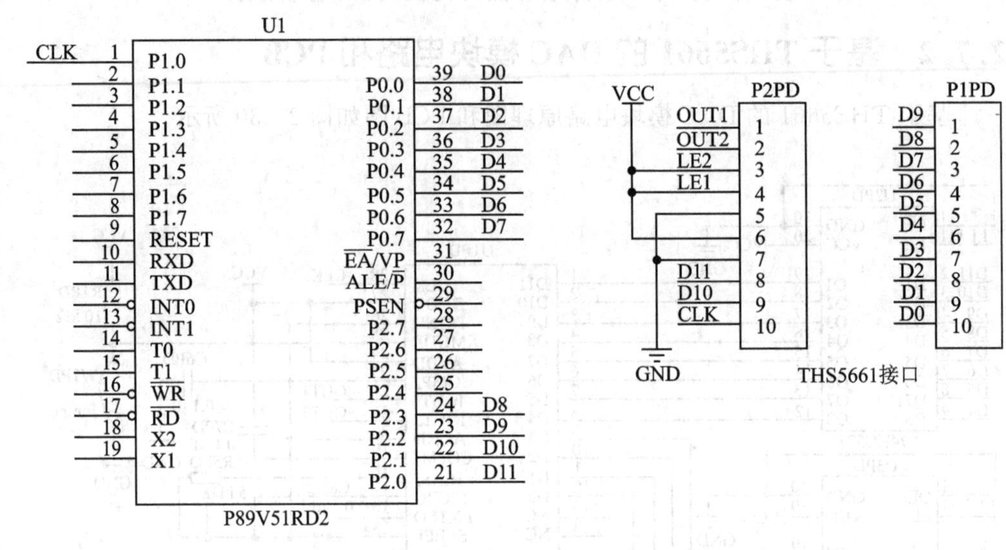

(b) THS5661的DAC模块与单片机的接口电路

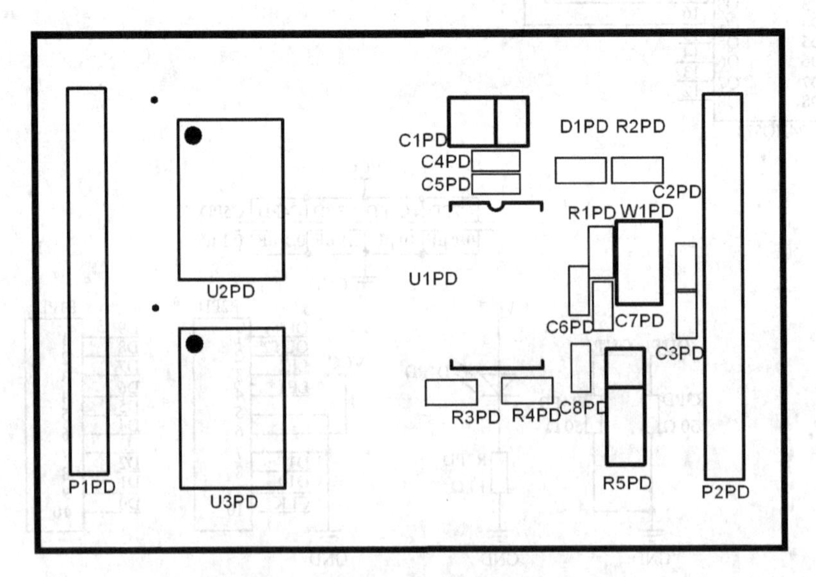

(c) THS5661的DAC模块电路顶层元器件布局图

图 2-30 基于 THS5661 的 DAC 模块电路原理图和 PCB 图(续)

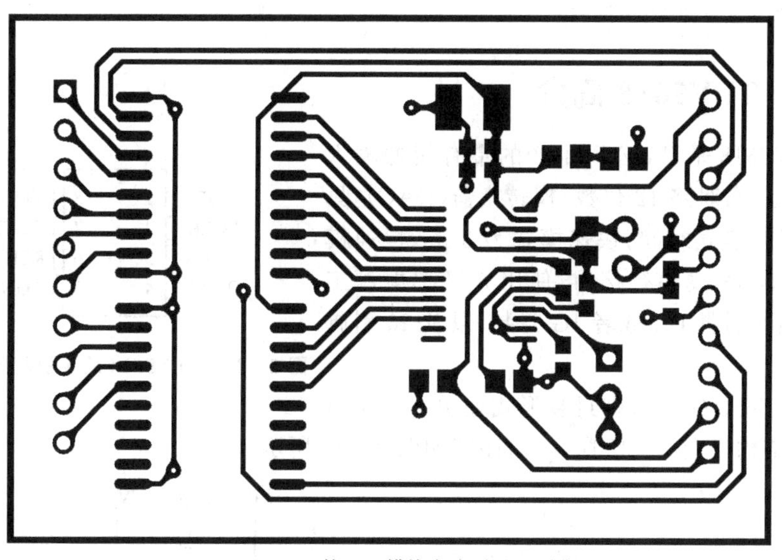

(d) THS5661的DAC模块电路顶层PCB图

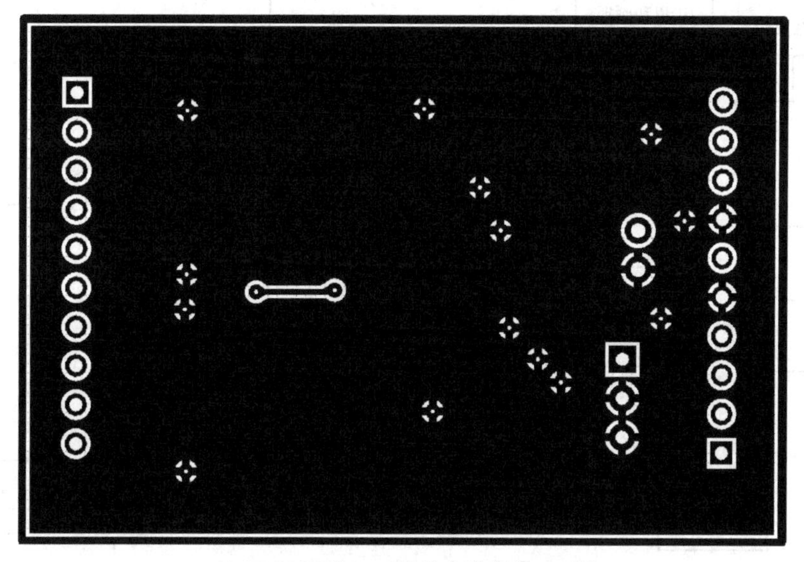

(e) THS5661的DAC模块电路底层PCB图

图 2-30　基于 THS5661 的 DAC 模块电路原理图和 PCB 图(续)

2.8 基于TLV5618的双12位DAC模块

2.8.1 TLV5618简介

TLV5618是TI公司生产的带有缓冲输入的、可编程的、双路12位数/模转换器(DAC),具有可编程的建立时间,快速模式为3 μs,慢速模式为10 μs,3线串行接口,使用5 V单电源工作。采用8引脚PD或者JG封装,以及20引脚FK封装。

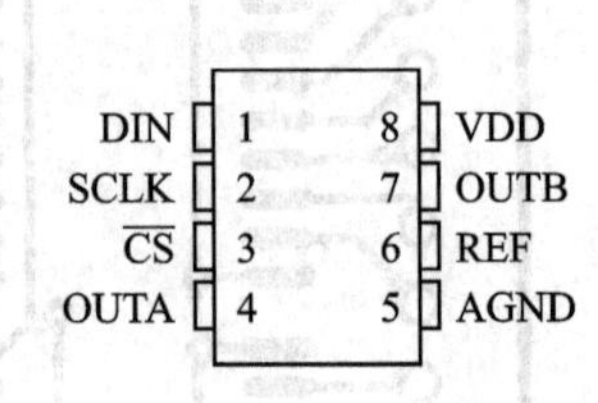

图2-31 TLV5618的8引脚封装形式

TLV5618的8引脚封装形式如图2-31所示,内部结构如图2-32所示,时序图如图2-33所示。

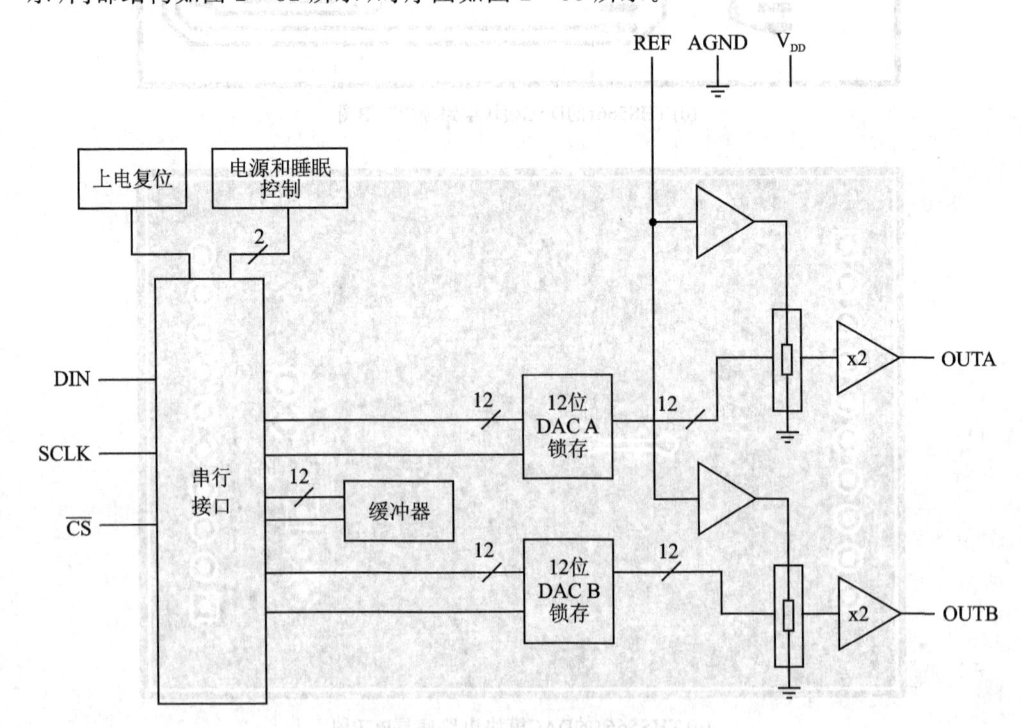

图2-32 TLV5618的内部结构

TLV5618的引脚功能如下。

AGND:地;

$\overline{CS}$:片选,低电平有效,用来使能/禁止输入;

DIN:串行数据输入;

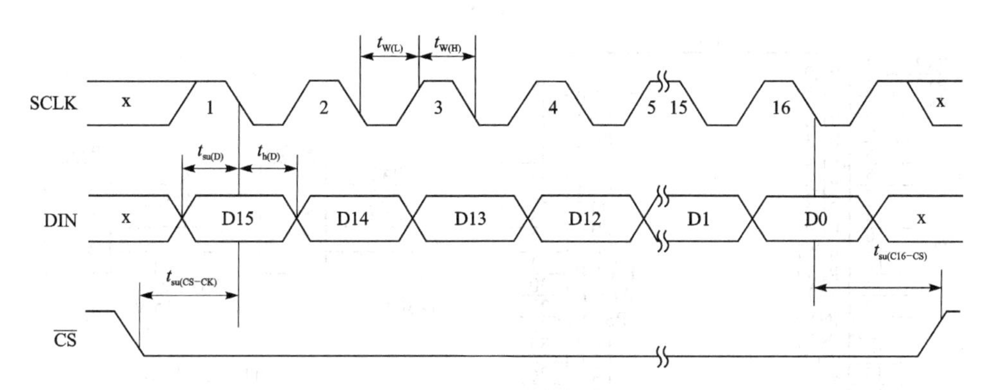

图 2-33　TLV5618 的时序图

OUTA:DAC A 模拟电压输出;
OUTB:DAC B 模拟电压输出;
REF:模拟基准电压输入;
SCLK:串行接口时钟输入;
VDD:电源输入。

2.8.2　基于 TLV5618 的 DAC 模块电路和 PCB

基于 TLV5618 的 DAC 模块电路原理图和 PCB 图如图 2-34 所示。

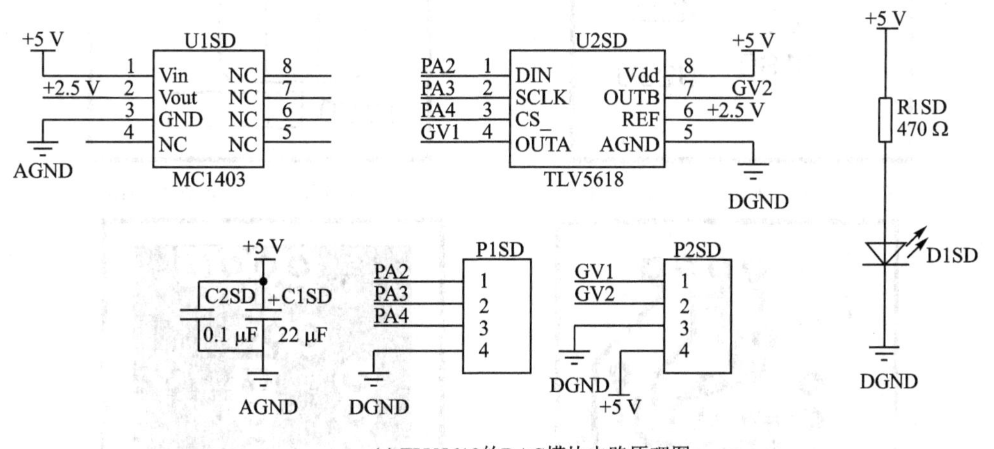

(a) TLV5618的DAC模块电路原理图

图 2-34　基于 TLV5618 的 DAC 模块电路原理图和 PCB 图

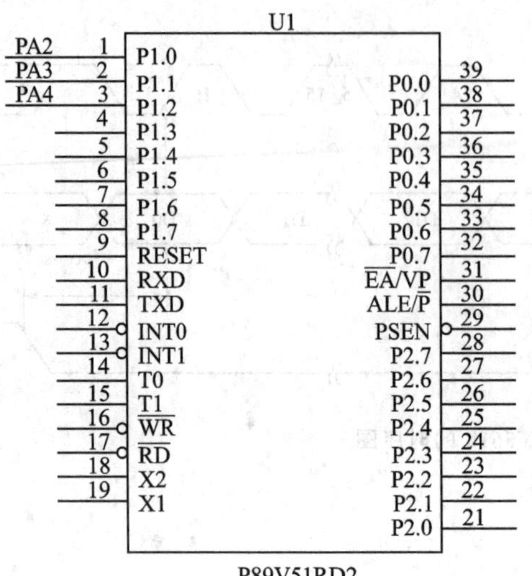

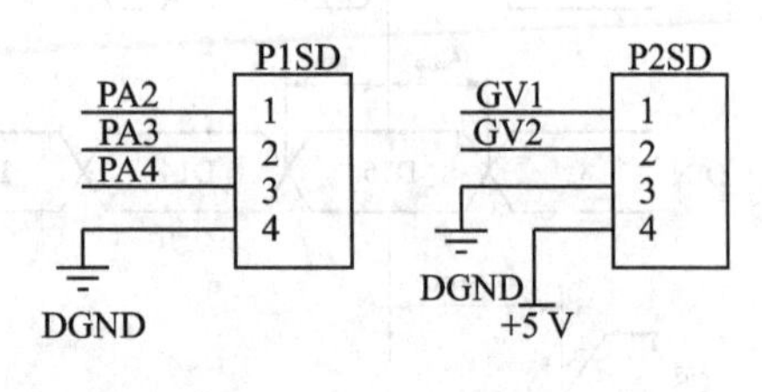

(b) 模块与单片机的接口

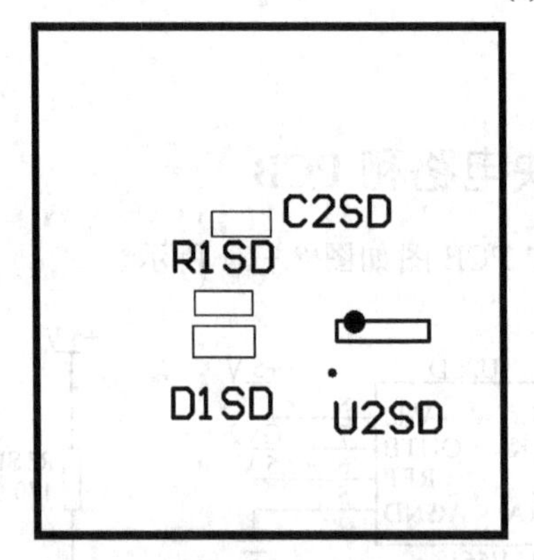

(c) DAC模块顶层元器件布局图

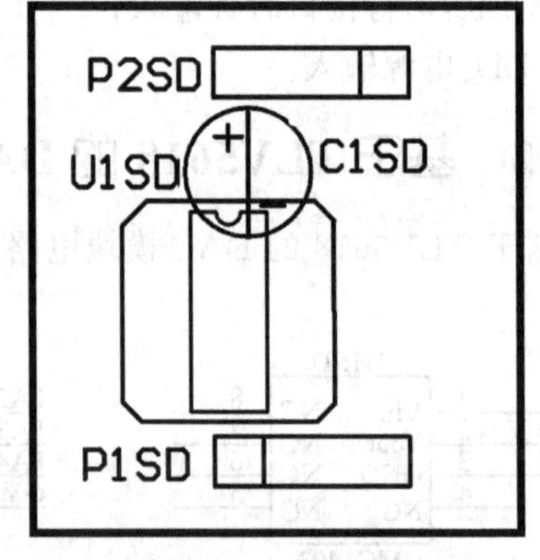

(d) DAC模块底层元器件布局图

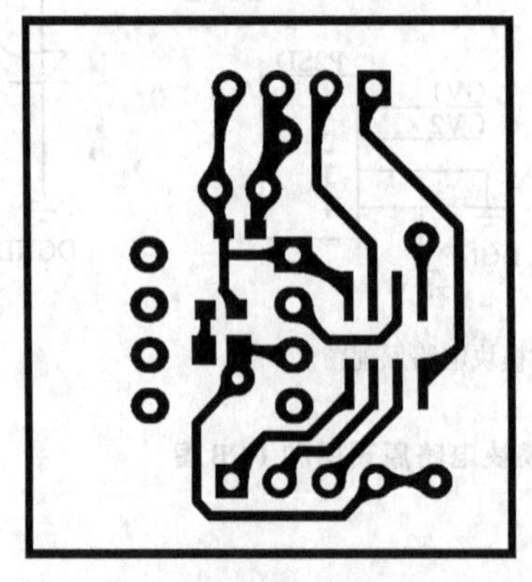

(e) DAC模块顶层PCB图

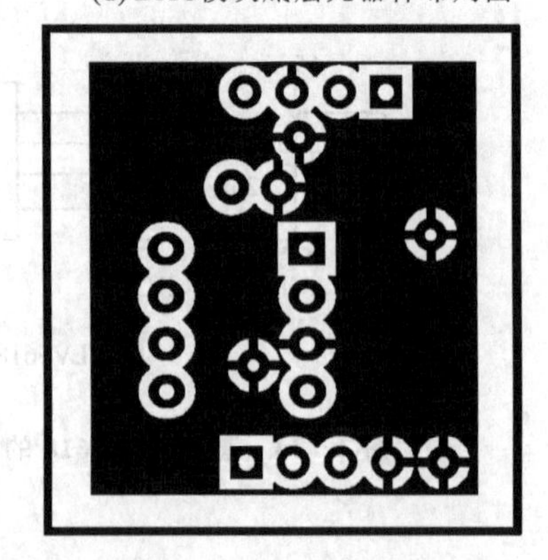

(f) DAC模块底层PCB图

图 2-34　基于 TLV5618 的 DAC 模块电路原理图和 PCB 图(续)

第3章 放大器电路模块制作

3.1 基于 MAX4016+THS3092 的放大器模块

3.1.1 MAX4016 简介

MAX4016 是 Maxim 公司生产的一款低成本、高速、单电源运算放大器，满摆幅（轨-轨）输出的运算放大器，−3 dB 带宽为 150 MHz，可以采用±5 V 或者单电源供电，采用 μMAX-8 和 SO-8 封装。

MAX4016 的封装形式如图 3-1 所示，典型应用电路如图 3-2 所示。

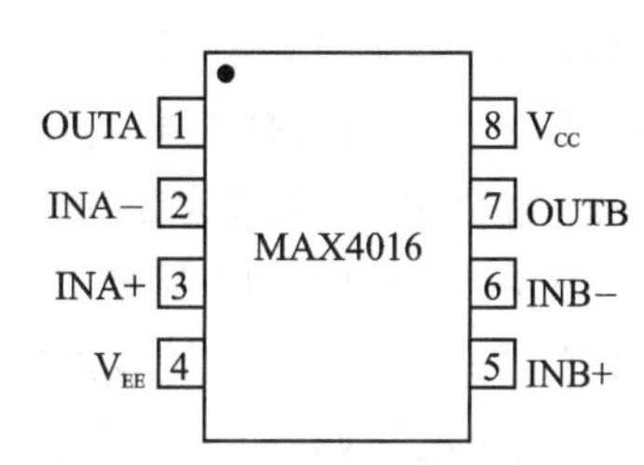

图 3-1 MAX4016 的封装形式

MAX4016 的引脚功能如下。

OUTA：放大器 A 输出；

INA−：放大器 A 反相输入；

INA+：放大器 A 同相输入；

V_{EE}：负电源输入或者接地（单电源工作）；

INB+：放大器 B 同相输入；

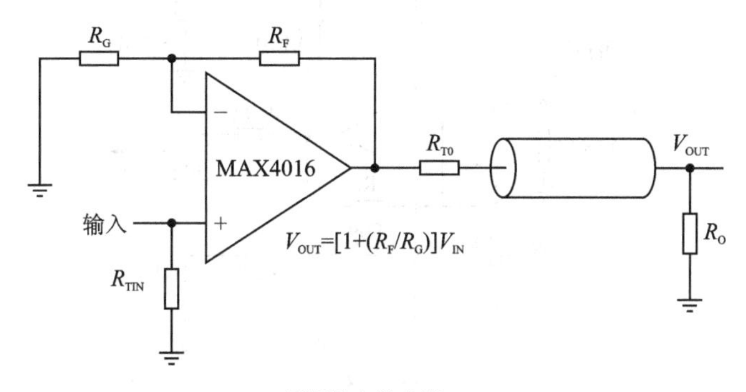

(a) 同相输入放大器

图 3-2 MAX4016 的典型应用电路

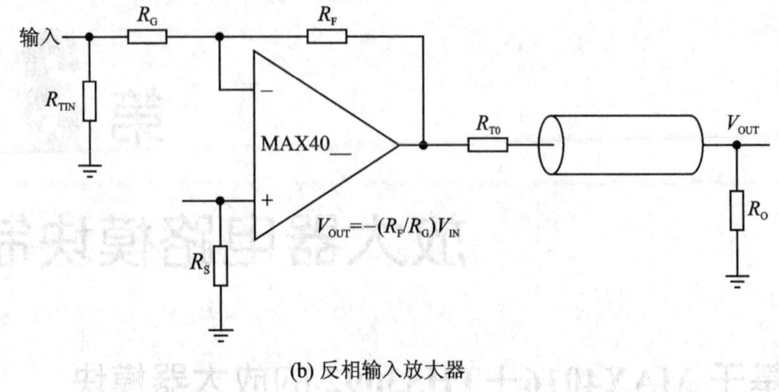

(b) 反相输入放大器

图 3-2　MAX4016 的典型应用电路(续)

INB－:放大器 B 反相输入;

OUTB:放大器 B 输出;

V_{CC}:正电源输入。

3.1.2　THS3092 简介

THS3092 是 TI 公司生产的 160 MHz ($G=5, R_L=100\ \Omega$)、高速电流反馈双运算放大器芯片,电源电压范围为±5～±15 V,采用 SOIC-8 和 TSSOP-14 封装。

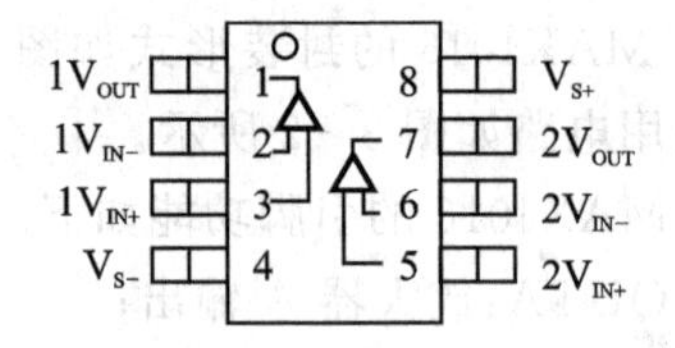

图 3-3　THS3092 SOIC-8 封装形式

THS3092 SOIC-8 封装形式如图 3-3 所示,典型应用电路如图 3-4 所示。

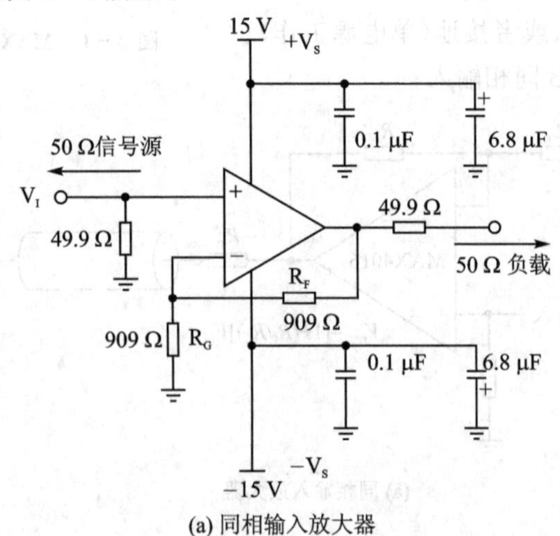

(a) 同相输入放大器

图 3-4　THS3092 典型应用电路

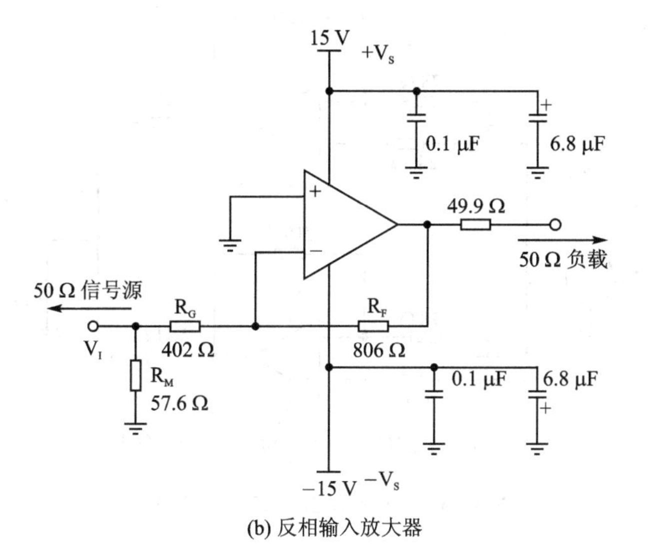

(b) 反相输入放大器

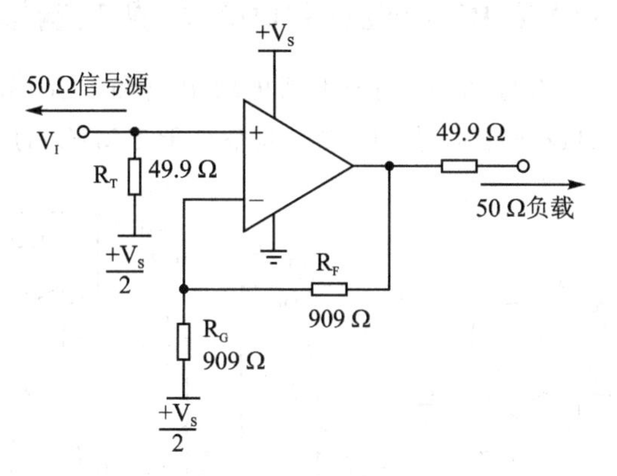

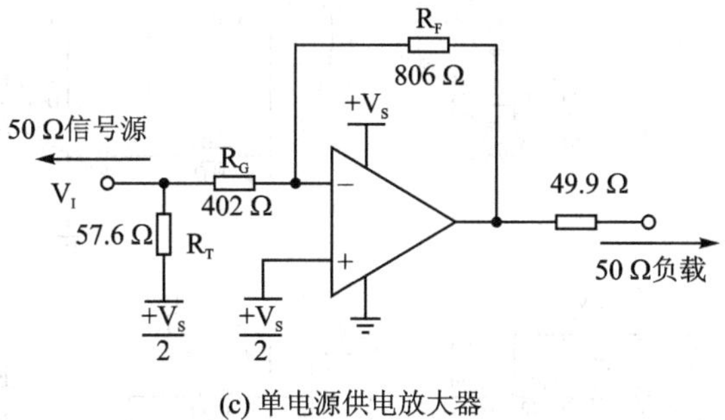

(c) 单电源供电放大器

图 3-4　THS3092 典型应用电路(续)

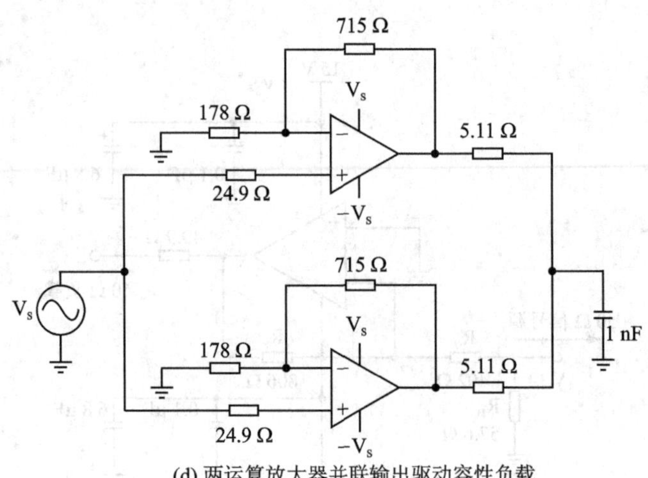

(d) 两运算放大器并联输出驱动容性负载

图 3-4　THS3092 典型应用电路(续)

3.1.3　基于 MAX4016＋THS3092 的放大器模块电路和 PCB

基于 MAX4016＋THS3092 的放大器模块电路和 PCB 图如图 3-5 所示，模块可放大1 Hz～10 MHz 正弦信号，可放大频率小于 1 MHz 的脉冲信号，输出电压范

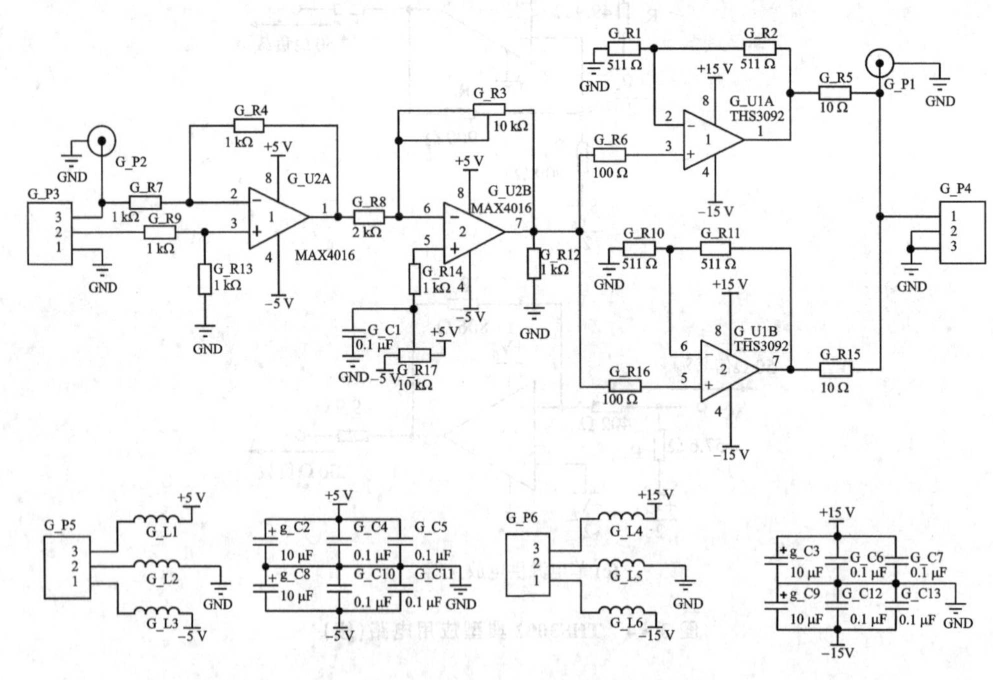

(a) 基于MAX4016+ THS3092的放大器电路

图 3-5　基于 MAX4016 ＋ THS3092 的放大器模块电路和 PCB 图

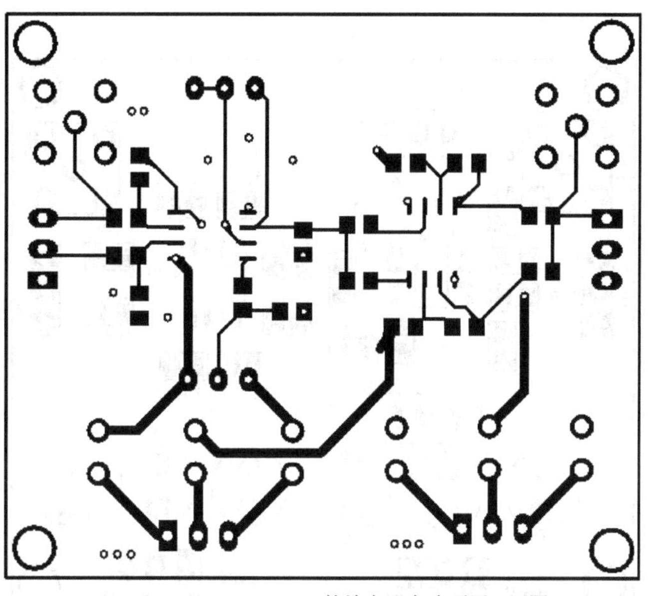

(b) MAX4016 + THS3092的放大器电路顶层PCB图

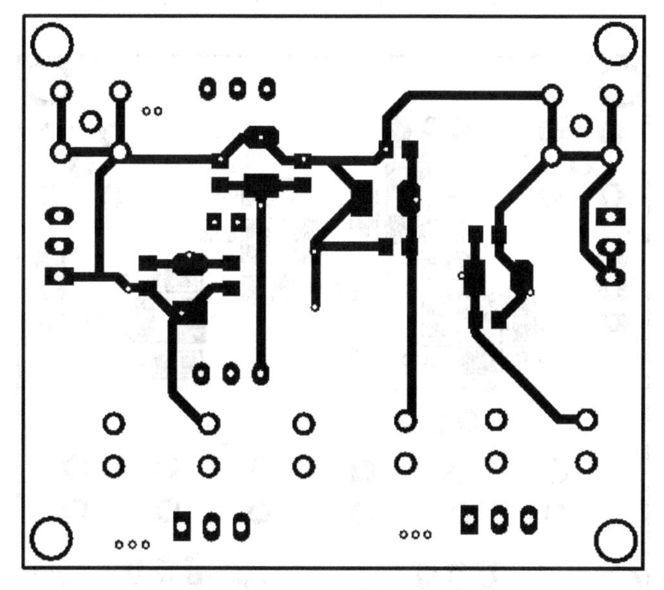

(c) MAX4016 + THS3092的放大器电路底层PCB图

图3-5　基于MAX4016 + THS3092的放大器模块电路和PCB图(续)

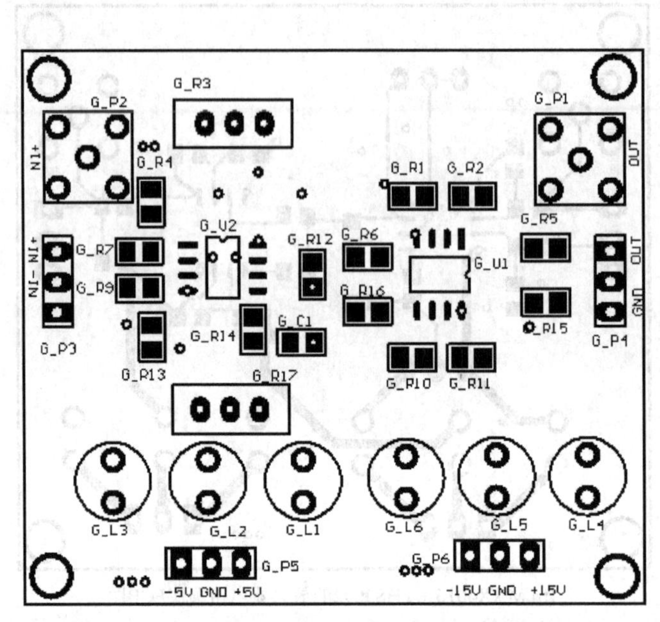

(d) MAX4016＋THS3092的放大器电路顶层元器件布局图

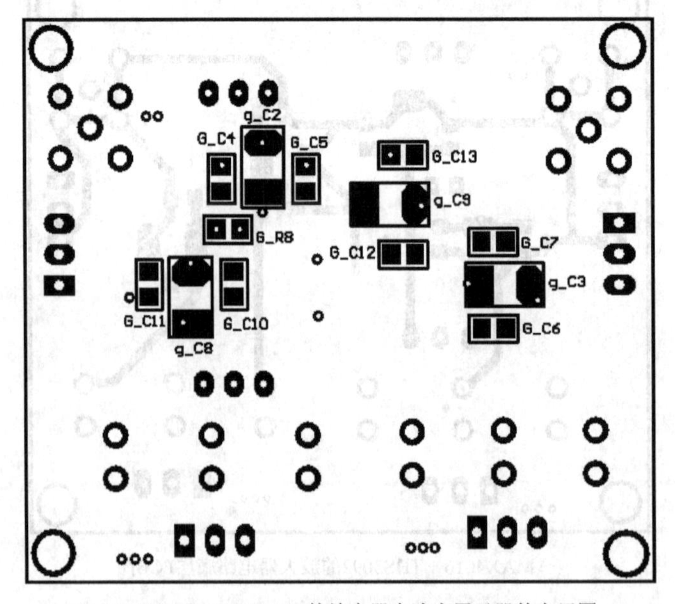

(e) MAX4016＋THS3092的放大器电路底层元器件布局图

图3－5 基于MAX4016＋THS3092的放大器模块电路和PCB图(续)

围大于±10 V,输出电流最大值可达 400 mA。该模块适合作为模拟信号输出放大驱动级,可与 8 位高速 D/A 模块和 DDS 模块配合实现模拟信号的放大驱动。

模块差分信号输入、单端信号输出;增益通过 G_R5 调节(顺时针旋转增益增大,反之减小),直流偏置通过 G_R17 调节(顺时针旋转直流偏移量增大,反之减小)。

3.2　基于 AD624 的信号调理模块

3.2.1　AD624 简介

AD624 是一款高精度、低噪声仪表放大器,主要设计用于低电平传感器,包括负荷传感器、应变计和压力传感器。它集低噪声、高增益精度、低增益温度系数和高线性度于一体,适合用于高分辨率数据采集系统。

AD624C 的输入失调电压漂移小于 0.25 μV/℃,输出失调电压漂移小于 10 μV/℃,单位增益时的共模抑制比(CMRR)高于 80 dB(G=500 时为 130 dB),最大非线性度为 0.001%(G=1)。除上述优异的直流特性外,AD624 的交流性能也同样出色。它具有 25 MHz 的增益带宽积、5 V/μs 压摆率和 15 μs 建立时间,因此可用于高速数据采集应用。

AD624 无须任何外部元件即可实现调整增益 1、100、200、500 和 1 000,还可以利用外部跳线,通过编程获得 250 和 333 等额外增益,精度为 1%。AD624 也可用一个外部电阻来设置增益,将增益设置为 1～10 000 的任何值。

AD624 的内部结构方框图如图 3-6 所示,引脚端封装形式如图 3-7 所示,增益设置方法如图 3-8 所示,供电电路如图 3-9 所示。

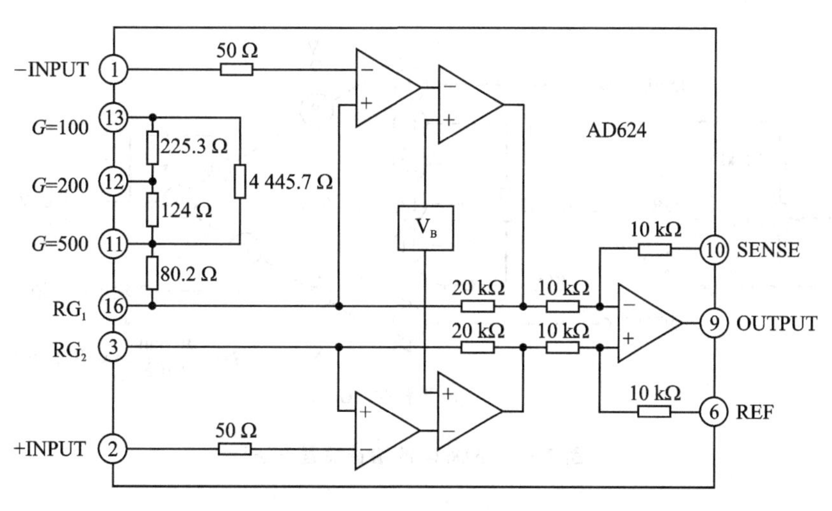

图 3-6　AD624 的内部结构方框图

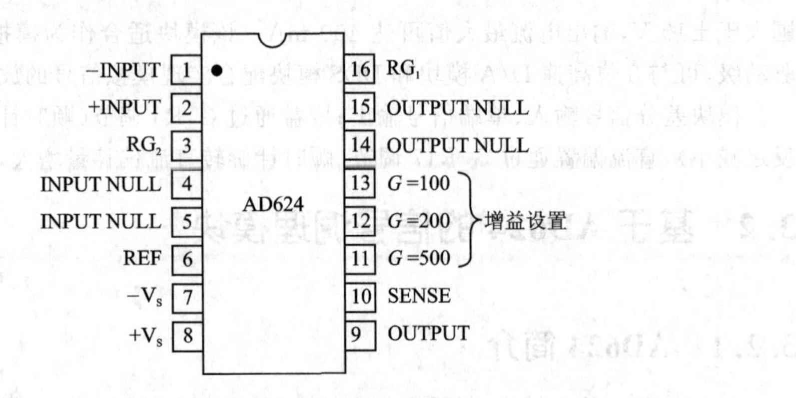

图 3－7　AD624 的引脚端封装形式

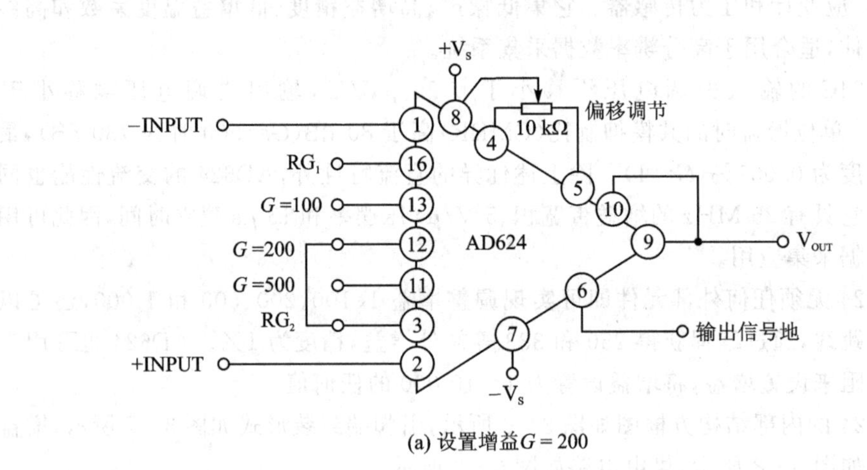

(a) 设置增益 $G=200$

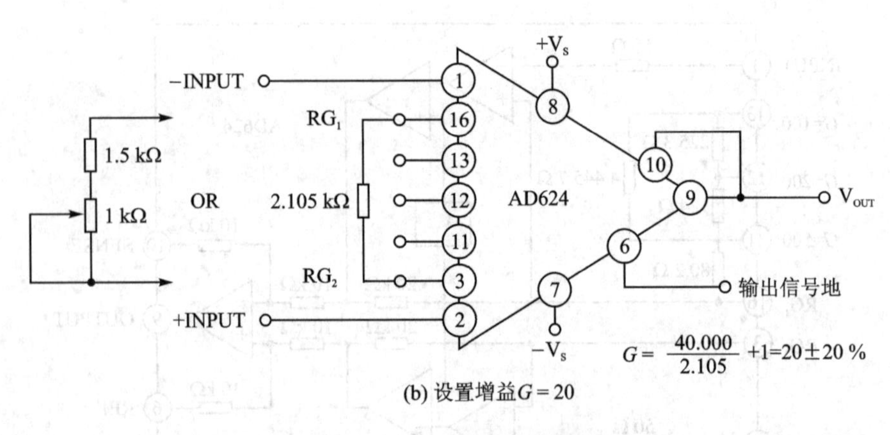

(b) 设置增益 $G=20$

图 3－8　AD624 的增益设置方法

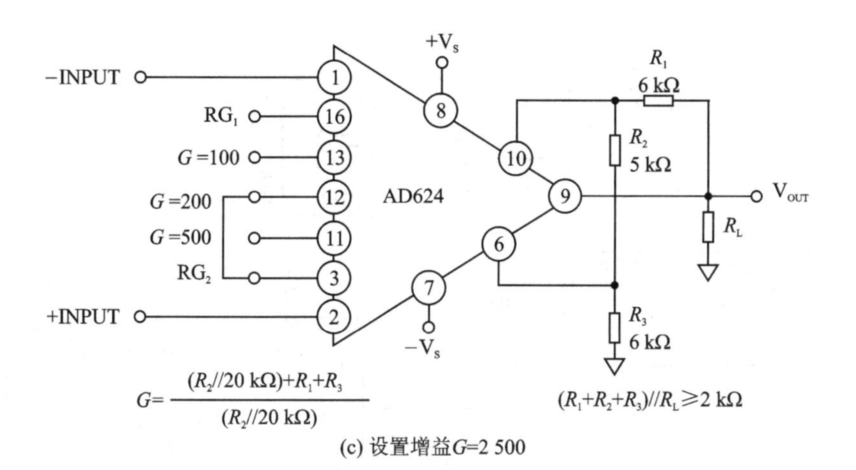

(c) 设置增益G=2 500

图 3-8　AD624 的增益设置方法(续)

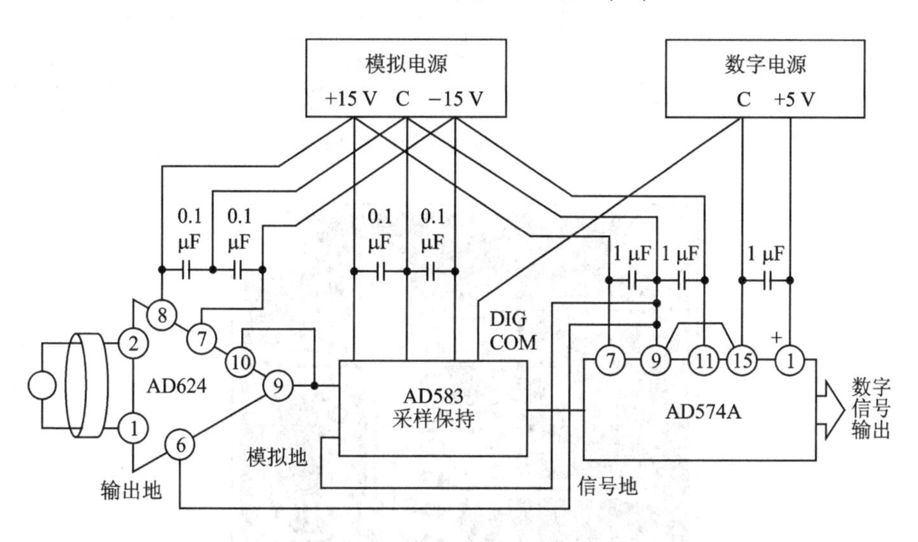

图 3-9　AD624 的供电电路

3.2.2　基于 AD624 的信号调理电路模块和 PCB

基于 AD624 的信号调理模块电路和 PCB 图如图 3-10 所示。

衰减电路采用 RC 补偿式分压电路，为满足 R1(C1+C2)=R2C3，电容 C1 取可调 30 pF 电容，电容 C2 取固定值 4 pF，电容 C3 取固定值 10 nF，通过调节 C1 来使信号达到补偿要求。

放大电路采用仪表放大器 AD624。在图 3-10 中，在 AD624 引脚 3 与 16 之间连接电阻 R5，为达到最好效果，R5 应选用低温度系数的精密电阻器。这里选取 10 kΩ精密可调电位器调节放大倍数。

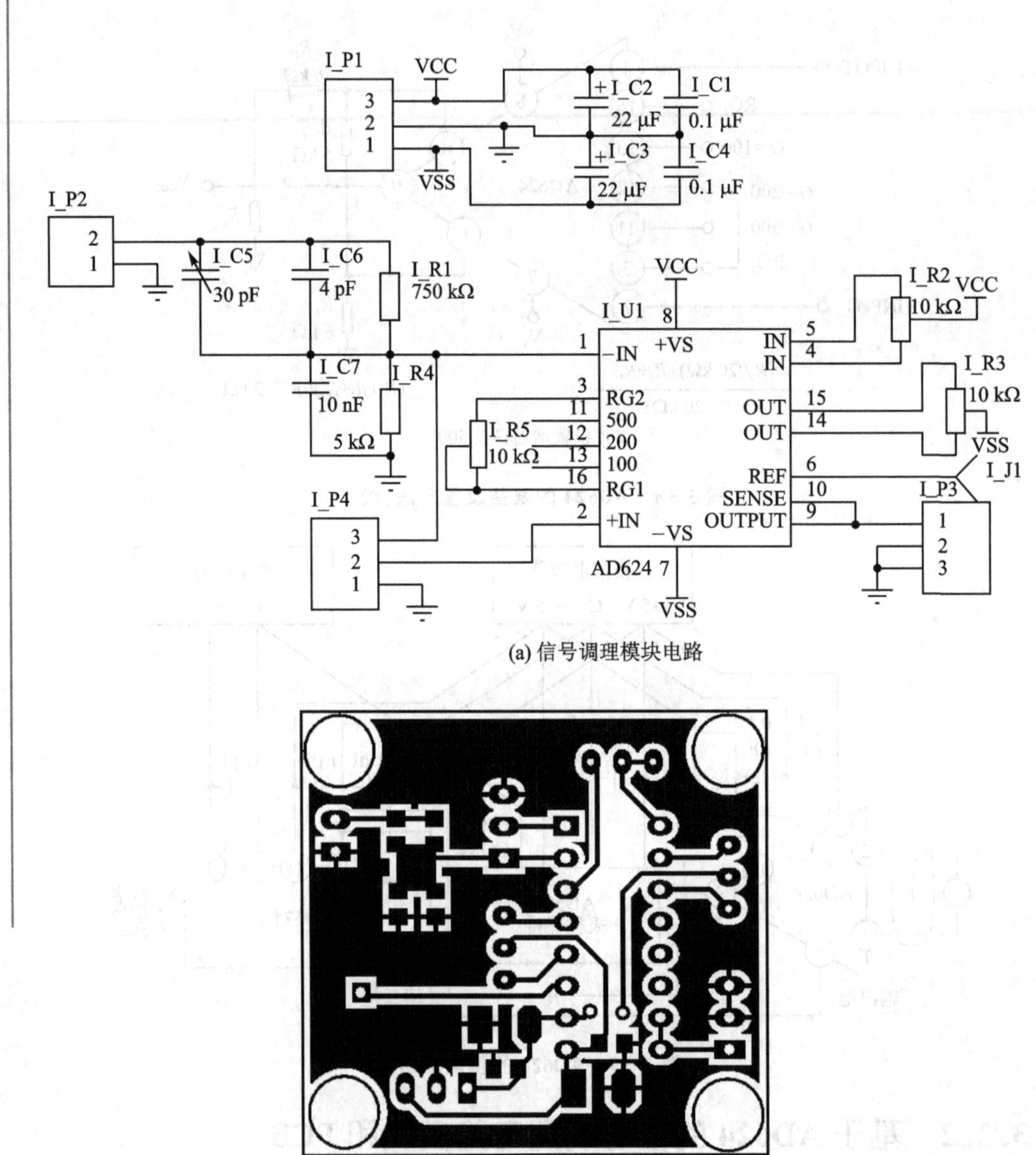

(a) 信号调理模块电路

(b) 信号调理模块底层PCB图

图 3－10　基于 AD624 的信号调理模块电路和 PCB 图

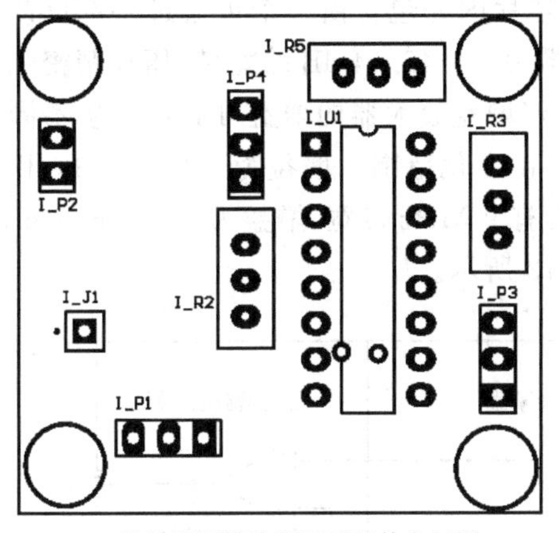

(c) 信号调理模块顶层元器件布局图

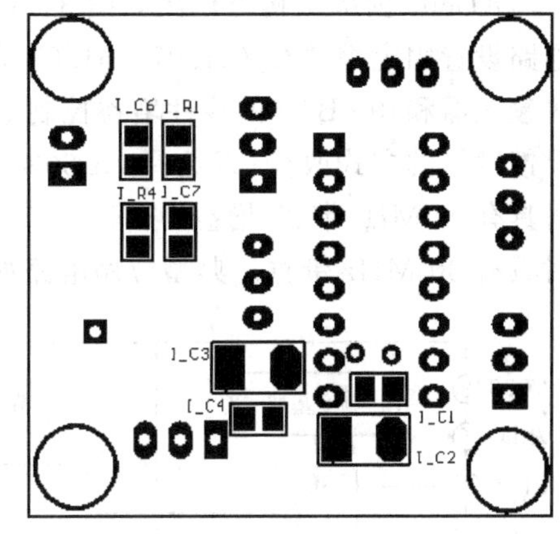

(d) 信号调理模块底层元器件布局图

图 3-10　基于 AD624 的信号调理模块电路和 PCB 图(续)

3.3　基于 AD603 的放大器模块

3.3.1　AD603 简介

AD603 是 ADI 公司生产的一款 90 MHz 带宽、增益程控可调的集成运算放大器芯片，若增益用分贝表示，则增益与控制电压呈线性关系，增益变化的范围为 40 dB，增益控制转换比例为 25 mV/dB，响应速度为 40 dB，变化范围所需时间小于 1 μs。采用 SOIC-8 和 CERDIP-8 封装，引脚端封装形式如图 3-11 所示，引脚端功能如表 3-1所列。

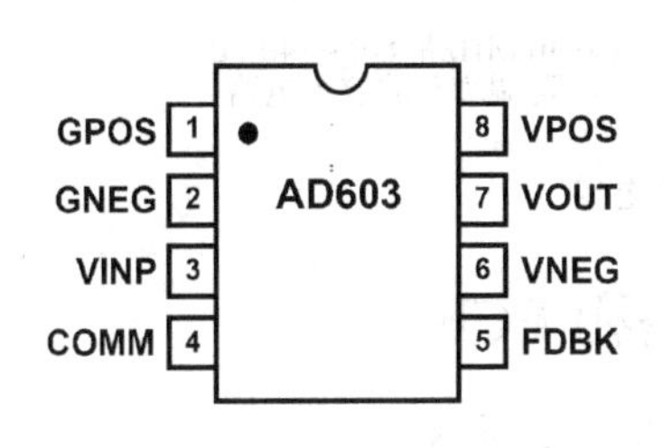

图 3-11　AD603 引脚端封装形式

表 3-1　AD603 的引脚端功能

引　脚	符　号	功　能
1	GPOS	增益控制输入“高”电压端(正电压控制)
2	GNEG	增益控制输入“低”电压端(负电压控制)
3	VINP	运放输入
4	COMM	运放公共端
5	FDBK	反馈端
6	VNEG	负电源输入
7	VOUT	运放输出
8	VPOS	正电源输入

AD603 内部结构方框图如图 3-12 所示，芯片内部包含由一个可通过外部反馈电路设置固定增益 G_F(31.07～51.07)的放大器、0～-42.14 dB 的宽带、压控精密无源衰减器和40 dB/V 的线性增益控制电路。固定增益放大器的增益可通过外接不同反馈网络的方式改变，以选择 AD603 不同的增益变化范围。增益为-11～+30 dB 时具有 90 MHz 带宽，增益为+9～+51 dB 时具有 9 MHz 带宽，增益为-1～+41 dB 时具有 30 MHz 带宽。典型应用电路如图 3-13 所示。

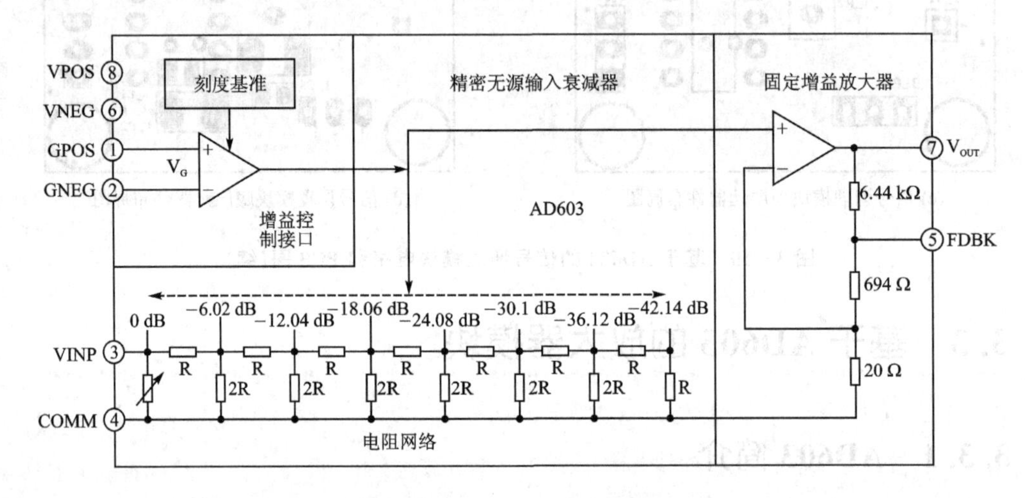

图 3-12　AD603 内部结构图

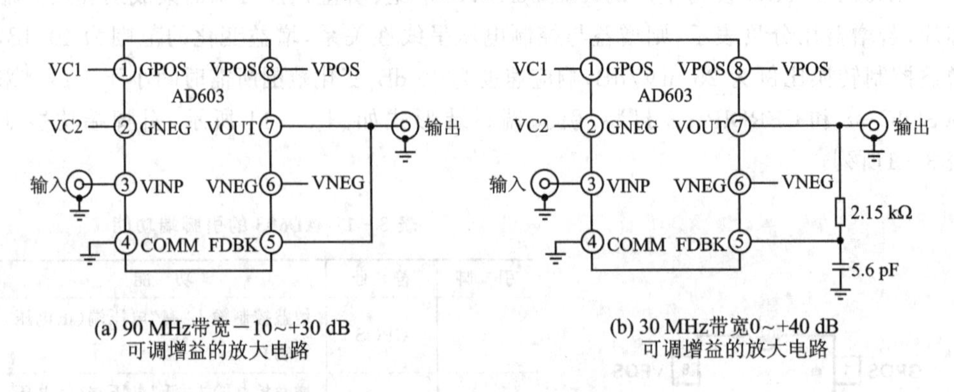

(a) 90 MHz带宽-10~+30 dB 可调增益的放大电路

(b) 30 MHz带宽0~+40 dB 可调增益的放大电路

图 3-13　AD603 典型应用电路

3.3.2　基于 AD603 的放大器模块电路和 PCB

基于 AD603 的放大器模块电路和 PCB 图如图 3-14 所示。

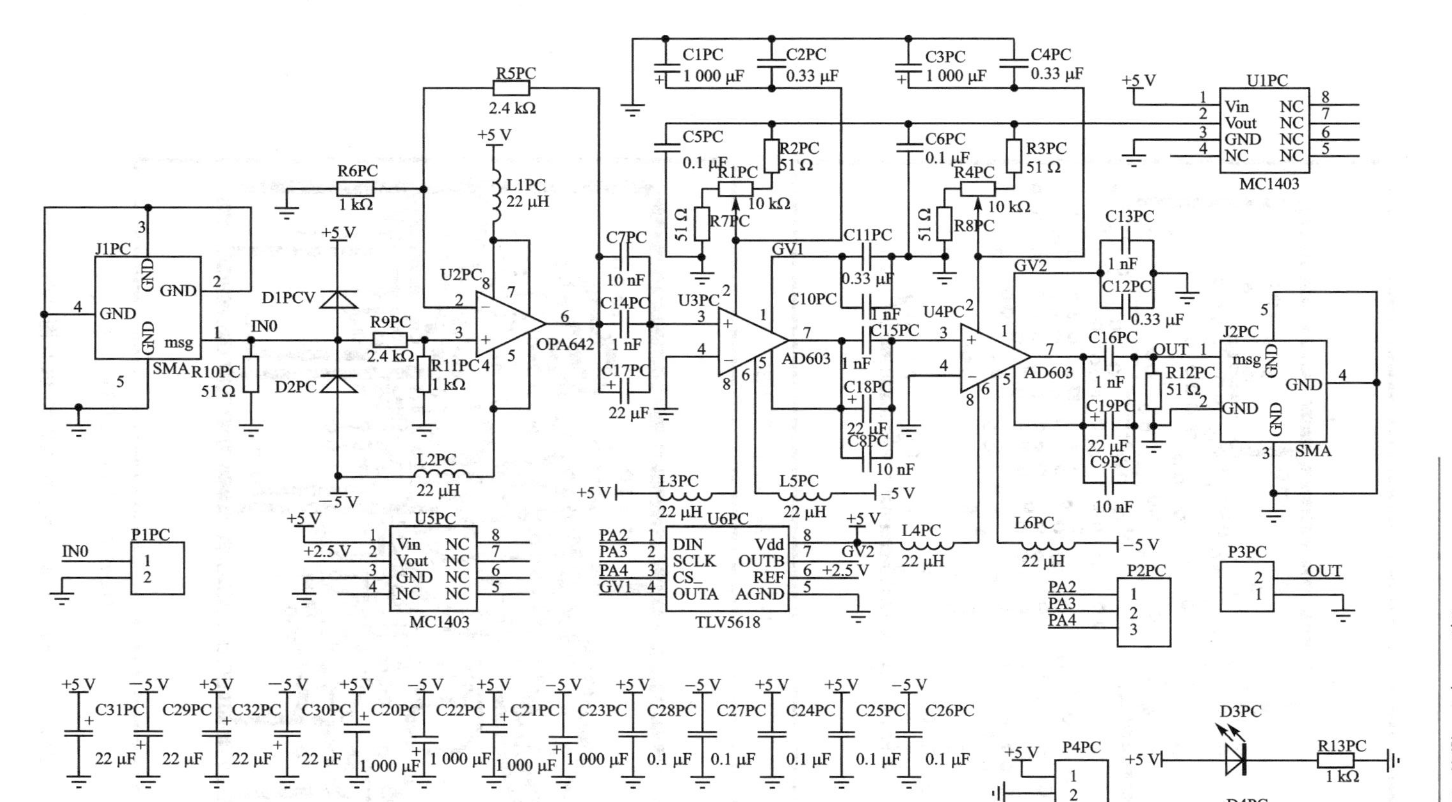

(a) AD603放大器模块电路

图 3-14　AD603放大器模块电路和PCB图

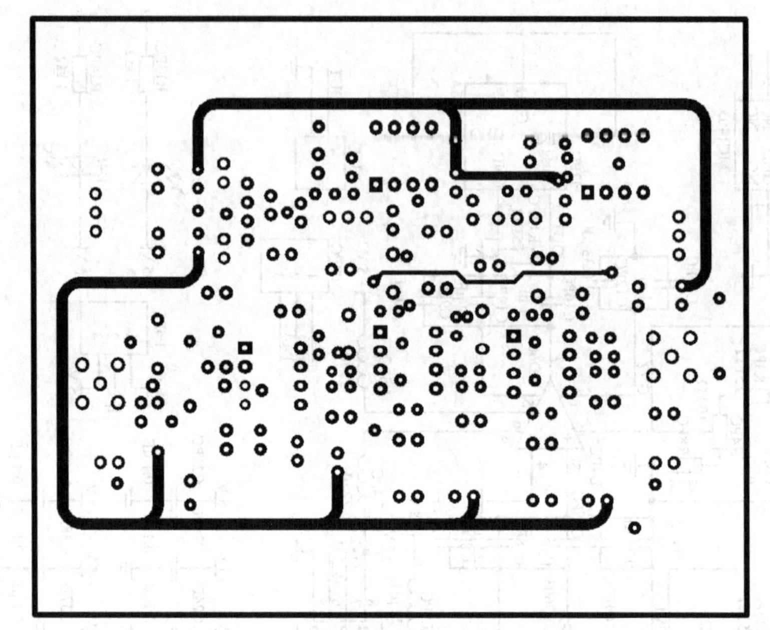

(b) AD603放大器模块顶层PCB图

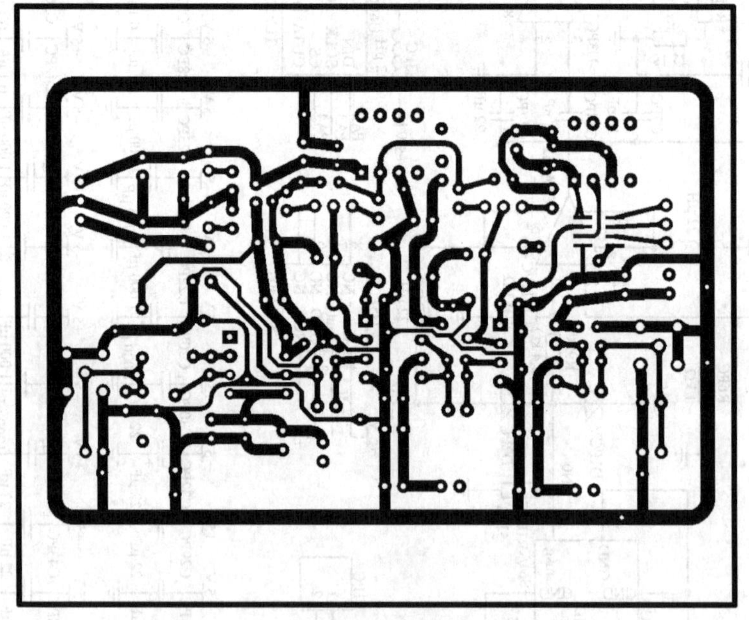

(c) AD603放大器模块底层PCB图

图 3－14　AD603 放大器模块电路和 PCB 图(续)

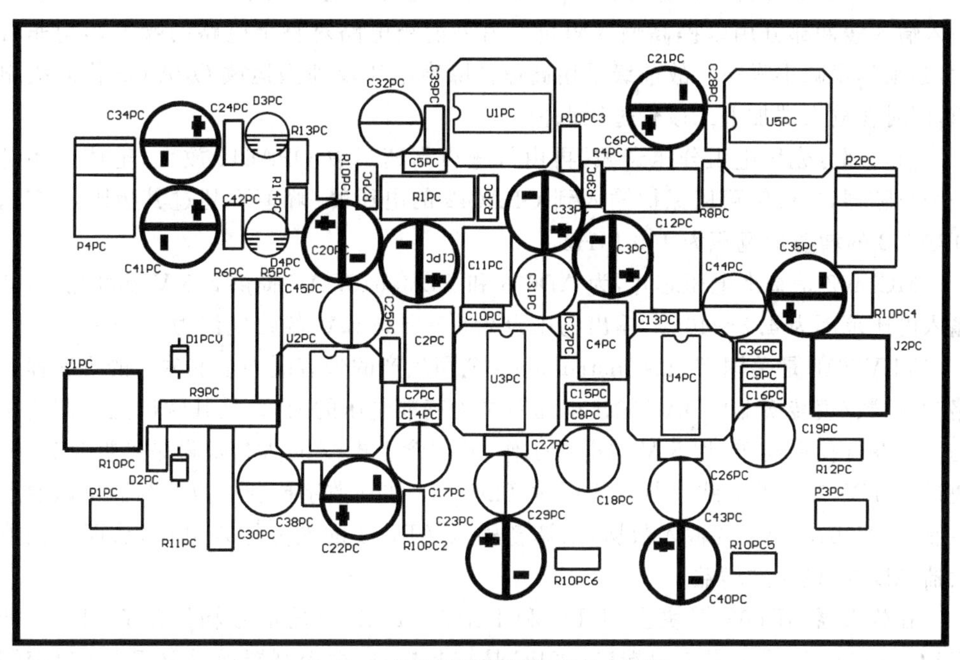

(d) AD603放大器模块顶层元器件布局图

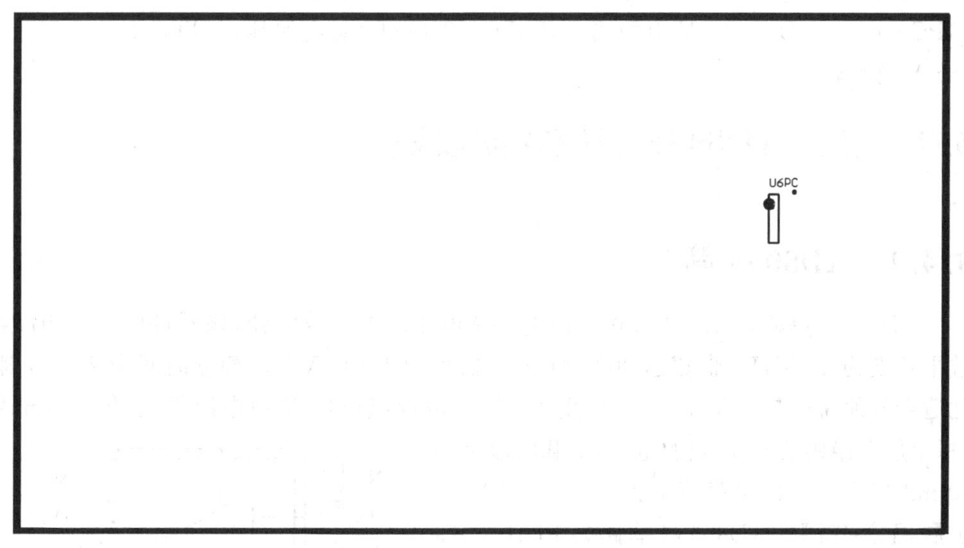

(e) AD603放大器模块底层元器件布局图

图 3-14　AD603 放大器模块电路和 PCB 图(续)

由于AD603的输入电阻只有100 Ω,要满足输入电阻大于100 Ω的要求,必须加入输入缓冲部分用以提高输入阻抗。另外前级电路对整个电路的噪声影响非常大,必须尽量减小噪声。故前级采用高速低噪声电压反馈型运放OPA642作前级跟随,同时在输入端加上二极管过压保护。

输入部分先用电阻分压衰减,再由低噪声高速运放OPA642放大,整体上还是一个跟随器,二极管可以保护输入到OPA642的电压峰-峰值不超过其极限(2 V)。OPA642的增益带宽积为400 MHz。

MC1402是基准电压芯片,为AD603和TLV5618DAC提供2.5 V基准电压,其输入电压范围为4.5~40 V,输出电压为2.5 V±25 mV,输出电流为10 mA。

TLV5618是美国Texas Instruments公司生产的带有缓冲基准输入的可编程双路12位数/模转换器。DAC输出电压范围为基准电压的两倍,且其输出是单调变化的。该器件使用简单,用5 V单电源工作,并包含上电复位功能以确保可重复启动。通过CMOS兼容的3线串行总线可对TLC5618实现数字控制。微控制器可以通过控制TLV5618DAC的输入数据,来调整输入AD603的差分输入电压,从而改变放大器AD603模块的增益。

在放大器AD603模块上,J1PC和P1PC-1(IN0)是信号输入端口,J1PC和P3PC-2(OUT)是信号输出端口;P2PC是控制接口,微控制器通过P2PC接口控制TLV5618 DAC来调整输入AD603的差分输入电压(VG),P2PC-1(PA2)是数字数据串行输入,P2PC-2(PA3)是数字时钟串行输入,P2PC-3(PA4)是片选信号;P4PC-1(+5 V)是+5 V电源输入,P4PC-2(GND)是电源地,P4PC-3(-5 V)是-5 V电源输入。

3.4 基于AD8055的放大器模块

3.4.1 AD8055简介

AD8055(单路)是ADI公司生产的一款电压反馈型放大器,该器件的0.1 dB增益平坦度为40 MHz,带宽达300 MHz,压摆率为1 400 V/μs,建立时间为20 ns,因此适合各种高速应用。AD8055采用±5 V双电源或+12 V单电源供电,仅需5 mA(每个放大器典型值)的电源电流,负载电流可达60 mA以上。工作温度范围为-40~+125 ℃扩展温度范围。AD8055(单路):PDIP-8、SOIC-8和SOT-23-5封装。AD8056(双路):PDIP-8、SOIC-8和MSOP-8封装。

AD8055的引脚端封装形式如图3-15所示。

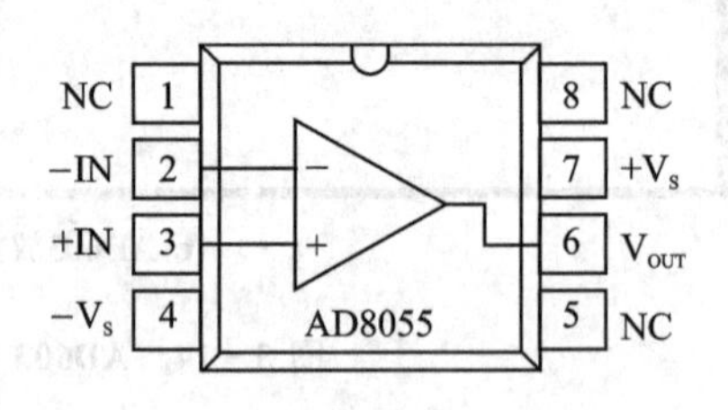

图3-15 AD8055引脚端封装形式

AD8055的一些典型应用电路如图3-16所示，图3-16(a)是一个增益为10带宽为20 MHz的低噪声前置放大器电路，图3-16(b)是一个单端输入差分输出的变换电路。

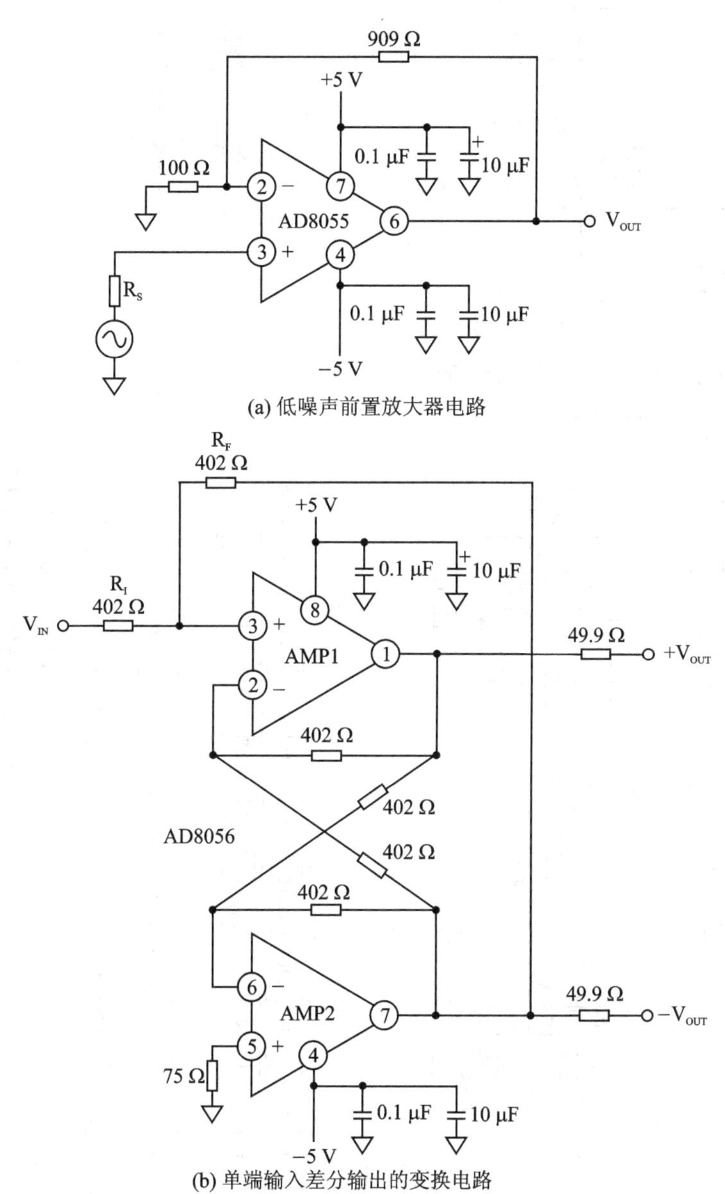

(a) 低噪声前置放大器电路

(b) 单端输入差分输出的变换电路

图3-16　AD8055的一些典型应用电路

3.4.2　基于AD8055的放大器模块电路和PCB

基于AD8055的放大器模块电路和PCB图如图3-17所示。在AD8055的放大

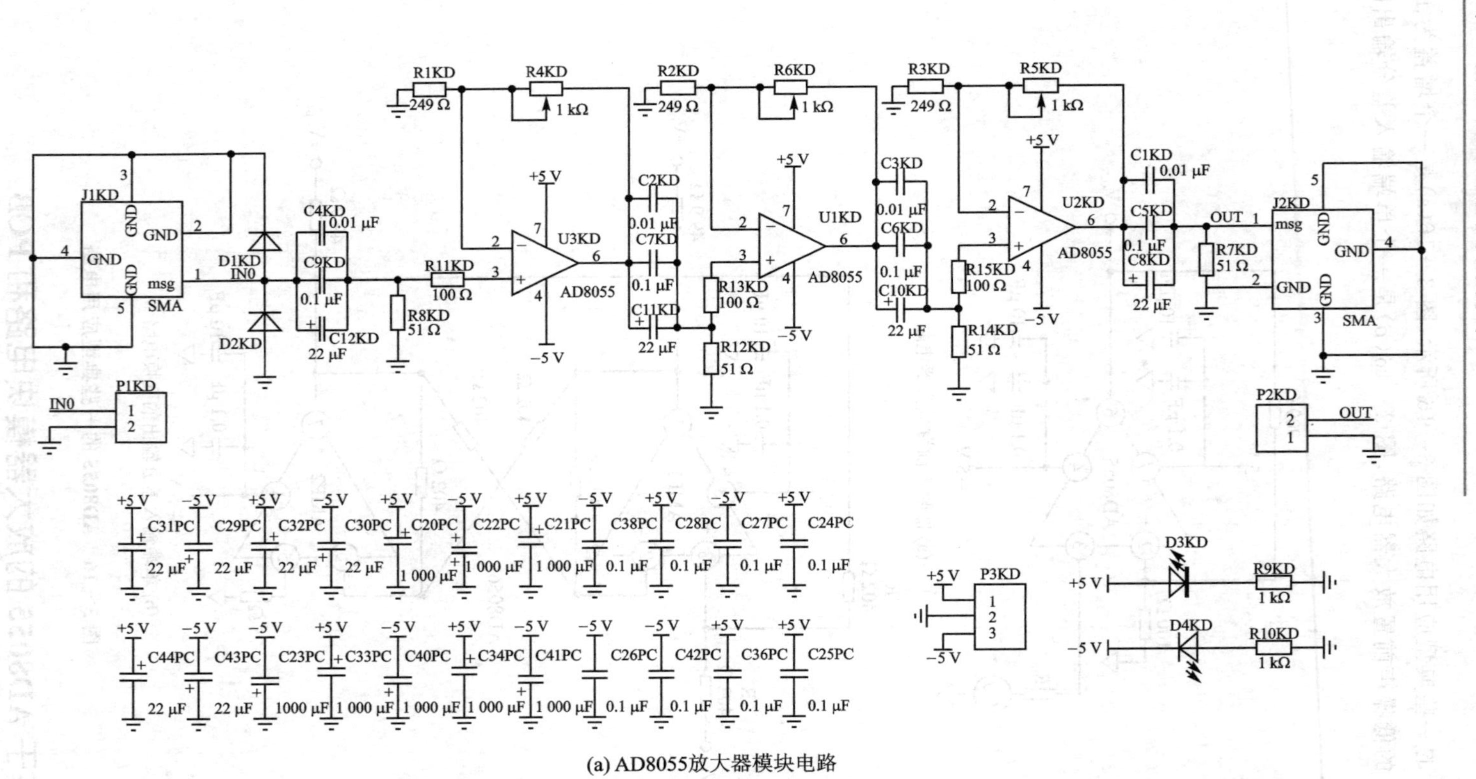

(a) AD8055放大器模块电路

图 3-17　基于AD8055的放大器模块电路和PCB图

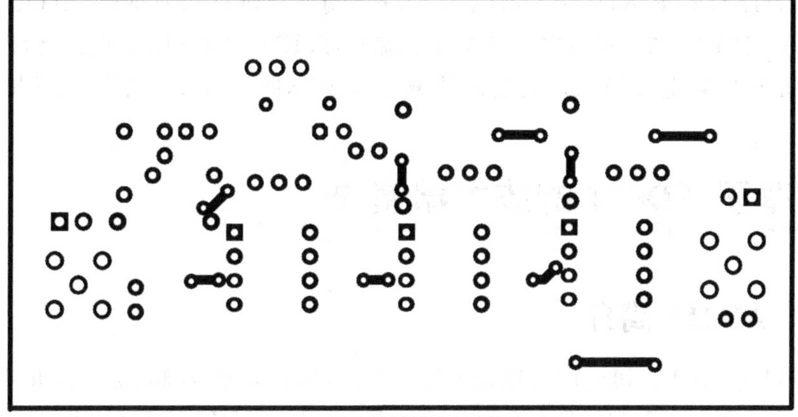

(b) AD8055放大器模块电路顶层PCB图

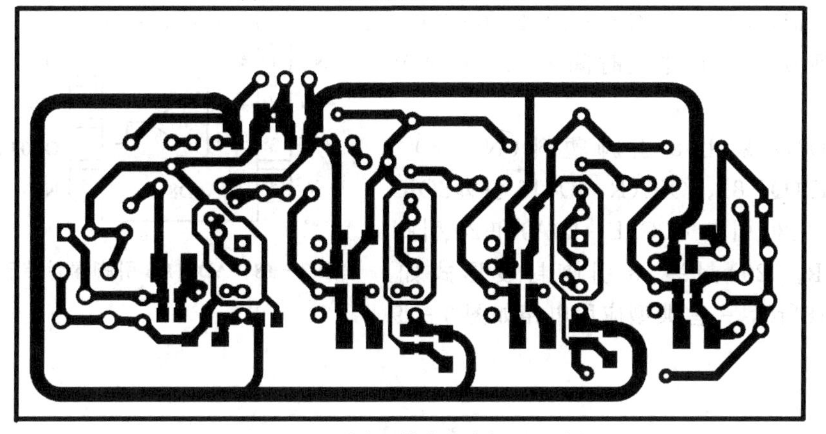

(c) AD8055放大器模块电路底层PCB图

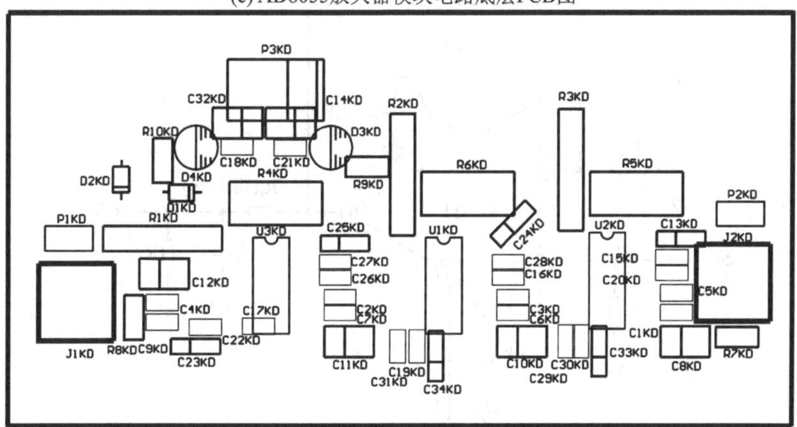

(d) AD8055放大器模块电路顶层元器件布局图

图3-17　基于AD8055的放大器模块电路和PCB图(续)

器模块中，J1KD 和 P1KD－1(IN0)是信号输入端口，J2KD 和 P2KD－2(OUT)是信号输出端口；P3KD－3(＋5 V)是＋5 V 电源输入，P3KD－2(GND)是电源地，P3KD－3(－5 V)是－5 V 电源输入。通过调节 R4KD、R5KD 和 R6KD 来满足模块的放大倍数。

3.5　基于 AD811 的放大器模块

3.5.1　AD811 简介

AD811 是 ADI 公司生产的视频运算放大器，具有高速、高频、宽频带和低噪声等优异特性，具有 140 MHz 带宽(3 dB，$G=+1$)，120 MHz 带宽(3 dB，$G=+2$)，35 MHz带宽(0.1 dB，$G=+2$)，2 500 V/μs 摆率，到 0.1 %的建立时间为 25 ns(2 V 步长)。

AD811 采用 8 引脚塑料(N－8)、CERDIP(Q－8)、SOIC(R－8)、16 引脚SOIC(R－16)、20 引脚 LCC(E－20A)和 20 引脚 SOIC(R－20)封装，8 引脚封装形式如图 3－18所示，一些典型应用电路如图 3－19 所示。

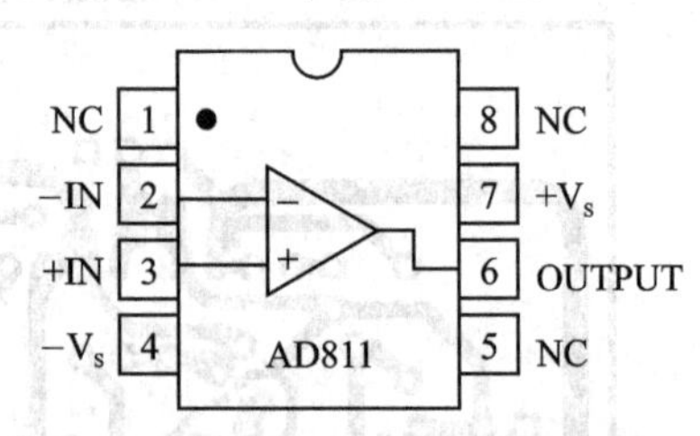

图 3－18　AD811 8 引脚端封装形式

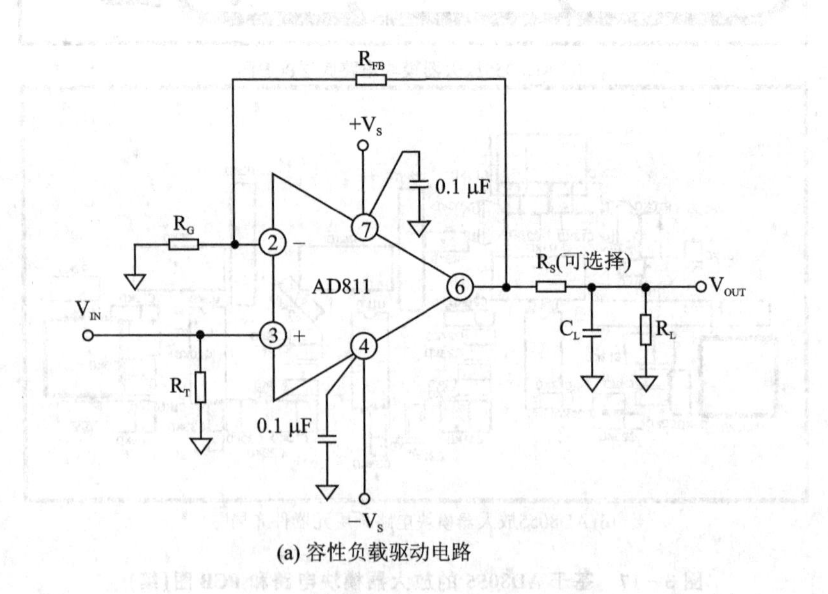

(a) 容性负载驱动电路

图 3－19　AD811 的一些典型应用电路

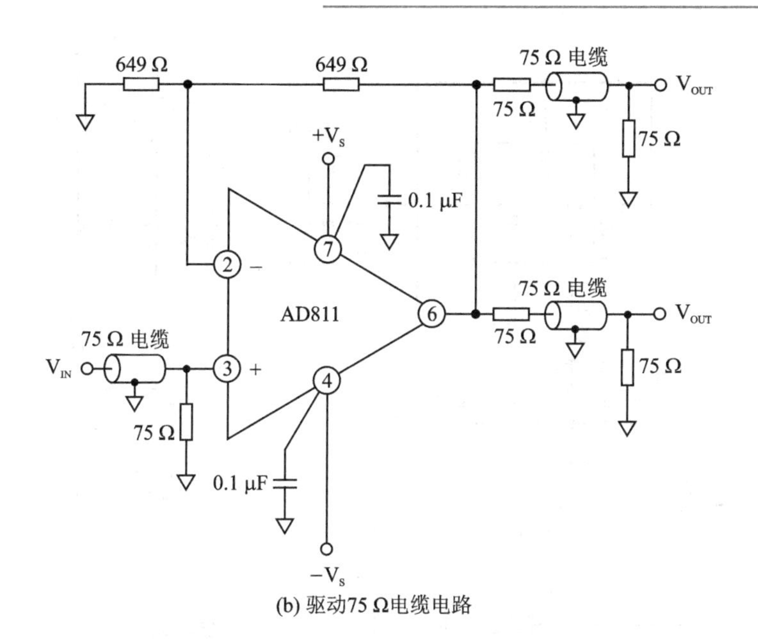

(b) 驱动75 Ω电缆电路

图 3-19　AD811 的一些典型应用电路(续)

3.5.2　基于 AD811 的放大器模块电路和 PCB

1. 2 级放大器电路

一个基于 AD811 的 2 级放大器电路模块和 PCB 图如图 3-20 所示。在电路模块上,J1GL 和 P2GL-1(IN0)是信号输入端口,J2GL 和 P1GL-2(OUT)是信号输出端口;P3GL-1(+15 V)是+15 V 电源输入,P3GL-2(GND)是电源地,P3GL-3(-15 V)是-15 V 电源输入。通过调节 R3GL 来满足模块的放大倍数。

2. 基于 AD811 的三级放大器电路

基于 AD811 的放大器电路模块和 PCB 图如图 3-21 所示,模块包含有阻容式衰减电路和三级 AD811 放大电路。AD811 的单位增益带宽等于 140 MHz,由于 AD811 的带宽是随着增益变化的,当放大倍数很大时,频宽就会很窄,为了保证带宽范围足够大、放大倍数足够大,所以就将每一级的放大倍数取得比较小,采用三级放大。通过调节 R4AD、R5AD 和 R6AD 来满足模块的放大倍数的要求,并提高电路的稳定性。

在放大器 AD811 模块上,J2AD 和 P1AD-1(IN0)是信号输入端口,要经过阻容衰减;J1AD(IN1)是信号输入端口,直接进入 AD811 三级放大;J3AD 和 P2AD-2(OUT)是信号输出端口;P3AD-1(+5 V)是+5 V 电源输入,P3AD-2(GND)是电源地,P3AD-3(-5 V)是-5 V 电源输入。

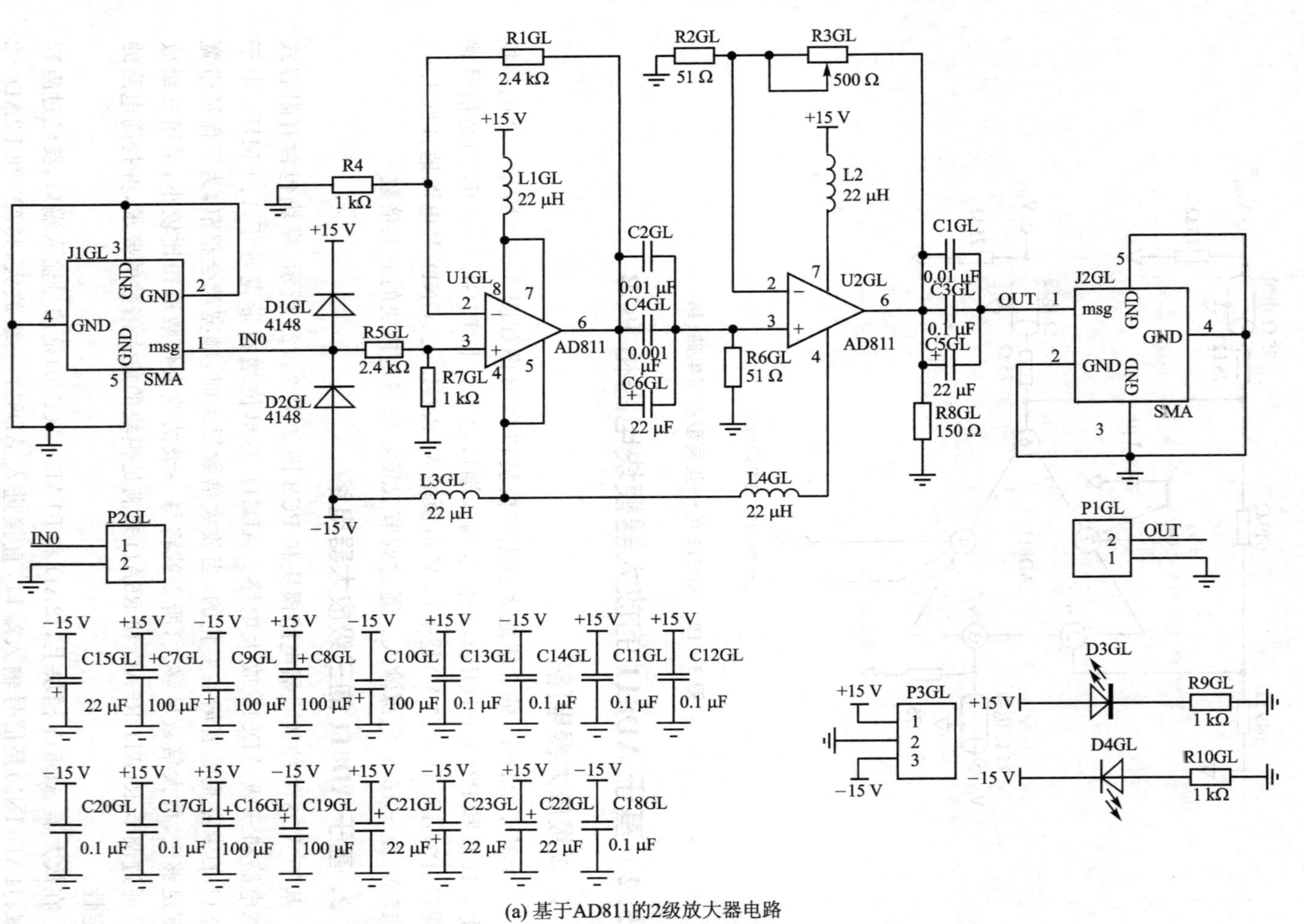

(a) 基于AD811的2级放大器电路

图3-20 基于AD811的2级放大器电路模块和PCB图

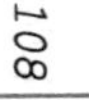

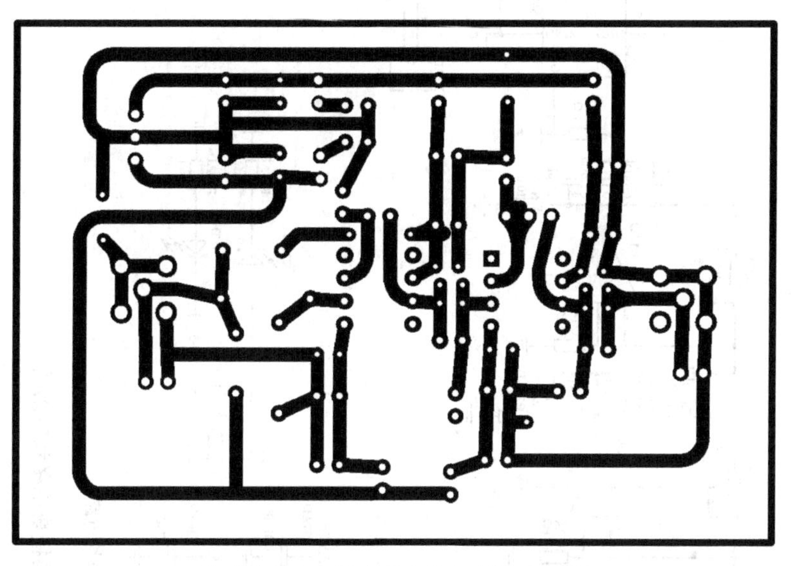

(b) 基于AD811的2级放大器电路底层PCB图

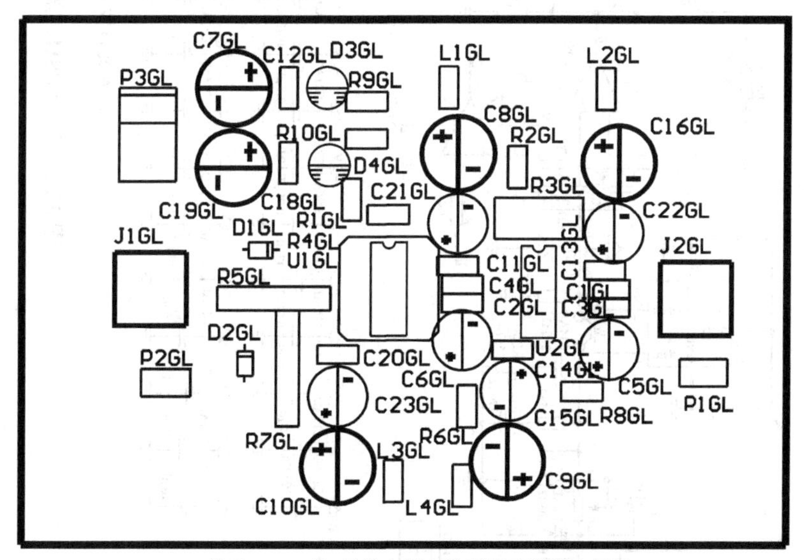

(c) 基于AD811的2级放大器电路顶层元器件布局图

图 3－20　基于 AD811 的 2 级放大器电路模块和 PCB 图(续)

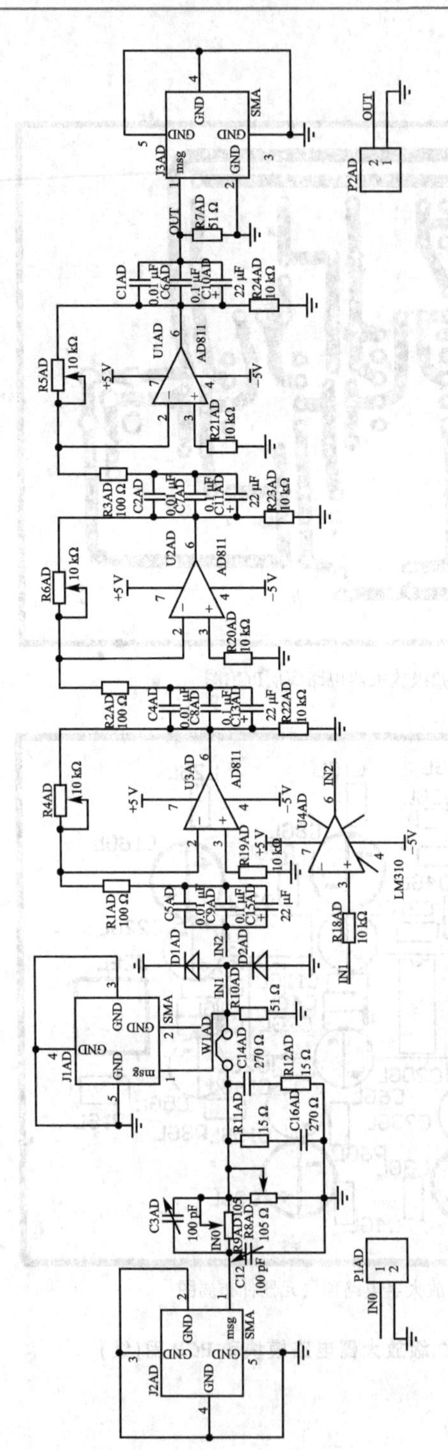

(a) AD811放大器模块电路

图 3-21　基于AD811的放大器模块电路和PCB图

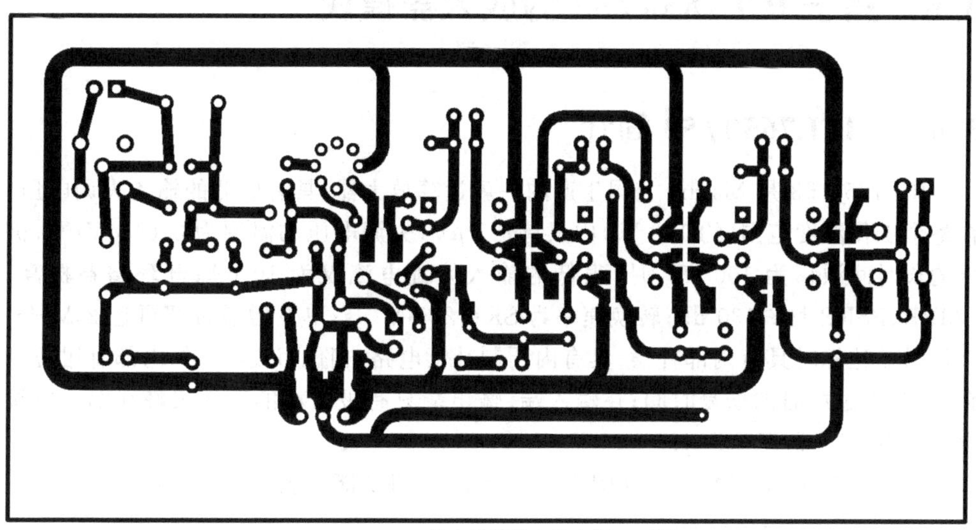

(b) AD811放大器模块电路底层PCB图

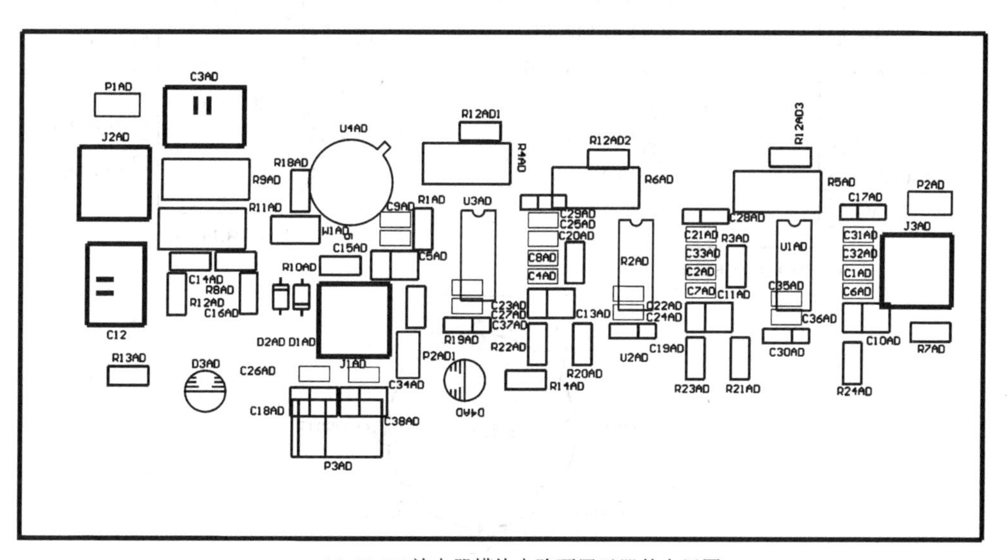

(c) AD811放大器模块电路顶层元器件布局图

图3-21 基于AD811的放大器模块电路和PCB图(续)

3.6 基于 ICL7650/53 的放大器模块

3.6.1 ICL7650/53 简介

ICL7650/53 是 Maxim 公司生产的一款运算放大器,具有极低的输入失调电压,在整个工作温度范围(约 100 ℃)内只有±1 μV;失调电压的温漂为 0.01 μV/℃,极低的长时间漂移为 100 nV/月;很低的输入偏置电流仅为 10 pA;开环增益极高,CMRR、PSRR 均≥130 dB;转换速率为 SR=2.5 V/μs;单位增益带宽可达 2 MHz;单位增益达标时具有内部补偿;具有内调制补偿电路,相位裕度≥80°;内部有钳位电路,能减少过载时的恢复时间;在输入端、输出端只有极微小的斩波尖峰泄漏。电源电压范围:V+到 V−为 4.5~16 V。

ICL7650/53 的封装形式如图 3-22 所示,引脚功能如表 3-2 所列。

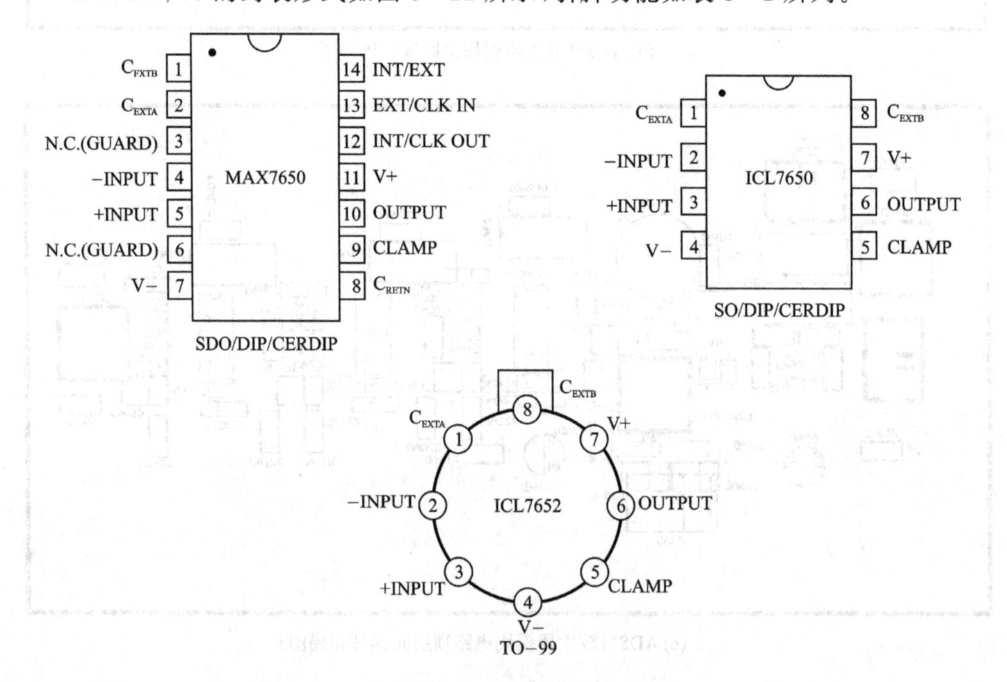

图 3-22 ICL7650/53 的封装形式

ICL7650 利用动态校零技术消除 CMOS 器件固有的失调和漂移。ICL7650 的内部结构方框图如图 3-23 所示。在图 3-23 中,MAIN 是主放大器(CMOS 运算放大器),NULL 是调零放大器(CMOS 高增益运算放大器)。电路通过电子开关的转换来进行两个阶段的工作;第一阶段是在内部时钟(OSC)的上半周期,电子开关 A 和 B 导通,$\overline{A}$ 和 C 断开,电路处于误差检测

表 3-2　ICL7650 引脚功能(SO/DIP/CERDIP-14)

引　脚	符　号	功　能
1	C_{EXTB}	外接电容 C_{EXTB}
2	C_{EXTA}	外接电容 C_{EXTA}
4	－INPUT	反相输入端
5	＋INPUT	同相输入端
7	V－	负电源端
8	C_{RETN}	C_{EXTA} 和 C_{EXTB} 的公共端
9	CLAMP	钳位端
10	OUTPUT	输出端
11	V＋	正电源端
12	INT/CLK OUT	时钟输出端
13	EXT/CLK IN	时钟输入端
14	INT/EXT	时钟控制端，可通过该端选择使用内部时钟或外部时钟。当选择外部时钟时，该端接负电源端(V－)，并在时钟输入端(EXT/CLK IN)引入外部时钟信号。当该端开路或接 V＋时，电路将使用内部时钟去控制其他电路的工作

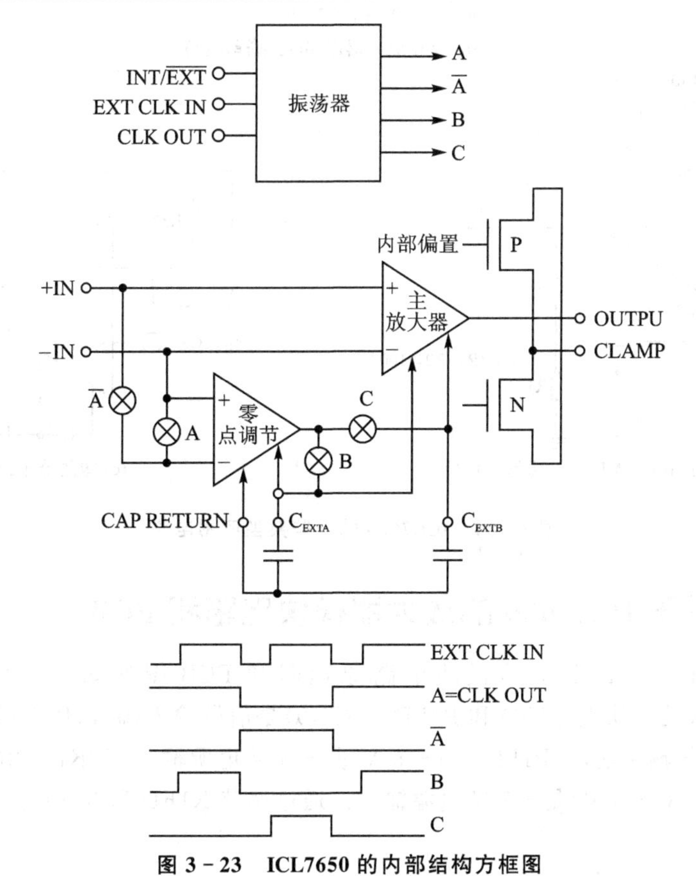

图 3-23　ICL7650 的内部结构方框图

和寄存阶段；第二阶段是在内部时钟的下半周期，电子开关 $\bar{A}$ 和 C 导通，A 和 B 断开，电路处于动态校零和放大阶段。由于 ICL7650 中的 NULL 运算放大器的增益一般设计在 100 dB 左右，因此，即使主运放 MAIN 的失调电压达到 100 mV，整个电路的失调电压也仅为 1μV。由于以上两个阶段不断交替进行，电容 C_{EXTA} 和 C_{EXTB} 将各自所寄存的上一阶段结果送入运放 MAIN、NULL 的调零端，这使得图 3-23 所示电路几乎不存在失调和漂移。

ICL7650 的一些典型应用电路如图 3-24 所示，ICL7650 的负电源电压可以利用 ICL7660 等芯片产生。

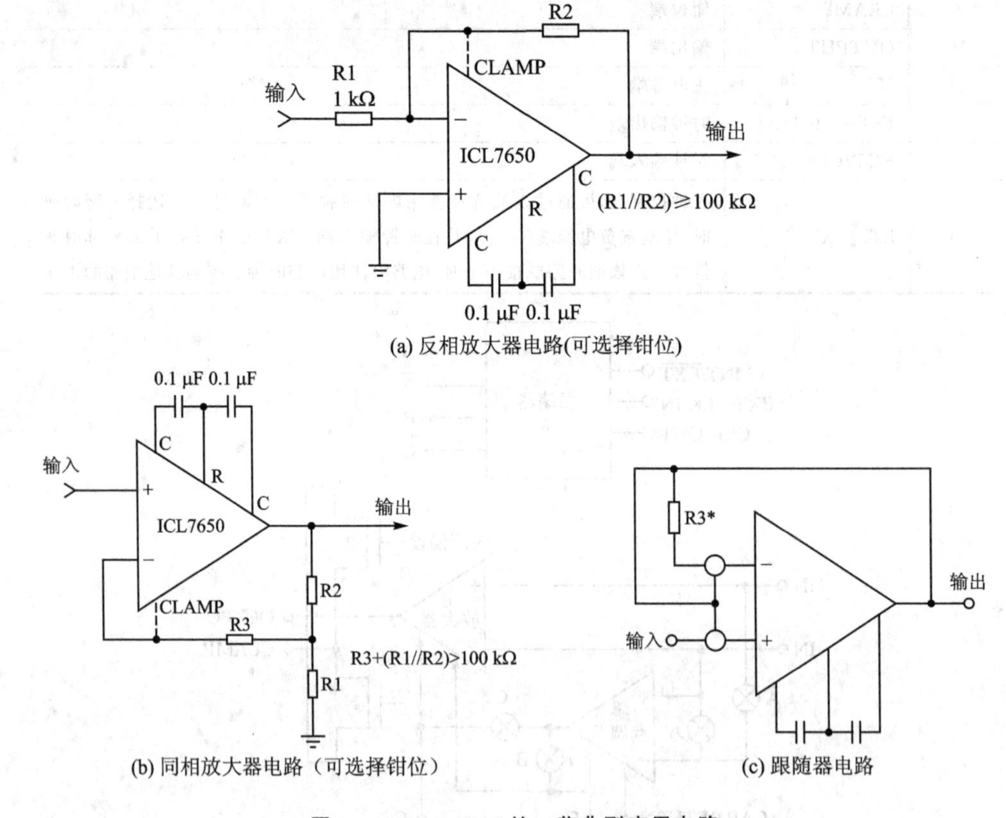

(a) 反相放大器电路(可选择钳位)

(b) 同相放大器电路（可选择钳位）

(c) 跟随器电路

图 3-24　ICL7650 的一些典型应用电路

3.6.2　基于 ICL7650 的放大器模块电路和 PCB

基于 ICL7650 的放大器模块电路原理图和 PCB 图如图 3-25 所示。在 ICL7650 放大器模块上，J1FD 和 P2FD-1(IN0)是信号输入端口，J2FD 和 P3FD-2(OUT)是信号输出端口；P1FD-1(+5 V)是+5 V 电源输入，P3KD-2(GND)是电源地，P3KD-3(-5 V)是-5 V 电源输入。通过调节 R1FD 和 R2FD 来满足模块的放大倍数。

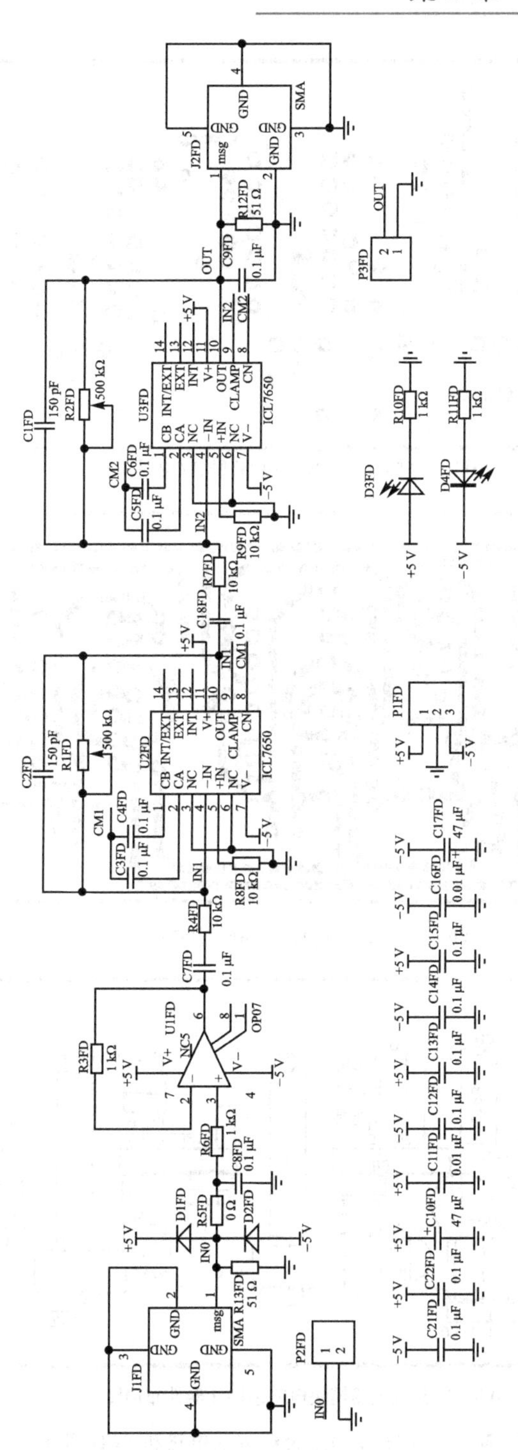

(a) ICL7650放大器模块电路

图 3-25　基于ICL7650的放大器模块电路和PCB图

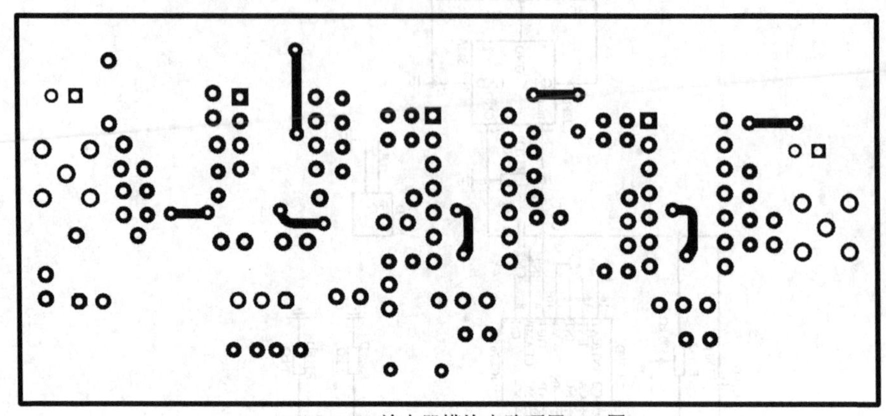

(b) ICL7650放大器模块电路顶层PCB图

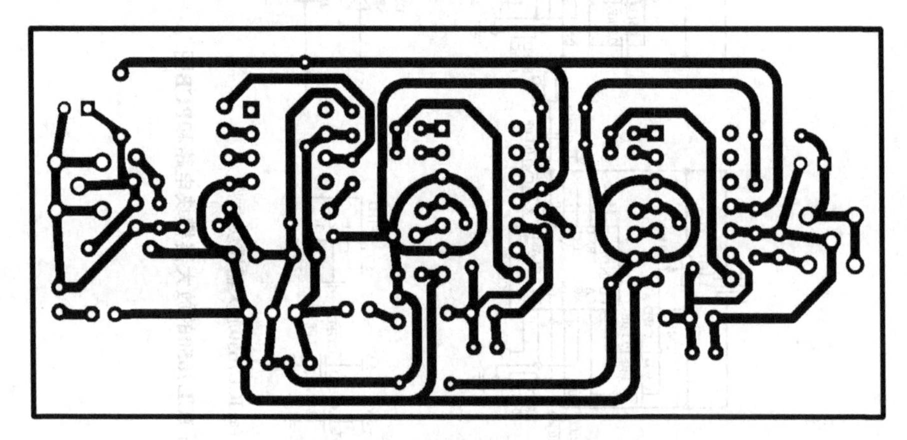

(c) ICL7650放大器模块电路底层PCB图

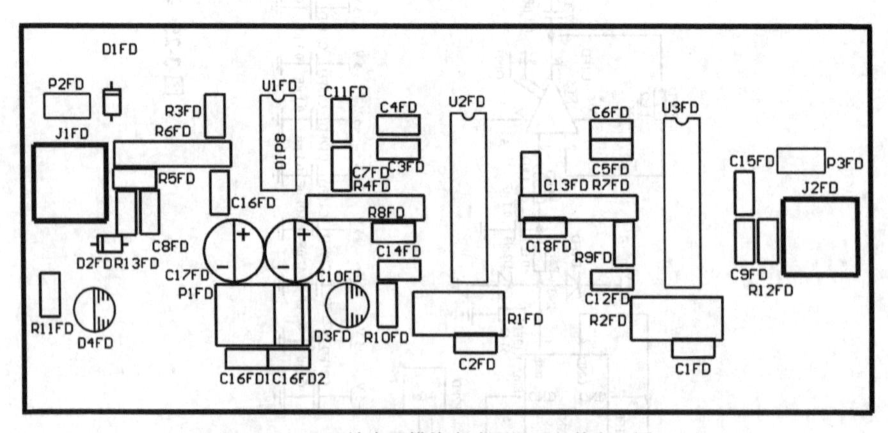

(d) ICL7650放大器模块电路顶层元器件布局图

图 3-25 基于 ICL7650 的放大器模块电路和 PCB 图(续)

3.7　宽带可控增益直流放大器模块

3.7.1　宽带可控增益直流放大器模块电路结构

宽带可控增益直流放大器电路结构如图3-26所示，主要由前置放大器、可控增益放大器、单片机显示和控制等几大模块组成。其中以可编程增益放大器THS7001和AD603为核心，单片机控制THS7001实现增益粗调，并通过D/A转换控制AD603实现增益细调，从而使总增益在−6～76 dB的宽频带范围内线性变化，可以实现通过键盘连续程序控制增益变化。前置放大器采用由宽带电压型反馈运放OPA642构成的射极跟随器，可有效提高输入电阻。

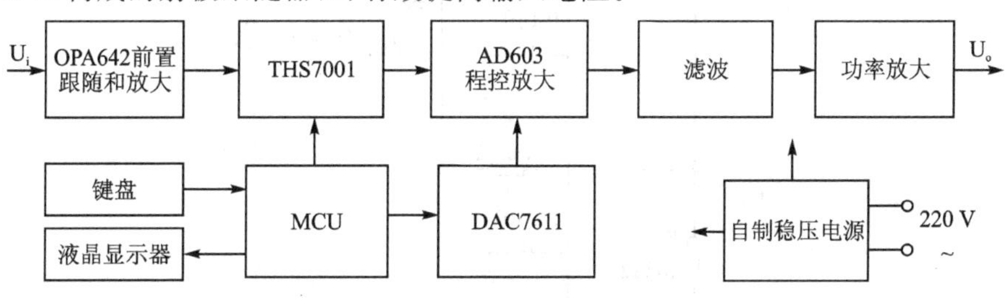

图3-26　宽带可控增益直流放大器电路结构

为提高功率输出，后级功率放大器采用AD811、AD815和BUF634T等功率放大器集成电路，以提高系统带负载能力。滤波器电路可以选择LT1568等集成的滤波器电路，利用程序控制改变通频带。

放大器电路的通频带由前置放大器OPA642、THS7001和AD603可编程增益放大器以及功率放大器共同决定。

电路中，OPA642是TI公司的宽带、低失真和低增益的运算放大器芯片，在5 MHz时失真为−95 dBc，增益为1的带宽为400 MHz，开环增益为95 dB，噪声为2.7 nV/$\sqrt{\text{Hz}}$，输出电流为60 mA，采用DIP/SO-8和SOT23-5封装，引脚端封装形式如图3-27所示。一些典型应用电路如图3-28所示。

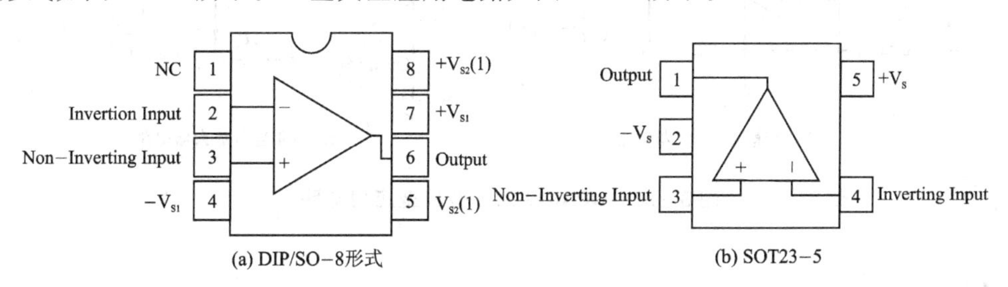

图3-27　OPA642引脚端封装形式

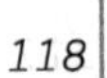

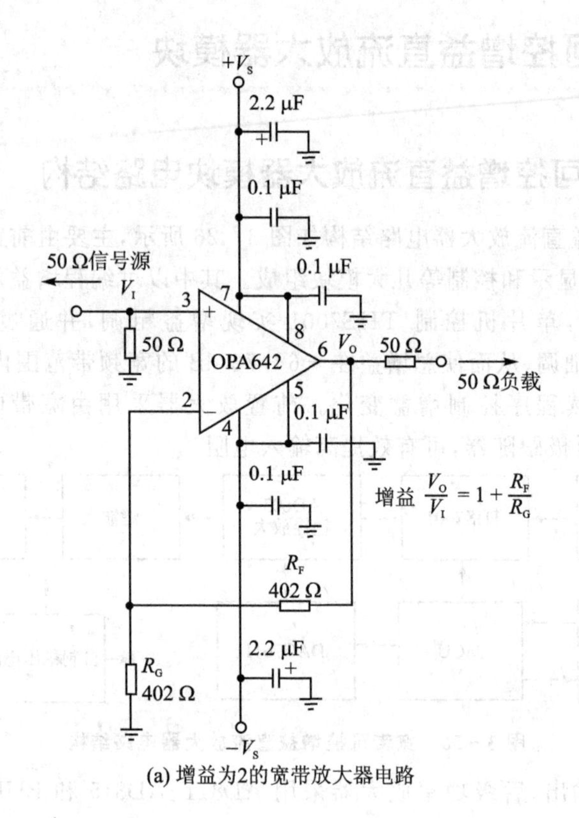

(a) 增益为2的宽带放大器电路

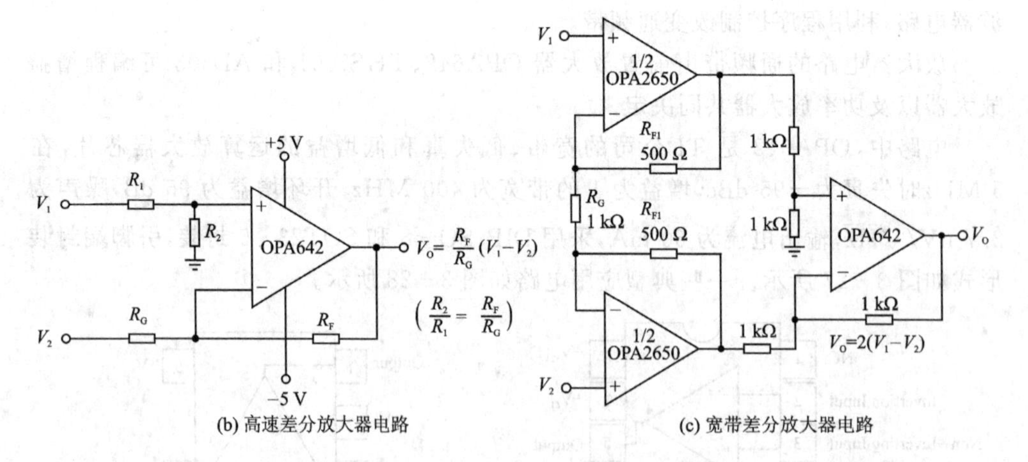

(b) 高速差分放大器电路

(c) 宽带差分放大器电路

图 3-28 OPA642 的一些典型应用电路

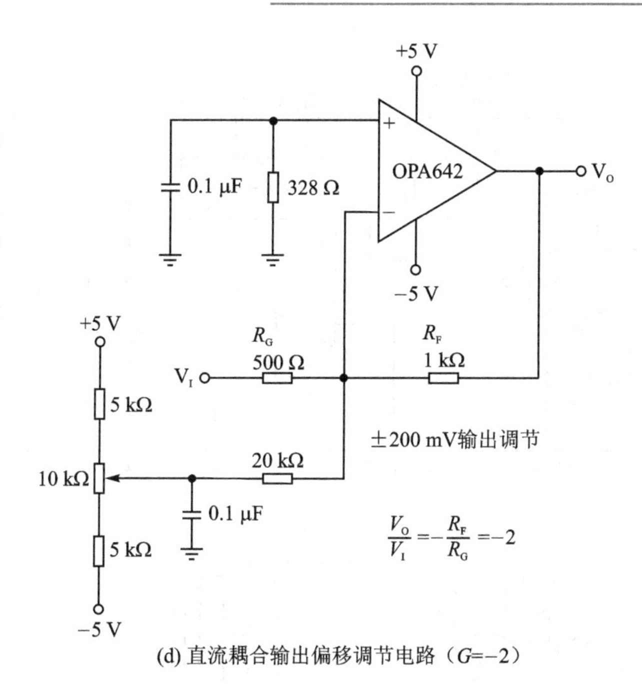

(d) 直流耦合输出偏移调节电路（$G=-2$）

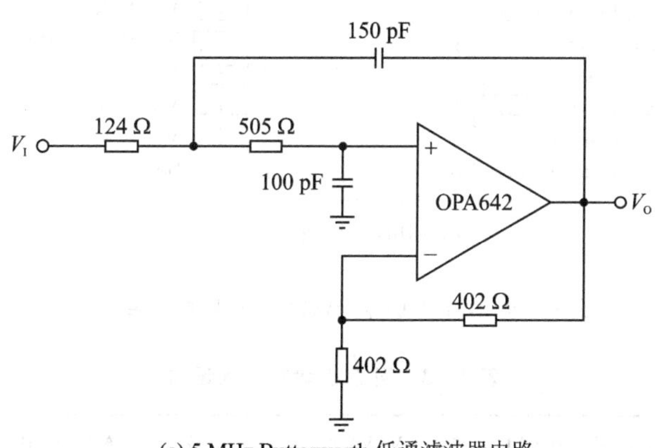

(e) 5 MHz Butterworth 低通滤波器电路

图 3-28 OPA642 的一些典型应用电路(续)

THS7001 是 TI 公司的数字可编程增益的运算放大器芯片，可编程增益范围为 −22～20 dB，每步分辨率为 6 dB，−3 dB 带宽为 70 MHz，噪声为 1.7 nV/$\sqrt{\text{Hz}}$，电源电压范围为±4.5～±16 V，采用 Power PAD 封装，内部结构和引脚端封装形式如图 3-29 所示，一些典型应用电路如图 3-30 所示。可编程增益范围设置如表 3-3所列。**注意：** THS7002 是双 THS7001。

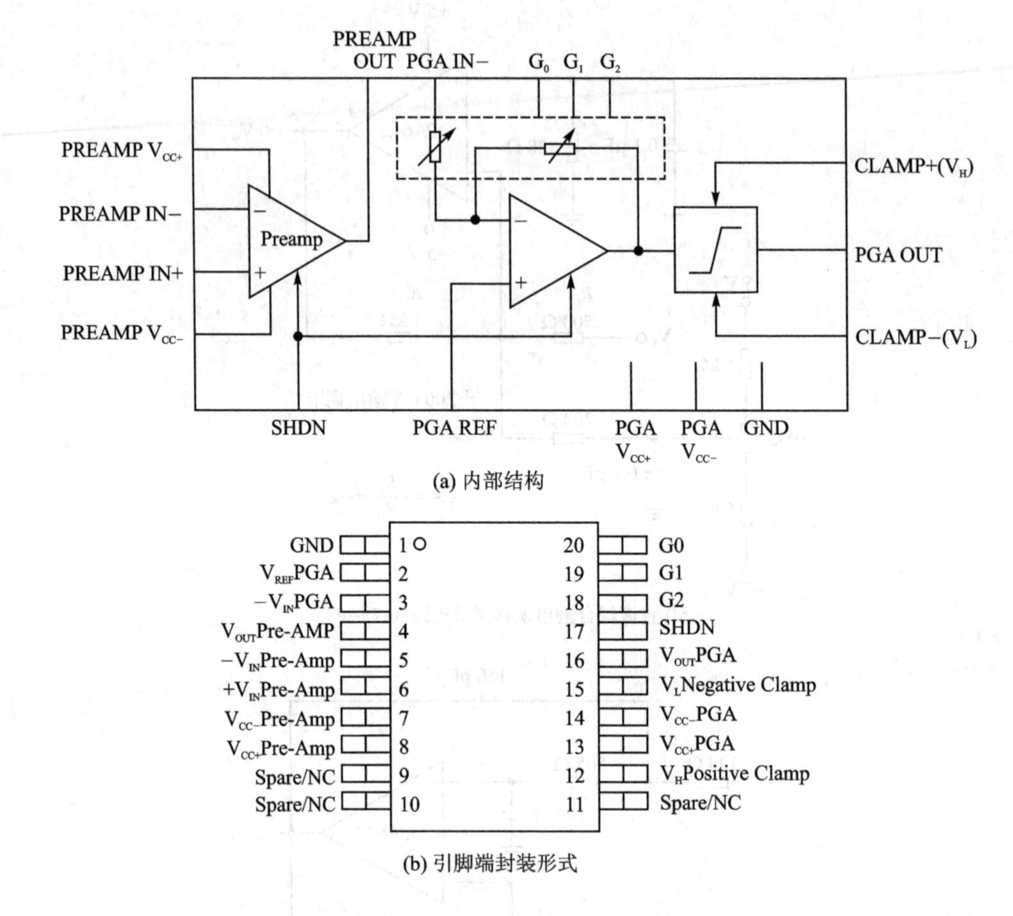

(a) 内部结构

(b) 引脚端封装形式

图 3-29 THS7001 内部结构和引脚端封装形式

表 3-3 可编程增益范围设置

G_2	G_1	G_0	PGA 增益/dB	PGA 增益/(V/V)	G_2	G_1	G_0	PGA 增益/dB	PGA 增益/(V/V)
0	0	0	−22	0.08	1	0	0	2	1.26
0	0	1	−16	0.16	1	0	1	8	2.52
0	1	0	−10	0.32	1	1	0	14	5.01
0	1	1	−4	0.63	1	1	1	20	10.0

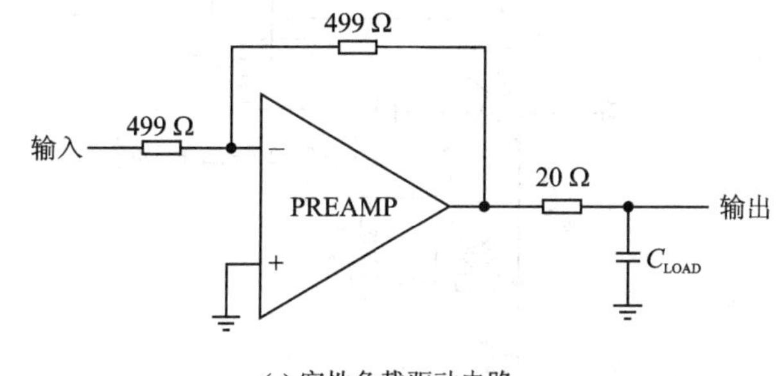

(a) 容性负载驱动电路

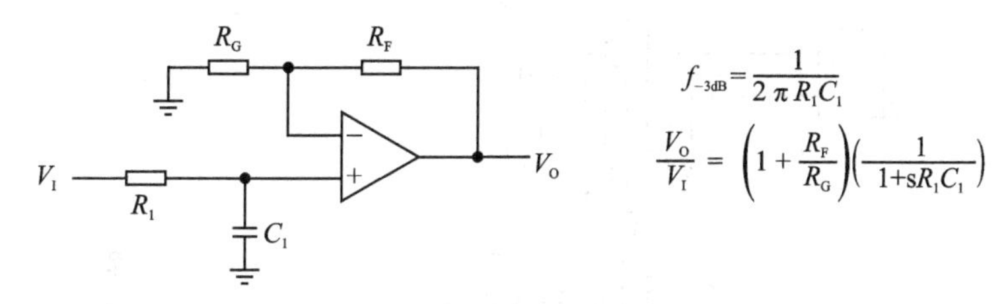

(b) 单极低通滤波器电路

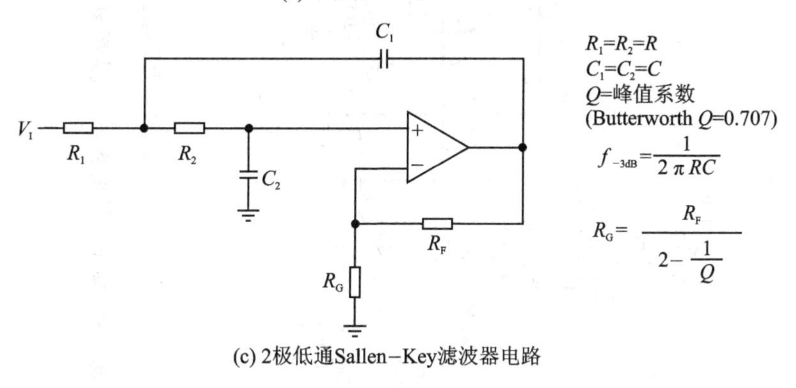

(c) 2极低通Sallen-Key滤波器电路

图 3-30 THS7001 的一些典型应用电路

3.7.2 宽带可控增益直流放大器模块电路与 PCB

宽带可控增益直流放大器电路模块如图 3-31 所示，由 THS7001 和 AD603 构成可控增益放大器。THS7001 是一款高速可数字编程、控制增益范围为－22～20 dB 的器件。AD603 是一款低噪声、精密控制的可变增益放大器，控制增益范围为－10～30 dB。采用高速低噪声电压反馈型运算放大器 OPA642 作为输入跟随。电路中采用电位器实现放大倍数连续可调，同时在输入端加入调零电路对直流工作状态进行调节。其中拨码开关用于转换程控模式和手动调节模式。

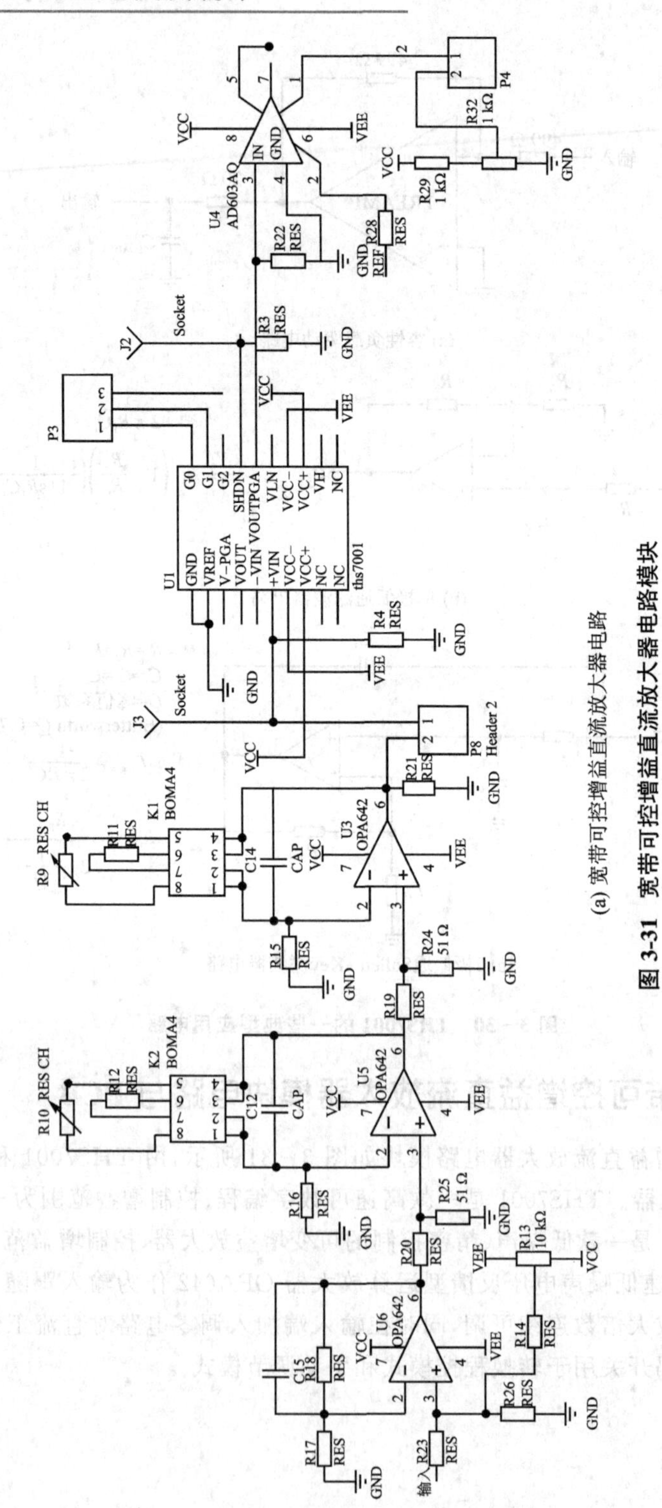

(a) 宽带可控增益直流放大器电路

图 3-31　宽带可控增益直流放大器电路模块

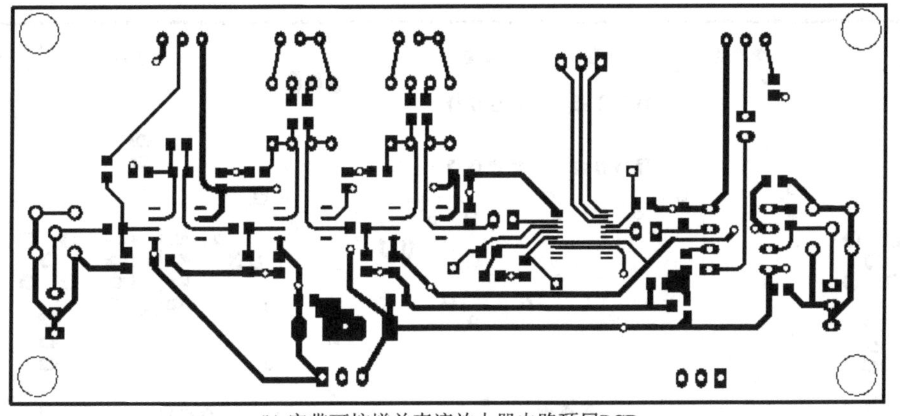

(b) 宽带可控增益直流放大器电路顶层PCB

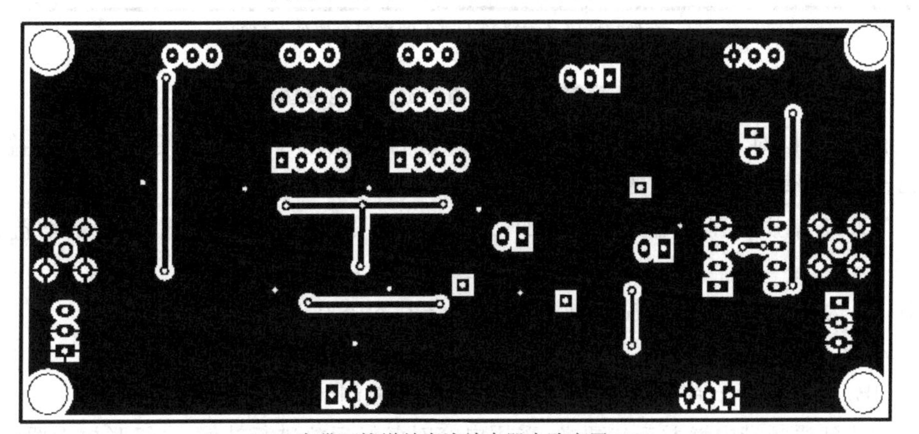

(c) 宽带可控增益直流放大器电路底层PCB

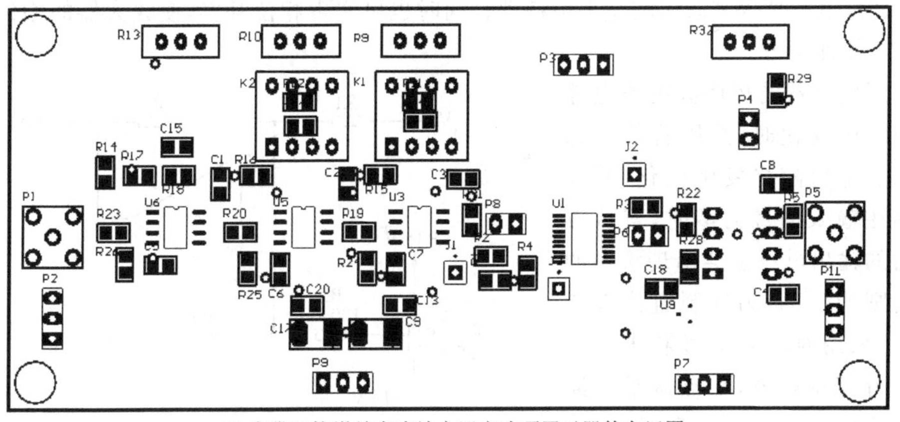

(d) 宽带可控增益直流放大器电路顶层元器件布局图

图 3－31　宽带可控增益直流放大器电路模块(续)

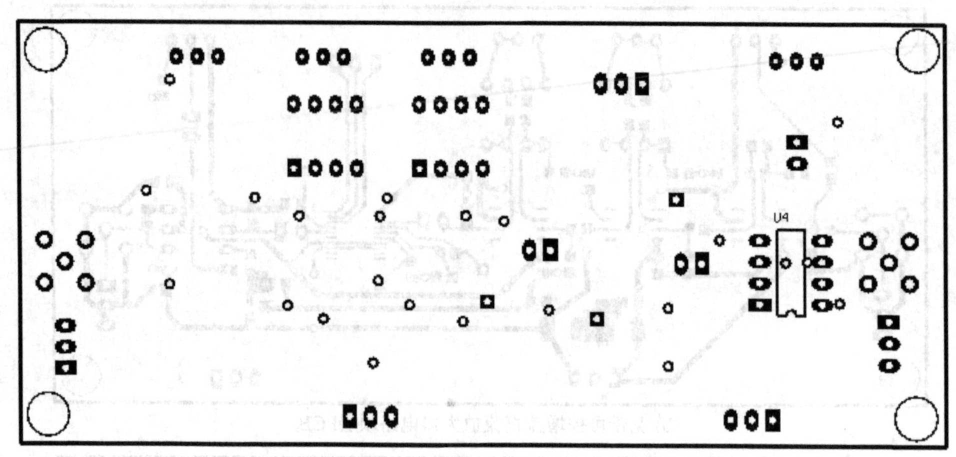

(e) 宽带可控增益直流放大器电路底层元器件布局图

图 3-31　宽带可控增益直流放大器电路模块(续)

依据资料，对 THS7001 的三个控制口进行高低电平的配置便可实现增益从 −22～20 dB 每 6 dB 步进的 8 种程控模式。

AD603 采用的是增益为 −11～31 dB、带宽 90 MHz 的工作方式，其每级增益为

$$G_{AD603}(\mathrm{dB}) = 40 \times V_g + 10\ \mathrm{dB}$$

式中，V_g 为 AD603 的增益控制电压，范围为 −0.50～0.50 V。

V_g 的变化范围为 −0.5～+0.5 V，因此理论上的增益控制范围为 −8.2～71.8 dB。可以利用单片机通过 DAC 的输出电压控制 AD603 的增益。

为达到通频带内增益起伏要求，采用电容对各级运放进行补偿，在级联放大器的级间加匹配衰减器等来改善增益平坦特性。同时也可实现相位补偿，使放大器的相位特性处于线性状态。

当放大器的环境温度或电源电压发生变化时，晶体管的静态工作点也要随之发生变化，所以即使在输入信号为零时，直流放大器的输出电压也会出现缓慢的不规则的变动，为抑制直流零点漂移，采用对输入前级和末级分别进行零点调节，零点调节电路可以采用如图 3-32 所示电路，调整电压加在同相输入端，与反馈元件无关，图中 R3(100 kΩ)和 R5(100 Ω)构成一个分压电路，在 R5 端的失调电压调整范围为±15 mV。改变 R3 和 R5 的阻值，可以改变失调电压调整范围。

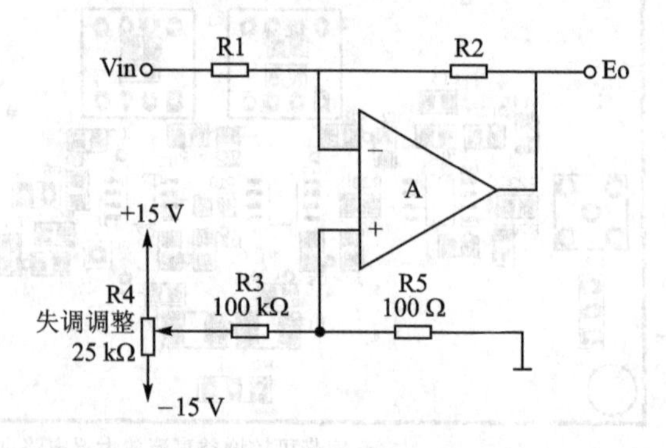

图 3-32　运放调零电路

3.8　基于LM386的音频放大器模块

3.8.1　LM386简介

LM386是美国国家半导体公司生产的音频功率放大器，工作电压为4～12 V或者5～18 V；静态功耗约为4 mA，可用于电池供电；电压增益范围为20～200，可调；采用塑封8引线双列直插式和贴片式封装，主要应用于低电压消费类产品。

LM386的引脚端封装形式如图3-33所示，一些典型应用电路如图3-34所示。

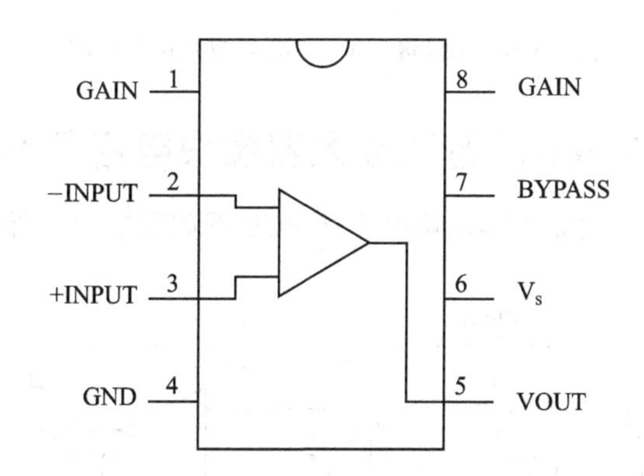

图3-33　LM386的引脚端封装形式

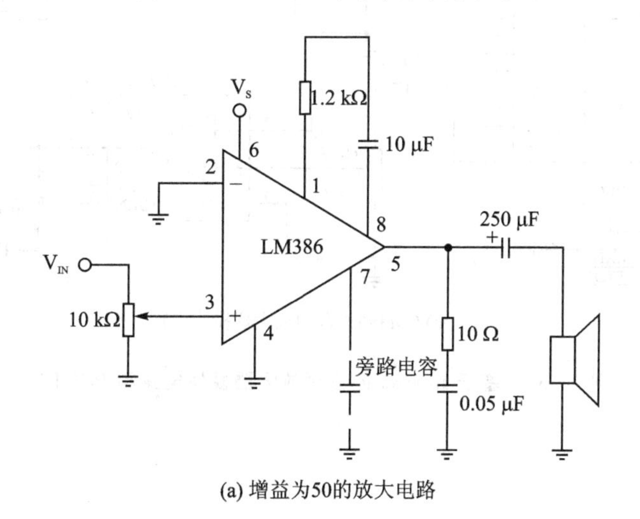

(a) 增益为50的放大电路

图3-34　LM386的一些典型应用电路

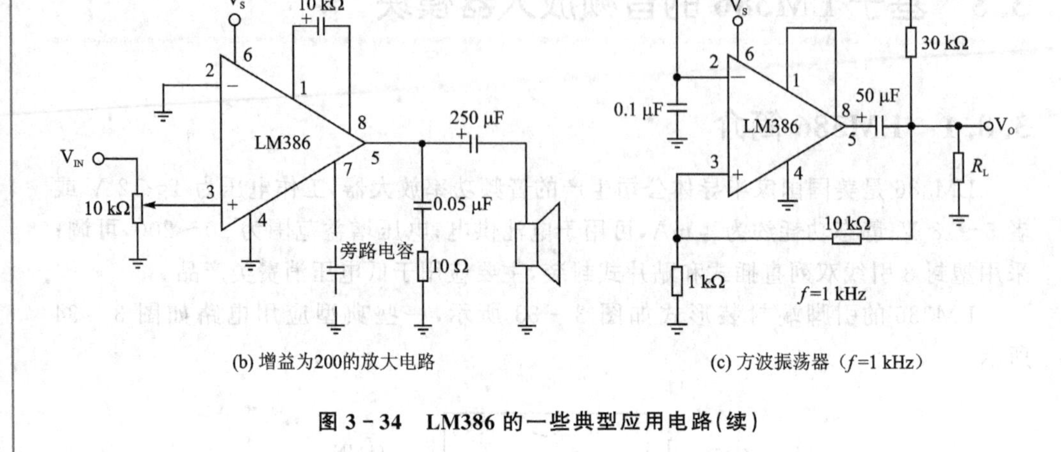

(b) 增益为200的放大电路

(c) 方波振荡器（f=1 kHz）

图 3－34　LM386 的一些典型应用电路(续)

3.8.2　基于 LM386 的音频放大器模块电路和 PCB

基于 LM386 的音频放大器模块电路和 PCB 图如图 3－35 所示。

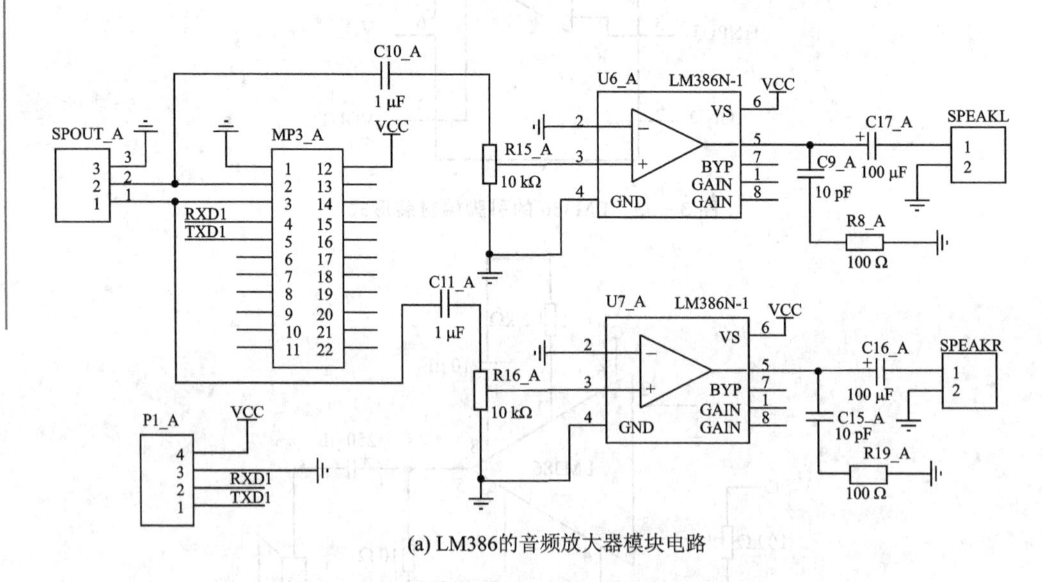

(a) LM386的音频放大器模块电路

图 3－35　基于 LM386 的音频放大器模块电路和 PCB 图

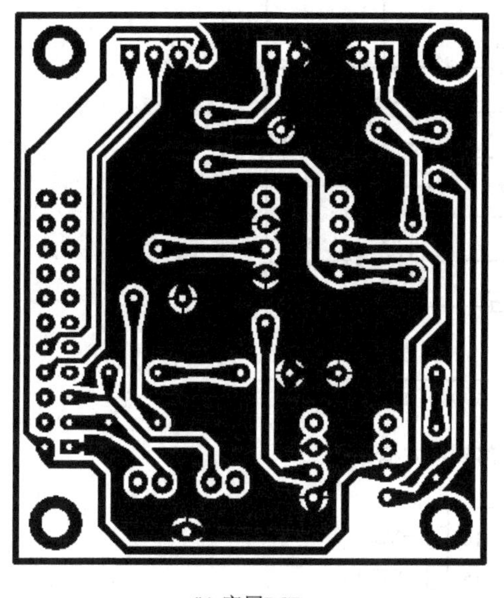

(b) 底层PCB

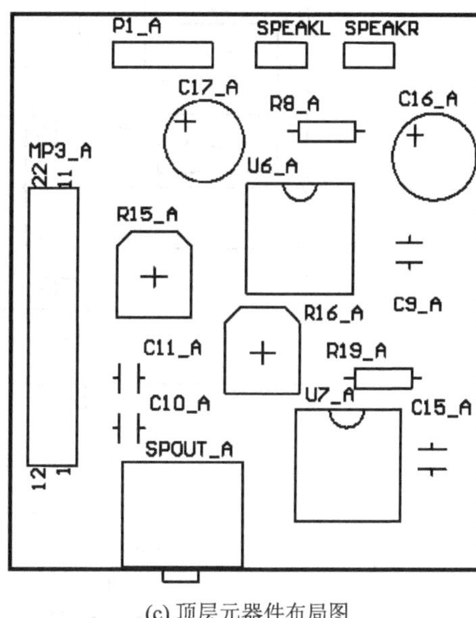

(c) 顶层元器件布局图

图 3-35　基于 LM386 的音频放大器模块电路和 PCB 图(续)

3.9　基于 TEA2025 的音频功率放大器模块

3.9.1　TEA2025 简介

TEA2025 是 ST 公司生产的双声道立体声音频功率放大集成电路。

TEA2025 特性如下：

① 工作电源电压范围为 3～15 V。

② 典型工作电压为 6～9 V。

③ 输出功率与电源电压和扬声器阻抗有关：

➢ $V_{CC}=6$ V,$R_L=4$ Ω,$P=2\times1$ W;

➢ $V_{CC}=9$ V,$R_L=4$ Ω,$P=2\times2.3$ W;

➢ $V_{CC}=3$ V,$R_L=4$ Ω,$P=2\times0.1$ W。

④ 采用 POWERDIP16(12+2+2)和 SO20(12+4+4)封装。

TEA2025 内部结构方框图如图 3-36 所示。

POWERDIP16 封装形式如图 3-37 所示,典型应用电路如图 3-38 所示。

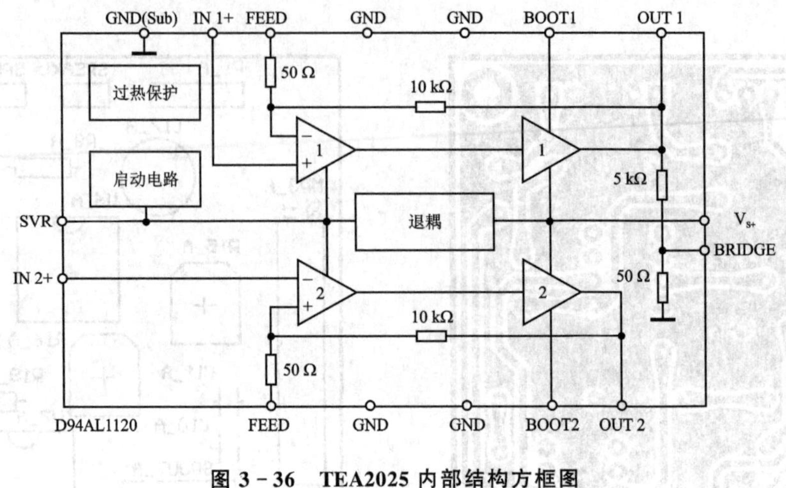

图 3-36　TEA2025 内部结构方框图

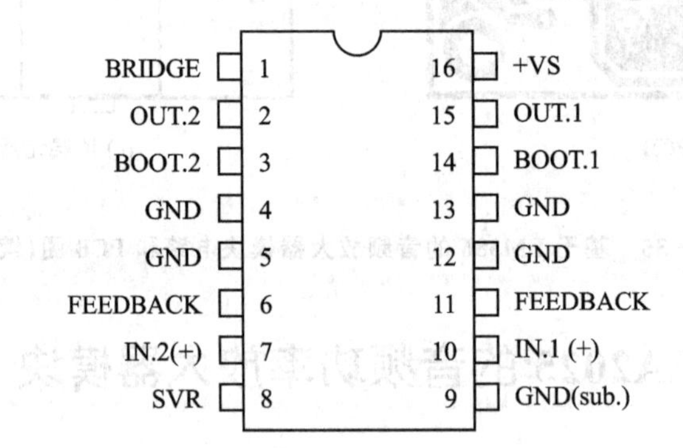

图 3-37　POWERDIP16 封装形式

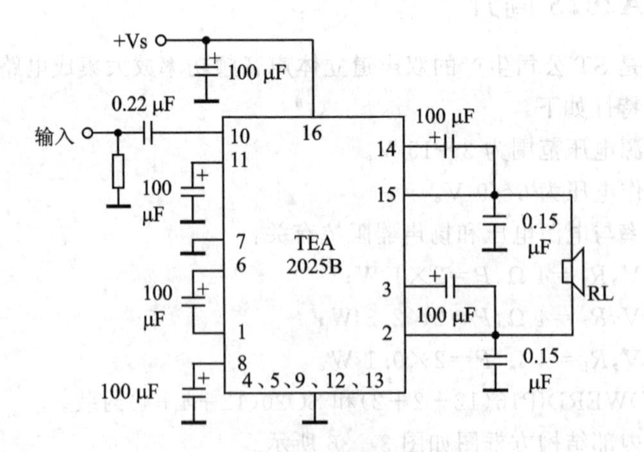

(a) 桥式音频放大器电路

图 3-38　TEA2025 的典型应用电路

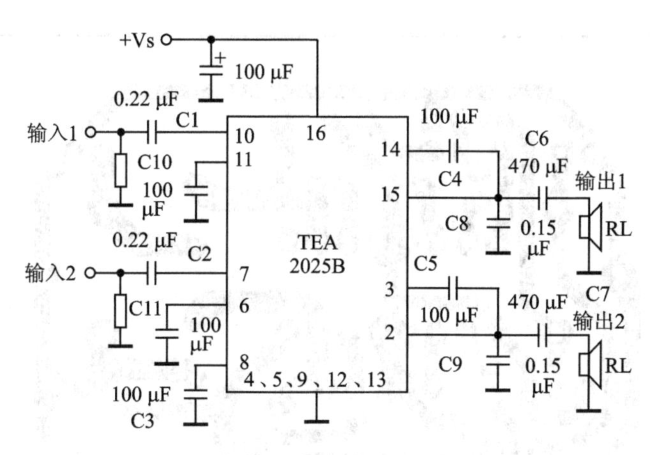

(b) 立体声音频放大器电路

图 3-38　TEA2025 的典型应用电路(续)

3.9.2　基于 TEA2025 的音频功率放大器模块电路和 PCB

基于 TEA2025 的音频功率放大器模块电路和 PCB 图如图 3-39 所示。

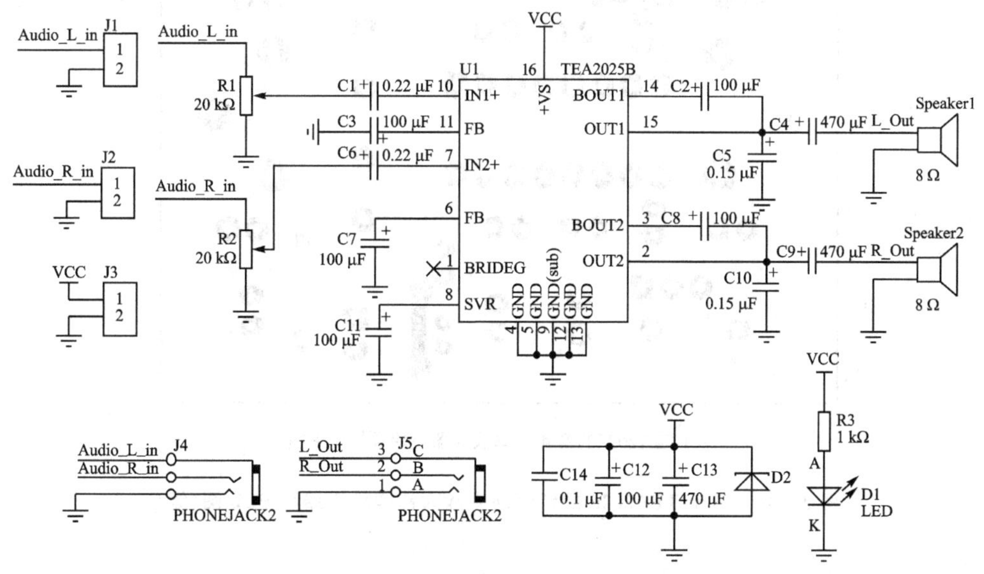

(a) 基于TEA2025的音频功率放大器模块电路

图 3-39　基于 TEA2025 的音频功率放大器模块电路和 PCB 图

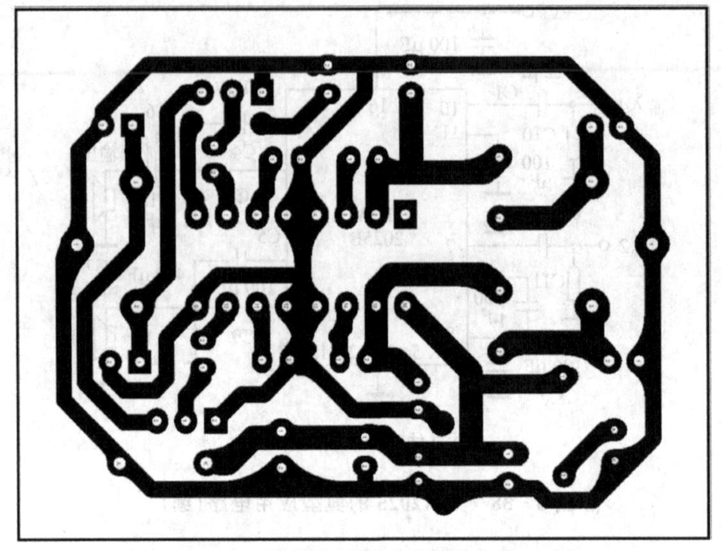

(b) TEA2025的音频功率放大器模块底层PCB图

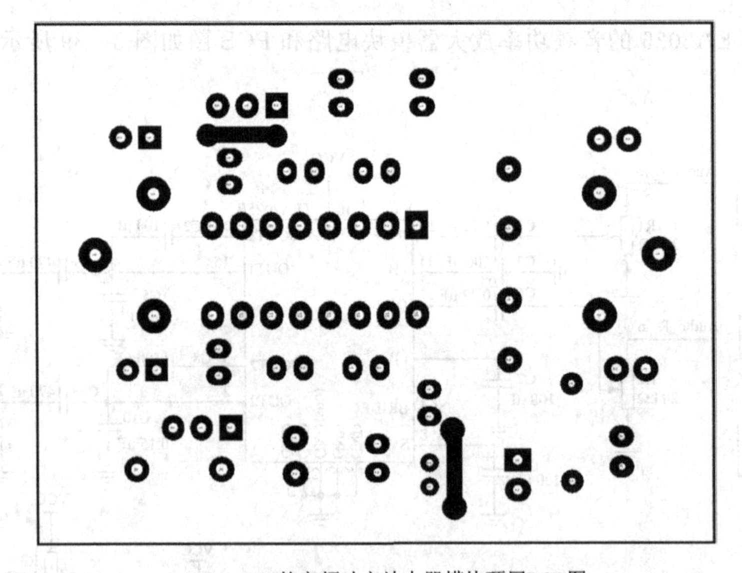

(c) TEA2025的音频功率放大器模块顶层PCB图

图 3-39　基于 TEA2025 的音频功率放大器模块电路和 PCB 图(续)

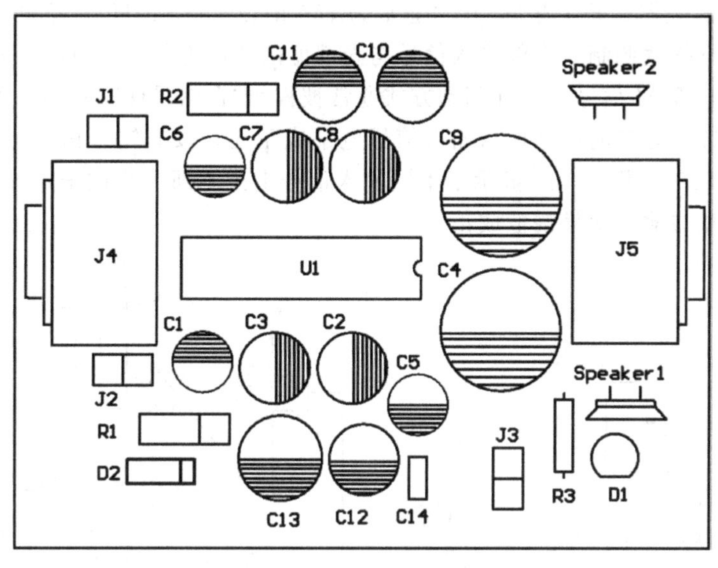

(d) TEA2025的音频功率放大器模块顶层元器件布局图

图 3-39 基于 TEA2025 的音频功率放大器模块电路和 PCB 图(续)

3.10 D类放大器模块

3.10.1 D类放大器简介

1. D类放大器基础

大多数音频系统设计工程师都非常清楚,D类放大器与线性音频放大器(如A类、B类和AB类)相比,在功效上有相当的优势。对于线性放大器(如AB类)来说,偏置元件和输出晶体管的线性工作方式会损耗大量功率。因为D类放大器的晶体管只是作为开关使用的,用来控制流过负载的电流方向,所以输出级的功耗极低。D类放大器的功耗主要来自输出晶体管导通阻抗、开关损耗和静态电流开销。放大器的功耗主要以热量的形式耗散。D类放大器对散热器的要求大为降低,甚至可省掉散热器,因此非常适用于紧凑型大功率应用。

现代D类放大器使用多种调制器拓扑结构,而最基本的拓扑组合了脉宽调制(PWM)以及三角波(或锯齿波)振荡器。图 3-40 给出一个基于 PWM 的半桥式D类放大器简化方框图。它包括一个脉宽调制器、两个输出 MOSFET 和一个用于恢复被放大的音频信号的外部低通滤波器(L_F和 C_F)。如图 3-40 所示,p 沟道和n 沟道 MOSFET 用作电流导向开关,将其输出节点交替连接至 V_{DD}和地。由于输出晶体管使输出端在 V_{DD}或地之间切换,所以D类放大器的最终输出是一个高频方波。

大多数D类放大器的开关频率(f_{SW})通常为250 kHz～1.5 MHz。音频输入信号对输出方波进行脉宽调制。音频输入信号与内部振荡器产生的三角波(或锯齿波)进行比较,可得到PWM信号。这种调制方式通常被称作“自然采样”,其中三角波振荡器作为采样时钟。方波的占空比与输入信号电平成正比。没有输入信号时,输出波形的占空比为50%。图3-41显示了不同输入信号电平下所产生的PWM输出波形,输出信号脉宽与输入信号幅值成正比。

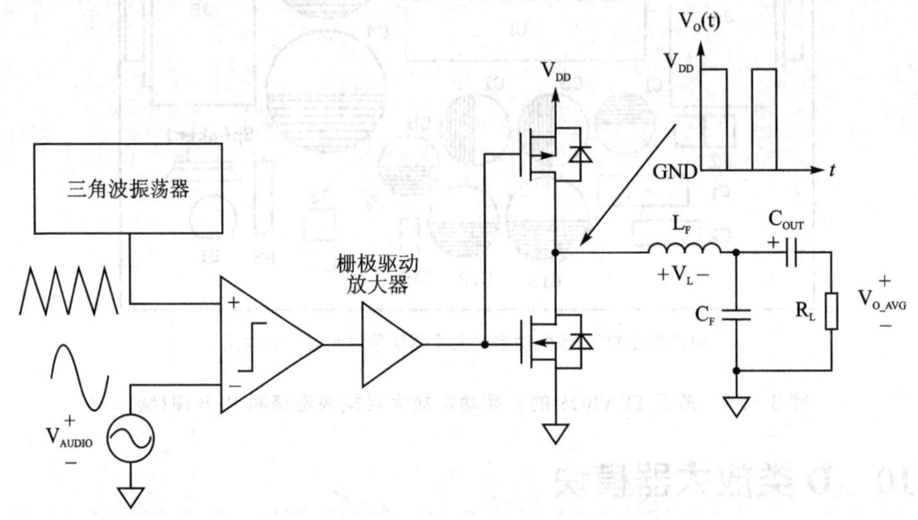

图3-40　一个基本的半桥式D类放大器的结构方框图

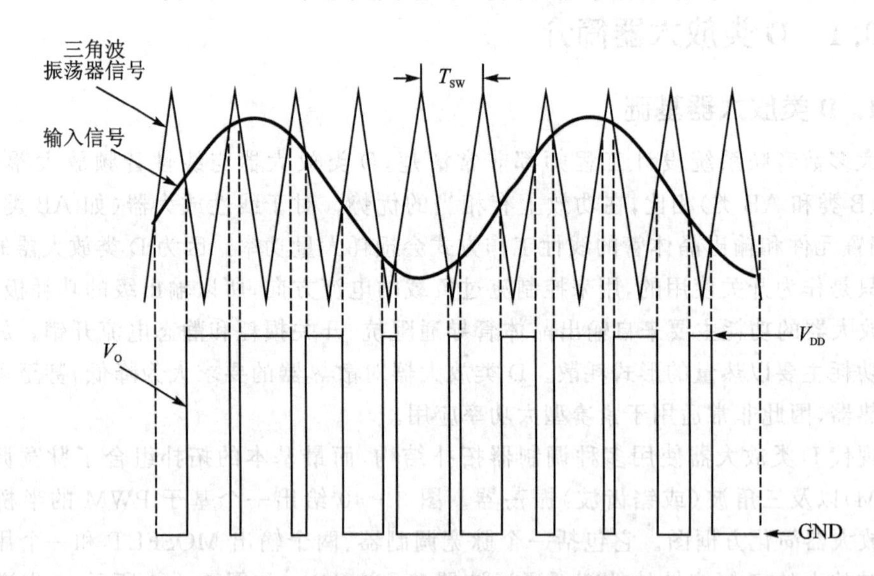

图3-41　输出信号脉宽与输入信号幅值成正比

为了从 PWM 波形中提取出放大后的音频信号，须将 D 类放大器的输出送入一个低通滤波器。图 3-40 中的 LC 低通滤波器作为无源积分器(假设滤波器的截止频率比输出级的开关频率至少低一个数量级)，它的输出等于方波的平均值。此外，低通滤波器可防止在阻性负载上耗散高频开关能量。假设滤波后的输出电压(V_{O_AVG})和电流(I_{AVG})在单个开关周期内保持恒定。因为 f_{SW} 比音频输入信号的最高频率要高得多，所以这种假设较为准确。因此，占空比与滤波后的输出电压之间的关系，可通过对电感电压和电流进行简单的时间域分析得到。

流经电感的瞬时电流为

$$I_L(t) = \frac{1}{L}\int V_L(t)\,dt \tag{3-1}$$

式中，$V_L(t)$ 是图 3-40 中的电感瞬时电压。

由于流入负载的平均电流(I_{AVG})在单个开关周期内可以看作是恒定的，所以开关周期(T_{SW})开始时的电感电流必定与开关周期结束时的电感电流相同，如图 3-42 所示，可用以下式表示

$$\frac{1}{L}\int_0^{T_{SW}} V_L(t)\,dt = I_L(T_{SW}) - I_L(0) = 0 \tag{3-2}$$

等式 3-2 表明，电感电压在一个开关周期内的积分必定为 0。利用式(3-2)并观察图 3-42 给出的 $V_L(t)$ 波形，可以看出，各区域面积(A_{ON} 和 A_{OFF})的绝对值只有彼此相等，式(3-2)才能成立。基于这一信息，可以利用开关波形占空比来表示滤波后的输出电压

$$A_{ON} = |A_{OFF}| \tag{3-3}$$

$$A_{ON} = (V_{DD} - V_O) \times t_{ON} \tag{3-4}$$

$$A_{OFF} = V_O \times t_{OFF} \tag{3-5}$$

将式(3-4)和式(3-5)代入式(3-3)，得到以下式

$$(V_{DD} - V_O) \times t_{ON} = V_O \times t_{OFF} \tag{3-6}$$

最后，得到 V_O 的表达式

$$V_O = V_{DD} \times \frac{t_{ON}}{t_{ON} + t_{OFF}} = V_{DD} \times D \tag{3-7}$$

式中，D 是输出开关波形的占空比。

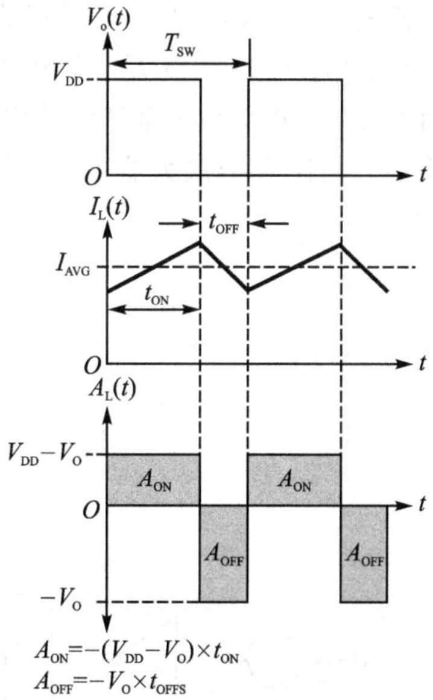

图 3-42　基本的半桥式 D 类放大器中，滤波器电感电流和电压波形

2. 利用反馈改善性能

许多 D 类放大器采用 PWM 输出至器件输入的负反馈环路。闭环方案不仅可

以改善器件的线性，而且使器件具备电源抑制能力。在闭环拓扑中，因为会检测输出波形并将其反馈至放大器的输入端，所以能够在输出端检测到电源的偏离情况，并通过控制环路对输出进行校正。闭环设计的优势是以可能出现的稳定性问题为代价的，这也是所有反馈系统共同面临的问题。因此必须精心设计控制环路并进行补偿，确保在任何工作条件下都能保持稳定。

典型的D类放大器采用具有噪声整形功能的反馈环路，可极大地降低由脉宽调制器、输出级以及电源电压偏离的非线性所引入的带内噪声。这种拓扑与用在Σ-Δ调制器中的噪声整形类似。图3-43给出了一个1阶噪声整形器的简化框图，可将大部分噪声推至带外。反馈网络通常包含一个电阻分压网络，但为简便起见，图3-43的反馈比例为1。由于理想积分器的增益与频率成反比，图中积分器的传递函数也被简化为$1/s$。同时假定PWM模块具有单位增益，并且在控制环路中具有零相位偏移。使用基本的控制模块分析方法，可得到以下输出表达式

$$V_{O}(s)=\frac{1}{1+s}\times V_{IN}(s)+\frac{s}{1+s}\times E_{n}(s) \tag{3-8}$$

图3-43所示D类放大器的控制环路包含1阶噪声整形电路，可将大部分噪声推至带外。由式(3-8)可知，噪声项$E_{n}(s)$与一个高通滤波器函数(噪声传递函数)相乘，而输入项$V_{IN}(s)$与一个低通滤波器函数(信号传递函数)相乘。噪声传递函数的高通滤波器对D类放大器的噪声进行整形。如果输出滤波器的截止频率选取得当，则大部分噪声会被推至带外，如图3-43所示。上述例子使用的是1阶噪声整形器，而多数现代D类放大器采用高阶噪声整形拓扑，以便进一步优化线性和电源抑制特性。

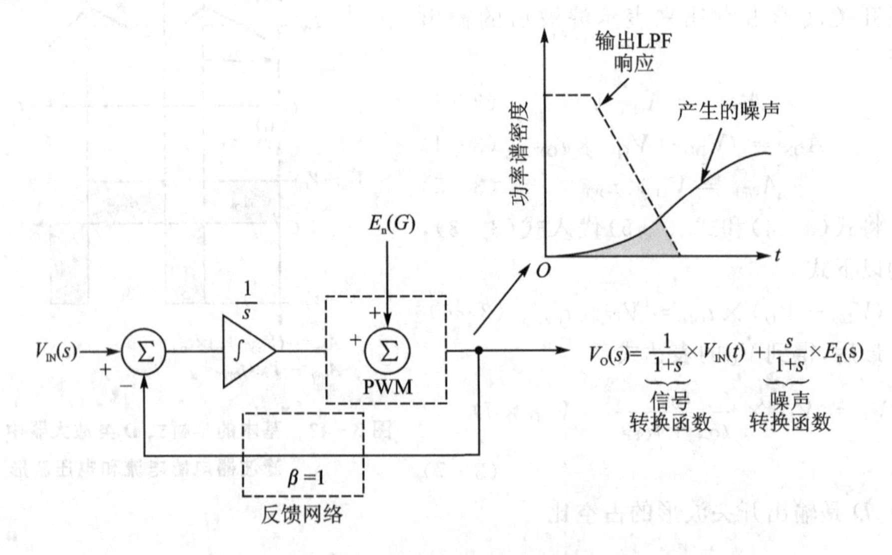

图3-43 1阶噪声整形器的简化框图

3. D类拓扑——半桥与全桥

很多D类放大器还会使用全桥输出级。一个全桥使用两个半桥输出级,并以差分方式驱动负载。这种负载连接方式通常称为桥接负载(BTL)。如图3-44所示,全桥结构是通过转换负载的导通路径来工作的。因此负载电流可以双向流动,无需负电源或隔直电容。

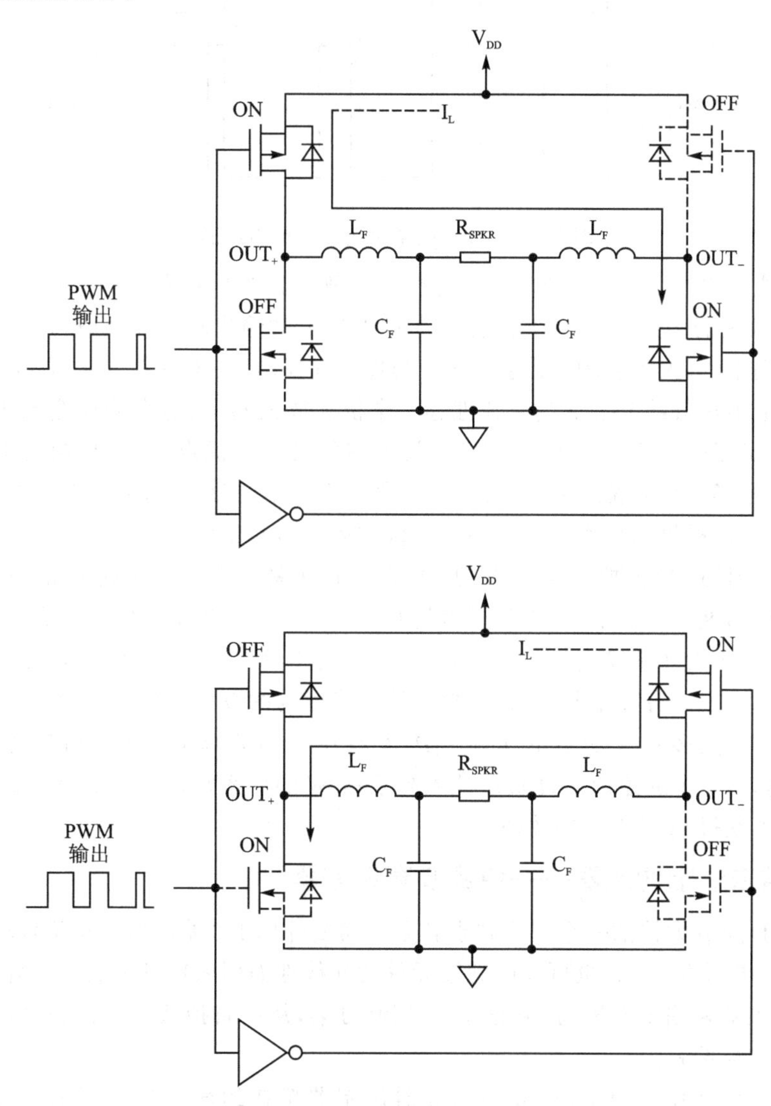

图3-44　传统的全桥式D类输出级

图3-45展示了传统的、基于PWM的BTL型D类放大器输出波形。在图3-45中,各输出波形彼此互补,从而在负载两端产生一个差分PWM信号。与半桥式拓扑类似,输出端需要一个外部LC滤波器,用于提取低频音频信号并防止在负

载上耗散高频能量。

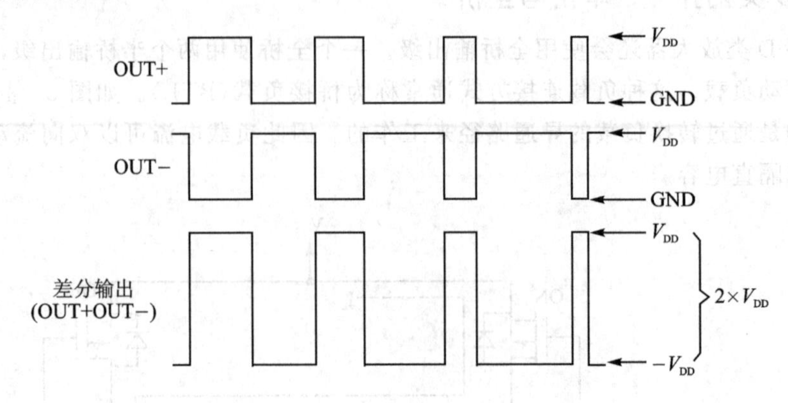

图3-45 传统的全桥式D类输出波形

全桥式D类放大器除具有与AB类BTL放大器相同的优点外，还具有高效特性。BTL放大器的第一个优点是，采用单电源供电时输出端不需要隔直电容。半桥式放大器则不然，因为它的输出会在V_{DD}与地之间摆动，空闲时占空比为50%。这意味着它的输出具有约$V_{DD}/2$的直流偏移。全桥式放大器中，这个偏移会出现在负载的两侧，输出端的直流电流为零。BTL放大器的第二个优点是，在相同的电源电压下，输出信号摆幅是半桥式放大器的2倍，因为负载是差分驱动的。在相同电源电压下，理论上它可提供的最大输出功率是半桥式放大器的4倍。

然而，全桥式D类放大器所需的MOSFET开关个数也是半桥式拓扑的2倍。一些人会认为这是它的缺点，因为更多的开关意味着会产生更多的传导和开关损耗。然而，这仅对于大功率输出的放大器(>10 W)是正确的，因为它们需要更高的输出电流和电源电压。有鉴于此，半桥式放大器凭借微弱的效率优势，而常常在大功率应用中被采用。大多数大功率的全桥式放大器在驱动8 Ω负载时，功效为80%～88%。然而，当每个通道向8 Ω负载注入高于14 W的功率时，类似MAX9742的半桥式放大器可获得90%以上的效率。

4. 省去输出滤波器——免滤波器调制器

传统D类放大器的一个主要缺点就是它需要外部LC滤波器。这不仅增加了方案总成本和电路板空间，也可能因滤波元件的非线性而引入额外失真。幸好，很多现代D类放大器采用了先进的“免滤波器”调制方案，从而省掉或至少是最大限度降低了外部滤波器要求。

图3-46给出了MAX9700免滤波器调制器拓扑的简化功能框图。与传统的PWM型BTL放大器不同，每个半桥都有自己专用的比较器，从而可独立控制每个输出。调制器由差分音频信号和高频锯齿波驱动。当两个比较器输出均为低电平时，D类放大器的每个输出均为高。与此同时，或非门的输出变为高电平，但会因为R_{ON}和C_{ON}组成的RC电路而产生一定的延时。一旦或非门延时输出超过特定门限，

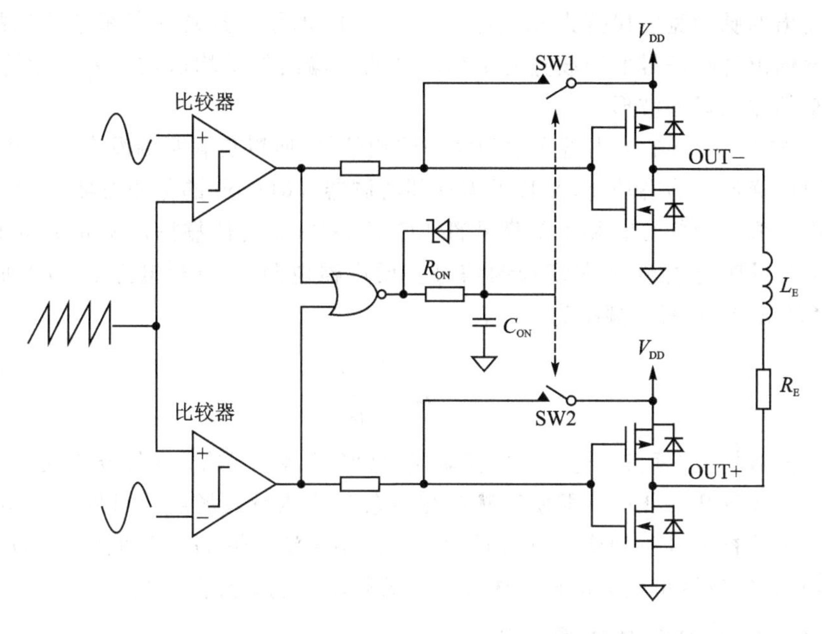

图 3-46 MAX9700 免滤波器 D 类调制器的拓扑

开关 SW1 和 SW2 即会闭合。这将使 OUT+和 OUT−变为低,并保持到下个采样周期的开始。这种设计使得两个输出同时开通一段最短时间($t_{ON(MIN)}$),这个时间由 R_{ON} 和 C_{ON} 的值决定。如图 3-47 所示,输入为零时,两个输出同相并具有 $t_{ON(MIN)}$ 的脉冲宽度。随着音频输入信号的增加或减小,其中一个比较器会在另一个之前先翻转。这种工作特性外加最短时间导通电路的作用,将促使一个输出改变其脉冲宽度,

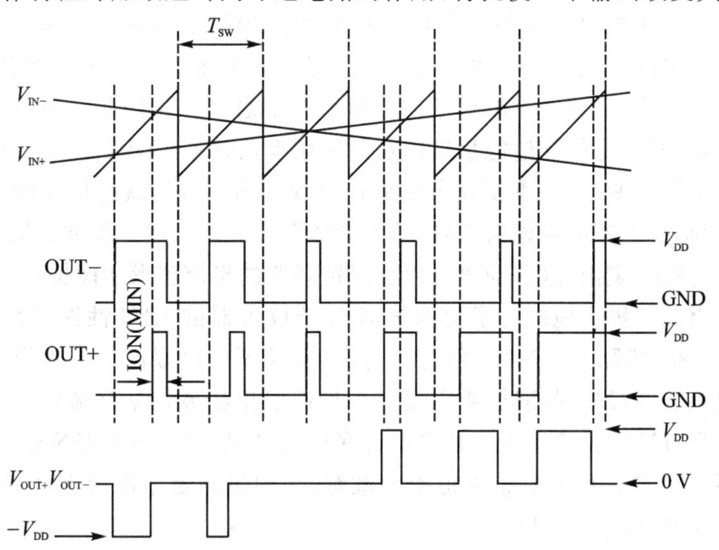

图 3-47 MAX9700 免滤波器调制器拓扑的输入和输出波形

另一个输出的脉冲宽度保持为 $t_{ON(MIN)}$，如图3-47所示。这意味着每个输出的平均值都包含输出音频信号的半波整流结果。对两路输出的平均值进行差值运算，便可得到完整的输出音频波形。

由于MAX9700的输出端在空闲时为同相信号，所以负载两端没有差分电压，从而最大限度降低了静态功耗，并且无需外部滤波器。Maxim的免滤波器D类放大器从输出中提取音频信号时并不依靠外部LC滤波器，而是依靠扬声器负载固有的电感以及人耳的听觉特性来恢复音频信号。扬声器电阻(R_E)和电感(L_E)形成一个1阶低通滤波器，其截止频率为

$$f_C = \frac{1}{2\pi \times \frac{L_E}{R_E}} \tag{3-9}$$

对大多数扬声器而言，这个1阶滚降足以恢复音频信号，并可防止在扬声器电阻上耗散过多高频开关能量。即使依然存在残余开关能量使扬声器组件产生运动，这些频率也无法被人耳听到或影响听觉感受。使用免滤波器D类放大器时，为获得最大输出功率，扬声器负载应保证在放大器开关频率下仍为感性负载。

5. 扩谱调制使EMI最小化

免滤波器工作方式的一个缺点就是可能通过扬声器电缆辐射EMI。由于D类放大器的输出波形为高频方波，并具有陡峭的过渡边沿，因此输出频谱会在开关频率及开关频率倍频处包含大量频谱能量。在紧靠器件的位置没有安装外部输出滤波器的话，这些高频能量就会通过扬声器电缆辐射出去。Maxim的免滤波器D类放大器采用享有专利的扩谱调制方案，可帮助缓解可能的EMI问题。

通过抖动或随机化D类放大器的开关频率实现扩谱调制。实际开关频率相对于标称开关频率的变化范围可达到±10%。尽管开关波形的各个周期会随机变化，但占空比不受影响，因此输出波形可以保留音频信息。扩谱调制有效展宽了输出信号的频谱能量，而不是使频谱能量集中在开关频率及其各次谐波上。换句话说，输出频谱的总能量没有变，只是重新分布在更宽的频带内。这样就降低了输出端的高频能量峰，因而将扬声器电缆辐射EMI的机会降至最低。虽然一些频谱噪声可能由扩谱调制引入音频带宽内，这些噪声可以被反馈环路的噪声整形功能抑制掉。

尽管扩谱调制极大地改善了免滤波器D类放大器的EMI性能，为了满足FCC或CE辐射标准，实际上还是需要对扬声器电缆长度加以限制。如果设备因扬声器电缆过长而没能通过辐射测试，则需要一个外部输出滤波器来衰减输出波形的高频分量。对于具有适度扬声器电缆长度的许多应用来说，在输出端安装磁珠/滤波电容即可满足要求。EMI性能对布局也十分敏感，为确保满足适用的FCC和CE标准，必须严格遵循PCB布局原则。

3.10.2　D 类放大器模块系统结构

D 类放大器组成方框图如图 3-48 所示，由积分器、PWM 电路、开关功放电路及输出滤波器组成。

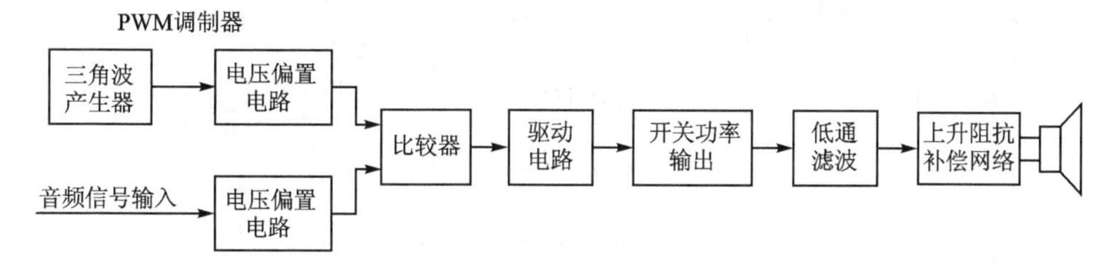

图 3-48　D 类放大器组成方框图

3.10.3　三角波产生电路模块和 PCB

三角波产生电路由运算放大器 OP275 构成。OP275 芯片内部集成了两个运算放大器，其带宽为 9 MHz，噪声系数为 6 nV/$\sqrt{\text{Hz}}$，失真为 0.000 6%，工作电流为 5 mA，漂移电压为 1 mV，电源电压为±4.5～±18 V，采用 SOIC-8 和 PDIP-8 封装，引脚端封装形式如图 3-49 所示。

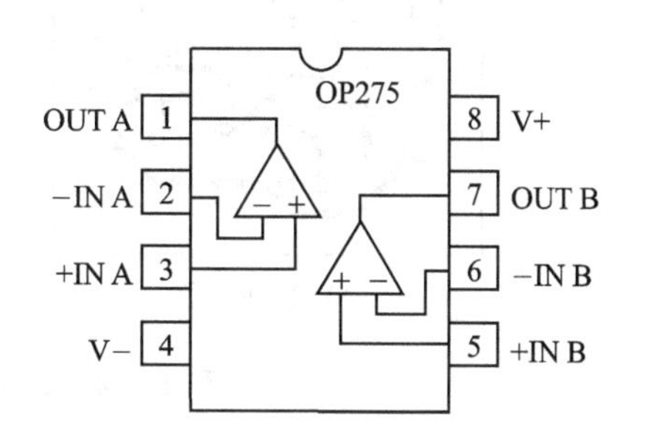

图 3-49　OP275 封装形式

三角波产生电路和 PCB 图如图 3-50 所示，OP275 运算放大器 A 构成一个方波发生器，OP275 运算放大器 B 构成一个积分电路，输出三角波频率为 170 kHz。频率计算公式如下：

$$f = \frac{R_1}{4C_1R_2R_3} \tag{3-10}$$

3.10.4　比较器及驱动电路和 PCB

1. LM311 简介

LM311 是一款性能优良的比较器芯片，输入偏置电流为 250 nA(max)，输入失调电流为 50 nA(max)，差分输入电压为 30 V，电源电压为单电源电压 5.0～15 V，采用 DIP-8 和SOP-8 封装。

LM311 的引脚端封装形式和内部结构示意图如图 3-51 所示，一些典型应用电路如图 3-52 所示。

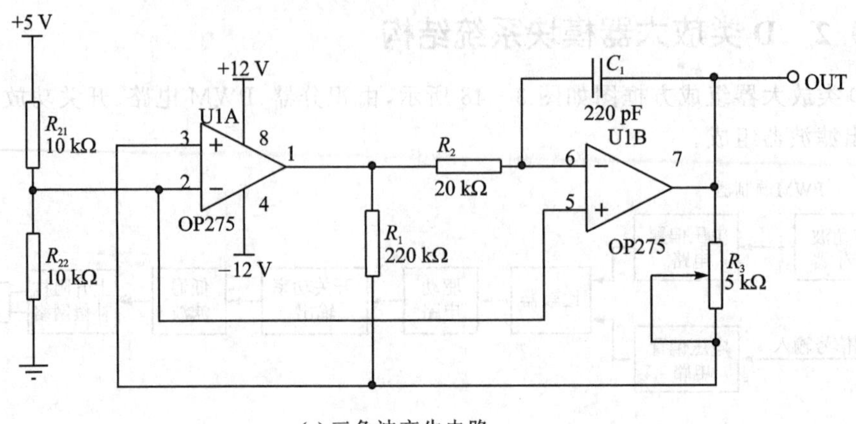

(a) 三角波产生电路

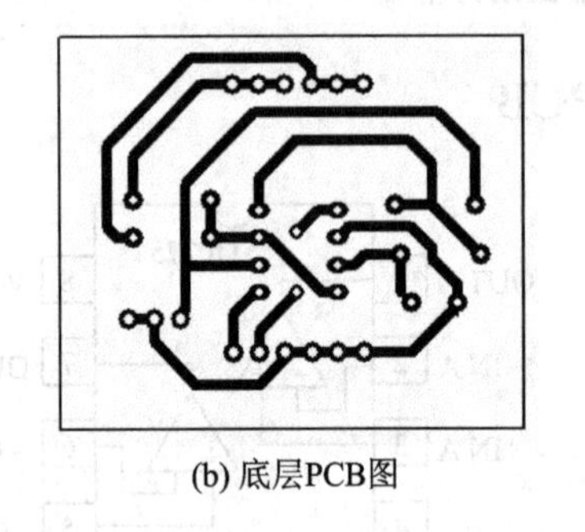

(b) 底层PCB图

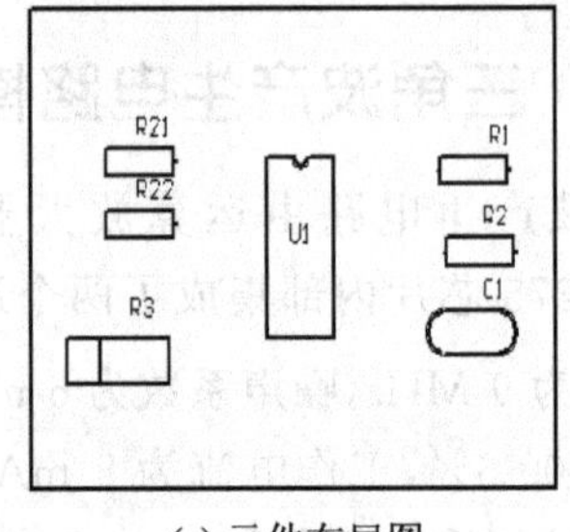

(c) 元件布局图

图 3-50　三角波产生电路和 PCB 图

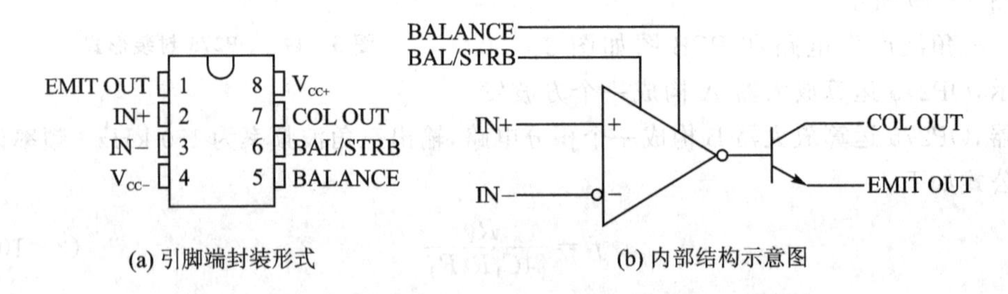

(a) 引脚端封装形式　　(b) 内部结构示意图

图 3-51　LM311 的引脚端封装形式和内部结构示意图

2. CD40106 简介

CD40106 是一个 6 施密特触发器芯片,封装形式和内部结构如图 3-53 所示。CD40106 构成的波形整形电路如图 3-54 所示,输入信号频率范围从 0～1 MHz。CD40106 构成的多谐振荡器电路如图 3-55 所示,其中:50 kΩ$\leqslant R \leqslant$1 MΩ,100 pF$\leqslant C \leqslant$1 μF,2 μs$< t_A <$0.4 s,t_A为振荡周期时间。

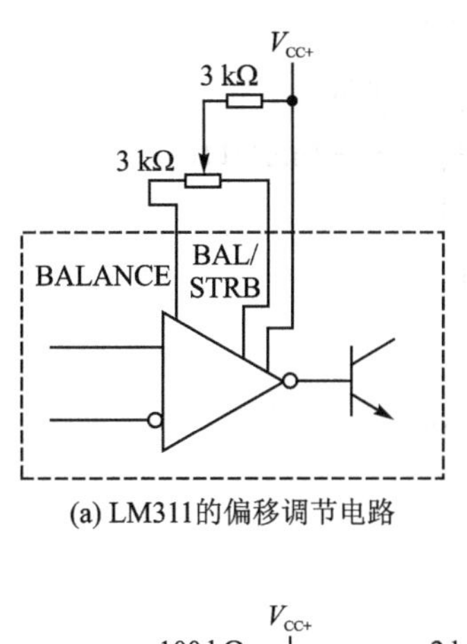

(a) LM311的偏移调节电路

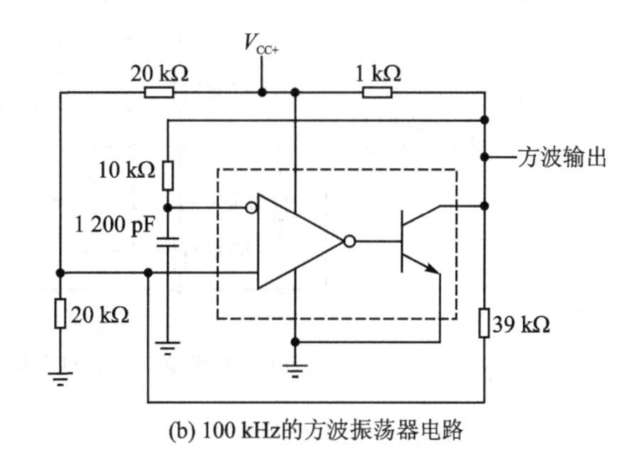

(b) 100 kHz的方波振荡器电路

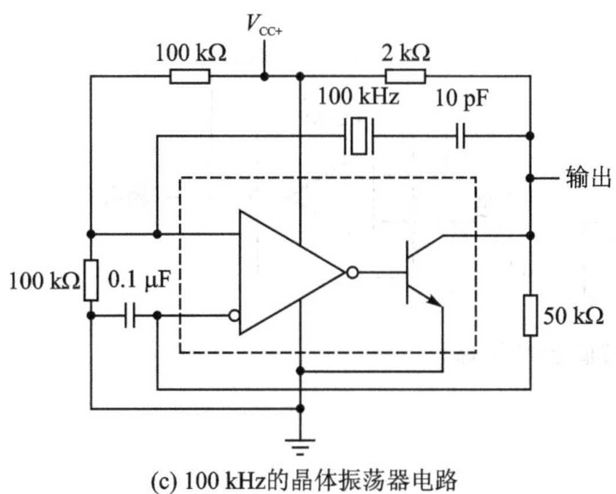

(c) 100 kHz的晶体振荡器电路

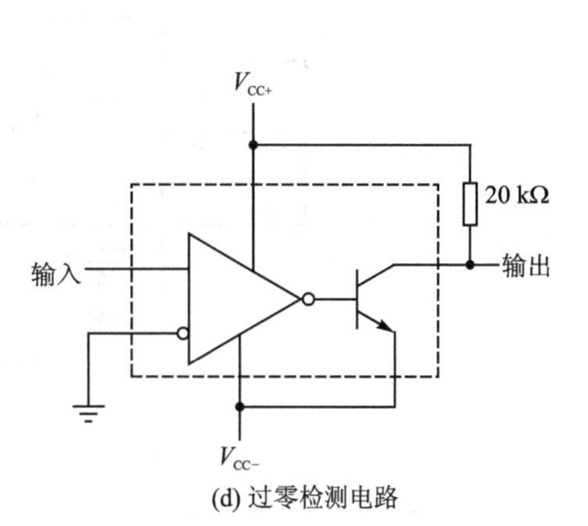

(d) 过零检测电路

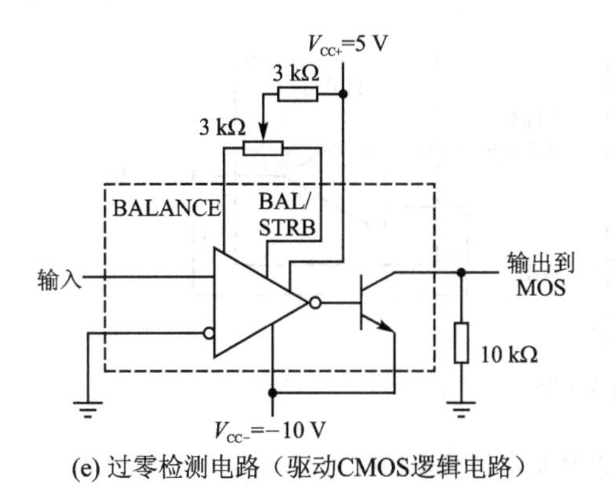

(e) 过零检测电路（驱动CMOS逻辑电路）

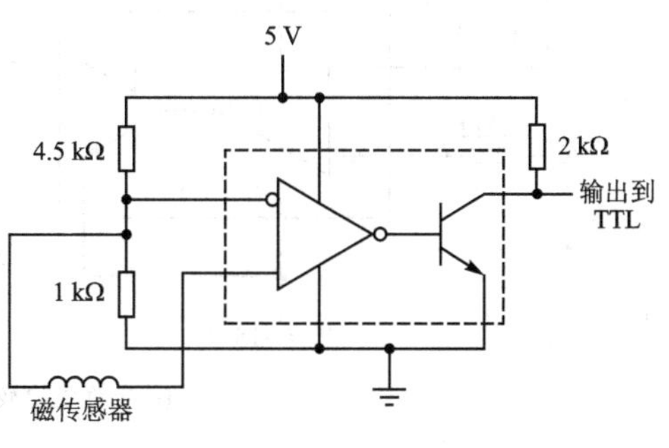

(f) 磁传感器检测电路

图 3－52　LM311 的一些典型应用电路

(g) 高电平输入转换为TTL电平输出电路

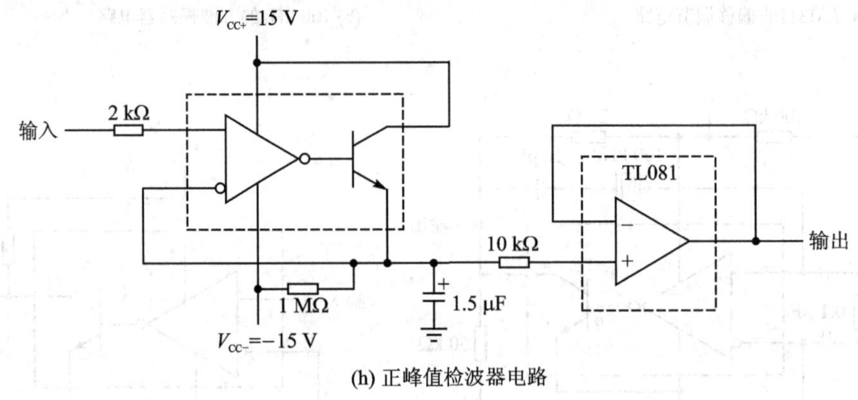

(h) 正峰值检波器电路

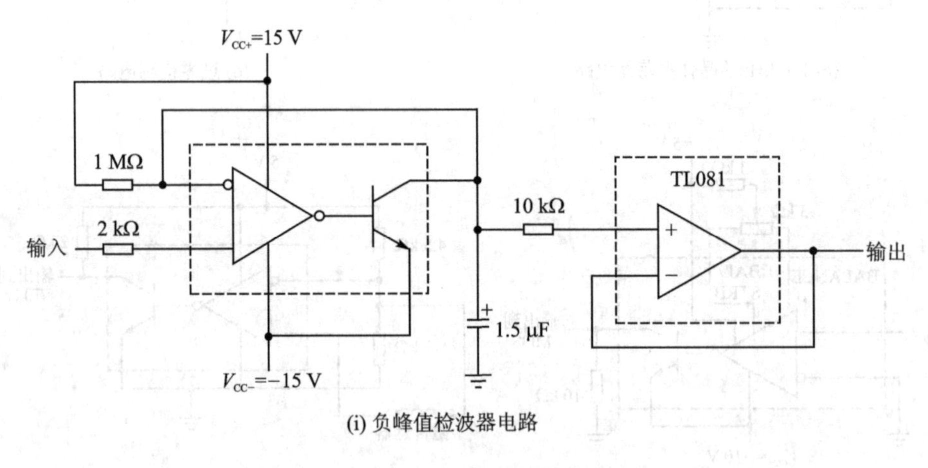

(i) 负峰值检波器电路

图 3-52 LM311 的一些典型应用电路(续)

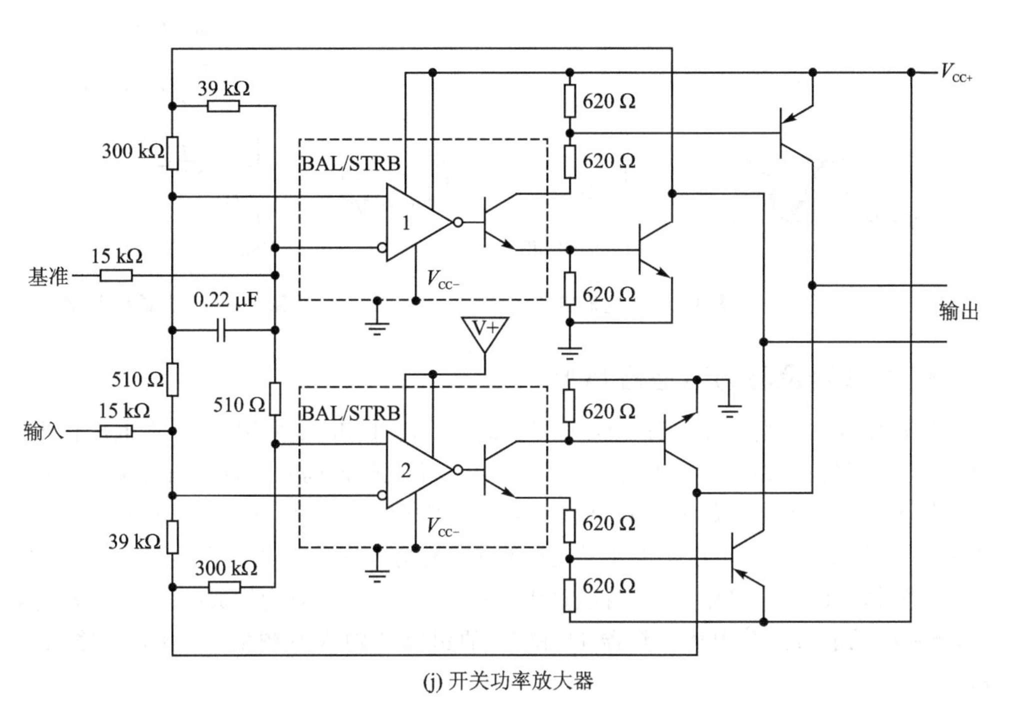

(j) 开关功率放大器

图 3－52　LM311 的一些典型应用电路(续)

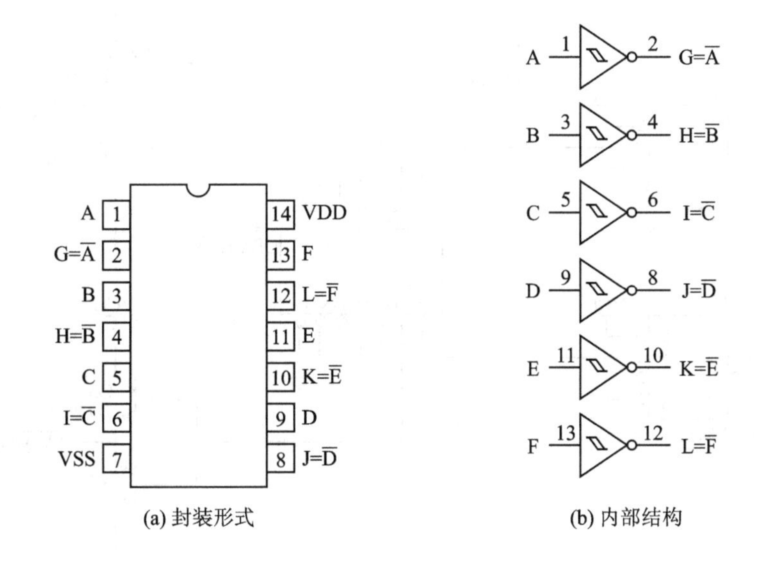

(a) 封装形式　　(b) 内部结构

图 3－53　CD40106 封装形式和内部结构

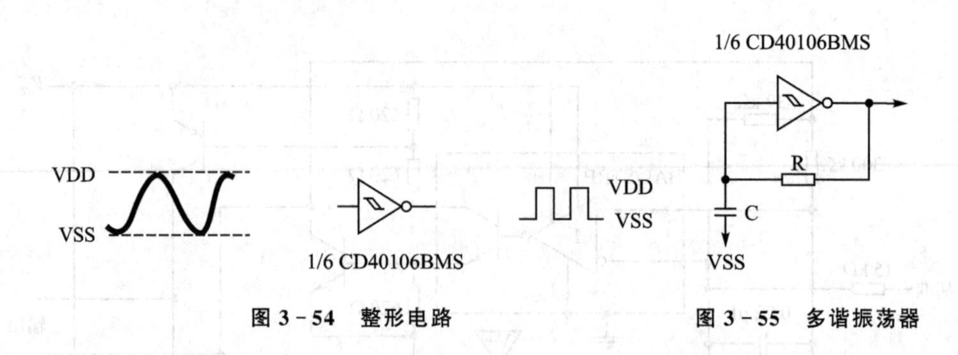

图 3-54 整形电路　　图 3-55 多谐振荡器

3. 比较器及驱动电路和 PCB

比较器及驱动电路和 PCB 图如图 3-56 所示。LM311 采用±12 V 电压供电，为了获得两路相位相反的已调信号输出，采用两个比较器同时对音频信号进行采样。采样输出后使用施密特触发器对已调信号进行整形。施密特触发器使用+12 V 电压供电，已调信号输出电压足够驱动场效应管(使场效应管导通电阻尽量小)。在施密特触发器对已调信号整形后，再经过由 2N3904/2N3906 对管构成的互补射级跟随器，增强驱动能力。其中从比较器 U_1 和 U_2 的引脚 2 输入音频信号，引脚 3 输入三角波。

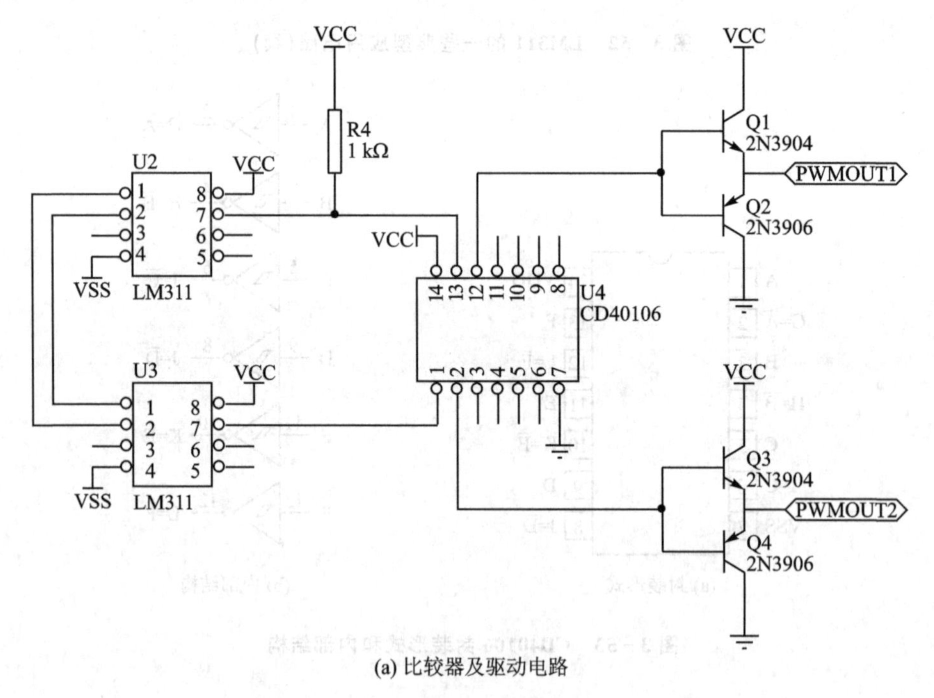

(a) 比较器及驱动电路

图 3-56 比较器及驱动电路和 PCB 图

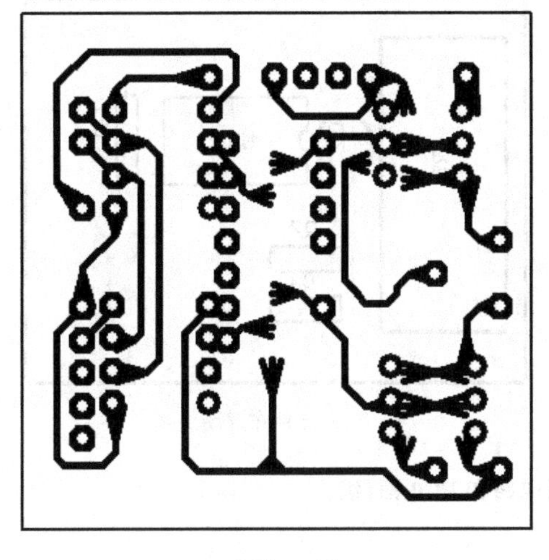

(b) 底层PCB图

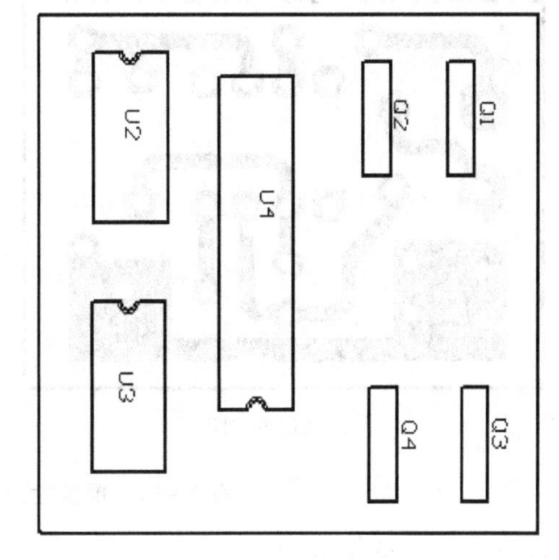

(c) 元件布局图

图 3－56　比较器及驱动电路和 PCB 图(续)

3.10.5　前置放大器电路和 PCB

前置放大器电路和 PCB 图如图 3－57 所示。前置放大器采用低失调低漂移 JFET 输入运算放大器 LF411,其输入阻抗为 10^{12} Ω。采用±12 V 电压供电。在输入级采用一个 10 kΩ 的电位器对输入进行分压,可作为音量调节电位器,同时该电位器有效地抑制了输入噪声。C_2 和 R_6 组成了一个输入耦合网络,其截止频率为

$$f = \frac{1}{2\pi R_6 C_2} = 3.3\ \text{Hz}$$

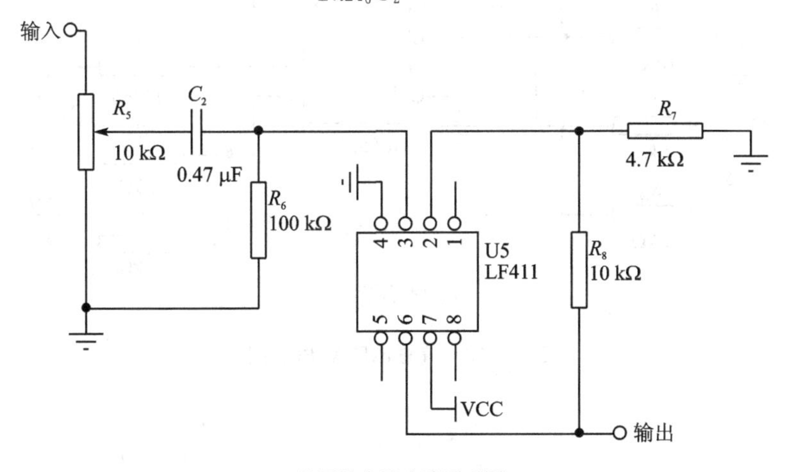

(a) 前置放大器电路原理图

图 3－57　前置放大器电路和 PCB 图

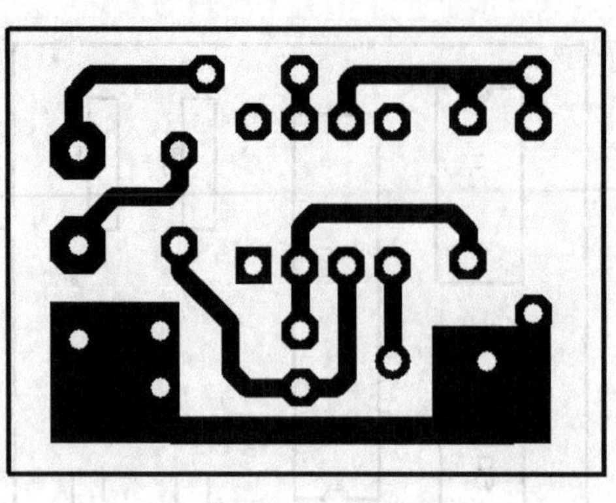

(b) 底层PCB图

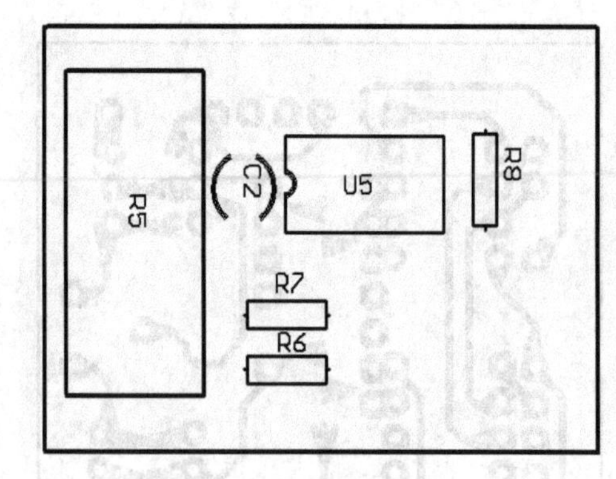

(c) 元件布局图

图 3-57　前置放大器电路和 PCB 图(续)

前置放大器的增益为

$$A = \frac{R_8}{R_7} + 1 = 3.1$$

3.10.6　偏置电路和 PCB

偏置电路和 PCB 图如图 3-58 所示。偏置电路采用双运放 NE5532 组成双路加法器,使三角波信号和音频信号电压完全处于电压零点以上,以便进行比较。图中,IN1 为正弦波信号输入,IN2 为三角波信号输入。

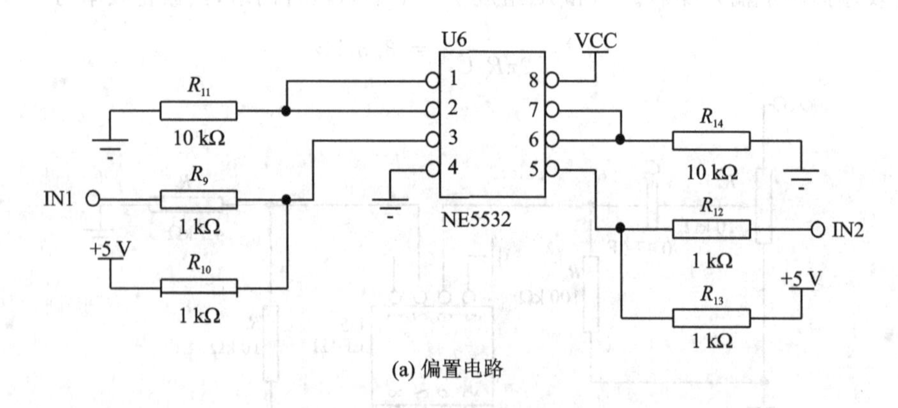

(a) 偏置电路

图 3-58　偏置电路和 PCB 图

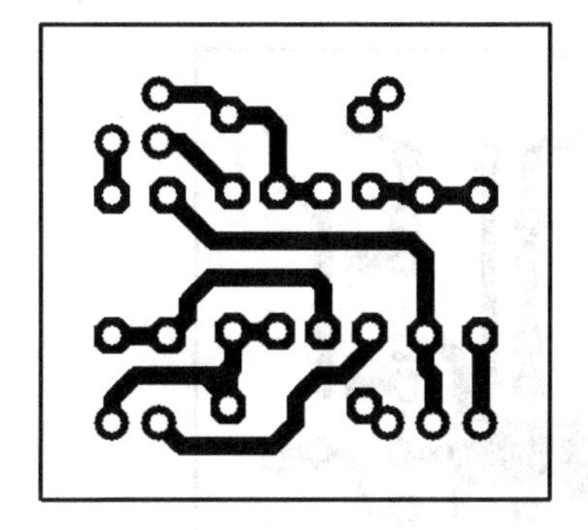

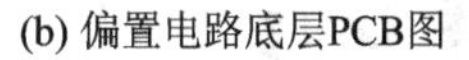

(b) 偏置电路底层PCB图

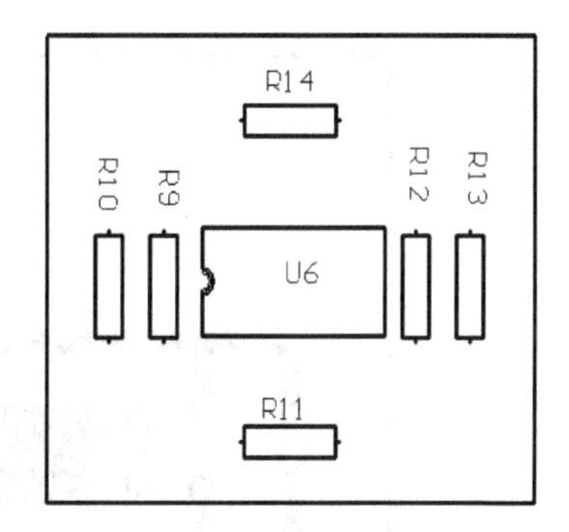

(c) 偏置电路元件布局图

图 3-58　偏置电路和 PCB 图(续)

3.10.7　功率输出级及低通滤波器电路和 PCB

功率输出及低通滤波器电路和 PCB 如图 3-59 所示。功率输出级采用两对 IRFD9120和 IRFD120 对管构成推挽式输出电路。场效应管供电电压为 12 V,又因为驱动信号的电压也为 12 V,故场效应管不需要另加驱动变压器也能工作。L_1、C_3 以及 L_2、C_4 构成一阶无源低通滤波器,其截止频率定位 50 kHz,则 L、C 的参数可由下式确定。

$$C=\frac{Q}{R\omega}=\frac{Q}{R(2\pi f_c)} \tag{3-11}$$

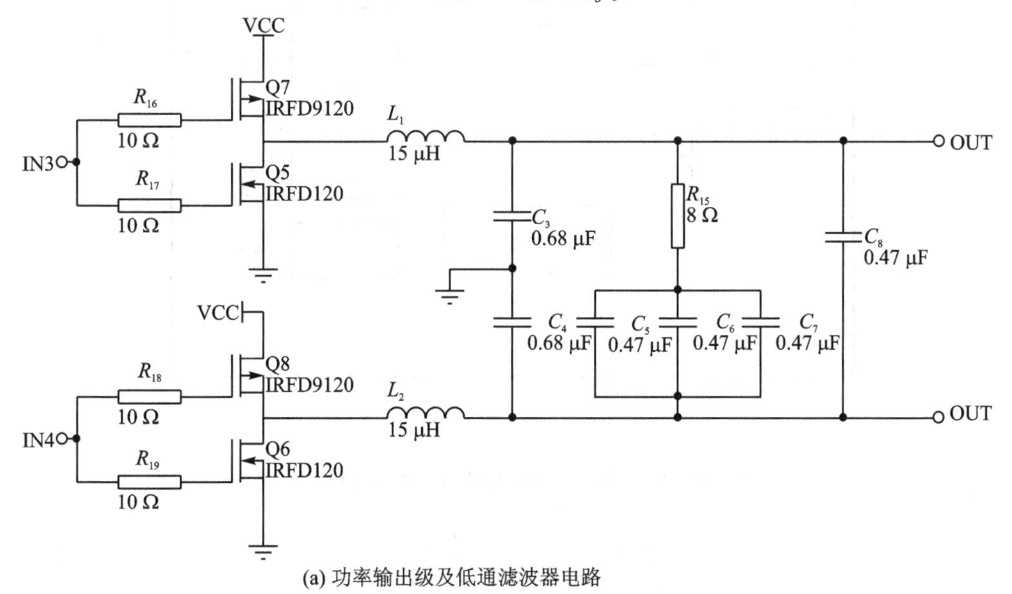

(a) 功率输出级及低通滤波器电路

图 3-59　功率输出及低通滤波器电路和 PCB 图

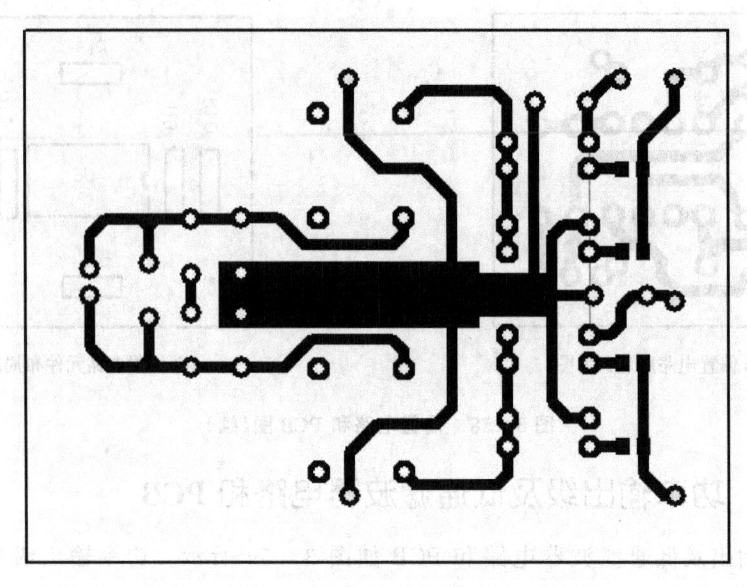

(b) 电路底层PCB图

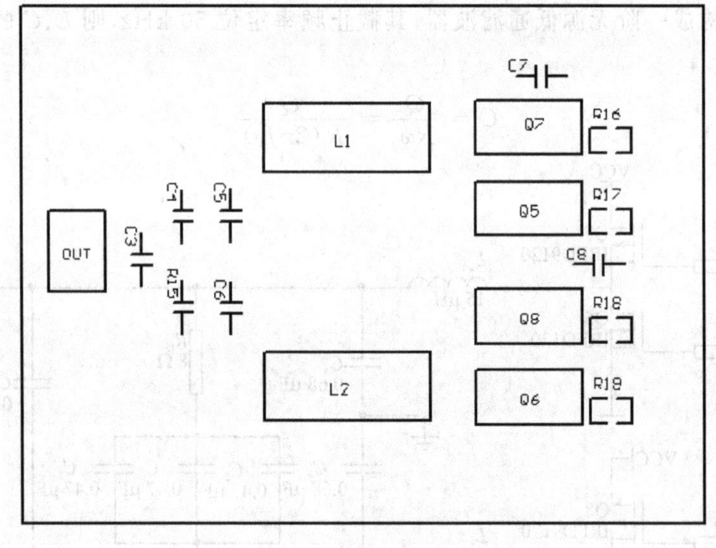

(c) 元件布局图

图 3－59　功率输出及低通滤波器电路和 PCB 图(续)

$$L=\frac{1}{\omega^2 C}=\frac{1}{(2\pi f_c)^2 C} \tag{3-12}$$

式中，$Q=0.707$，$R=8\ \Omega$，$f_c=50\ \text{kHz}$。计算得 $C=0.28\ \mu\text{F}$，实际 C 采用 $0.68\ \mu\text{F}$。L 计算得 $14.9\ \mu\text{H}$，实际近似采用 $15\ \mu\text{H}$。

过高的 Q 值会使得音频信号提升并跨过音频带宽，而过低的 Q 值会导致信号的衰减，所以设计选用的 Q 值为 0.707。由于扬声器的阻抗是电感线圈的电阻值，所以不同的频率反映出的真实阻抗会有所变化，为了在频率上升时使扬声器接近纯电阻，添加了上升阻抗补偿网络，R_{15}、C_5 为上升阻抗补偿网络。计算公式如下：

$$R = Z_o \tag{3-13}$$

$$C = \frac{L_{bm}}{R^2} \tag{3-14}$$

式中，L_{bm} 为喇叭的电感值。

3.11 菱形功率放大器模块

菱形功率放大器电路和 PCB 图如图 3-60 所示，Q_2 和 Q_3 为输出三极管提供了偏压，由于三极管有电流放大作用，Q_2 和 Q_3 也提高了功率放大器的输入阻抗。Q_1、Q_4、R_4 和 R_7 组成了高阻抗恒流源，使三极管的静态工作点更稳定。Q_5 和 Q_6 为输出三极管。R_5、R_6、R_8 和 R_9 为发射级电阻，用来稳定各晶体管的工作电流。调试时，若某一对三极管发热严重，则可适当地增加该三极管的发射极电阻，降低输出功率，保护三极管。

经测试，该菱形功率放大器的最大截止频率可达 9 MHz，输出电压的真有效值为 3.01 V，负载为 300 Ω。

3.12 基于 BUF634 的宽带功率放大器模块

3.12.1 BUF634 简介

BUF634 是 TI 公司生产的高速缓冲器芯片，输出电流可以达到 250 mA ，摆率为2 000 V/μs，利用 V－和 BW 引脚端的电阻可以设置带宽范围为 30～180 MHz，静态电流消耗为 1.5 mA (30 MHz BW)，电源电压范围为±2.25～±18 V。

BUF634 采用 DIP-8、SO-8、5 引脚 TO-220 和 5 引脚 DDPAK 封装，封装形式如图 3-61 所示，典型应用电路如图 3-62 所示。

3.12.2 BUF634 宽带功率放大器模块电路和 PCB

BUF634 宽带功率放大器模块电路和 PCB 如图 3-63 所示，电路输出带宽可以达到10 MHz，电源电压为±15 V 时，输出电压可以达到 8 V_{rms}/50 Ω。提高 BUF634 的电源电压到±18 V 时，输出电压可以达到 10 V_{rms}/50 Ω。

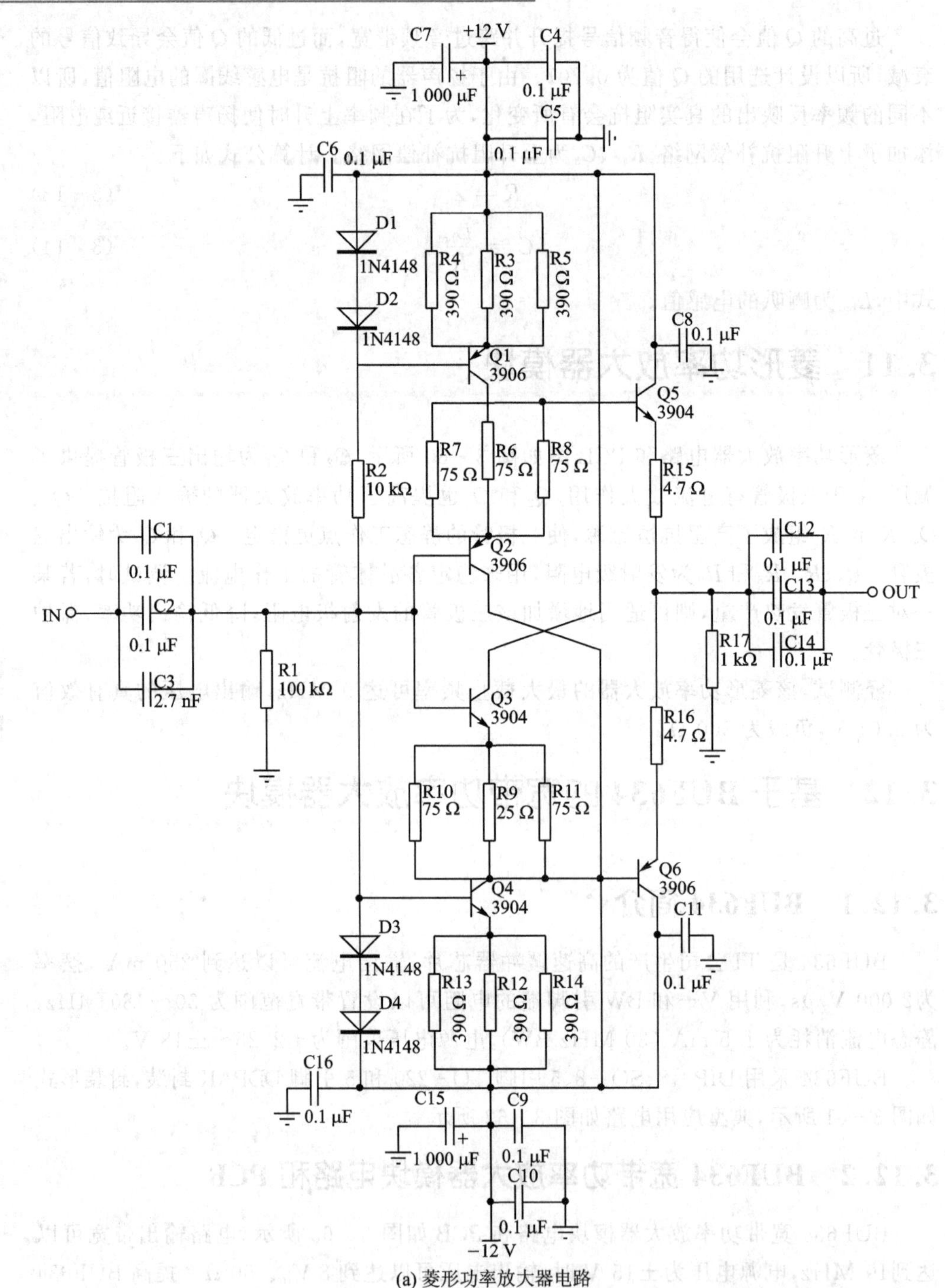

(a) 菱形功率放大器电路

图 3-60　菱形功率放大器电路和 PCB 图

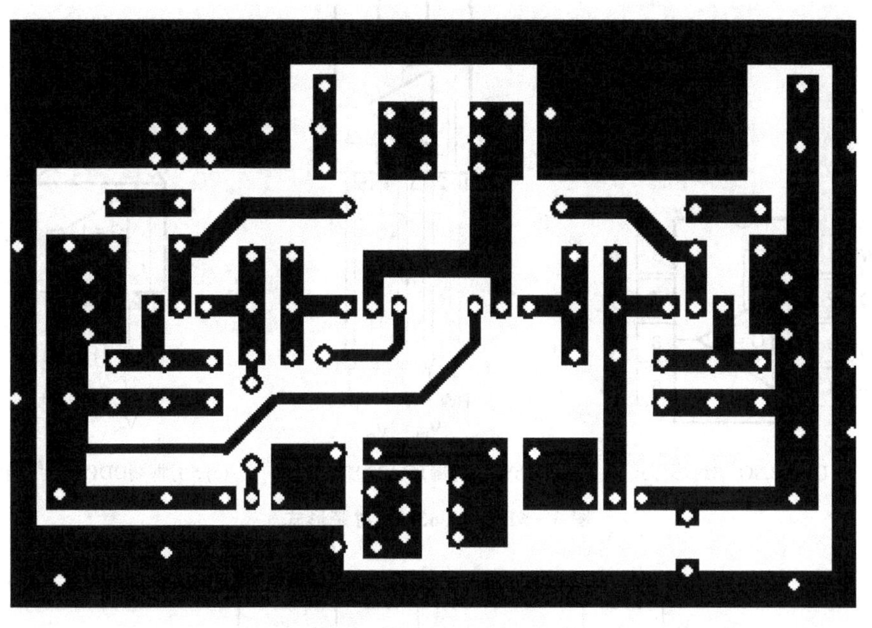

(b) 菱形功率放大器电路底层PCB图

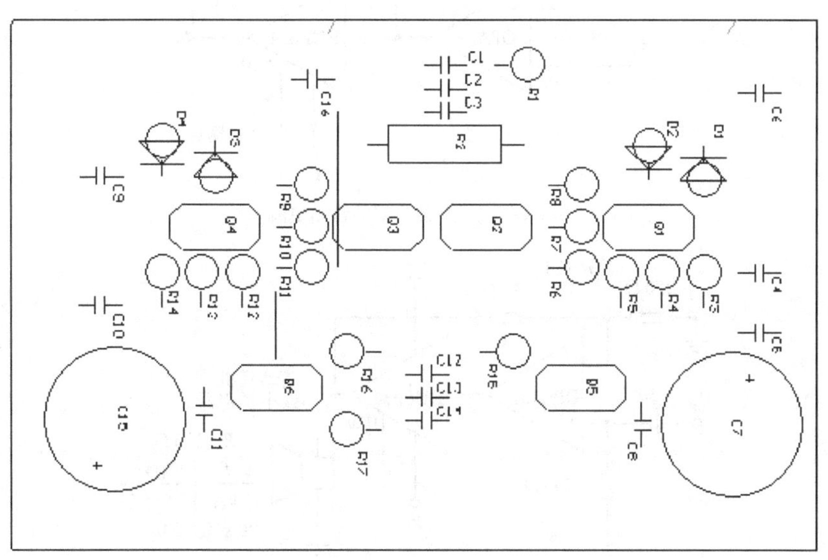

(c) 菱形功率放大器电路元件布局图

图3-60　菱形功率放大器电路和PCB图(续)

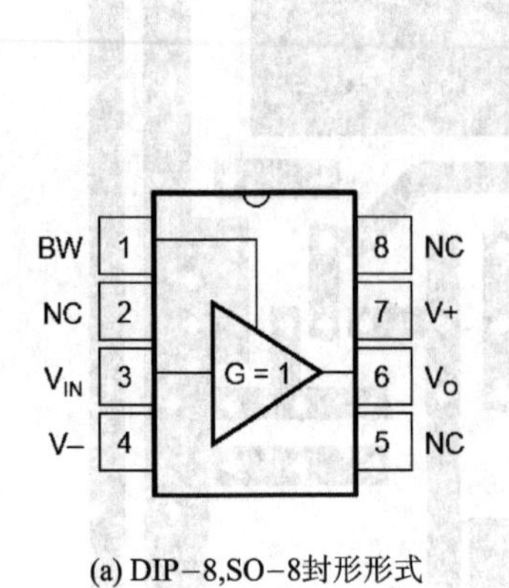

(a) DIP−8,SO−8封形形式

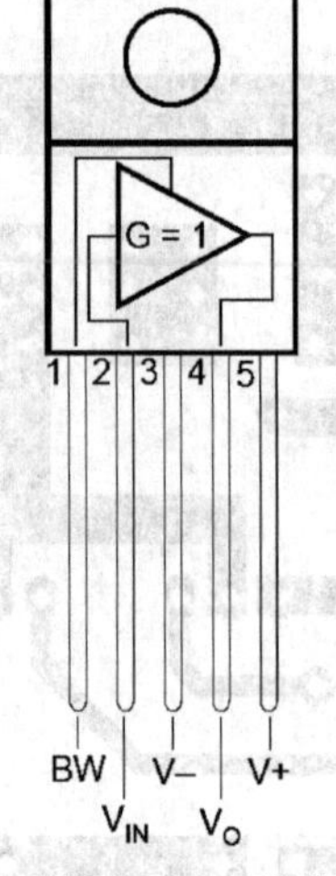

(b) 5引脚端TO−220封装形式

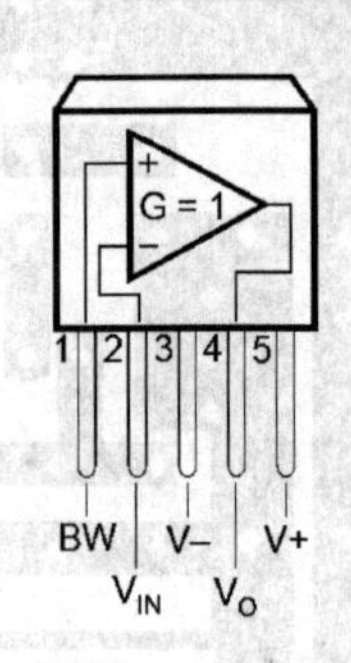

(c) 5引脚端DDPAK封装形式

图 3-61　BUF634 的封装形式

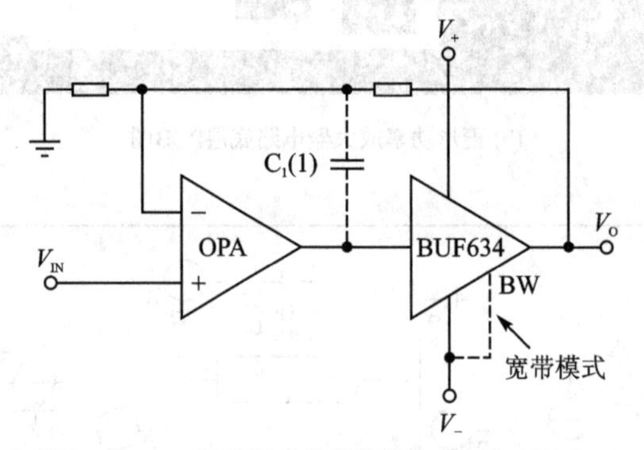

(a) 扩大运算放大器的输出电流

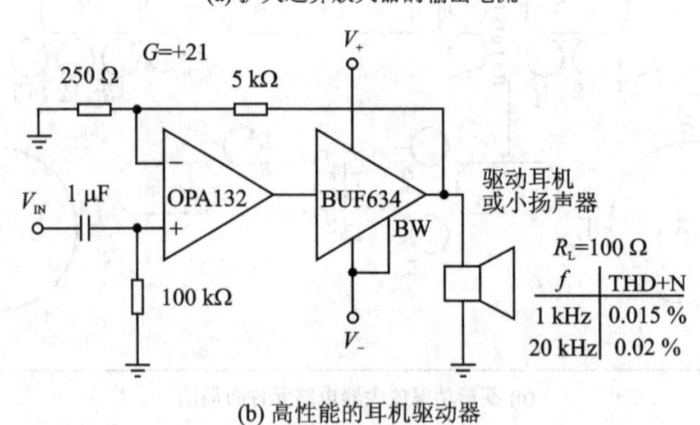

f	THD+N
1 kHz	0.015 %
20 kHz	0.02 %

(b) 高性能的耳机驱动器

图 3-62　BUF634 的典型应用电路

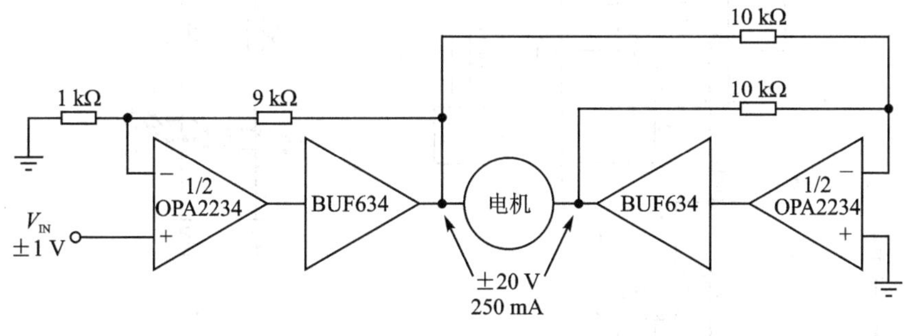

(c) 桥式电机驱动电路

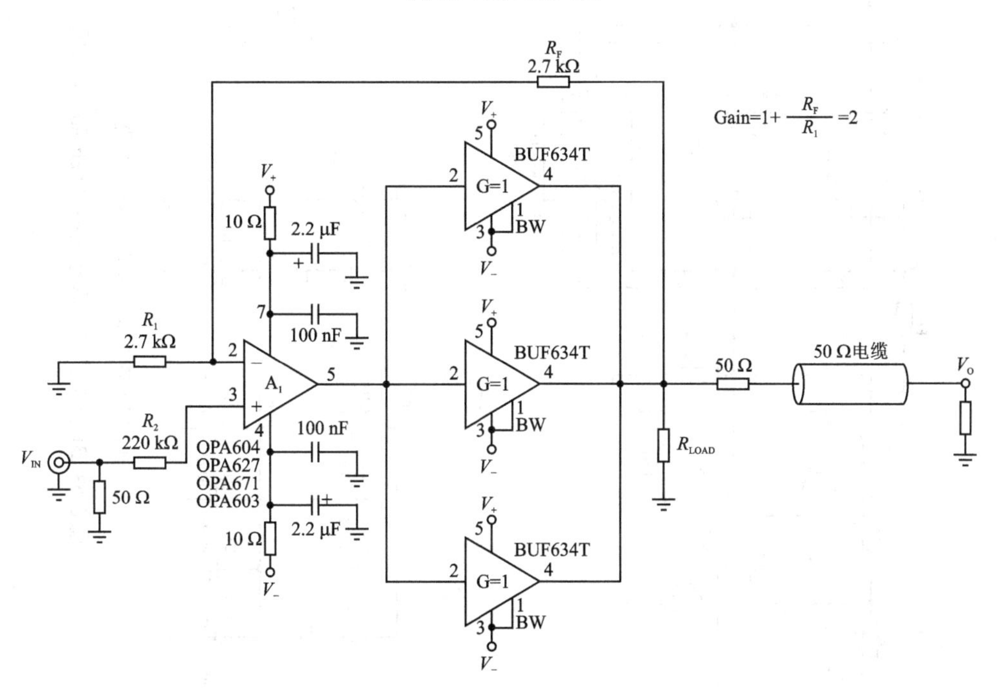

(d) 复合的末级放大器电路

图 3-62　BUF634 的典型应用电路(续)

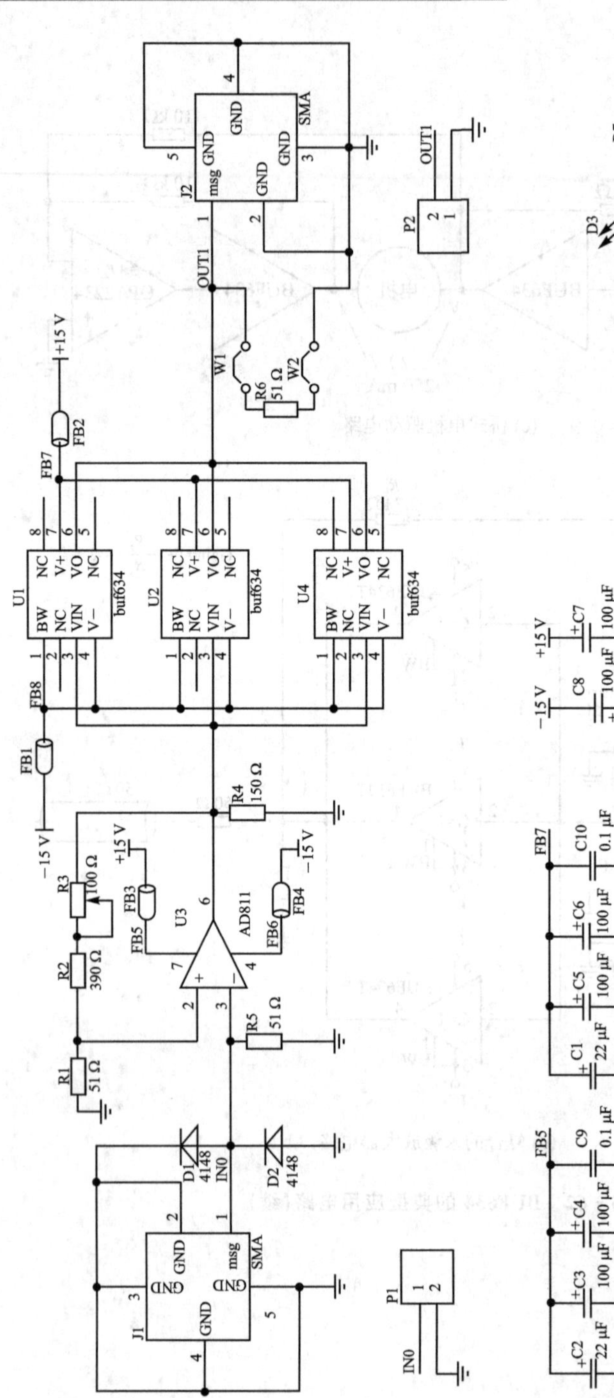

(a) BUF634宽带功率放大器模块电路

图3-63 BUF634宽带功率放大器模块电路和PCB图

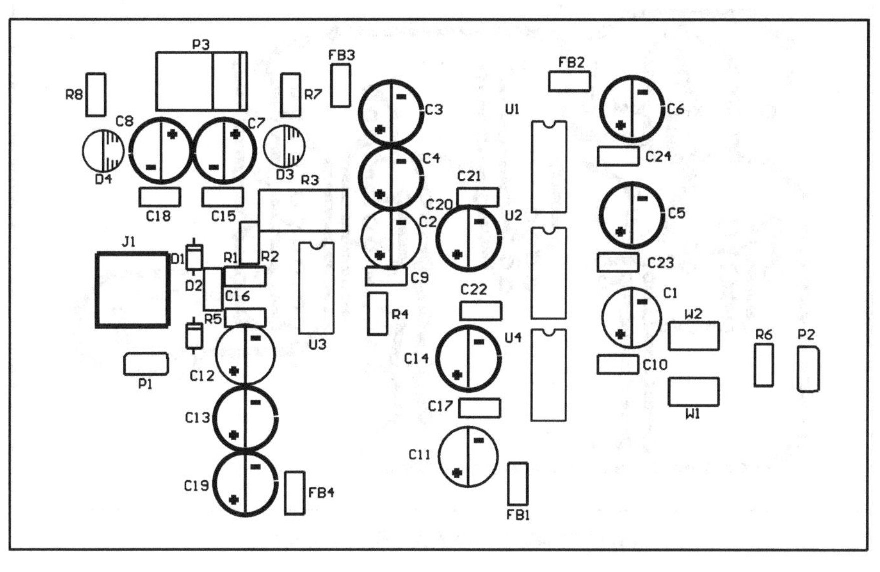

(b) BUF634宽带功率放大器模块PCB顶层元器件布局图

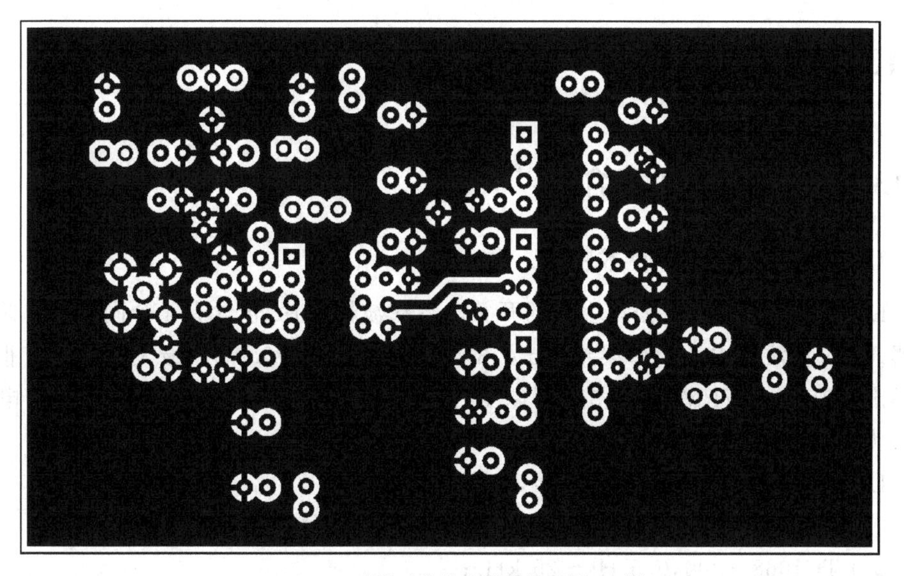

(c) BUF634宽带功率放大器模块顶层PCB图

图 3－63　BUF634 宽带功率放大器模块电路和 PCB 图(续)

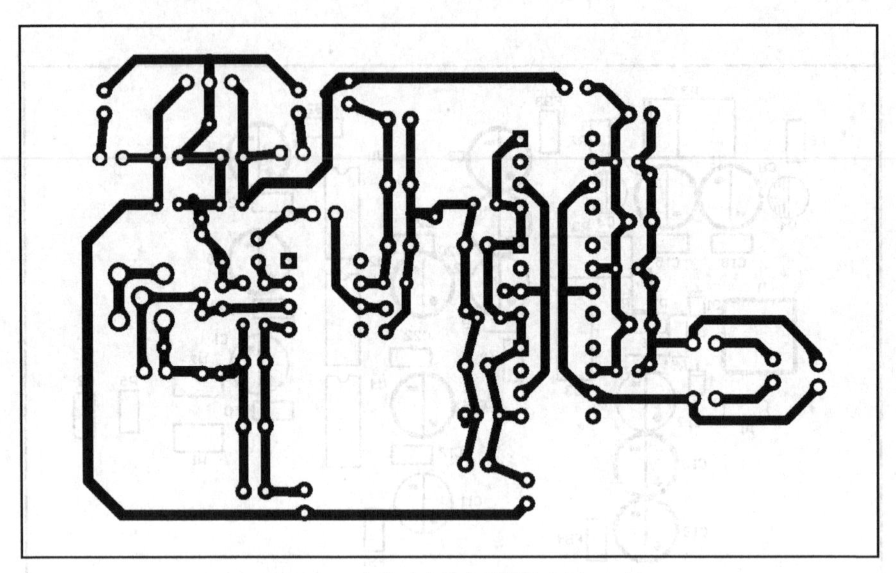

(d) BUF634宽带功率放大器模块底层PCB图

图 3-63　BUF634 宽带功率放大器模块电路和 PCB 图(续)

3.13　滤波器模块

3.13.1　LTC1068 简介

1. LTC1068 主要技术特性

LTC1068 是 Linear 公司生产的开关电容滤波器芯片,包含有 4 个同样的 2 阶滤波器。2 阶滤波器中心频率误差为±0.3 %(典型值)和±0.8 %(最大值);它有很低的噪声,50～90 μVRMS(Q≤5);可以工作在±5 V 双电源、3.3 V 或者 5 V(电流消耗为 4.5 mA)单电源。

LTC1068 系列产品有多种型号,如下所示。

① 低通或者高通滤波器可选择如下芯片,不同型号的芯片频率范围不同:

➢ LTC1068-200,0.5 Hz～25 kHz;

➢ LTC1068,1 Hz～50 kHz;

➢ LTC1068-50,2 Hz～50 kHz;

➢ LTC1068-25,4 Hz～200 kHz。

② 带通或者带阻滤波器可选择如下芯片,不同型号的芯片频率范围不同:

➢ LTC1068-200, 0.5 Hz～5 kHz;

- LTC1068，1 Hz～30 kHz；
- LTC1068－50，2 Hz～30 kHz；
- LTC1068－25，4 Hz～140 kHz。

2. LTC1068 的引脚功能

LTC1068 采用 24 引脚 PDIP 和 28 引脚 SSOP 两种封装。各个引脚的功能如下所述。

V+、V-：滤波器电源正负输入端。通常情况下在该引脚与模拟地之间接一个 0.1 μF 的旁路电容器，用来消除干扰。滤波器的供电电源必须与其他数字或模拟电路的高电压电源分离开。LTC1068 有双端和单端两种供电方式，建议使用低噪声线性电源。

AGND：模拟地。滤波器的性能很大程度上取决于模拟信号地的质量，单端供电方式时，AGND 引脚必须接一个至少 0.47 μF 的旁路电容器。

CLK：时钟信号输入端。任何 TTL 或 CMOS 占空比为 50%的方波时钟信号源都可以作为时钟信号的输入。时钟信号源的供电电源不能作为滤波器的供电电源，滤波器的模拟地必须与时钟信号源的模拟地连接在一起。因为过低的时钟信号会使片内时钟工作不稳定，所以不要使用频率小于 100 kHz 的时钟信号。在绘制印制电路板时，时钟信号线最好垂直于集成电路的引脚，以避免与其他信号产生耦合，在时钟信号源与 CLK 引脚之间接一个 200 Ω 的电阻器可以进一步减小其他信号产生的耦合。

HPA、HPB、HPC 和 HPD：A、B、C、D4 个通道的高通输出端。

LPA、LPB、LPC 和 LPD：A、B、C、D4 个通道的低通输出端。

BPA、BPB、BPC 和 BPD：A、B、C、D4 个通道的带通输出端。

LTC1068 的每一个 2 阶通道的 3 个输出端都可以驱动同轴电缆或过载阻抗小于 20 kΩ 的电路，这样可以降低总体的谐波失真。

INVA、INVB、INVC 和 INVD：滤波器信号输入端。这些引脚是内部放大器的反向输入端，因为它们很容易受低阻抗输出信号和电源线的影响，因此在实际电路中要离开时钟信号线和电源线至少 0.1 英寸。

SA、SB、SC 和 SD：加法求和输入端，也是电压输入引脚。使用时必须接一个 5 kΩ以下的电阻器，不用时必须接地模拟地。

3. LTC1068 的内部结构和工作模式

LTC1068 的内部结构如图 3－64 所示，包含有 4 个分离的 2 阶滤波器通道，当需要构成 4 阶或 8 阶的高阶滤波器时，需要由 4 个通道的级联来实现。

LTC1068 有 4 种基本工作模式：模式 1、模式 1b、模式 3 和模式 2。

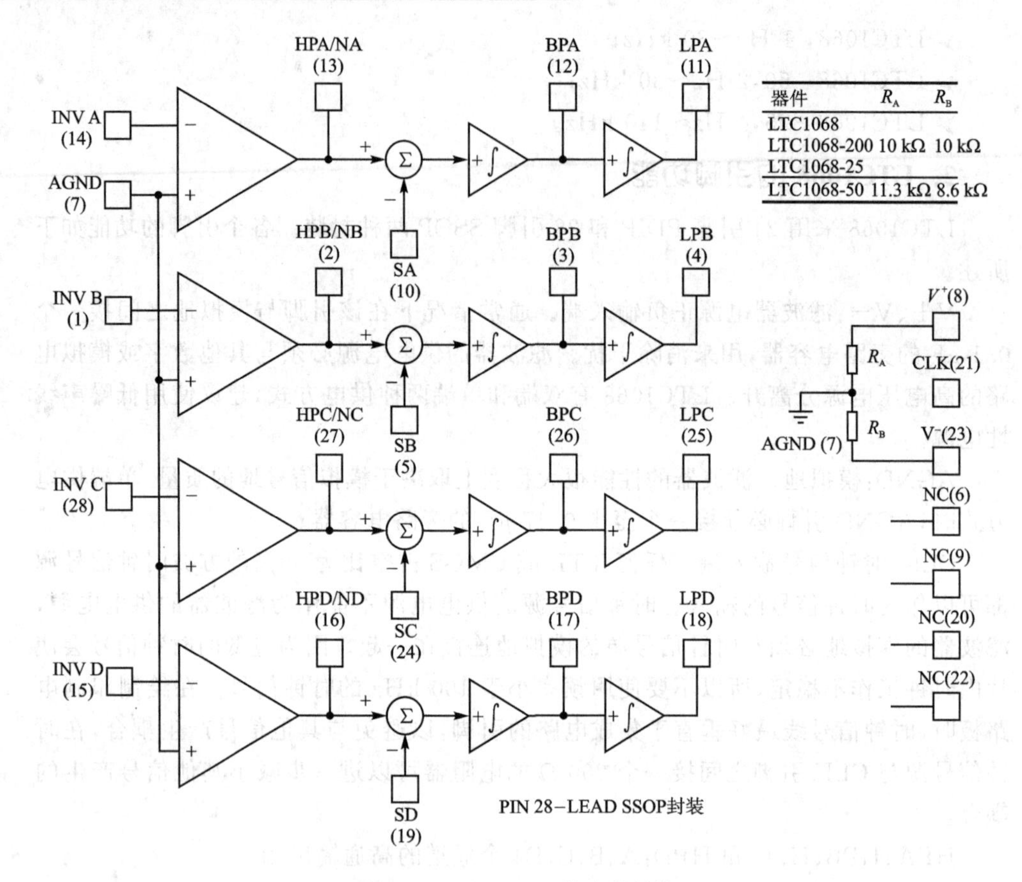

图 3-64　LTC1068 的内部结构

(1) 模式 1

在模式 1 中，外部时钟信号与各个 2 阶通道的中心频率的比值为固定的 100∶1，200∶1，50∶1，25∶1，模式 1 可以设计高阶的巴氏低通滤波器，也可以用来设计低 Q 值的带阻滤波器。如图 3-65 所示，模式 1 中各参数的计算如下：时钟频率与中心频率的比值为 RATIO$=f_{CLK}/f_O$；Q 值为 R_3/R_2；带阻滤波器对输入信号的放大倍数为$-R_2/R_1$；带通滤波器对输入信号的放大倍数为$-R_3/R_1$；低通滤波器对输入信号的放大倍数也是$-R_2/R_1$。

(2) 模式 1b

模式 1b 是在模式 1 的基础上推导出来的，如图 3-66 所示，与图 3-65 相比，模式 1b 多了 2 个外接电阻，在 S 端和 LP 端接了一个 R_5，在 S 端与地之间接了一个 R_6，这 2 个电阻器用来降低低通输出端 LP 到 SA(SB、SC、SD)输入的电压反馈。这样可以调节时钟信号频率与中心频率的比率大于标准比率。模式 1b 不但保持了模式 1 的优势，还通过提高 f_{CLK}/f_{CUTOFF}（或者 f_{CENTER}）比值实现了高 Q 值的最佳模式设计。

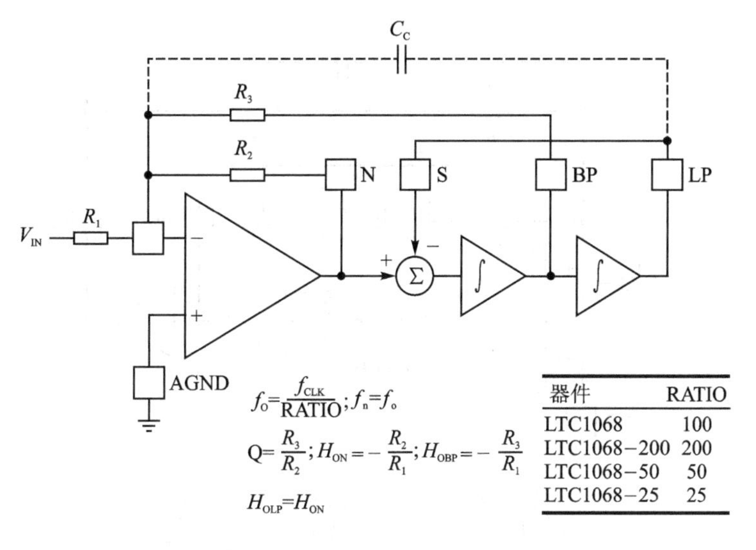

图 3-65　模式 1(可实现带通、带阻和低通滤波器)

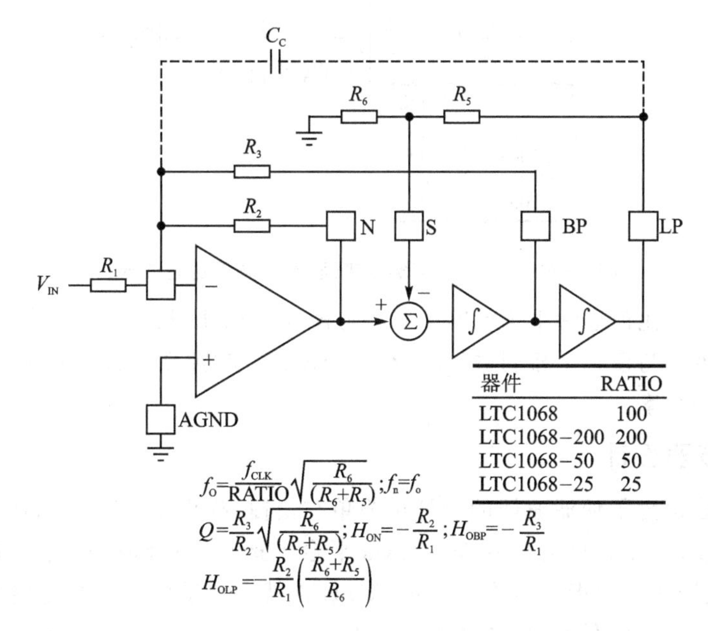

图 3-66　模式 1b(可实现带通、带阻和低通滤波器)

(3) 模式 3

如图 3-67 所示,在模式 3 中,外部时钟频率与中心频率的比值可以调整为大于或小于标准比率,可以通过一些经典的变量配置实现二阶的高通、低通和带通功能。模式 3 比模式 1 速度慢,经常用作设计高阶的多级带通、低通和高通滤波器。

(4) 模式 2

模式 2 是模式 1 和模式 3 相结合得到的,如图 3-68 所示。在模式 2 中,时钟频

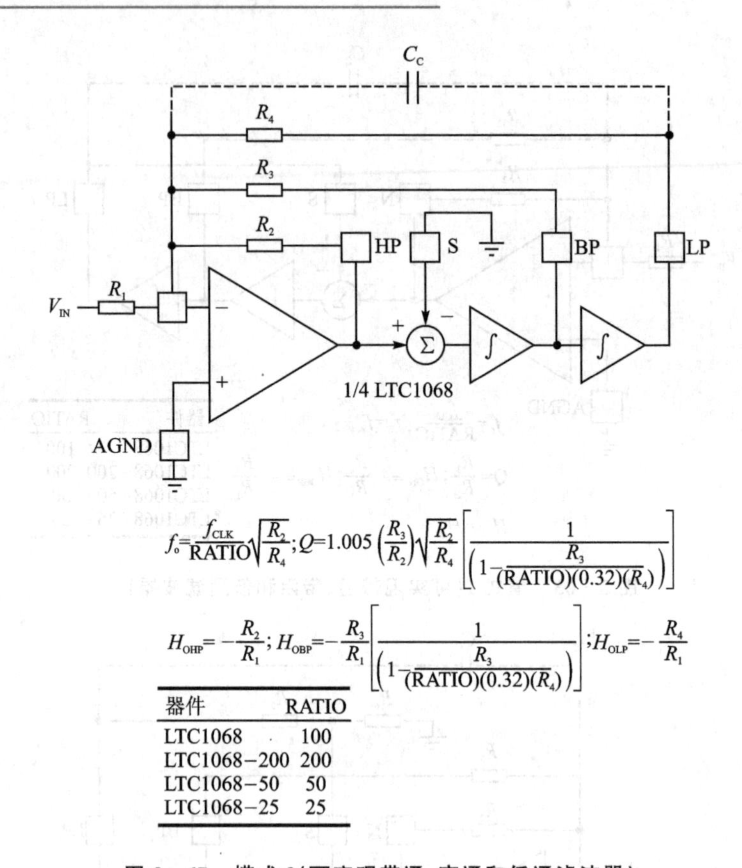

$$f_o=\frac{f_{CLK}}{RATIO}\sqrt{\frac{R_2}{R_4}};Q=1.005\left(\frac{R_3}{R_2}\right)\sqrt{\frac{R_2}{R_4}}\left[\frac{1}{\left(1-\frac{R_3}{(RATIO)(0.32)(R_4)}\right)}\right]$$

$$H_{OHP}=-\frac{R_2}{R_1};H_{OBP}=-\frac{R_3}{R_1}\left[\frac{1}{\left(1-\frac{R_3}{(RATIO)(0.32)(R_4)}\right)}\right];H_{OLP}=-\frac{R_4}{R_1}$$

器件	RATIO
LTC1068	100
LTC1068-200	200
LTC1068-50	50
LTC1068-25	25

图 3-67 模式 3(可实现带通、高通和低通滤波器)

率与中心频率的比值通常小于标准比率。与模式 3 相比,模式 2 可以提供比较小的电阻容限裕度。与模式 1 相同,模式 2 有一个依赖于时钟频率的带阻输出,因此带阻频率小于中心频率。

4. 滤波器设计

Linear 公司为了使滤波器的设计更简单与快捷,提供了一款 FilterCAD 软件用于滤波器的设计,该软件可以在 Windows 平台上运行,设计时,只需要根据软件提示,输入滤波器的一些指标参数,FilterCAD 软件就会自动生成一个完整的滤波器电路图。FilterCAD 软件可以登录 http://www.linear.com/designtools/software/filtercad.jsp下载。

5. 接地电路设计

采用双电源供电的接地连接形式如图 3-69 所示,采用单电源供电的接地连接形式如图 3-70 所示。

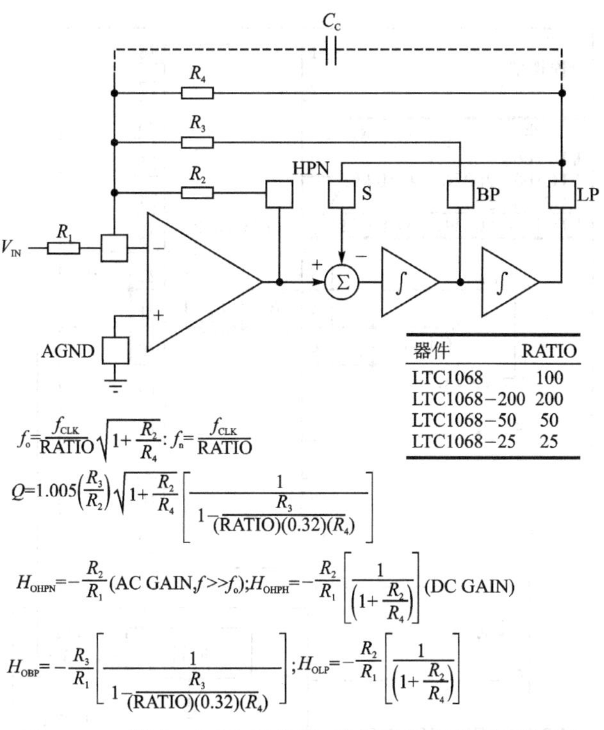

器件	RATIO
LTC1068	100
LTC1068−200	200
LTC1068−50	50
LTC1068−25	25

$$f_o=\frac{f_{CLK}}{RATIO}\sqrt{1+\frac{R_2}{R_4}};\ f_n=\frac{f_{CLK}}{RATIO}$$

$$Q=1.005\left(\frac{R_3}{R_2}\right)\sqrt{1+\frac{R_2}{R_4}}\left[\frac{1}{1-\frac{R_3}{(RATIO)(0.32)(R_4)}}\right]$$

$$H_{OHPN}=-\frac{R_2}{R_1}(\text{AC GAIN}, f>>f_o);H_{OHPH}=-\frac{R_2}{R_1}\left[\frac{1}{\left(1+\frac{R_2}{R_4}\right)}\right](\text{DC GAIN})$$

$$H_{OBP}=-\frac{R_3}{R_1}\left[\frac{1}{1-\frac{R_3}{(RATIO)(0.32)(R_4)}}\right];H_{OLP}=-\frac{R_2}{R_1}\left[\frac{1}{\left(1+\frac{R_2}{R_4}\right)}\right]$$

图 3-68　模式 2(可实现带通、高通带阻和低通滤波器)

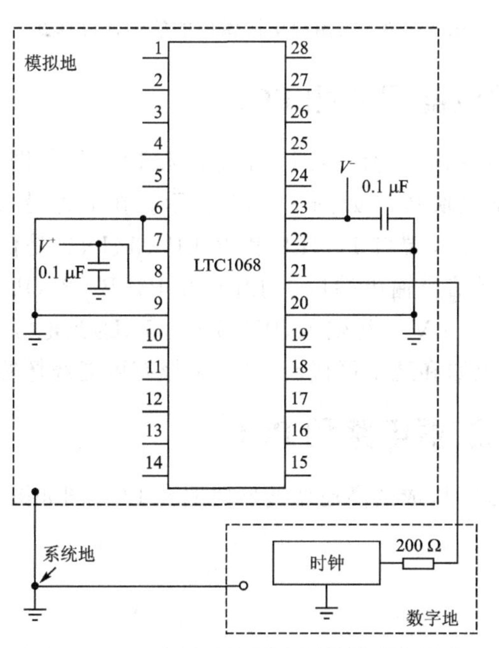

图 3-69　采用双电源供电的接地连接形式

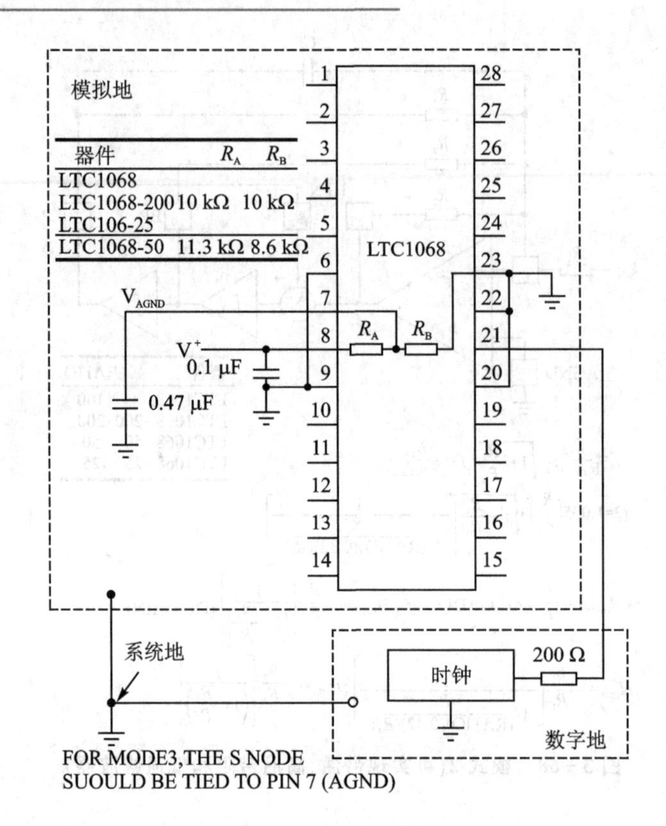

图 3－70　采用单电源供电的接地连接形式

3. 13. 2　低通滤波器电路和 PCB

一个采用 LTC1068 构成的低通滤波器电路和 PCB 图如图 3－71 所示。

低通滤波器电路模块接口如图 3－72 所示。在低通滤波器模块上,J1LB 和 P2LB－1(IN1)是信号输入端口 1,J4LB 和 P7LB－1(IN2)是信号输入端口 2;J2LB 和 P1LB－2(OUT1)是信号输出端口 1,J3LB 和 P6LB－2(OUT1)是信号输出端口 2;P8LB－1(＋5 V)是＋5 V 电源输入,P8LB－2(GND)是电源地,P8LB－3(－5 V)是－5 V 电源输入。电源和地不可接反,接反将极有可能烧坏芯片。

3. 13. 3　高通滤波器电路和 PCB

一个采用 LTC1068 构成的高通滤波器电路和 PCB 图如图 3－73 所示。

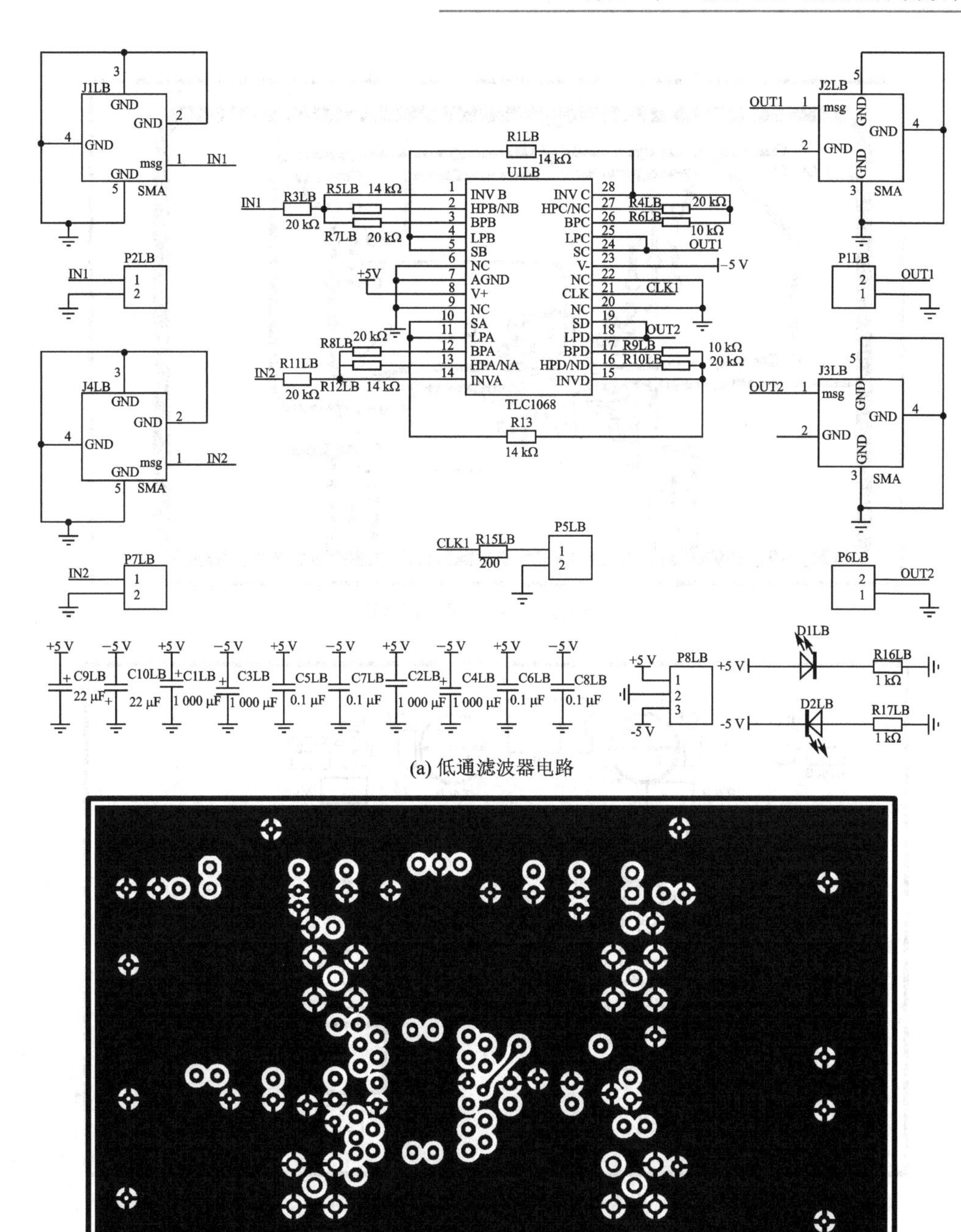

(a) 低通滤波器电路

(b) 低通滤波器电路顶层PCB图

图 3－71　LTC1068 构成的低通滤波器电路和 PCB 图

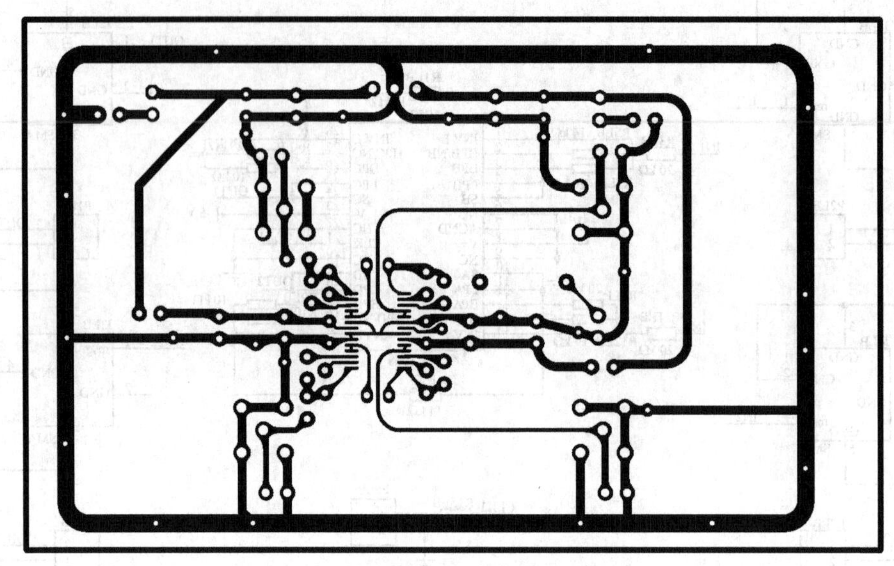

(c) 低通滤波器电路底层PCB图

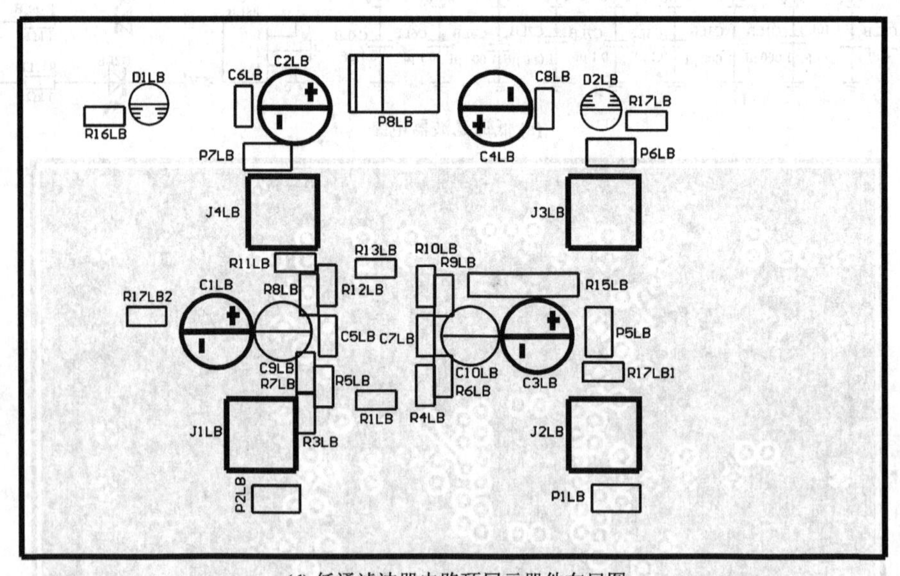

(d) 低通滤波器电路顶层元器件布局图

图 3－71 LTC1068 构成的低通滤波器电路和 PCB 图(续)

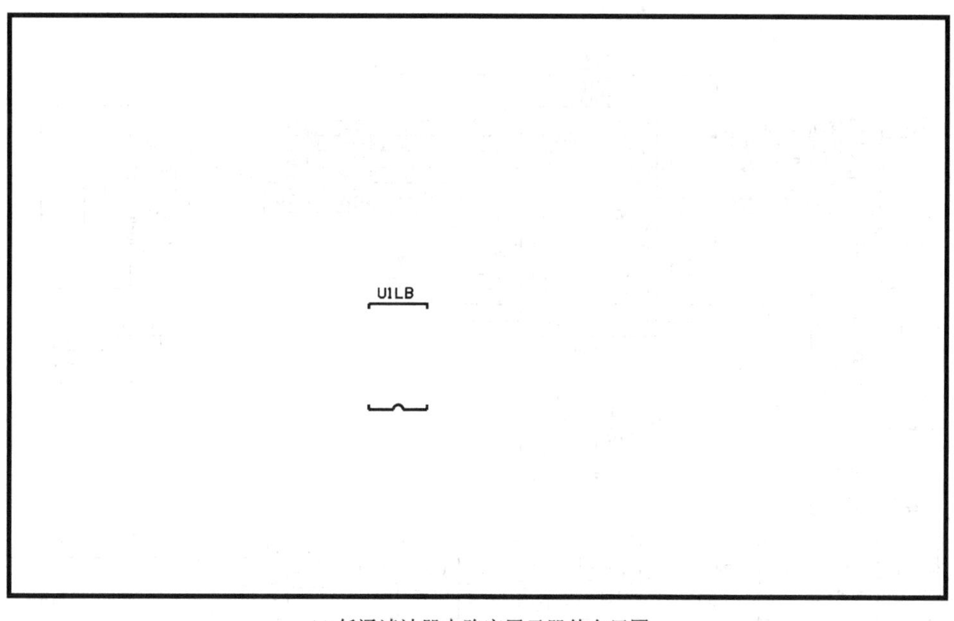

(e) 低通滤波器电路底层元器件布局图

图 3－71　LTC1068 构成的低通滤波器电路和 PCB 图(续)

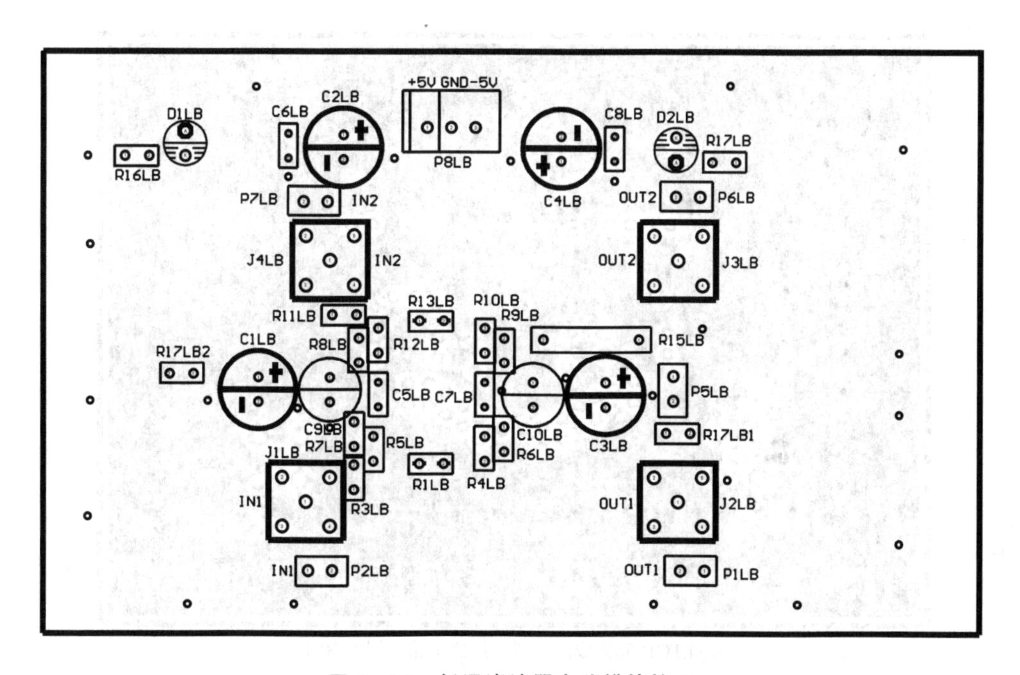

图 3－72　低通滤波器电路模块接口

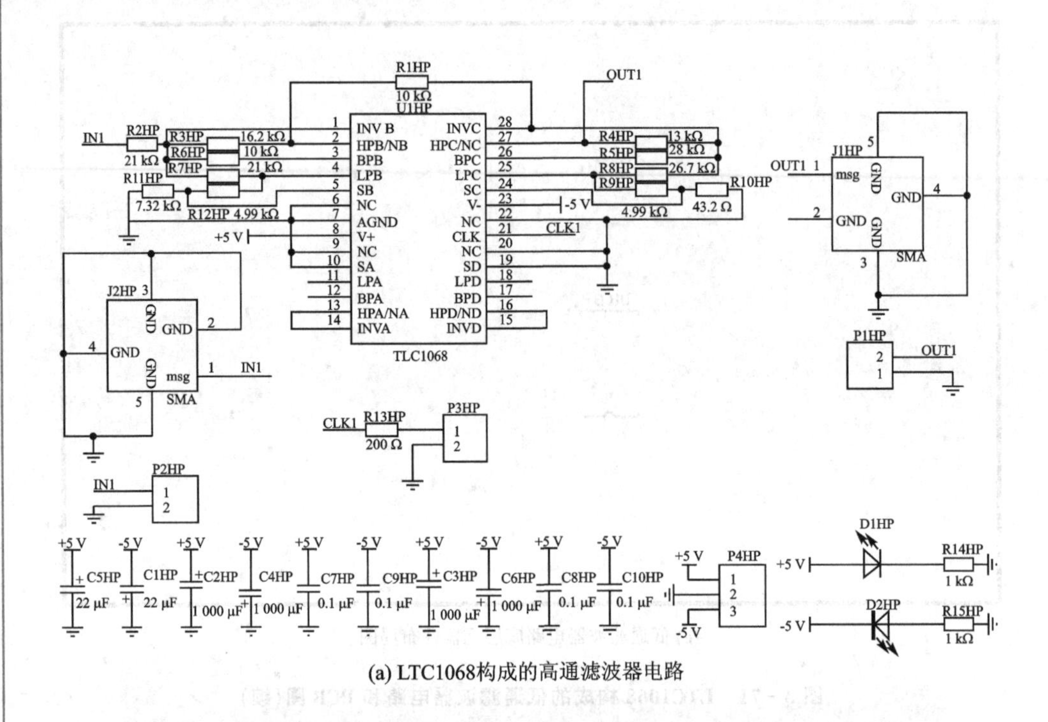

(a) LTC1068构成的高通滤波器电路

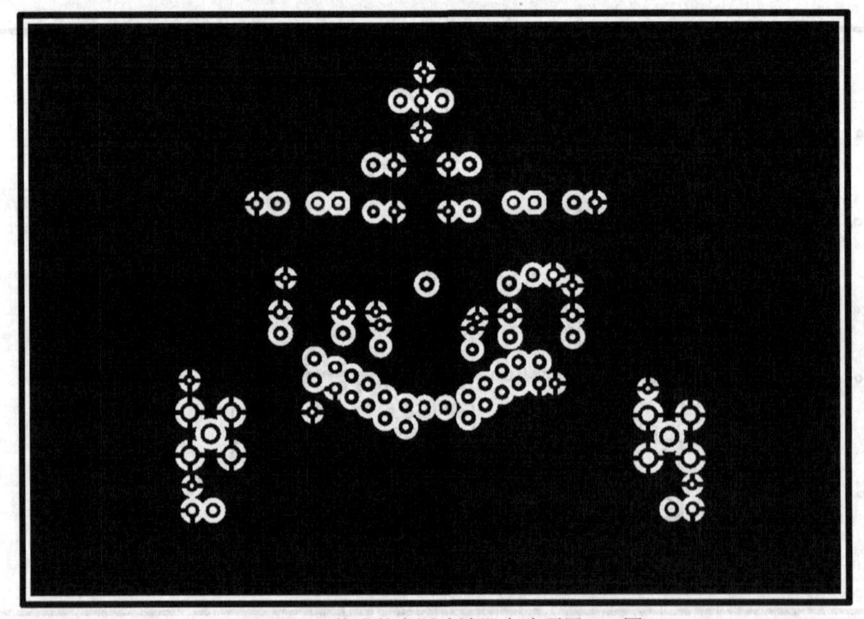

(b) LTC1068构成的高通滤波器电路顶层PCB图

图 3－73 采用 LTC1068 构成的高通滤波器电路和 PCB 图

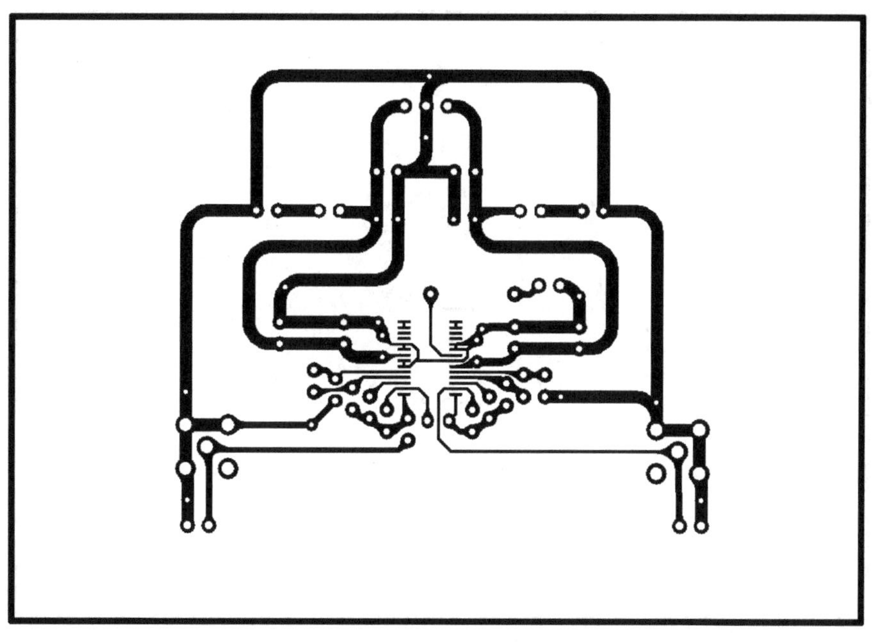

(c) LTC1068构成的高通滤波器电路底层PCB图

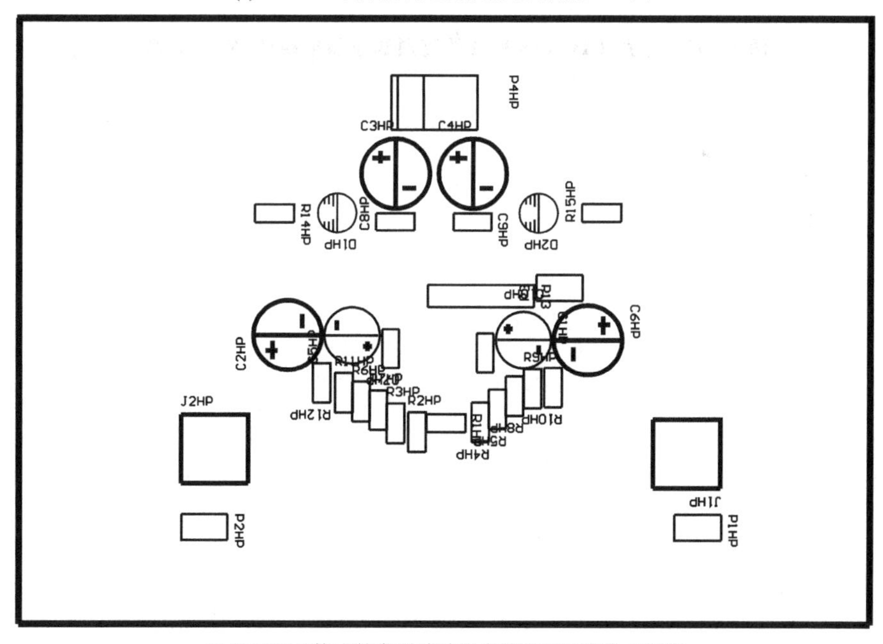

(d) LTC1068构成的高通滤波器电路顶层元器件布局图

图3-73 采用LTC1068构成的高通滤波器电路和PCB图(续)

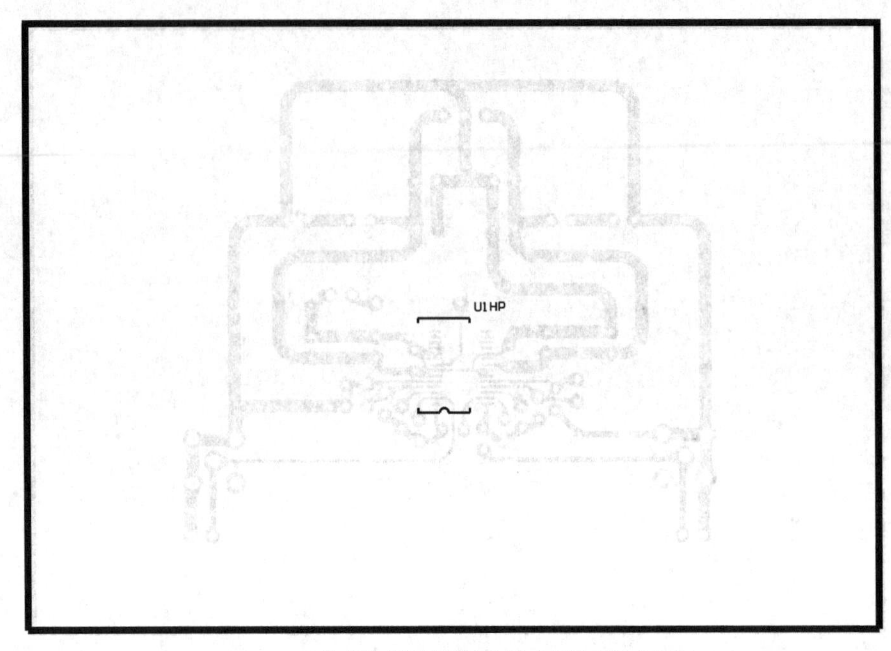

(e) LTC1068构成的高通滤波器电路底层元器件布局图

图 3-73 采用 LTC1068 构成的高通滤波器电路和 PCB 图(续)

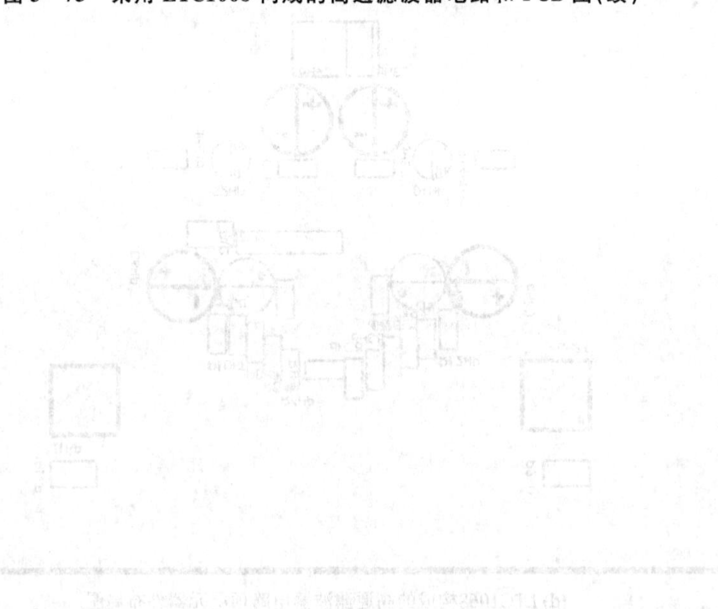

第 4 章

传感器电路模块制作

4.1 反射式光电传感器模块

4.1.1 3 路反射式光电传感器模块电路和 PCB

一个 3 路反射式光电传感器模块电路原理图和 PCB 图如图 4－1 所示，电路采用反射式红外收发器，可以应用在黑线检测中。利用黑线对红外光几乎不反射，对白色物体几乎全反射的特点，能够辨别黑白两色。

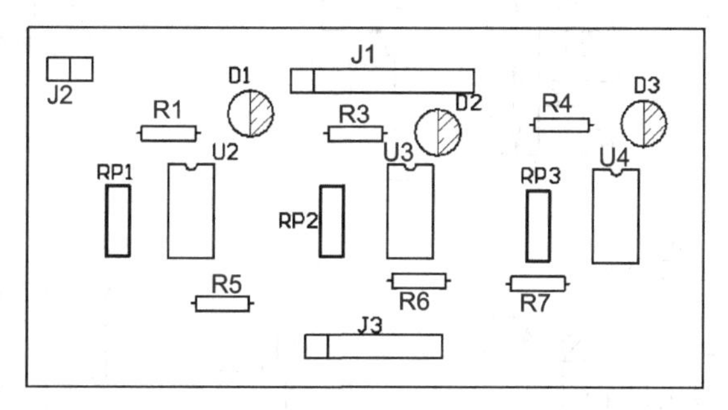

(a) 元器件布局图

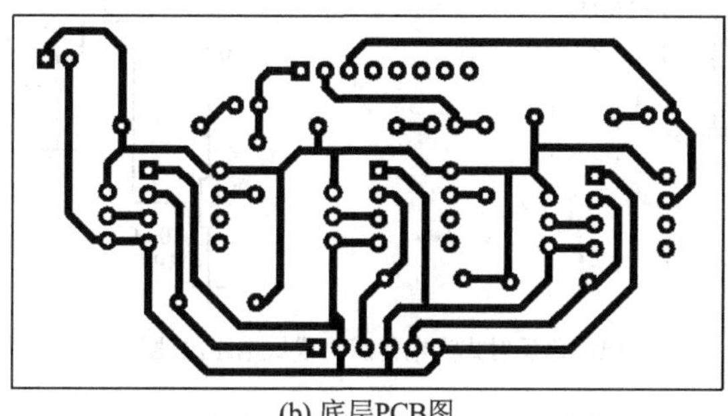

(b) 底层PCB图

图 4－1　3 路反射式光电传感器模块电路原理图和 PCB 图

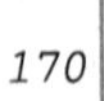

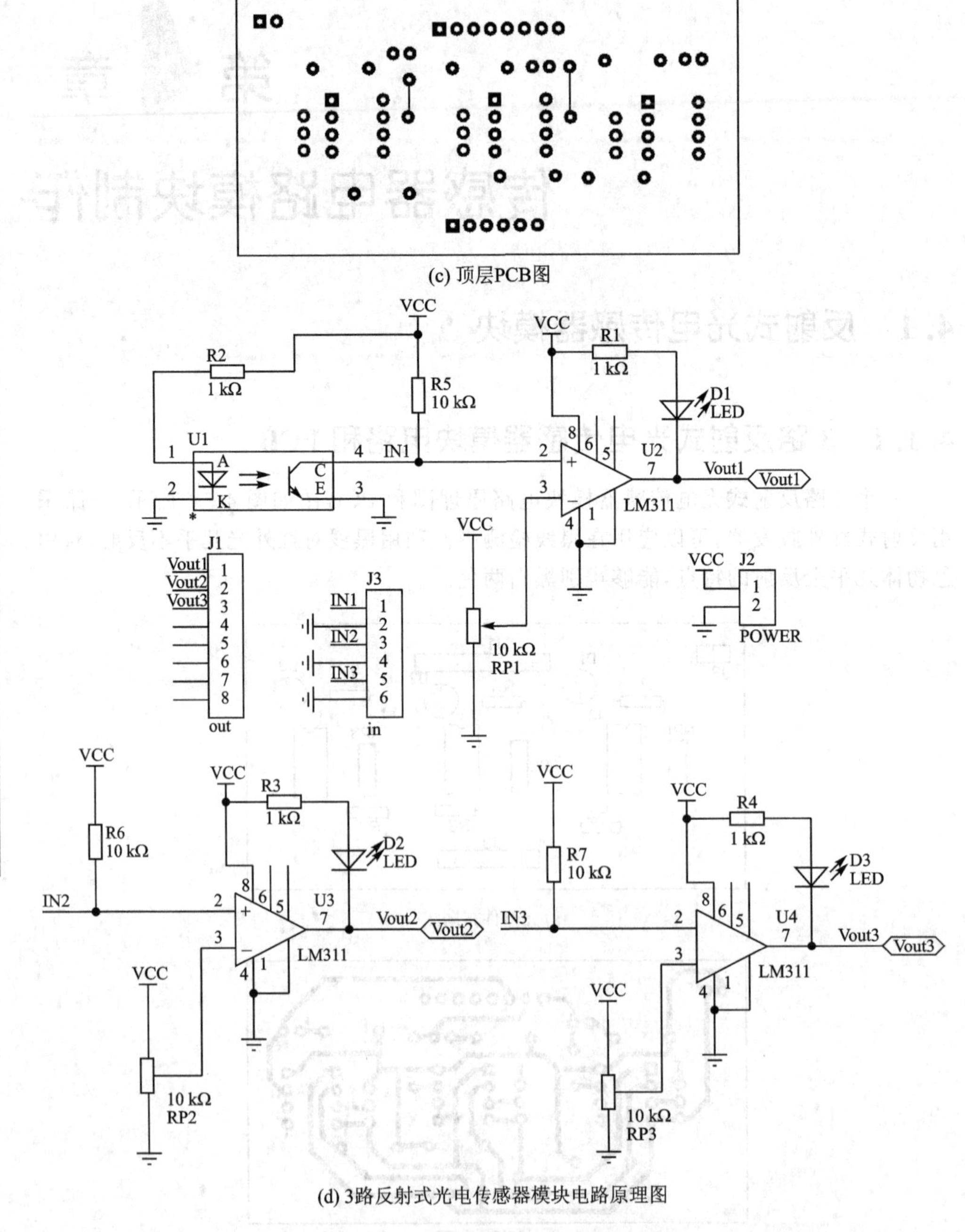

(d) 3路反射式光电传感器模块电路原理图

图 4-1　3 路反射式光电传感器模块电路原理图和 PCB 图(续)

电路的工作过程如下：当检测的对象为黑线时，红外光电二极管 U1 发射出的光线大部分被检测的黑线所吸收，反射的光线很微弱，光敏三极管无法导通，IN1 输出为高电平,IN1连接到LM311的2脚,IN1的输出与加在LM311的3脚的基准电压进行比较。由于V2＞V3,使得LM311的7脚电平输出为高电平,发光二极管不亮。当被检测的物体为白色(未检测到黑线)时,红外光电二极管U1发射的光线会被白纸反射回来,光敏三极管导通,IN1输出为低电平,比较器LM311的2脚接地,与LM311 3脚的基准电压比较后,在LM311的7脚输出一个低电平。将比较器的输出送入单片机中进行判断,就此可以判断出是否检测到黑线。其他两路工作原理相同。**说明:**电路中仅画了一路反射式红外收发器U1。

4.1.2 8路反射式光电传感器模块电路和PCB

一个8路反射式光电传感器模块电路原理图和PCB图如图4-2所示,图4-2中,J1、J2外接反射式红外收发器,反射式红外收发器的输出连接到比较器LM339的信号输入端。LM339是一个4比较器芯片,引脚端2、4、8、10为输入端,引脚端5、7、9、11为基准电压输入端,引脚端1、2、13、14为输出端。8路光电检测采用了两片LM339。

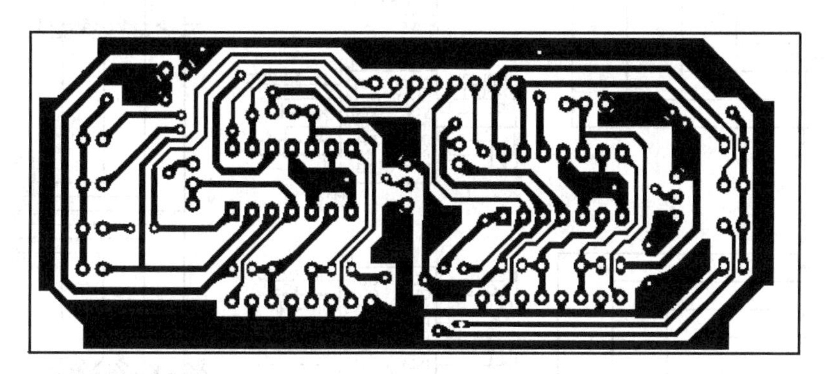

(a) 8路反射式光电传感器模块电路底层PCB图

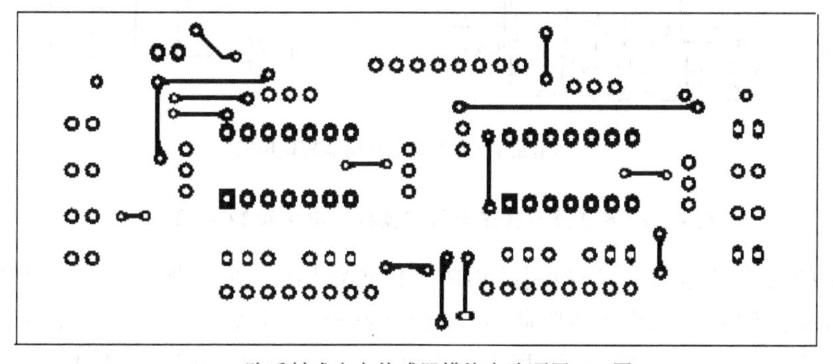

(b) 8路反射式光电传感器模块电路顶层PCB图

图4-2 8路反射式光电传感器模块电路和PCB图

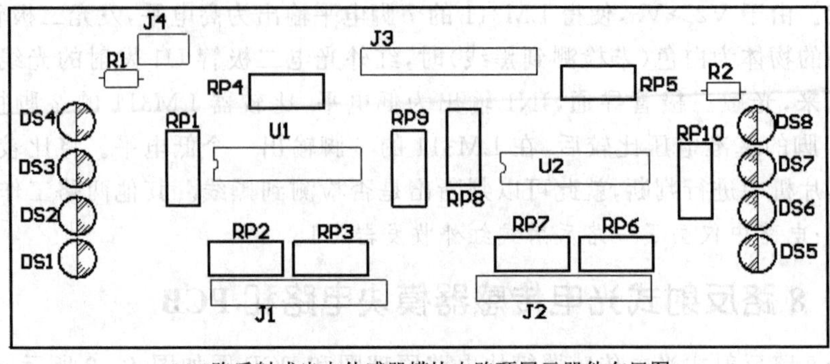

(c) 8路反射式光电传感器模块电路顶层元器件布局图

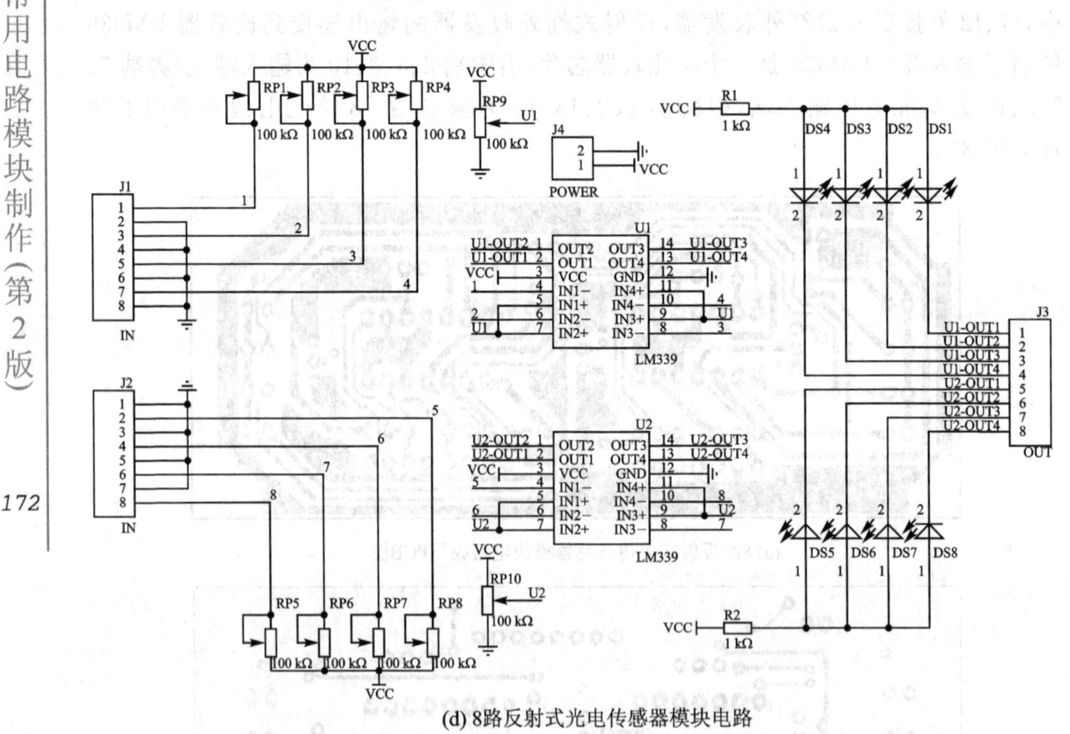

(d) 8路反射式光电传感器模块电路

图4-2 8路反射式光电传感器模块电路和PCB图(续)

电路的工作过程如下:当检测的物体为黑色物体时,红外光电二极管发射出的光线大部分被检测的黑色物体所吸收,反射的光线已经很微弱,光敏三极管无法导通,LM339的输入端信号为高电平,并且与LM339参考端的电压进行比较。由于输入端电压大于参考端电压,LM339输出端的电平为高电平,发光二极管不亮。当被检测的物体为白色物体时,红外光电二极管发射的光线会被白纸反射回来,这时光敏三极管就会导通。比较器LM339的输入端信号为低电平,与LM339参考端的电压进行比较。由于输入端电压小于参考端电压，LM339 输出端的电平为低电平，发光二极管点亮。将比较器 LM339 的输出送入单片机中进行判断，可以判断出此时被检测的轨迹是白色的还是黑色。

4.2　超声波发射与接收模块

4.2.1　超声波发射与接收电路主要 IC 简介

1. CD4049 简介

CD4049 是一个 6 反相缓冲器芯片，电源电压范围为 3.0～15 V，在电源电压为 5 V时，可以直接驱动 2 个 TTL 负载，引脚端封装形式如图 4-3 所示。

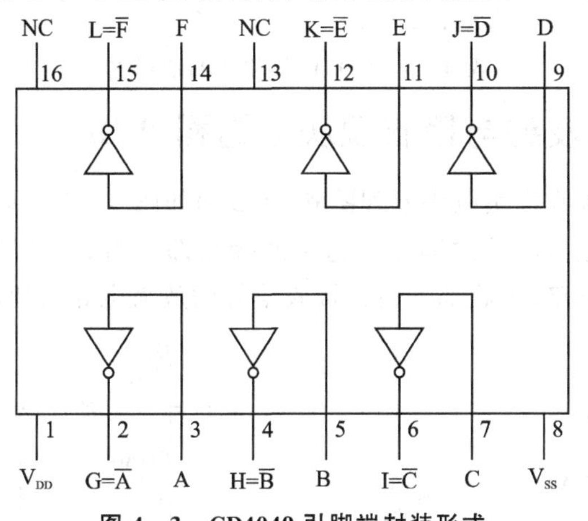

图 4-3　CD4049 引脚端封装形式

2. NE5532 简介

NE/SA/SE5532/5532A 是一个内部补偿的双低噪声运算放大器，小信号带宽为 10 MHz，输出驱动能力为 600 Ω/有效值 10 V，输入噪声为 5 nV/$\sqrt{\text{Hz}}$，直流电压增益为 50 000，交流电压增益为 2 200(在 10 kHz)，功率放大带宽为 140 kHz，电源电压范围为 3～20 V，采用 FE、N、D8 和 D 型封装。FE、N 和 D8 封装形式如图 4-4 所示。

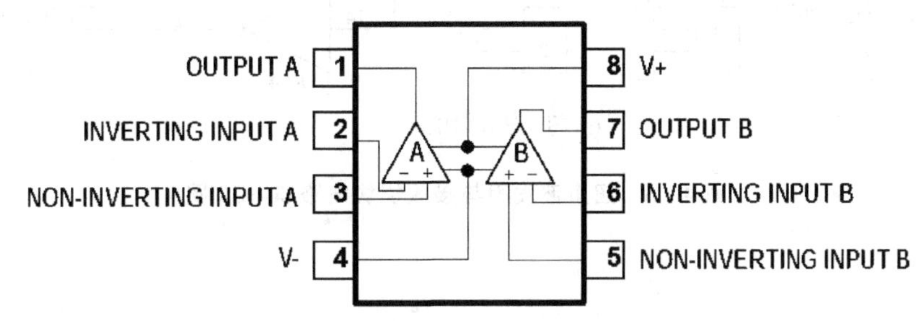

图 4-4　NE/SA/SE5532/5532A 引脚端封装形式(FE、N 和 D8 封装)

3. LM311 简介

LM311 是一个单比较器芯片,输入偏置电流为 250 nA(max),输入偏移电流为 50 nA(max),差分输入电压为 30 V,电源电压为单 5.0～15 V,采用 8-DIP 和 8-SOP 封装。引脚端封装形式如图 4-5 所示。

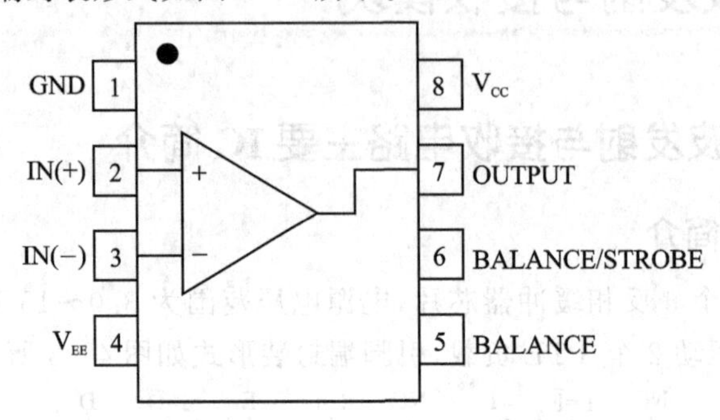

图 4-5 LM311 引脚端封装形式

4.2.2 超声波发射与接收模块电路和 PCB

超声波发射与接收模块电路原理图和 PCB 图如图 4-6 所示。超声波发射与接收模块电路主要由超声波发射部分和超声波接收部分组成。发射部分包括 40 kHz 的方波产生和输出电路,接收部分包括接收信号的放大电路与比较电路。

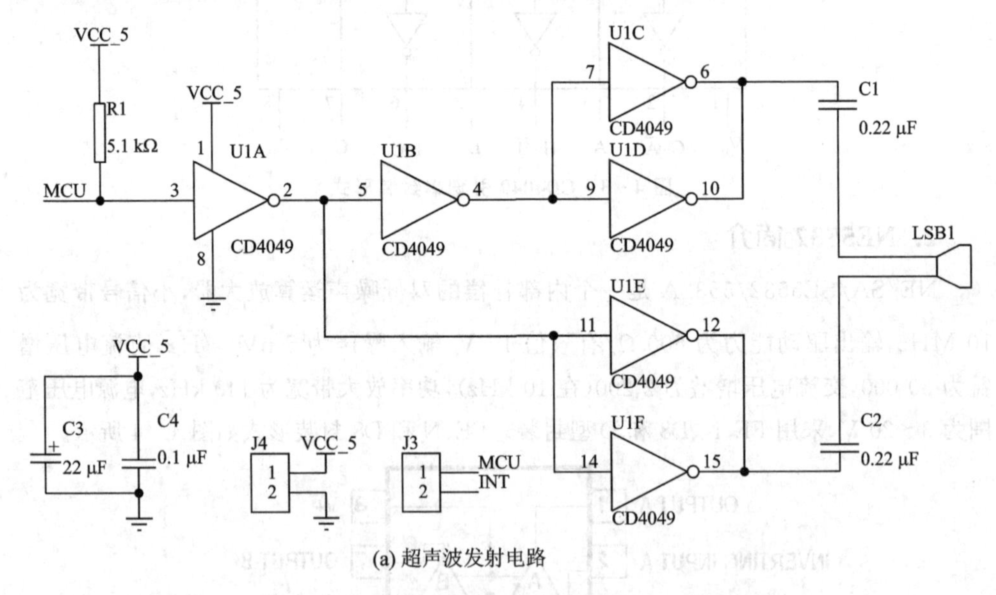

(a) 超声波发射电路

图 4-6 超声波发射与接收模块电路和 PCB 图

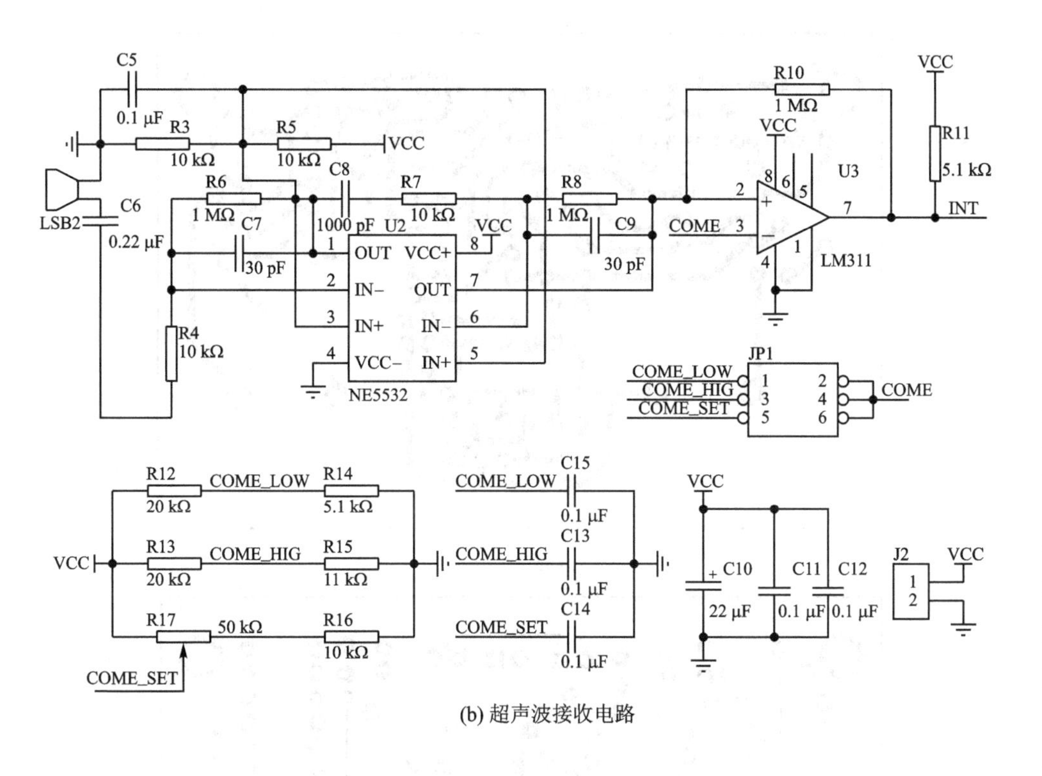

(b) 超声波接收电路

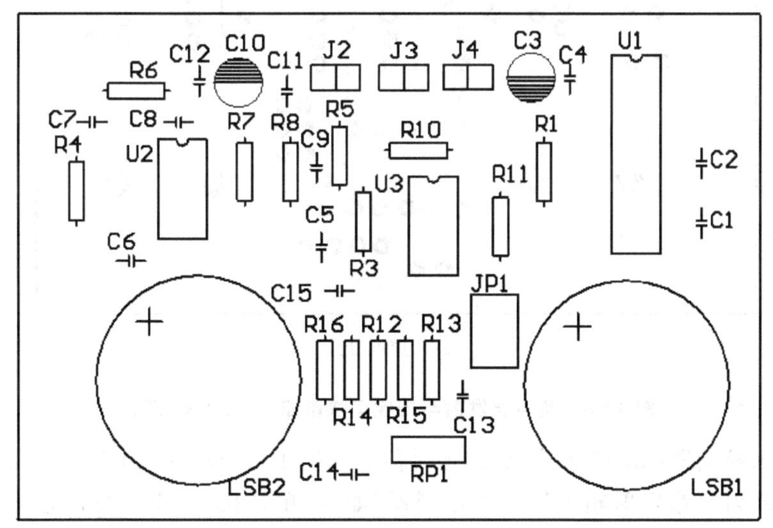

(c) 顶层元件布局图

图 4-6　超声波发射与接收模块电路和 PCB 图(续)

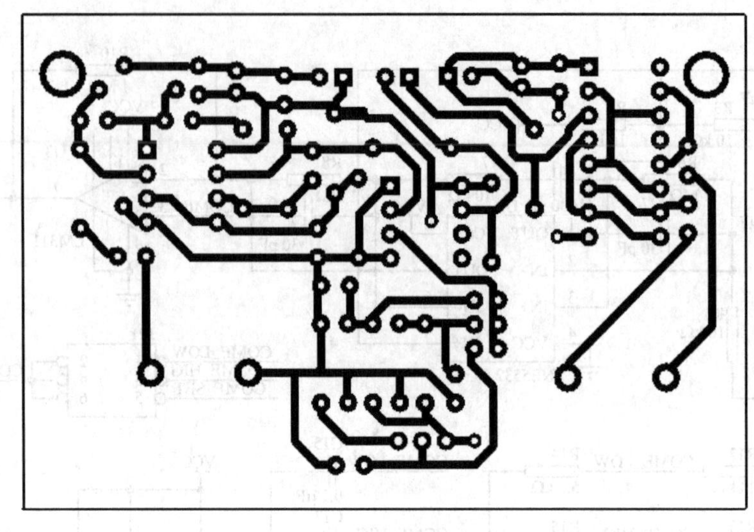

(d) 底层PCB图

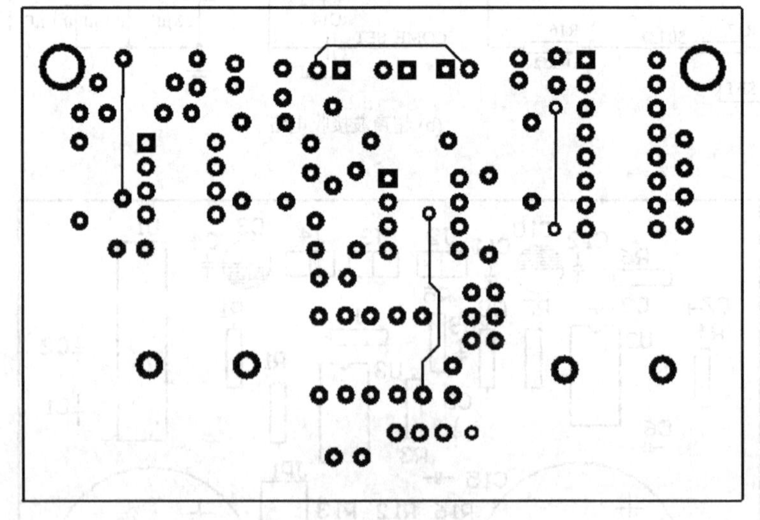

(e) 顶层PCB图

图4-6 超声波发射与接收模块电路和PCB图(续)

采用微控制器(如51单片机)的定时器0产生40 kHz、占空比为50 %的方波驱动超声波发射电路发射超声波。微控制器(如51单片机)产生的方波输入CD4049的3脚,再经CD4049处理后由CD4049的6、10脚和12、15脚输出(采用两个门电路并联输出形式),为了滤除输出信号中的直流信号,在CD4049的6、10脚和12、15脚的输出端分别串联一个0.22 μF的电容,最后通过超声波发射传感器将信号发射出去。通过微控制器(如51单片机)定时器1定时计算超声波发射到接收需要的时间t,从而得出距离s计算公式

$$s = v \times t/2 \tag{4-1}$$

因为时间是超声波在障碍物与发射头之间的往返时间，所以要除以 2，v 是声速，按照现场的温度来取值，一般室内取 340 m/s。

超声波接收传感器接收超声波信号，超声波接收传感器的一端接地，另一端经过一个 0.22 μF 电容隔直后连接电阻 R4(10 kΩ)，再通过 R4 连接到运算放大器 NE5532 的一个放大器的反相输入端 2 脚，NE5532 3 脚所需的参考电压由 R3、R5 分压 VCC 得到一个 2.5 V 的电压。电阻 R6(1 MΩ)和电容 C9(30 pF)并联在第一级放大器的输出端和反相输入端，构成一个负反馈；经 NE5532 的第一级放大后的交流信号电压由 1 脚输出，1 脚输出信号连接到 NE5532 第二级放大器的反相输入端 6 脚，采用相同电路结构进行第二级放大，放大后的超声波信号由 NE5532 的 7 脚输出。

NE5532 的 7 脚输出信号输入到 LM311 电压比较器的 2 脚，LM311 的 3 脚为参考电压端，当输入信号低于参考电压时，LM311 输出低电平；当输入信号高于参考电压时，输出高电平，从而将输入信号调整为高低电平输出。在电路中，LM311 的 3 脚参考端电压通过短接帽可以有多种不同的电压选择，从而可以设置不同的测距模式，一般情况下距离越远，对应的参考电压越小；将调整后的超声波信号通过 7 脚输出到微控制器(如 51 单片机)的外部中断引脚，当有信号输入时，便进入中断模式。

4.3　温湿度传感器模块

4.3.1　SHTxx 温湿度传感器简介

SHTxx 系列产品是 sensirion 公司生产的一款高度集成的温湿度传感器芯片，包含有 SHT10/SHT11/SHT15，提供全标定的数字输出，湿度为 12 bit/14 bit/14 bit，温度为 8 bit/12 bit/12 bit。它采用专利的 CMOSens 技术，具有很好的可靠性与长期的稳定性，采用2.4～5.5 V 电源电压，测量时功耗为 3 mW。

SHTxx 温湿度传感器芯片的相对湿度分辨率为 0.4～0.05％RH，SHT10 的精度为±4.5％RH，SHT11 的精度为±2％RH，SHT15 的精度为±2.0％RH，重复性为±0.1％RH，非线性为±3％RH。

SHTxx 温湿度传感器芯片温度分辨率为 0.04～0.01 ℃，SHT10 的精度为±0.5 ℃，SHT11 的精度为±0.4 ℃，SHT15 的精度为±0.3 ℃，重复性为±0.1 ℃，测量范围为－40～123.8 ℃(－40～254.9 ℉)。

SHTxx 温湿度传感器芯片的封装形式如图 4-7 所示，在 PCB 图上的安装形式如图 4-8 所示，引脚端功能如下：

引脚端 1，GND，接地，Ground；

引脚端 2，DATA，串行数据线(双向)；

引脚端 3,SCK,串行时钟,仅输入;

引脚端 4,VDD,电源电压;

NC,空脚,不连接。

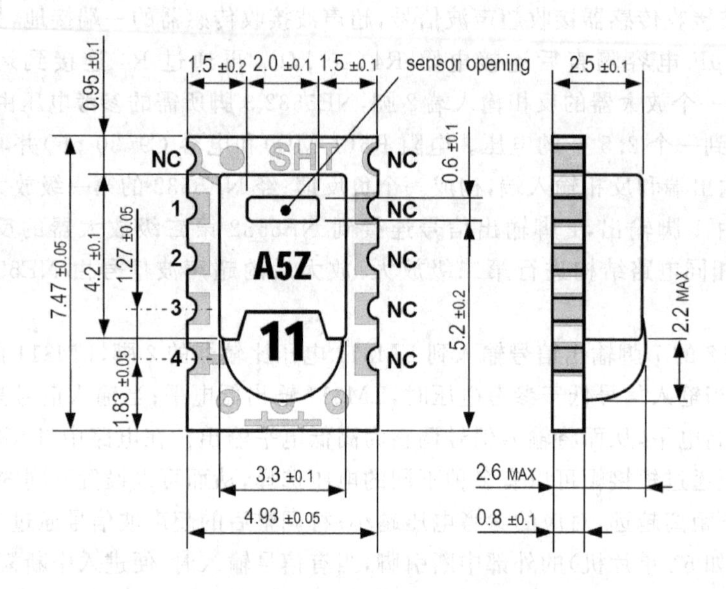

图 4-7 SHTxx 温湿度传感器芯片的封装形式

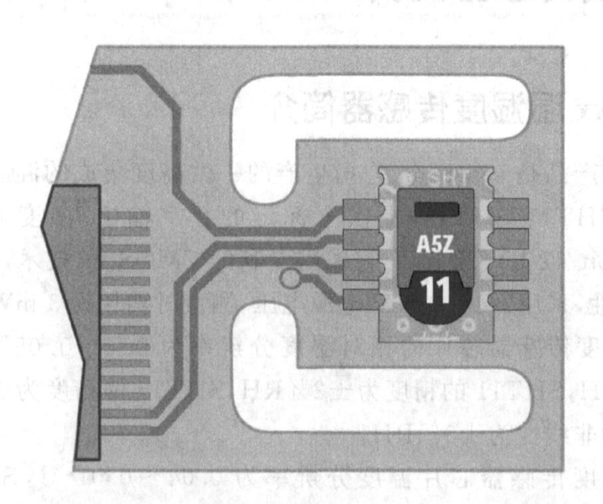

图 4-8 SHTxx 温湿度传感器芯片在 PCB 上的安装形式

SHTxx 温湿度传感器与微控制器的连接形式如图 4-9 所示,时序图如图 4-10 所示,时序参数如表 4-1 所列。

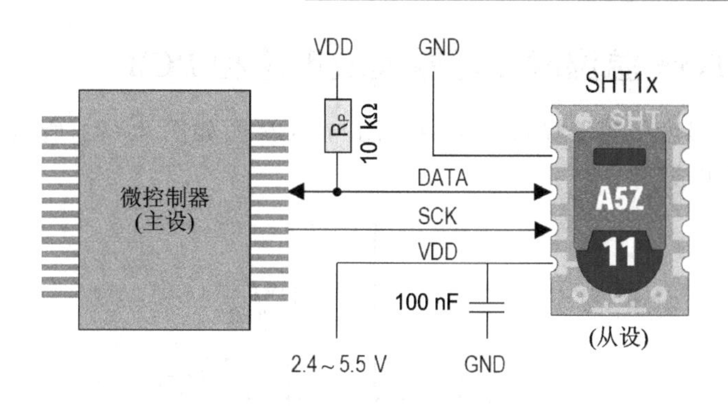

图 4－9　SHTxx 温湿度传感器与微控制器的连接形式

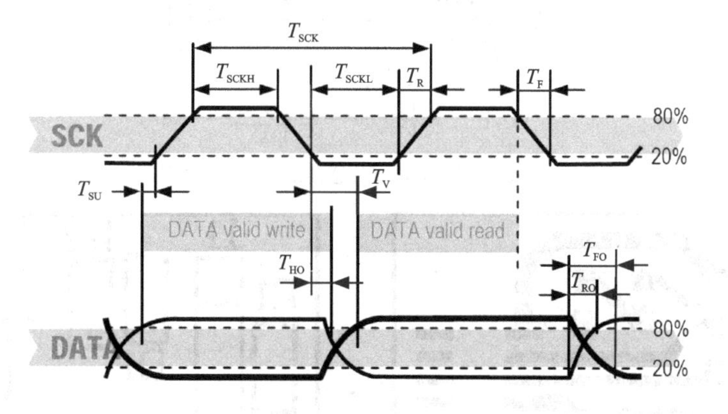

图 4－10　SHTxx 温湿度传感器时序图

表 4－1　SHTxx 温湿度传感器时序参数

符　号	参　数	条　件	最小值	典型值	最大值	单　位
F_{SCK}	SCK 频率	VDD>4.5 V	0	0.1	5	MHz
		VDD<4.5V	0	0.1	1	MHz
T_{SCKx}	高电平/低电平时间		100			ns
T_R/T_F	SCK 上升/下降时间		1	200		ns
T_{FO}	DATA 下降时间	OL＝5 pF	3.5	10	20	ns
		OL＝100 pF	30	40	200	ns
T_{RO}	DATA 上升时间		—	—	—	ns
T_V	DATA 有效时间		200	250		ns
T_{SU}	DATA 建立时间		100	150		ns
T_{HO}	DATA 保持时间		10	15		ns

4.3.2　SHTxx 温湿度传感器模块电路和 PCB

SHT10 温湿度传感器模块电路原理图与 PCB 图如图 4－11 所示，模块由传感器和接口电路组成。

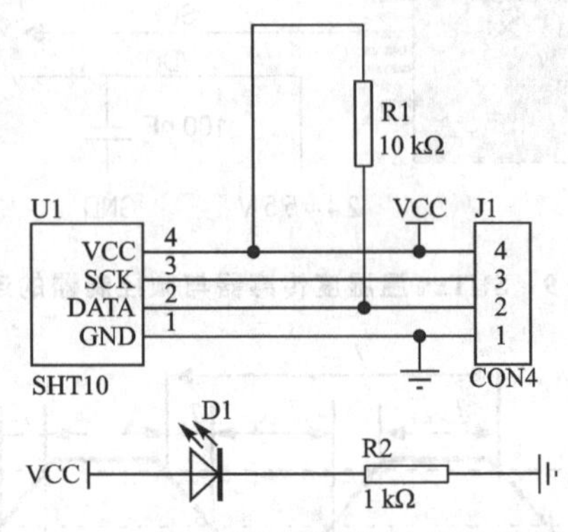

(a) SHT10温湿度传感器模块电路原理图

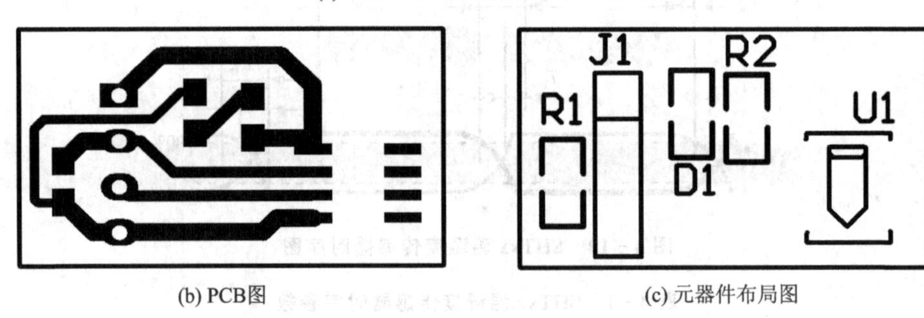

(b) PCB图　　(c) 元器件布局图

图 4－11　SHT10 温湿度传感器模块电路原理图与 PCB 图

4.4　基于 AD5933 的阻抗测量模块

4.4.1　AD5933 简介

1. 阻抗的定义与表示式

阻抗是表征一个元器件或电路中电压、电流关系的复数特征量，可表示为

$$\dot{Z}=\frac{\dot{U}}{\dot{I}}=R+\mathrm{j}X=|Z|\mathrm{e}^{\mathrm{j}\varphi}=|Z|(\cos\varphi+\mathrm{j}\sin\varphi) \tag{4-2}$$

式中，$\dot{Z}$ 为复数阻抗；$\dot{U}$ 为复数电压；$\dot{I}$ 为复数电流；R 为复数阻抗的实部（即电阻分量）；X 为复数阻抗的虚部（即电抗分量）；$|Z|$ 为复数阻抗的绝对值（或模值），$|Z|=\sqrt{R^2+X^2}$；φ 为复数阻抗的相角（即电压 U 与电流 I 之间的相位差），$\varphi=\arctan\frac{X}{R}$，

它们之间在复平面上的关系如图 4-12 所示。

导纳 Y 是阻抗 Z 的倒数，即

$$Y=\frac{1}{Z}=\frac{1}{R+\mathrm{j}X}=\frac{R}{R^2+X^2}+\mathrm{j}\frac{-X}{R^2+X^2}=G+\mathrm{j}B \tag{4-3}$$

式中，G 和 B 分别为导纳的电导分量和电纳分量。导纳的极坐标形式为

$$Y=G+\mathrm{j}B=|Y|\mathrm{e}^{\mathrm{j}\varphi} \tag{4-4}$$

式中，$|Y|$ 和 φ 分别为导纳的幅度和导纳角。

2. 阻抗的测量方法

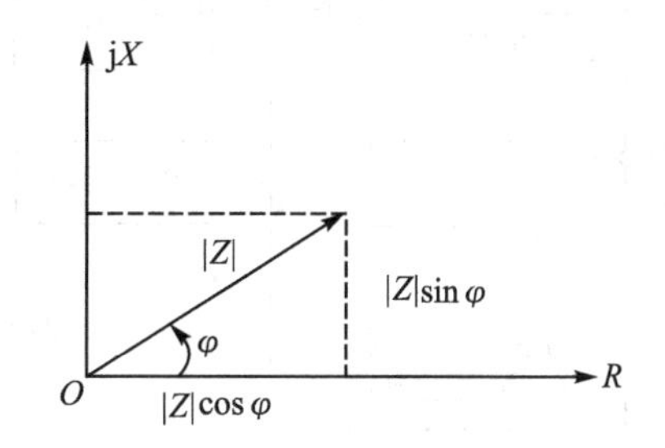

图 4-12 阻抗的矢量图

阻抗的测量方法众多，但常用的基本方法有 4 种，即伏安法、电桥法、谐振法（Q 表法）和现代数字化仪器法。

在实际测量中通常需要根据具体情况和要求来选择阻抗测量方法。例如，在直流或低频时使用的元件，采用伏安法最简单，但准确度稍差；在音频范围内，选用电桥法准确度较高；在高频范围内通常利用谐振法，这种方法准确度并不高，但比较接近元件的实际使用条件，故测量值比较符合实际情况。当然，采用数字化、智能化的 RLC 测试仪进行测量会更快捷和方便。

由于电感线圈 L、电容器 C 和电阻器 R 的实际阻抗随电流、电压和频率等因素变化，所以在阻抗测量时必须注意测量条件尽量与工作条件保证一致。过强的信号可能使阻抗元件表现出非线性，不同的温湿度会使阻抗表现出不同的值，尤其是在不同频率下，阻抗的变化可能很大，甚至其性能完全相反（如当频率高于电感线圈的固有谐振频率时，阻抗变为容性）。因此，测量时所加的电流、电压、频率和环境条件等必须尽量地接近被测元件的实际工作条件，否则，测量结果很可能无多大价值。

另外，要注意到各种类型元件的自身特性（如，线绕电阻的自身电感、电解电容的引线电感和铁芯电感的大电流引起的饱和等）对测量的影响，选择合适的测量方法和仪器。

3. AD5933 的主要技术特性

AD5933 是一种高精度阻抗转换芯片，AD5933 的可编程的频率发生器最高频率可达100 kHz，频率分辨率为 27 位（<0.1 Hz）；阻抗测量范围为 100 Ω～10 MΩ；内部带有温度传感器，测量误差范围为±2℃；系统精度为 0.5%，作为从设通过 $\mathrm{I^2C}$ 口和主机通信，实现频率扫面控制，电源电压范围为 2.7～5 V，温度范围从－40～＋125 ℃，采用 16 脚 SSOP 封装。AD5934 与 AD5933 类似，仅个别技术指标有些不同。

4. AD5933 的内部结构

AD5933 的内部结构如图 4-13 所示,主要由一个 12 位 1 MSPS 的片上频率发生器和一个片上模/数转换器(ADC)组成。频率发生器可以产生特定频率的信号激

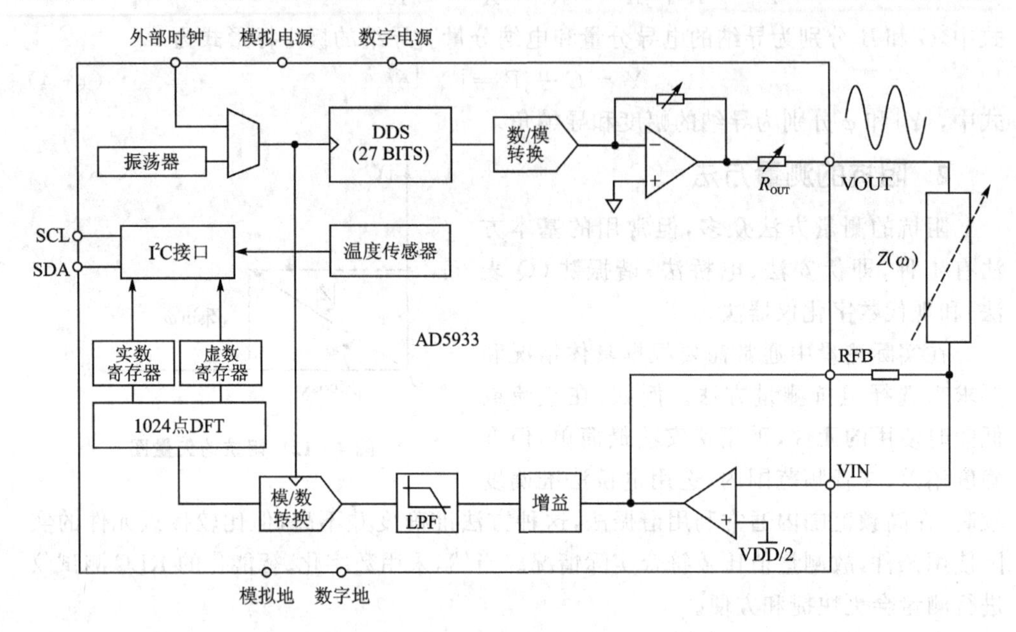

图 4-13 AD5933 的内部结构方框图

励外部复阻抗。复阻抗的响应信号由片上模/数转换器 ADC 采样后,再通过片上数字信号处理器进行离散傅里叶变换(DFT)。在每个输出频率,DFT 运算处理后都会返回一个实值(R)和虚值(I)。校正后,可以计算扫描轨迹上的每个频点的阻抗幅值和阻抗相对相位,计算方程如下:

$$M = \sqrt{R^2 + I^2},$$
$$P = \arctan(I/R)$$

表征阻抗的特性 $Z(\omega)$,一般用阻抗-频率曲线,如图 4-14 所示。AD5933 允许用户用自定义的起始频率、频率分辨率和扫频点进行频率扫描。此外,该器件允许用户编程控制输出正弦信号的峰-峰值作为激励输出引脚和输入引脚之间连接的未知阻抗。

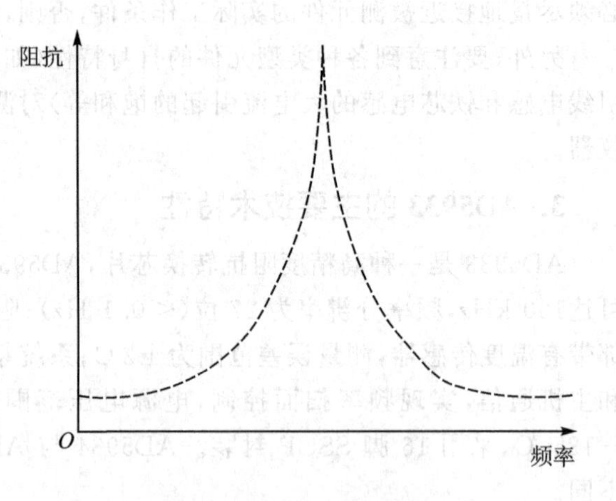

图 4-14 阻抗频率特性

5. AD5933 的引脚功能

AD5933 采用 16 脚 SSOP 封

装，引脚端功能如表 4－2 所列。

表 4－2　AD5933 的引脚功能

引　脚	符　号	功　能
1,2,3,7	NC	空引脚，没有定义
4	RFB	外部反馈电阻，连接在 4 和 5 之间来设置接收端电流电压转换放大器的增益
5	VIN	输入到接收阻抗转换放大器，存在 VDD/2 的参考地
6	VOUT	激励电压输出脚
8	MCLK	芯片外部时钟输入，由用户提供
9	DVDD	数字电源
10	AVDD1	模拟电源 1
11	AVDD2	模拟电源 2
12	DGND	数字地
13	AGND1	模拟地 1
14	AGND2	模拟地 2
15	SDA	I^2C 数据输入口，需要 10 kΩ 的上拉电阻连接到 VDD
16	SCL	I^2C 时钟输入口，需要 10 kΩ 的上拉电阻连接到 VDD

6. AD5933 的输出峰-峰值电压和输出直流偏置电压

AD5933 可以输出不同的峰-峰值电压和输出直流偏置电压，表 4－3 给出了对于 3.3 V 直流偏置电压的 4 种不同情况下的输出峰-峰值电压。这些值与电源电压 VDD 成一定比率关系，假设电源电压为 5 V，对于幅度 1 的输出激励电压为 $1.98\ V_{p\text{-}p} \times 5.0\ V/3.3\ V = 3V_{p\text{-}p}$；幅度 1 的输出直流偏置电压峰-峰值为 $1.48V_{p\text{-}p} \times 5.0\ V/3.3\ V \approx 2.24V_{p\text{-}p}$。

表 4－3　输出不同的峰-峰值电压和输出直流偏置电压

幅　值	输出激励电压	输出直流偏置电压/V
1	$1.98V_{p\text{-}p}$	1.48
2	$0.97V_{p\text{-}p}$	0.76
3	$0.383V_{p\text{-}p}$	0.31
4	$0.198V_{p\text{-}p}$	0.173

7. AD5933 的发送部分

AD5933 的发送部分如图 4－15 所示，由一个 27 位的相位累加器 DDS 内核组成，它提供在某个特定的频率的输出激励信号。相位累加器的输入是从起始频率寄存器的内容开始(见寄存器地址 0x82、0x83 和 0x84)。尽管相位累加器提供了 27 位的分辨率,但其实起始频率寄存器的高三位是被内部置零的,所以用户可以控制的只有起始频率的低 24 位。

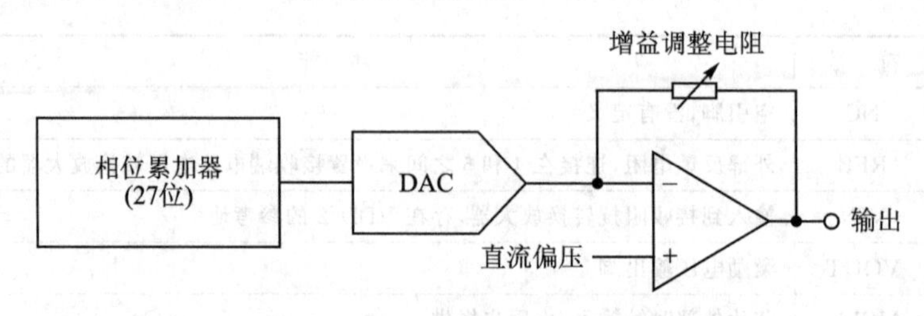

图 4-15　发送部分示意图

AD5933 提供了最小分辨率为 0.1 Hz 的可编程频率控制,频率分辨率是通过片上 24 位频率增量寄存器来控制的。编程控制的扫描频率由 3 个参数确定:起始频率、频率增量和增量数。

频率扫描的具体过程包括三部分:

① 进入标准模式。在写入开始频率扫描控制字到控制寄存器之前,首先要写入标准模式控制字到控制寄存器,在这个模式中 VOUT 和 VIN 引脚被内部接到地,因此在外部电阻或者电阻和地之间没有直流偏置。

② 进入初始化模式。在写入开始频率控制字到控制寄存器后将进入初始化模式。在这个模式下,电阻已经被起始频率信号激励,但没有进行测量。用户可以通过程序设置在写入频率扫描命令到控制寄存器来启动进入频率扫描模式之前的时间。

③ 进入频率扫描模式。用户通过写入频率扫描控制字。在这个模式中,ADC 在设定时间周期过去之后开始测量。用户可以通过在每个频率点测量之前设置寄存器 8Ah 和 8Bh 的值来控制输出频率信号的周期数。

片上 DDS 输出的信号通过一个可编程增益放大器,通过控制增益可以实现表 4-3 所列的4 个不同范围的峰-峰值输出,这个输出范围的控制是在控制寄存器的第 9 和第 10 位实现的。

8. 接收部分

接收部分包括一个电流电压转换放大器,一个可编程增益放大器(PGA),一个去抖动滤波器和 ADC。接收部分的示意图如图 4-16 所示。待测阻抗连接在电压输入和输出引脚之间。第一级的电流电压转换放大器的直流电压值设置为 VDD/2,流入 VIN 引脚的电流信号通过待测阻抗,在电流电压转换器的输出端转变成电压信号。电流电压转换放大器的增益由用户选择的连接在引脚 4(RFB)和引脚 5(VIN)之间的反馈电阻决定。用户选择的反馈电阻的阻值,可以选择 PGA 的增益和保持 ADC 信号在线性范围内。

PGA 输出增益有 5 和 1 两个值可以选择,可以通过设置控制寄存器的第 8 位来选择。信号通过低通滤波器后加到 12 位的、1MSPS 的 ADC 的输入端。

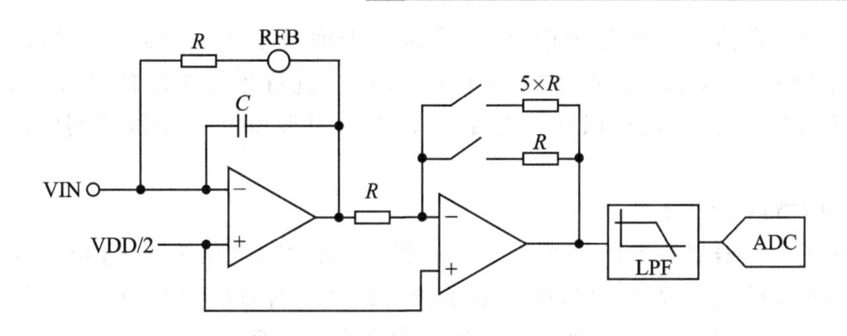

图 4-16　接收部分示意图

ADC 输出的数字数据直接传送到 AD5933 的 DSP 核进行 DFT 的数据处理。每个扫描频率点的 DFT 都要计算。AD5933 的 DFT 算法如下：

$$X(f)=\sum_{n=0}^{1\,023}\{x(n)[\cos(n)-\mathrm{j}\sin(n)]\} \tag{4-5}$$

式中，$X(f)$为扫频点 f 处的信号能量，$x(n)$为 ADC 输出，$\cos(n)$和 $\sin(n)$是 DDS 核产生的在扫频点 f 处的抽样检测向量。

乘法器累积每个扫频点的 1 024 个采样，获得的实部和虚部分别存放在两个 16 位的寄存器中。

9. 系统时钟

AD5933 的系统时钟可以由两种方法提供。用户可以采用一个高精度和稳定性的系统时钟连接到外部时钟引脚端(MCLK)。另外，AD5933 也可以通过一个片上振荡器提供一个频率为 16.776 MHz 的内部时钟。用户通过编程控制寄存器D3 位，可以选择系统时钟(寄存器地址 0x81)。默认的系统时钟是选择内部振荡器。

10. 温度传感器

AD5933 的温度传感器是一个 13 位数字温度传感器，第 14 位为符号位。这个片上的温度传感器可以准确测量周围环境的温度。温度传感器的测量范围是－40～＋125 ℃，测量精度为±2 ℃。

11. 阻抗计算

(1) 幅值计算

每个频率点阻抗计算的第一步是计算傅里叶变换的幅值，计算公式如下：

$$幅值=\sqrt{R^2+I^2} \tag{4-6}$$

式中，R 为存储在地址为 0x94 和 0x95 寄存器中的实数，I 为存储在地址为 0x96 和 0x97 寄存器中的虚数。

例如，实数寄存器中的十进制数值为 907，虚数寄存器中的十进制数值为 516，则幅值$=\sqrt{907^2+516^2}\approx 1\,043.506$。

要将这一数值转换为阻抗值，必须乘以一个增益系数。增益系数的计算是在VOUT引脚和VIN引脚之间连接一个未知阻抗，进行系统校准的过程中完成的。一旦增益系数被确定，便可以计算连接在VOUT引脚和VIN引脚之间的任意位置阻抗值。

(2) 增益系数计算

下面是计算增益系数的一个例子。假设：输出激励电压为2 V，校正阻抗值为200 kΩ，PGA放大倍数是1倍，电流电压转换放大器增益电阻为200 kΩ，校正频率为30 kHz。频率点的转换后实数和虚数寄存器中的内容为

$$\text{实数寄存器} = \text{0xF064} = -3\,996$$

$$\text{虚数寄存器} = \text{0x227E} = 8\,830$$

$$\text{幅值} = \sqrt{(-3\,996)^2 + (8\,830)^2} \approx 9\,692.106 \tag{4-7}$$

$$\text{增益系数} = \frac{\left(\dfrac{1}{\text{阻抗值}}\right)}{\text{幅值}} = (1/200\,000)/9\,692.106 = 515.819 \times 10^{-12} \tag{4-8}$$

(3) 利用增益系数计算阻抗值

下面的例子说明了如何测量一个未知阻抗。未知阻抗的真实值为510 kΩ，在频率为30 kHz测量未知阻抗，实数寄存器的值为0xFA3F(即−1 473)，虚数寄存器的值为0x0DB3(即3507)

$$\text{幅度} = \sqrt{(-1\,473)^2 + (3\,507)^2} \approx 3\,802.863$$

$$\text{阻抗} = \frac{1}{\text{幅值} \times \text{增益系数}} = \frac{1}{3\,802.863 \times 515.819\,273 \times 10^{-12}}\text{k}\Omega = 509.791\ \text{k}\Omega$$

(4) 增益系数随频率的变化

由于AD5933存在一个有限的频率响应，增益系数也显示出一种随频率变化的特性。增益系数的变动会在阻抗计算的结果中产生一个错误。为了尽量减小这种错误，扫频应限于小的频率范围内进行。另外，假设频率的变化是线性的，应用两点校准调整增益系数也能够减小这种错误。

两点增益系数计算的例子如下：假设输出激励电压为2 V(峰-峰值)，校正阻抗值为100 kΩ，PGA增益为1，电源电压为3.3 V，电流电压转换放大器的增益电阻为100 kΩ，校定频率为55 kHz和65 kHz。在两频率所计算的增益系数的值如下：

55 kHz的增益系数值为$1.103\,1224 \times 10^{-9}$；

65 kHz的增益系数值为$1.035\,682 \times 10^{-9}$。

两种情况下增益系数的差为$4.458\,000 \times 10^{-12}$；扫描频率的跨度为10 kHz，60 kHz时需要的增益系数为$(4.458\,000 \times 10^{-12}/10\ \text{kHz}) \times 5\ \text{kHz} + 1.103\,122\,4 \times 10^{-9} = 1.033\,453 \times 10^{-9}$。阻抗值的计算如前面所述。

(5) 增益系数设置

当计算增益系数时，接收部分工作在线性区域是十分重要的。这需要认真选择

激励电压幅度,电流电压转换放大器增益电阻和 PGA 增益。通过如图 4-17 所示的系统后的增益为

$$\text{输出激励电压幅值} \times \text{增益设置电阻}/Z_{\text{UNKNOWN}} \times \text{PGA 增益}$$

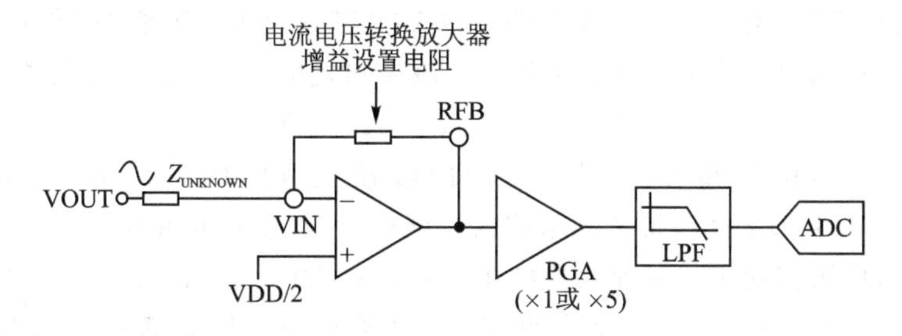

图 4-17 系统电压增益设置

12. 阻抗上的相位测量

AD5933 获得的是一个复数的代码,这个代码分成实部和虚部两部分。每次扫描测量后,实部存放在地址 0x94 和地址 0x95 的寄存器中,虚部存放在地址 0x96 和地址 0x97 的寄存器中。这对应 DFT 的实部和虚部,而不是待测阻抗的电阻部分和电抗部分。

例如,用户在分析串联 RC 电路时,存在一种非常常见的误解,将存放在地址 0x94 和地址 0x95 单元中的实部,以及存放在地址 0x96 和地址 0x97 单元中的虚部,看作是电阻和电抗。然而这是不正确的,因为阻抗的量值($|Z|$)可以通过计算 DFT 的实值和虚值得到。计算公式如下:

$$\text{幅值} = \sqrt{R^2 + I^2} \tag{4-9}$$

$$\text{阻抗} = \frac{1}{\text{幅值} \times \text{增益系数}} \tag{4-10}$$

$$\text{增益系数} = \frac{\frac{1}{\text{阻抗值}}}{\text{幅值}} \tag{4-11}$$

在任何有效的测量之前,用户必须用已知的阻抗校准 AD5933 系统,以确定增益系数。因此,用户必须知道复阻抗(Z_{UNKNOWN})的阻抗幅值,以确定最佳扫描频率范围。增益系数的确定是通过在 AD5933 的输入/输出引脚之间设置一个已知阻抗,然后测量所产生的量值代码来完成。AD5933 系统的增益设置需要选择片上模/数转换器线性区域内的激励信号。

由 AD5933 获得一个由实部和虚部组成的代码,用户也可以计算 AD5933 响应信号的相位。相位计算公式如下:

$$\text{相位(rads)} = \arctan(I/R) \tag{4-12}$$

大多用户感兴趣的参数是阻抗模值($|Z_{\text{UNKNOWN}}|$)和阻抗相位(Z_ϕ)。

阻抗相位的测量分两步。第一步是计算 AD5933 系统相位。AD5933 系统相位

的计算可通过在 VOUT 和 VIN 引脚放置一个电阻，然后在每个扫频点计算相位，用式(4－12)。设置一个电阻跨接在 VOUT 和 VIN 引脚，此相位完全是由 AD5933 内部确定，也就是系统的相位。

系统被校准后，第二步就要计算跨接在 VOUT 和 VIN 引脚之间任何未知阻抗的相位，并用相同的公式重新计算新相位。该未知阻抗相位(Z_ϕ)计算公式如下：

$$Z_\phi = (\Phi_{UNKNOWN} - \Delta_{system}) \tag{4-13}$$

式中，Δ_{system} 为 VOUT 和 VIN 引脚之间跨接校正电阻的系统相位；$\Phi_{UNKNOWN}$ 为 VOUT 和 VIN 引脚之间跨接未知阻抗的系统相位；Z_ϕ 为阻抗相位。

请注意，使用相同实部和虚部值的阻抗连接在 VOUT 和 VIN 引脚之间可以计算增益系数，并校准系统相位。例如测量一个电容的阻抗相位，激励信号电流导致穿过电容器的激励信号电压相位滞后 90°。因此，用电阻测量的系统相位与电容测量的系统相位之间存在着近似为－90°的相位差。

正如先前所述，如果用户想确定容抗的相位角(Z_ϕ)，则用户首先要确定系统相位(Δ_{system})，并在 $\Phi_{UNKNOWN}$ 中减去 Δ_{system}。

另外，使用实部和虚部的值来计算每个测量点的相位时，应注意实值和虚值所在象限。如表 4－4 所列，在不同象限，其相位角计算公式不同。

表 4－4 相位角计算公式

实部符号	虚部符号	象 限	相位角
正	正	第一象限	$\arctan(I/R)\times\frac{180^\circ}{\pi}$
负	正	第二象限	$180^\circ+\arctan(I/R)\times\frac{180^\circ}{\pi}$
负	负	第三象限	$180^\circ+\arctan(I/R)\times\frac{180^\circ}{\pi}$
正	负	第四象限	$360^\circ+\arctan(I/R)\times\frac{180^\circ}{\pi}$

一旦正确计算了阻抗模值($|Z|$)和阻抗相位角(Z_ϕ，弧度)，就可以利用阻抗模值在实轴和虚轴上的投影来确定阻抗的实部(电阻)和虚部(电抗)的量值。阻抗实部模值计算公式：$|Z_{实}|=|Z|\times\cos(Z_\phi)$；虚部模值计算公式：$|Z_{虚}|=|Z|\times\sin(Z_\phi)$。

13. 串行总线接口

AD5933 通过 I^2C 总线与主控制器连接，实现对 AD5933 的控制。AD5933 作为一个从设备连接到 I^2C 总线上。AD5933 有一个 7 位串行总线从地址。当设备通电后，默认的串行总线地址为 0001101(0x0D)。

AD5933 的时序图如图 4－18 所示。

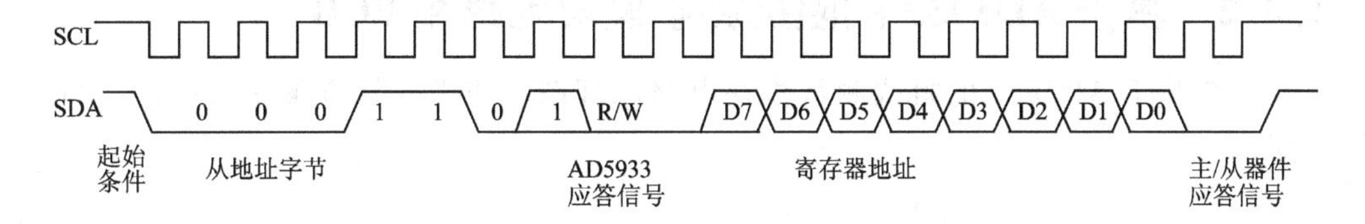

图 4-18　AD5933 的时序图

14. 频率扫描流程图

频率扫描流程图如图 4-19 所示。

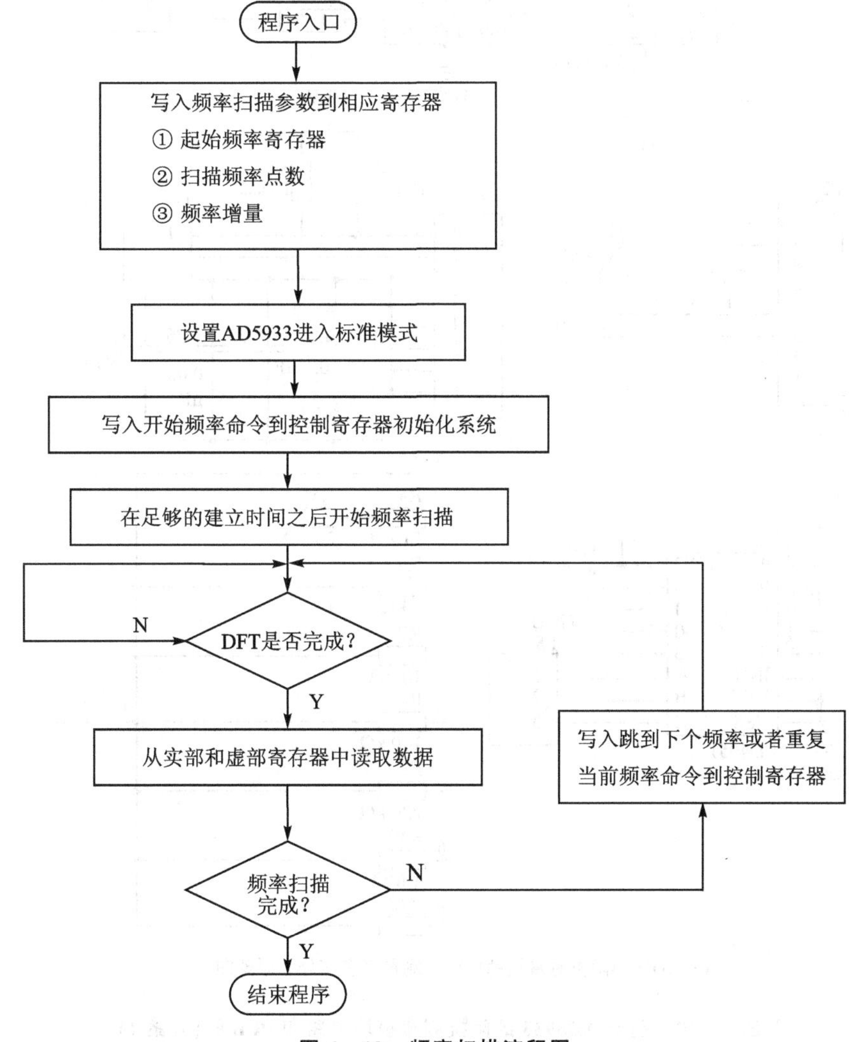

图 4-19　频率扫描流程图

4.4.2 基于 AD5933 的阻抗测量模块电路和 PCB

一个基于 AD5933 的阻抗测量模块电路原理图和 PCB 图(方案 1)如图 4-20 所示。

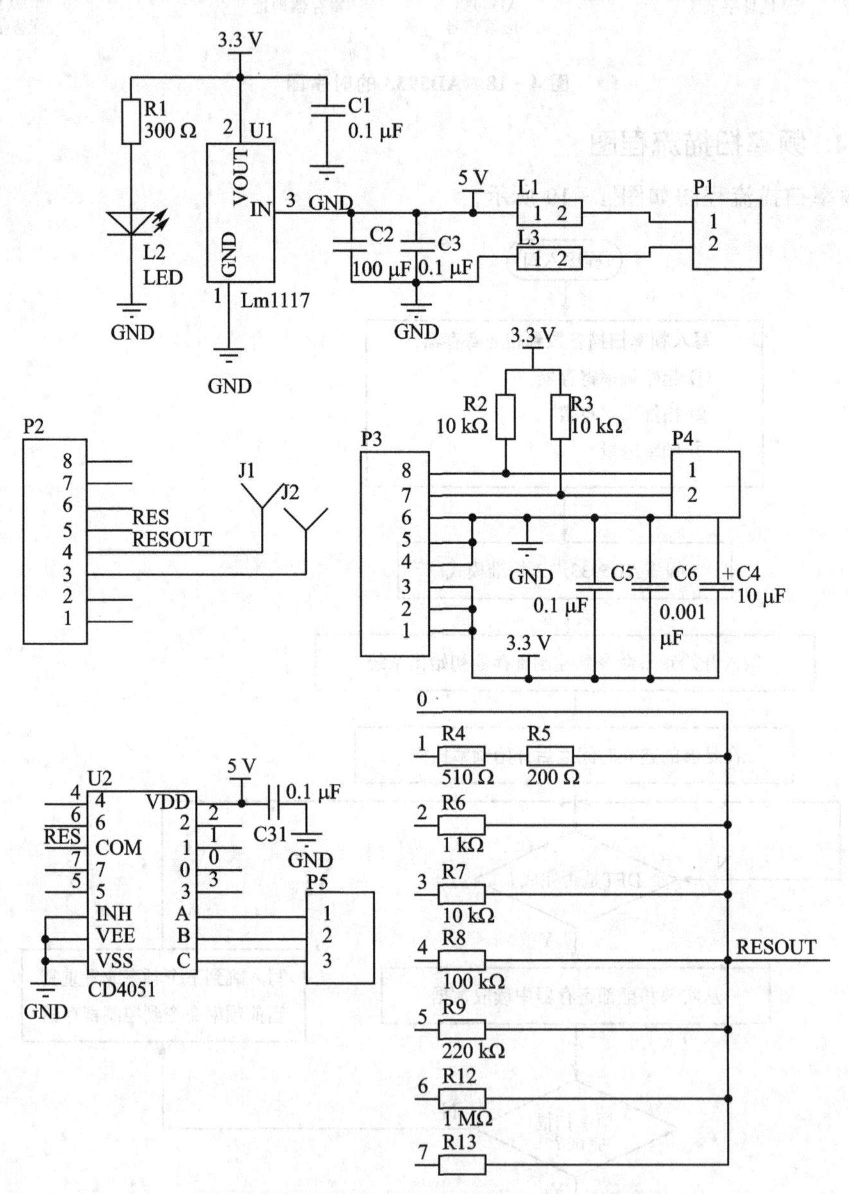

(a) AD5933阻抗测量辅助电路(测量底座部分)原理图

图 4-20 基于 AD5933 的阻抗测量模块电路和 PCB 图(方案 1)

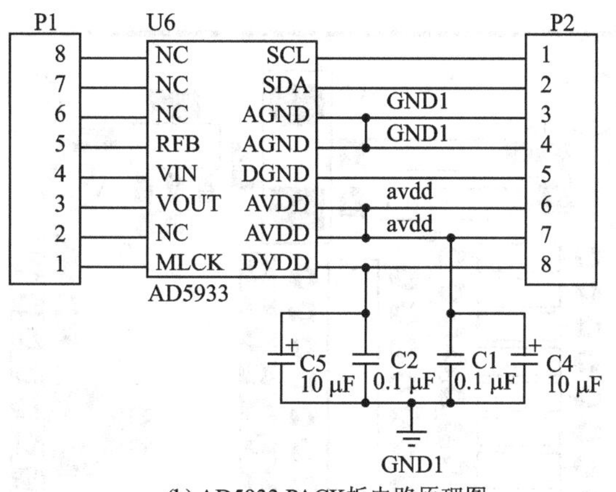

(b) AD5933 PACK板电路原理图

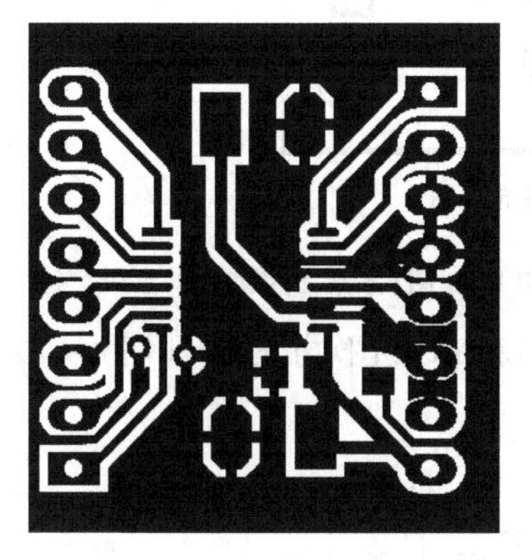

(c) AD5933 PACK板顶层PCB

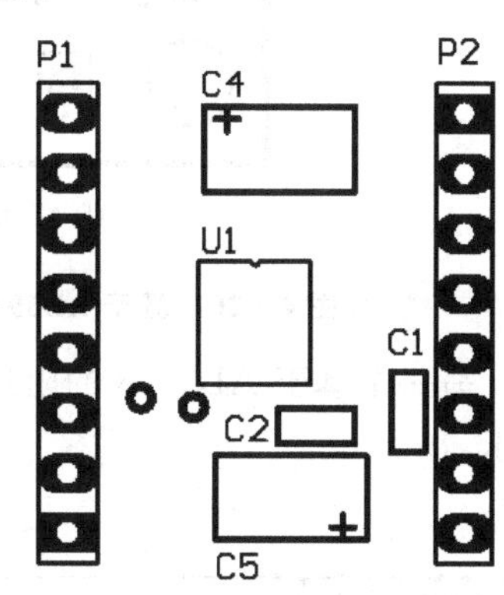

(d) AD5933 PACK板顶层元器件布局图

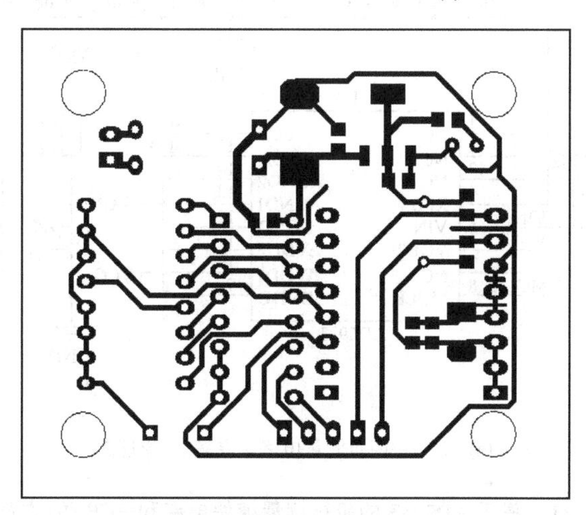

(e) AD9533阻抗测量底座底层PCB图

图 4-20　基于 AD5933 的阻抗测量模块电路和 PCB 图(方案 1)(续)

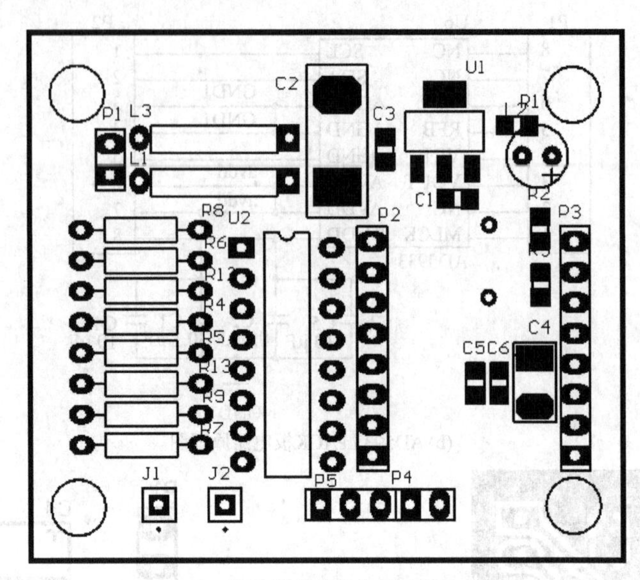

(f) AD9533阻抗测量底座底层元器件布局图

图 4-20　基于 AD5933 的阻抗测量模块电路和 PCB 图(方案 1)(续)

另一个基于 AD5933 的阻抗测量模块电路原理图和 PCB 图(方案 2)如图 4-21 所示。

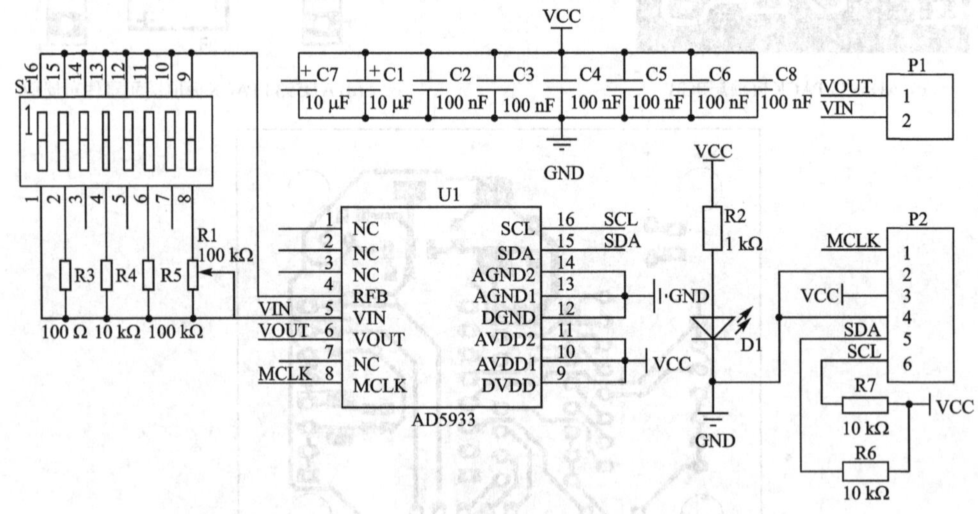

(a) AD5933阻抗测量电路（方案2）原理图

图 4-21　基于 AD5933 的阻抗测量模块电路和 PCB 图(方案 2)

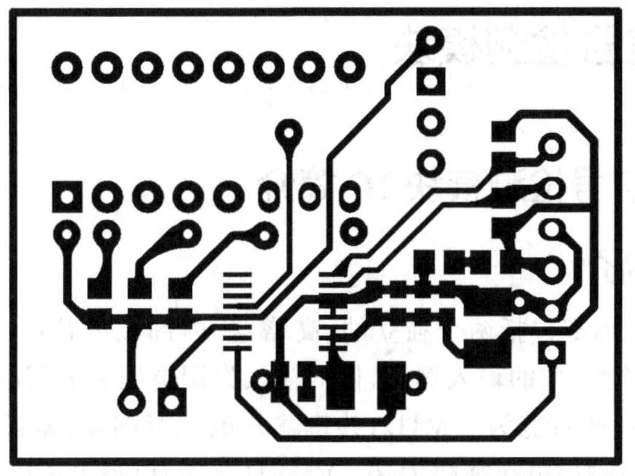

(b) AD5933阻抗测量电路（方案2）顶层PCB图

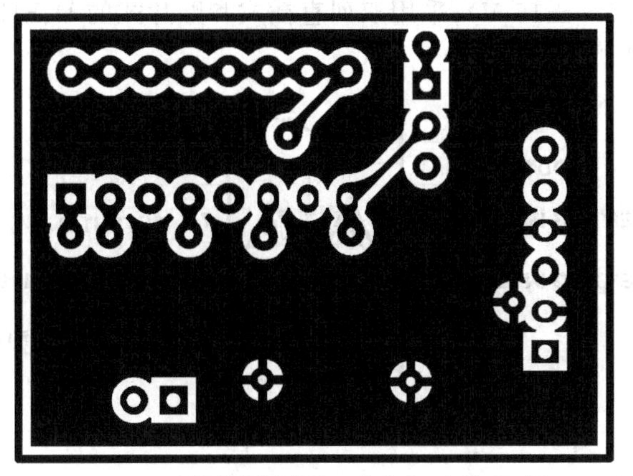

(c) AD5933阻抗测量电路（方案2）底层PCB图

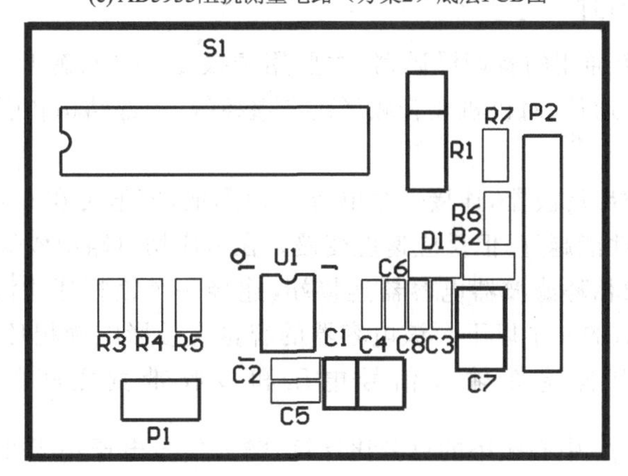

(d) AD5933阻抗测量电路（方案2）顶层元器件布局图

图 4-21　基于 AD5933 的阻抗测量模块电路和 PCB 图(方案 2)(续)

4.5　音频信号检测模块

4.5.1　音频信号检测模块 IC 简介

1. LM358 简介

LM358 是一款内部包括两个独立的、高增益、内部频率补偿的双运算放大器芯片，具有内部频率补偿，低的输入偏流，低的输入失调电压和失调电流，直流电压增益为 100 dB，单位增益频带宽为 1 MHz；共模输入电压范围宽；差模输入电压范围宽，等于电源电压范围；输出电压摆幅大，0～V_{CC}－1.5 V；电源电压可以采用单电源 3～30 V，双电源(±1.5～±15 V)；采用双列直插式和贴片式的 D、FE 和 N8 脚封装，引脚端封装形式如图 4－22 所示。

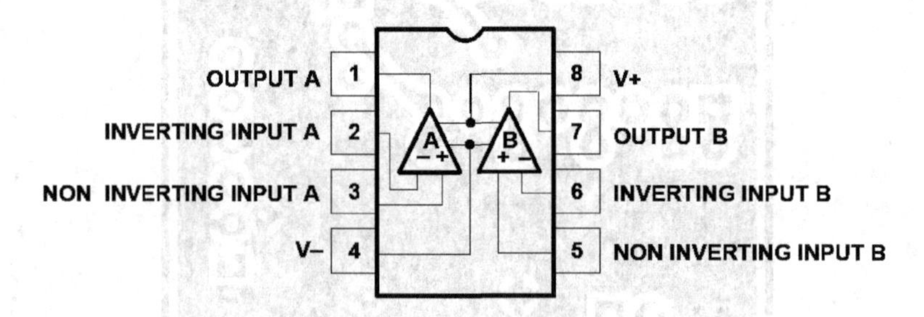

图 4－22　LM358 引脚端封装形式

2. LM567 简介

LM567 是一个通用的音调译码器，主要用于振荡、调制、解调和遥控编/译码电路。如电力线载波通信、对讲机亚音频译码和遥控等，内部结构和引脚端封装形式如图 4－23 所示。

引脚端 1 为输出滤波器，连接一个电容(C_1)到地，容值可在 0.47～22 μF 选取，电容越大，抗干扰性能越好，但反应速度变慢。在本应用电路中取值为 2.2 μF。

引脚端 2 为锁相环滤波器电容器连接端，连接一个锁相环滤波电容(C_2)，一般 C_2 容值选为 C_1 容值的一半以下。该电容器的容量直接影响锁相环接收器的接收带宽，C_2 的容量与引脚端 3 输入信号电压和接收带宽之间的关系为 $BW = 1\,070\sqrt{\frac{V_i}{f_0 C_2}}$(以 f_0 中心频率的百分比计算，输入信号电压小于 200 mV 按该公式计算带宽，大于等于 200 mV 时，V_i＝200 mV。单位分别为 V、Hz 和 μF)。LM567 的最大接收带宽为 14%。实际电路中，C_2 取值为 1 μF，接收带宽为 8.74%。

引脚端 3 为音频信号的输入端。一般通过一个耦合电容(C_5)输入信号，对输入信号的幅值应加以限制，否则将导致器件内部的永久性损坏。该输入端的最小输入

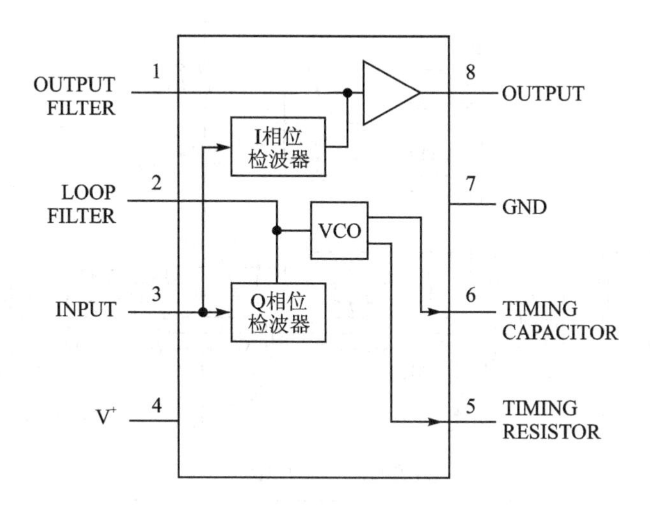

图 4-23　内部结构和引脚端封装形式

信号幅值为25 mV，标称灵敏度为 200 mV，但在强干扰背景下，接收灵敏度将会更低一些。

引脚端 4 为器件的电源电压输入端，该芯片的电源输入范围为+4.75～+9 V。

引脚端 5 和 6 为定时电阻电容连接引脚端，在引脚端 5 和 6 之间连接电阻 $R_8+R_9=R$；在引脚端 6 和 7 之间连接电容 C_{11}，而且引脚端 7 连接到地。R 和 C_{11} 确定了锁相环的中心频率，参考公式为 $f_0\approx\frac{1}{1.1RC_{11}}$，调整 R_8 即可改变接收频率，LM567 的最大解调频率为 500 kHz。在本应用电路中，因为采用的蜂鸣器的频率为 3 kHz 左右，电路中设定的 R_8 为 2.03 kΩ，即接收频率为 3 kHz。

引脚端 8 为解调器的输出端，该引脚端为集电极开路输出形式，低电平有效，因此须接一个 10 kΩ 的上拉电阻 R_2，该端口的负载能力为 100 mA。

4.5.2　音频信号检测模块电路和 PCB

音频信号检测模块电路原理图和 PCB 图如图 4-24 所示，主要由采样部分、放大部分和解码部分组成。驻极体电容话筒 MK1 采样声音，经 LM358 放大后输入到 LM567，LM567 锁相输入音频信号并进行解码，在 LM567 的引脚端 8(OUT)输出方波信号，输出的方波信号可以直接连接到微控制器中断输入端。

LM358 构成单电源的同相放大电路，放大倍数为 $1+R_4/R_7$，调节 R_4 的阻值即可调节放大倍数，R_6 为阻抗匹配电阻，本电路中的放大倍数为 21 倍，即 R_4 为 20 kΩ。

音频信号检测模块电路 LM358 输入信号波形(引脚端 3)与输出信号波形(引脚端 1)如图 4-25 所示，LM567 输入信号波形(引脚端 3)与输出信号波形(引脚端 8)如图 4-26 所示。

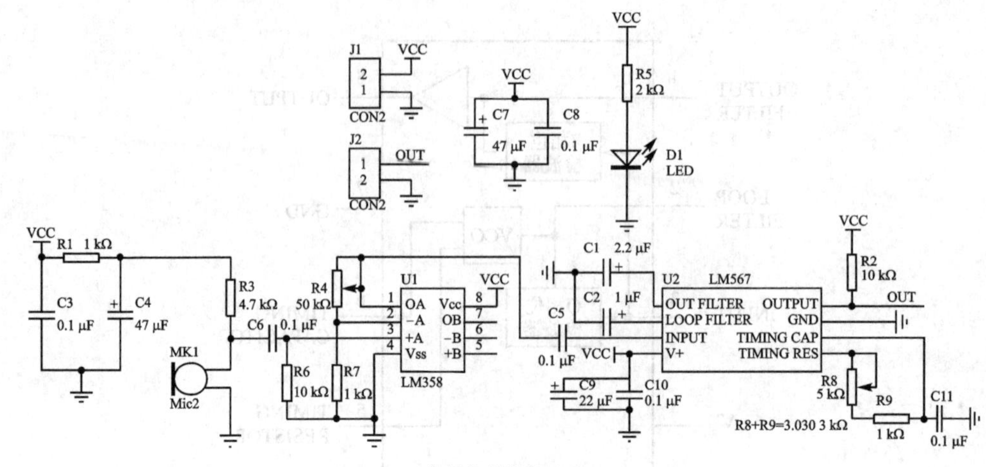

(a) 音频信号接收电路

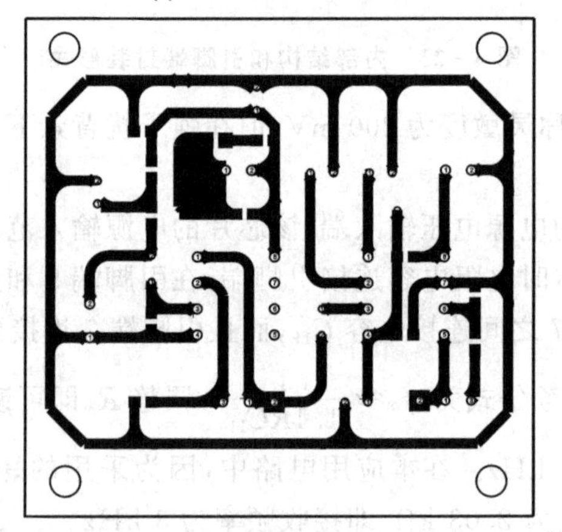

(b) 音频信号接收电路模块底层PCB图

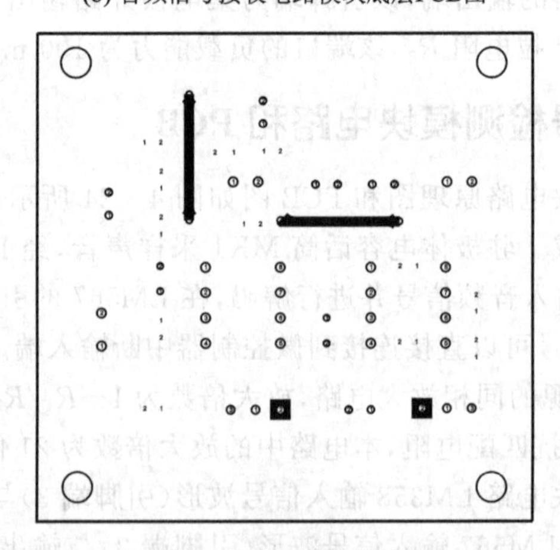

(c) 音频信号接收电路模块顶层PCB图

图 4－24　音频信号检测模块电路和 PCB 图

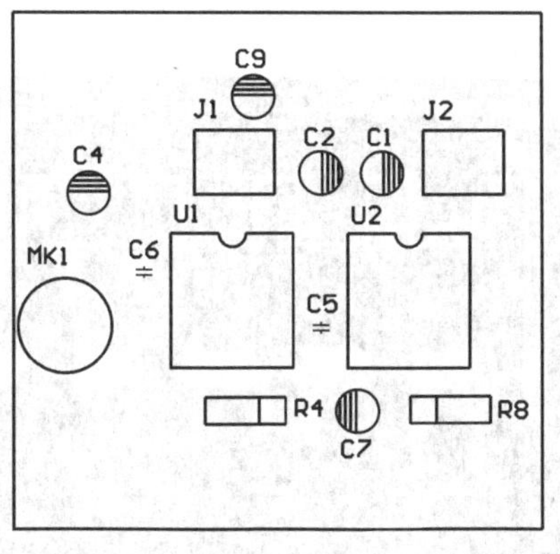

(d) 音频信号接收电路模块顶层元器件布局图

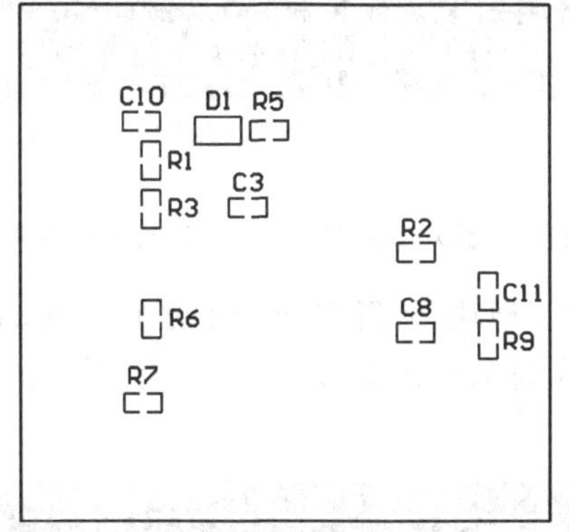

(e) 音频信号接收电路模块底层元器件布局图

图 4－24　音频信号检测模块电路和 PCB 图(续)

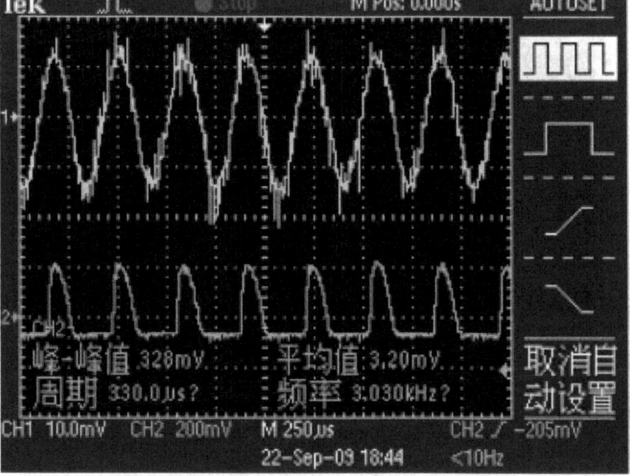

图 4－25　声源在 D 点 A 节点的 LM358 输入信号与输出信号波形图

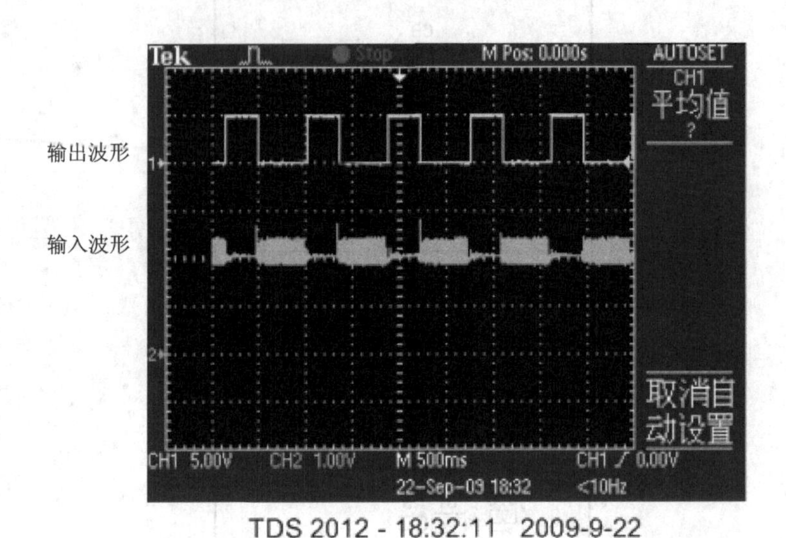

图 4－26　声源在 D 点 A 节点的 LM567 输入信号与输出信号波形图

采用两个音频信号检测模块，放置在同一个接收点时的输出波形如图 4－27 所示，放置在两个不同接收点时的输出波形如图 4－28 所示。

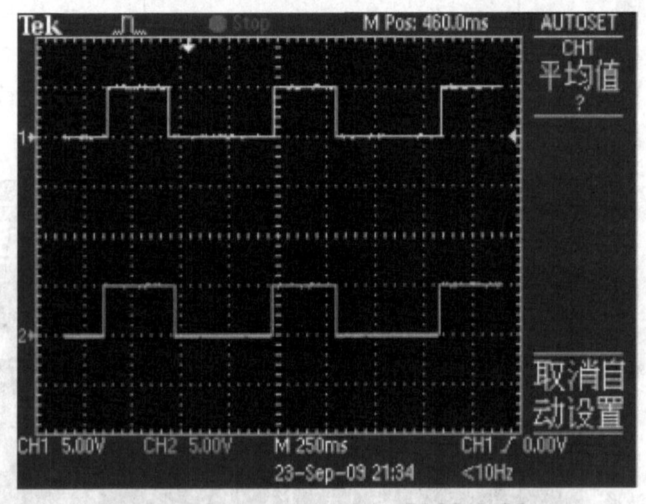

图 4－27　两个音频信号检测模块放置在同一个接收点时的输出波形

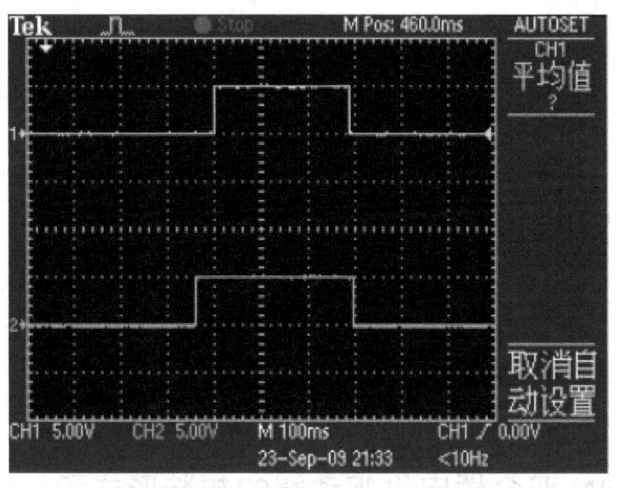

图 4－28　两个音频信号检测模块放置在两个不同接收点时的输出波形

第5章

电机控制电路模块制作

5.1 基于L298N的直流电机驱动模块

5.1.1 L298N双全桥电机驱动器的封装形式和尺寸

L298N是SGS公司生产的双全桥2A电机驱动器芯片，L298N内含两个H桥的高电压大电流双全桥式驱动器，接收标准TTL逻辑电平信号，输出功率可达25 W，可以方便地用来驱动两个直流电机，或一个两相步进电机。

L298N采用Multiwatt Vert.(L298N)、Multiwatt Horiz.(L298HN)和PowerSO20(L298P)封装。L298N Multiwatt15封装形式与尺寸如图5-1所示和表5-1所列，引脚端功能如表5-2所列。

表5-1 Multiwatt15封装尺寸

符　号	mm			in		
	最小值	典型值	最大值	最小值	典型值	最大值
A			5			0.197
B			2.65			0.104
C			1.6			0.063
D		1			0.036	
E	0.49		0.55	0.019		0.022
F	0.66		0.75	0.026		0.030
G	1.14	1.27	1.4	0.045	0.050	0.055
G1	17.57	17.78	17.91	0.692	0.700	0.705
H1	19.6			0.772		
H2			20.2			0.795
L	22.1		22.6	0.870		0.890
L1	22		22.5	0.866		0.886
L2	17.65		18.1	0.695		0.713
L3	17.25	17.5	17.75	0.679	0.689	0.699

续表 5-1

符　号	mm			in		
	最小值	典型值	最大值	最小值	典型值	最大值
L4	10.3	10.7	10.9	0.406	0.421	0.429
L7	2.65		2.9	0.104		0.114
M	4.2	4.3	4.6	0.165	0.169	0.181
M1	4.5	5.08	5.3	0.177	0.200	0.209
S	1.9		2.6	0.075		0.102
S1	1.9		2.6	0.075		0.102
Dia1	3.65		3.85	0.144		0.152

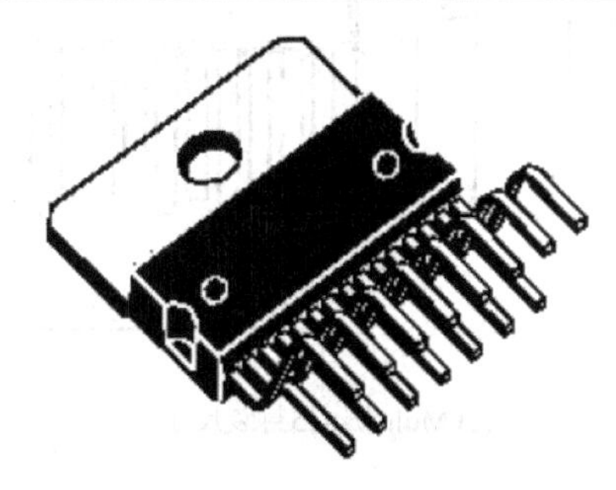

(a) Multiwatt15封装外形

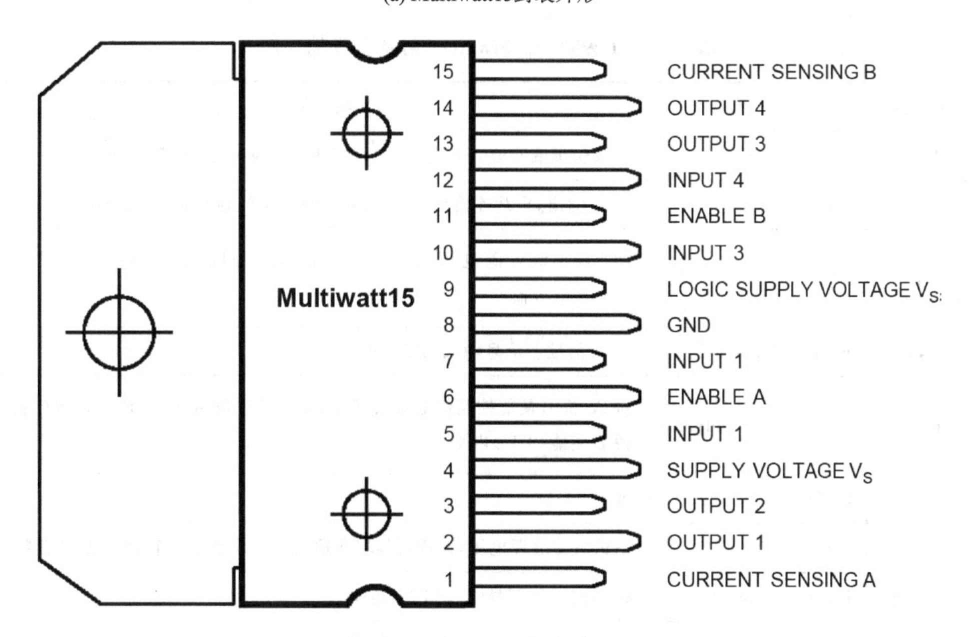

(b) Multiwatt15封装形式的引脚端

图 5-1　L298N Multiwatt15 封装形式与尺寸

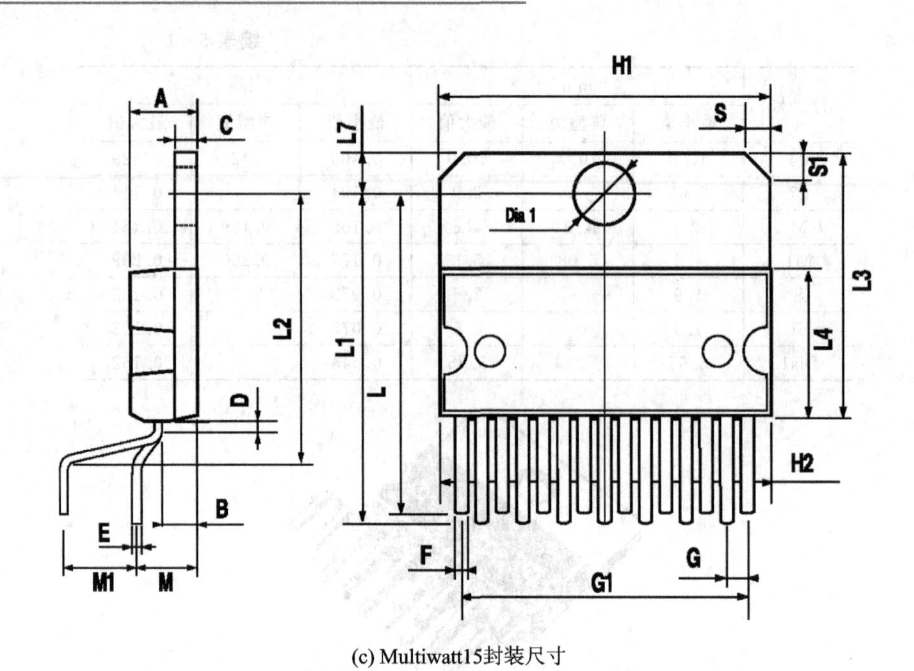

(c) Multiwatt15封装尺寸

图 5-1 L298N Multiwatt15 封装形式与尺寸(续)

表 5-2 L298N Multiwatt15 封装引脚端功能

引 脚	符 号	功 能
1,15	Sense A,Sense B	在该引脚端和地之间连接一个电流检测电阻,用来控制负载电流
2,3	Out 1,Out 2	桥 A 输出,负载连接在这两个端子之间,电流检测利用引脚端 1
4	VS	功率输出级电源电压,在该引脚端和地之间必须连接一个无感的 100 nF电容器
5,7	Input 1,Input 2	桥 A 的控制信号输入(TTL 电平)
6,11	Enable A, Enable B	桥 A、桥 B 使能控制信号输入,Enable A 控制桥 A 使能,Enable B 控制桥 B 使能(TTL 电平)
8	GND	地
9	VSS	逻辑电路电源电压,在该引脚端和地之间必须连接一个 100 nF 电容器
10,12	Input 3, Input 4	桥 B 的控制信号输入(TTL 电平)
13,14	Out 3,Out 4	桥 B 输出,负载连接在这两个端子之间,电流检测利用引脚端 15

5.1.2　L298N 双全桥电机驱动器的典型应用电路

采用 L298N 构成的直流电机驱动电路如图 5-2 所示,电路中 D1～D4 采用快速恢复二极管(t_r≤200 ns),R_S 为过流检测电阻(0.5 Ω),控制信号关系如表 5-3 所列。

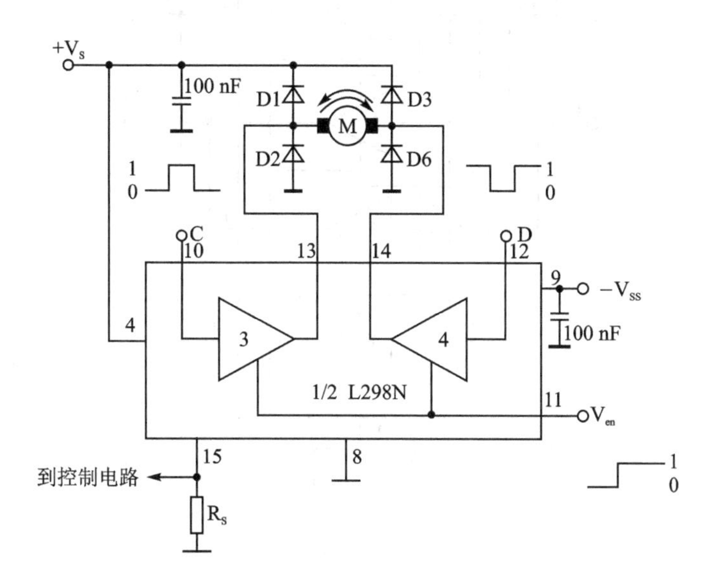

图 5-2　采用 L298N 构成的直流电机驱动电路

表 5-3　L298N 控制信号关系

输入控制信号		功　能
V_{en}=高电平	C=高电平;D=低电平	右转
	C=高电平;D=高电平	左转
	C=D	电机快速停止
V_{en}=低电平	C=x;D=C	电机自由停止

如果需要更大的电机驱动电流,L298N 可以采用并联输出形式,采用 L298N 构成的并联直流电机驱动电路如图 5-3 所示,图中通道 1 与通道 4 并联,通道 2 与通道 3 并联。

5.1.3　L298N 直流电机驱动模块电路和 PCB

一个采用 L298N 双全桥驱动器构成的双直流电机驱动电路原理图和 PCB 图如图 5-4 所示。驱动电路输出 OUT1、OUT2 和 OUT3、OUT4 端口通过 J1 的 1、2、3、4 分别连接 2 个直流电机,作为电机的驱动控制信号,通过改变 1、2 的输出电平和 3、

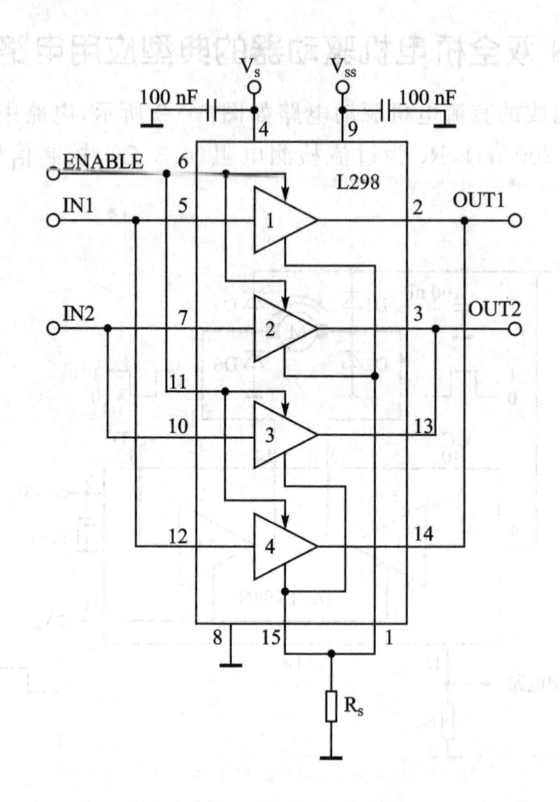

图 5-3　采用 L298N 构成的并联直流电机驱动电路

4 的输出电平，可分别控制左右两个电机；微控制器提供的控制信号通过光耦 TLP5214 送入 L298N，用来隔离微控制器电路与电机驱动电路。当改变 1、2、3、4 的 PWM 的占空比时，可控制电机的转速。L298N 控制电机正反转状态如表 5-4 所列。8 个快速恢复二极管采用 1N5822，用来泄放电机绕组电流，保护 L298N 芯片。

表 5-4　L298N 控制电机正反转状态表

端口名称	1	2	左电机状态	3	4	右电机状态
电平状态	高电平	低电平	正转	高电平	低电平	正转
	低电平	高电平	反转	低电平	高电平	反转
	低电平	低电平	停止	低电平	低电平	停止

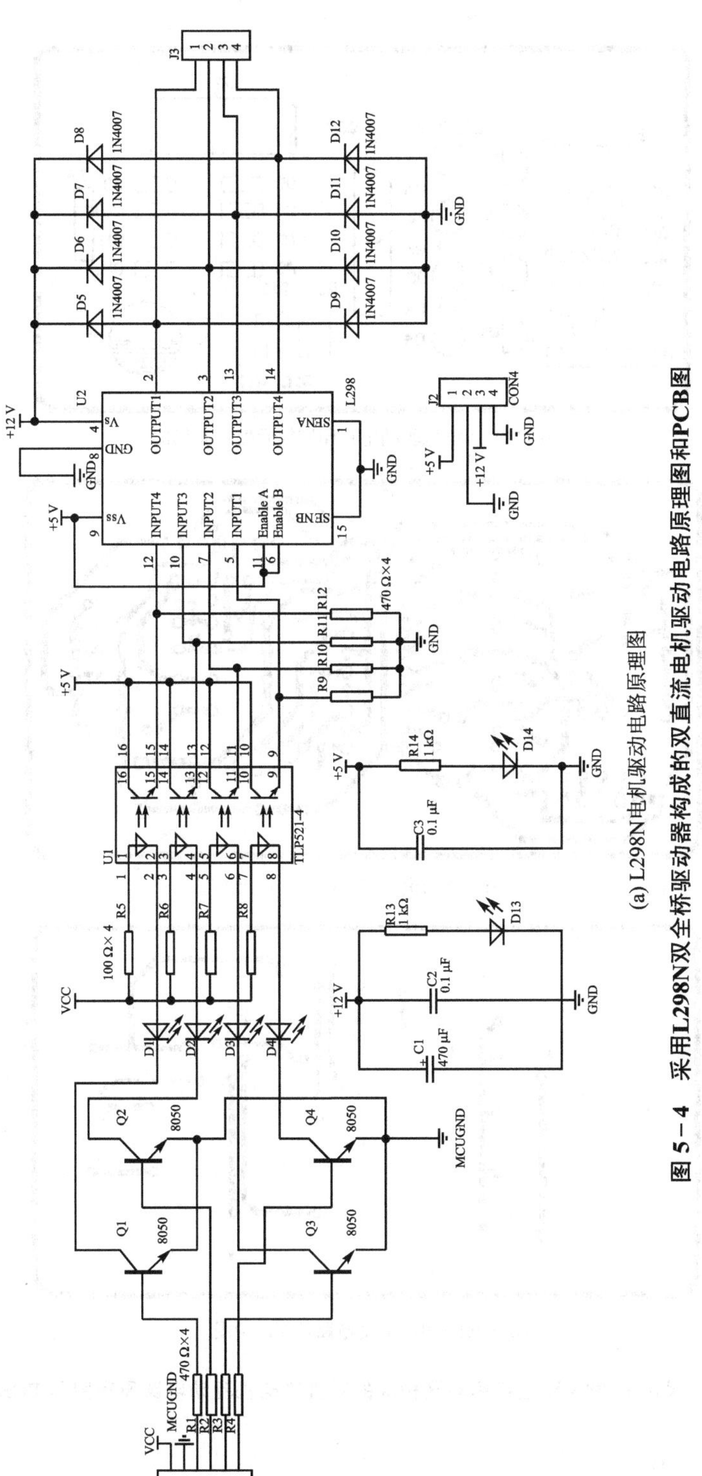

(a) L298N电机驱动电路原理图

图 5-4　采用L298N双全桥驱动器构成的双直流电机驱动电路原理图和PCB图

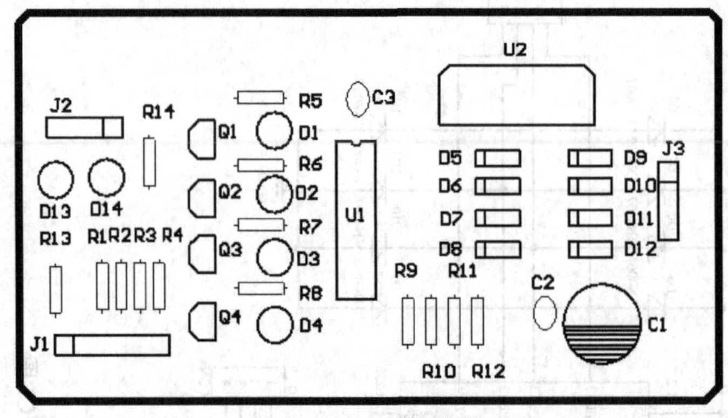

(b) L298N电机驱动电路印制板元器件布局图

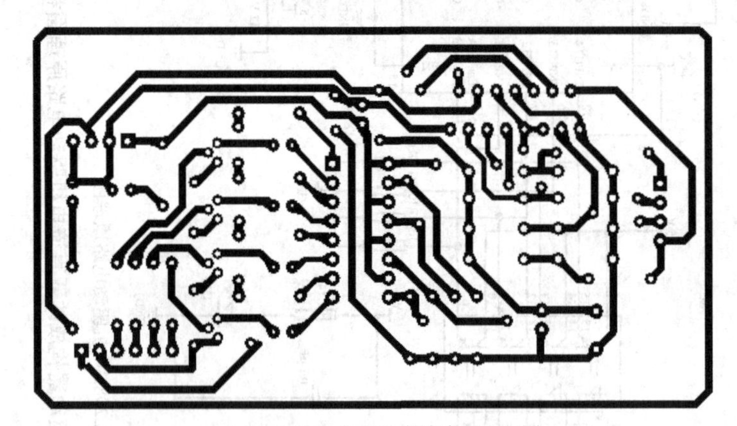

(c) L298N电机驱动电路底层PCB图

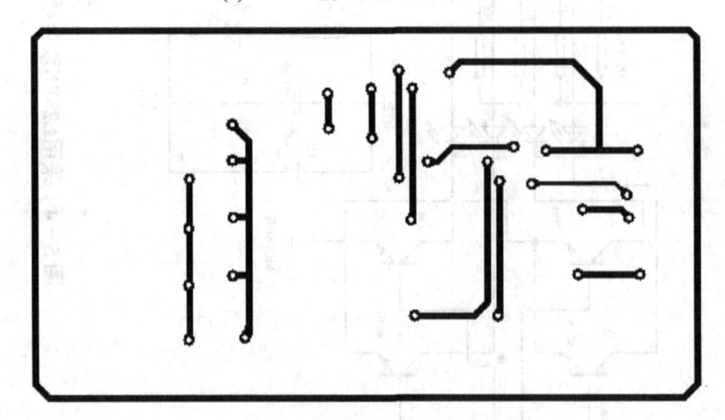

(d) L298N电机驱动电路顶层PCB图

图 5-4　采用 L298N 双全桥驱动器构成的双直流电机驱动电路原理图和 PCB 图(续)

5.2　基于 L297＋L298N 的步进电机驱动模块

5.2.1　L297 步进电机控制器封装形式与尺寸

L297 是 ST 公司生产的步进电机控制器芯片，采用 DIP－20 和 SO－20 封装形式，封装形式和尺寸如图 5－5 所示，封装尺寸如表 5－5 所列。

表 5－5　L297 的 DIP 封装尺寸

符　号	mm			in		
	最小值	典型值	最大值	最小值	典型值	最大值
a1	0.254			0.010		
B	1.39		1.65	0.055		0.065
b		0.45			0.018	
b1		0.25			0.010	
D			25.4			1.00
E		8.5			0.335	
e		2.54			0.100	
e3		22.86			0.900	
F			7.1			0.28
I			3.93			0.155
L		3.3			0.130	
Z			1.34			0.053

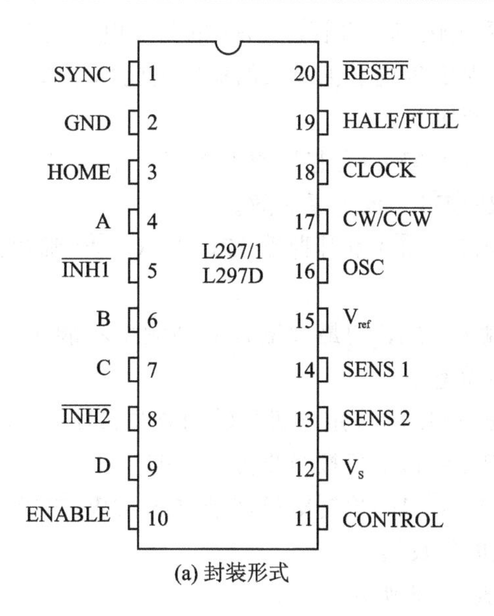

(a) 封装形式

图 5－5　L297 封装形式和尺寸

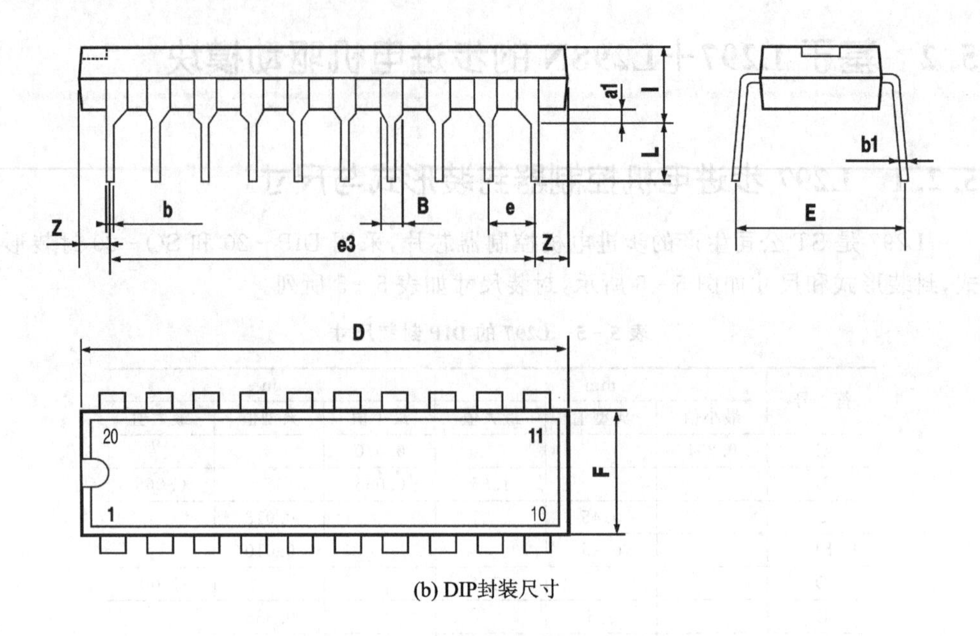

(b) DIP封装尺寸

图 5-5 L297 封装形式和尺寸(续)

5.2.2 L297 步进电机控制器的典型应用电路

L297 步进电机控制器的典型应用电路如图 5-6 所示,如图 5-6 所示电路可以用来驱动工作电流为 2 A 的步进电机,图中电流检测电阻 R_{S1} 和 R_{S2} 的阻值为 0.5 Ω,二极管 D1～D8 需要采用快速二极管。L297 的基准电压端 V_{ref} 输入电压的大小控制步进电机输入电流,为保证步进电机最大的额定电流 1.5 A,选择 V_{ref} 为 1 V。

L297 的引脚端功能如下:

引脚端 10(使能端 ENABL)为芯片的片选信号,高电平有效。

引脚端 20(复位 $\overline{\text{RESET}}$),低电平有效。

引脚端 19(HALF/$\overline{\text{FULL}}$)和引脚端 17(CW/$\overline{\text{CCW}}$)都通过上拉电阻连接到高电平。

引脚端 18(时钟输入 CLK)的最大输入时钟频率不能超过 5 kHz。控制时钟的频率,即可控制电机转动速率。

引脚端 19(HALF/$\overline{\text{FULL}}$)决定电机的转动方式:HALF/$\overline{\text{FULL}}$=0,电机按整步方式运转;HALF/$\overline{\text{FULL}}$=1,电机按半步方式运转。

引脚端 17(CW/$\overline{\text{CCW}}$)控制电机转动方向:CW/$\overline{\text{CCW}}$=1,电机顺时针旋转;CW/$\overline{\text{CCW}}$=0,电机逆时针旋转。

具体控制状态如表 5-6 所列。

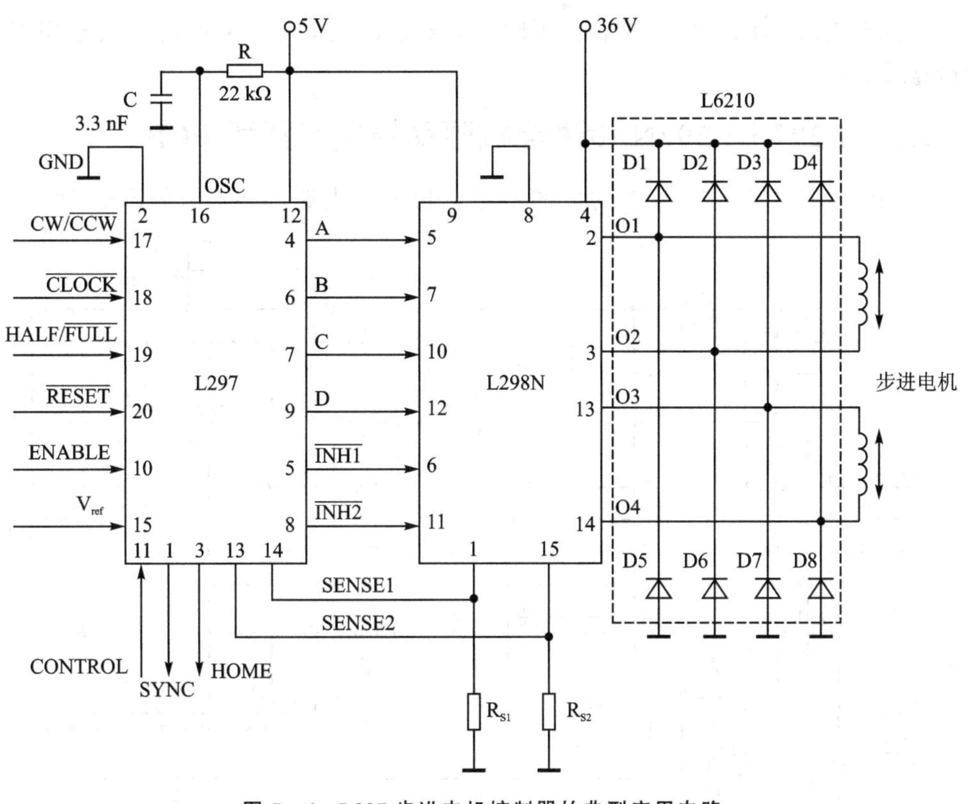

图 5-6　L297 步进电机控制器的典型应用电路

表 5-6　控制电机状态表

端口名称	光耦输入端	L297 端口	电机响应状态
$\overline{\text{RESET}}$	低电平	低电平	停止
	高电平	高电平	启动
ENABL	低电平	高电平	输入控制信号可以旋转
	高电平	低电平	停止旋转并保持
HALF/$\overline{\text{FULL}}$	低电平	高电平	半步工作模式
	高电平	低电平	全步工作模式
CW/$\overline{\text{CCW}}$	低电平	高电平	顺时针旋转
	高电平	低电平	逆时针旋转

控制信号 CW/$\overline{\text{CCW}}$经 L297 处理后，产生的四相 A、B、C、D 或$\overline{\text{INH1}}$和$\overline{\text{INH2}}$输入到 L298N 双全桥驱动器进行功率放大，经 L298N 功率放大后的四相控制信号输出到步进电机，控制步进电机运动。D1～D8 采用快速恢复二极管 1N5822，用来泄放绕组电流。

需要注意的是,L297和L298N的引脚端不能接反或接错,不同的接线模式,决定不同的分频模数。

5.2.3 L297+L298N步进电机驱动模块电路和PCB

一个采用L297+L298N构成的步进电机驱动电路和PCB图如图5-7所示。

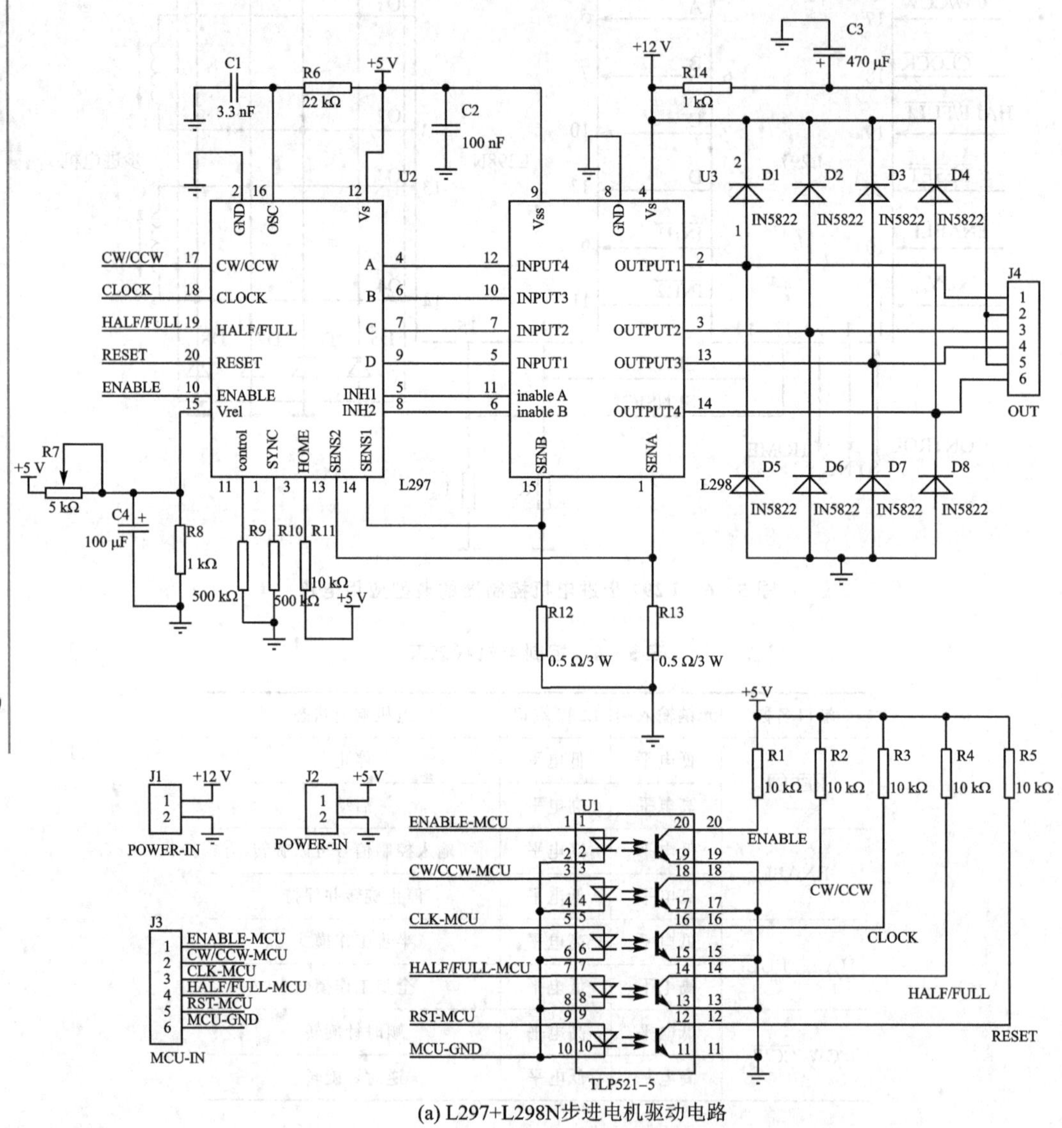

(a) L297+L298N步进电机驱动电路

图5-7 采用L297+L298N构成的步进电机驱动电路和PCB图

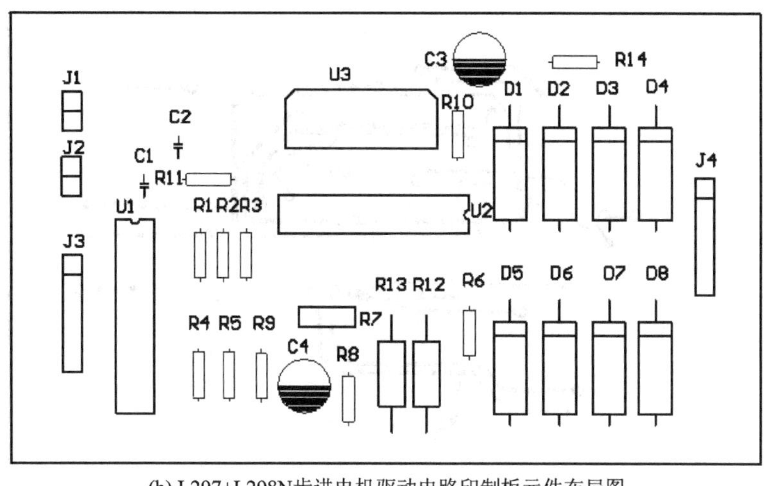

(b) L297+L298N步进电机驱动电路印制板元件布局图

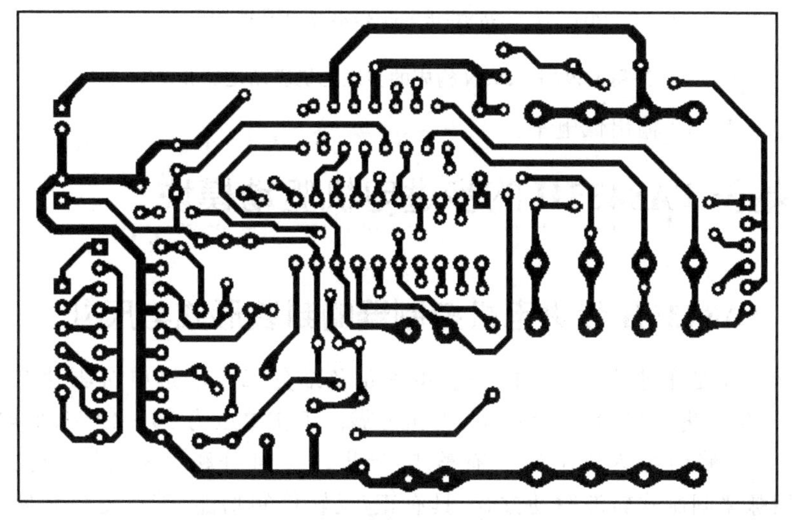

(c) L297+L298N步进电机驱动电路底层PCB图

图 5-7　采用 L297+L298N 构成的步进电机驱动电路和 PCB 图(续)

L297 译码器能将控制器的控制信号译成所需的相序，并将产生的四相 A、B、C、D 或控制信号 $\overline{\text{INH1}}$ 和 $\overline{\text{INH2}}$ 输入到 L298N，进行步进电机驱动控制。L298N 可以驱动直流电机和两个二相电机，也可以驱动一个四相电机，可直接通过电源来调节输出电压。L298N 的最大输出电流为 2 A，最高输入电压为直流 50 V，最大输出功率为 25 W。

图 5-7 中采用光耦 TLP521-5，用来隔离微控制器电路与电机驱动电路。图 5-7中R1～R5为限流电阻，阻值为 10 kΩ。光耦的引脚端 1、3、5、7、9 分别接微控制器的 6 个 I/O 口，光耦的引脚端 20、18、16、14、12 与 L297 连接；当控制 I/O 口输出高电平时，光耦内部发光二极管导通发光，使光敏三极管导通，从而使光耦的引脚

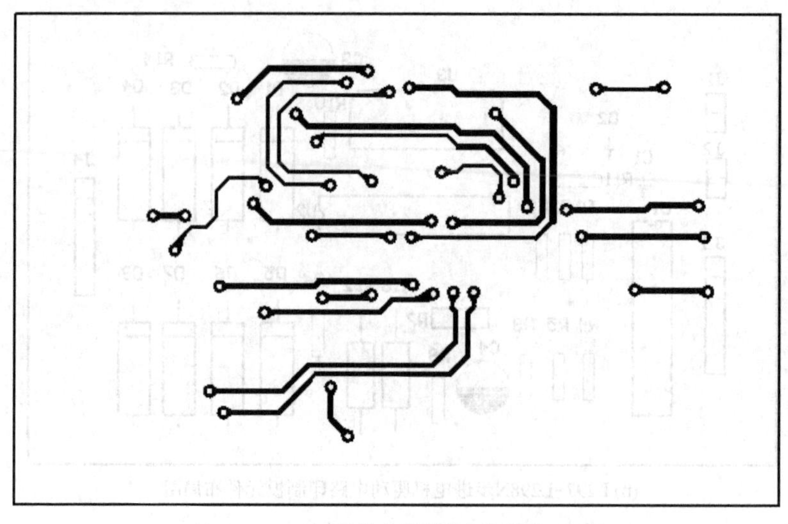

(d) L297+L298N步进电机驱动电路顶层PCB图

图 5-7 采用 L297+L298N 构成的步进电机驱动电路和 PCB 图(续)

端 20、18、16、14、12 输出低电平。

5.3 基于 TA8435H 的步进电机驱动模块

5.3.1 TA8435H 步进电机控制器的封装形式与尺寸

TA8435H 是东芝公司推出的一款单片正弦细分二相步进电机驱动专用芯片，可以驱动二相步进电机，且电路简单，工作可靠。工作电压为 10～40 V，平均输出电流可达 1.5 A，峰值可达 2.5 A，具有整步、半步、1/4 细分和 1/8 细分运行方式可供选择，采用脉宽调制式斩波驱动方式，具有正/反转控制功能，带有复位和使能引脚，可选择使用单时钟输入或双时钟输入。TA8435H 采用 ZIP25 封装形式，封装尺寸如图 5-8 所示，其引脚功能如表 5-7 所列。

表 5-7 TA8435H 引脚端功能

引 脚	符 号	功 能
1	S-GND	信号地
2	$\overline{\text{RESET}}$	复位端，低电平有效
3	$\overline{\text{ENABLE}}$	使能端，低电平有效，高电平时，各相输出被强制关闭
4	OSC	该脚外接电容的典型值可决定芯片内部驱动级的斩波频率
5	CW/$\overline{\text{CCW}}$	正、反转控制引脚

续表 5-7

引　脚	符　号	功　能
6、7	CK_2、CK_1	时钟输入端，可选择单时钟输入或双时钟输入，最大时钟输入为 5 kHz
8、9	M_1、M_2	选择激励方式：00—整步、10—半步、01—1/4 细分、11—1/8 细分
10	REF IN	V_{NF}输入控制，接高电平时 VNF 为 0.8 V，低电平时为 0.5 V
11	$\overline{MO}$	输出监视，用于监视输出电流峰值位置
13	VCC	逻辑电路供电引脚，一般为 5 V
15、24	V_{MB}、V_{MA}	B 相和 A 相负载地
16、19	$\Phi\overline{B}$、ΦB	B 相输出引脚
17、22	PG-B、PG-A	B 相和 A 相负载地
18、21	NF_B、NF_A	B 相和 A 相电流检测端，由该引脚外接电阻和 REF IN 引脚控制输出电流为 $I=V_{NF}/R_{NF}$
20、23	$\Phi\overline{A}$、Φ/A	A 相输出引脚

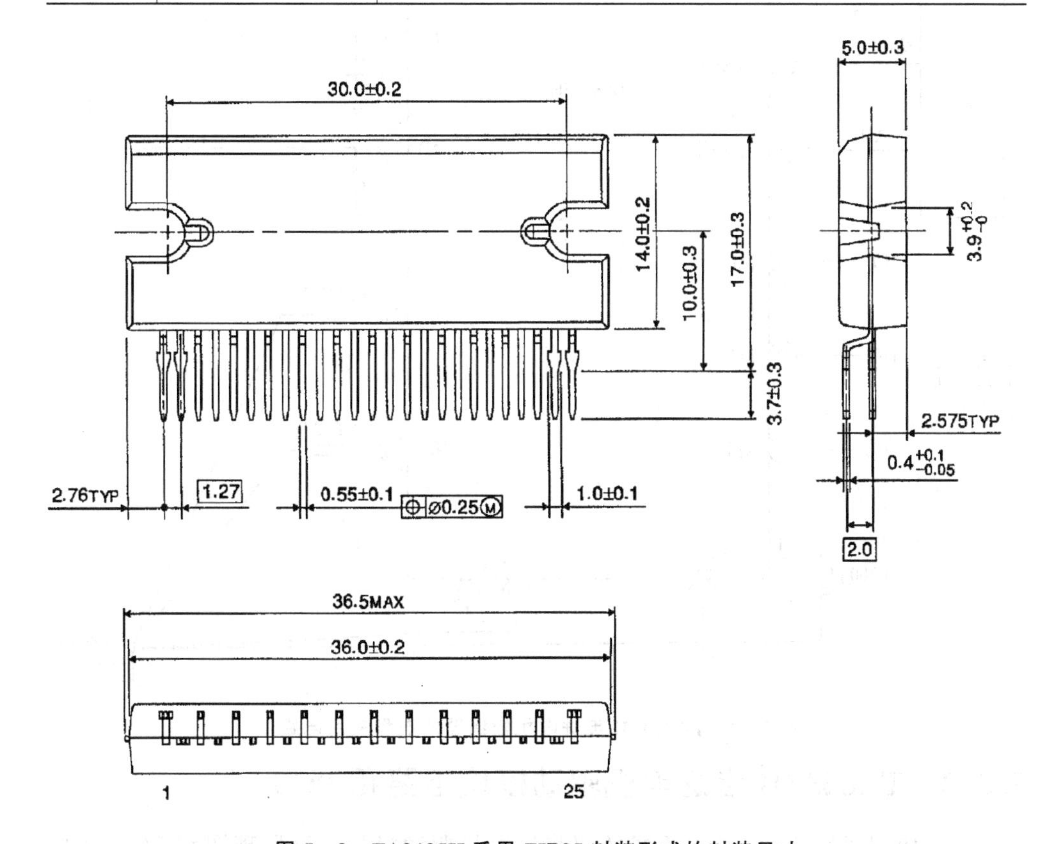

图 5-8　TA8435H 采用 ZIP25 封装形式的封装尺寸

5.3.2 TA8435H 步进电机控制器的典型应用电路

TA8435H 步进电机控制器的典型应用电路如图 5-9 所示。

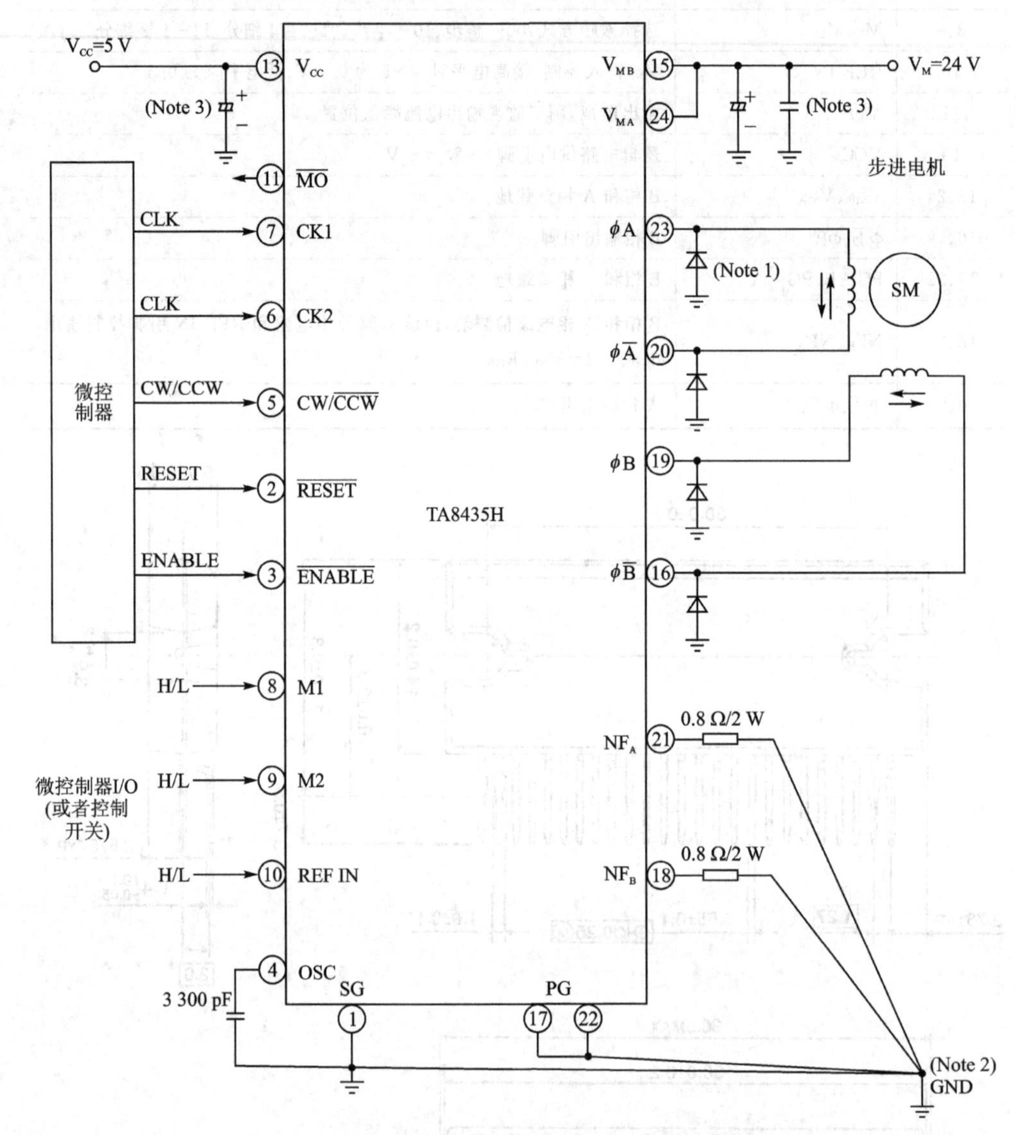

图 5-9 TA8435H 步进电机控制器的典型应用电路

5.3.3 TA8435H 步进电机驱动模块电路和 PCB

一个使用两片 TA8435H 构成的双步进电机驱动模块电路原理图和 PCB 图如图 5-10所示。

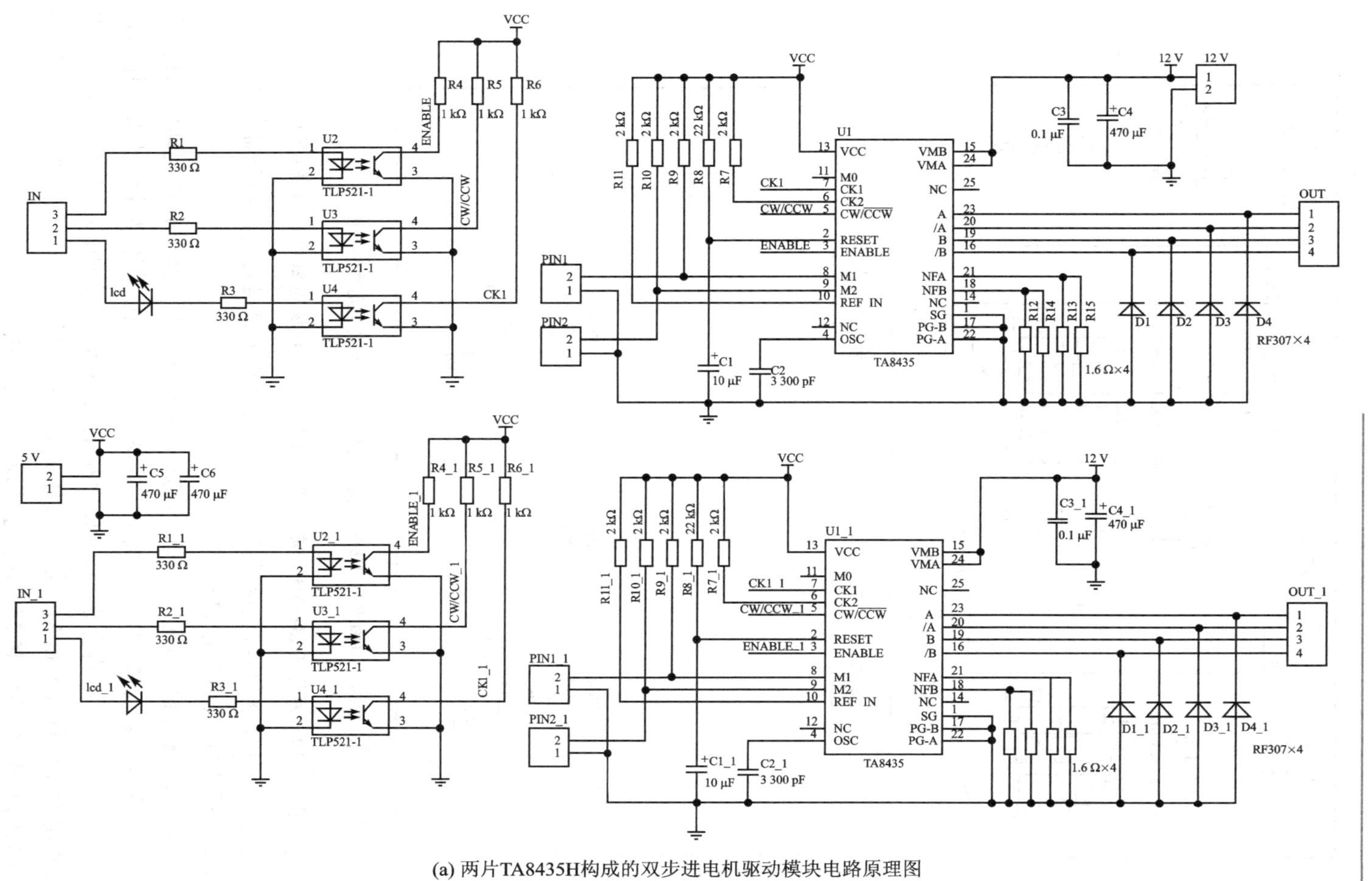

(a) 两片TA8435H构成的双步进电机驱动模块电路原理图

图 5-10　两片TA8435H构成的双步进电机驱动模块电路和PCB图

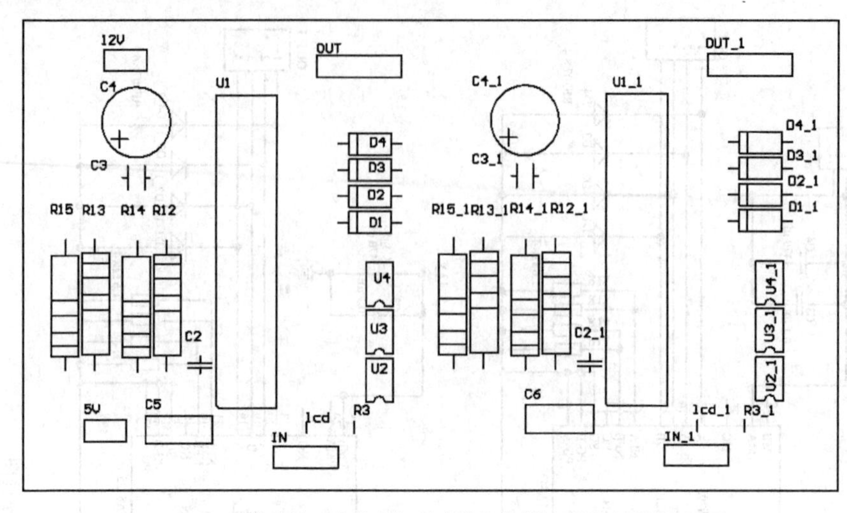

(b) TA8435H构成的双步进电机驱动模块印制板顶层元器件布局图

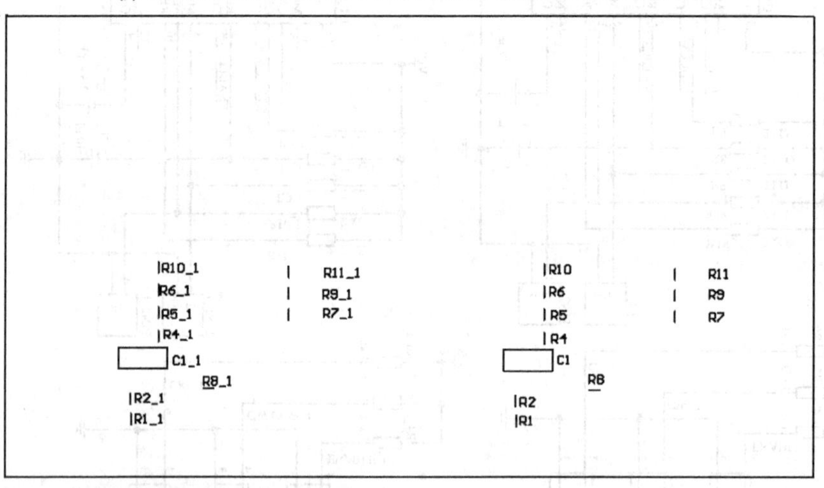

(c) TA8435H构成的双步进电机驱动模块印制板底层元器件布局图

图 5-10 两片 TA8435H 构成的双步进电机驱动模块电路和 PCB 图(续)

TA8435H 的使能信号、正反转控制信号和时钟输入信号通过光耦合器 TLP521-1 隔离后才与微控制器的 I/O 口相连。

TA8435H 具有控制电机以整步、半步、1/4 细分和 1/8 细分方式运动的功能，由 TA8435H 的第 8、9 引脚 M1、M2 决定。在本电路设计中，采用硬件设计来选择选择激励方式，M1 和 M2 引脚分别接 2 kΩ 上拉电阻，同时通过 PIN1-2 和 PIN2-2 引出，可使用跳线帽将 M1 和 M2 接地，具体激励方式选择如表 5-8 所列。当选用 1/8 细分的激励方式时，M1 和 M2 不通过跳线帽与地短接。

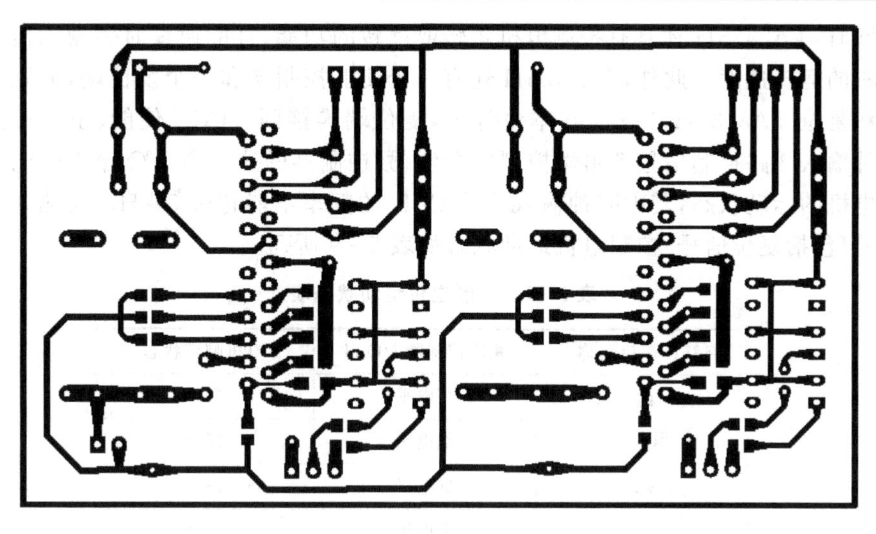

(d) TA8435H构成的双步进电机驱动模块底层PCB图

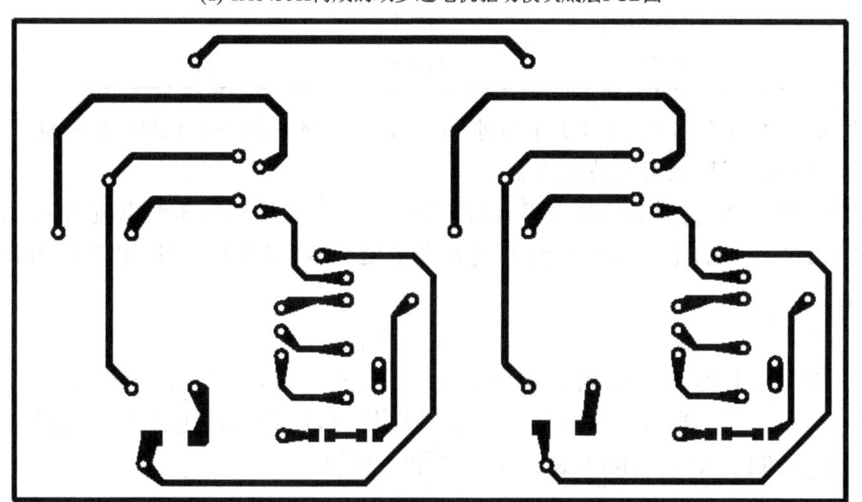

(e) TA8435H构成的双步进电机驱动模块顶层PCB图

图 5-10 两片 TA8435H 构成的双步进电机驱动模块电路和 PCB 图(续)

表 5-8 激励方式选择

M1 电平值	M2 电平值	激励方式
低电平	低电平	整步
高电平	低电平	半步
低电平	高电平	1/4 细分
高电平	高电平	1/8 细分

同时,TA8435H还具有控制电机正转或反转的功能,且能通过时钟输入信号控制电机的运转速度。此外,TA8435H还有一个使能控制端和一个复位端,分别用于使能和复位TA8435H工作。在本设计中,复位端连接到VCC。使能、正反转控制和时钟输入3路控制信号都由微控制器产生,微控制器的这3个I/O输出的电平决定了电机的运动状态,其中时钟输入信号CLK的频率不能超过5 kHz,其他3个控制信号(包括复位信号)控制电机运动状态如表5-9所列。

表5-9 控制电机运动状态表

TA8435H端口名称	相应控制器I/O口	电机响应状态
复位端 $\overline{\text{RESET}}$	高电平	启动
	低电平	停止
使能端 $\overline{\text{ENABLE}}$	低电平	停止
	高电平	启动
正反转控制端 CW/$\overline{\text{CCW}}$	低电平	正转
	高电平	反转

电路中R8、C1和R8_1、C1_1分别组成复位电路。D1～D4、D1_1～D4_1采用快恢复二极管,可用来泄放绕组电流。

由于REF IN引脚端接高电平,因此VF为0.8 V,输出极斩波电流为V_{nf}/R_{nf}=0.8 V/0.8 Ω=1 A,电路输出电流I_O与基准电压V_{REF}和连接在NF_A和NF_B引脚端的电阻有关。

$$I_O = V_{REF}/R_{NF}$$

式中,REF IN引脚端连接到高电平,V_{REF}=0.8 V;REF IN引脚端连接到低电平,V_{REF}=0.5 V。当选用不同的二相步进电机时,应根据其电流大小选择合适的R12、R12_1、R13、R13_1、R14、R14_1、R15和R15_1。

第6章 信号发生器电路模块制作

6.1 基于 MAX038 的函数信号发生器模块

6.1.1 MAX038 简介

MAX038 是 Maxim 公司生产的一款精密高频波形发生器，只需要很少的外部元件就能产生准确的高频正弦波、三角波和方波；输出频率和占空比可以通过调整电流、电压或电阻来分别地控制。所需的输出波形可由在 A0 和 A1 输入端设置适当的代码来选择；具有 0.1 Hz～20 MHz 的工作频率范围，15%～85%可变的占空比，0.1 Ω 的低阻抗输出缓冲器，正弦波失真为 0.75%，200×10^{-6}/℃的低温度漂移，采用 DIP－20 和 SO－20 封装，适合作为频率调制器、频率合成器、FSK 发生器(正弦波与方波)、锁相环(PLL)、精密函数发生器、脉冲宽度调制器和压控振荡器应用。

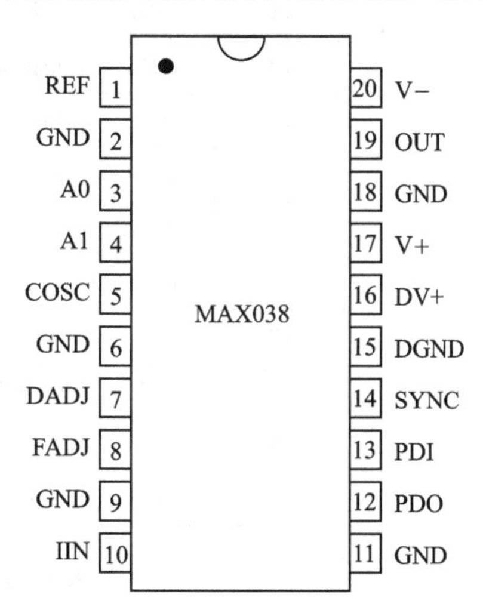

图 6－1 MAX038 引脚封装形式

1. MAX038 引脚端封装形式

MAX038 引脚封装图如图 6－1 所示，各引脚功能描述如表 6－1 所列。

2. 波形的产生控制

MAX038 可以产生正弦波、方波和三角波。具体的输出波形由地址 A0 和 A1 的输入电平进行设置，如表 6－2 所列。若将 A0 和 A1 引脚分别与微控制器相连，则可通过程序控制在任意时刻进行波形的切换，而不必考虑输出信号当时的相位。

表6-1 MAX038的引脚功能

引 脚	符 号	功 能
1	REF	输出2.5 V带隙基准电压
2	GND	电源地
3	A0	波形选择输入端,TTL/CMOS兼容
4	A1	波形选择输入端,TTL/CMOS兼容
5	COSC	外部电容连接端
6	GND	电源地
7	DADJ	占空比调整输入端
8	FADJ	频率调整输入端
9	GND	电源地
10	IIN	用于频率控制的电流输入端
11	GND	电源地
12	PDO	相位检波器输出端,若不使用则接地
13	PDI	相位检波器基准时钟输入端,若不使用则接地
14	SYNC	同步输出端,TTL/CMOS兼容
15	DGND	数字地,开路则使SYNC无效或不使用SYNC
16	DV+	数字+5 V电源,若SYNC不用则使之开路
17	V+	+5 V电源
18	GND	电源地
19	OUT	正弦波、方波和三角波输出端
20	V-	-5 V电源

表6-2 输出波形控制

A0	A1	输出波形
X	1	正弦波
0	0	方波
1	0	三角波

注:X为任意电平值。

3. 输出频率的调整

输出频率的调整方式主要有粗调和细调两种。

粗调取决于IIN引脚的输入电流I_{IN}、COSC引脚的电容量C_F(对地)以及FADJ

引脚上的电压。当 $V_{FADJ}=0$ V 时，由式(6－1)得输出的中心频率 f_0 表达式为

$$f_0 = \frac{I_{IN}}{C_F} \tag{6-1}$$

当 I_{IN} 在 10～400 μA 范围变化时，电路可以获得最佳的工作性能。对于固定频率工作，可设置 I_{IN} 接近于 100 μA，并选择一个适当的电容值。电容的取值范围可以为 100 μF～20 pF，但必须用短的引线使电路的分布电容减到最小。

本设计通过在 IIN 引脚和 VREF 引脚之间接入 500 kΩ 的电位器 R_3 和 1 kΩ 的保护电阻 R_4 来调整 IIN 引脚的输入电流 I_{IN}，R_3 的阻值由 I_{IN} 的最佳工作范围决定；COSC 引脚的电容通过跳线帽可方便地在 22 μF、22 nF、200 pF 和 20 pF 中选择，且电容直接接地，减小了电路的分布电容，也减小了其他杂散信号对这个支路的耦合；因此通过调节电位器的大小和选择不同的电容，便可调整中心频率 f_0，由式(6－2)可得出 f_0 的表达式为

$$f_0 = \frac{V_{REF}}{R_3 C_F} \tag{6-2}$$

频率的细调可通过在 FADJ 引脚施加一个±2.4 V 的电压，使输出频率的调节范围为 $f=(0.3～1.7)f_0$。为方便人工调整，本设计采用在 REF(＋2.5 V)和 FADJ 之间接上 20 kΩ 的电位器 R_2，调节 R_2 的阻值便可得到不同的 V_{FADJ} 值。例如，要得到＋58.3％的偏移，需－2.0 V的 V_{FADJ} 值。

$$R_2 = \frac{V_{REF} - V_{FADJ}}{250\ \mu A} \tag{6-3}$$

本设计只须调节 R_2 为[＋2.5－(－2.0)] V/250 μA＝18 kΩ 便可实现。

综上所述，本设计的输出频率 f 为

$$f = \frac{K \times V_{REF}}{R_2 \times C_F} \tag{6-4}$$

式中，K 的取值范围为 0.3～1.7，由电位器 R_2 的阻值决定。通过适当调节电位器 R_1、R_2 和 R_3，在 C_4、C_5、C_7 和 C_9 中选择合适的电容，便可输出所需频率。

4. 占空比的调整

利用 DADJ 引脚上电压值的变化控制波形的占空比。当 $V_{DADJ}=0$ V 时，占空比为 50 ％。若 V_{DADJ} 在±2.3 V 范围变化，则将引起输出波形占空比在 15 ％～85 ％的变化，在此变化范围内改变占空比对输出频率的影响最小。

同调节输出频率的方法一样，为了方便人工调整占空比，本设计采用在 REF(＋2.5 V)和 DADJ 引脚之间接 20 kΩ 的电位器 R_1，电阻的取值为

$$R_1 = \frac{V_{REF} - V_{DADJ}}{250\ \mu A} \tag{6-5}$$

若要得到 23 ％的占空比，则需要 $V_{DADJ}=-1.5$ V，由式(6－5)可知，将电位器 R_1 调为 16 kΩ 即可。

6.1.2 基于 MAX038 的函数信号发生器模块电路和 PCB

基于 MAX038 的函数信号发生器模块电路原理图和 PCB 图如图 6-2 所示。

电容所决定的输出波形的频率范围如表 6-3 所列,电容所决定的输出方波、锯齿波的占空比如表 6-4 所列。

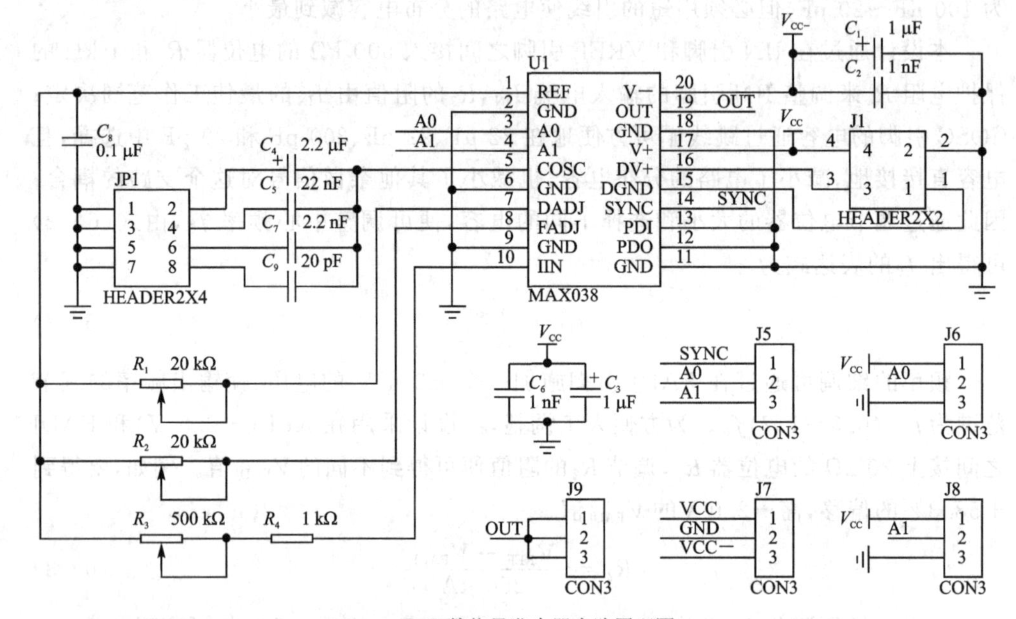

(a) MAX038函数信号发生器电路原理图

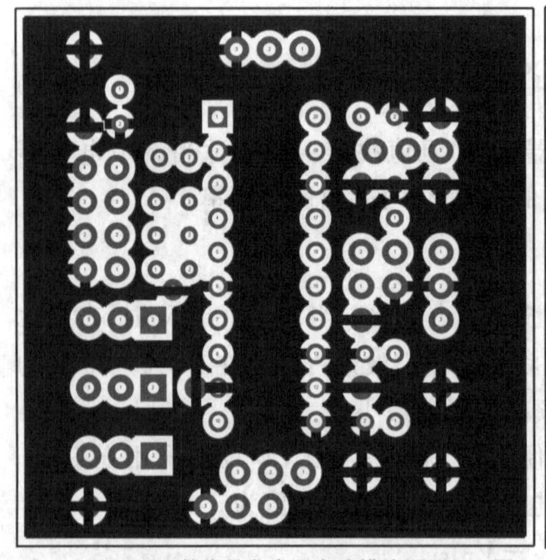

(b) MAX038函数信号发生器电路模块顶层PCB图

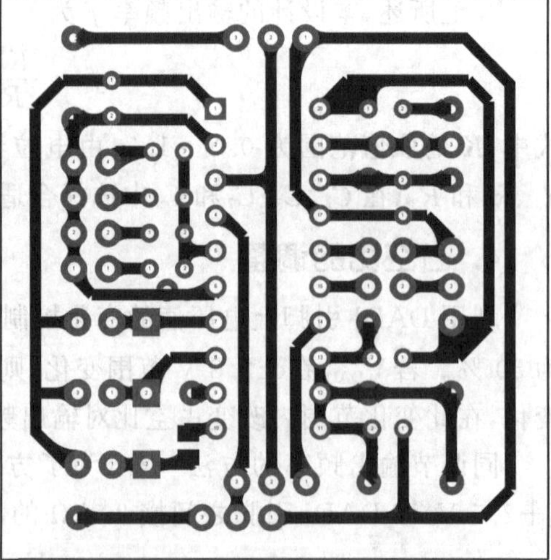

(c) MAX038函数信号发生器电路模块底层PCB图

图 6-2 基于 MAX038 的函数信号发生器模块电路和 PCB 图

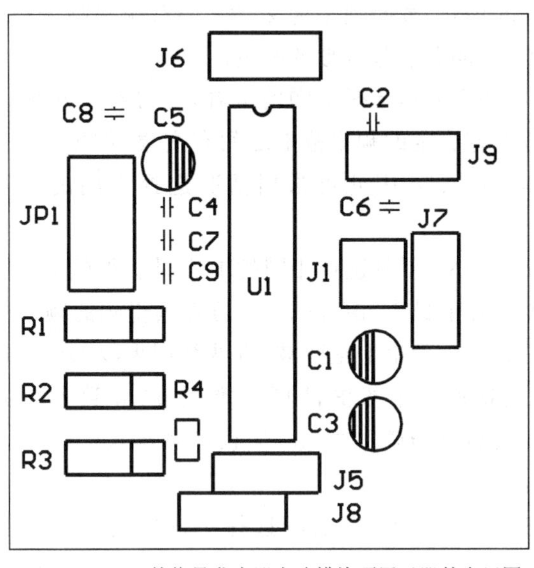

(d) MAX038函数信号发生器电路模块顶层元器件布局图

图6-2 基于MAX038的函数信号发生器模块电路和PCB图(续)

表6-3 电容所决定的输出波形的频率范围

波 形	频率范围	各电容决定的频率范围			
		C_9(20 pF)	C_7(2.2 nF)	C_5(2.2 μF)	C_4(22 μF)
正弦波	2.139 Hz~30.98 MHz	60.75 kHz~30.98 MHz	1.292~834.7 kHz	87.26 Hz~36.28 kHz	2.139~425.2 Hz
方波	2.222 Hz~62.88 kHz	失真	1.208~6.811 kHz	2.222~505.0 Hz	92.77 Hz~62.88 kHz
锯齿波	3.098 Hz~564.3 kHz	61.80~564.3 kHz	1.043~315.7 kHz	3.098~286.7 Hz	90.09 Hz~58.28 kHz

表6-4 电容所决定的输出方波和锯齿波的占空比

波 形	各电容决定的占空比范围			
	C_9(20 pF)	C_7(2.2 nF)	C_5(2.2 μF)	C_4(22 μF)
方波	失真	5.88%~92.31%	8.00%~84.00%	8.33%~92.86%
锯齿波	10.00%~90.00%	10.34%~86.21%	11.11%~89.00%	7.69%~92.31%

由表6-3可知:

① 不同的波形得到的频率范围不同。正弦波最高频率可达30.89 MHz,最低频率为2.139 Hz;锯齿波最高频率为564.3 kHz;最低频率为3.098 Hz;而方波能调出

的最高频率只有 62.88 kHz,最低频率为 2.222 Hz,频率高于各波形的最高频率或低于各波形的最低频率,都会引起波形的失真。

② 同一波形在 COSC 引脚选择不同的电容,可得到不同频率。在表 6-3 中可看出,对任一波形,各电容决定的频率范围之间有交集,如正弦波由 C_9 和 C_7 都可以调出频率 60.75～834.7 kHz,因此可根据情况选择不同的电容来得到所需要的频率。

③ 不同的波形在 COSC 引脚选择相同的电容时所得的频率范围也不同。因 C_9 电容值在可选的 4 个电容中最小,由式(6-1)可知其得到的频率最高,故当 COSC 引脚电容选择 20 pF 的 C_9 时,理论上正弦波、方波和锯齿波都可调出最高频率,但实际上,在选择 C_9 时,本模块所得的方波波形严重失真,导致方波的最高频率只能由 2.2 nF的 C_7 来决定,最高只能调出 62.88 kHz 的频率。

由表 6-4 可知:

① 方波、锯齿波分别在 COSC 引脚选择不同的电容时所得到的占空比范围不同。

② 在 COSC 引脚选择相同的电容,方波和锯齿波所得到的占空比范围不同。

由各图可看出,方波在频率高于 5.967 kHz 时,波形上会出现毛刺,说明此模块产生的正弦波和锯齿波比产生的方波稳定,且可达到的频率更高;在调试过程中,电源信号的不稳也会造成波形的动荡。

6.2 基于 AD9850 的信号发生器模块

6.2.1 AD9850 简介

1. AD9850 主要技术特性

AD9850 包含有 DDS、数/模转换器和比较器,可以构成一个直接可编程的频率合成器和时钟发生器。当采用一个精确的时钟脉冲信号源时,AD9850 可以产生一个稳定的频率和相位可编程的数字化的模拟正弦波输出。这个正弦波可以直接作为频率源,或在芯片内部被改变为方波在时钟发生器中应用。

AD9850 的高速 DDS 核心采用一个 32 位的频率调谐字,在采用一个 125 MHz 系统时钟情况下,输出调谐分辨率为 0.029 1 Hz;提供 5 bit 的相位调制分辨率;能够移相 180°、90°、45°、22.5°和 11.25°。

频率调谐字、控制器字和相位调制字可通过并行或串行的装载格式异步装入 AD9850。并联装载格式由 5 个重复装入的 8 位控制字组成。第 1 个 8 位字节控制相位调制,激活低功耗和装载格式;剩余的 2~5 字节组成 32 位频率调谐字。串行装载采用 40 位的串行数据流通过并行输入总线中的一个来完成。

AD9850采用了先进的CMOS技术，电源电压为3.3 V或者5 V。当125 MHz(5 V)时，功耗为380 mW；当110 MHz(3.3 V)时，功耗为155 mW；当低功耗模式电源电压5 V时，功耗为30 mW，当电源电压3.3 V时，功耗为10 mW。

2. AD9850引脚功能与内部结构

AD9850采用SSOP-28封装，内部结构和引脚端封装形式如图6-3所示，引脚功能如表6-5所列。

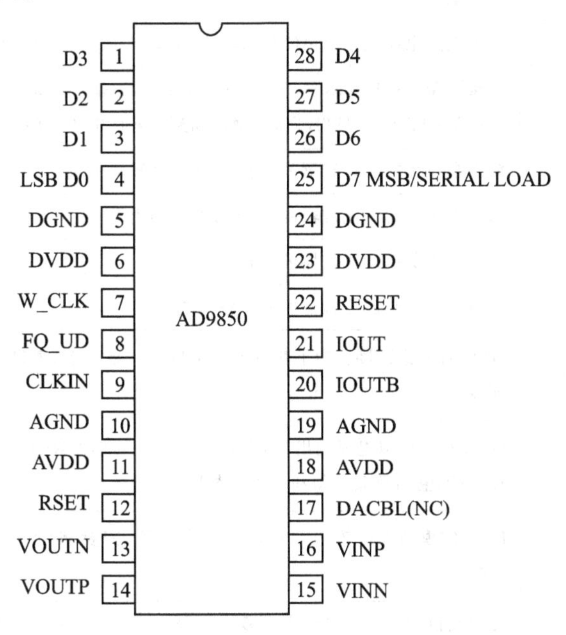

图6-3 AD9850的引脚封装形式

表6-5 AD9850引脚功能

引脚	符号	功能
4～1，28～25	D0～D7	8位数据输入。此数据端口用来装载32位频率字和8位数据/控制字。D7＝MSB，D0＝LSB。D7(引脚端25)也作为40位串行数据字的输入引脚端
5	PGND	6×REFCLK乘法器接地
6	PVCC	6×REFCLK乘法器的电源电压正端
7	W_CLK	字节装载时钟。在时钟上升沿，并联或串联的频率/数据/控制字异步装载到40位的寄存器
8	FQ_UD	频率更新。在上升沿，40位寄存器输入端的内容被异步传输到DDS内核。当知道输入寄存器的内容是有效时，FQ_UD必须溢出

续表 6-5

引 脚	符 号	功 能
9	CLKIN	基准时钟输入端。CMOS/TTL电平脉冲串,直接或通过6×REFCLK乘法器产生。在直接模式下,也是SYSTEM CLOCK。如果6×REFCLK正在工作中,则乘法器输出的是SYSTEM CLOCK。SYSTEM CLOCK的上升沿启动运行
10,19	AGND	模拟地
11,18	AVDD	模拟电路电源电压(DAC和比较器,引脚端18)和基准电压引脚端11
12	RSET	连接DAC的外部R_{SET},对于10 mA输出,连接一个3.92 kΩ的电阻器到地,设置在IOUT和IOUTB之间DAC满刻度输出电流。$R_{SET}=39.93\ V/I_{OUT}$
13	VOUTN	输出电压负端。比较器的互补CMOS逻辑输出端
14	VOUTP	输出电压正端。比较器的CMOS逻辑输出端
15	VINN	电压输入负端。比较器的反相输入端
16	VINP	电压输入正端。比较器的同相输入端
17	DACBP	DAC的旁路连接。为了获得SFDR最佳性能,DAC基准电压旁路连接(一般不连接)
20	IOUTB	DAC互补模拟电流输出端,有着与IOUT同样的特性。为了获得SFDR的最佳性能,输出负载必须和IOUT相同
21	IOUT	DAC的模拟电流输出。它是一个电流源,需要利用一个电阻进行电流电压变换
22	RESET	主设复位引脚端。高电平有效。当高电平时,使得DDS累加器和相位移位寄存器置0。设置编程为并行模式,并且脱离6×REFCLK乘法器。复位不清除40位输入寄存器的内容。当电源导通时,RESET优先
23	DVDD	数字电路电源电压正端
24	DGND	数字电路地

AD9850的内部结构如图6-4所示。芯片内部包含有6×基准时钟乘法器(6×REFCLK MULTIPLIER)、高速DDS内核(HIGH SPEED DDS)、频率/相位数据寄存器(FREQUENCY/PHASE DATA REGISTER)、10位DAC(10-BIT DAC)、32位调谐字通道(32-BIT TUNING WORD)、相位和控制字通道(PHASE AND CONTROL WORDS)、数据输入寄存器(DATA INPUT REGISTER)、比较器(COMPARATOR)、串行装入接口(SERIAL LOAD)和并行装入接口(PARALLEL LOAD)等电路。

3. AD9850的控制字与控制时序

AD9850有40位控制字,32位用于频率控制,5位用于相位控制,1位用于电源

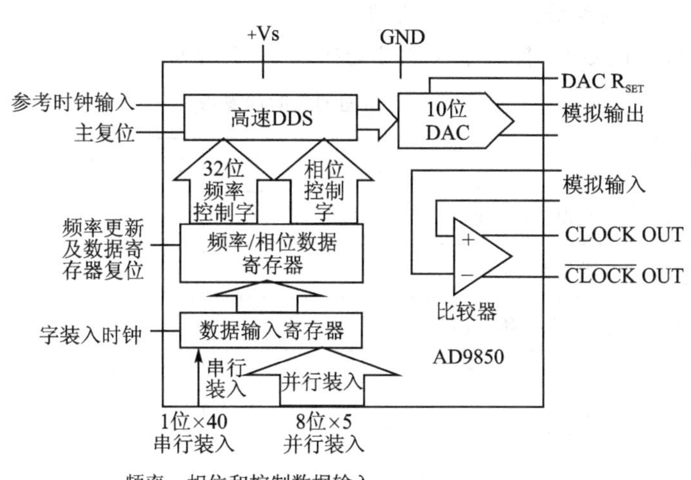

图 6－4　AD9850 的内部结构方框图

休眠控制,2 位用于选择工作方式。这 40 位控制字可通过并行方式或串行方式输入到 AD9850,如图 6－5 所示是控制字并行输入的控制时序图,在并行装入方式中,通过 8 位总线 D0～D7 可将数据输入到寄存器,在重复 5 次之后再在 FQ_UD 上升沿把 40 位数据从输入寄存器装入到频率/相位数据寄存器(更新 DDS 输出频率和相位),同时把地址指针复位到第一个输入寄存器。接着在 W_CLK 的上升沿装入 8 位数据,并把指针指向下一个输入寄存器,连续 5 个 W_CLK 上升沿后,W_CLK 的边沿就不再起作用,直到复位信号或 FQ_UD 上升沿把地址指针复位到第一个寄存器。

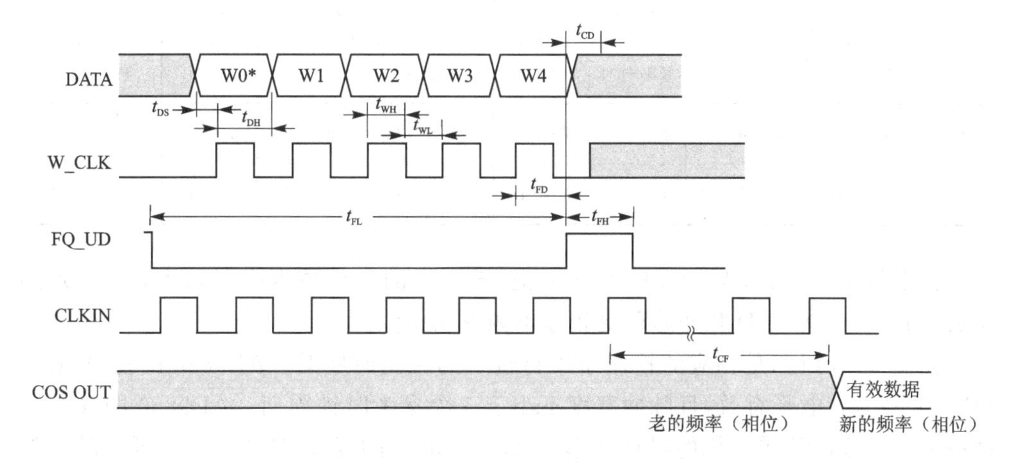

图 6－5　控制字并行输入的时序图

时序图的各时间参数如表 6－6 所列。

8 位并行装入的数据/控制字功能分配如表 6－7 所列。

表 6－6　时序图的各时间参数

符　号	定　义	最小值
t_{DS}	数据建立时间	3.5 ns
t_{DH}	数据保持时间	3.5 ns
t_{WH}	W_CLK 高电平时间	3.5 ns
t_{WL}	W_CLK 低电平时间	3.5 ns
t_{CD}	时钟在 FQ_UD 后的延迟时间	3.5 ns
t_{FH}	FQ_UD 高电平时间	7.0 ns
t_{FL}	FQ_UD 低电平时间	7.0 ns
t_{FD}	FQ_UD 在 W_CLK 后的延迟时间	7.0 ns
t_{CF}	FQ_UD 后的反应时间	x

注：频率改变，18 个时钟周期；相位改变，13 个时钟时期。

表 6－7　8 位并行装入的数据/控制字功能分配

字	Data[7]	Data[6]	Data[5]	Data[4]	Data[3]	Data[2]	Data[1]	Data[0]
W0	相位－b4(MSB)	相位－b3	相位－b2	相位－b1	相位－b0(LSB)	低功耗	控制	控制
W1	频率－b31(MSB)	频率－b30	频率－b29	频率－b28	频率－b27	频率－b26	频率－b25	频率－b24
W2	频率－b23	频率－b22	频率－b21	频率－b20	频率－b19	频率－b18	频率－b17	频率－b16
W3	频率－b15	频率－b14	频率－b13	频率－b12	频率－b11	频率－b10	频率－b9	频率－b8
W4	频率－b7	频率－b6	频率－b5	频率－b4	频率－b3	频率－b2	频率－b1	频率－b0(LSB)

在串行输入方式，W－CLK 上升沿把 25 引脚的一位数据串行移入，当移动 40 位后，用一个 FQ－UD 脉冲即可更新输出频率和相位。

如图 6－6 所示是相应的控制字串行输入的控制时序图。AD9850 的复位(RESET)信号为高电平有效，且脉冲宽度不小于 5 个参考时钟周期。AD9850 的参考时钟频率一般远高于单片机的时钟频率，因此 AD9850 的复位(RESET)端可与微控制器的复位端直接相连。

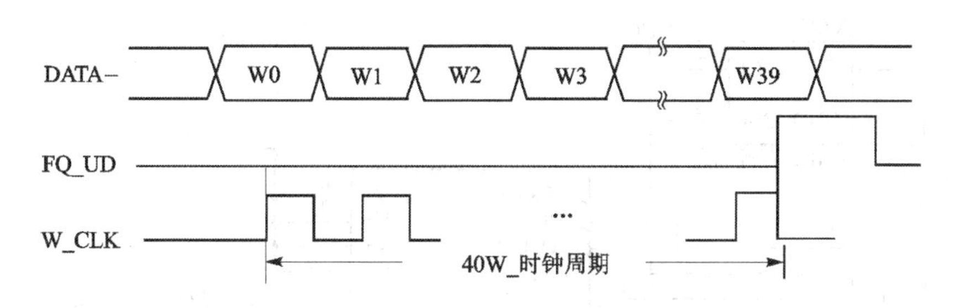

图 6-6 控制字串行输入的时序图

4. AD9850 使用注意事项

AD9850 使用注意事项如下：

① AD9850 作为时钟发生器使用时，输出频率要小于参考时钟频率的 33%，这样可避免混叠或谐波信号落入有用的输出频带内，减少外部滤波器的要求。

② AD9850 参考时钟频率最低为 1 MHz，如果低于此频率，则系统自动进入电源休眠方式；如果高于此频率，则系统恢复正常。

③ 含有 AD9850 的印制线路板应是多层板，要有专门的电源层和接地层，且电源层和接地层中没有引起层面不连续的蚀刻导线条。推荐在多层板的顶层应留有带一定间隙的接地面，以便为表面安装器件提供方便。如果分立的模拟接地面和数字接地面都存在，为得到最佳效果，则应该在 AD9850 处将它们接在一起。

④ 避免在 AD9850 器件下面走数字线，以免把噪声耦合进芯片。避免数字线和模拟线交叉。印制线路板相对面的走线应该相互正交，以减小线路板的馈通影响。在可能的条件下，应采用微带线技术。

⑤ 对应时钟这样的高速开关信号应该用地线屏蔽，避免把噪声辐射到线路板上其他部分。

⑥ 要考虑用良好的去耦电路。AD9850 电源线应尽量宽，使阻抗低，减小尖峰影响。模拟电源和数字电源要独立，分别把高质量的陶瓷去耦电容接到各自的接地引脚。去耦电容应尽量靠近器件。

6.2.2 基于 AD9850 的信号发生器模块电路和 PCB

基于 AD9850 的信号发生器模块电路原理图和 PCB 图如图 6-7 所示。**注意：**此电路的输出端没有加滤波器；P2 为波形输出口。

一个输出带有滤波器的、基于 AD9850 的信号发生器模块电路和 PCB 图如图 6-8所示。

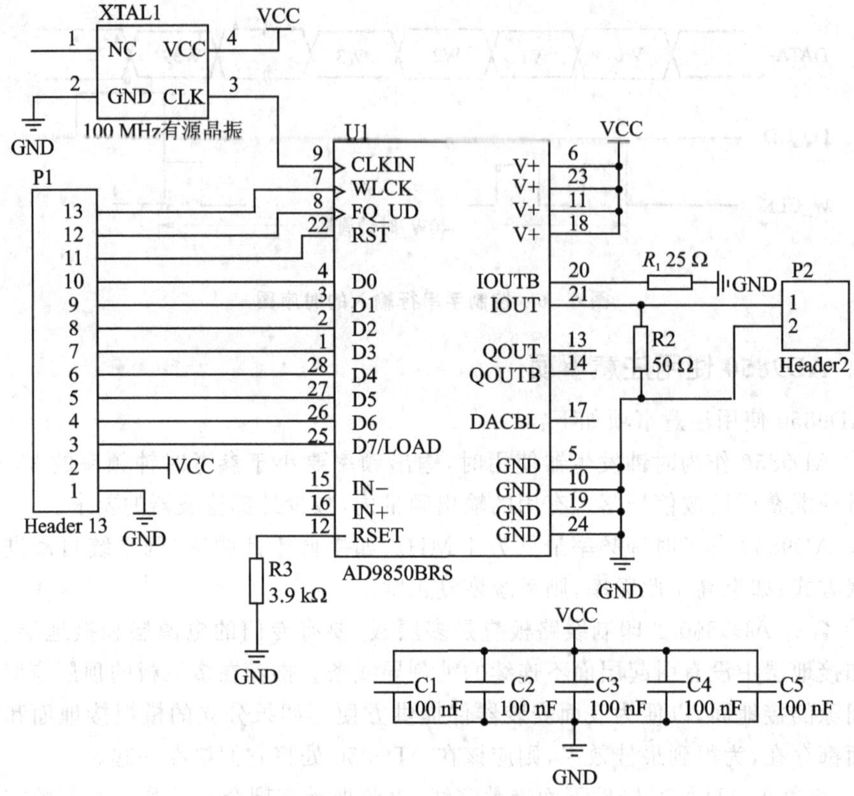

(a) 基于AD9850 的信号发生器模块电路

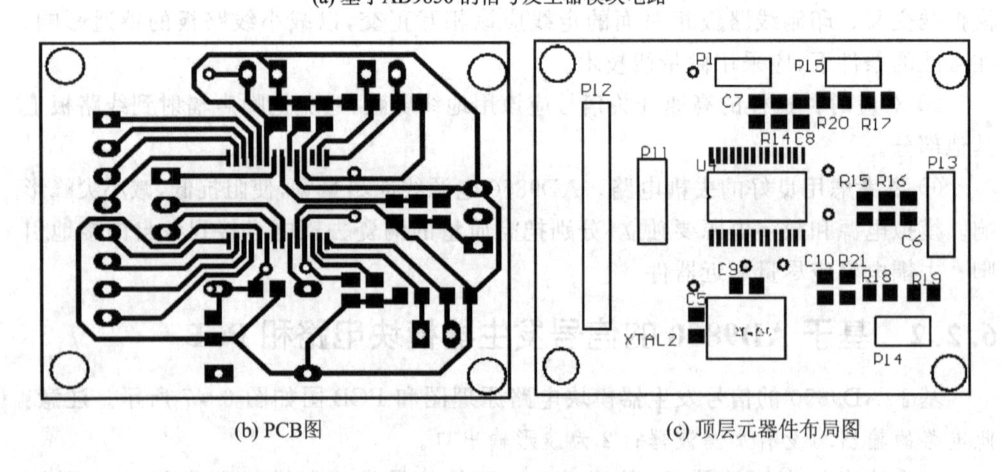

(b) PCB图　　(c) 顶层元器件布局图

图 6-7　基于 AD9850 的信号发生器模块电路和 PCB 图

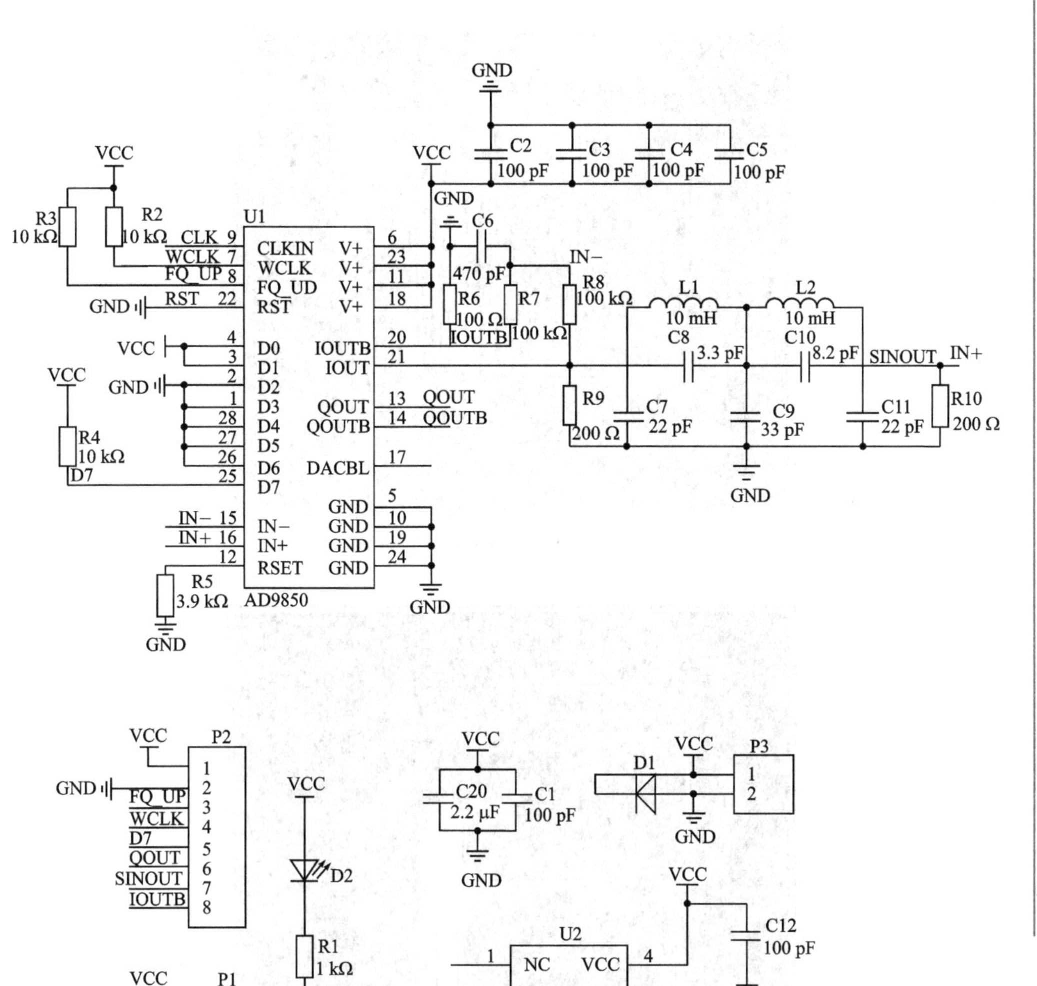

(a) AD9850信号发生器电路

图6-8 输出带有滤波器的AD9850信号发生器模块电路和PCB图

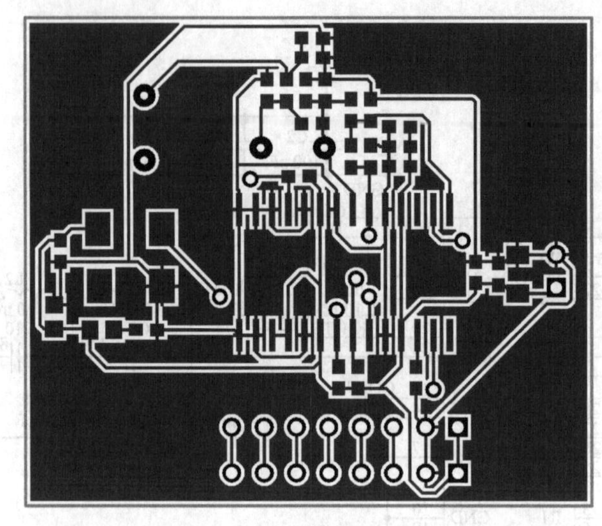

(b) AD9850信号发生器电路顶层PCB图

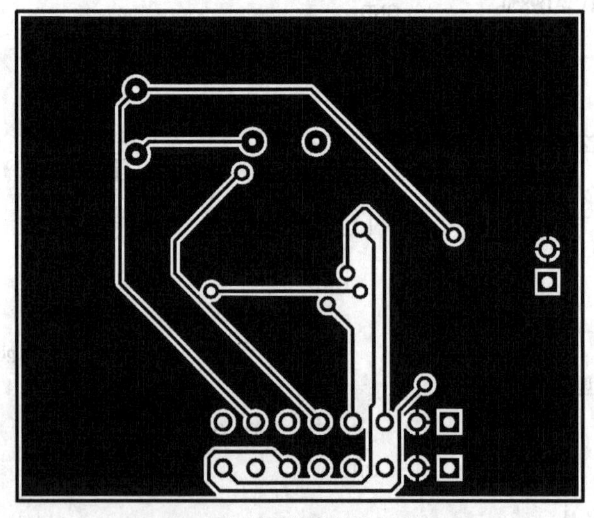

(c) AD9850信号发生器电路底层PCB图

图 6-8　输出带有滤波器的 AD9850 信号发生器模块电路和 PCB 图(续)

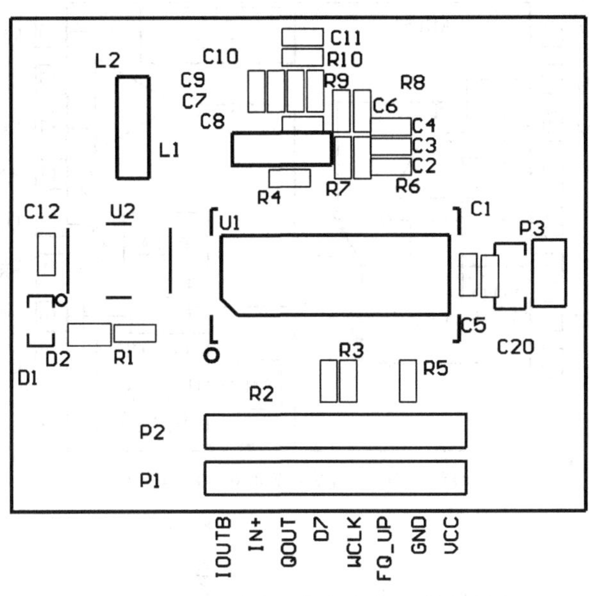

(d) AD9850信号发生器电路顶层元器件布局图

图 6-8　输出带有滤波器的 AD9850 信号发生器模块电路和 PCB 图(续)

6.3　基于 AD652 的压频转换模块

6.3.1　AD652 简介

AD652 是 ADI 公司生产的一款多功能同步 V/F(电压/频率)转换专用芯片，采用电荷平衡技术实现电压/频率(V/F)和频率/电压(F/V)转换，最大线性误差在 1 MHz FS(满刻度)为 0.005%，在 2 MHz FS 为 0.02%；具有 25×10^{-6}/℃的低漂移，可以输入电压或者电流，可以输出精确的 5 V 基准电压，采用双电源或者单电源供电，符合 MIL-STD-883 标准。

AD652 采用 CERDIP-16 和 PLCC-20 封装，引脚端封装形式和内部结构如图 6-9所示。AD652 的一些典型应用电路如图 6-10 所示。

说明：TI 公司也生产一款 V/F 转换专用芯片 VFC110，VFC1100 具有 V/F、F/V 转换的功能，转换范围较大等特点，可以将 0～10 V 的电压信号转化为 0～4 MHz 的脉冲信号。

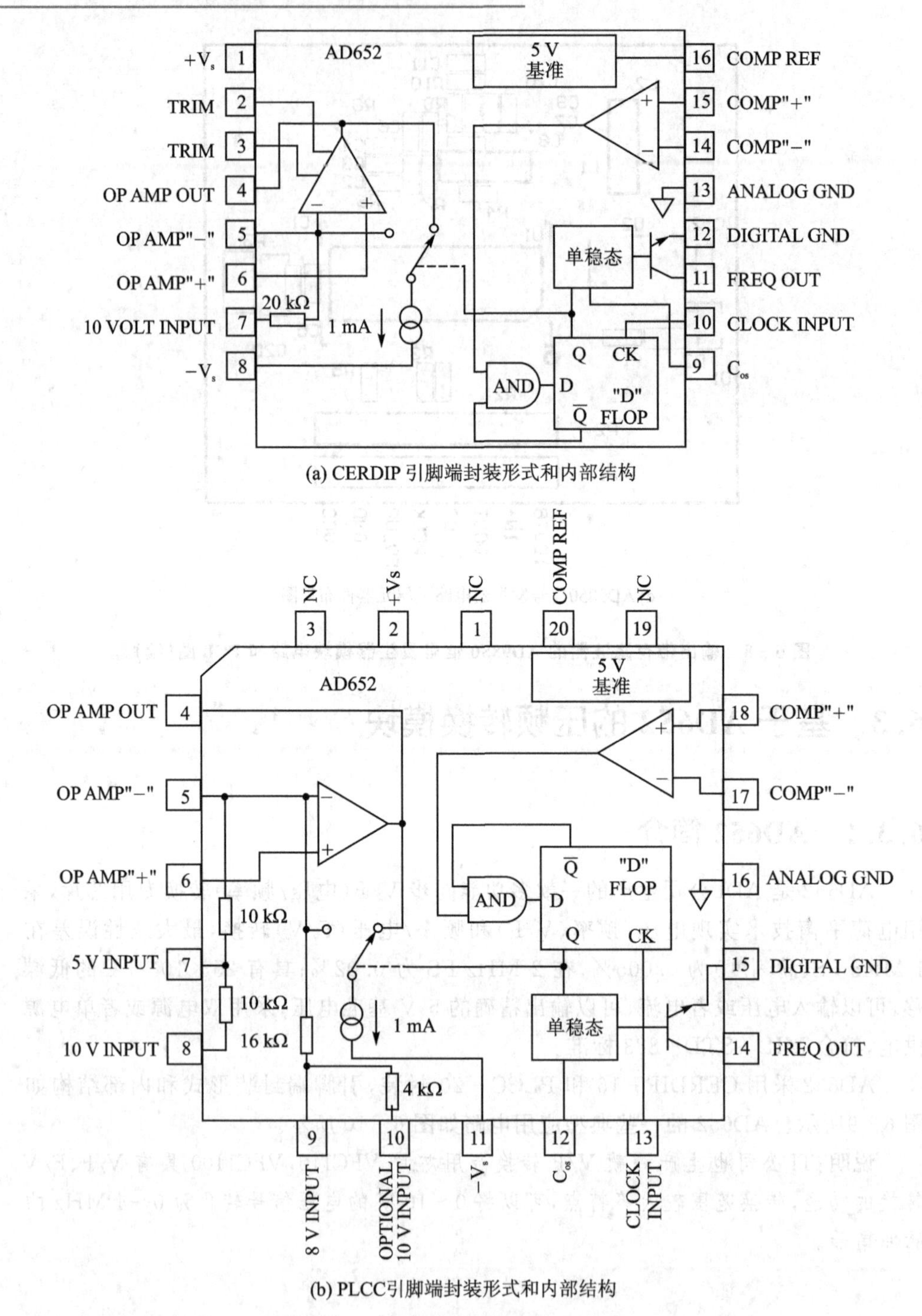

(a) CERDIP 引脚端封装形式和内部结构

(b) PLCC引脚端封装形式和内部结构

图 6－9　AD652 引脚端封装形式和内部结构

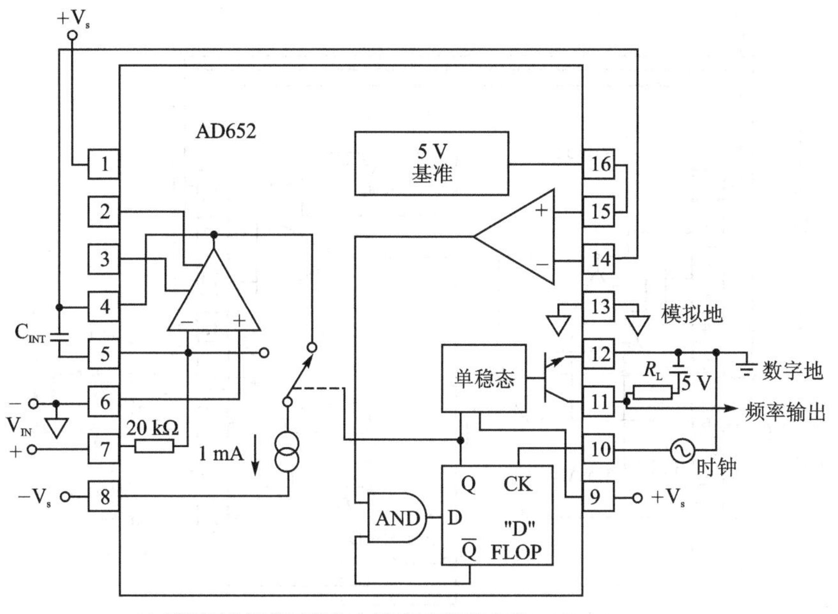

(a) 采用双电源的正输入电压的V/F转换电路

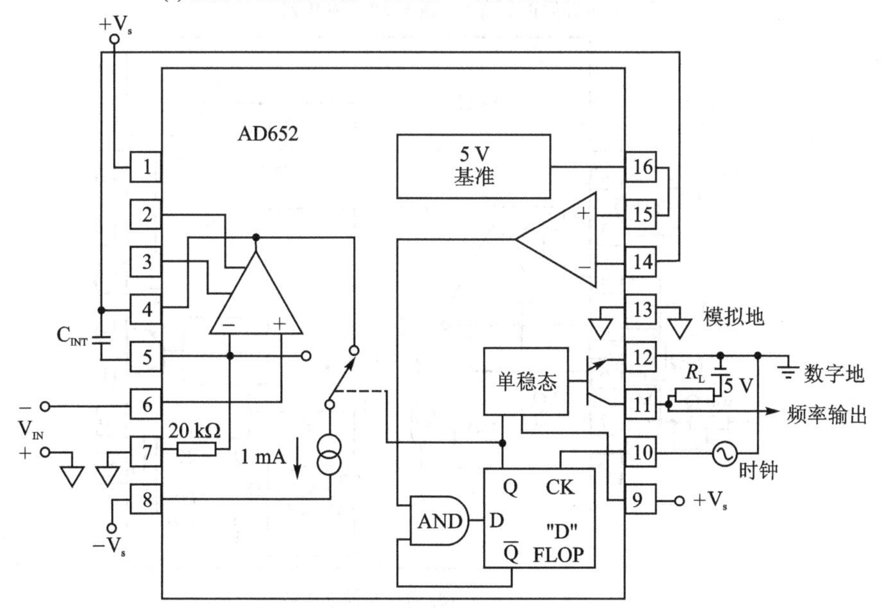

(b) 采用双电源的负输入电压的V/F转换电路

图 6-10　AD652 的一些典型应用电路

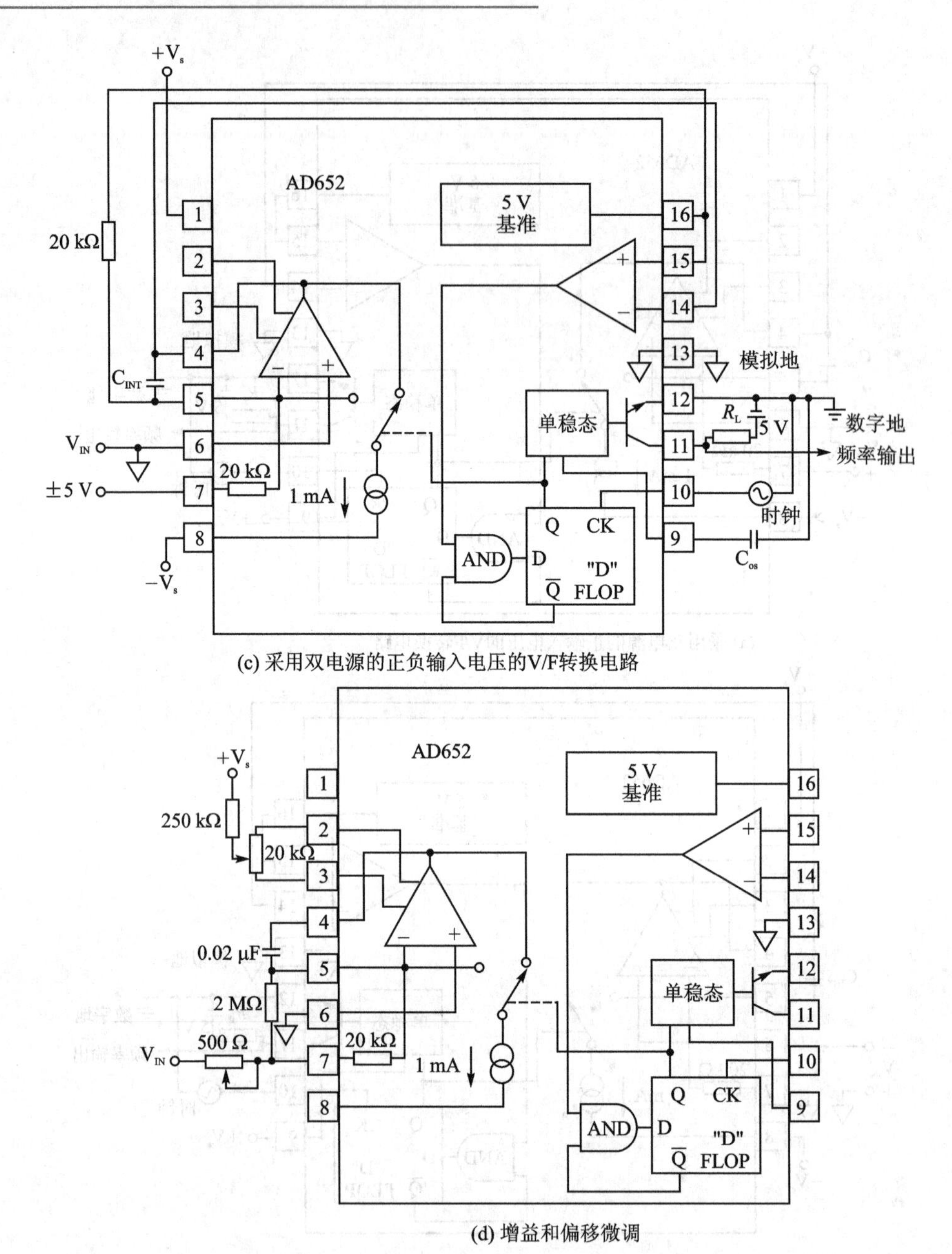

(c) 采用双电源的正负输入电压的V/F转换电路

(d) 增益和偏移微调

图6-10 AD652的一些典型应用电路(续)

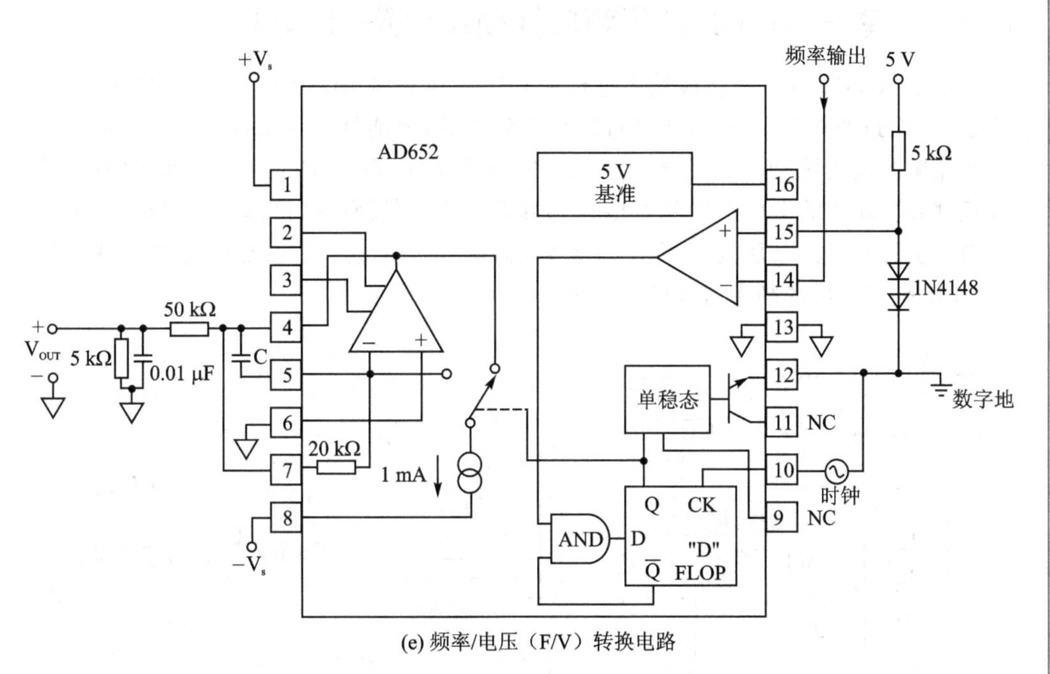

(e) 频率/电压（F/V）转换电路

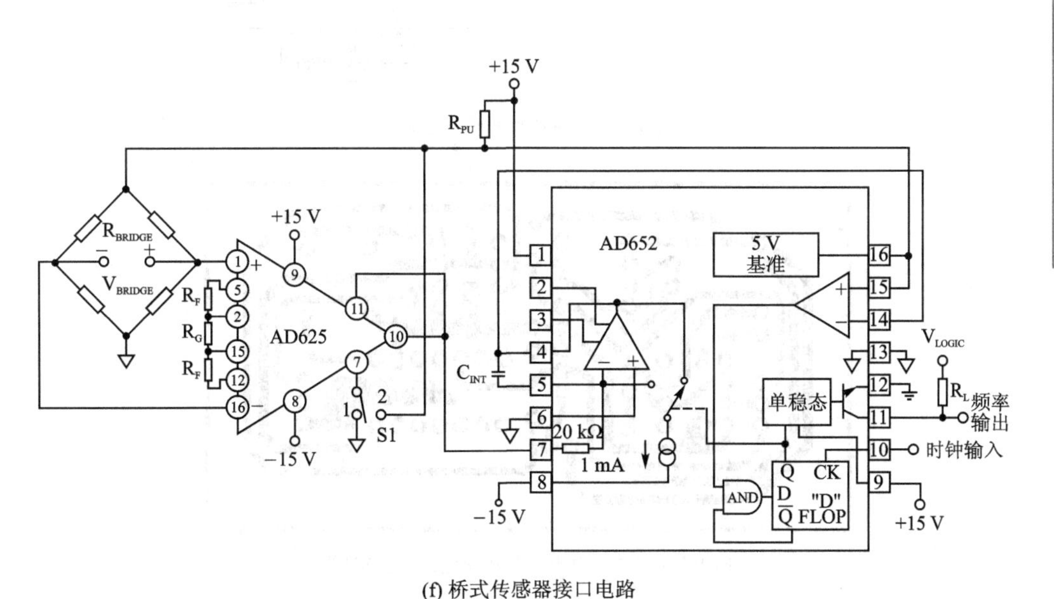

(f) 桥式传感器接口电路

图 6-10　AD652 的一些典型应用电路(续)

6.3.2 基于AD652的压频转换模块电路和PCB

基于AD652的压频转换模块电路和PCB图如图6-11所示,在该电路中,使用的是24 MHz的有源晶振,需要经过计数器分频后,才能够作为AD652的时钟频率。有源晶振的输出脉冲经过计数器74LS393分频后接到AD620的CLOCK(时钟输入)引脚端,输入的电压信号经过电压跟随器LF356隔离后,再输入到AD652的电压输入引脚端7。电压信号转换为频率后,为防止干扰,在输出端连接光耦合器Y6n137来对输出的频率信号进行隔离。

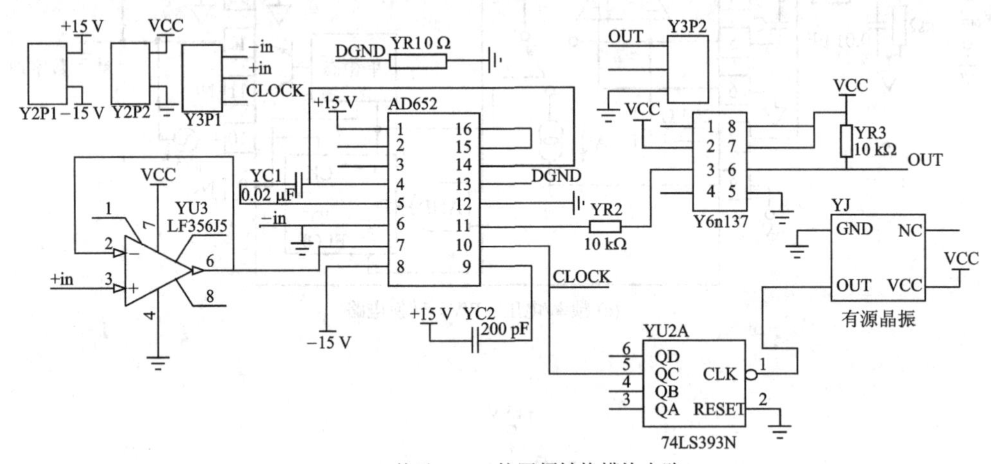

(a) 基于AD652的压频转换模块电路

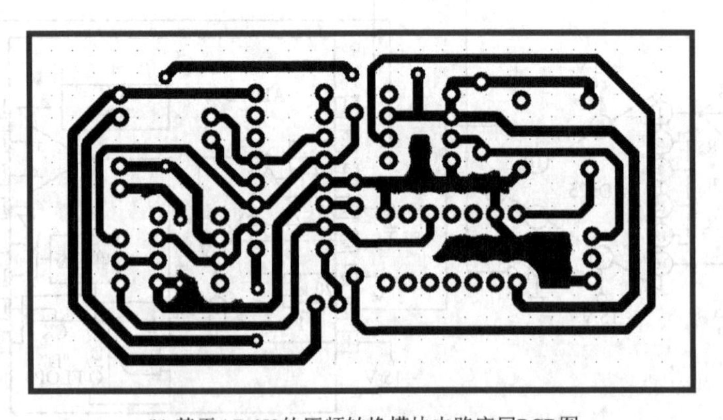

(b) 基于AD652的压频转换模块电路底层PCB图

图6-11 基于AD652的压频转换模块电路和PCB图

(c) 基于AD652的压频转换模块电路顶层PCB图

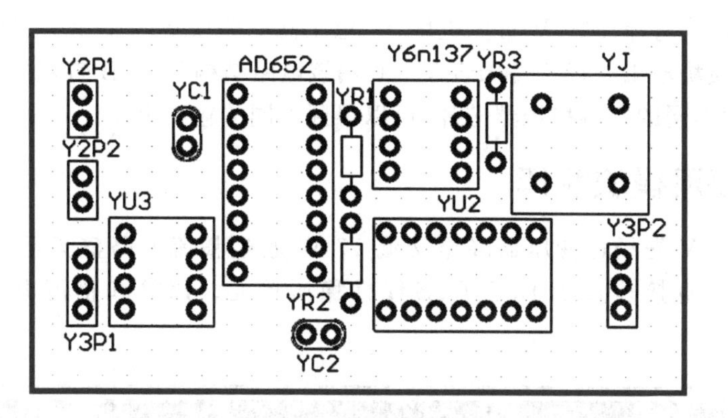

(d) 基于AD652的压频转换模块电路顶层元器件布局图

图 6－11　基于 AD652 的压频转换模块电路和 PCB 图(续)

第7章 电源电路模块制作

7.1 线性稳压电源模块制作

本线性稳压电源模块分为整流电路模块和稳压器模块两个部分，整流电路模块将交流电整流成直流±20 V直流电输出，稳压器电路模块与整流电路模块相连接，稳压器电路模块输出±12 V和±5 V。利用该电路结构和PCB图，改变变压器的输出电压，采用不同的三端稳压器芯片，可以得到不同的输出电压。

7.1.1 整流模块制作

市电220 V先经过变压器降至交流17 V，通过整流电路整流至直流±20 V，通过接口插座直接连接到B、C、D、E线性稳压单元。PCB和整流电路如图7-1所示。

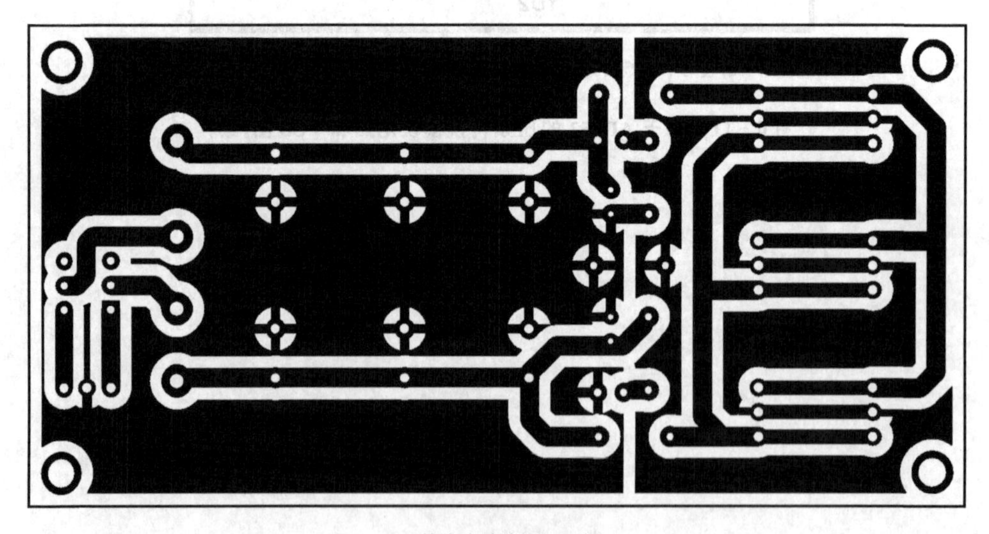

(a) 整流电路底层PCB图

图7-1 整流电路原理图和PCB图

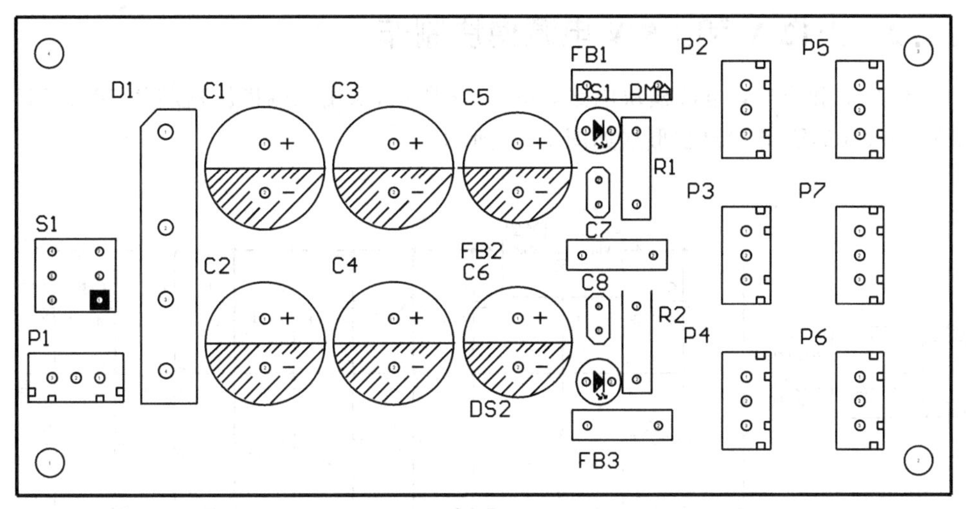

(b) 整流电路元器件布局图

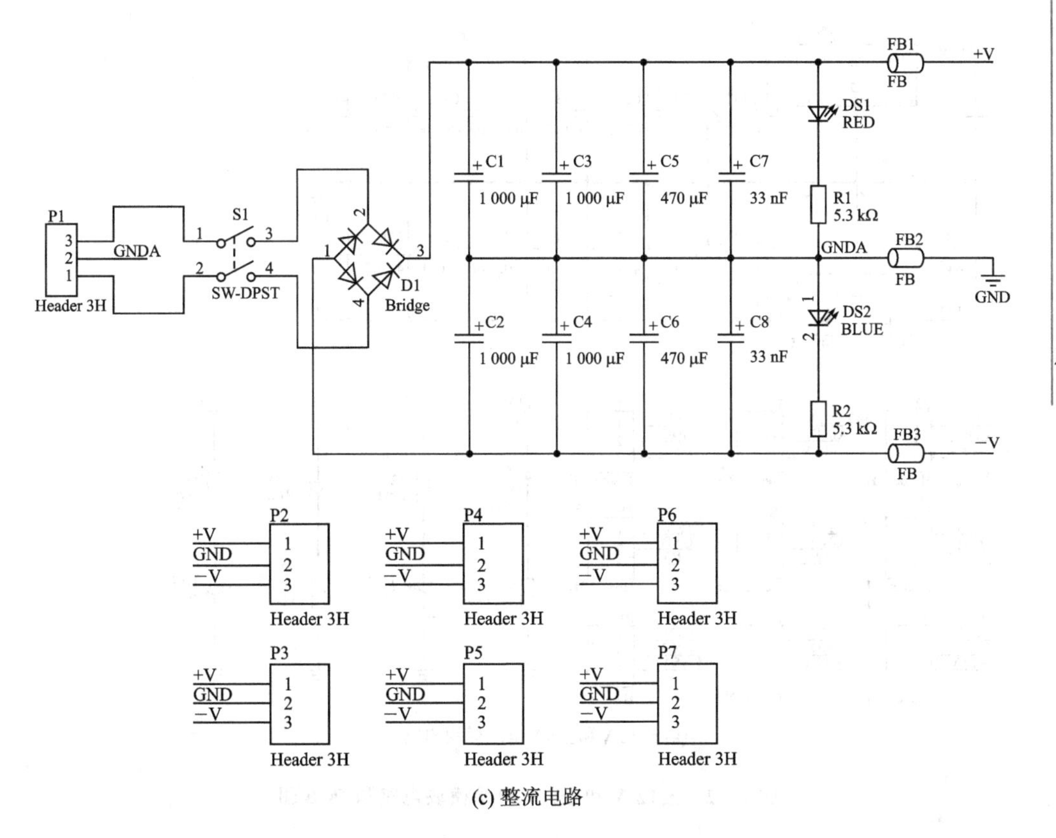

(c) 整流电路

图 7－1　整流电路原理图和 PCB 图(续)

7.1.2 ±12 V 和±5 V 电源模块制作

±12 V 和±5 V 电源模块电路如图 7-2 所示，采用三端稳压器芯片 7812/7912 和 7805/7905，引脚端封装形式如图 7-3 所示。

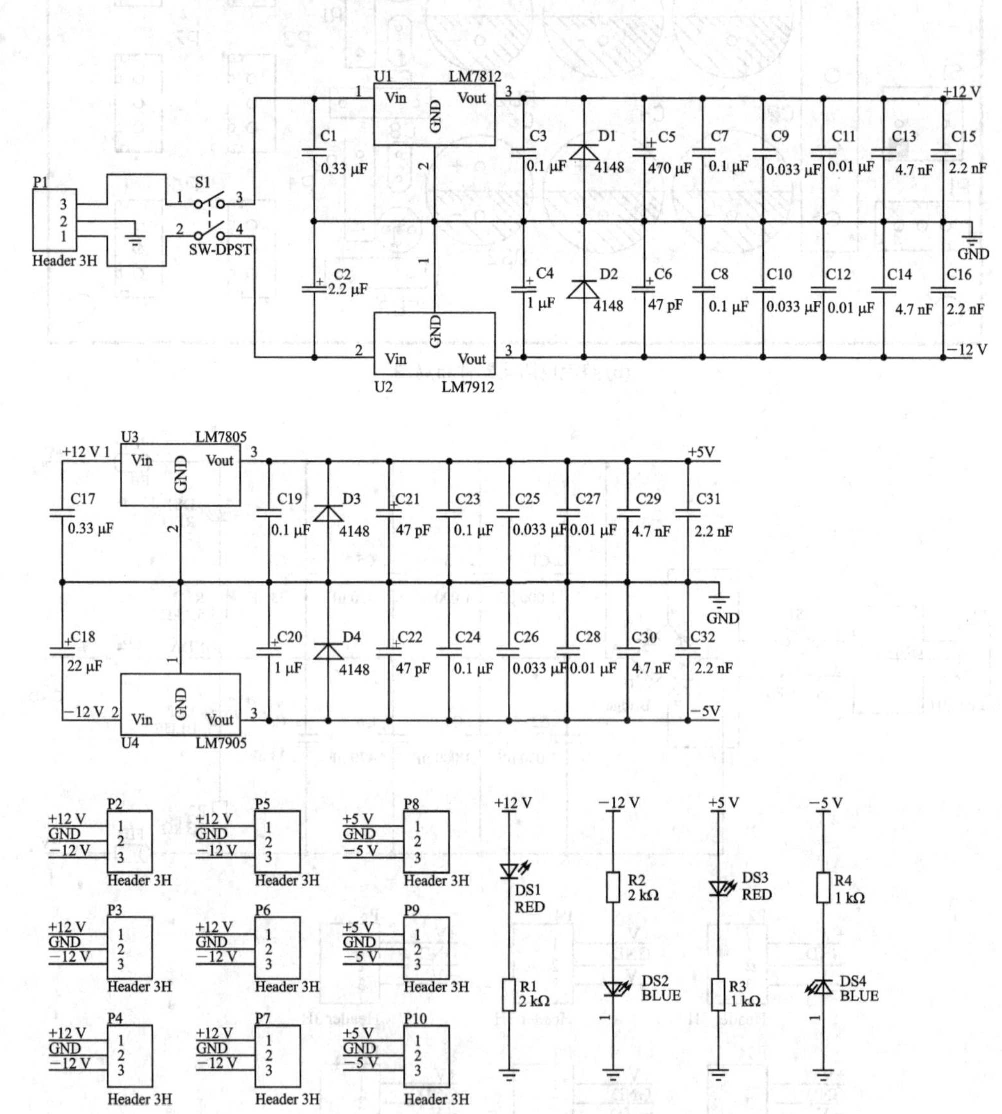

(a) ±12 V和±5 V电源模块电路

图 7-2 ±12 V 和±5 V 电源模块电路和 PCB 图

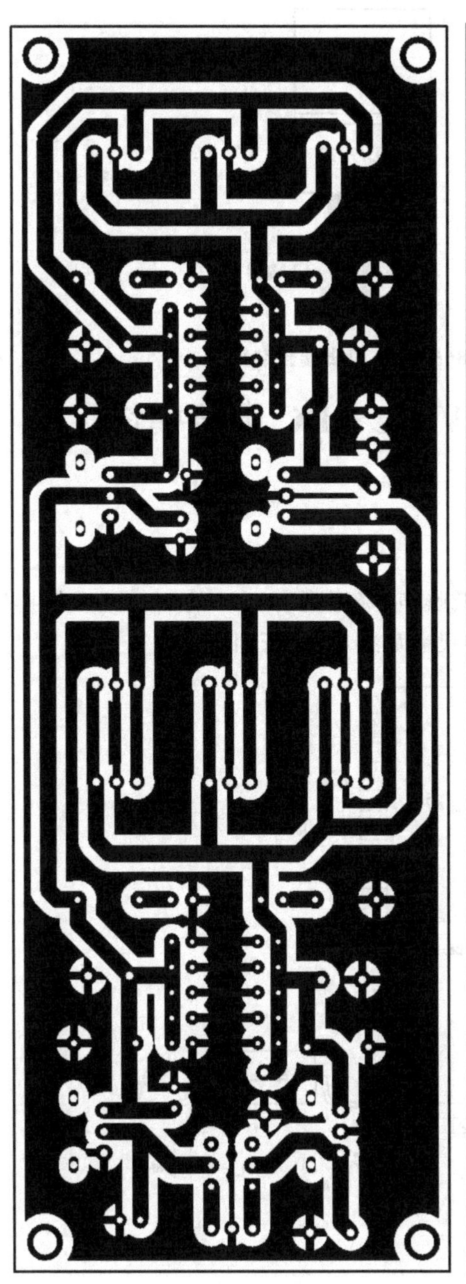

(b) 底层PCB图

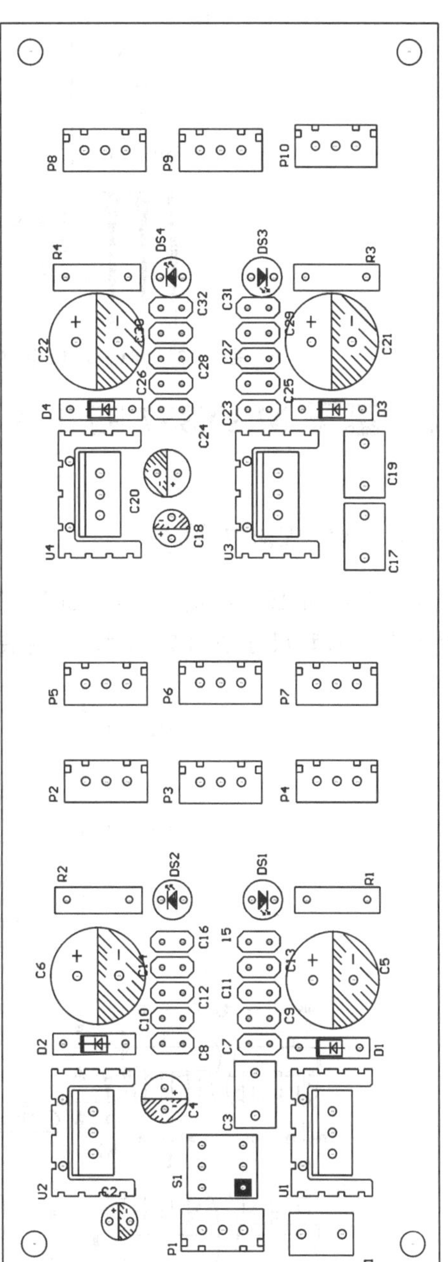

(c) 元器件布局图

图7-2　±12 V和±5 V电源模块电路和PCB图(续)

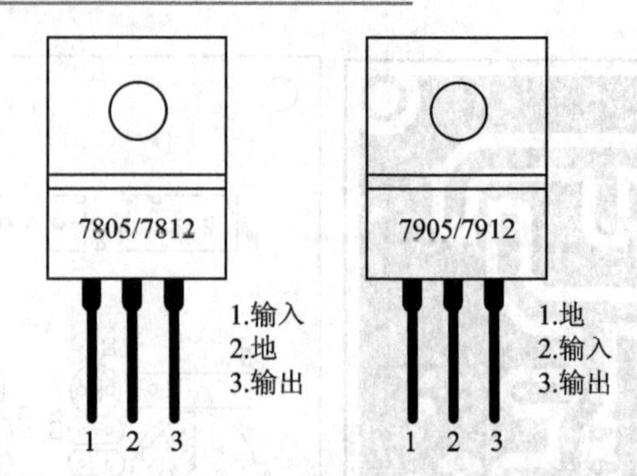

图 7-3 7812/7912 和 7805/7905 引脚端封装形式

7.2 基于 MAX887 的 3.3 V DC-DC 电路模块

7.2.1 MAX887 简介

MAX887 是最大占空比达到 100%、低噪声、降压型、PWM 的 DC-DC 转换器，芯片封装形式和尺寸如图 7-4 所示，封装尺寸如表 7-1 所列。

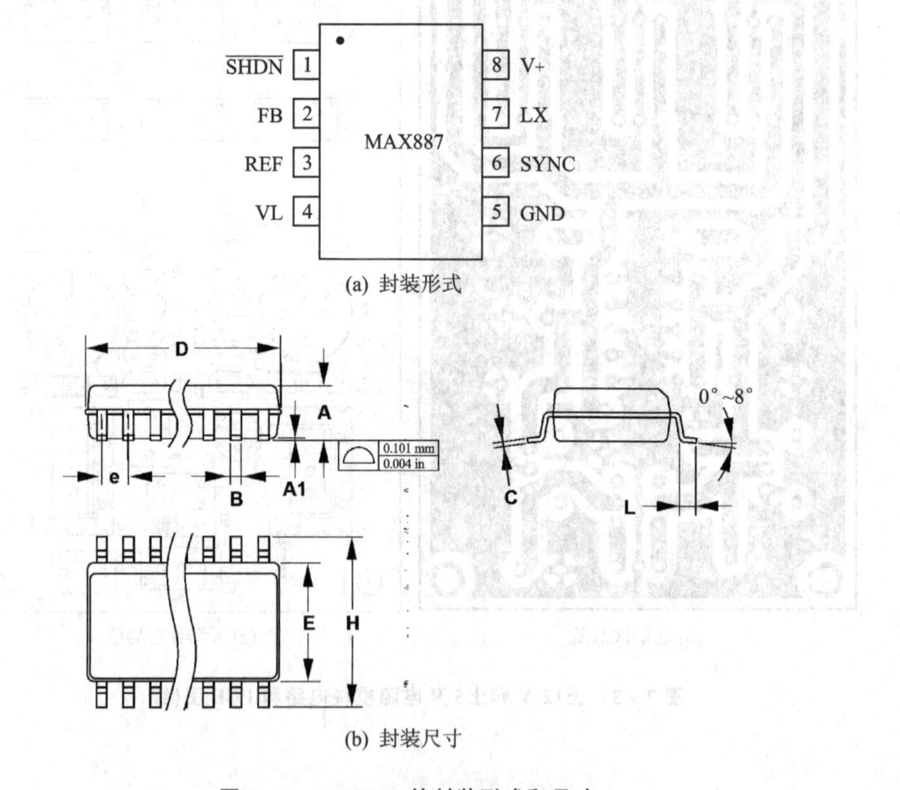

(a) 封装形式

(b) 封装尺寸

图 7-4 MAX887 的封装形式和尺寸

表 7-1　MAX887 的封装尺寸

尺　寸	in		mm		尺寸	in		mm	
	最小值	最大值	最小值	最大值		最小值	最大值	最小值	最大值
A	0.053	0.069	1.35	1.75	E	0.150	0.157	3.80	4.00
A1	0.004	0.010	0.10	0.25	e	0.050		1.27	
B	0.014	0.019	0.35	0.49	H	0.228	0.244	5.80	6.20
C	0.007	0.010	0.19	0.25	L	0.016	0.050	0.40	1.27

MAX887 引脚功能如下。

$\overline{\text{SHDN}}$:关闭。低电平有效,正常工作是连接到 V+引脚端。

FB:反馈输入。连接到电源电压输出端和地的电阻分压器之间。

REF:基准电源旁路输出,连接一个 0.047 μF 的电容器到地。

VL:3.3 V 内部逻辑电路电源输出,连接一个 2.2 μF 的电容器到地。

GND:地。

SYNC:振荡器同步和 PWM 控制输入。与 VL 引脚端直接连接,使用内部 300 kHz PWM 操作。使用外部时钟,可以在 10 kHz 和 400 kHz PWM 操作。

LX:连接到内部 MOSFET 漏极的电感。

V+:3.5~11 V 电源电压输入。需要连接一个 0.33 μF 的电容器到地。

MAX887 的典型应用电路如图 7-5 所示。

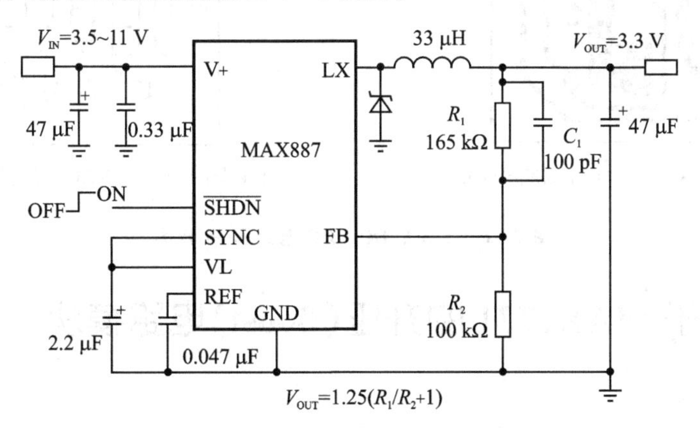

图 7-5　MAX887 的典型应用电路

7.2.2　3.3 V DC-DC 电路和 PCB

3.3 V DC-DC 电路和 PCB 图如图 7-6 所示,该电路为 Buck 电路拓扑结构,其效率可达到 95%。其中 L_7 为储能电感,当频率为 300~400 kHz 时,电感的取值为 33 μH。输出电压的计算公式如下,R_{P2} 是一个 500 kΩ 精密可调电位器,此处调节

R_{P2}的阻值为165 kΩ。

$$V_{OUT} = 1.25 \times \left(\frac{R_{P2}}{R_3} + 1\right) \tag{7-1}$$

式中,R_{P2}=165 kΩ,R_3=100 kΩ,计算得出输出电压为3.3 V。

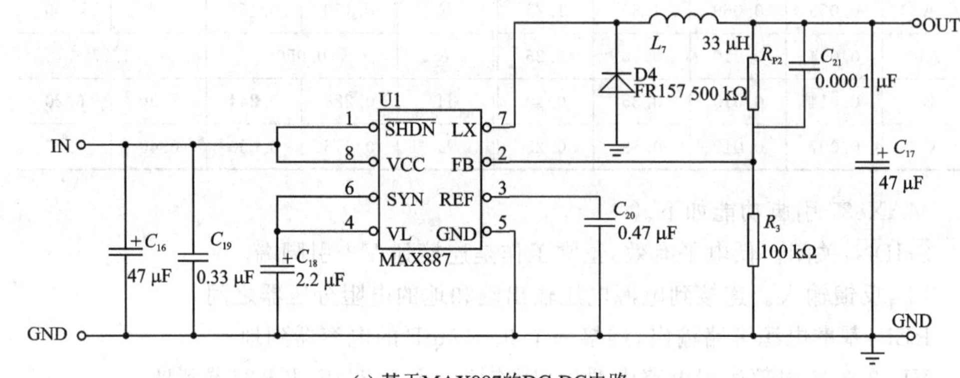

(a) 基于MAX887的DC-DC电路

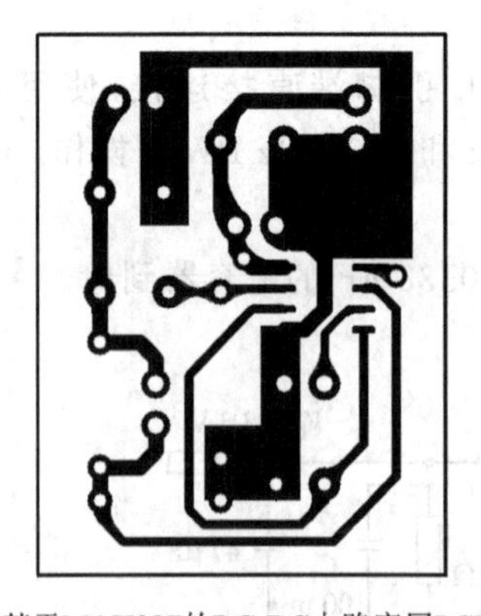

(b) 基于MAX887的DC-DC电路底层PCB图

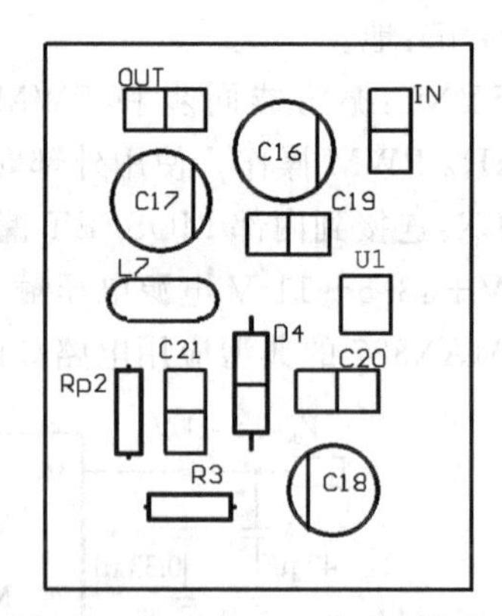

(c) 基于MAX887的DC-DC电路元件布局图

图7-6　3.3 V DC-DC电路和PCB图

7.3　基于MAX1771的升压(Boost)电路模块

7.3.1　MAX1771简介

MAX1771是Maxim公司生产的电源管理芯片,可以作为升压电路使用,电路结构为Boost电路,芯片采用SO-8和DIP-8封装,封装形式如图7-7所示,其引脚功能如下。

EXT:外部N型功率晶体管栅极驱动。

V+:电源输入。

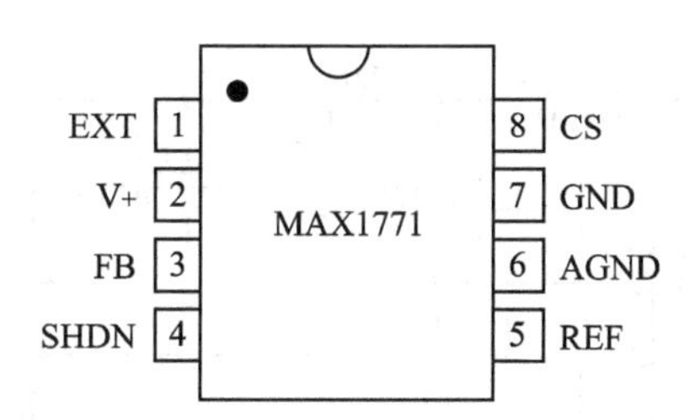

图 7-7　MAX1771 的封装形式

FB:可调节输出的反馈输入。

SHDN:关断控制。高电平有效,正常操作时接地。

REF:1.5 V 基准电压输出,可提供100 μA电流。

AGND:模拟电路地。

GND:对于输出级的大电流地。

CS:电流检测放大器的正输入端。在 CS 和地之间连接一个电流检测电阻。

MAX1771 的典型应用电路如图 7-8 所示。

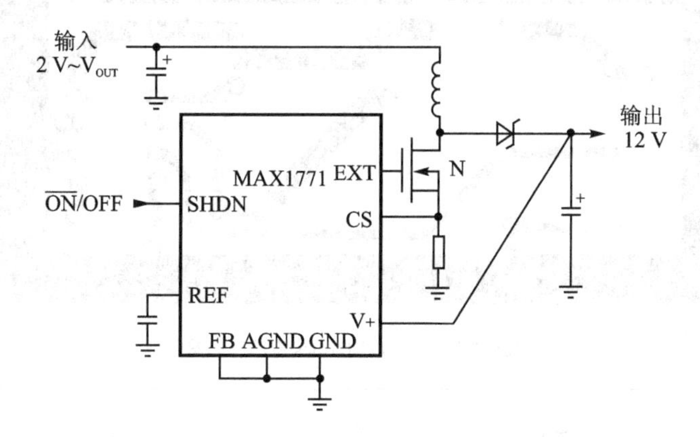

图 7-8　MAX1771 的典型应用电路

7.3.2　24～36 V DC-DC 升压电路和 PCB

一个基于 MAX1771 的升压电路和 PCB 图如图 7-9 所示,电路结构为 Boost 形式,当输入电压的范围是 5～12 V 时,输出根据 R_{p1} 的调节,范围是 24～36 V。引脚 1 输出 PWM 来控制场效应管 IRF3205 的导通与截止。R_2、R_3 和 R_{p1} 为反馈电阻,引脚 3 是电压反馈端,内置1.25 V的稳压源。当输入到 3 脚的电压高于或低于 1.25 V 时,芯片会自动调节 PWM 占空比的减小或增大,以得到稳定的输出。

$$V_{out} = 1.25 \times \frac{R_2 + R_3 + R_{p1}}{R_3 + R_{p1}} \tag{7-2}$$

$$L \geqslant \frac{V_{in\_max} \times 2\ \mu s}{I_L} \tag{7-3}$$

(a) 基于MAX1771的Boost电路

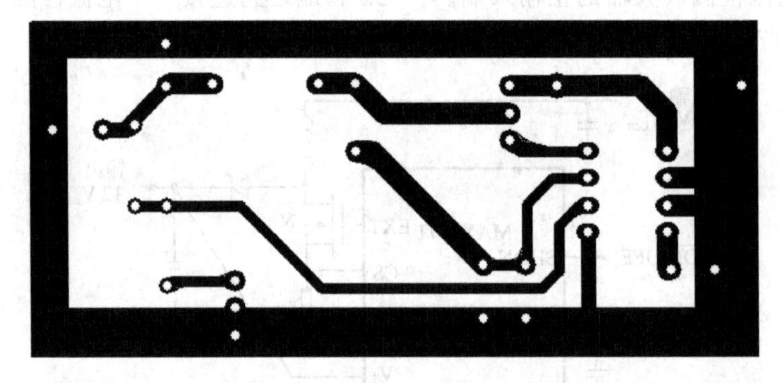

(b) 基于MAX1771的Boost电路PCB图

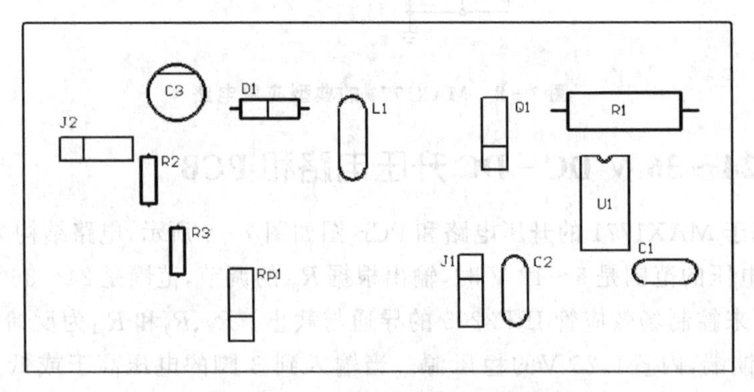

(c) 基于MAX1771的Boost电路元器件布局图

图 7-9 基于 MAX1771 的升压电路和 PCB 图

7.4　基于 UC3843 的 Boost 升压模块

7.4.1　UC3843 简介

UC3843 是 ST 公司生产的高性能固定频率电流模式 PWM 控制器，具有可微调的振荡器、温度补偿的参考、高效益误差放大器、电流取样比较器和大电流图腾柱式输出，能进行精确的占空比控制，是驱动功率 MOSFET 的理想器件。

UC3843 有 SO－14 和 Minidip－8 两种封装形式，Minidip－8 的封装形式和尺寸如图 7－10 所示。UC3843 Minidip－8 封装尺寸如表 7－2 所列。

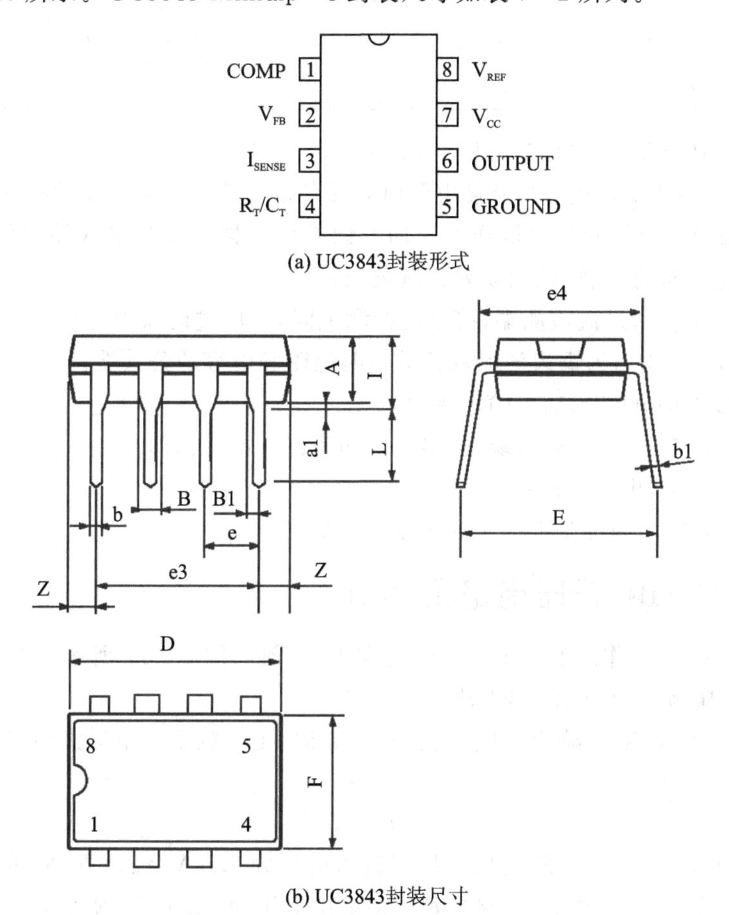

(a) UC3843封装形式

(b) UC3843封装尺寸

图 7－10　UC3843 Minidip－8 的封装形式和尺寸

表 7-2 UC3843 Minidip-8 封装尺寸

尺寸	mm			in			尺寸	mm			in		
	最小值	典型值	最大值	最小值	典型值	最大值		最小值	典型值	最大值	最小值	典型值	最大值
A		3.3			0.130		e		2.54			0.100	
a1	0.7			0.028			e3		7.62			0.300	
B	1.39		1.65	0.055		0.065	e4		7.62			0.300	
B1	0.91		1.04	0.036		0.041	F			7.1			0.280
b		0.5			0.020		I			4.8			0.189
b1	0.38		0.5	0.015		0.020	L		3.3			0.130	
D			9.8			0.386	Z	0.44		1.6	0.017		0.063
E		8.8			0.346								

UC3843 Minidip-8 封装引脚端功能如下。

引脚端 1:COMP,补偿端,外接电阻电容元件以补偿误差放大器的频率特性;

引脚端 2:V_{FB},反馈端,将取样电压加至误差放大器的反相输入端,再与同相输入端的基准电压进行比较,输出误差控制电压;

引脚端 3:I_{SENSE},过流检测端,接过流检测电阻,组成过流保护电路;

引脚端 4:R_T/R_C,为锯齿波振荡器的定时电阻和电容的公共端;

引脚端 5:GROUND,功率输出级地;

引脚端 6:OUTPUT,输出端,连接外部功率器件(开关管);

引脚端 7:V_{CC},电源电压;

引脚端 8:V_{REF},内部基准电压为 $V_{REF}=5$ V。

7.4.2 DC-DC 升压电路和 PCB

采用 UC3843 制作的 Boost 升压电路和 PCB 图如图 7-11 所示。输入电压为 12 V,输出电压为 30.9 V,输出电流为 40 mA。

工作频率由 R_1 和 C_2 确定。R_1 在大于 5 kΩ 时,工作频率可由下式确定:

$$f=\frac{1}{2\pi\sqrt{R_1C_2}}$$

反馈分压由 R_{p1}、R_5 和 R_6 构成。反馈输入电压为 2.5 V,经计算,R_6 取 2 kΩ,R_5 取 28 kΩ,R_{p1} 取 1 kΩ。调试时,调节 R_{p1},使输出电压为 30.9 V。R_3 为场效应管门极限流电阻。R_4、C_7 和 C_8 构成误差放大器的频率补偿网络。

R_2 和 C_6 构成 RC 滤波器,防止限流电阻 R_7 上的噪声使 UC3843 产生误保护操作。C_3 和 C_4 为退耦电容,C_5 为旁路电容,以减小开关噪声对供电电源的影响。C_1 为退耦电容,减小开关噪声对 UC3843 输出基准源的影响。C_7 为退耦电容,减小开关噪声对误差放大器的影响。在电流连续条件下，PFC 电感取 1.03 mH。

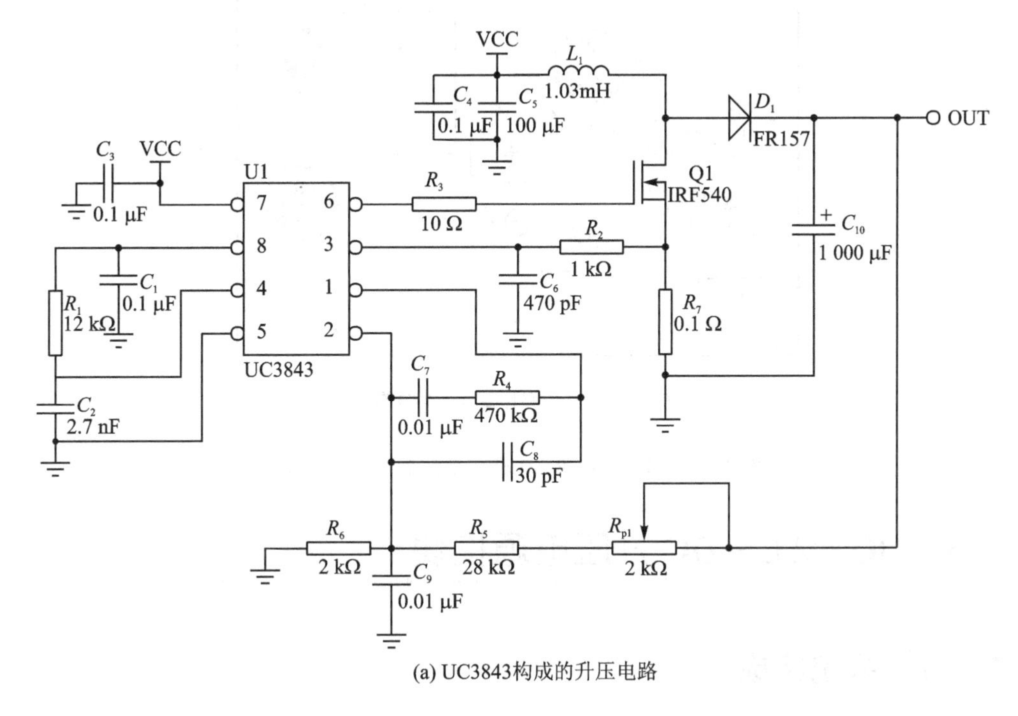

(a) UC3843构成的升压电路

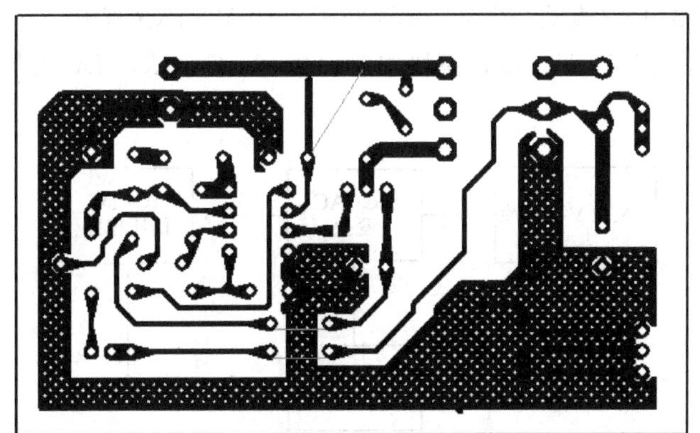

(b) UC3843升压电路底层PCB图

图 7-11　UC3843 Boost 升压电路和 PCB 图

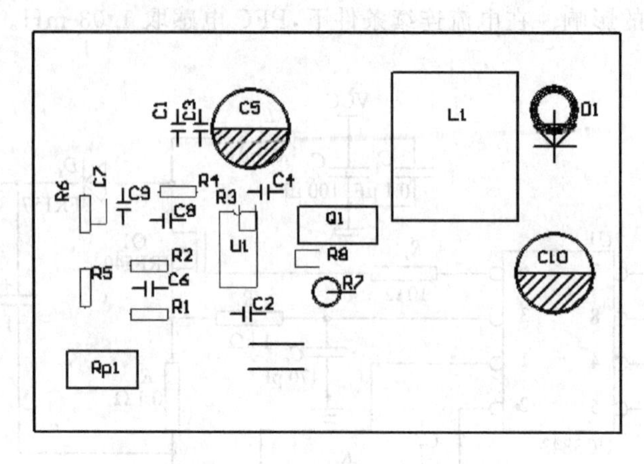

(c) UC3843升压电路印制板元器件布局图

图 7-11 UC3843 Boost 升压电路和 PCB 图(续)

7.5 DC-AC-DC 升压电源模块

7.5.1 系统组成

一个能够完成 DC(直流)12 V-AC(交流)110 V-DC(直流)250 V 的升压电源模块结构方框图如图 7-12 所示,模块主要包含有 DC-AC-DC 变换和 PWM 调制两部分。

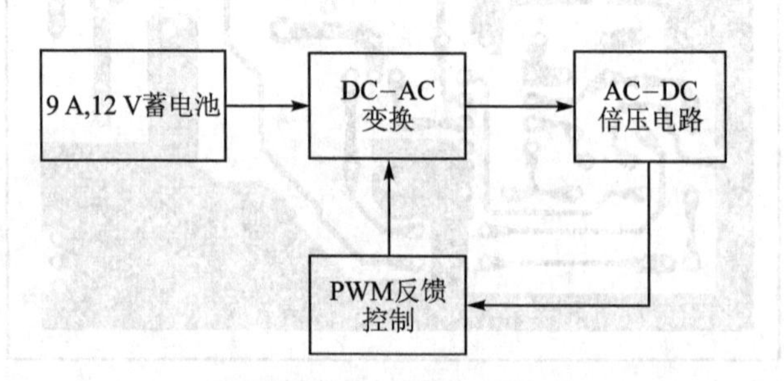

图 7-12 DC-AC-DC 升压电源模块方框图

7.5.2 DC-AC 电路

DC-AC 变换电路结构如图 7-13 所示,推挽电路是采用两个参数相同的 MOSFET 管 IRF3205,各负责正负半周的波形放大,电路工作时,对称的功率开关管每次只有一个导通。

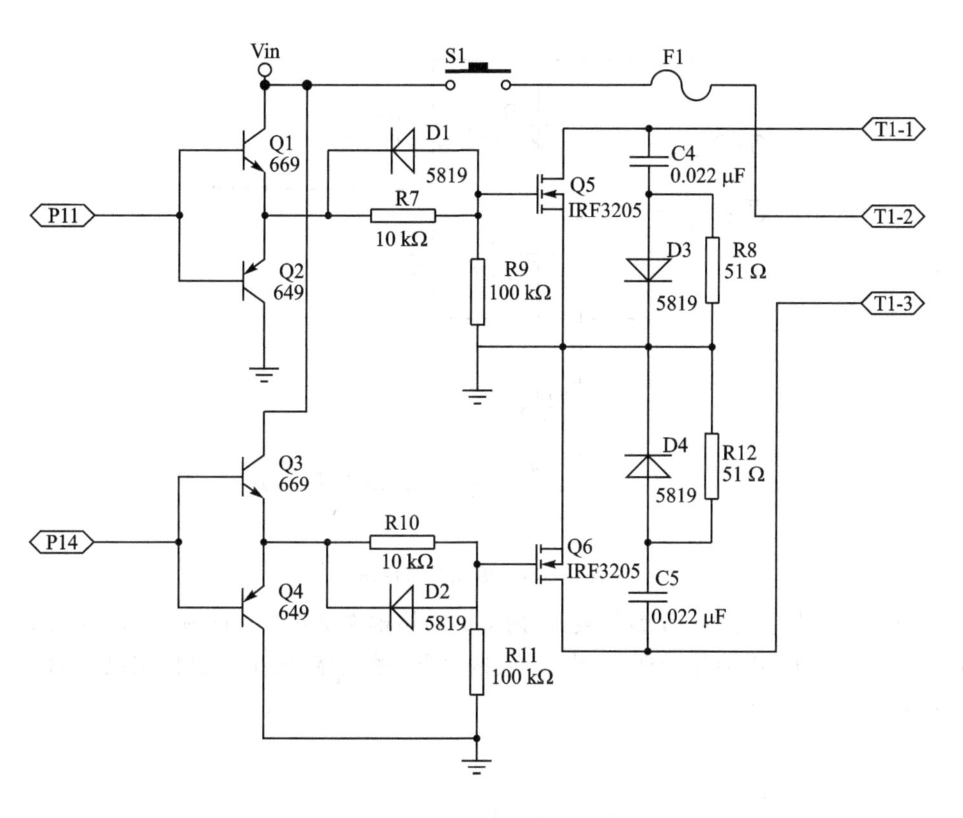

图 7-13 DC-AC 电路结构

本电路中的高频变压器采用 EI28 磁芯,0.72 mm 漆包线采用三明治式双线并绕,其中原边线圈 4 匝,副边线圈 41 匝,可以达到初级输入 12 V,次级输出 110 V 交流电压的目的。

7.5.3 倍压整流电路

12 V 的直流电压经过 DC-AC 电路的升压后,得到 110 V 的交流电压,再经倍压整流电路整流后,输出 250 V 的直流电压。倍压整流电路如 7-14 所示。

7.5.4 PWM 调制电路

PWM 调制电路主要由 SG3524 构成。SG3524 是美国硅通用公司(Silicon General)生产的双端输出式脉宽调制芯片,包括了所有无电源变压器开关电源所要求的基本功能,如控制、保护和取样放大等功能。SG3524 可为脉宽调制式推挽、桥式、单端及串联型 SMPS(固定频率开关电源)提供全部控制电路系统的控制单元。由它构成的 PWM 型开关电源的工作频率可达 100 kHz,适合构成 100～500 W 中功率推挽输出式开关电源。

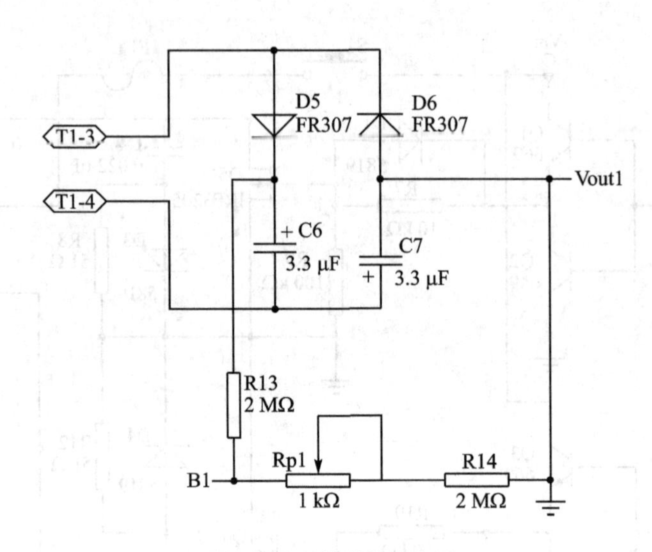

图 7-14　倍压整流电路

SG3524 采用 DIP-16 型封装，其内部的结构框图如图 7-15 所示，芯片内部包括有误差放大器、限流保护环节、比较器、振荡器、触发器、输出逻辑控制电路和输出三极管等。

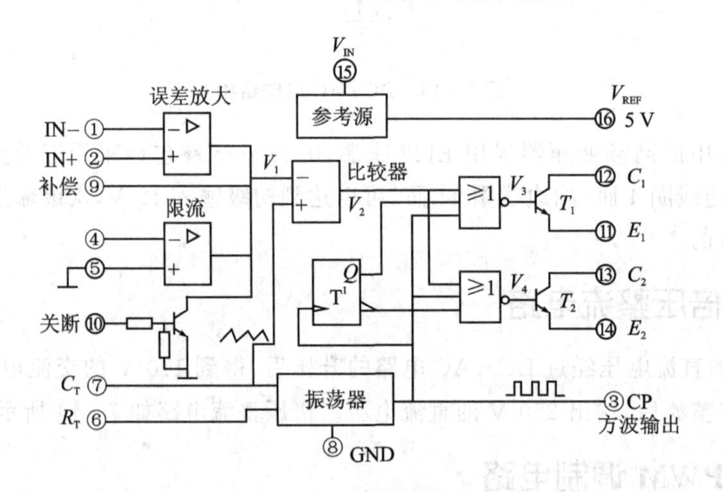

图 7-15　SG3524 的内部结构框图

SG3524 的振荡器频率由 SG3524 的⑥脚、⑦脚外接电容器 C_T 和外接电阻器 R_T 决定，其值为

$$f=1.15/(R_T C_T)$$

考虑到对 C_T 的充电电流为 1.2～3.6/R_T（一般为 30 μA～2 mA），因此 R_T 的取值范围为 1.8～100 kΩ，C_T 为 0.001～0.1 μF，其最高振荡频率为 300 kHz。

开关电源输出电压经取样后接至误差放大器的反相输入端,与同相端的基准电压进行比较后,产生误差电压 V_1,送至 PWM 比较器的一个输入端,另一个则接锯齿波电压,由此可控制 PWM 比较器输出的脉宽调制信号 V_2,最后依次通过或非门 1、或非门 2、功率放大管 T_1 和 T_2 输出,T_1 和 T_2 集电极和发射极都悬空,提高了电路设计的灵活性。

限流比较器须外接过流检测电阻器 R_S,常态下它输出高电平,一旦 R_S 上的压降超过200 mV,就输出低电平,迫使 V_1 等于零,关断输出,起到过流保护作用。同时可以利用关断电路强行关断输出,当⑩脚输入 0.7 V 的高电平时,即可使关断电路内部的晶体管饱和导通,将 V_1 拉成 0 V,使 PWM 停止工作,接低电平则可正常工作。

在反馈回路中,对输出电压信号的采样,可利用电阻分压器对输出电压进行采样,采样电压从 SG3524 芯片的①脚输入,控制占空比,进而调节输出电压,达到稳压的目的。其稳压原理是:若输出电压偏高,则采样反馈的信号也偏高,与 SG3524 中误差放大器的基准电压比较后的电压偏低,导致占空比的宽度变窄,引起输出电压下降;反之亦然。利用电位器可通过调电阻来调节输出电压。

7.5.5 DC-AC-DC 升压电源模块电路和 PCB

DC-AC-DC 升压电源模块电路和 PCB 图如图 7-16 所示。

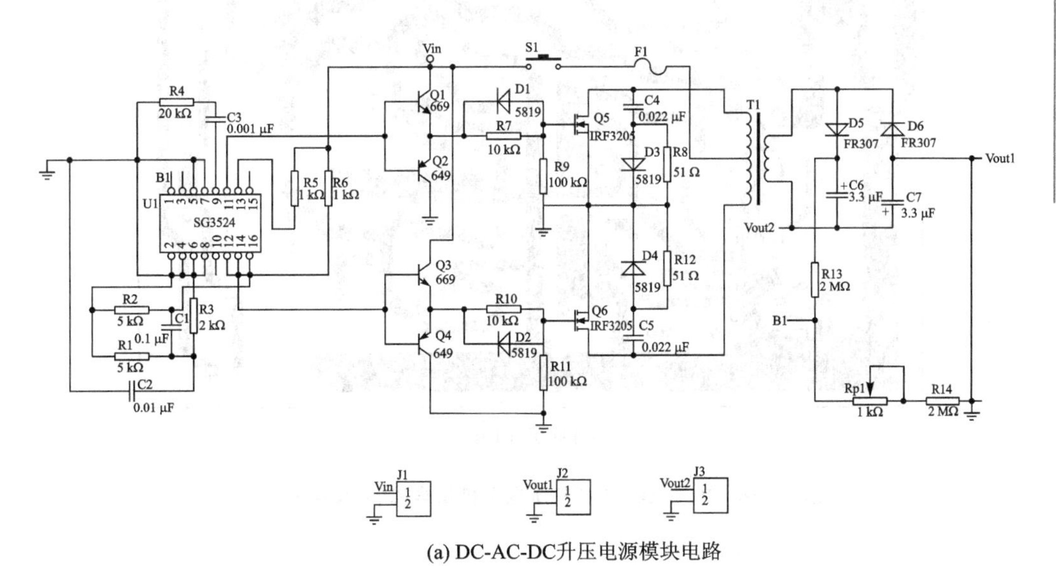

(a) DC-AC-DC升压电源模块电路

图 7-16 DC-AC-DC 升压电源模块电路和 PCB 图

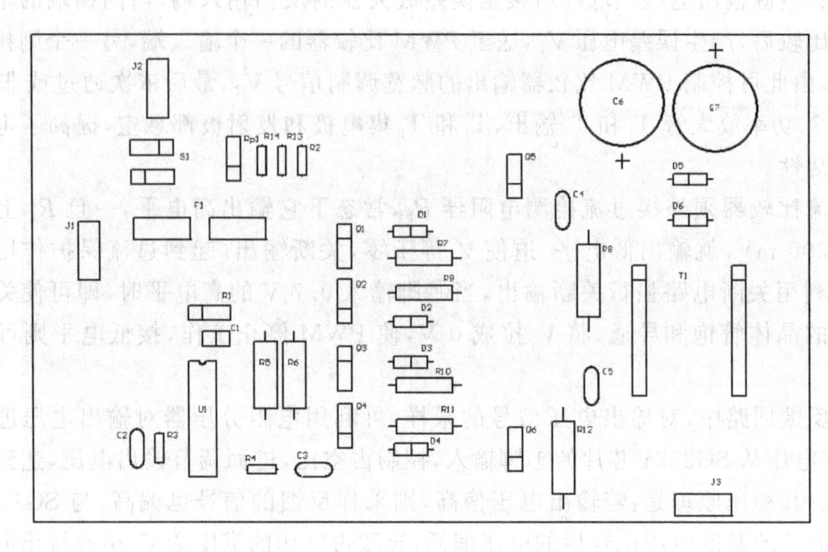

(b) DC－AC－DC升压电源模块印制板元件布局图

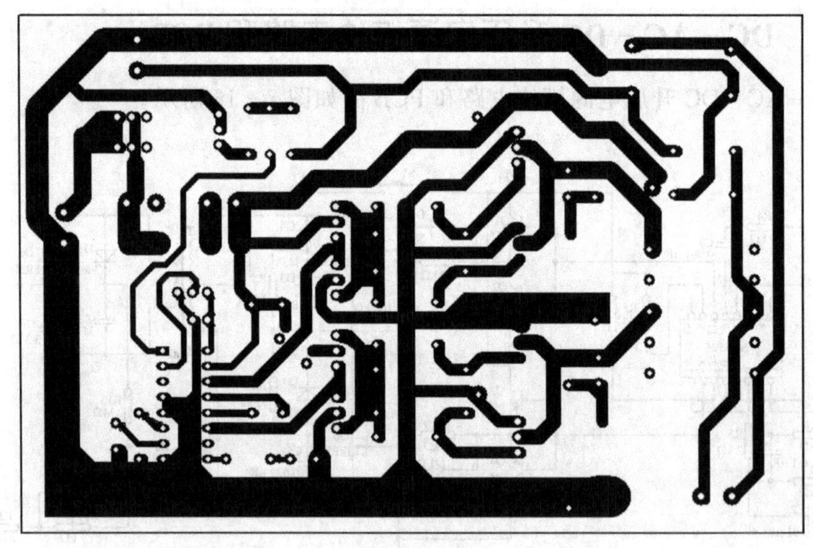

(c) 底层PCB图

图 7－16　DC－AC－DC 升压电源模块电路和 PCB 图(续)

第 8 章

系统设计与制作

8.1 随动控制系统

8.1.1 设计要求

设计一套随动控制系统，由手动和随动（自动）两部分构成。手动部分和随动部分具有相同的结构，都是由两节可转动的臂和两个转轴构成。两个动臂长度均为 12 cm（臂端点轴心之间的距离）。不同之处在于手动部分在转轴 1 和转轴 2 处加装角度传感器，而在随动部分中是加装电机。整个系统在水平平面上运行。

制作两块相同的平板，尺寸均大于 30 cm×30 cm，在表面铺上坐标纸，将通过转轴连接在一起的两臂安装在平板上，如图 8－1 所示。

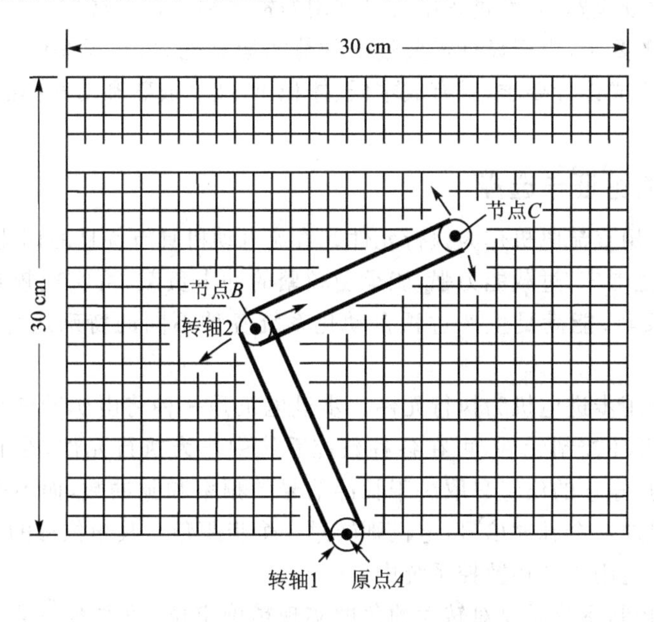

图 8－1　随动控制系统示意图

注意：将转轴 1 的轴心（即原点）与坐标纸的格子交叉，转轴 1 轴心固定在平板上。手动部分和随动部分的节点 C 处都各安装一支画笔。

8.1.2 方案的论证与选择

1. 主控制器的论证与选择

方案一:采用 FPGA(Field Programmable Gate Array)控制方案。FPGA 内部具有独立的 I/O 接口和逻辑单元,使用灵活、适用性强,且相对单片机来说,还有速度快、外围电路较少和集成度高的特点,因此特别适用于复杂逻辑电路设计。但是 FPGA 的成本偏高,算术运算能力不强,而且由于本设计对输出处理的速度要求不高,所以 FPGA 高速处理的优势得不到充分体现。

方案二:采用凌阳公司的 16 位单片机,它是 16 位控制器,具有体积小、驱动能力高、集成度高、易扩展、可靠性高、功耗低、结构简单和中断处理能力强等特点。处理速度高,尤其适用于语音处理与识别等领域。但是当凌阳单片机应用于语音处理和辨识时,由于其占用的 CPU 资源较多而使得凌阳单片机同时处理其他任务的速度和能力降低。

方案三:采用 Atmel 公司的 AT89S52 单片机作为系统的控制器。AT89S52 有 40 个引脚、32 个独立的 I/O 口、2 个外部中断和 3 个定时器/计数器,虽然相对FPGA 来说在功能和速度上有点差异,但单片机算术运算功能强,软件编程灵活,可用软件较简单地实现各种算法和逻辑控制,并且由于其成本低、体积小、技术成熟和功耗小等优点,技术比较成熟,开发过程中可以利用的资源和工具丰富。

针对题目的要求,由于设计需要较强的算术运算能力,且无需语音处理与识别,而方案三能够完成设计要求,具有成本低、体积小、技术成熟和功耗小的优点,故选择方案三。

2. 电机的论证与选择

方案一:采用直流电机作为执行元件。直流电动机具有优良的调速特性,调速平滑、方便,调整范围广,过载能力强,能承受频繁的冲击负载,可实现频繁的无级快速启动、制动和反转;能满足生产过程自动化系统各种不同的特殊运行要求,且价格便宜。

方案二:采用步进电机为执行元件。步进电机是一种将电脉冲信号转换成角位移或线位移的开环控制元件,可在各种数控系统中作为执行元件,在非超载的情况下,电机的转速、停止的位置只取决于脉冲信号的频率和脉冲数,而不受负载变化的影响,即给电机加一个脉冲信号,电机则转过一个步距角。其角位移的定位精确且无积累误差,特别适用于开环数控系统中。

由于随动控制系统需要对转动的角度实现精确定位,而方案一虽然经济却无法满足要求,故选择方案二。

3. 显示模块的论证与选择

方案一：使用 2 个四位一体动态数码管显示方案。采用动态数码管显示，具有程序简单、对外界环境要求低、易于维护的特点，同时其精度比较高，精确可靠，操作简单，显示直观；但只能显示数字和一些代码，不能显示汉字及一些常用的符号，且硬件设计比较复杂。

方案二：采用液晶 RT1602 显示。此方案采用液晶 RT1602，它能显示 32 个字符，并且硬件电路设计简单，显示美观；但驱动程序相对数码管来说要复杂一些，其次稳定性也不如数码管。

方案三：采用汉字图形点阵液晶显示器 YB12864 显示方案。YB12864 汉字图形点阵液晶显示模块，可显示汉字及图形；供电电源为 3.3～5 V(内置升压电路，无需负压)，能采用并行和串行两种通信方式；并有光标显示、画面移位、自定义字符和睡眠模式等功能。

由于设计中需显示汉字，需要一定的显示范围，而只有方案三能达到要求，故设计采用方案三。

4. 键盘输入论证与选择

方案一：使用普通 4×4 矩阵式键盘输入。4×4 矩阵式键盘采用 4 条行线和4 条列线实现键值的读取。同时采用一片四与非门芯片 74LS20 来输出中断信号作为外部中断通知单片机。该矩阵键盘结构简单，易于实现。

方案二：使用基于 ZLG7290 键盘显示专用芯片的 4×4 矩阵键盘，设计中仅使用其键盘功能。ZLG7290 芯片最多可驱动 64 个按键，可控扫描位数，可设置 8 个功能键，可检测任一键的连击次数；采用 I^2C 串行通信接口，并提供键盘中断信号，方便与处理器接口。该芯片能进行硬件键盘去抖动、双键互锁、连击键和功能键等一系列键盘的处理，大大地降低了程序的复杂性。

相对于方案一，方案二虽成本上略有增加，但是 I^2C 串行通信接口比方案一的直接连接方式大大节省了单片机的 I/O 口，且其内部的键盘处理可以使程序更加简洁，故设计中采用方案二。

5. 系统总体方案

随动控制系统采用 AT89S52 单片机作为系统的控制核心。系统臂材料采用轻质的塑料板。手动部分采用两个 WDD35D－4 角度传感器分别采集两轴的角度，由于角度传感器输出模拟量，故后端使用 A/D 芯片 TLC2543C 进行数/模转换，采集到的数据存入 CAT24C02 芯片。随动部分使用 1 个 35BYGHM104－02A 型步进电机和 1 个 28BYGH301 步进电机，实现两臂的转动。臂角度的数值由基于 ZLG7290 键盘专用芯片的 4×4 矩阵键盘进行设置，位置坐标显示采用 YB12864 汉字图形液晶显示模块实现。

系统分为角度传感器模块(包括角度传感器与数/模转换)、4×4 矩阵键盘模块、YB12864 液晶显示模块、CAT24C02 存储模块以及步进电机驱动模块。系统的结构框图如图 8-2 所示。

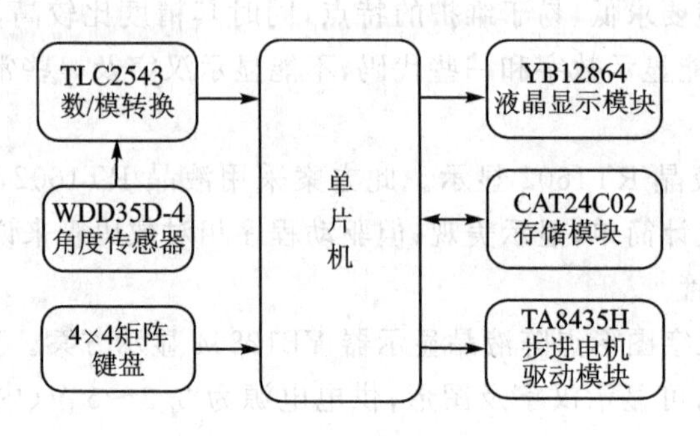

图 8-2 系统的结构框图

8.1.3 系统算法设计

1. 位置坐标算法设计

设计要求随动部分能自动定位到移动范围内所设定的任意坐标位置。系统是根据调节臂 AB 和臂 BC 的两个步进电机的转动角度来控制 C 点定位,因此必须构建电机转动角度与坐标之间的对应关系,如图 8-3 所示。

系统以臂 AB 的控制电机的轴心位置为原点,构建如图 8-3 所示的平面坐标。系统须控制 C 点定位到移动范围内的任意坐标。双臂的长度均为常数 L。臂 AB 与 X 轴正向的角度为 θ,臂 BC 与 X 轴正向的角度为 α,故得出 C 点坐标与双臂角度之间的关系如式(8-1)和式(8-2)所示。

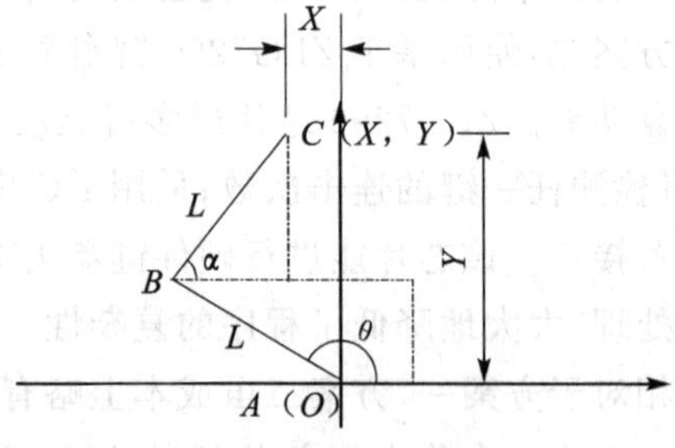

图 8-3 位置坐标示意图

$$X = L\cos\alpha + L\cos\theta \tag{8-1}$$

$$Y = L\sin\alpha + L\sin\theta \tag{8-2}$$

利用三角函数的和差化积等公式可以解得 α、θ 用 X 和 Y 表示的关系式,如式(8-3)和式(8-4)所示。

$$\alpha = \arctan\frac{Y}{X} \pm \frac{1}{2}\arccos\left(\frac{X^2+Y^2-2L^2}{2L^2}\right) \tag{8-3}$$

$$\theta = \arctan\frac{Y}{X} \mp \frac{1}{2}\arccos\left(\frac{X^2+Y^2-2L^2}{2L^2}\right) \tag{8-4}$$

注意:之所以结果出现正负号是因为对于平面坐标的一点存在两个对称的臂位置来表示,而其位置关于 C 点到原点之间的直线与原位置对称。由于会解出两组不同的角度值，故需要在程序中屏蔽其中一组。

由于 C 语言具有强大的算术运算能力，对于三角函数可以直接调用库函数进行计算，故对于给定的移动范围内的任意坐标(X,Y)，都可以通过控制双臂的步进电机的旋转角度进行定位。

2. 画圆算法的设计

系统要求对于移动范围内给定的任意圆心能画出一个半径为 3 cm 的圆，故系统须给定一个符合要求的画圆算法。对于平面坐标上给定圆心坐标(X_0,Y_0)和半径 r 的任意圆可以用下式表示。

$$(X-X_0)^2+(Y-Y_0)^2=r^2 \tag{8-5}$$

由于步进电机存在最小步距角，因此移动的角度值只能是最小步距角的整数倍。因此需要将连续圆的轨迹变为离散的点集。设计中是将 Y 轴划分为若干个足够密集的等距点集，而相应的就可以根据式(8－5)确定 X 轴，这样就能计算出所有点集的位置坐标。当随动系统按照一定方向走完圆上所有的点后便画出了圆的轨迹。而对于已经确定好位置的圆上点的坐标后，就可以根据前面叙述的位置坐标算法求出相应的步进电机旋转角度。

8.1.4 控制器最小系统模块

设计使用了 AT89S52 单片机作为整个系统的控制核心。控制器采用模块化设计，上面集成 AT89S52 正常工作所必需的电路，包括复位电路和晶振等，同时包括方便外设连接的 I/O 口扩展。其电路图如图 8－4 所示。

AT89S52 是一种低功耗、高性能的 CMOS8 位微控制器，内部资源丰富，有 8 KB Flash、256 B RAM、32 位 I/O 口线、看门狗定时器、2 个数据指针、2 个 16 位定时器/

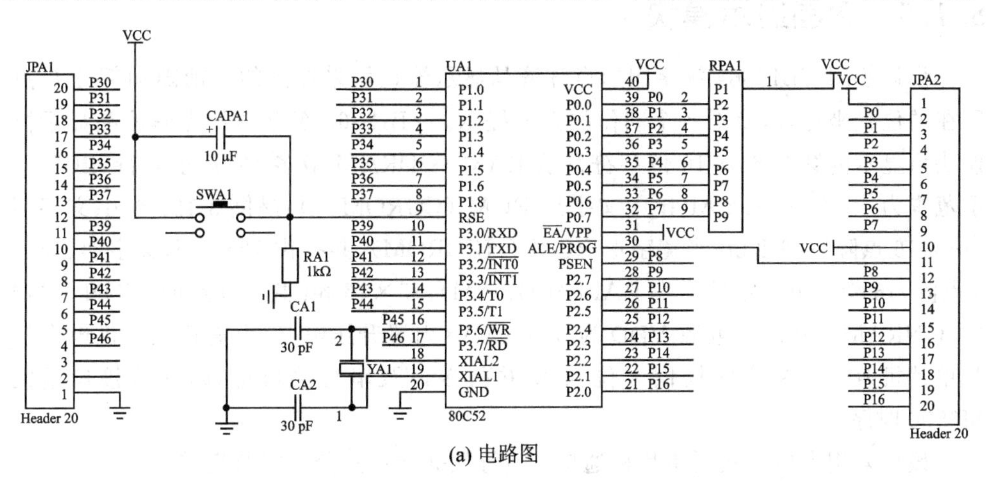

(a) 电路图

图 8－4　主控模块电路原理图和 PCB 图

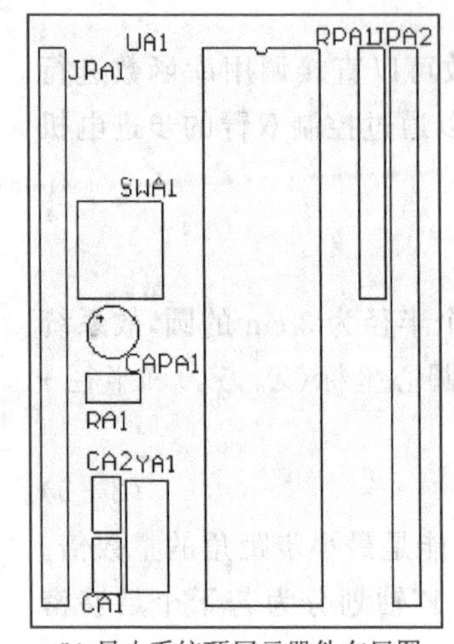

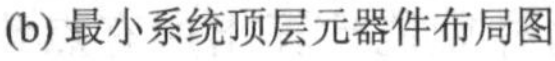
(b) 最小系统顶层元器件布局图

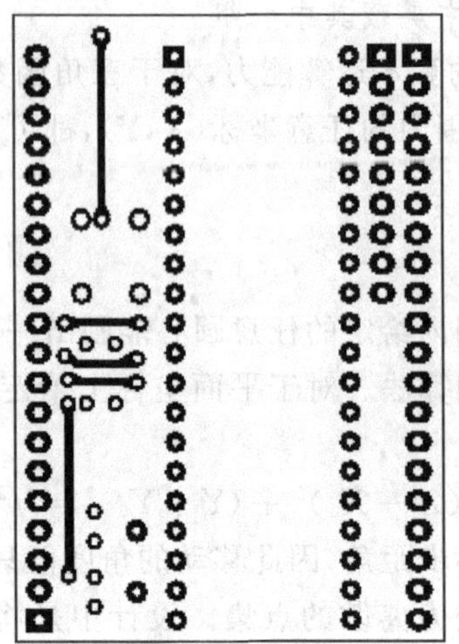

(c) 最小系统顶层PCB图

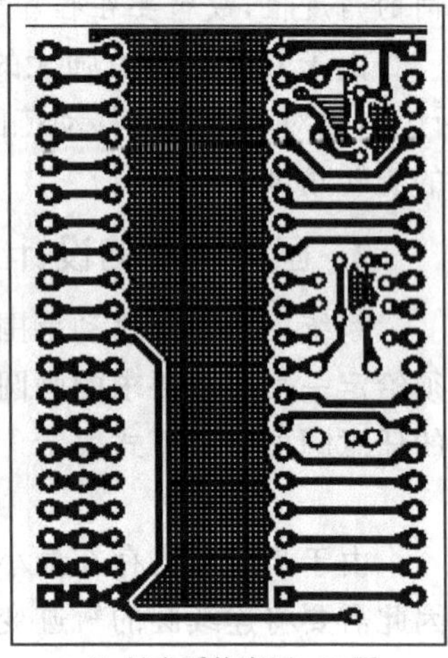
(d) 最小系统底层PCB图

图 8-4 主控模块电路原理图和 PCB 图(续)

计数器、一个6向量2级中断结构、全双工串行口、片内晶振及时钟电路。另外，AT89S52还可降至0 Hz静态逻辑操作，支持2种软件可选择节电模式。空闲模式下，CPU停止工作，允许RAM、定时器/计数器、串口和中断继续工作。掉电保护方式下，RAM内容被保存，振荡器被冻结，单片机一切工作停止，直到下一个中断或硬件复位为止。

在整个系统中，单片机需要控制液晶的显示，进行矩阵键盘键值的读取、对传感器数据的采样、步进电机的转动控制以及算法的实现。

8.1.5 液晶显示模块

设计使用YB12864汉字图形点阵液晶显示器显示采样到的当前随动部分C点所在的位置坐标，以及对各个动作的完成提示。YB12864汉字图形点阵液晶显示器模块可显示内容有64×16位字符显示RAM (DDRAM最多16字符/4行，LCD显示范围为16×2行)；2 Mbit中文字形ROM (CGROM)，共提供8 192个中文字型(16×16点阵)；16 Kbit半宽字形ROM (HCGROM)，共提供126个西文字形(16×8点阵)；64×16 bit字符产生RAM (CGRAM)；15×16 bit共240点的ICON RAM (ICONRAM)，其供电电源VDD为3.3～5 V(内置升压电路，无需负压)，供电电压与单片机兼容。模块能提供8位、4位并行接口及串行接口可选，并行接口适配M6800时序。

设计采用串口方式同单片机通信，串行数据传送共分三字节完成。

第一字节：串口的控制格式为11111ABC。A为数据传送方向控制：H表示数据从LCD到MCU，L表示数据从MCU到LCD；B表示数据类型选择：H表示数据是显示数据,L 表示数据是控制指令;C 固定为 0。

第二字节:(并行)8 位数据的高 4 位格式为 DDDD0000。

第三字节:(并行)8 位数据的低 4 位格式为 0000DDDD。

如上所示,串口通信相对并行通信来说,虽然软件设计相对复杂一些,但与单片机只要 3 个引脚相接,大大节省了单片机的 I/O 口。

YB12864 汉字图形液晶显示模块单片机连接的电路如图 8-5 所示。由于此系统中采用串行通信方式,所以 DB0～DB7 悬空,RST 为低电平有效,为了节省 I/O 口,因此直接接高电平。RS 为片选信号控制端,R/W 为数据串行传送,E 为时钟信号。VO 口接入一个 10 kΩ 的电位器,用来调节背光的亮度。PSB 口为液晶串并、行工作方式选择端口,在串行工作方式下,端口 RS 为片选信号口,RW 为数据端口,RS 为时钟端口。

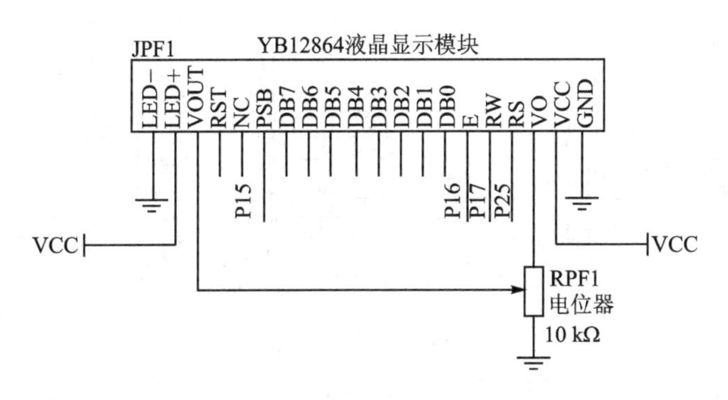

图 8-5 YB12864 应用接口

8.1.6 4×4 矩阵键盘电路

系统需要对两臂的角度进行设置,故采用基于 ZLG7290 键盘显示专用芯片的 4×4 矩阵键盘。在设计中只使用了 ZLG7290 的按键驱动功能。ZLG7290 最多可驱动 64 个按键,可控制扫描位数,且可设置 8 个功能键,并检测任一键的连击次数。该芯片具有硬件键盘去抖动处理、双键互锁处理、连击键处理和功能键处理等一系列功能,故可简化程序的编写。ZLG7290 采用 I^2C 串行通信接口与微处理器进行数据传送,并提供键盘中断信号,方便与微处理器接口。

如图 8-6 所示为该矩阵键盘的原理图和 PCB 图,其中 U1 为 ZLG7290。为了使电源更加稳定,在 VCC 到 GND 之间接入了一个 220 μF 的电解电容和一个 470 pF 的瓷片电容。JP1 是模块与外部的接口端,包括+5 V 电源端 VCC 和地端 GND、I^2C 总线的时钟线 SCL 和数据线 SDA(两个端口加入了 3.3 kΩ 的上拉电阻)以及中断端口$\overline{INT}$。中断端口/$\overline{INT}$用于当有按键按下时通知单片机。晶振 Y1 取值 6 MHz,调节电容 C3 和 C4 取值为 20 pF。复位信号是低电平有效,只需外接简单的 RC 复位电路,也可以通过直接拉低 RST 引脚的方法进行复位。模块集成了 16 个按键,按键加入 3.3 kΩ 的限流电阻和防止反电势的二极管 4148，这时 ZLG7290B 消耗的电流大大降低，典型值为 1 mA。

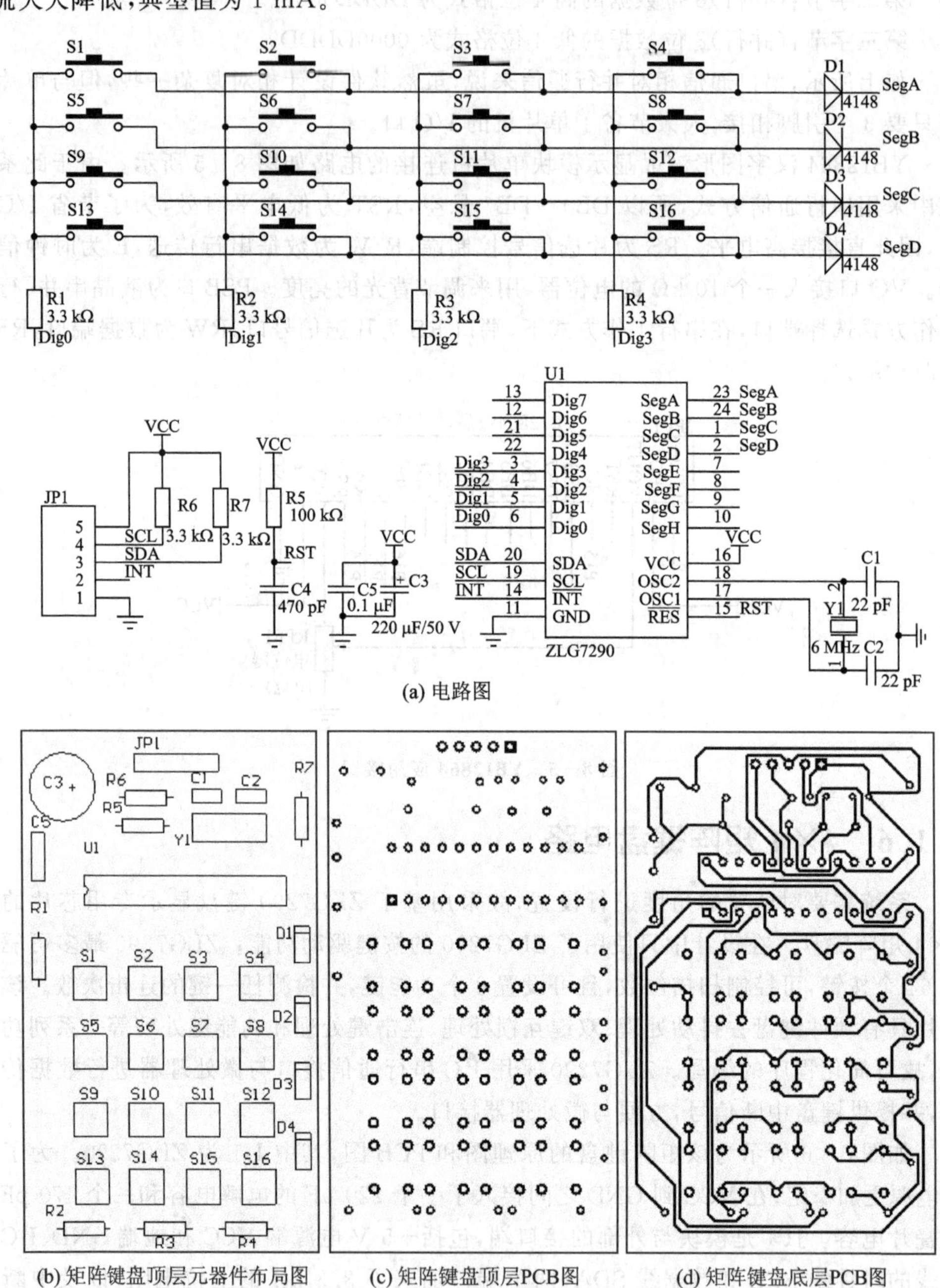

(a) 电路图

(b) 矩阵键盘顶层元器件布局图　(c) 矩阵键盘顶层PCB图　(d) 矩阵键盘底层PCB图

图 8-6　键盘电路原理图和 PCB 图

8.1.7　存储电路模块

设计中使用 CAT24C02 存储芯片存储采集到的手动部分的角度信息。CAT24C02 是集 E^2PROM 存储器和复位微控制器功能于一体的芯片。芯片具有可编程复位门槛电平，可选择 5 V、3.3 V 和 3 V，保证系统出现故障的时候能给 CPU 一个复位信号。芯片以 I^2C 为通信协议，数据传送频率高达 400 kHz。其工作电压宽达 2.7～6 V。CAT24C02 具有 2 Kbit 的存储空间，并有 16 B 页写缓冲区，片内防误擦除写保护。CAT24C02 具有 100 万次擦写周期，数据保存可长达 100 年，其工业级使用温度范围为 −55～125 ℃。

CAT24C02 与单片机的连接如图 8－7 所示。芯片采用＋5 V 单电源供电。因为设计中只使用了一个 CAT24C02 芯片，故芯片的地址端均接地。芯片使用 I^2C 串口通信协议，至少具有一个时钟信号端口和一个数据端口。设计中时钟信号端口 CLK 与数据端口 DATA 分别接入单片机的 P2.7 和 P2.6 口，因为该端口为三态输出，故需要接入 4.7 kΩ 的上拉电阻。写保护端 HOLD 接地，以实现单片机对其的读/写操作。

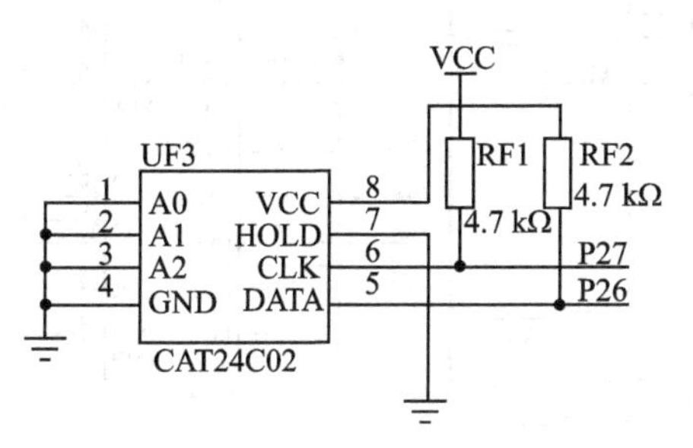

图 8－7　CAT24C02 应用电路

8.1.8　步进电机驱动模块

系统使用两个步进电机来分别控制臂 AB 和臂 BC 的转动。该模块为基于步进电机专用驱动芯片 TA8435H 的步进电机驱动模块，用于驱动两相步进电机。系统选用的 35BYGHM104－02A 型步进电机和 28BYGH301 型步进电机的最小步距角均为 1.8°，且采用相同的工作电压。

TA8435H 是东芝公司生产的单片正弦细分两相步进电机驱动专用芯片。TA8435H 可以驱动两相步进电机，且电路简单，工作可靠。该芯片还具有以下特点：工作电压范围宽达10～40 V，输出平均电流可达 1.5 A，峰值电流可达 2.5 A；具有整步、半步、1/4 细分和 1/8 细分 4 种运行方式可供选择；采用脉宽调制式斩波驱动方式；具有正/反转控制功能；带有复位和使能引脚；可选择使用单时钟输入或双时钟输入。

图 8－8 是 TA8435H 的应用电路原理图和 PCB 图，该电路用两片 TA8435H 来

驱动两个步进电机，外接输入信号有使能控制、正反转控制和时钟输入。+24 V的步进电机相负载电源输入，通过光耦TLP521Z可将驱动器与输入级进行电隔离，以起到逻辑电平隔离和保护作用。该电路工作在1/8细分模式(M1和M2接高电平)，可减小低速时的振动，4个快恢复二极管可用来释放绕组电流。选用不同的两相步进电机时，应根据其电流大小选择合适的检测电阻。设计中使用的检测电阻为1 Ω。由于REF IN引脚接高电平，因此V_{NF}为0.8 V，故输出级斩波电流为

$$V_{NF}/R_{NF}=0.8\ \text{V}/1\ \Omega=0.8\ \text{A}$$

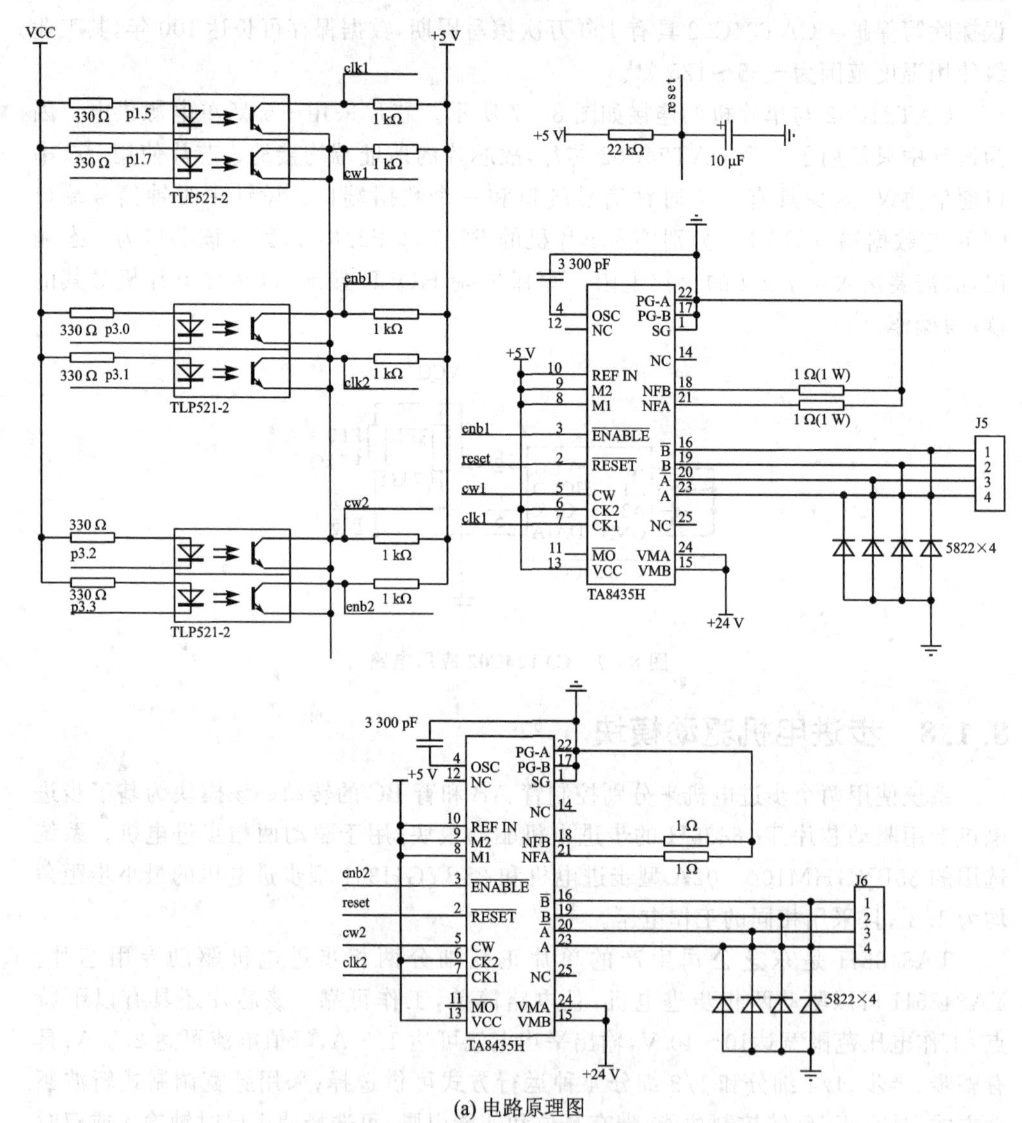

(a) 电路原理图

图8-8　TA8435H的应用电路原理图和PCB图

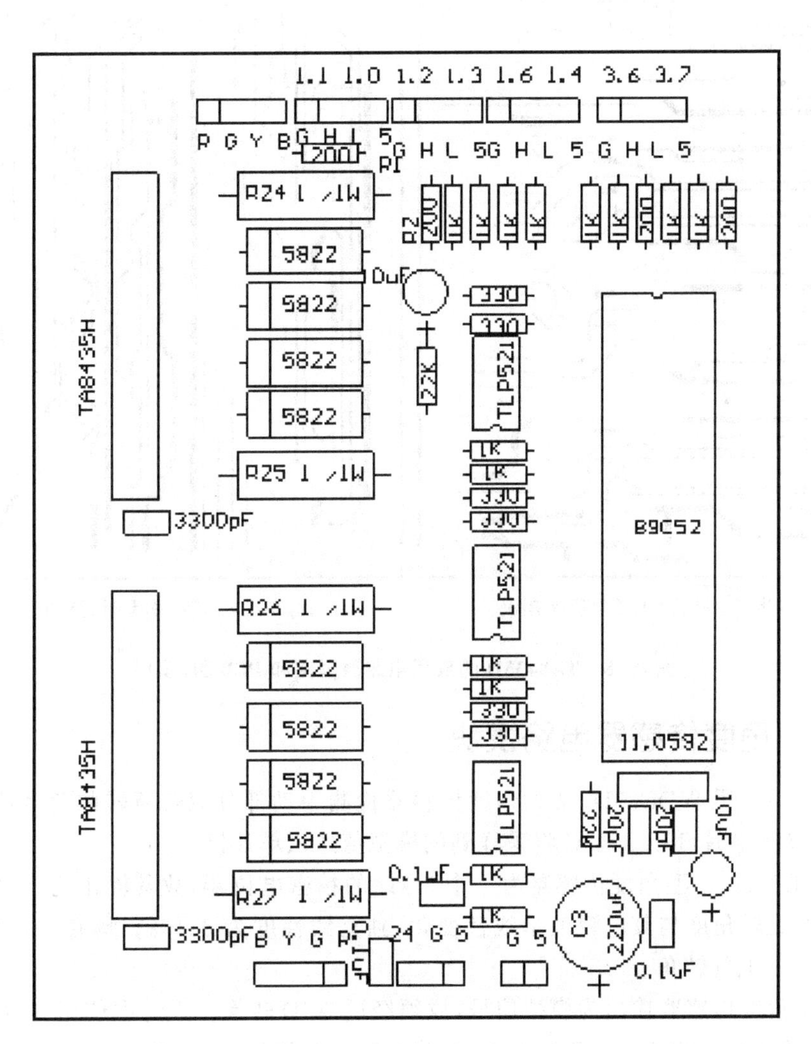

(b) 步进电机驱动模块顶层元器件布局图

图 8-8　TA8435H 的应用电路原理图和 PCB 图(续)

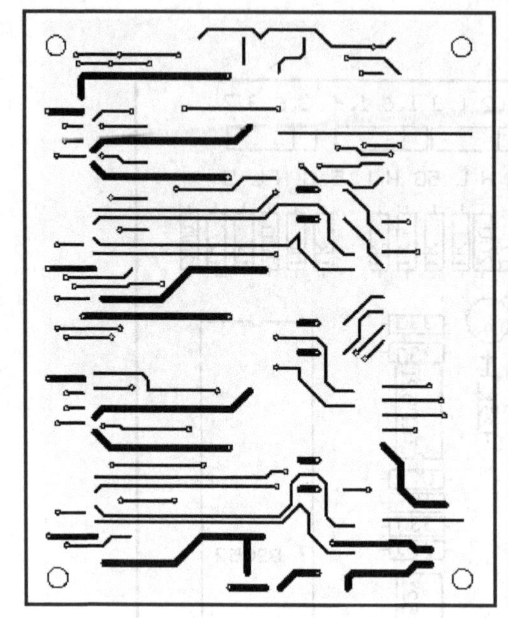

(c) 步进电机驱动模块顶层PCB图

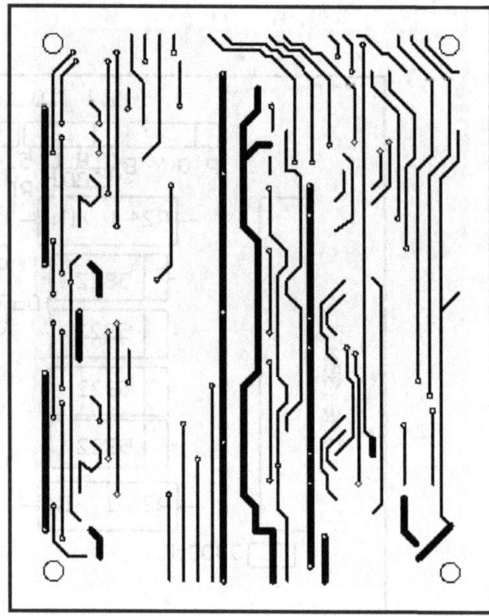

(d) 步进电机驱动模块底层PCB图

图 8-8　TA8435H 的应用电路原理图和 PCB 图(续)

8.1.9　角度传感器电路模块

设计中使用 WDD35D-4 型角度传感器检测手动部分双臂所转的角度值,并通过 A/D 转换芯片 TLC2543C 将采样到的模拟值送入单片机。

WDD35D-4 型角度传感器为一个 5 kΩ 的精密电位器,故其输出为模拟信号。其旋钮的旋转角度与其电阻值呈线性变化,独立线性度为 0.1%。具有 360°的机械转角和 345°电气转角。

由于角度传感器输出为模拟信号,故须经过 A/D 转换。设计中使用 TLC2543C 实现模/数转换。TLC2543C 是 12 位开关电容逐次逼近模/数转换器。每个器件有三个控制输入端:片选($\overline{CS}$)、输入/输出时钟(I/O CLOCK)以及地址输入端(DATA INPUT)。它还可以通过一个串行的三态输出端(DATA OUT)与主处理器或外围的串行口通信,输出转换结果。本器件可以从主机高速传输数据。

TLC2543C 与单片机的连线如图 8-9 所示。TLC2543C 具有 11 个可选通的模拟通道。在设计中仅使用了芯片的通道 2 和通道 6 分别采集两路角度传感器的模拟信号。基准电压选+5 V,故 REF+接 VCC,REF-接地。芯片与单片机有 5 个接口。其中片选端口$\overline{CS}$拉低时选中该芯片。当转换结束时,转换结束端口 EOC 拉低通知单片机。

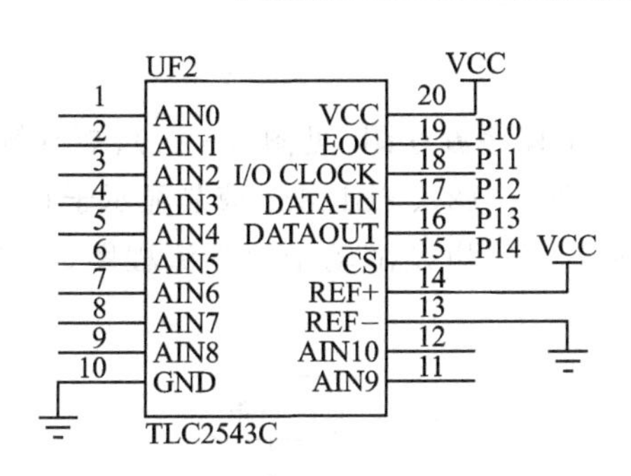

图 8－9　TLC2543C 连线图

8.1.10　系统软件设计

1. 系统软件开发工具

系统软件开发工具采用美国 Keil Software 公司出品的 51 系列兼容单片机 C 语言软件开发系统 Keil μVision2。Keil μVision2 采用全 Windows 界面，具有很好的兼容性，能安装在 Windows XP 和 Vista 操作系统。Keil μVision2 使用接近于传统 C 语言的语法来开发，提供丰富的库函数和功能强大的集成开发调试工具，与汇编语言相比，C 语言在功能、结构性、可读性和可维护性上有明显的优势，能大大提高工作效率和缩短项目开发周期。Keil C51 生成的目标代码效率非常高，多数语句生成的汇编代码很紧凑，容易理解，并且还可以使用 C 语言与汇编语言混合编程，使程序达到接近于汇编的工作效率。如图 8－10 所示为 Keil μVision2 的工作界面。

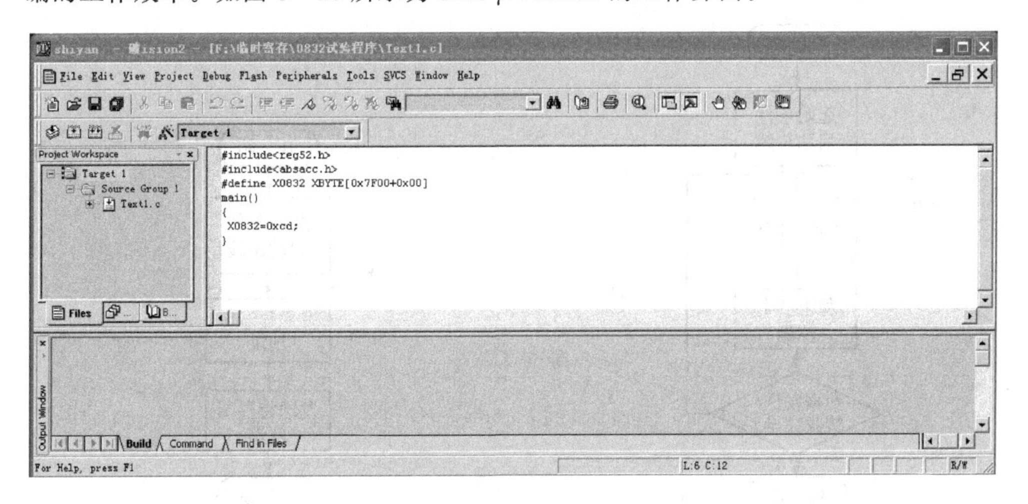

图 8－10　Keil μVision2 的工作界面

2. 程序流程图

系统程序流程图包含主程序流程图(见图8－11)、矩阵键盘和存储模块所用的I^2C通信子程序流程图(见图8－12)、YB12864液晶显示子程序流程图(见图8－13)、画圆子程序流程图(见图8－14)以及随动子程序流程图(见图8－15)等。(程序清单略)

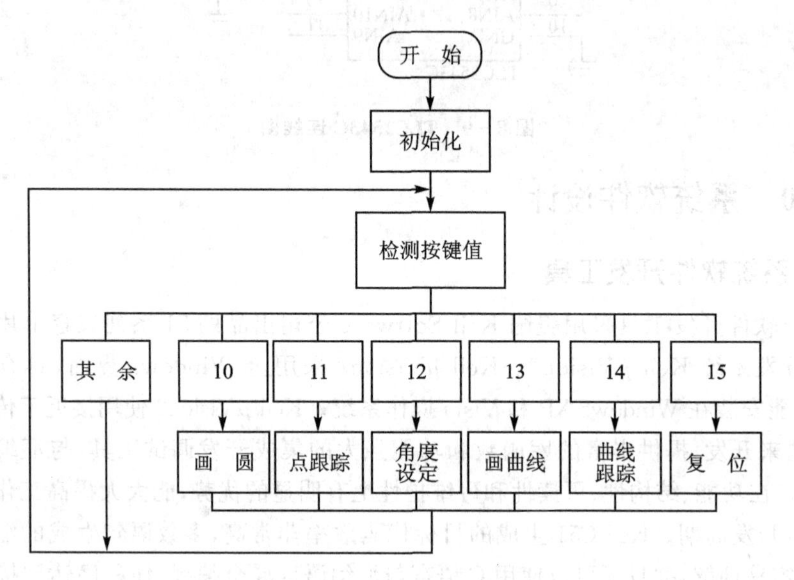

图8－11　主程序流程图

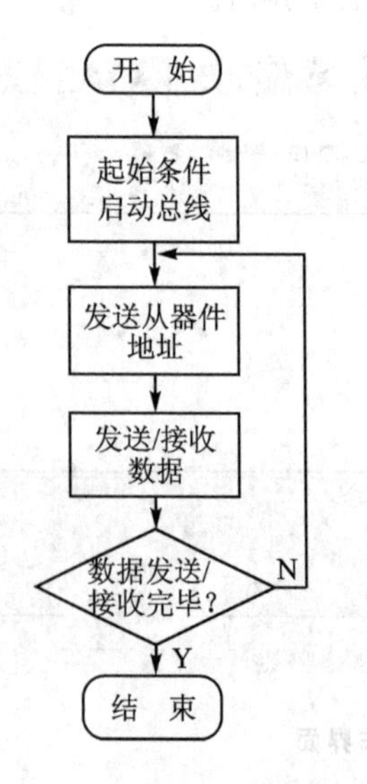

图8－12　I^2C通信子程序流程图

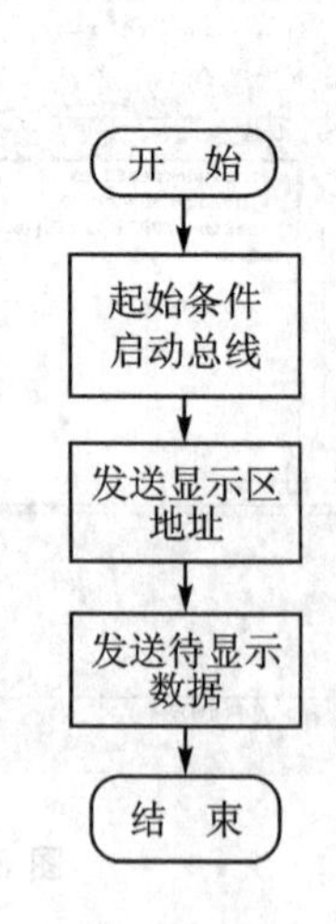

图8－13　YB12864液晶显示子程序流程图

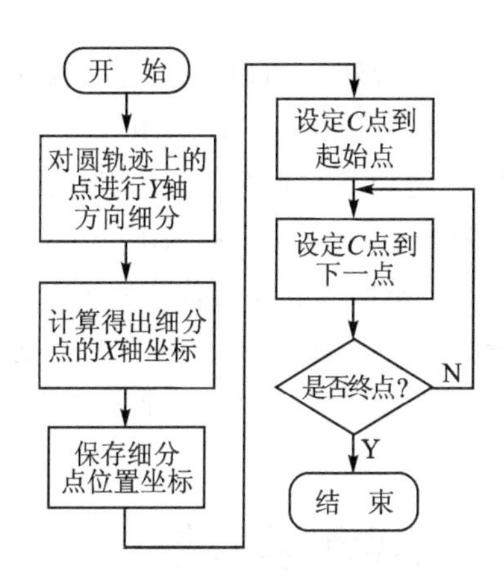

图8－14　系统画圆子程序流程图

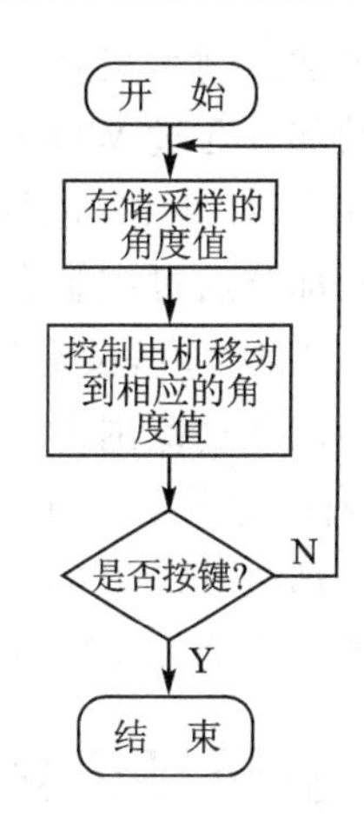

图8－15　系统随动程序流程图

8.1.11　系统测试

系统的测试项目分为臂角度设置测试、画任意曲线测试、随动定位测试、位置坐标显示测试和随动绘线测试。

测试结果如图8－16所示。

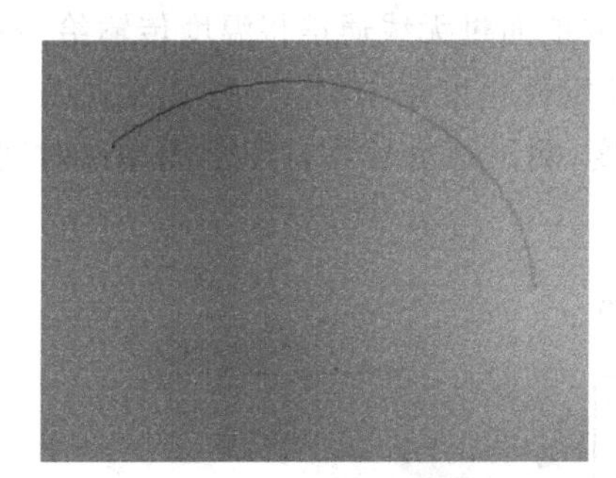

(a) 画任意曲线测试图

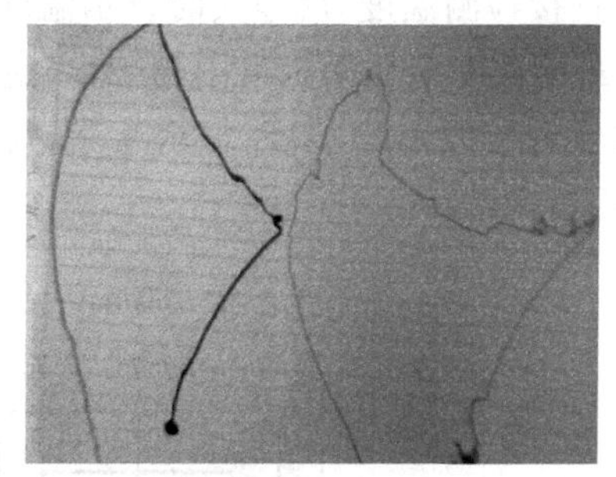

(b) 随动绘线测试图

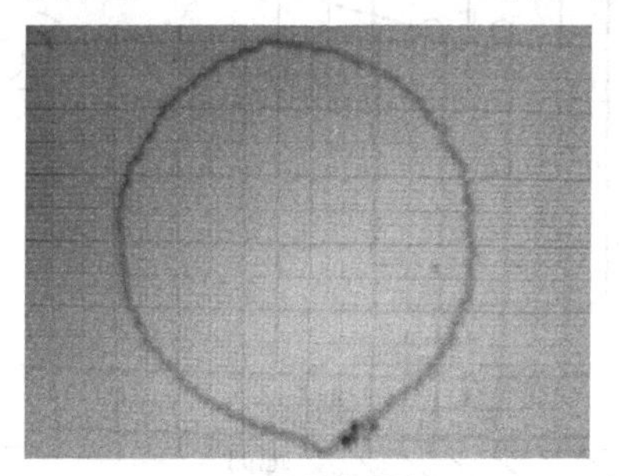

(c) 画圆测试图

图8－16　画任意曲线测试、随动绘线测试以及画圆测试图

该随动控制系统分为手动部分和随动部分。

手动部分通过 WDD35D－4 角度传感器检测双臂转动的角度信息，并经过 A/D 转换芯片 TLC2543C 进行模/数转换后存储到存储芯片 CAT24C02 中。

随动部分通过控制步进电机的转动角度实现定位。它使用 4×4 矩阵键盘任意设定臂 AB 的角度，设定角度与实际值最大误差为 0.3°；并且能够画出一条任意曲线和实现给定移动范围内任意坐标画一个直径为6 cm的圆，最大误差为 0.6 cm。它能在 20 s 内模仿手动部分画出一条任意曲线，最大误差不超过 3 cm。在整个过程中，随动部分通过 YB12864 汉字图形液晶显示模块显示当前位置坐标，显示位置与实际位置偏差平均为 0.02～0.08 cm。

8.2 基于红外线的目标跟踪与无线测温系统

8.2.1 设计要求

设计一个长×宽为 200 mm×180 mm 的可万向自动旋转的红外线跟踪定位仪 A 和一个红外线发射器 B，系统示意图如图 8－17 所示。A 与 B 之间无线连接，采用无线通信方式进行数据双向传输。发射器 B 端利用白炽灯(0～200 W 可调)模拟热源，B 端直接检测温度，就地实时显示温度，并能通过无线通信将温度传输给 A；跟踪定位仪 A 能实时定位跟踪发射器 B，当达到定位精度要求时，A 向 B 发送温度传送指令，并实时接收 B 点温度，显示并存储温度；测试结束后可打印全部测试时间段的数据和温度曲线。

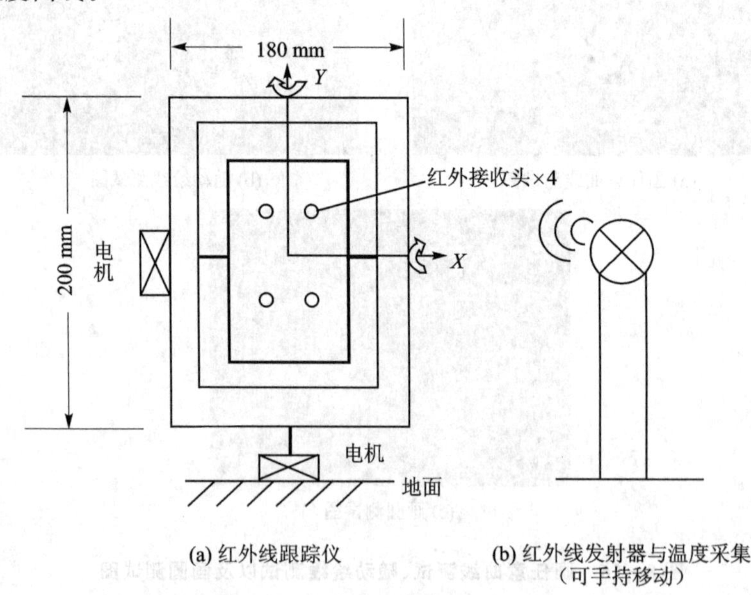

图 8－17 红外跟踪定位仪示意图

1. 基本要求

① 跟踪仪 A 的接收面绕 X 轴旋转的角度大于 150°，小于 180°，A 绕 Y 轴旋转角度大于 330°，小于 360°。A 在任意非初始位置时，按复位键能自动复位。A 能搜索和定位目标 B(B 在工作空间内随机设置)。

② B 端设置 0～200 W 功率可调的白炽灯（现场供电 220 V），设计功率调整单元。根据测试要求可在 0～200 W 范围内任意设定白炽灯功率。在白炽灯灯座处安放温度传感器，设计温度检测显示与无线通信传输单元。

③ 在工作空间内根据测试要求，将 B 设置在 3～4 个不同的位置，同时在 B 端设置不同的加热功率。其间，跟踪仪 A 能自动搜索与定位 B(时间≤60 s)。定位精度要求：A 的法线方向与目标 B 之间的定位角度 X 与 Y 两个方向均不大于 30°。完成定位后（达到定位精度要求），A 端有声光提示，A 向 B 下达温度传送指令，并定时接收存储由 B 端送来的温度数据，实时显示现场温度与定位时间，打印测试数据。

2. 发挥部分

① 在基本要求中，跟踪仪 A 的搜寻定位时间≤10 s，定位精度≤10°。

② 跟踪仪 A 具有实时跟踪功能，即目标点 B 在距离跟踪仪 A 1 000～2 000 mm 的某个距离上，瞬间快速移动 300～400 mm，A 能实时跟踪，定位精度≤10°，跟踪时间≤5 s，实时显示跟踪时间。

③ B 沿 X 轴或 Y 轴某一方向运动，A 跟踪达到极限位置时自动停止。当目标 B 失踪时，A 端具有目标丢失显示功能，即显示 X LOST 或 Y LOST。

④ 根据测试数据打印温度曲线。

8.2.2　系统设计方案论证及选择

1. 系统实现方法

本系统要求设计并制作一个可万向自动旋转的红外线跟踪定位仪 A 和一个红外线发射器 B，A 与 B 之间无线连接，采用无线通信方式进行数据双向传输。根据要求，设计红外线跟踪定位仪 A 由控制器模块、电机及驱动模块、光源检测模块、无线通信传输模块、显示模块以及语音模块构成，红外线发射器 B 由控制器模块、功率调整模块、无线通信传输模块、温度检测模块及显示模块构成。系统结构框图如图 8－18所示。

上述各模块的方案论证与选择如下。

2. 微控制器选择

微控制器的选择很重要，选择合适的微控制器，能确保其快速稳定及达到系统要求的其他功能。

方案一：使用传统的 51 系列单片机。传统 51 系列单片机价格便宜、控制简单；

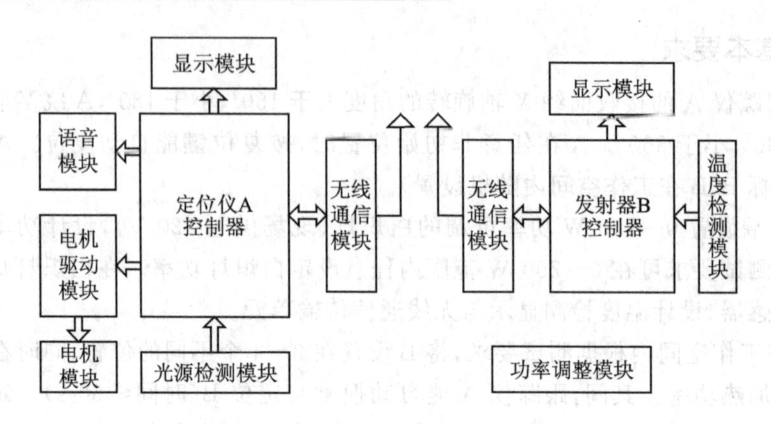

图 8-18 系统结构框图

但运算速度慢，片内资源少，存储器容量小，难以存储大容量程序和实现复杂的算法。

方案二：使用 Atmel 公司推出的较为新颖的 AVR 单片机。AVR 单片机显著的特点为高性能、高速度和低功耗。它取消机器周期，以时钟周期为指令周期，实行流水作业。CPU 在执行本指令功能的同时可完成下一条指令的读取。片内还集成了数据采集和控制系统中常用的模拟部件，如 ADC、SPI、USAUT 和 I^2C 通信口等，特别便于进行数据的实时采集和控制。

方案选择：通过性能和价格的比较，选择方案二。在 AVR 系列单片机中，选择 ATmega128 作为红外线跟踪定位仪 A 主控制器，因为 ATmega128 有 53 个可编程 I/O 口，内部资源丰富，能满足实现定位仪 A 所有功能的要求；而考虑到发射器 B 只需无线通信和温度采集，选 ATmega8 作为红外线发射器 B 的主控制器。

3. 电机选择

电机模块选择是整个方案设计的关键点之一，按照设计要求，定位仪 A 能够快速准确地跟踪目标 B 并定位，这需要对电机进行精确控制，而且电机的制动性能要好。因此普通直流电机不能满足要求。

方案一：采用直流减速电机作为定位仪 A 的执行元件。直流减速电机转动力矩大，体积小，质量轻，装配简单，使用方便。由于其内部由高速电动机提供原动力，带动变速(减速)齿轮组，故可以产生较大扭力。设计框图如图 8-19 所示。此设计能对电动车运行速度进行精确控制，但直流电机没有自锁功能，无法实现定位仪 A 的定位。

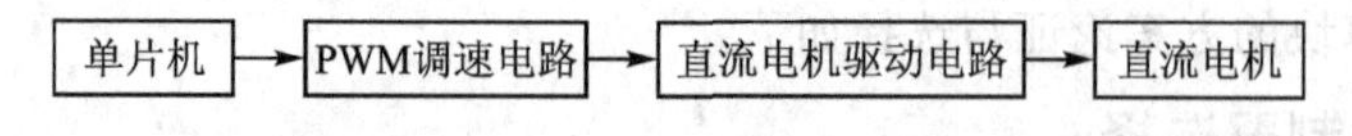

图 8-19 直流电机控制方式

方案二：采用步进电机作为定位仪 A 的执行元件，步进电机是一种将电脉冲信号转换成角位移或线位移的开环控制设备，可在各种数控系统中作为执行元件，在非超载的情况下,电机的转速和停止的位置只取决于脉冲信号的频率和脉冲数,而不受负载变化的影响,即给电机加一个脉冲信号,电机就转过一个步距角。因此只要控制输入脉冲信号的频率就能对电机进行精确控制和定位,设计框图如图 8－20 所示。

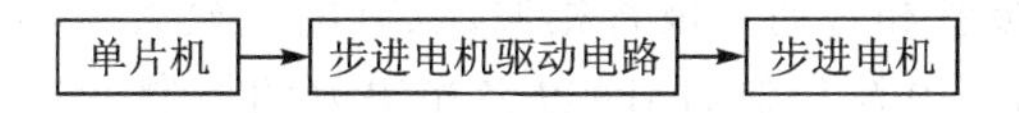

图 8－20　步进电机控制方式

方案选择:经分析与比较,步进电机具有直流电机没有的自锁功能,因此本系统选用方案二。

4. 电机驱动模块方案论证与选择

方案一:使用 L298N 芯片驱动电机。L298N 可以驱动直流电机和步进电机,本设计中考虑到电机的带负载能力以及控制小车行驶的精度问题所以选择用步进电机。L298N 芯片可以驱动两个两相电机,也可以驱动一个四相电机,可直接通过电源来调节输出电压,并直接用单片机的 I/O 口提供信号。

方案二:采用 TA8435H 细分芯片驱动步进电机。使用细分方式,能很好地解决步进电机在低频工作时,振动大、噪声大的问题。步进电机的细分控制,从本质上讲是通过对步进电机励磁绕组中电流的控制,使步进电机内部的合成磁场变为均匀的圆形旋转磁场,从而实现步距角的细分。

方案选择:TA8435H 与 L298N 比较,TA8435H 调试简单,最大 1/8 细分,低速运行振动噪声小;不但简化了电路,而且该芯片价格更加便宜,故选择方案二。

5. 无线传输模块选择

方案一:采用菲迪科技公司的无线串口 RF232 FCE11,它是带 CPU 和软件实现的无线通信模块。该模块由单片机 ATmega48 和挪威公司的单片射频收发器 nRF905 组成,采用透明模式进行通信,即所收即所发,具有通信距离远、低功耗和接口灵活等优点,使用者无须编码和控制,缩短了开发周期。此外,采用单片射频集成电路及单片机 MCU 的无线模块,外围电路小且只有 4 个接口。

方案二:采用挪威公司的单片射频收发器 nRF905 芯片,但其应用电路外围接口较多,且开发周期长。

方案选择:因不关心无线部分的细节,只是利用无线通信完成系统的集成,能很快应用于系统,考虑具有完整通信功能的无线模块,故选择方案一,利用由 CPU 和 nRF905 组成的无线串口模块。

6. 光源检测方案论证与选择

根据题目要求设计一个长×宽为 200 mm×180 m,可以万向自动旋转的红外线跟踪定位仪 A,为了实现实时跟踪,准确定位等功能,光源检测模块所用到的传感器要求灵敏度高,以下有两个方案。

方案一:光敏二极管也叫光电二极管,光敏二极管与半导体二极管在结构上是类似的,其管芯是一个具有光敏特征的 PN 结,具有单向导电性,因此工作时须加上反向电压,可以利用光照强弱来改变电路中的电流。

方案二:光敏三极管和普通三极管相似,也有电流放大作用,只是它的集电极电流不只是受基极电路和电流控制,同时也受光辐射的控制。当具有光敏特性的 PN 结受到光辐射时,形成光电流,由此产生的光生电流由基极进入发射极,从而在集电极回路中得到一个放大了相当于 β 倍的信号电流。

方案选择:光敏三极管与光敏二极管相比,具有很大的光电流放大作用,即很高的灵敏度。可见光中有红外光,经分析比较,选择方案二,选用型号为 3DU5C 的硅光敏三极管。

7. 显示模块选择

方案一:采用北京迪文公司生产的型号为 DMT32240T035_01WN 的彩色液晶屏,该显示模块 5 V 供电背光灭时,工作电流只需 120 mA,内部具有 96 MB 的图片存储空间,只需占用主控器的一个串口资源。

方案二:采用 NOKIA5110 液晶显示模块,该模块采用 NOKIA5110 单色 84×48 点阵液晶屏,其控制芯片使用 Philips 的 PCD8544。该液晶屏具有价格便宜、小巧、数据交换速度快和寿命长等特点。

方案三:采用 LCM12864 液晶显示器,可以全中文界面显示,内容丰富,易于人机交互,但体积过大,且数据更新速度太慢,不能达到实时显示的要求。

方案选择:考虑到显示效果和温度曲线的显示,故红外线跟踪定位仪 A 的显示模块选用 DMT32240T035_01WN 彩色液晶屏;红外发射器 B 的显示模块采用 NOKIA5110 单色 84×48 点阵液晶屏,实时显示温度曲线。

8. 语音模块选择

方案一:采用由广州市苏凯电子有限公司生产的 SK - SDMP3 模块。它直接支持 MP3 语音文件,文件来源广泛,占据容量小,容易制作,音质优美,通用性好。将 SD 卡作为存储媒体,存储容量大,容易复制保存。存储内容按文件夹的形式编排,按名称分段存储,易存、易改。

方案二:采用语音芯片 ISD2560。通过分段录音、寻址播放的方法,实现了语音的分段录放、循环播放、查询播放和组合播放等功能。实验结果表明,语音地址分辨率为 100 ms,最大录、放时间为 60 s,可录、放 180 个字左右,语音组合无明显断续感,声音清晰、自然,并可根据需要录、放各种个性化语音,具有较好的通用性。

方案选择:相对来说 SK - SDMP3 模块的性能和价格都优于语音芯片 ISD2560,能耗差不多,故选择方案一作为语音播放模块。

9. 功率调整模块选择

根据题目要求,发射器 B 端利用白炽灯模拟热源,白炽灯需要 0~200 W 可调。

方案一：设计利用控制器产生 PWM 控制可控硅的通断时间，最终实现对功率的高精度调节。BT138 可控硅的最大电压为 600 V，电流为 12 A，能够控制一个功率为 200 W 的白炽灯，控制方框图如图 8-21 所示。

图 8-21　实现功率可调的方框图

方案二：直接选用一个手动可调的功率可调模块，调节范围为 0～200 W。

方案选择：基于用电安全方面考虑，选用方案二，而且利用手动调节的功率调节模块，不需要软件编程，简化了系统设计。

10. 温度检测模块方案论证和选择

方案一：采用美国 Dallas 公司生产的数字式温度感器 DS18B20 作为检测元件，可以直接将温度值转换成数字量，不需要外加 A/D 转换电路，与微控制器的接口电路比较简单。但是在－10～＋85 ℃时精度只有±0.5 ℃。

方案二：采用 PT100 温度传感器。PT100 是一种稳定性和线性都比较好的铂丝热电阻传感器，可以工作在－200～＋650 ℃的范围。传感器的设计和材料决定了所有的技术参数，它优异的结构设计使得反应时间大大缩短，而且可根据需要设计电路实现对不同温度范围的测量。

方案选择：考虑性价比和测温范围，选择方案二。

11. 电源选择

方案一：采用锂电池，电压为 7.4 V，容量为 1 800 mA·h，持续放电为 18 C，峰值可达25 C。高倍率放电，动力强劲。

方案二：直接采用现成的开关电源模块，型号为 GX-0518，输入为 100～240 V AC，50 Hz/60 Hz，2 A；输出为 12 V/5 V，2 A。效率高，可长时间持续供电。

方案选择：考虑利用效率和电源工作的稳定性，选择方案二，其中 5 V 电源经 AMS1117 转换后给无线传输、传感器等模块使用。

12. 最终系统设计方案

根据上述方案论证，最终确定了以 Atmel 公司生产的 AVR 单片机 ATmega 128 和 ATmega 8 分别为定位仪 A、发射器 B 的控制核心，采用菲迪科技公司生产的无线串口 RF232 FCE11 模块实现 A、B 之间的数据传输；采用两个型号为 35BYG409 的步进电机实现定位仪 A 的自动万向旋转；利用 4 个型号为 3DU5C 的硅光敏三极管实现对发射器 B 的跟踪定位功能；采用可调范围为 200 W 的手调功率调整模块对功率为 200 W 的白炽灯进行功率调节；灯座处安装一个型号为 PT100 的温度传感器，实时检测温度;定位仪 A 的显示使用型号为 DMT32240T035_01WN 的彩色液晶屏,使用 SK-SDMP3 模块实现声光提示功能;发射器 B 的显示使用 NOKIA5110 单色 84×48 点阵液晶屏,显示现场温度。最终系统设计方案的方框图如图 8-22 所示。

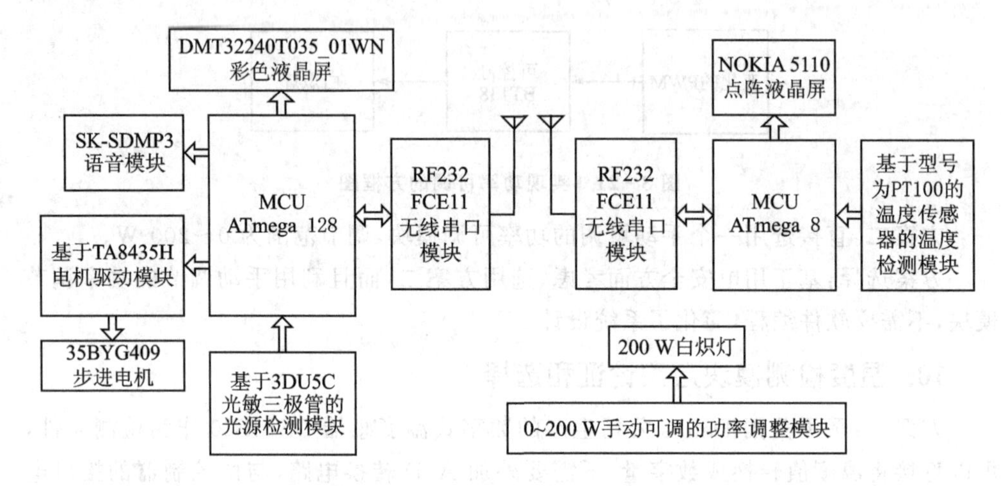

图 8-22 最终系统设计方案的方框图

13. 系统电源供电系统

根据上面的分析论证,整个系统的电源供电系统如图 8-23 所示。

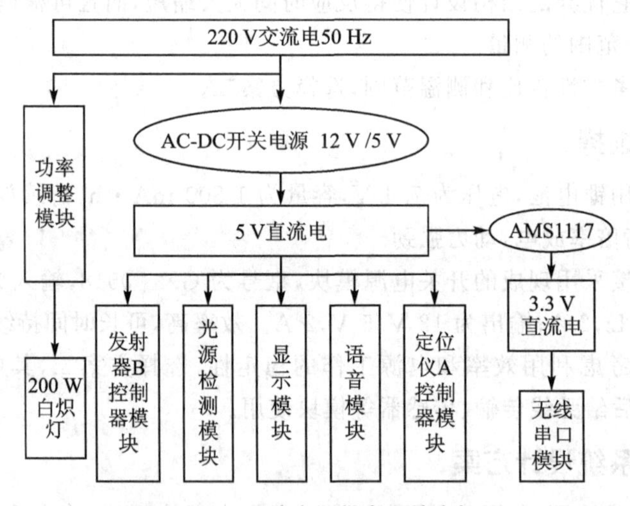

图 8-23 系统电源供电系统方框图

8.2.3 光源检测电路

光敏三极管在原理上类似于晶体管,由于其基极电流可由光照提供,故一般没有基极外引线。

若在光敏三极管集电极 c 和发射极 e 之间加电压,使集电结反偏,则在无光照时，c 和 e 间只有漏电流 I_{CEO}，称为暗电流，大小约为 0.3 μA。有光照时将产生光电流 I_B，同时 I_B 被“放大”形成集电极电流 I_C，大小在几百微安到几毫安之间。

使用光敏三极管时，除了管子实际运行时的电参数不能超限外，还应考虑入射光的强度是否恰当，光谱范围是否合适。过强的入射光将使管芯的温度上升，影响工作的稳定性，不合光谱的入射光，将得不到所希望的光电流。系统要求利用白炽灯模拟热源，可先用硅光敏三极管，因为硅光敏三极管的光谱响应范围为 0.4～1.1 μm 波长的光波，白炽灯作光源，反应灵敏度和检测距离就很理想。

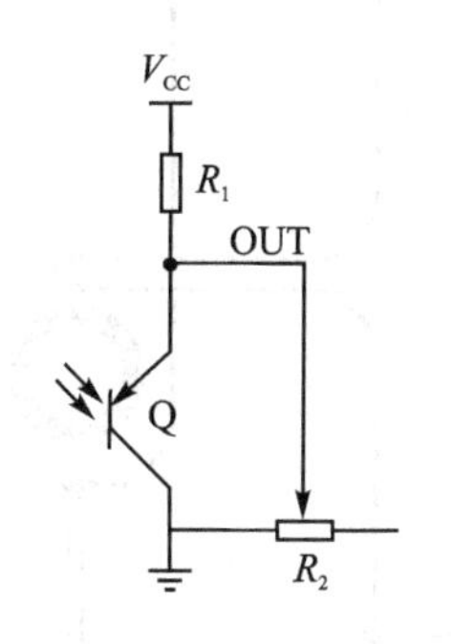

图 8-24　光源检测电路

光源检测电路设计如图 8-24 所示，图中 Q 代表光敏三极管，在光敏三极管的基本应用电路的基础上增加一个精密电位器 R_2，用于调节光敏三极管的灵敏度。输出电压计算公式如下：

$$V_{out} = \frac{\dfrac{R_Q \times R_2}{R_Q + R_2}}{R_1 + \dfrac{R_Q \times R_2}{R_Q + R_2}} \times V_{CC}$$

式中，R_Q 代表光敏三极管集电极 c 和发射极 e 之间的电阻。当光照强度不变时，可调节电位器 R_2 改变光敏三极管的灵敏度。

为了简化软件编程的难度，而又能精确实现跟踪和定位的功能，设计使用 4 个型号为 3DU5C 的光敏三极管，电路原理图如图 8-25 所示，图中阻值为 100 kΩ 的精密电位器 R1_7、R2_7、R3_7、R4_7 分别调节 Q1_7、Q2_7、Q3_7、Q4_7 的灵敏度，光敏三极管的 PCB 印制板图如图 8-26 所示。

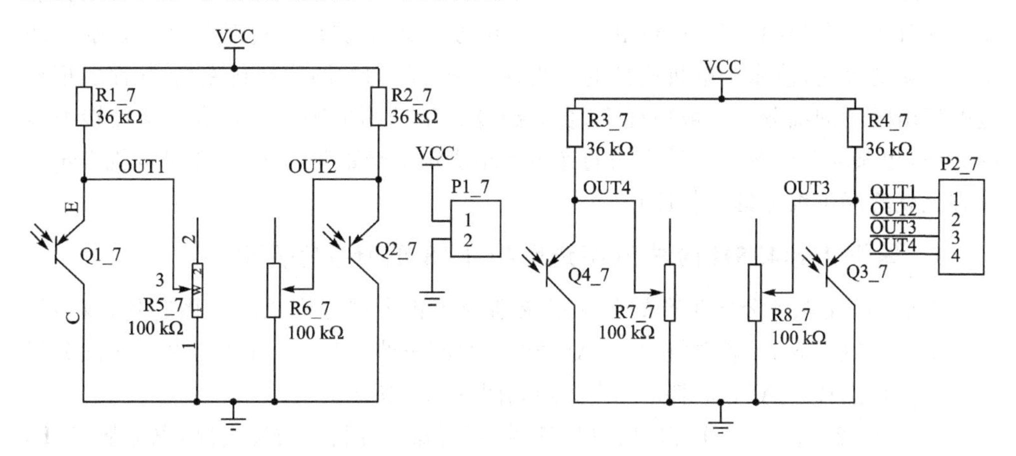

图 8-25　光源检测模块电路原理图

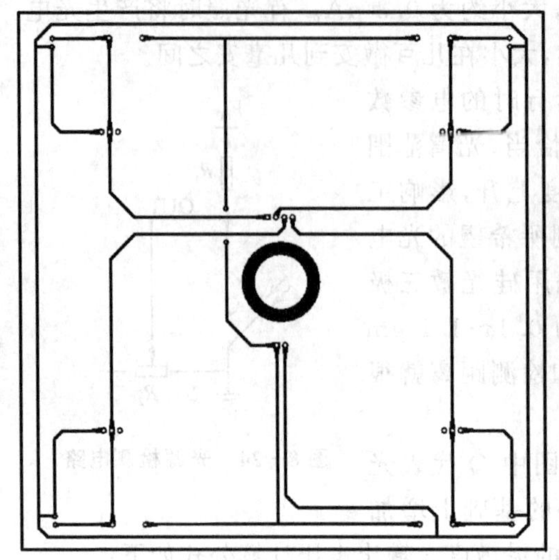

(a) 光源检测模块PCB印制板底层图

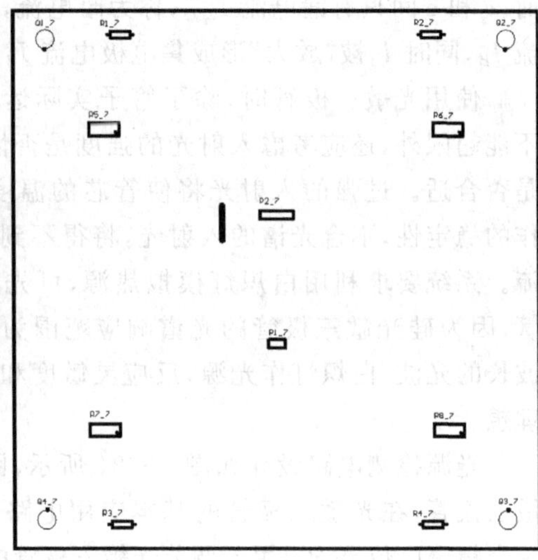

(b) 光源检测模块元器件布局图

图 8－26　光源检测模块 PCB 图

8.2.4　步进电机驱动电路

步进电机有两种工作方式:整步方式和半步方式。以步进角 1.8°两相混合式步进电机为例,在整步方式下,步进电机每接收一个脉冲,旋转 1.8°,旋转一周,则需要 200 个脉冲;在半步方式下,步进电机每接收一个脉冲,旋转 0.9°,旋转一周,则需要 400 个脉冲。控制步进电机旋转必须按一定时序对步进电机引线输入脉冲。

步进电机在低频工作时,会有振动大、噪声大的缺点。如果使用细分方式,就能很好地解决这个问题。步进电机的细分控制,从本质上讲是通过对步进电机励磁绕组中电流的控制,使步进电机内部的合成磁场变为均匀的圆形旋转磁场,从而实现步进电机步距角的细分。一般情况下,合成磁场矢量的幅值决定了步进电机旋转力矩的大小,相邻两合成磁场矢量之间的夹角大小决定了步距角的大小,步进电机半步工作方式就蕴涵了细分的工作原理。

1. 基于 TA8435H 芯片的步进电机 1/8 细分控制方式

TA8435 是东芝公司生产的单片正弦细分两相步进电机驱动专用芯片,该芯片输出电流可达 1.5 A(平均)和 2.5 A(峰值);具有整步、半步、1/4 细分和 1/8 细分运行方式可供选择,TA8435 细分工作原理如图 8－27 所示。

在图 8－27 中,第一个 CK 时钟周期时,解码器打开桥式驱动电路,电流从 VMA 流经电机的线圈后经 NFA 后与地构成回路,由于线圈电感的作用,电流是逐渐增大的,所以 NFB 上的电压也随之上升。当 NFB 上的电压大于比较器正端的电压时,比较器使桥式驱动电路关闭,电机线圈上的电流开始衰减,NFB 上的电压也相应减小;

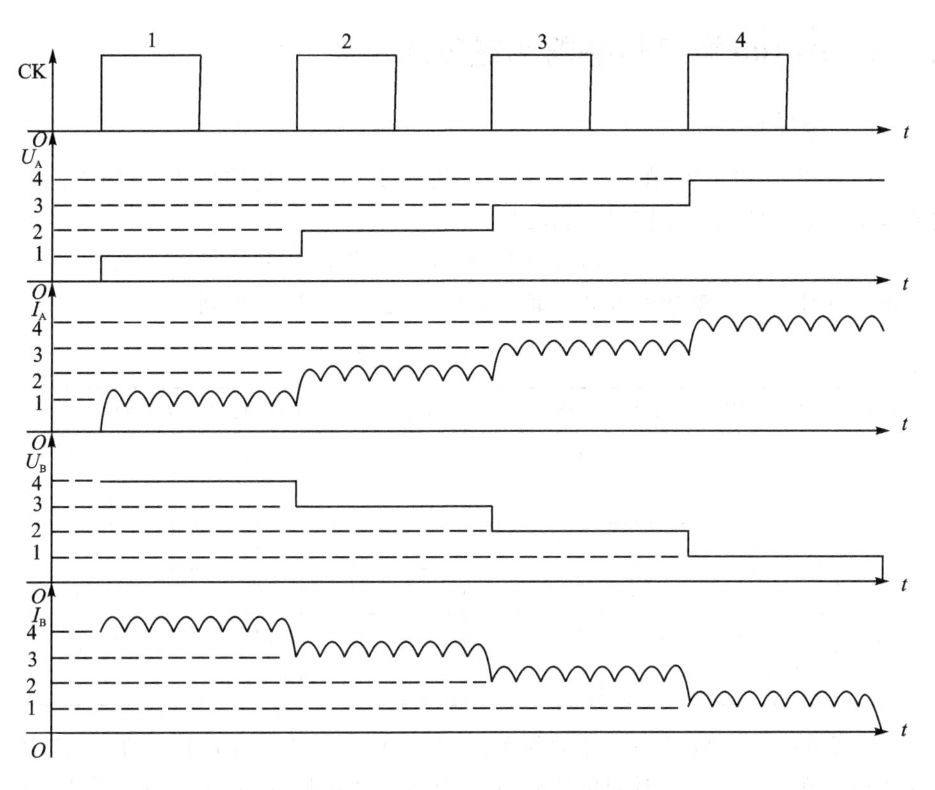

图 8-27 TA8435 细分工作原理

当电压值小于比较器正向电压时,桥式驱动电路又重新导通,如此循环,电流不断地上升和下降形成锯齿波,其波形如图 8-27 中 I_A 波形的第 1 段;另外,由于斩波器频率很高,一般为几十 kHz,其频率大小与所选用的电容有关,在 OSC 作用下,电流锯齿波纹是非常小的,可以近似认为输出电流是直流。在第 2 个时钟周期开始时,输出电流控制电路输出电压 U_A 达到第 2 阶段,比较器正向电压也相应为第 2 阶段的电压,因此,流经步进电机线圈的电流从第 1 阶段也升至第 2 阶段,电流波形如图 8-27 中 I_A 波形的第 2 部分。第 3 和 4 时钟周期 TA8435 的工作原理与第 1 和 2 时钟周期是一样的,只是升高了比较器正向电压而已,输出电流波形如图 8-27 中 I_A 的第 3、4 部分。最终形成阶梯电流,加在线圈 B 上,如图 8-27 中 I_B。在 CK 一个时钟周期内,流经线圈 A 和线圈 B 的电流共同作用下,步进电机运转一个细分步。

2. 步进电机驱动电路

TA8435H 构成的步进电机驱动电路请参考 5.3 节。

8.2.5 PT100温度传感器测量电路

1. 工作原理

按照PT100的参数,在0~500 ℃的区间内,PT100的电阻值为100~280.9 Ω,按照其串联分压的形式连接,使用公式

$$V_{CC}/(R_{PT100}+R)\times R_{PT100}=\text{输出电压}$$

可以计算出其在整数温度(℃)时的输出电压,如表8-1所列。

表8-1 PT100分度表

温度/℃	PT100阻值/Ω	传感器两端电压/mV	温度/℃	PT100阻值/Ω	传感器两端电压/mV
0	100.00	124.38	250	194.10	235.90
1	100.39	124.80	300	212.05	256.59
50	119.40	147.79	350	229.72	276.79
100	138.51	170.64	400	247.09	296.48
150	157.33	192.93	450	264.18	315.69
200	175.86	214.68	500	280.98	334.42

单片机的10位ADC在满度量程下,最大显示为1 023字,为了得到PT100传感器输出电压在显示500字时的单片机A/D转换输入电压,必须对传感器的原始输出电压进行放大,计算公式为

$$(500/1\ 023\times V_{CC})/\text{传感器两端电压}(\text{mV}/℃)$$

式中,V_{CC}是系统供电电源+5 V。

图8-28所示电路运用两个反相放大器将电压放大。

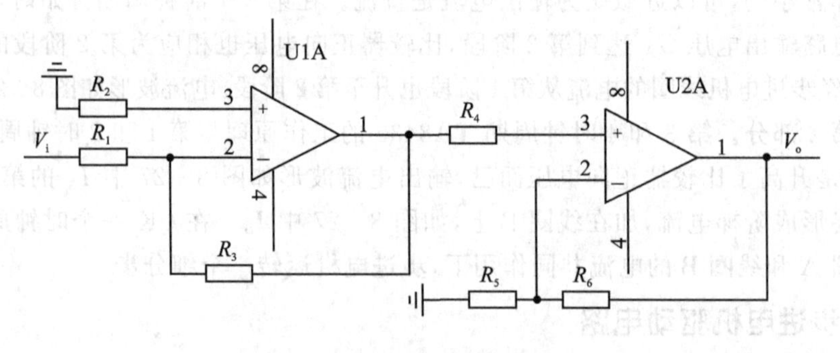

图8-28 两级反相放大电路

在理想运放条件下,利用虚短和虚断的概念,该电路的电压增益为

$$A_V=\frac{R_1+R_3}{R_1}\times\frac{R_5+R_6}{R_5}$$

2. 温度检测电路

PT100 的温度检测电路如图 8-29 所示，R3_5、R4_5、R5_5 和 PT100 组成传感器测量电桥，为了保证电桥输出电压信号的稳定性，电桥的输入电压通过 TL431 稳压至 2.5 V。从电桥获取的差分信号通过两级运放放大后输入单片机。电桥的一个桥臂采用可调电阻 R4_5，通过调节 R4_5 可以调整输入到运放的差分电压信号大小，通常用于调整零点。

放大电路采用 LM358 集成运算放大器，为了防止单级放大倍数过高带来的非线性误差，放大电路采用两级放大，前一级约为 10 倍，后一级约为 3 倍。温度在 0～100 ℃变化，当温度上升时，PT100 阻值变大，输入放大电路的差分信号变大，放大电路的输出电压 A_V 对应升高。

注意：虽然电桥部分已经经过 TL431 稳压，但是整个模块的电压 VCC 一定要稳定，否则随着 VCC 的波动，运放 LM358 的工作电压波动，输出电压 ADC7 随之波动，最后导致 A/D 转换的结果波动，测量结果上下跳变。

温度检测电路中还设计了无线串口模块和 ATmega8 最小系统的接口。

无线串口模块采用菲迪科技公司的无线串口 RF232 FCE11 模块。

ATmega8 最小系统请参考 8.2.8 小节。

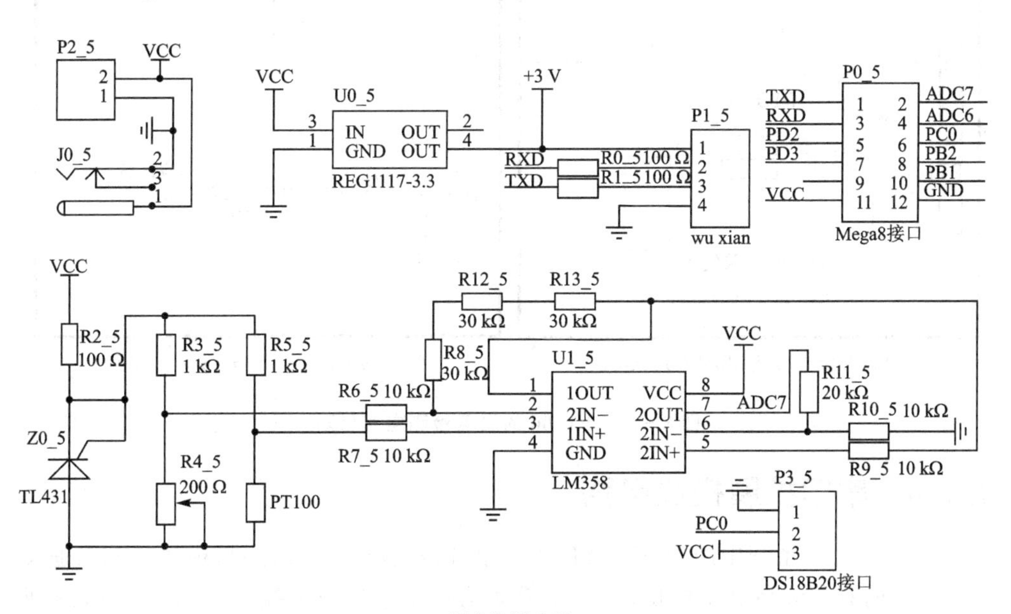

(a) 温度监测电路

图 8-29　PT100 的温度检测电路

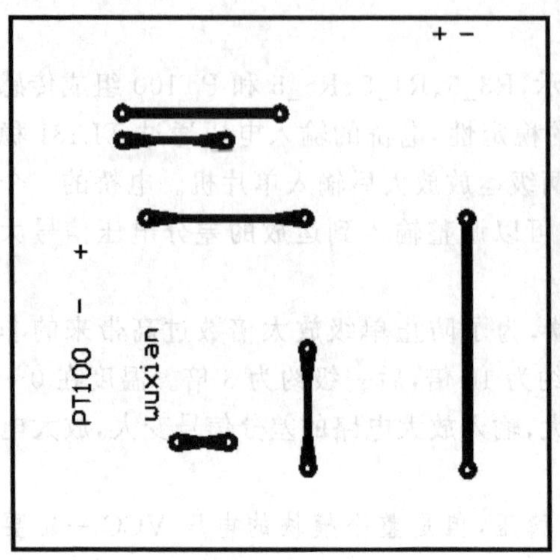

(b) 温度检测电路顶层PCB图

(c) 温度检测电路底层PCB图

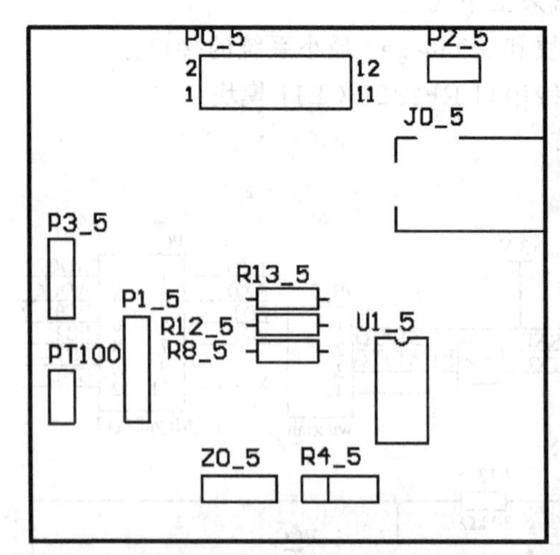

(d) 温度检测系统元器件布局顶层图

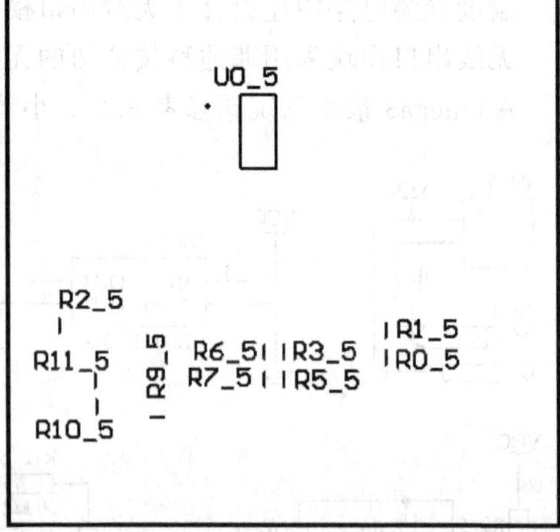

(e) 温度检测系统元器件布局底层图

图 8-29 PT100 的温度检测电路(续)

8.2.6 串口扩展模块电路

定位仪 A 小系统中用到 SK-SDMP3 语音播报模块、无线串口模块和北京迪文公司生产的彩色液晶显示模块，这三个模块均使用串口与主控制器 ATmega128 进行通信，而控制器 ATmega128 只有两个串口，故串口的硬件资源不够。因此采用 CD4052BE 模拟开关设计了串口扩展电路模块，来满足软件编程需求，其电路原理图和 PCB 图如图 8-30 所示。

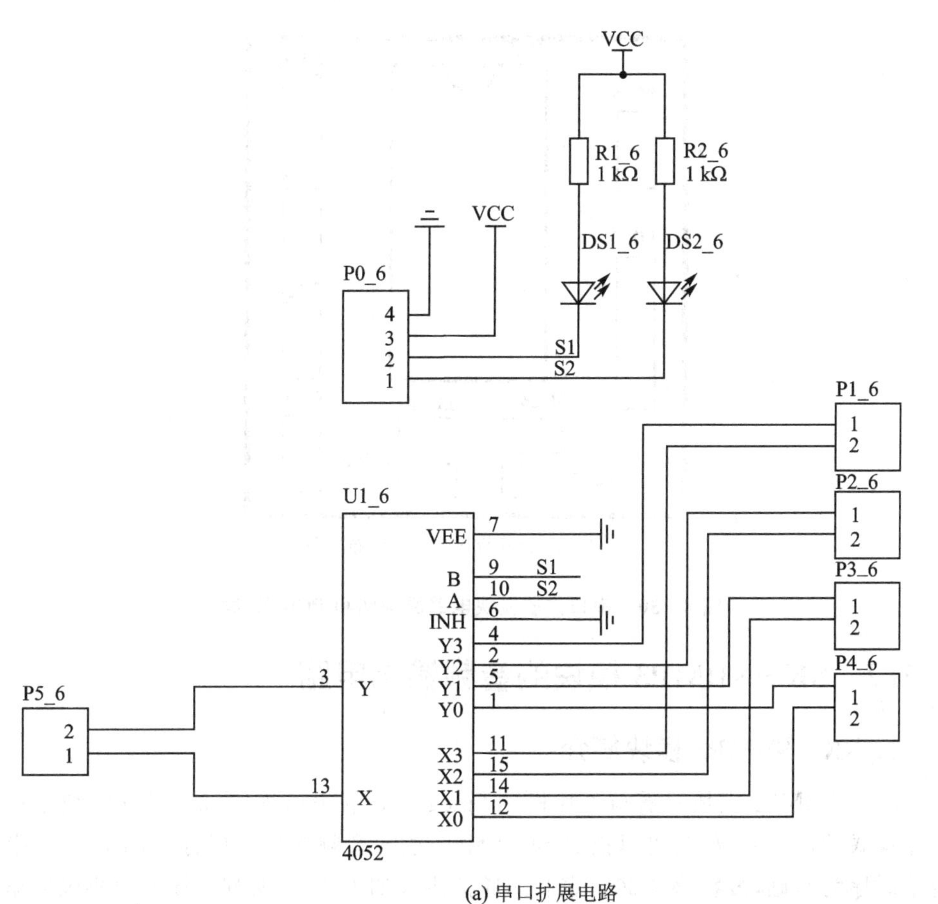

(a) 串口扩展电路

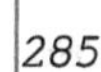

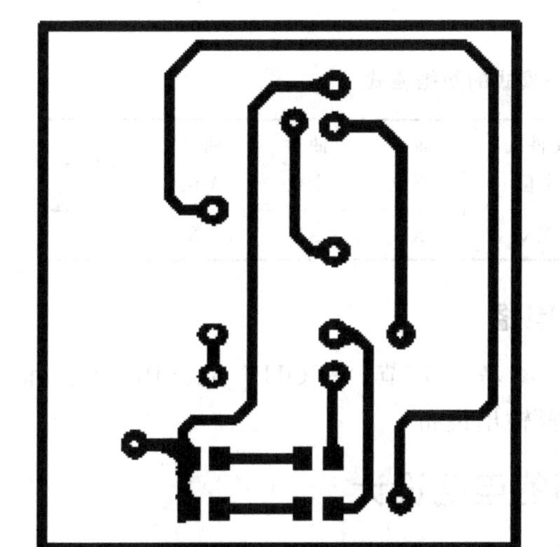

(b) 串口扩展电路顶层PCB图

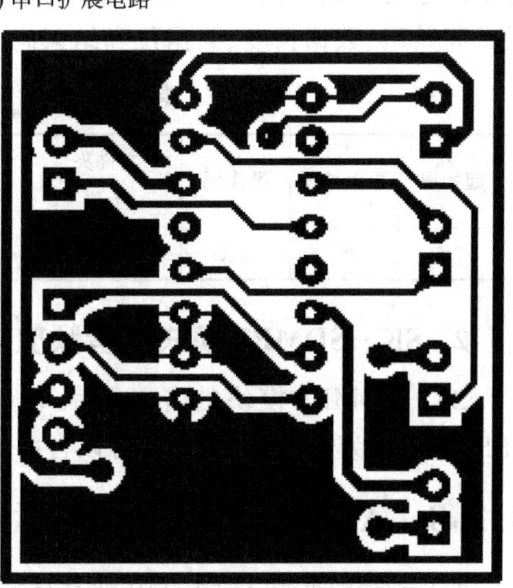

(c) 串口扩展电路底层PCB图

图 8-30　串口扩展模块电路原理图和 PCB 图

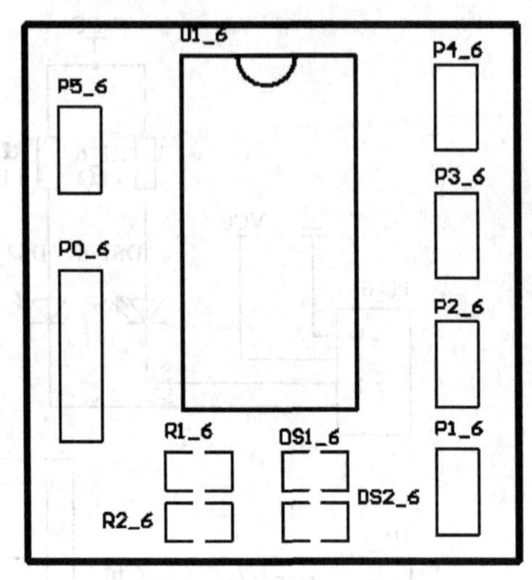

(d) 串口扩展电路顶层元器件布局图

图 8-30　串口扩展模块电路原理图和 PCB 图(续)

8.2.7　SK-SDMP3 模块的音频输出电路

1. SK-SDMP3 模块简介

SK-SDMP3 模块只需与单片机 ATmega128 的串口连接,5 V 供电,利用串口工作模式的通信协议,就可以播放 SD 卡中任意的音频文件。以标准的 RS232 串口通信时序为基础,波特率 9 600,定制的通信协议如表 8-2 所列。该通信协议数据包括了起始码、数据长度、数据位和结束码。

表 8-2　串口工作模式的数据格式

起始码	数据长度	操作码	文件夹十位	文件夹个位	曲目百位	曲目十位	曲目个位	结束码
7E	07	XX	XX	XX	XX	XX	XX	7E

2. SK-SDMP3 模块的音频放大电路

SK-SDMP3 模块的音频放大电路请参考 3.8 节。SPOUT_A、SPEAKL 和 SPEAKR 均为音频输出接口,可以自由选择输出设备。

8.2.8　ATmega8 和液晶显示器的电路设计

ATmega8 加 NOKIA5110 液晶显示器的模块电路原理图和 PCB 图如图 8-31 所示。

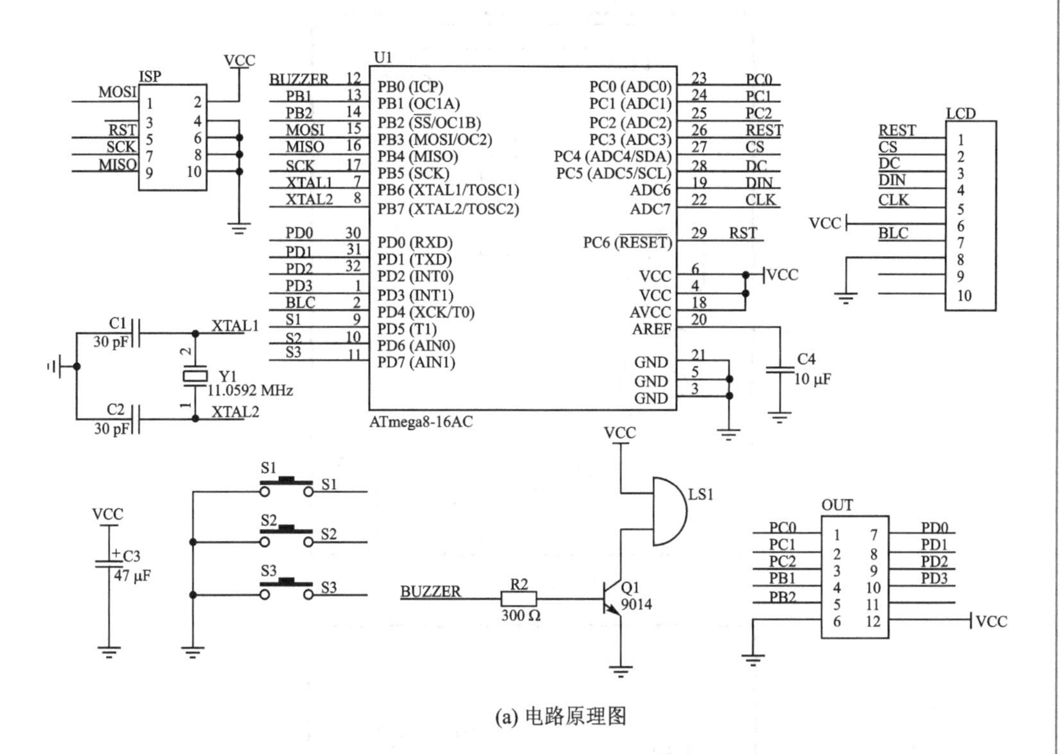

(a) 电路原理图

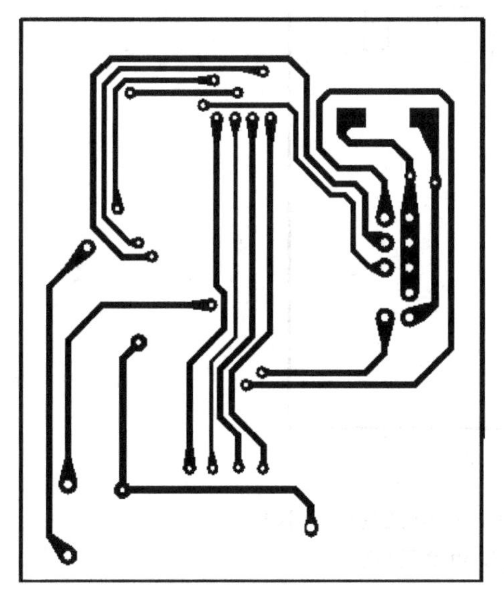

(b) 顶层PCB图

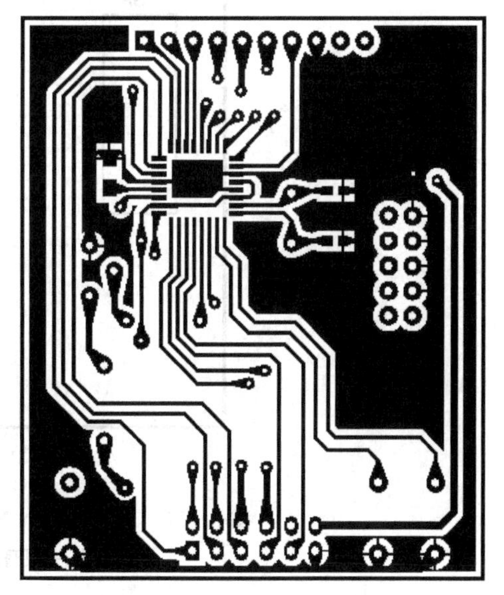

(c) 底层PCB图

图 8－31　ATmega8 加 NOKIA5110 液晶显示器的模块电路原理图和 PCB 图

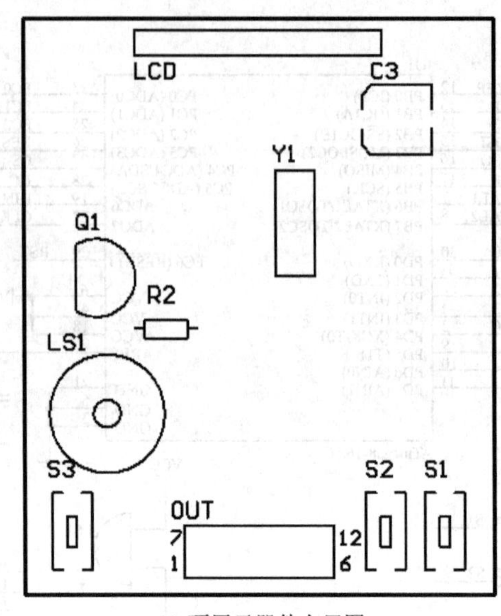

(d) 顶层元器件布局图

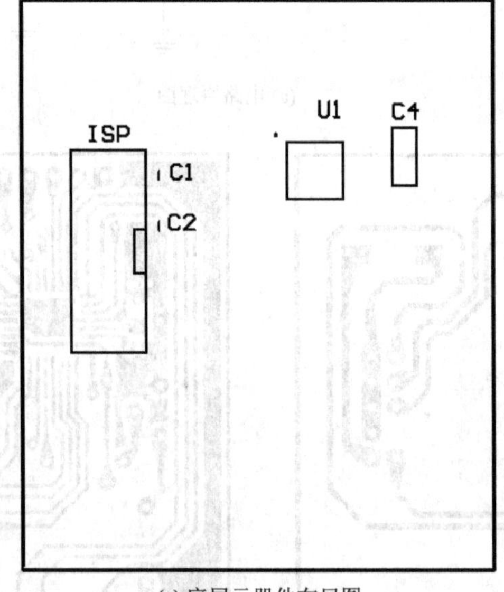

(e) 底层元器件布局图

图 8-31 ATmega8 加 NOKIA5110 液晶显示器的模块电路原理图和 PCB 图(续)

8.2.9 定位仪 A 主控器的外围电路

定位仪 A 中 ATmega128 主控器的外围电路原理图如图 8-32 所示,PCB 图如图 8-33 所示。该系统板主要设计的是各模块接口,均以 PACK 板的方式引出。

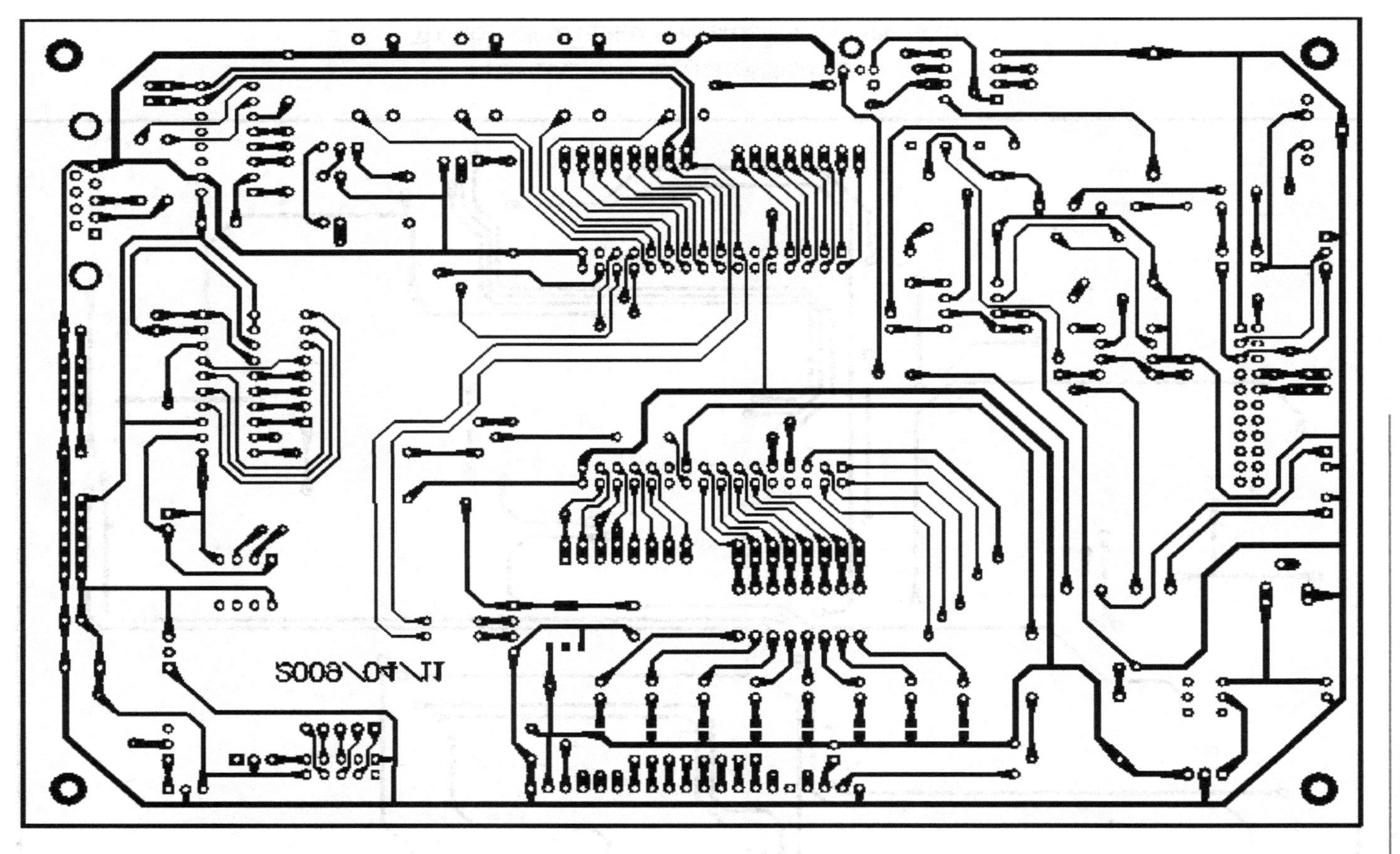

(a) 定位仪A主控器ATmega128的外围电路底层PCB图

图 8-33　定位仪A主控器ATmega128的外围电路PCB图

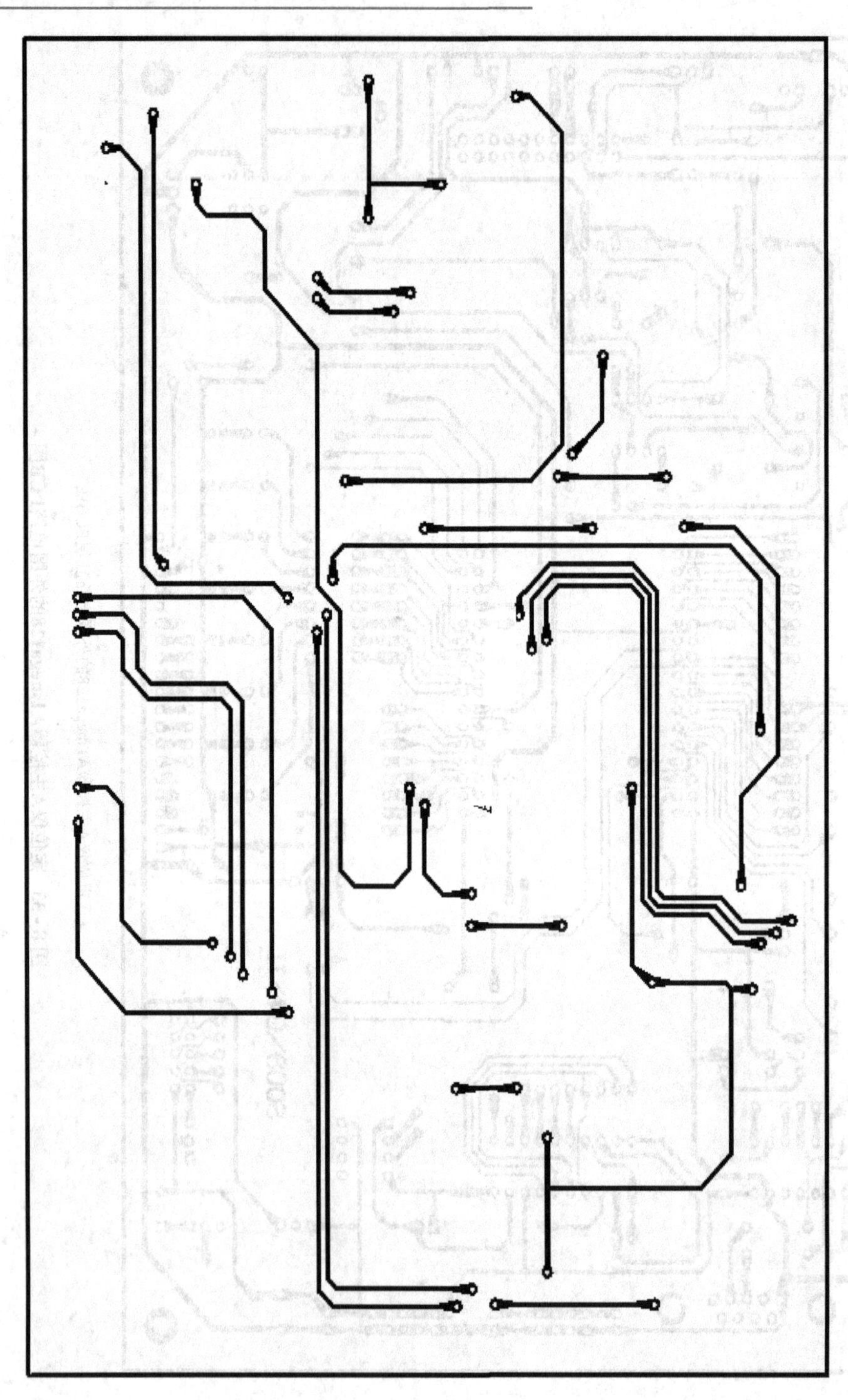

(b) 定位仪A主控器ATmega128的外围电路顶层PCB图

图 8-33 定位仪A主控器ATmega128的外围电路PCB图(续)

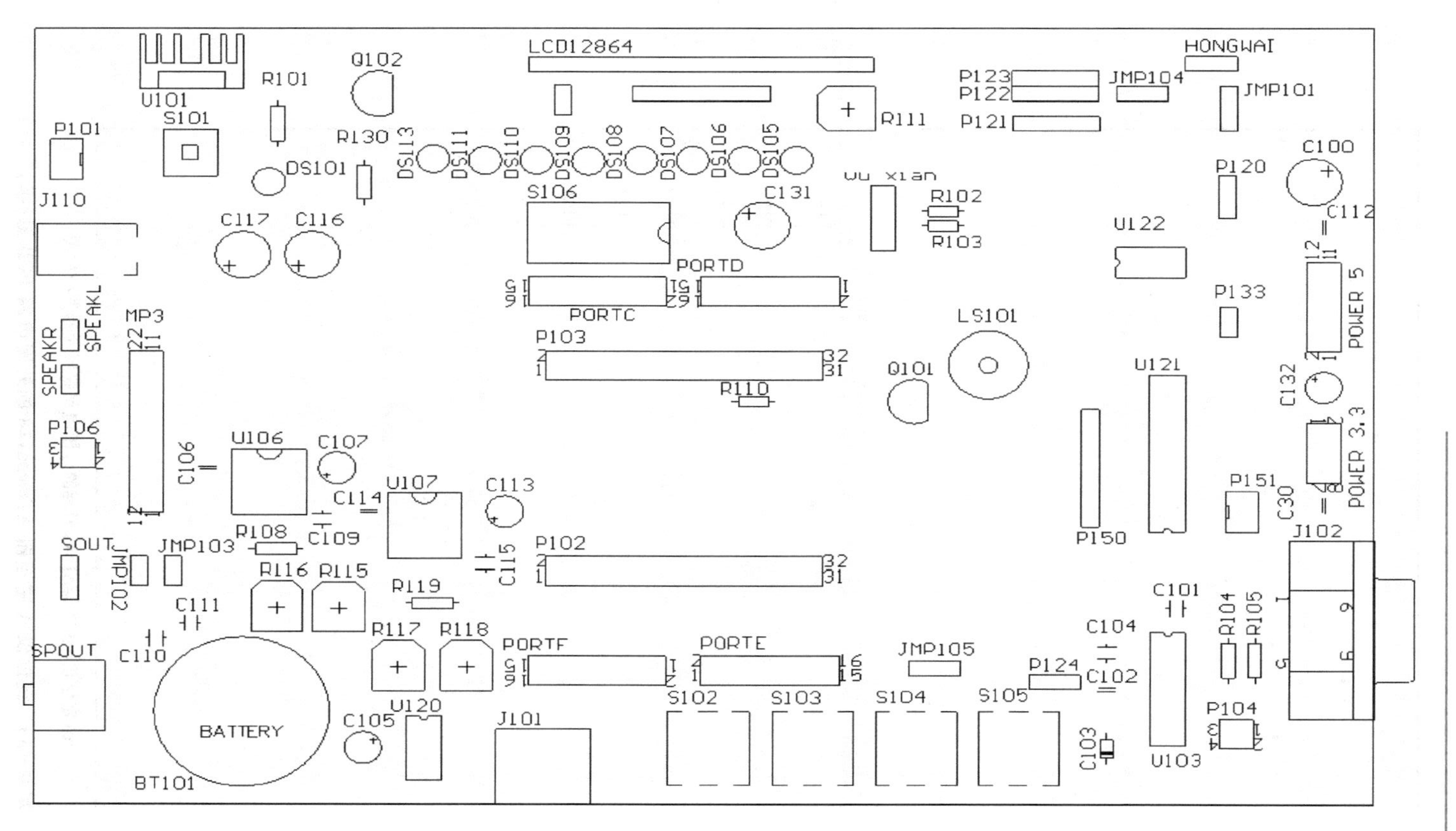

(c) 定位仪A主控器ATmega128的外围电路顶层元器件布局图

图 8-33　定位仪A主控器ATmega128的外围电路PCB图(续)

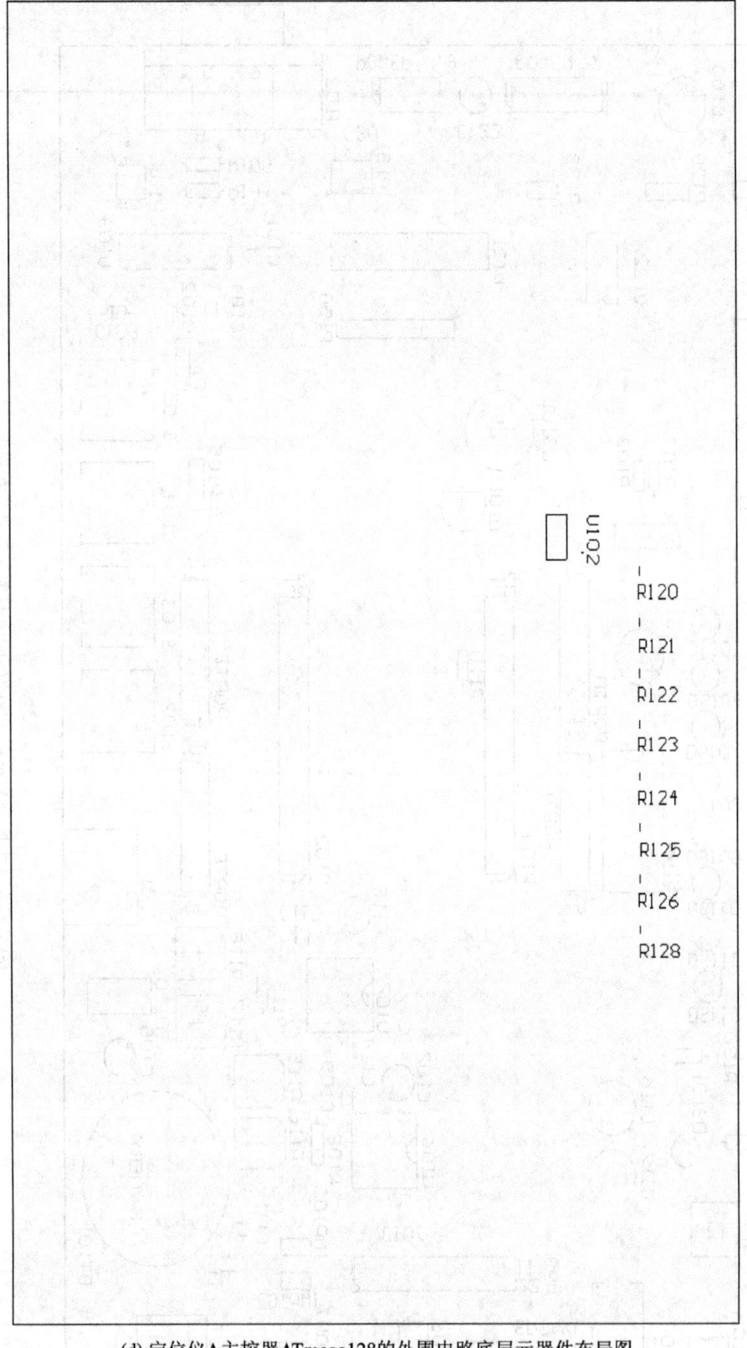

(d) 定位仪A主控器ATmega128的外围电路底层元器件布局图

图 8-33 定位仪 A 主控器 ATmega128 的外围电路 PCB 图(续)

8.2.10　系统各模块连接

整个系统是由各个模块组合起来的，系统中各个模块与控制器之间的接线示意图如图 8－34 和图 8－35 所示。定位仪 A 各模块的接线示意图如图 8－34 所示，发射器 B 各模块的接线示意图如图 8－35 所示。

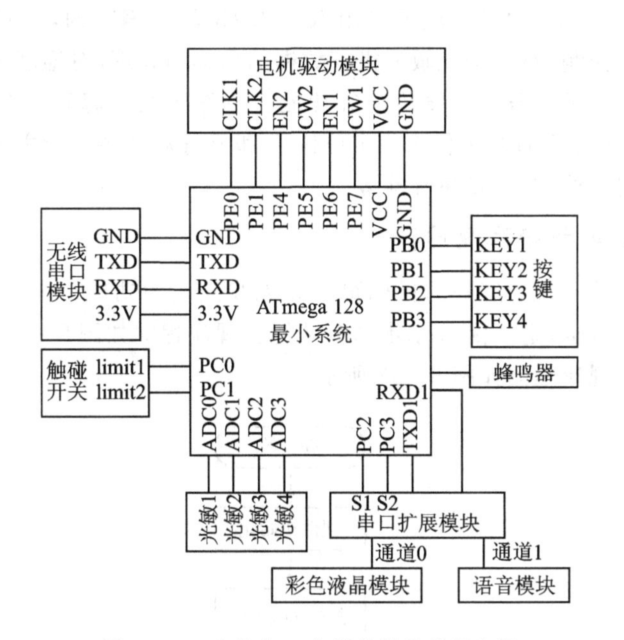

图 8－34　定位仪 A 各模块的接线示意图

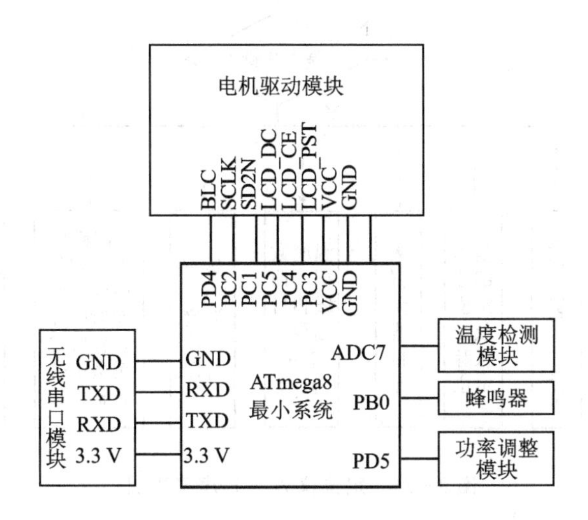

图 8－35　发射器 B 各模块的接线示意图

8.2.11　系统软件设计

系统采用C语言编程实现各项功能。C语言本身带有各种函数库，算术运算能力较强，而本系统的软件设计中算术运算较多且比较复杂，利用C语言编程的优势完全可以体现出来。

程序是在Windows XP环境下采用ICC AVR软件编写的，可实现对两台步进电机协调工作的控制，对4个光敏三极管数据的采集和处理，对温度传感器输入信号的处理，对A、B之间数据的无线传输等功能。主程序主要起到一个导向和决策功能，决定定位仪A什么时候干什么。定位仪A和反射器B各功能主要通过调用具体的子程序来实现。**注：**相关程序清单略。

1. 定位仪A系统程序设计

整个系统软件实现了红外的目标跟踪和无线测温的功能。定位仪A主程序流程图如图8-36所示，定位仪A基本部分功能实现流程图如图8-37所示，定位仪A发挥部分功能实现流程图如图8-38所示。

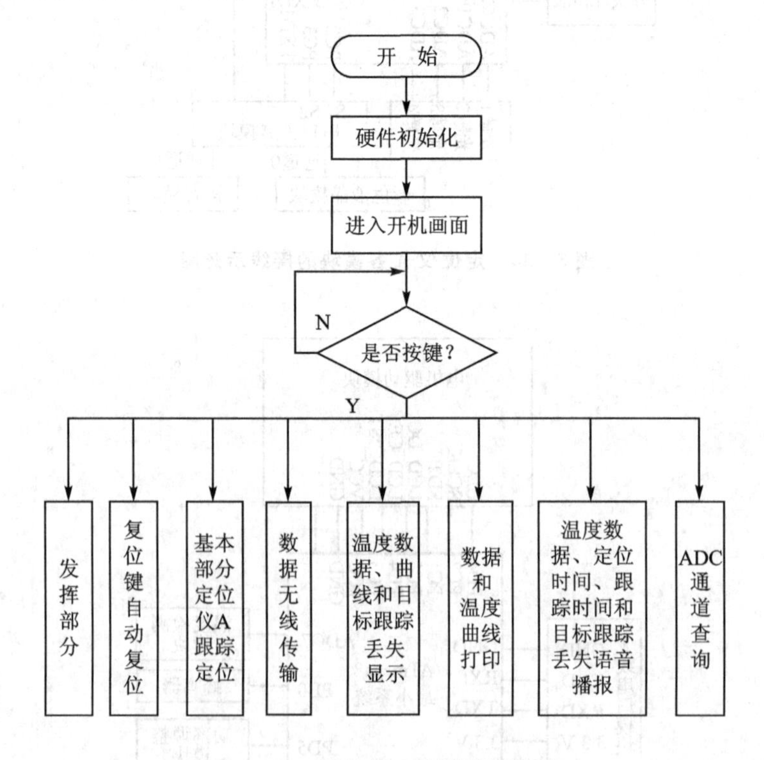

图8-36　定位仪A主程序流程图

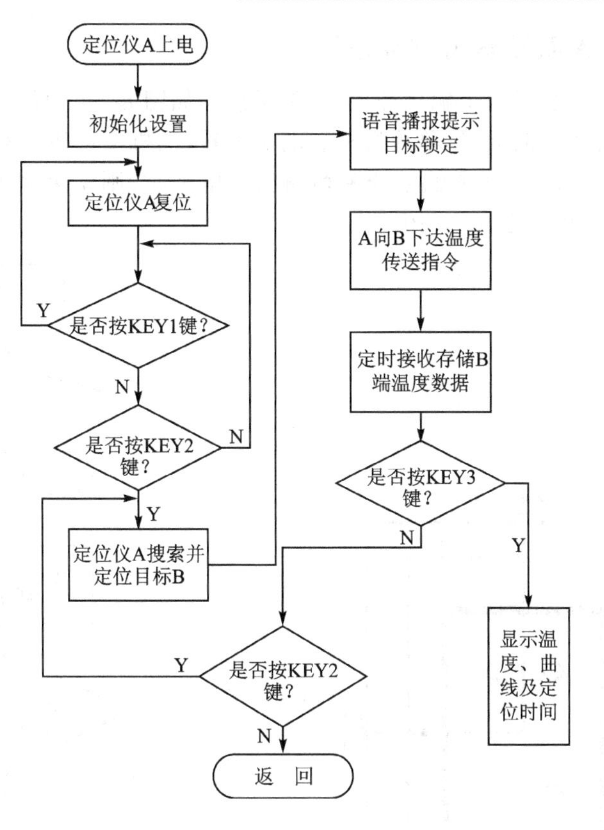

图 8-37　定位仪 A 基本部分程序流程图

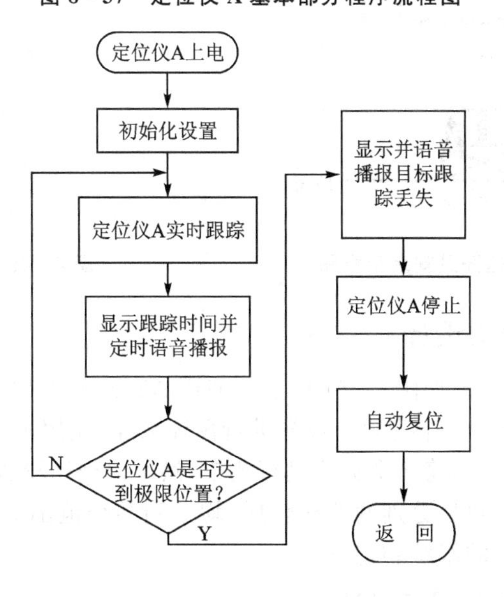

图 8-38　定位仪 A 发挥部分程序流程图

2. 定位仪 A 实现复位软件设计

定位仪 A 上安装了两个触碰开关,安装示意图如图 8-39 所示。当电机 1 碰到触碰开关 1,开关输出低电平,单片机控制电机停转,电机 2 同理。利用外部中断,通过按键控制电机运动,当两个触碰开关均输出低电平时,则认为 A 已经转到初始位置,电机停转。流程图见图 8-40。

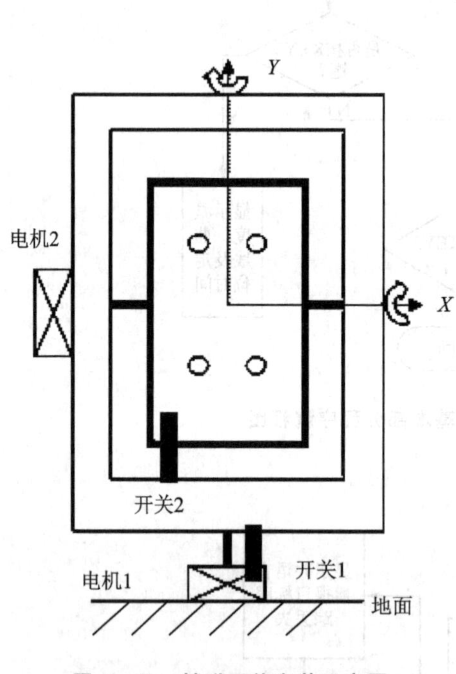

图 8-39 触碰开关安装示意图

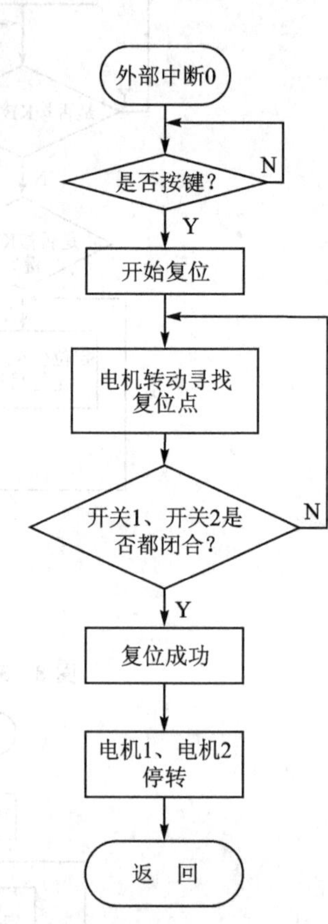

图 8-40 复位子程序流程图

3. 目标定位算法设计

目标定位算法流程图如图 8-41 所示。使用 ATmega128 单片机的 4 个 ADC 通道分别对定位仪 A 上的 4 个光敏三极管进行循环采样,使用定时器设定采样间隔为 10 ms。每次采样结束后,将 4 个数值进行比较,然后根据比较值的大小,控制两个步进电机的转向,当 4 个数值分别两两比较后,均达到某个范围值时,控制两个电机停止转动,即实现了目标的跟踪和定位。

4. 发射器 B 系统程序设计

发射器 B 的主程序流程图如图 8-42 所示。

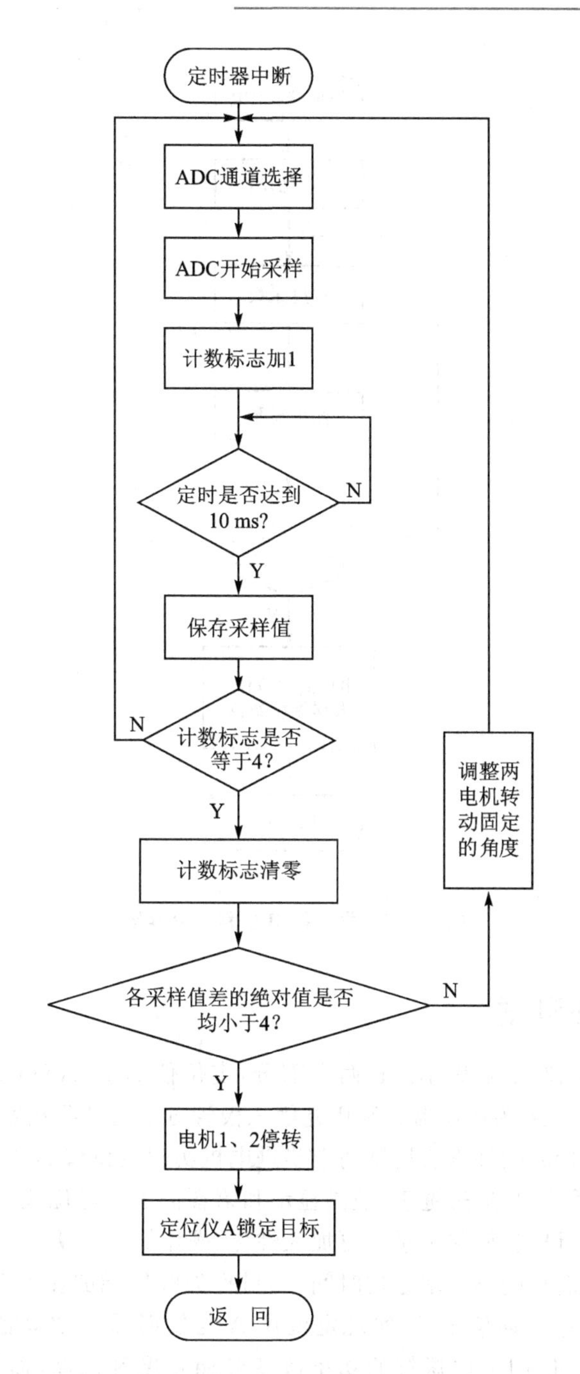

图 8-41　定位算法设计流程图

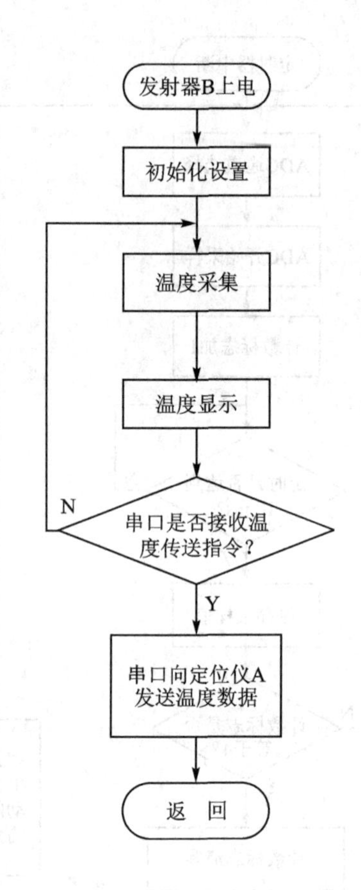

图 8-42 发射器 B 主程序流程图

8.2.12 系统测试

本设计分定位仪 A 和发射器 B 两大部分，定位仪 A 以 ATmega128 为控制器，发射器 B 以 ATmega8 为控制器。利用光敏三极管对不同光照强度输出不同的基极电流，配合一套独特的软件算法控制两个步进电机实现定位仪 A 的实时跟踪和定位的功能。在整个系统中，通过键盘、液晶显示和语音提示对定位仪 A 复位、跟踪并定位和实时跟踪进行设定，使整个系统更加人性化，操作简单方便。当目标定位后有语音提示定位成功，而且能够显示定位时间，当目标失踪后能够显示 X-LOST 或 Y-LOST。利用无线串口通信技术，实现定位仪 A 与发射器 B 之间数据的双向传输。发射器 B 端可以通过调整白炽灯的功率改变光照强度和温度，而且能够实时显示温度。

通过测试，系统完全达到了设计要求，不但完成了基本要求和发挥部分的要求，并增加了温度曲线的动态显示、完成定位所需时间显示和语音播报三个创新功能。本系统所完成的功能和达到的精度指标如表8-3所列。

表8-3 完成的功能和达到的精度指标

序 号	具体要求		实现情况
1	基本部分	跟踪仪A接收面绕X轴旋转角度大于150°小于180°，绕Y轴旋转角度大于330°小于360°	实现X轴旋转角度180°，Y轴旋转角度345°
2		A在任意非初始位置时，按复位键能自动复位。A能搜索和定位目标B(B在工作空间内随机设置)	全部实现
3		设计一个可调范围为0～200 W的功率调整单元，在白炽灯灯座处安放温度传感器，设计温度检测显示与无线通信传输单元	全部实现，温度检测范围为0～100 ℃，显示精度为0.01 ℃
4		B设置在3～4个不同的位置，同时在B端设置不同的加热功率。其间，跟踪仪A能自动搜索与定位B(时间≤60 s)。定位精度要求：A的法线方向与目标B之间的定位角度X与Y两个方向均不大于30°	全部完成，5次测试中自动搜索与定位B的最长时间为4.37 s，定位精度：X方向最大角度值为8.5°
5		完成定位后(达到定位精度要求)，A端有声光提示，A向B下达温度传送指令，并定时接收存储由B端送来的温度数据，实时显示现场温度与定位时间，打印测试数据	全部完成
6		定位仪A、发射器B距离大于1 m小于2 m	实现，距离可达3 m
7	发挥部分	在基本要求中，跟踪仪A的搜寻定位时间≤10 s，定位精度为≤10°	
8		跟踪仪A具有实时跟踪功能，即目标点B在距离跟踪仪A 1 000～2 000 mm的某个距离上，瞬间快速移动300～400 mm，A能实时跟踪，定位精度≤10°，跟踪时间≤5 s，实时显示跟踪时间	全部完成，5次测试中跟踪仪A实时跟踪的定位精度均小于10°，跟踪时间均小于5 s
9		B沿X轴或Y轴某一方向运动，A跟踪达到极限位置时自动停止。当目标B失踪时，A端具有目标丢失显示功能，即显示：X LOST或Y LOST	全部实现
10		根据测试数据打印温度曲线	实现
11		其他	复位、实时跟踪和定位时均有语音提示，利用液晶动态显示温度曲线

8.3　声音导引系统

8.3.1　设计要求

要求设计并制作一声音导引系统,示意图如图 8-43 所示。

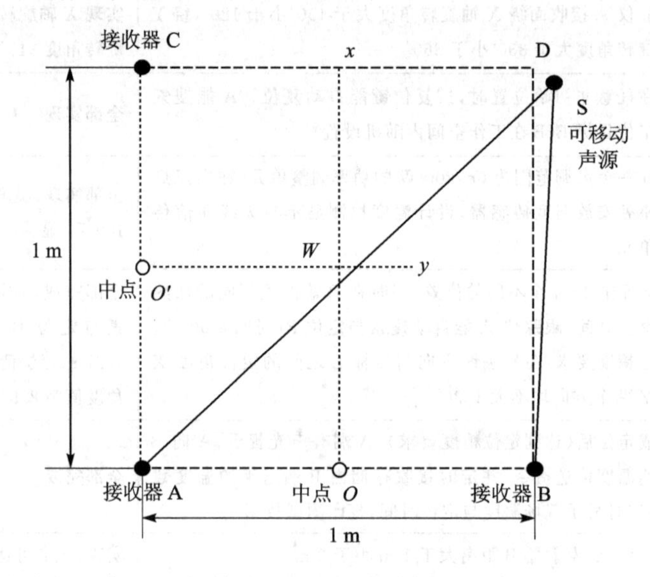

图 8-43　系统示意图

在图 8-43 中,AB 与 AC 垂直,Ox 是 AB 的中垂线,$O'y$ 是 AC 的中垂线,W 是 Ox 和 $O'y$ 的交点。

声音导引系统有一个可移动声源 S,三个声音接收器 A、B 和 C,声音接收器之间可以有线连接。声音接收器能利用可移动声源和接收器之间的不同距离,产生一个可移动声源离 Ox 线(或 $O'y$ 线)的误差信号,并用无线方式将此误差信号传输至可移动声源,引导其运动。

可移动声源运动的起始点必须在 Ox 线右侧,位置可以任意指定。

1. 基本要求

① 制作可移动的声源。可移动声源产生的信号为周期性音频脉冲信号,如图 8-44所示,声音信号频率不限,脉冲周期不限。

图 8-44　信号波形示意图

② 可移动声源发出声音后开始运动，到达 Ox 线并停止，这段运动时间为响应时间。测量响应时间，用下列公式计算出响应的平均速度，要求平均速度大于 5 cm/s。

$$平均速率=\frac{可移动声源的起始位置到 Ox 线的垂直距离}{响应时间}$$

③ 可移动声源停止后的位置与 Ox 线之间的距离为定位误差，定位误差小于 3 cm。

④ 可移动声源在运动过程中任意时刻超过 Ox 线左侧的距离小于 5 cm。

⑤ 可移动声源到达 Ox 线后，必须有明显的光和声指示。

⑥ 功耗低，性价比高。

2. 发挥部分

① 将可移动声源转向 180°(可手动调整发声器件方向)，能够重复基本要求。

② 平均速度大于 10 cm/s。

③ 定位误差小于 1 cm。

④ 可移动声源在运动过程中任意时刻超过 Ox 线左侧距离小于 2 cm。

⑤ 在完成基本要求部分移动到 Ox 线上后，可移动声源在原地停止 5～10 s，然后利用接收器 A 和 C，使可移动声源运动到 W 点，到达 W 点以后，必须有明显的光和声指示并停止，此时声源距离 W 的直线距离小于 1 cm。整个运动过程的平均速度大于 10 cm/s。

$$平均速率=\frac{可移动声源在 Ox 线上重新启动位置到移动停止点的直线距离}{再次运动时间}$$

⑥ 其他。

3. 说　明

① 本题必须采用组委会提供的电机控制 ASSP 芯片(型号 MMC-1)实现可移动声源的运动。

② 在可移动声源两侧必须有明显的定位标志线，标志线宽度为 0.3 cm 且垂直于地面。

③ 误差信号传输采用的无线方式、频率不限。

④ 可移动声源的平台形式不限。

⑤ 可移动声源开始运行的方向应与 Ox 线保持垂直。

⑥ 不得依靠其他非声音导航方式。

⑦ 移动过程中不得人为对系统施加影响。

⑧ 接收器和声源之间不得使用有线连接。

4. 评分标准

评分标准如表 8-4 所列。

表8-4　评分标准

项　目		主要内容	分　数
设计报告	系统方案	整体方案比较	7
		控制方案	
	设计与论证	设计、计算	12
		误差信号产生	
		控制理论简单计算	
	电路设计	系统组成	3
		各种电路图	
	测试结果	测试数据完整性	3
		测试结果分析	
	设计报告	摘要	5
		正文结构完整性	
		图表的规范性	
	总分		30
基本要求	基本要求实际完成情况		50
发挥部分	完成第①项		5
	完成第②项		10
	完成第③项		10
	完成第④项		10
	完成第⑤项		10
	完成第⑥项		5
	总分		50

8.3.2　系统方案设计

根据赛题的设计要求，本声音导引系统主要由主控制器模块、无线收发模块、电机及电机驱动模块、声源模块、声音接收器模块、语音模块及液晶显示模块等构成。系统框图如图8-45所示。

系统方案一：采用两个Atmel公司生产的AT89C52单片机作为主控制器模块；无线收发模块采用挪威公司生产的两个单片射频收发器nRF905芯片；声源S使用12 mm小型有源蜂鸣器；使用两个型号为35BYG409的步进电机为执行元件，采用专用驱动ASSP芯片与L293D驱动电机；声音接收器使用两个三极管将脉冲信号放大，单片机对接收到的信号进行处理；声光提示采用蜂鸣器和发光二极管；可移动声

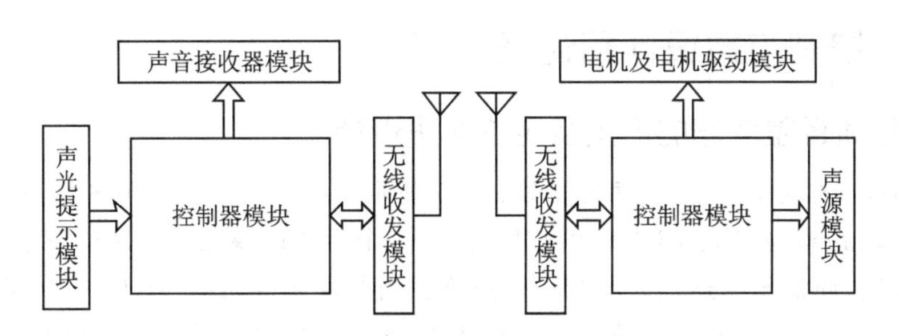

图8-45 系统实现方框图

源S方向调整安装两个方向相差180°相同的声源模块,手动更换声源S的控制线便可实现发声器件的方向调整。

系统方案二:采用Atmel公司生产的ATmega128单片机作为主控制器;无线收发模块采用菲迪科技公司生产的两个无线串口RF232 FCE11模块;采用型号为SFM-27的连续蜂鸣器;使用扭力为28 N·m的直流减速电机作为执行元件,采用专用驱动ASSP芯片与L298N驱动电机;声光提示采用MP3语音播报和液晶显示;声源S安装在舵机上实现发声器件方向的调整。

系统方案选择:AT89C52内部资源少,运行速度慢,ATmega128为基于AVR RISC结构的8位低功耗CMOS微处理器,数据吞吐率高达1 MIPS/MHz,内部资源丰富;单片射频收发器nRF905的应用电路外围接口较多,且开发周期长,RF232 FCE11模块具有通信距离远、功耗低和开发周期短等优点;SFM-27的连续蜂鸣器供电电压可高达24 V,声音大;直流减速电机转动力矩大,体积小,重量轻。L298N为15脚Multiwatt的封装,带散热片,驱动电流大,可达2.5 A;MP3语音播报和液晶显示使提示更加人性化;舵机可自动并精确调整发声器件方向。综合考虑功耗、性能、价格和方案实现的难易度,选择系统方案二,整个系统最终确定方案如图8-46所示。

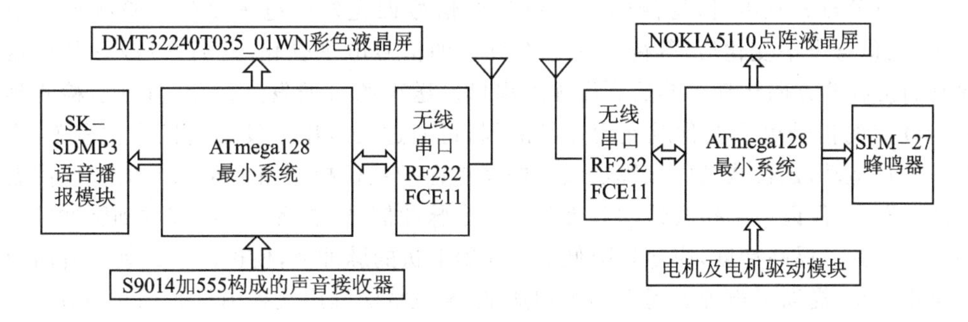

图8-46 系统总体结构框图

8.3.3 控制方案设计和论证

1. 距离误差信号的产生及定位算法设计

距离误差信号的产生示意图如图 8-47 所示。图中可移动声源 S 与声音接收器 A、B 之间的距离为 SA、SB 线段的长度，产生一个距离误差 $\Delta X_1 = SA - SB$。根据距离误差的值，调整 S 的运动方向和运动速度。当距离误差 $\Delta X_1 = 0$ 时，可判定 S 到达 Ox 线；同理可移动声源 S 定位到 W 点，也是判定声音接收器 A、C 之间的距离，当 $S_2C = S_2A$ 时，S 定位到 W 点。距离误差的检测可利用声音接收器 A、B 接收到脉冲信号的时间差计算，单片机直接判断接收到的时间，计算出时间误差，判断时间误差大小，通过控制可移动声源 S 的运动来实现定位。

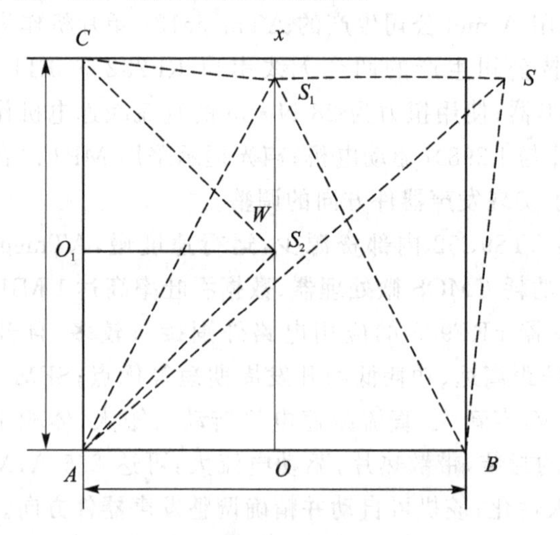

图 8-47 距离误差信号的产生示意图

定位算法设计：两个接收器信号分别输入到两个 I/O 口，两个 I/O 口均设置为输入。当声源 S 发声时，检测两个 I/O 口的信号谁先发生电平变化。检测到一个 I/O口的信号电平变化后，等待另一个 I/O 口的信号电平变化，此后，声源 S 朝后接收到的接收器方向运动。然后利用无线串口发送声源 S 的发声命令，直到后检测到的 I/O 口的信号电平变化跳变为先检测到，再通过无线串口发送电机停止命令，声源 S 停止运动，定位成功。该算法设计的亮点在于主机根据当前声源 S 的位置控制声源 S 发声，保证每个接收器均只接收到一个脉冲信号，消除了多次接收到脉冲信号的误差。为了提高精度，应尽量降低 PWM 给电机的脉冲数，使声源 S 运动只有向前或停止运动，提高了声源 S 运动的平均速度，定位算法程序流程图见 8.3.9 小节。

2. 控制理论计算

根据题目的要求，该声音导引系统对时域性能指标做了要求，时域性能指标包括稳态和暂态性能指标。

稳态性能指标，采用稳态误差 e_{ss} 来衡量，实际输出值与期望输出值之间的误差称为系统的稳态误差。由图 8-48有

$$e_{ss}=r(t)-c(\infty) \quad (8-6)$$

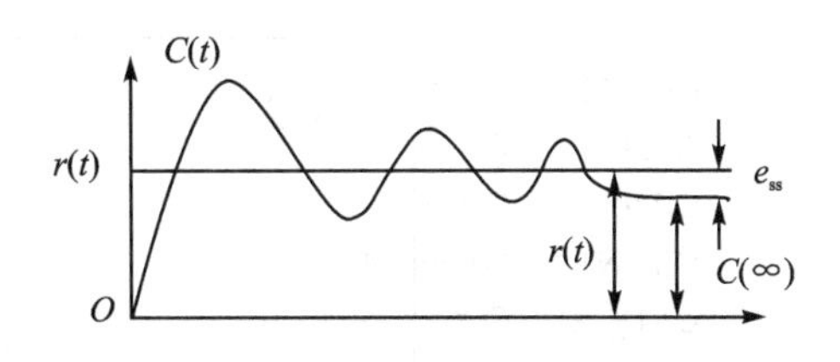

图 8-48　系统误差分析示意图

暂态性能指标，采用超调量 $\sigma\%$ 来衡量，指响应的最大偏离量 $h(t_p)$ 与终值 $h(\infty)$ 的差与终值 $h(\infty)$ 比的百分数，即

$$\sigma\%=[h(t_p)-h(\infty)]/\ h(\infty)\times 100\% \quad (8-7)$$

根据要求，在运动过程中任意时刻超过 Ox 线左侧距离小于 2 cm，要求超调小于 2 cm；可移动声源 S 在响应时间内的平均速度大于 10 cm/s，定位误差小于 1 cm。若要求稳态误差 $e_{ss}<1$ cm，则可允许的时间误差范围为

$$\Delta t=e_{ss}/v<0.01\ \text{cm}/359\ \text{m/s}\approx 0.279\ \mu\text{s} \quad (8-8)$$

式中，v 为室温为 30 ℃时的声速。

8.3.4　可移动声源模块电路设计

1. 声源模块电路设计

利用单片机控制继电器的通断控制有源蜂鸣器发声，产生 3 kHz 的音频信号。蜂鸣器由两节 12 V 干电池串联供电。考虑电池安装的方便性，该模块电路用万能板搭建。有源蜂鸣器固定在舵机上，控制舵机可实现声源方向控制，舵机搭载在电动小车上。

2. 小车电机驱动电路设计

根据组委会提供的电机控制 ASSP(MMC-1)芯片的 PDF 中文资料，由于该芯片内部程序固化，设计好硬件后，软件的编写只需设计两帧数据，操作相关寄存器与单片机串口通信，具体实现方案：先等待串口接收中断标志位置位，选择 MMC-1 的寄存器，短延时，再次等待串口接收中断标志位置位，向 MMC-1 写数据，短延时后即可实现对电机的正反转和速度的控制。

ASSP(MMC-1)芯片的引脚端封装形式和内部结构示意图如图 8-49 所示，MMC-1 与 MCU 的连接如图 8-50 所示。有关 ASSP 芯片的更多内容请参考组委会提供的电机控制 ASSP 芯片的 PDF 中文资料。

小车的移动利用直流减速电机为执行元件，参照 ASSP 芯片 PDF 中文资料中提供的控制直流电机的典型应用电路，其硬件电路如图 8-51 所示。电源经过一个二极管 D401 防止电源正负极接反，起保护 ASSP 芯片的作用，选用通道 1、2 分别控制一个直流电机，与单片机的通信方式选择 UART 模式，图 8-51(a)中三极管 Q401、Q402 起反相作用，简化与 L298N 芯片结合使用时的程序编写。电源和 L298N 电机

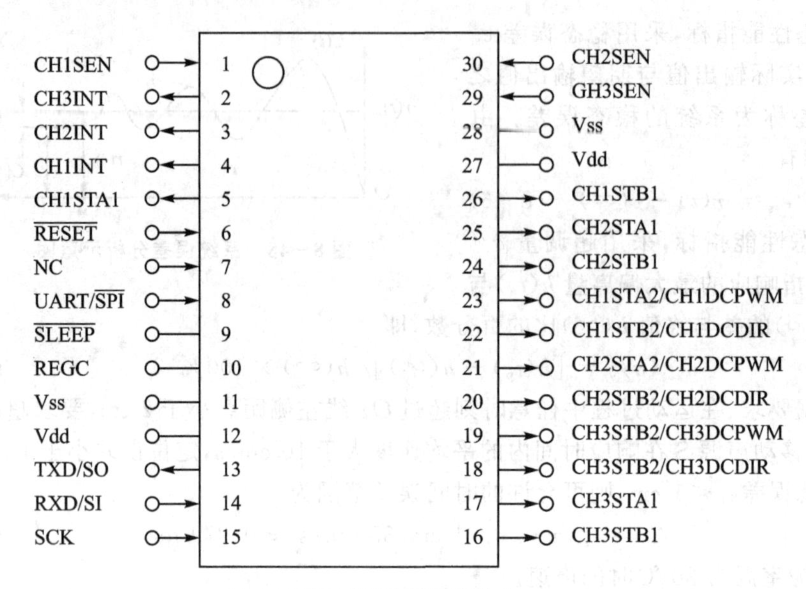

(a) ASSP芯片的引脚端封装形式

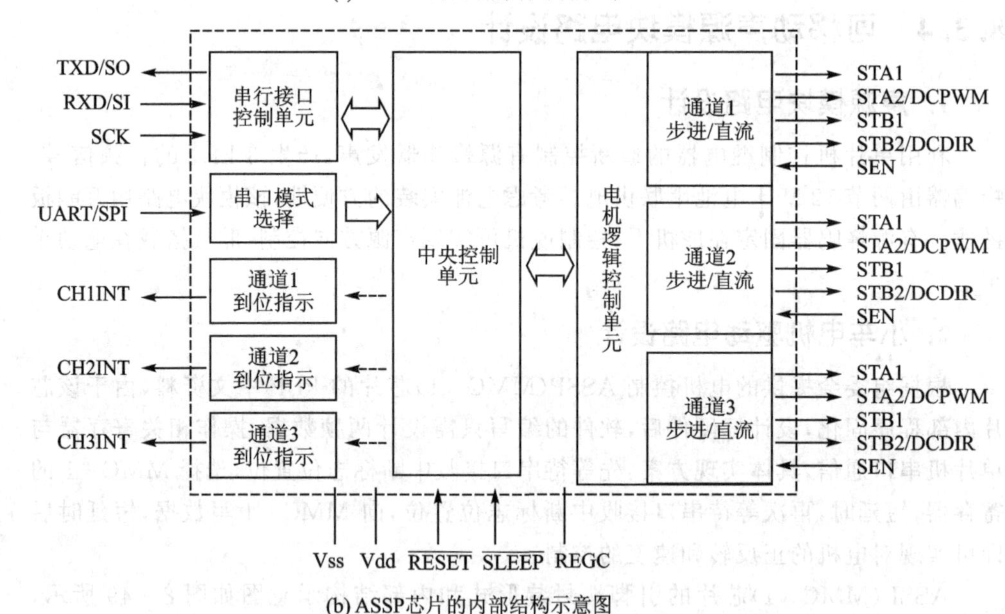

(b) ASSP芯片的内部结构示意图

图 8-49　ASSP 芯片的引脚端封装形式和内部结构示意图

驱动的电路如图 8-52 所示，采用 7.4 V 的锂电池为整个可移动声源 S 小系统供电，经过稳压芯片 LM501、U502 后可分别得到 5 V、3.3 V 的电压，各模块可根据供电需要选择电源。

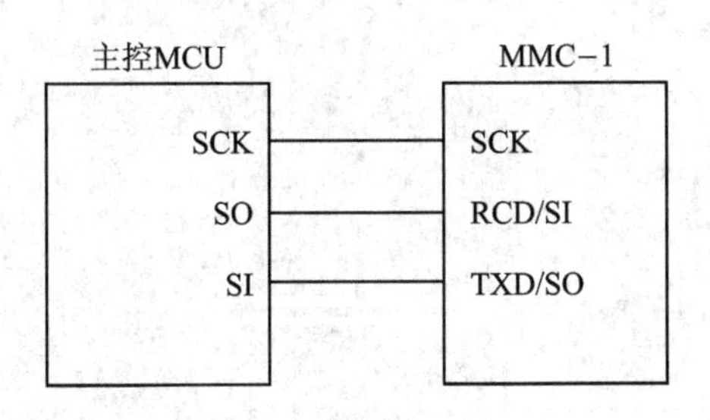

图 8－50　MMC－1 与 MCU 的连接

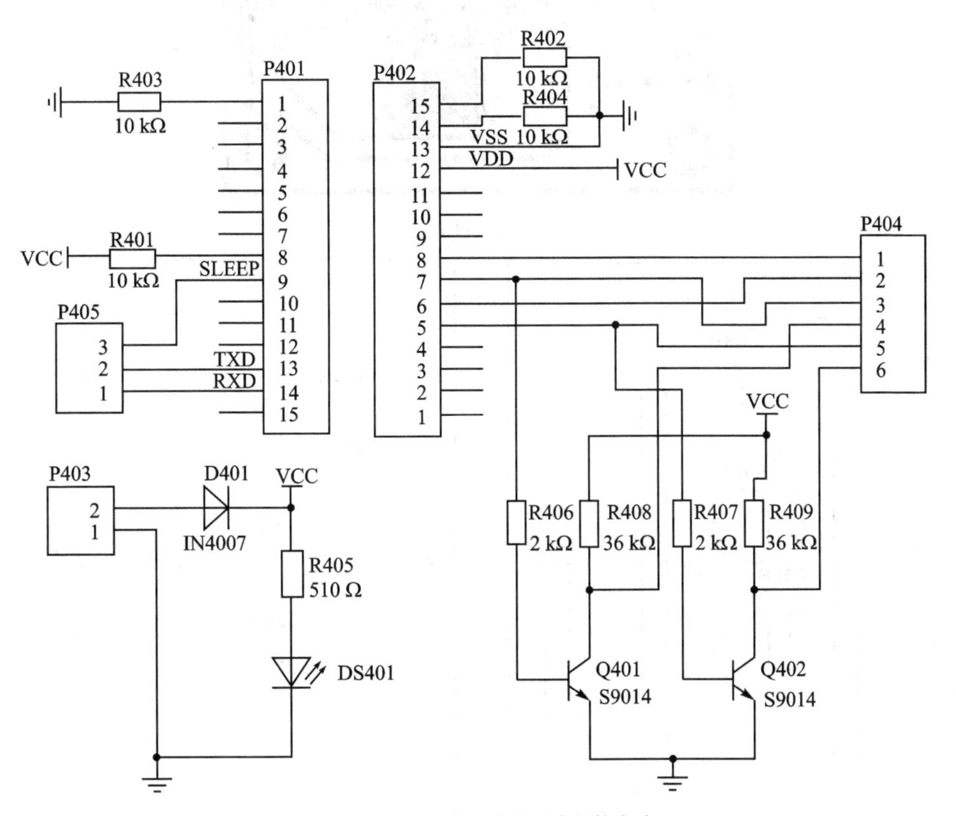

(a) ASSP芯片的引脚外接电路

图 8－51　ASSP 芯片的直流电机控制电路

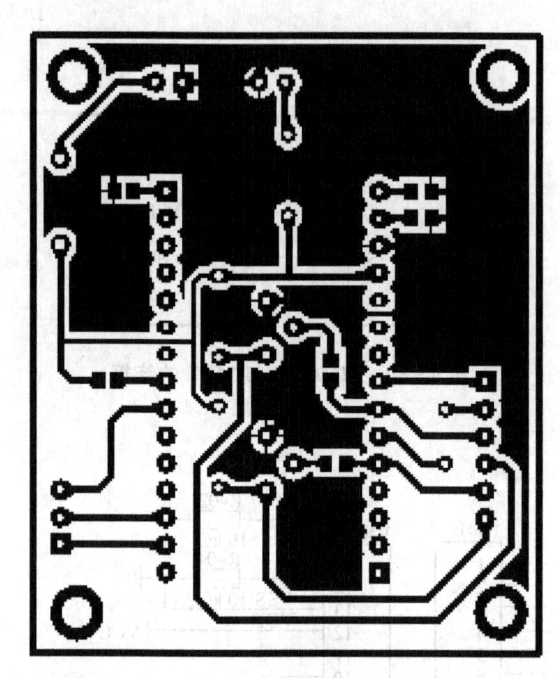

(b) 底层PCB图

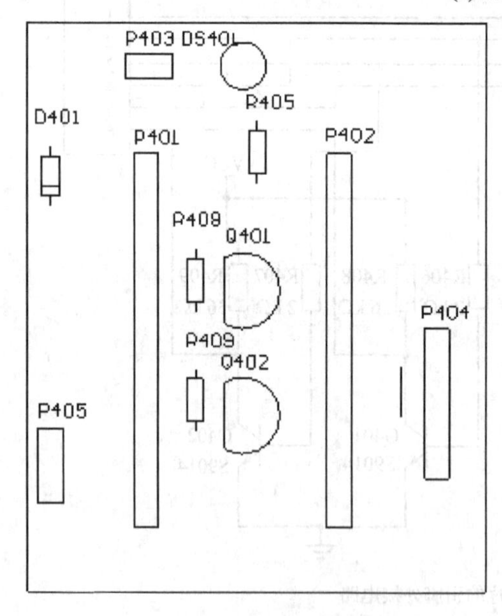

(c) 顶层元器件布局图

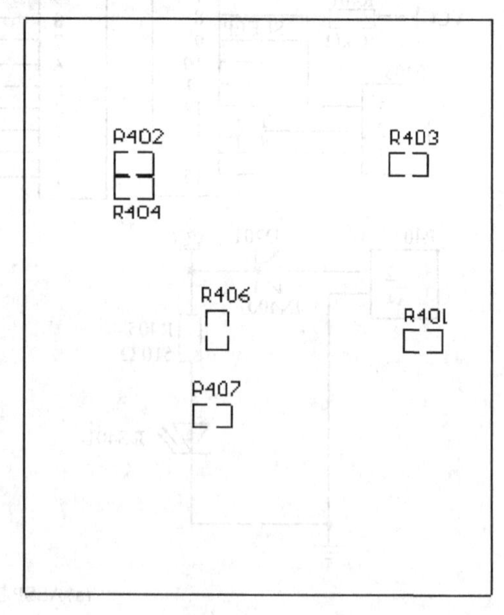

(d) 底层元器件布局图

图 8－51　ASSP 芯片的直流电机控制电路(续)

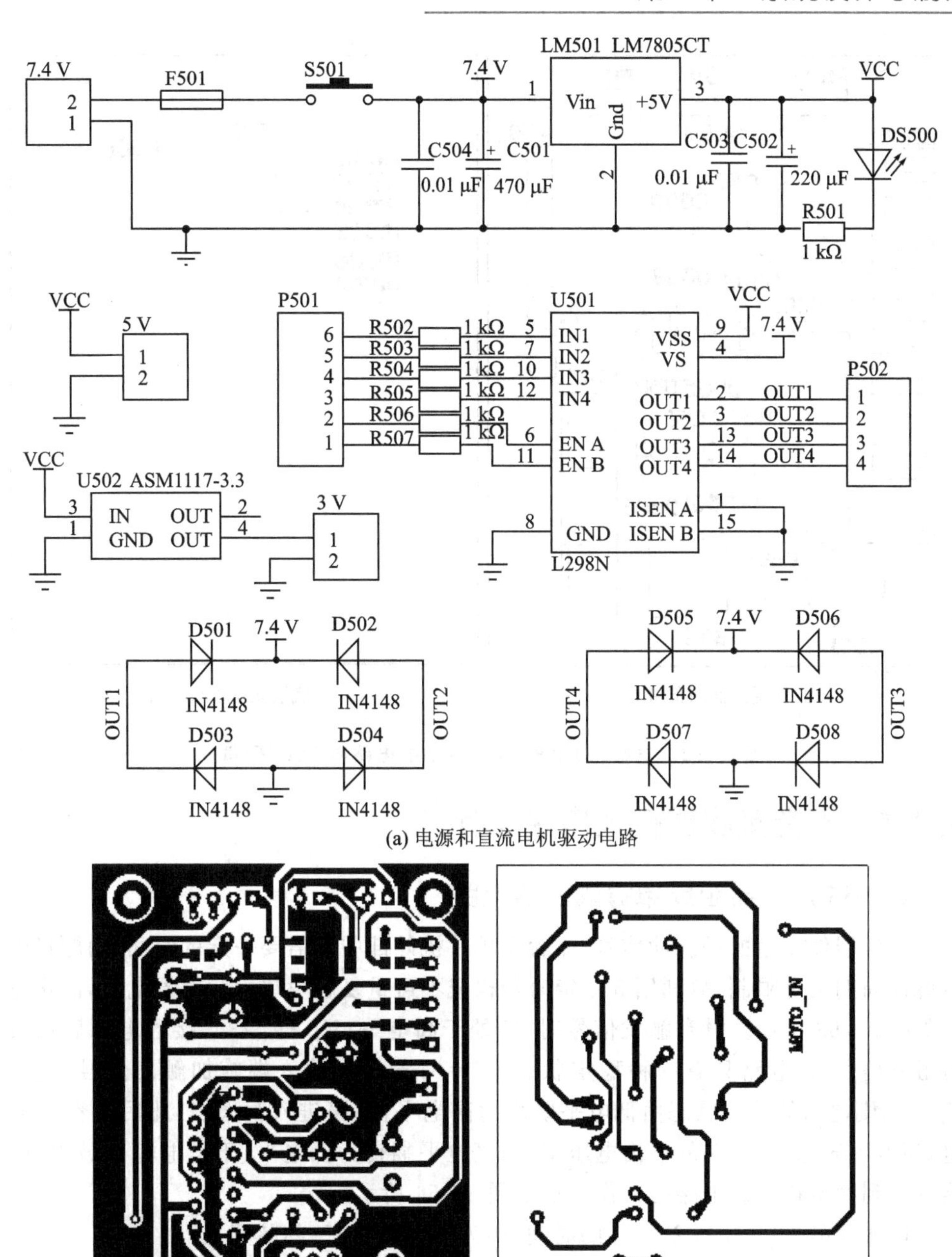

(a) 电源和直流电机驱动电路

(b) 电源和直流电机驱动电路底层PCB图

(c) 电源和直流电机驱动电路顶层PCB图

图 8－52 电源和 L298N 电机驱动的电路和 PCB 图

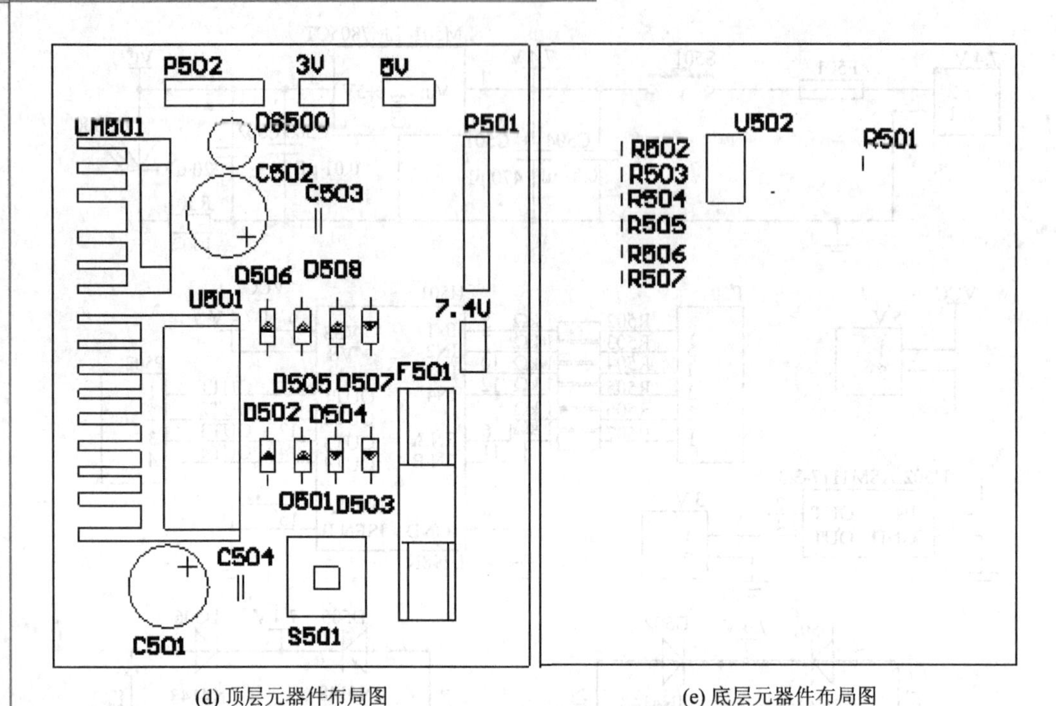

(d) 顶层元器件布局图　　　　(e) 底层元器件布局图

图 8-52　电源和 L298N 电机驱动的电路和 PCB 图(续)

8.3.5　声音接收器模块电路设计

1. 555 定时器组成单稳触发器电路

发生器件产生的是脉冲信号，而触发单片机外部中断需要一定的时间，而题目中对脉冲周期没有限制，故利用 555 定时器构成不可重复触发单稳触发器电路，简化电路如图 8-53 所示。没有触发信号时，V_i 处于高电平($V_i > V_{cc}/3$)，接通电源后在没有触发信号时，电路只有一种稳定状态 $V_o = 0$；若触发输入端施加触发信号($V_i < V_{cc}/3$)，则电路的输出状态由低电平跳变为高电平，电路进入暂稳态，此后电容 C 充电，当电容充电时，电路的输出电压 V_o 由高电平翻转为低电平，于是电容 C 放电，电路返回到稳定状态。电路的工作波形如图 8-54 所示。

V_c 从零电平上升到 $2V_{cc}/3$ 的时间，即为输出电压 V_o 的脉宽 t_w

$$t_w = RC\ln 3 \approx 1.1RC \tag{8-9}$$

通常 R 的取值在几百欧至几兆欧之间，电容的取值范围为几百皮法到几百微法。由图 8-54 可知，如果在电路的暂稳态持续时间内，加入新的触发脉冲(如图 8-54中的虚线所示)，则该脉冲对电路不起作用，利用不可重复单稳触发特性，可将脉冲信号转化为方波信号，单片机外部中断检测下降沿即可。

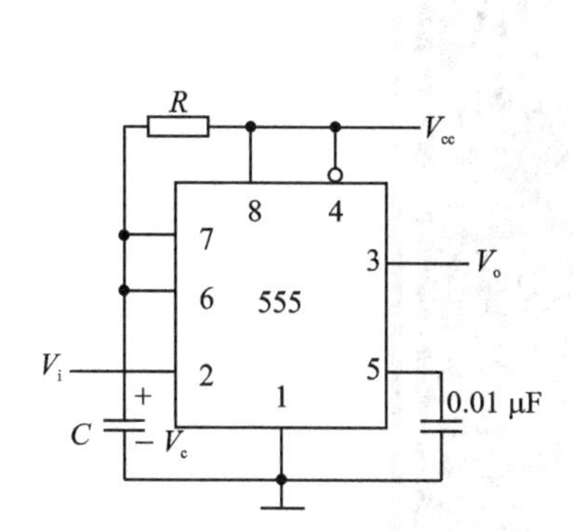

图 8-53 555 单稳触发器电路

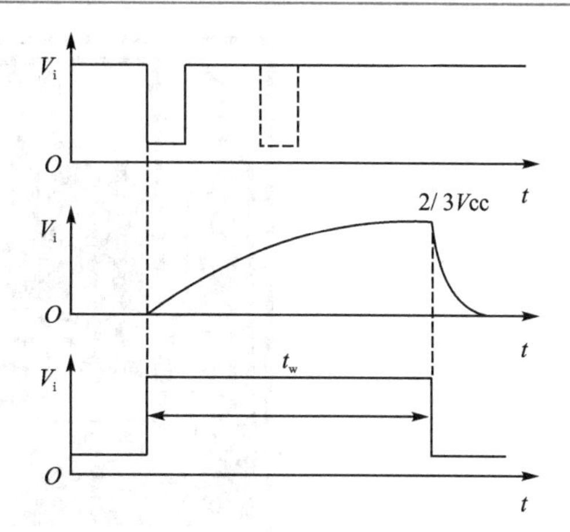

图 8-54 555 单稳触发器电路波形

2. 声音接收器模块电路和 PCB

声音接收器模块电路和 PCB 图如图 8-55 所示。在图 8-55 中，驻极体电容话筒 MT301 接收到声源 S 发出的声音，经采样滤波处理后，信号经过两个型号为 S9014 的三极管将信号放大。U301 为 555 定时器，555 定时器组成单稳触发器，没有触发信号时，U301 的 2 脚处于高电平，精密电位器 R306 用于调节 Q303 的基极电压，以实现接收器接收到声源发出的周期脉冲之间的距离。单片机外部中断采用边沿触发方式时，需要外部中断源输入的高电平和低电平时间必须保持 12 个时钟周期以上，才能保证 CPU 检测到高电平到低电平的负跳变。若 ATmega128 最小系统的外部晶振为 16 MHz，则高低电平保持的最小时间为

$$t_{\min} = 12 \times 1/(16\ \text{MHz}) = 0.75\ \mu\text{s} \tag{8-10}$$

在图 8-55 中，R309=15 kΩ，C303=0.1 μF，根据式(8-9)，可以求得 N555 第 3 脚输出电压的脉宽为

$$t_{\text{w}} = 1.1 \times \text{R306} \times \text{C303} = 1.1 \times 15 \times 10^{3}\ \Omega \times 0.1\ \mu\text{F} = 1.65\ \text{ms} \tag{8-11}$$

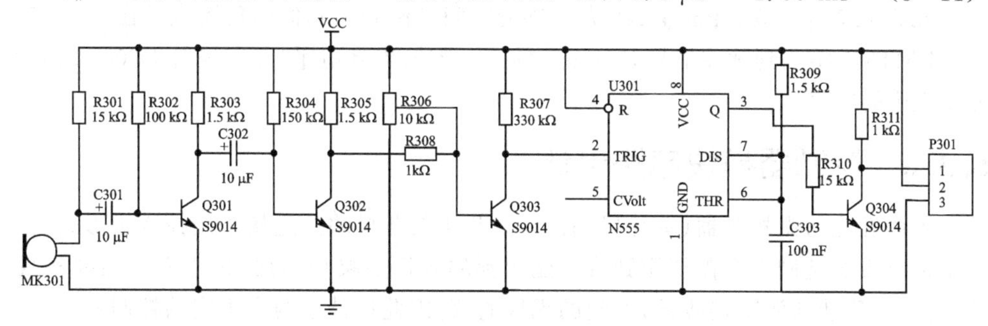

(a) 声音接收器模块电路

图 8-55 声音接收器模块电路和 PCB 图

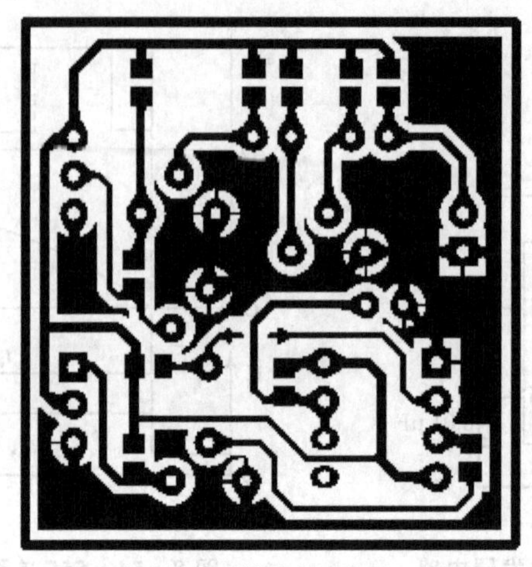

(b) 声音接收器模块电路底层PCB图

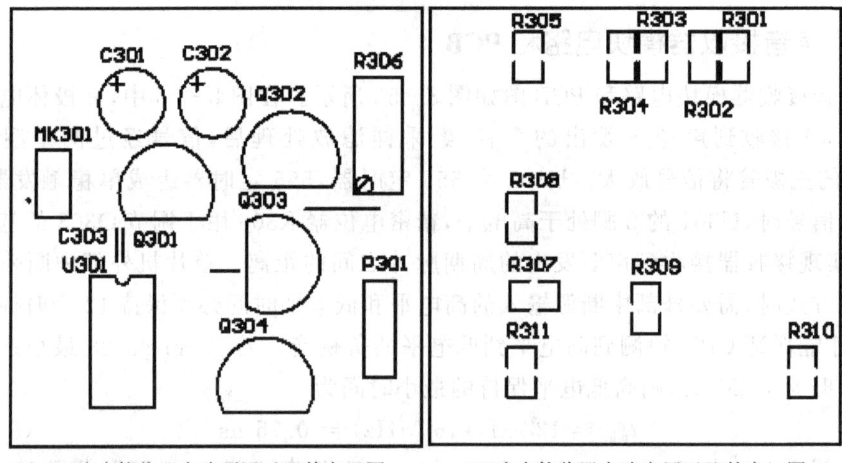

(c) 声音接收器电路顶层元器件布局图　　(d) 声音接收器电路底层元器件布局图

图 8－55　声音接收器模块电路和 PCB 图(续)

1.65 ms$>$0.75 μs,故 ATmega 128 有足够的时间检测到高到低的负跳变。在图 8－55 中,当 MT301 接收到脉冲信号时,U301 的第 3 脚输出高电平,经三极管 Q304 反相后便于程序的编写。

8.3.6　控制器模块电路设计

系统性能与微控制器(单片机)有关,单片机与各模块的连接采用控制板形式,在最小系统板的基础上把需要用到或可能用到的各模块接口引出,由于系统需要实现两个部分(移动声源和接收器)之间的无线通信,因此设计了两个不同的控制板。

接收器控制板电路如图 8－56(a)中 P102、P103 为 ATmega128 最小系统板的接口,考虑到无线串口模块、迪文彩色液晶显示模块、驱动 ASSP 芯片

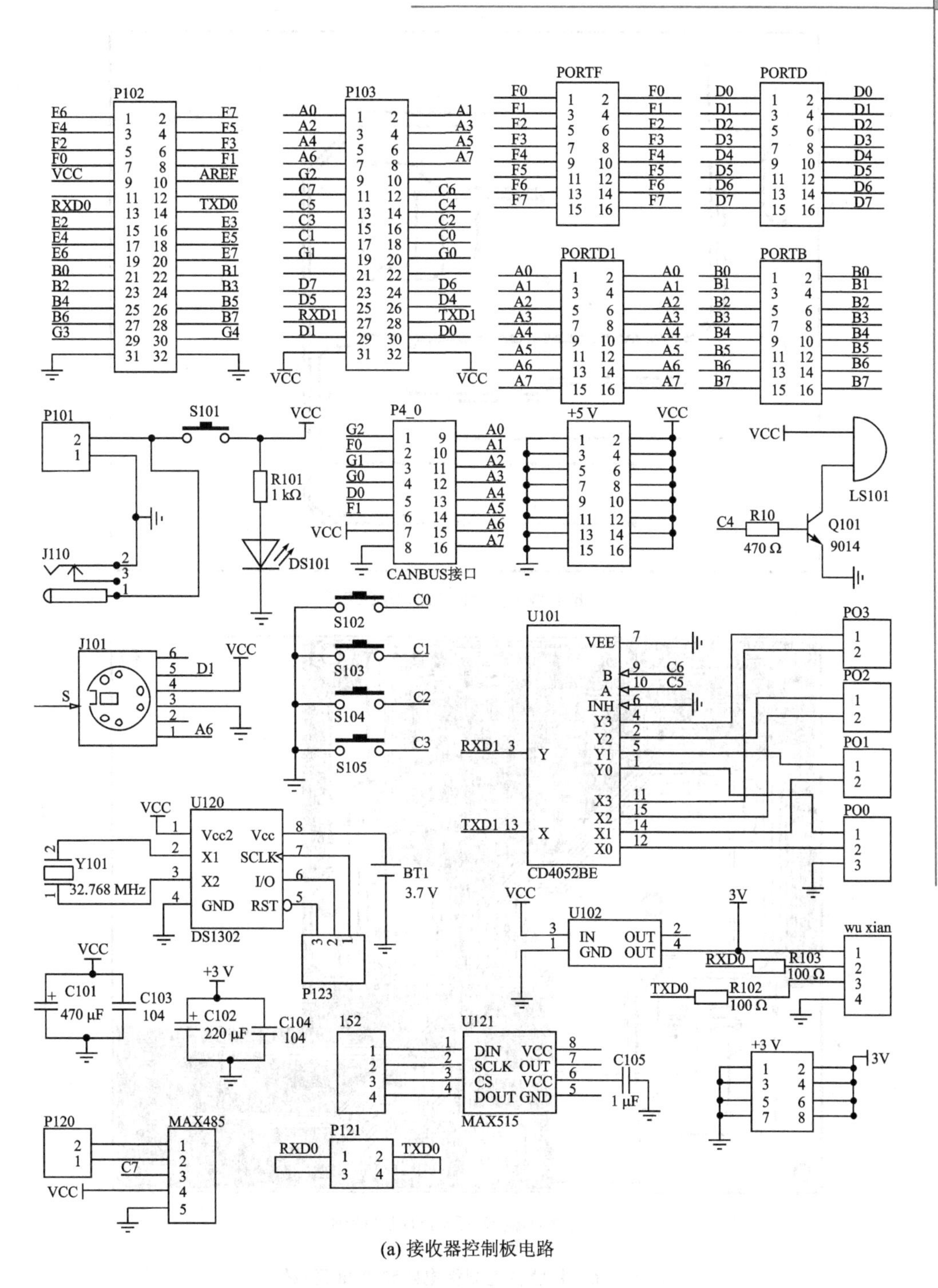

(a) 接收器控制板电路

图 8-56　接收器控制板电路和 PCB 图

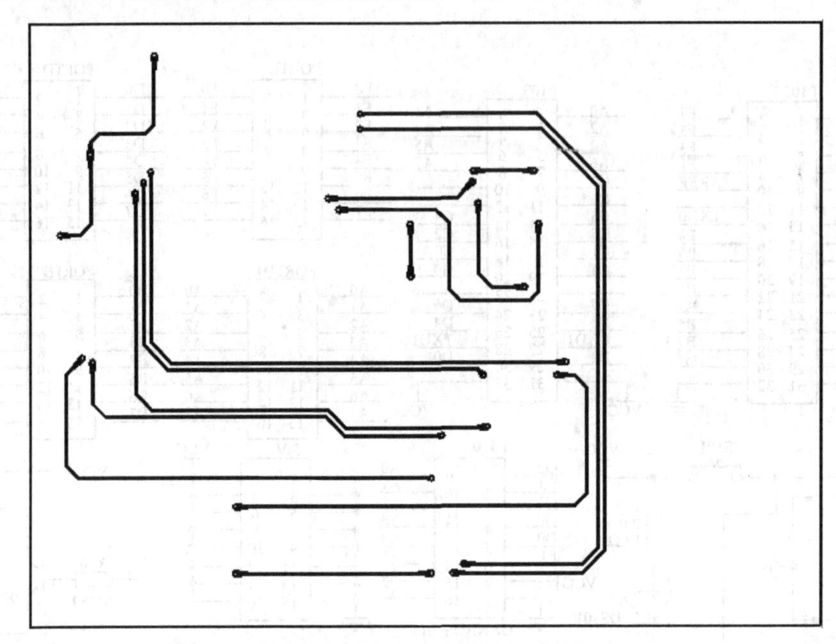

(b) 接收器控制板电路顶层PCB图

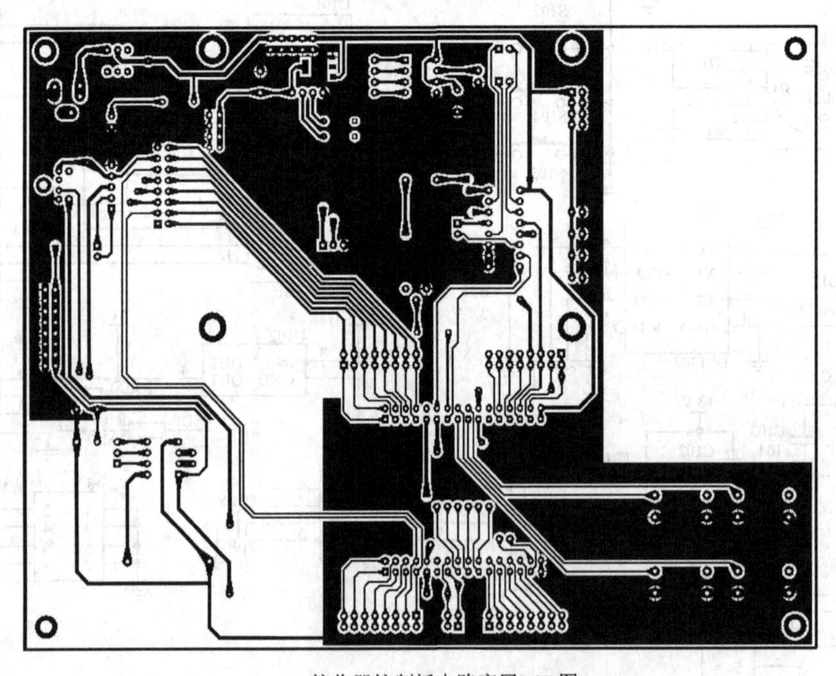

(c) 接收器控制板电路底层PCB图

图 8－56　接收器控制板电路和 PCB 图(续)

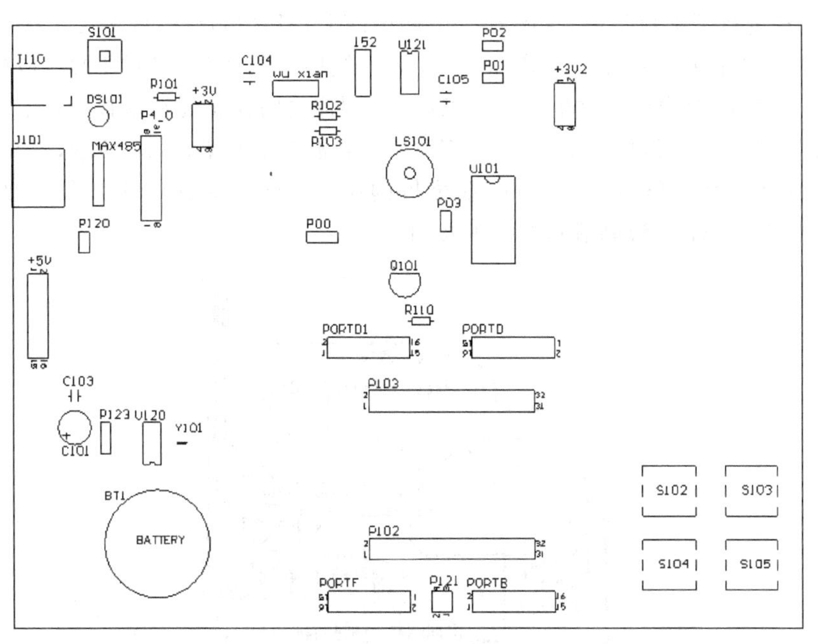

(d) 接收器控制板电路顶层元器件布局图

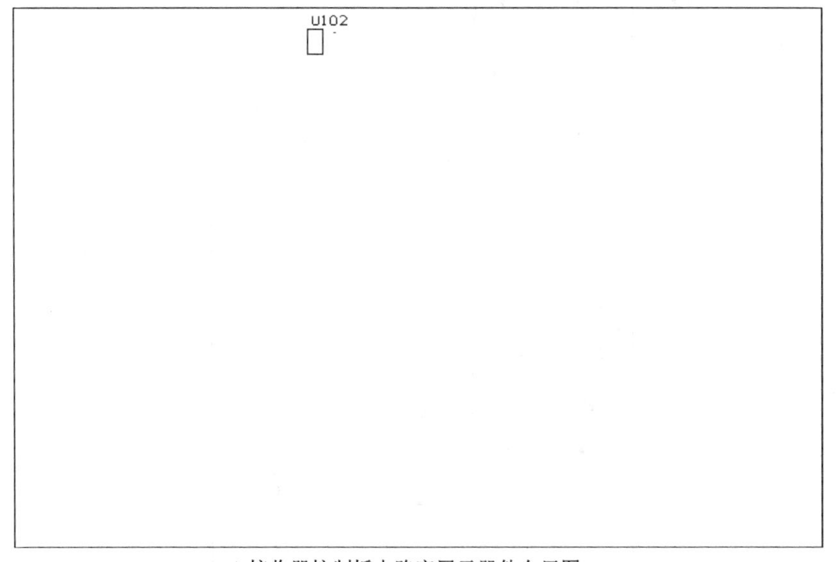

(e) 接收器控制板电路底层元器件布局图

图 8-56 接收器控制板电路和 PCB 图(续)

均须利用串口通信，但是ATmega128硬件资源只有两个串口，故利用模拟开关CD4052BE进行了串口扩展，见图8-56(a)中的U101，PO0～PO3为4个串口接口，可通过编写软件选择不同的通道；wuxian为无线串口的接口，经过LM1117(U102)稳压至3.3 V给无线串口供电，R102、R103为限流电阻保护无线串口模块。

使用小车实现声源的移动，可移动声源的控制板电路如图8-57所示，图8-57(c)中P202、P203为ATmega128最小系统板的接口，P208为无线串口模块的接口，P213为NOKIA5110液晶显示模块的接口。

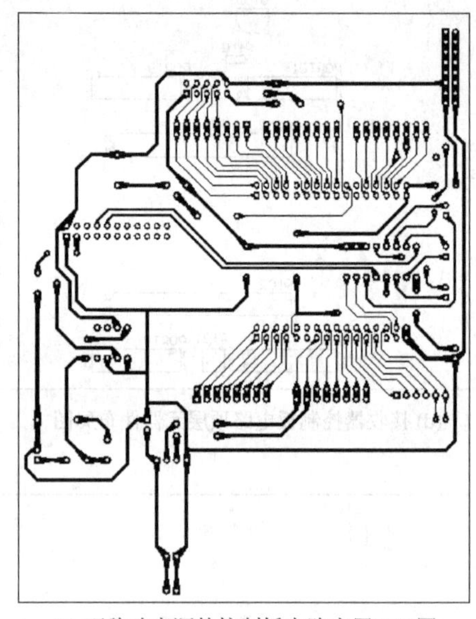

(a) 可移动声源的控制板电路底层PCB图

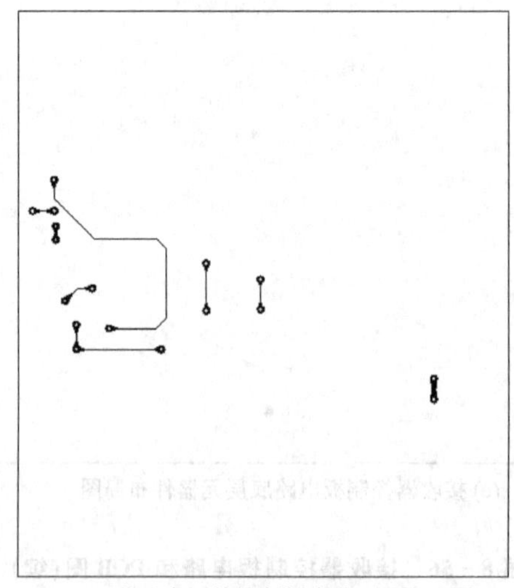

(b) 可移动声源的控制板电路顶层PCB图

图8-57　可移动声源的控制板电路和PCB图

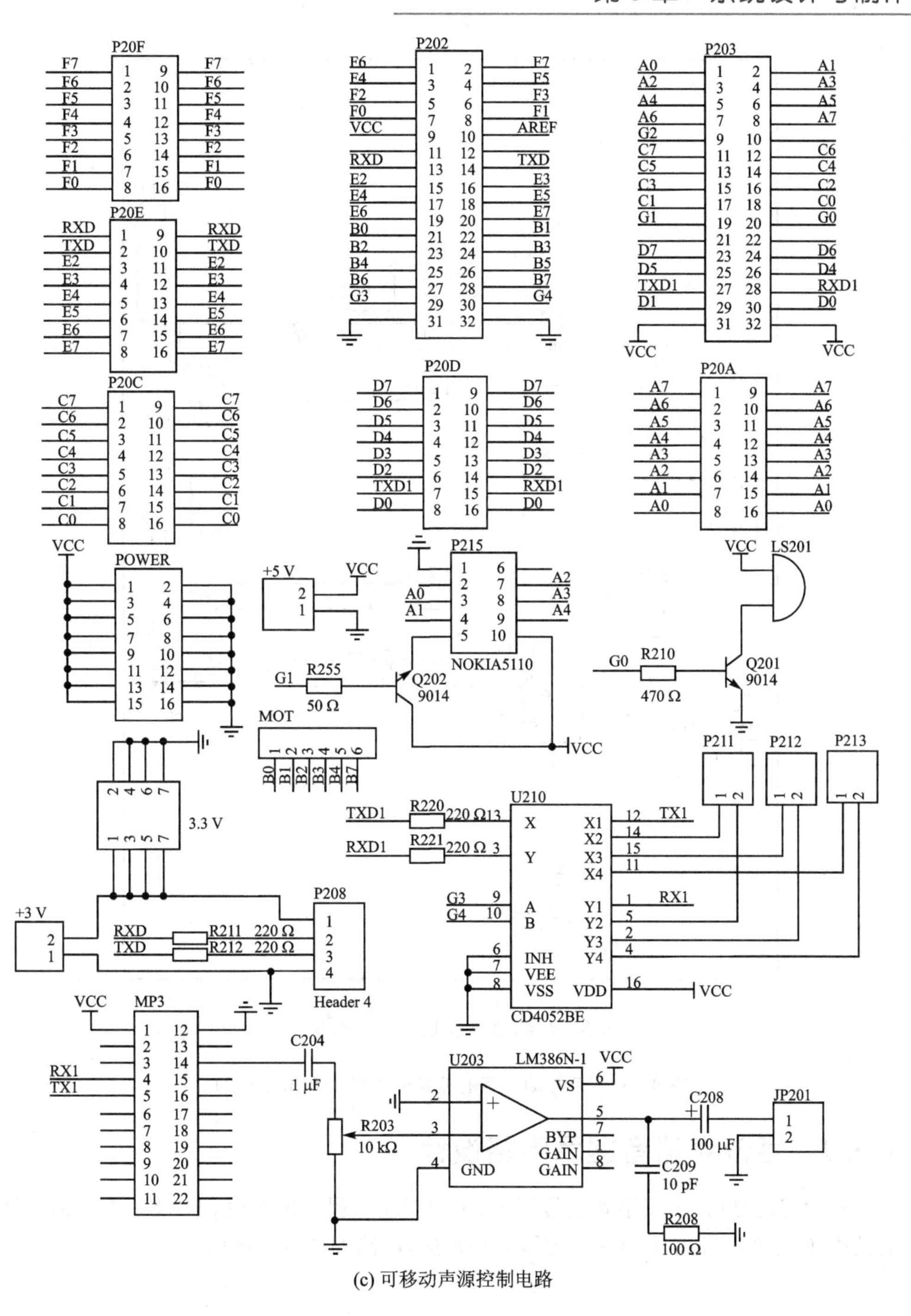

(c) 可移动声源控制电路

图 8－57　可移动声源的控制板电路和 PCB 图(续)

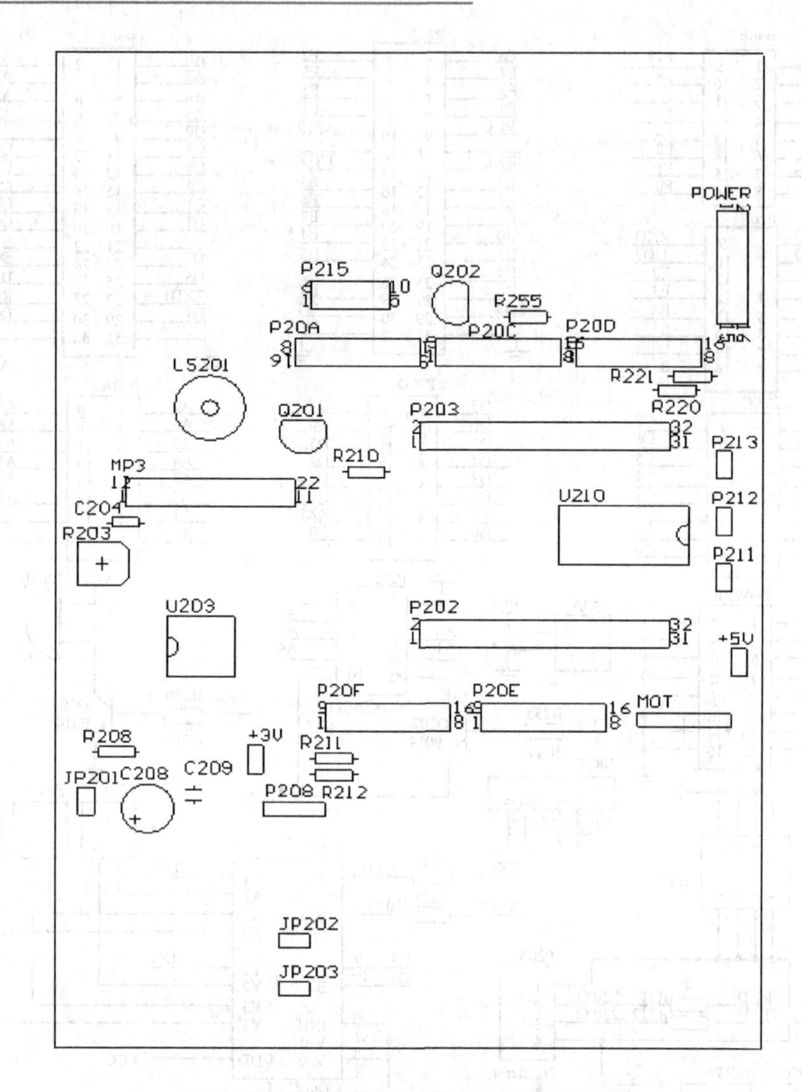

(d) 可移动声源的控制板电路顶层元器件布局图

图 8-57　可移动声源的控制板电路和 PCB 图(续)

8.3.7　定位点语音提示电路设计

到达定位点后,采用语音信号提示,定位点语音提示电路由 SK-SDMP3 语音播报模块和 LM386N 音频功率放大器电路构成,电路如图 8-58 所示。

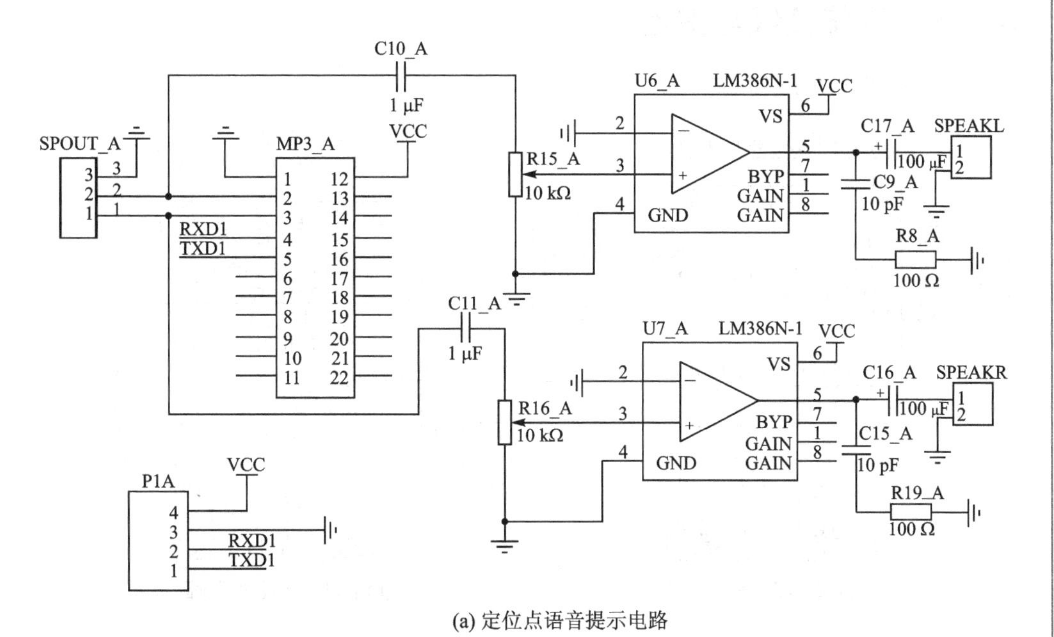

(a) 定位点语音提示电路

(b) 定位点语音提示电路底层PCB图

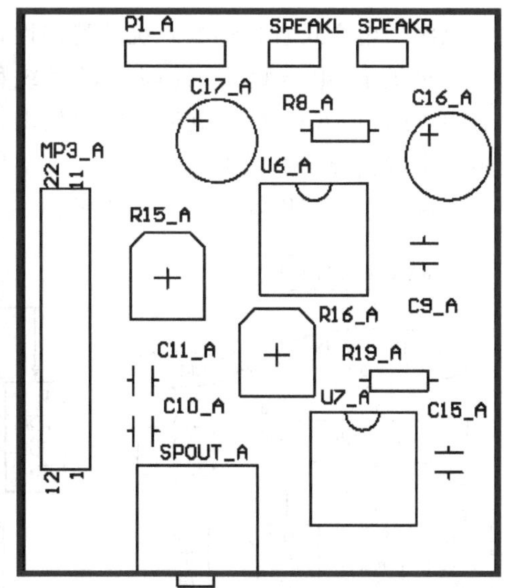

(c) 定位点语音提示电路元器件布局图

图 8－58　定位点语音提示电路和 PCB 图

8.3.8 系统接线与供电

系统接线示意图如图8-59所示。

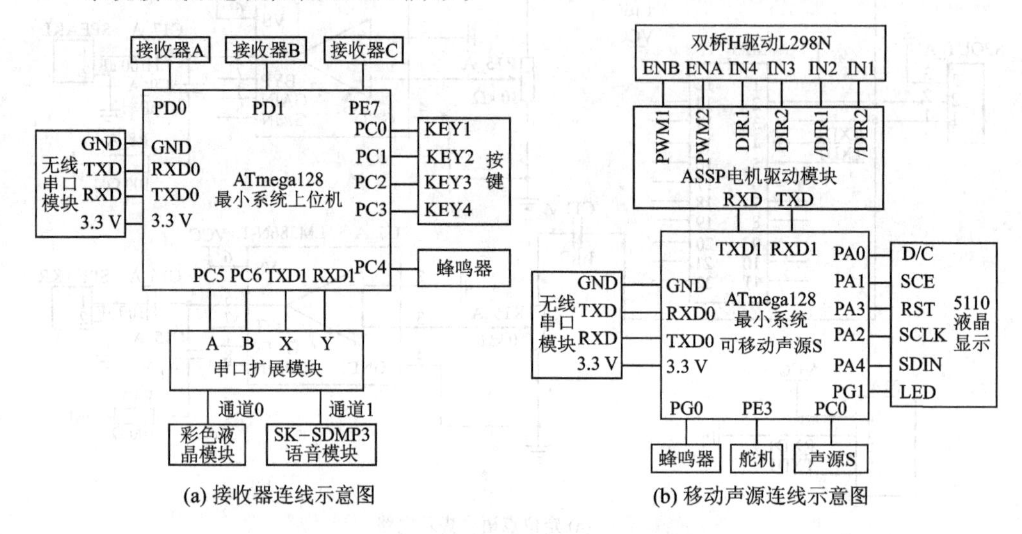

图8-59 系统接线示意图

电源供电方式直接影响系统的稳态性,系统供电选择5 V的AC-DC开关电源给上位机供电,电压稳定,提高主机系统稳定性;从机可移动声源则采用电压为7.4 V的1800mAh18C锂电池给电机供电,不限制声源S的运动;使用两节12 V的干电池串联给蜂鸣器供电。

系统供电示意图如图8-60所示。

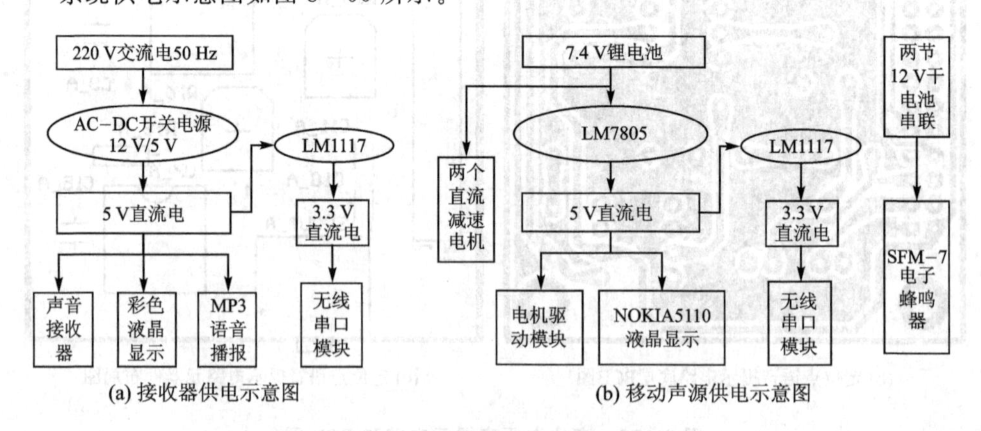

图8-60 系统供电示意图

8.3.9 系统软件设计

本系统采用C语言编程实现各项功能,程序是在Windows XP环境下采用ICC

AVR 软件编写的。

系统的主程序流程图如图 8－61 所示，定位算法程序流程图如图 8－62 所示。

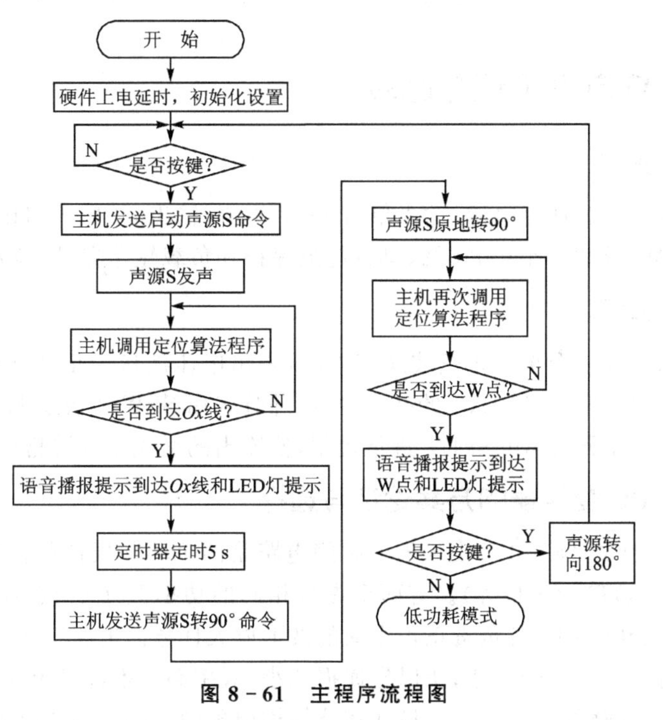

图 8－61　主程序流程图

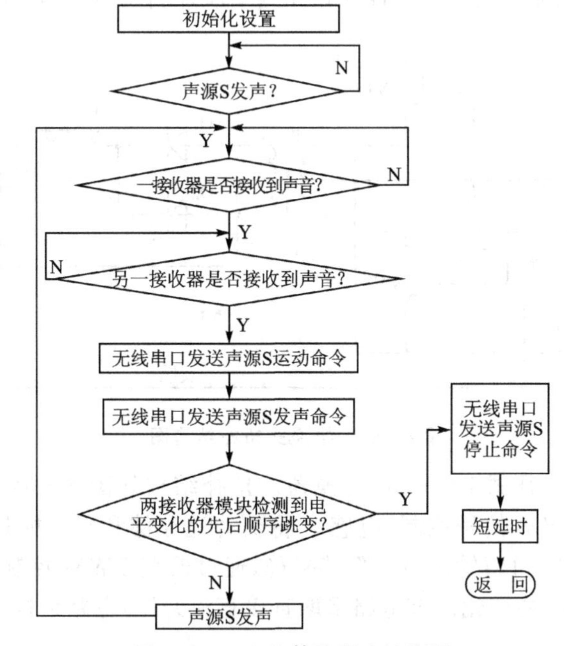

图 8－62　定位算法程序流程图

8.4 单相正弦波逆变电源

8.4.1 系统方案论证与比较

1. 设计要求

制作单相正弦波逆变电源，输入单路12 V直流，输出36 V/50 Hz。满载时输出功率大于40 W，效率不小于80 %，具备过流保护和负载短路保护等功能。

2. 设计思路

题目要求设计一个单相正弦波逆变电源，输出电压波形为正弦波。设计中主电路采用电气隔离、DC－DC－AC的技术，控制部分采用SPWM(正弦脉宽调制)技术，对逆变电路中功率器件MOSFET进行控制，使输出的交流正弦波稳压。

3. DC－DC变换器的方案论证与选择

方案一：推挽式DC－DC变换器。推挽电路是两个不同极性晶体管输出电路无输出变压器(有OTL、OCL等)。有两个参数相同的功率BJT管或MOSFET管，以推挽方式存在于电路中，各负责正负半周的波形放大任务。电路工作时，两只对称的功率开关管每次只有一个导通，所以导通损耗小，效率高。推挽输出既可以向负载灌电流，也可以从负载抽取电流。推挽式拓扑结构原理图如图8－63所示。

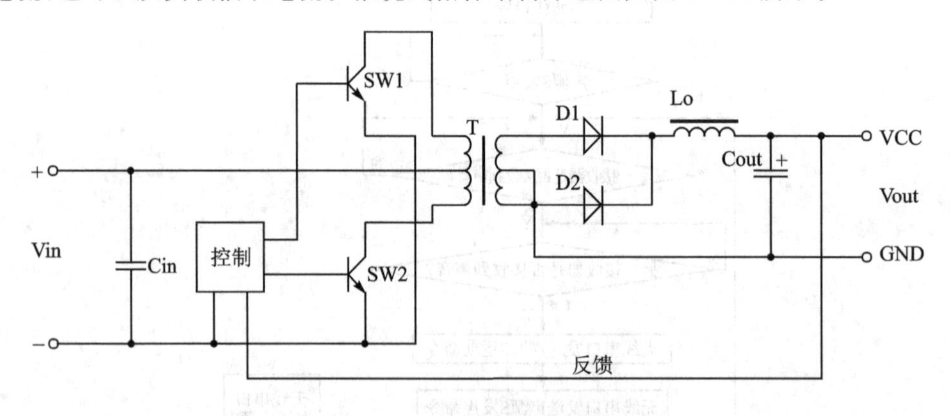

图8－63 推挽式拓扑结构图

方案二：Boost升压式DC－DC变换器。拓扑结构如图8－64所示。开关的开通和关断受外部PWM信号控制，电感L将交替地存储和释放能量，电感储能后使电压泵升，而电容C_{out}可将输出电压保持平稳，通过改变PWM控制信号的占空比可以相应实现输出电压的变化。该电路采取直接直流升压，电路结构较为简单，损耗较小，效率较高。

方案比较：方案一和方案二都适用于升压电路，推挽式DC－DC变换器可由高频变压器将电压升至任何值。Boost 升压式 DC-DC 变换器不使用高频变压器，由 12 V 升压至 51 V，PWM 信号的占空比较低，会使得 Boost 升压式 DC-DC 变化器的损耗比较大。因此采用方案一。

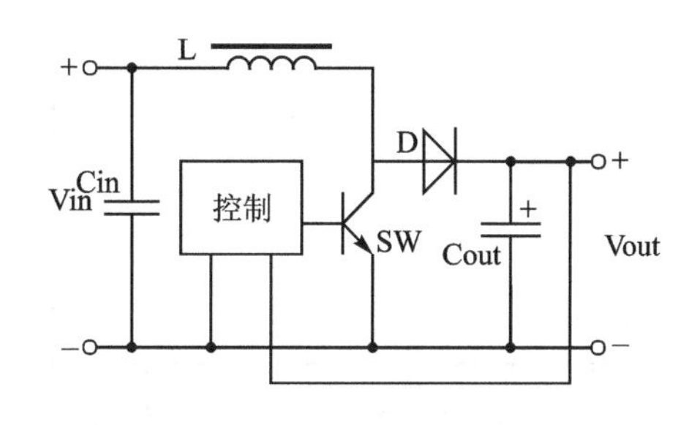

图 8-64　Boost 升压式拓扑结构图

4. DC-AC 变换器的方案论证与选择

方案一：半桥式 DC-AC 变换器。在驱动电压的轮流开关作用下，半桥电路两只晶体管交替导通和截止，它们在变压器 T 原边产生高压开关脉冲，从而在副边感应出交变的方波脉冲，实现功率转换。半桥电路输入电压只有一半加在变压器一次侧，这导致电流峰值增加，因此半桥电路只在 500 W 或更低输出功率场合下使用，同时它具有抗不平衡能力，从而得到广泛应用。半桥式拓扑结构原理图如图 8-65 所示。

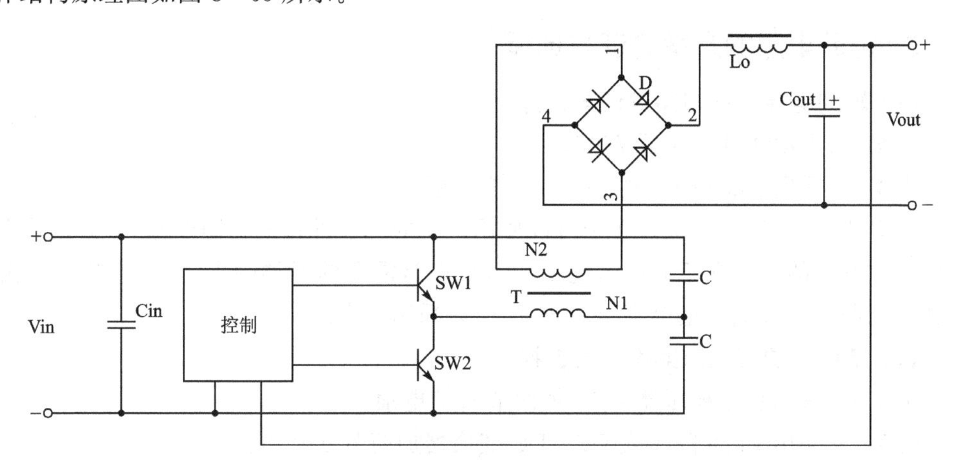

图 8-65　半桥式拓扑结构图

方案二：全桥 DC-AC 变换器。全桥电路中互为对角的两个开关同时导通，而同一侧半桥上下两开关交替导通，将直流电压转换成幅值为 V_{in} 的交流电压，加在变压器一次侧。改变开关的占空比，也就改变了输出电压 V_{out}。全桥式拓扑结构如图 8-66所示。

方案比较：方案一和方案二都可以作为 DC-AC 变换器的逆变桥，由两者的工作原理可知，半桥需要两个开关管，全桥需要 4 个开关管。半桥和全桥的开关管的耐压都为 V_{DC}，而半桥输出的电压峰值是 $\frac{1}{2}V_{DC}$，全桥输出电压的峰值是 V_{DC}，所以在获得同样的输出电压的时候，全桥的供电电压是半桥的供电电压的 1/2。出于这点的考虑，决定采用方案二。

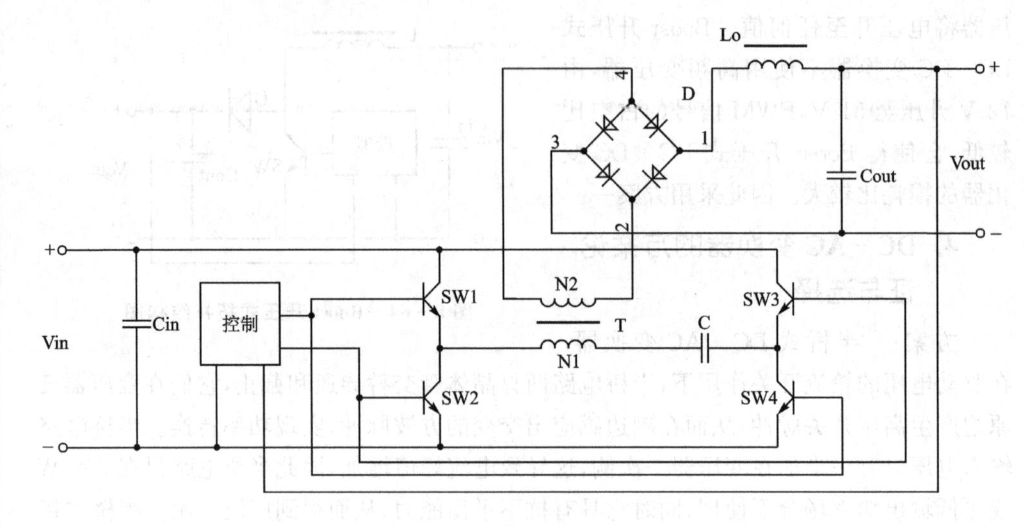

图 8-66 全桥式拓扑结构图

5. 辅助电源的方案论证与选择

(1) 辅助电源一的方案论证与选择

方案一:采用线性稳压器 7805。

方案二:采用 Buck 降压式 DC-DC 变换器。

方案比较:方案一的优点在于可以使用很少的元器件构成辅助电源一,但是效率较低。方案二的优点在于效率高达 90 %,缺点是需要的元器件多,且成本较高。由于辅助电源一会影响到整个系统的效率,所以采用方案二。

(2) 辅助电源二的方案论证与选择

方案一:采用线性稳压器 7805 加两节 9 V 电池。

方案二:采用 Buck 降压式 DC-DC 变换器加两节 9 V 电池。

方案比较:辅助电源二需要给 AD637 提供正负电压以及给单片机供电的+5 V 电压,所以采用两节 9 V 电池得到正负电压,+5 V 电压由+9 V 电压加 DC-DC 变换器转换得到。方案一的优点在于可以使用很少的元器件构成辅助电源二,但是效率较低。方案二的优点在于效率高达 90%,缺点是需要的元器件多,且成本较高。由于辅助电源二是给测量电路供电用的,对系统的效率不会造成影响,并且方案一安装方便,免调试,所以采用方案一。

6. 输出电流采样的方案论证和比较

方案一:使用 ADC 结合采样电阻对电流进行采样读数。信号分压处理后直接连接到 A/D 器件,单片机控制 A/D 器件首先进行等间隔采样,并将采集到的数据存到 RAM 中,然后处理采集到的数据,可在程序中判断信号的周期,根据连续信号的离散化公式,作乘、除法运算,得到信号的有效值然后再计算输出电压、电流和频率,最后把计算结果送给显示单元显示。其框图如图 8-67 所示。

方案二:使用电流传感器加真有效值转化器以及 ADC 对电流进行采样读数。利用电流传感器和电阻将电流转换成电压输出,经 AD637 进行真有效值转换后,由 ADC0832 进行读数,再由单片机计算后显示输出电流。其框图如图 8-68 所示。

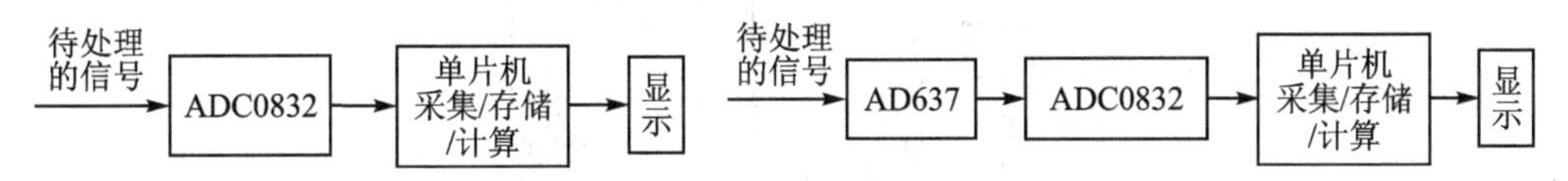

图 8-67 直接数据处理框图　　图 8-68 采用 AD637 的框图

方案比较:方案一所需器件较少,可以利用 ADC0832 的差分输出口对电流采样电阻的电压读数后,经单片机计算后显示输出电流,但是程序调试较复杂。方案二硬件电路有所增加,但所使用的器件不需要调试,只需单片机进行比例的计算,程序量少于方案一。出于这点的考虑,采用方案二。

8.4.2 系统组成

系统结构方框图如图 8-69 所示。采用 DC-DC 变换器把 12 V 蓄电池的电压升至 51 V,以保证输出真有效值为 36 V 的正弦波不出现截止失真和饱和失真。输出电压反馈采用调节 SPWM 信号脉宽的方式。该系统采用两组相互隔离的辅助电源供电,一组供给 SPWM 信号控制器使用,另外一组供给输出电压、电流测量电路使用,这样避免了交流输出的浮地和蓄电池的地不能共地的问题。因为 SPWM 控制器输出的 SPWM 信号不含死区时间,所以增加了死区时间控制电路和逆变桥驱动电路。空载检测电路使得当没有负载接入时,让系统进入待机模式;当有负载接入时,才进行逆变工作模式。同时,空载检测电路也作为过流保护的采样点。输出电流检测使用电流互感器和真有效值转换芯片 AD637 实现。输出电压也使用 AD637 进行 RMS-DC 转换后,再由 ADC 采样后分析,在液晶屏幕上显示。

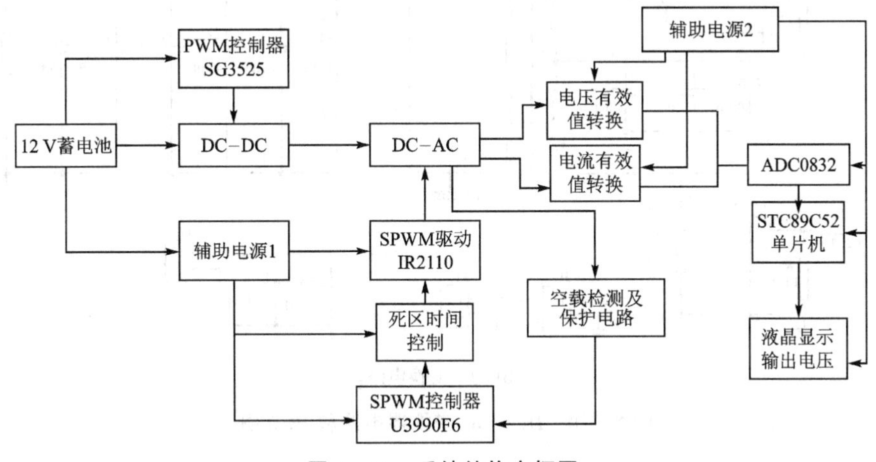

图 8-69 系统结构方框图

8.4.3　DC-DC变换器电路

DC-DC变换器控制电路如图8 70(a)所示。SG3525是电流控制型PWM控

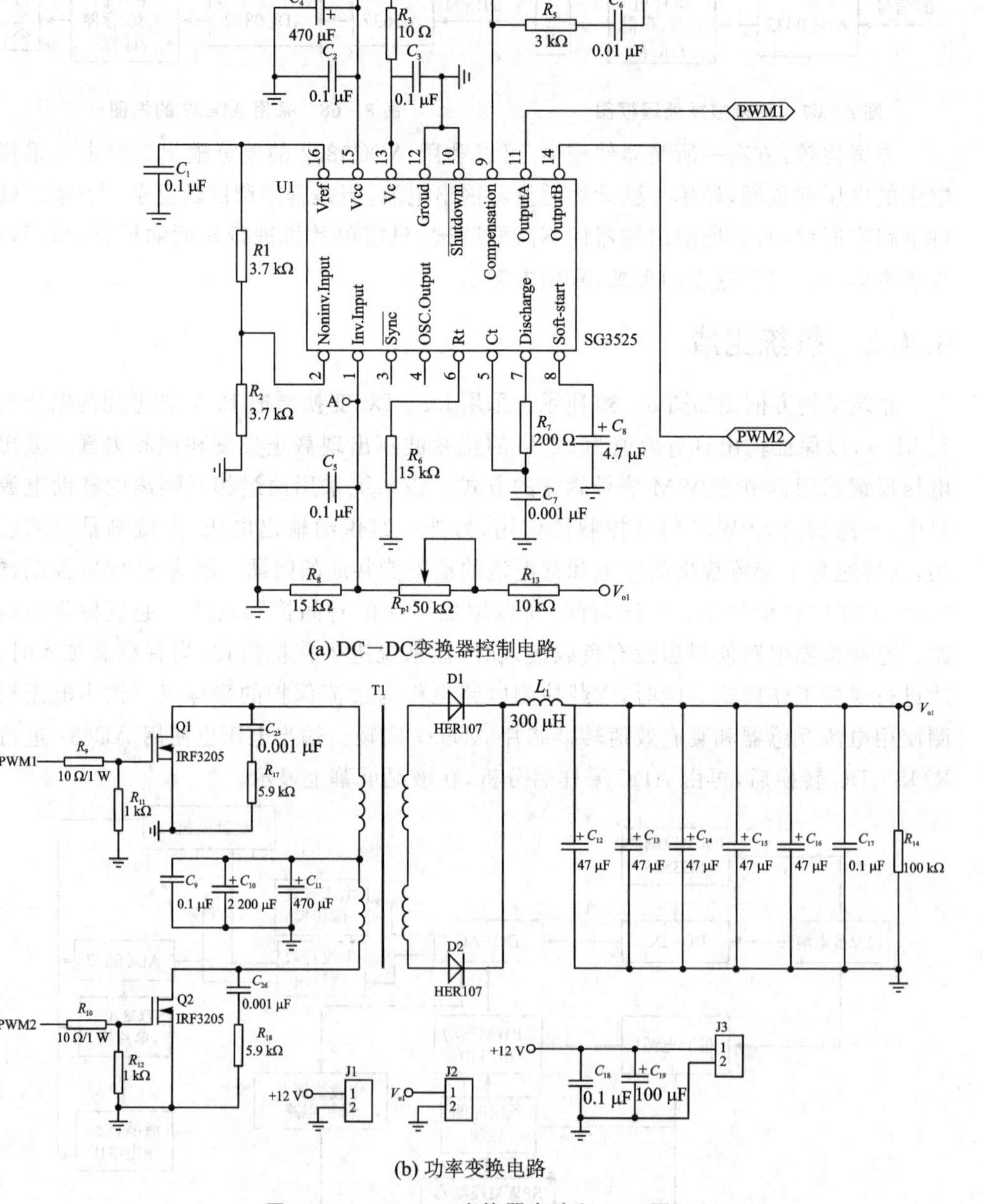

图8-70　DC-DC变换器电路和PCB图

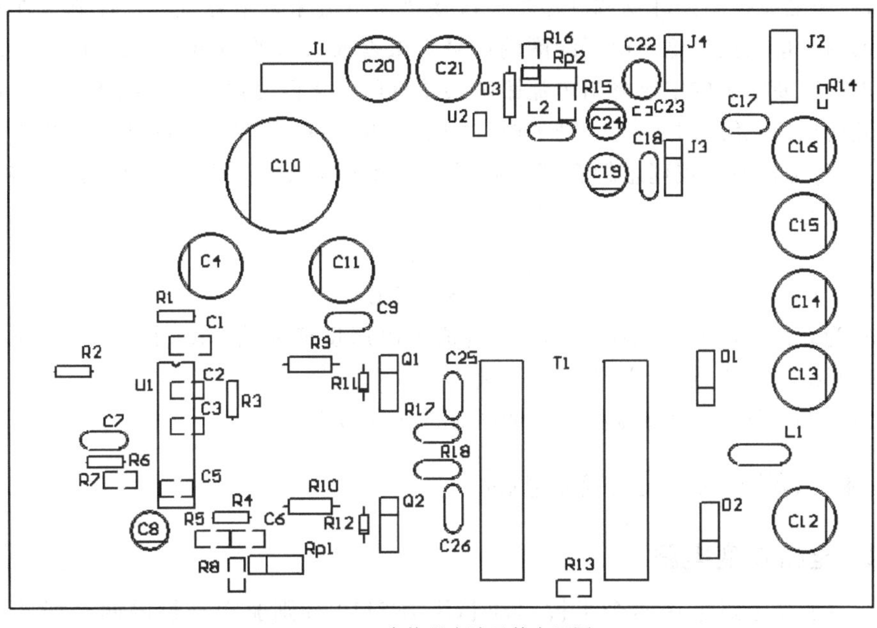

(c) DC－DC变换器电路元件布局图

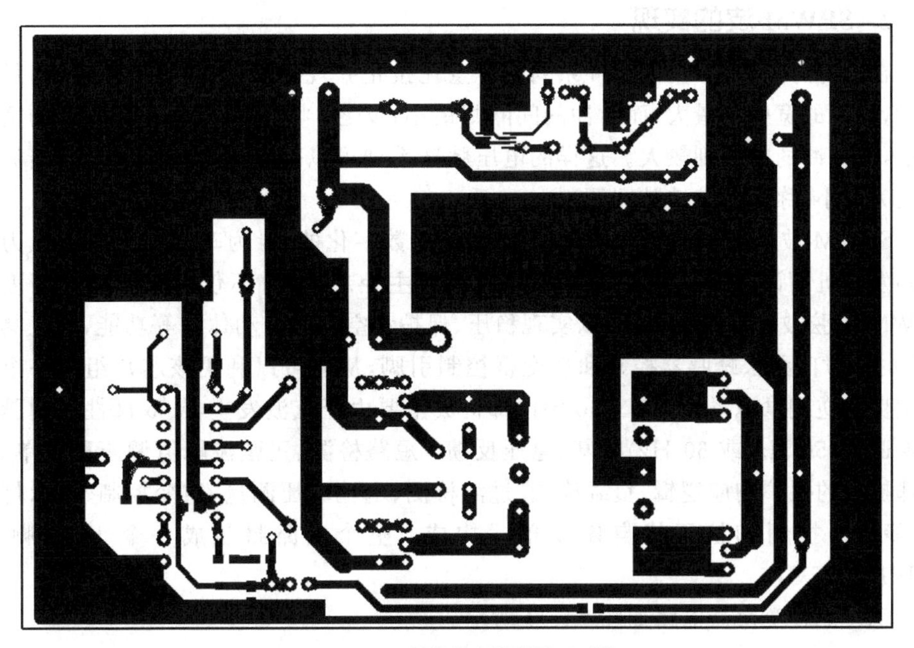

(d) DC－DC变换器电路底层PCB图

图 8－70　DC－DC 变换器电路和 PCB 图(续)

制器,所谓电流控制型脉宽调制器是通过接反馈电流来调节脉宽的。在脉宽比较器的输入端直接用流过输出电感线圈的信号与误差放大器的输出信号进行比较,从而调节占空比使输出的电感峰值电流跟随误差电压变化而变化。由于结构上有电压环和电流环双环系统,因此,无论开关电源的电压调整率、负载调整率和瞬态响应特性都有提高,是目前比较理想的新型控制器。R_6 和 C_7 设定了 PWM 芯片的工作频率,计算公式为

$$f = \frac{1}{2\pi \sqrt{R_6 C_7}}$$

R_7 为死区时间编程电阻。R_{P1}、R_8 构成了电压反馈回路。R_4、R_5 和 C_6 构成了频率补偿网络。C_7 为软启动时间设定电容。

DC－DC 变换器功率变换电路如图 8－70(b)所示。

8.4.4　DC－AC 变换器电路

1. 全桥逆变电路

全桥逆变电路采用两个半桥驱动芯片 IR2110 分别驱动全桥的两个场效应管 IRF540,按驱动信号 SPWM 波交替导通,输出功率放大的 SPWM 波。

2. SPWM 波的实现

在进行脉宽调制时,使脉冲系列的占空比按正弦规律来安排。当正弦值为最大值时,脉冲的宽度也最大,而脉冲的间隔则最小;反之,当正弦值较小时,脉冲的宽度也小,而脉冲的间隔则较大。这样的电压脉冲系列可以使负载电流中的高次谐波成分大为减小,称为正弦波脉宽调制。

SPWM 波采用 U3990 来实现。U3990 是数字化的,专为车载、太阳能、风力和数码发电机而设计的纯正弦波单相逆变电源主控芯片,它不仅可以输出高精度的 SPWM 正弦波脉冲序列,还可以实现稳压、保护和空载时自动休眠等功能,并且具备 LED 指示灯驱动、蜂鸣器控制和逆变桥控制引脚,从而可以利用该芯片组成一个性能优良的逆变电源系统。U3990 的内部构成主要由正弦波发生器、双极性调制脉冲产生逻辑、50 Hz(或 60 Hz)时基、电压反馈 /短路检测、正弦波峰值调压稳压单元、外部扩展的保护响应逻辑、负载检测、过温检测、电池电压测量、逆变控制、指示灯控制、蜂鸣器控制和抗干扰自恢复单元构成。整个电路封装成一个 18 引脚 IC (DIP18)。

DC－AC 变换器电路如图 8－71 所示。

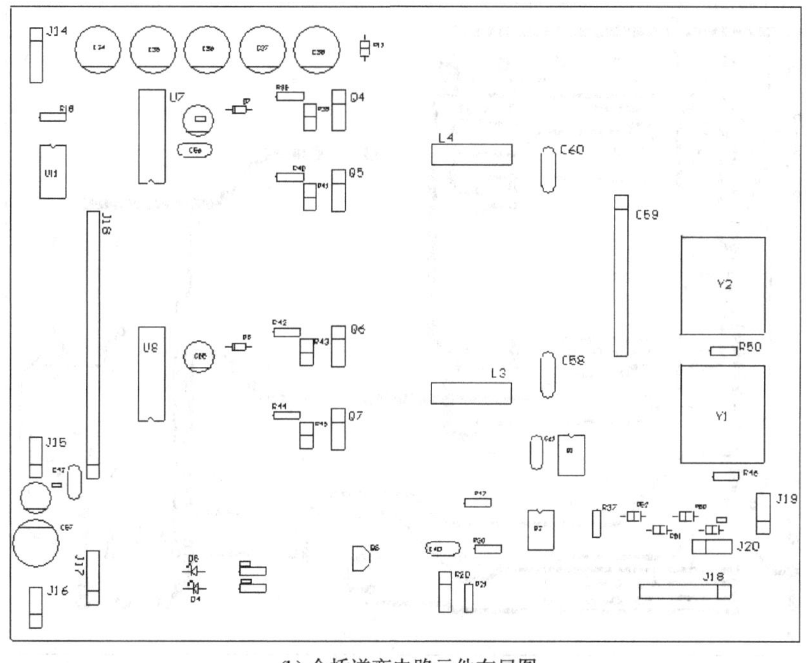

(b) 全桥逆变电路元件布局图

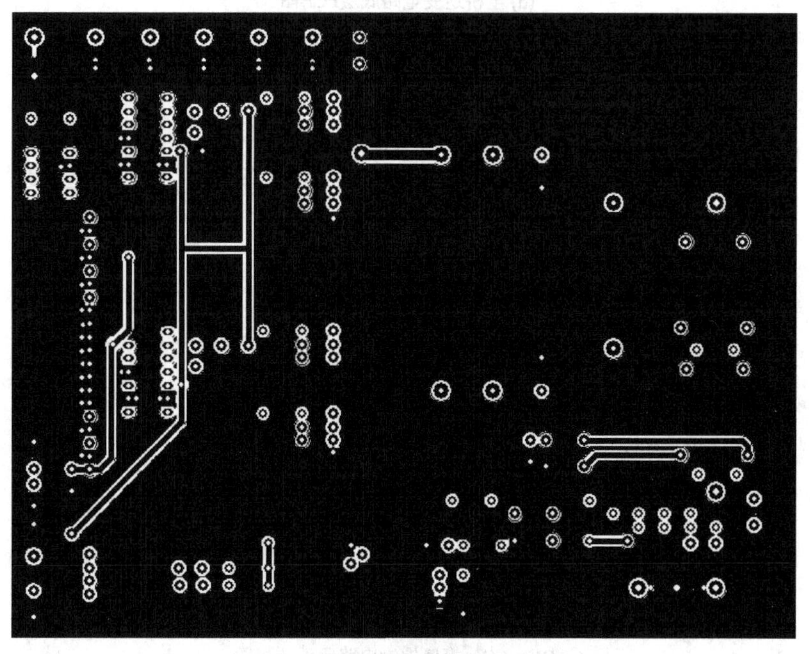

(c) 全桥逆变电路顶层PCB图

图 8-71 DC-AC 变换器电路和 PCB 图(续)

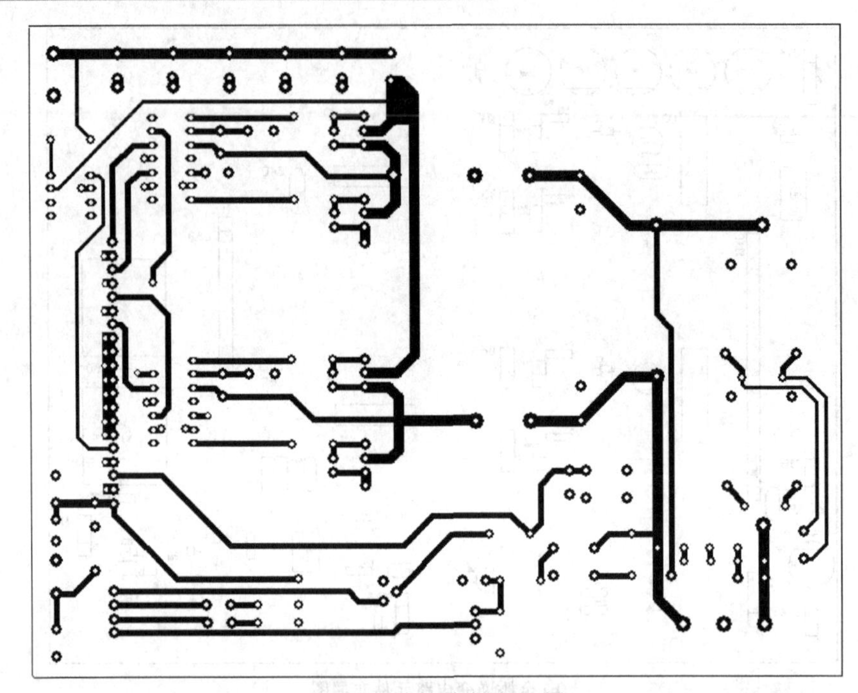

(d) 全桥逆变电路底层PCB图

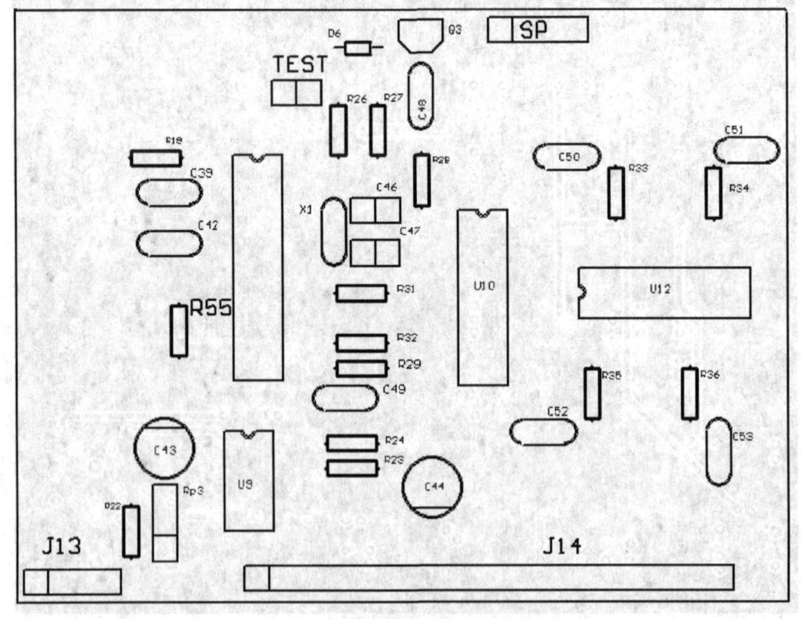

(e) DC-AC变换器控制电路元件布局图

图8-71 DC-AC变换器电路和PCB图(续)

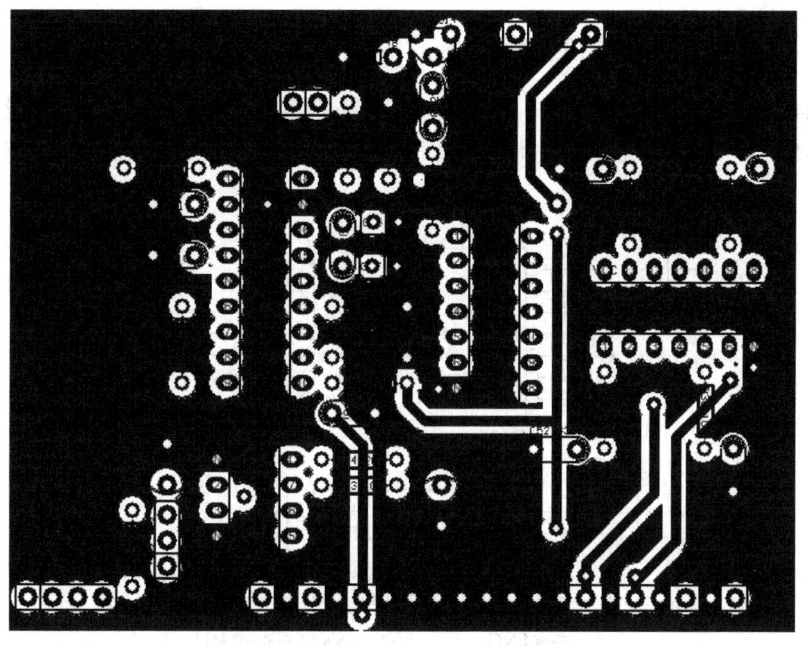

(f) DC－AC变换器控制电路顶层PCB图

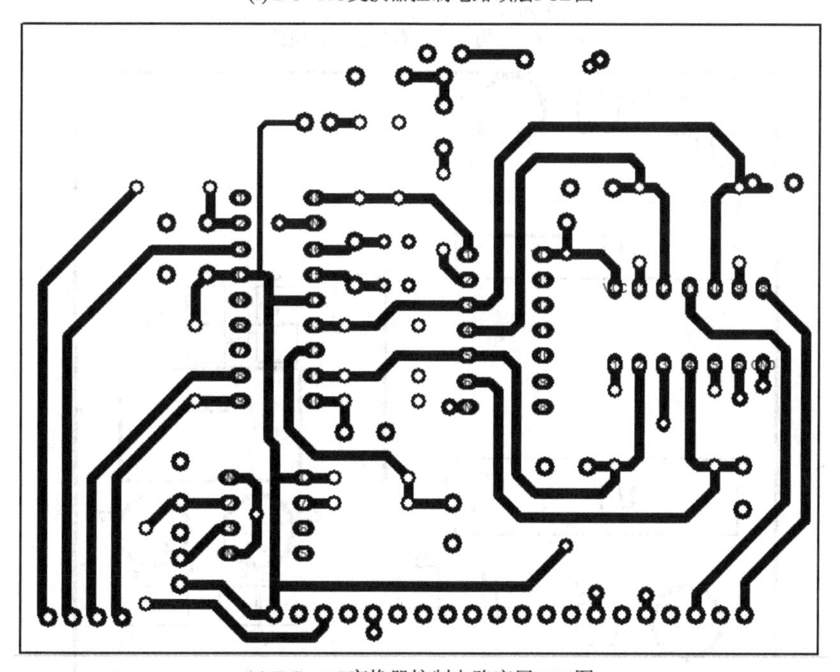

(g) DC－AC变换器控制电路底层PCB图

图 8－71　DC－AC 变换器电路和 PCB 图(续)

8.4.5　真有效值转换电路

真有效值转换电路如图 8－72 所示，采用高精度的 AD637 芯片，可测量的信号有效值高达 7 V，精度优于 0.5 %，3 dB 带宽为 8 MHz，可对输入信号的电平以 dB

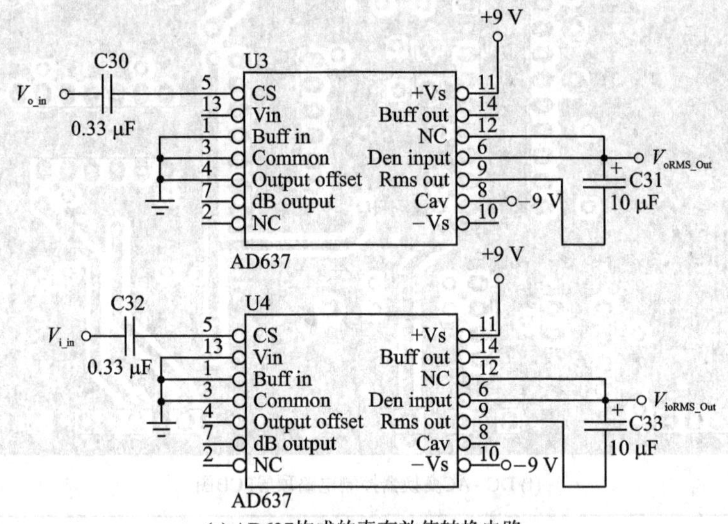

(a) AD637构成的真有效值转换电路

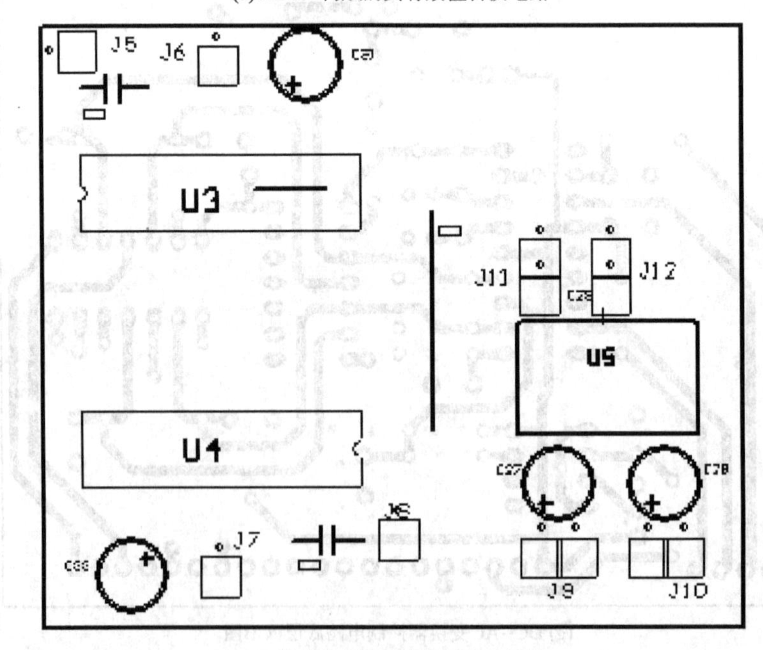

(b) 真有效值转换电路元件布局图

图 8－72　AD637 构成的真有效值转换电路和 PCB 图

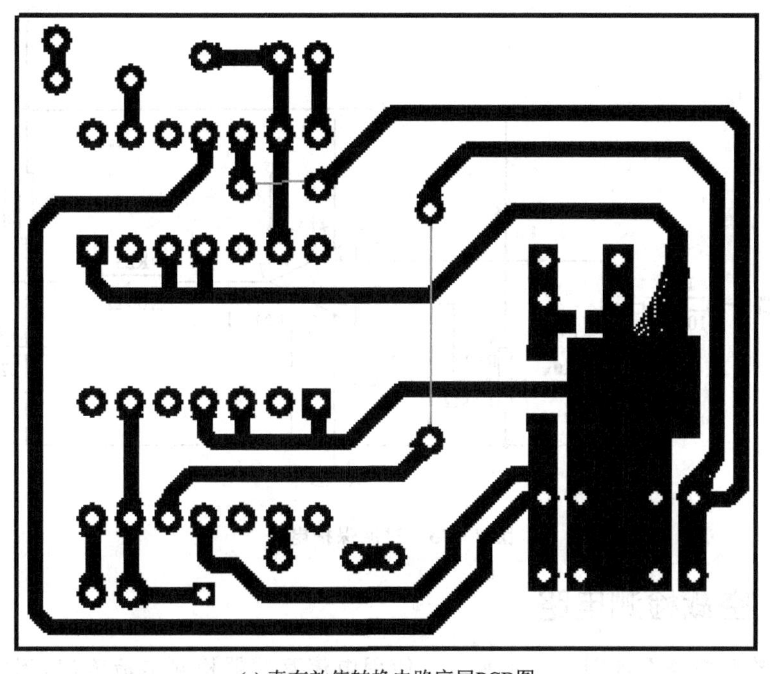

(c) 真有效值转换电路底层PCB图

图8-72 AD637构成的真有效值转换电路和PCB图(续)

形式表示。逆变电源的输出电压及电流经AD637进行有效值变换后的模拟电压信号送A/D转换器AD0832,由STC89C52控制AD0832进行模/数转换,并对转换结果进行运算处理。$V_{\mathrm{o_in}}$为输出电压经5倍分压后的输入。$V_{\mathrm{oRMS_Out}}$为输出电压经5倍分压后的真有效值电压输出口。最终输出电压真有效值可由下式决定

$$V_{\mathrm{oRMS}} = V_{\mathrm{oRMS\_Out}} \times 5 \times \varphi \tag{8-10}$$

式中,$V_{\mathrm{i_in}}$为电流传感器TA1016-2对输出电流采样转化为电压后的输入口,$V_{\mathrm{ioRMS_Out}}$为输出电流转换为电压后的真有效值输出口。最终输出电流真有效值可由下式决定

$$V_{\mathrm{ioRMS}} = \frac{V_{\mathrm{ioRMS\_Out}} \times 2\ 000}{R_{\mathrm{s}}} \tag{8-11}$$

8.4.6 过流保护电路

过流保护电路如图8-73所示。此电路是过流保护电路,其中100 kΩ电阻用来限流,通过比较器LM311对电流互感器采样转化的电压进行比较,LM311的3脚接10 kΩ电位器来调节比较基准电压,输出后接100 Ω的限流电阻与后面的220 μF电容形成保护时间控制。当电流过流时,比较器输出高电平产生保护,使SPWM不输出,控制场效应管关闭,等故障消除,比较器输出低电平,逆变器又自动恢复工作。

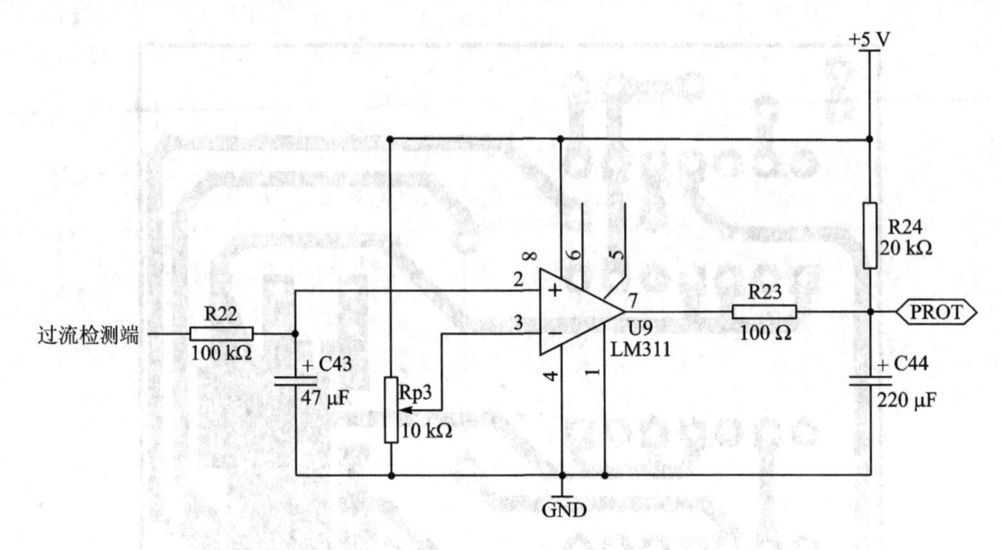

图 8-73 过流保护电路

8.4.7 空载检测电路

空载检测电路图如图 8-74 所示。使用电流互感器检测电流输出，当没有电流输出时，使三极管 Q_8 截止，从而使 RS_CK 为高电平，停止输出 SPWM 波。8 s 后，再输出一组 SPWM，若仍为空载，则继续上述过程。若有电流输出，则使 Q_8 导通，从而使 RS_CK 为低电平，连续输出 SPWM 波形，逆变器正常工作。

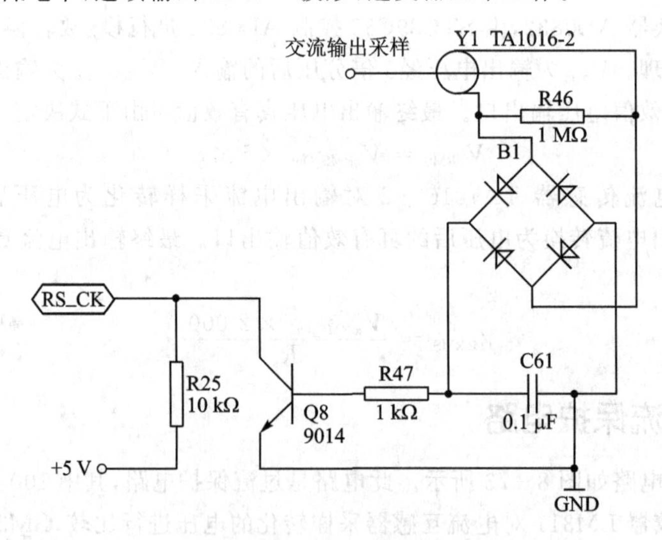

图 8-74 空载检测电路

8.4.8 浪涌短路保护电路

浪涌短路保护电路原理图如图 8－75 所示。此电路是短路保护电路,用 0.1 Ω 电阻采样电压,通过 470 kΩ 电阻得到电流,此电流流过光电耦合器,当电流高于光耦内二极管导通电流时,光耦输出端导通,U3990 的 10 脚变成低电平,使 SPWM 波不输出,关闭场效应管,形成保护,此过程非常快,当故障排除后,光电耦合器输出关断,逆变器正常工作。

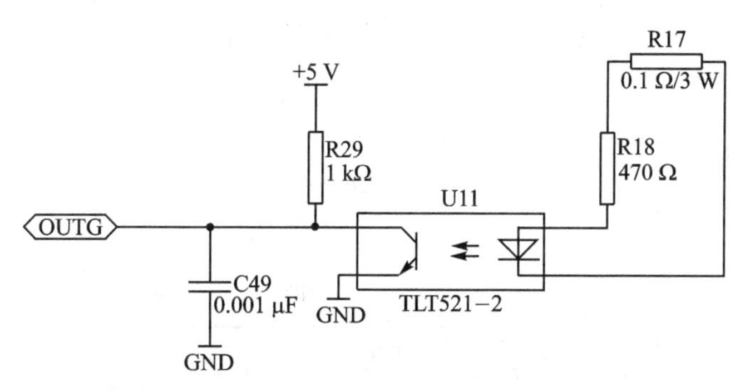

图 8－75 浪涌短路保护电路

8.4.9 电流检测电路

电流检测电路如图 8－76 所示,通过电流互感器采样输出电流,通过一个 390 Ω 的电阻转化成电压值,再用 A/D 采样进单片机,由 12864 液晶显示电流。

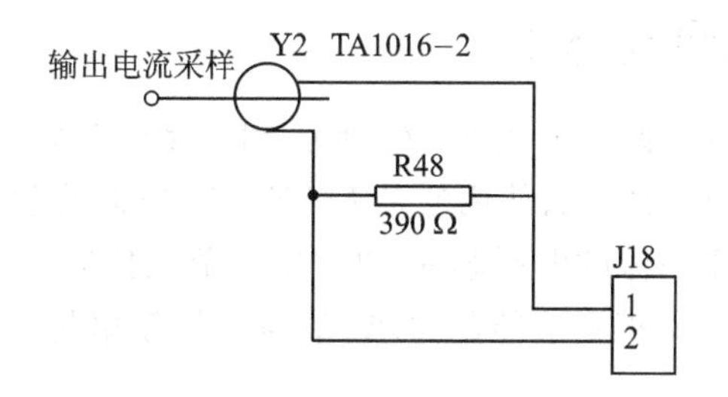

图 8－76 电流检测电路图

8.4.10 死区时间控制电路

死区时间设置电路如图 8－77 所示,通过用数字电路延时实现死区时间设置,很明显获得死区时间的方法是驱动信号的下降沿不延时,只延时驱动信号的上升沿,电路中采用了 74HC08 的与门逻辑电路集成芯片,为了使波形最小失真,死区时间设为 150 ns,电阻选择47 kΩ,电容选择 30 pF。

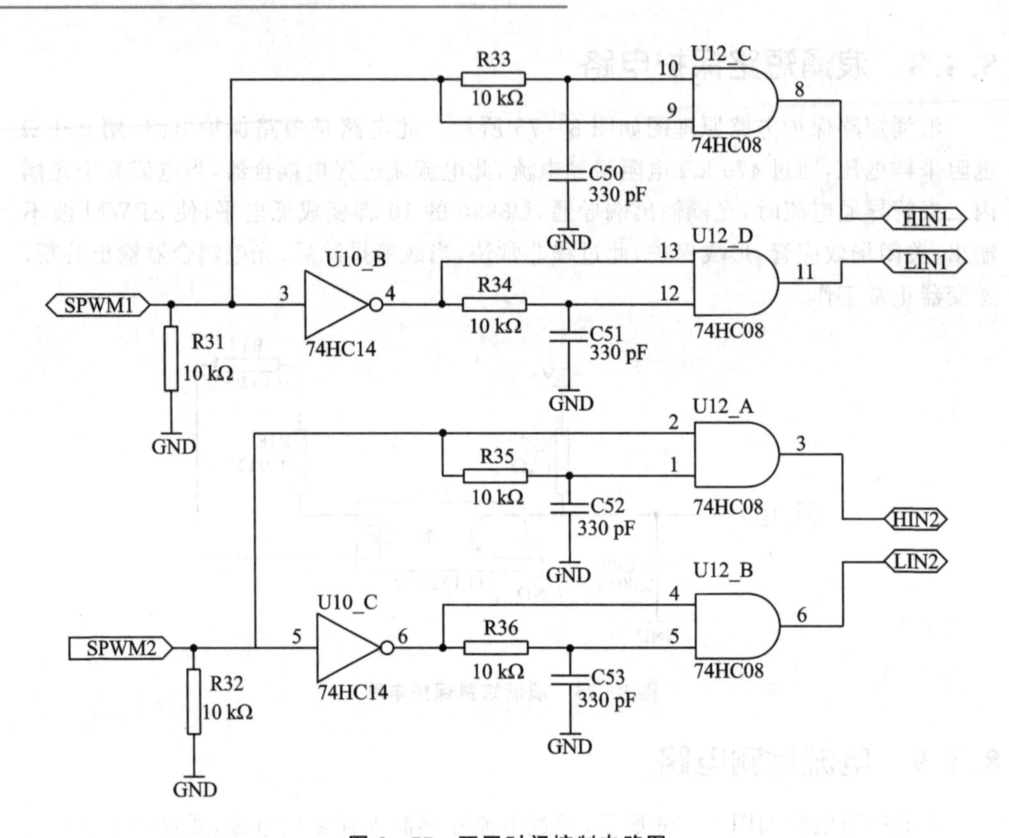

图 8－77 死区时间控制电路图

8.4.11 辅助电源电路 1

辅助电源电路 1 的电路图如图 8－78 所示，由前级 12 V 蓄电池直接供电，采用 Buck 电路拓扑结构的开关电源，使用的是 MAX1776 电源管理芯片，它是集成 PWM 产生电路和场效应管于一体的电源芯片，电路中调节电位器可调节反馈，从而控制输出。它的效率达到 95 %，符合节能的要求，最高工作频率是 200 kHz。其中输出电压的计算公式为

$$V_{o2}=\frac{R_{15}+R_{16}}{R_{16}}\times 1.25\ \text{A} \tag{8-12}$$

输出电感的计算公式为

$$L_2=\frac{(V_{in(max)}-V_{out})\times t_{onc(min)}}{I_{2x}} \tag{8-13}$$

式中，$t_{onc(min)}$ 为导通周期，单位为 s；I_{2x} 为输出电流，单位为 A。

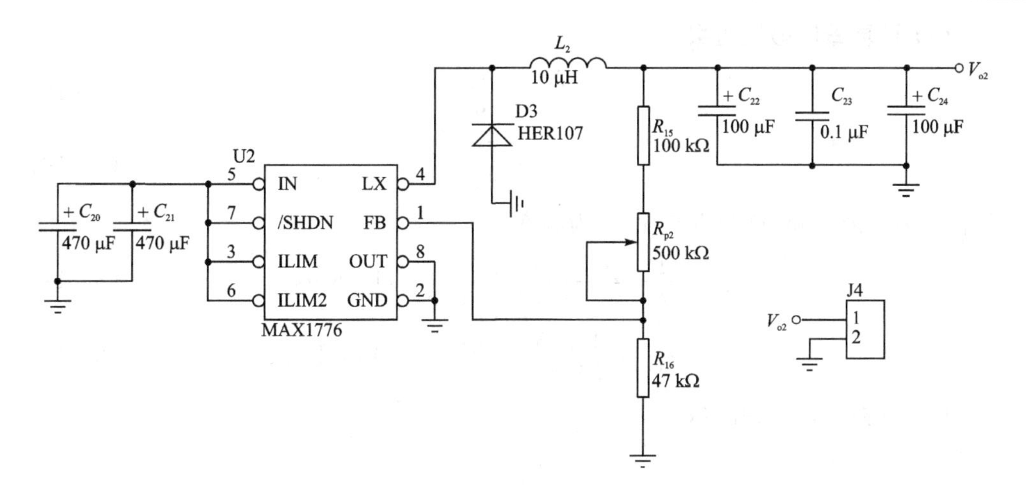

图 8-78　辅助电源 1 电路

8.4.12　辅助电源电路 2

辅助电源电路 2 的硬件电路图如图 8-79 所示,采用两节 9 V 电池串联后,中间抽头作为地,经两个电容滤波后可获得±9 V 电压输出,给 AD637 供电,+9 V 电压处再添加一个 7805 稳压电路,可获得+5 V 电压输出,给单片机以及液晶显示器,ADC 供电。

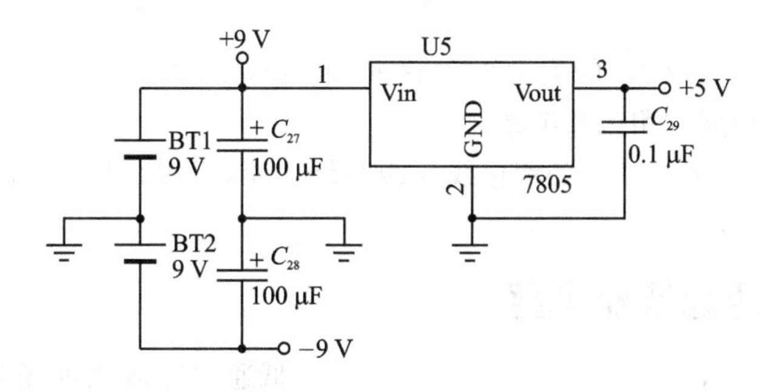

图 8-79　辅助电源 2 电路

8.4.13　高频变压器的绕制

根据设计要求,依次根据公式计算参数。

(1) 计算峰值磁通

$$\Phi = \Delta B \times A_e \tag{8-14}$$

式中,A_e为磁芯有效截面积,ΔB 的单位为 mT,Φ 的单位为 μWb,A_e的单位为 mm^2。为了避免偏磁的现象发生,设计时 ΔB 取值为 0.32 mT,较低于额定值。A_e为 77 mm^2,经计算,Φ 的值为 24.64 μWb。

(2) 计算每伏最佳匝数

$$\frac{N}{V}=\frac{t_0}{\Phi} \tag{8-15}$$

$$t_0=\frac{D}{f_s} \tag{8-16}$$

式中,t_0为导通时间,D为占空比,f_s为频率。

$$t_0=\frac{D}{f_s}=\frac{0.48}{43\times10^3\ \text{Hz}}=11.16\ \mu\text{s} \tag{8-17}$$

$$\frac{N}{V}=\frac{t_0}{\Phi}=\frac{11.16}{24.64}\ 匝/伏=0.453\ 匝/伏 \tag{8-18}$$

(3) 计算原边绕组匝数

$$N_p=V_{s\min}\times\frac{N}{V} \tag{8-19}$$

取 $V_{s\min}$为 10 V,经计算,N_p 的值为 4.53,取 5 匝。

(4) 计算副边绕组

$$V_s'=1.08\times(1.1V_o+V_2) \tag{8-20}$$

式中,V_0为要求输出电压,V_2为二极管和副边绕组压降。此处 $V_o=51$ V,$V_2=1.2$ V,得 V_s'为 61.884 V。

计算副边匝数为

$$N_s=V_s'\times\frac{N}{V} \tag{8-21}$$

取 $V_s=61.884$ V,所以 N_s 的值为 28.033 匝,此处取 28 匝。

(5) 选择导线尺寸和线圈布局

初级采用 0.35 mm 直径的漆包线 8 线并绕 5 匝,次级采用 0.35 mm 直径的漆包线 2 线并绕 28 匝。

8.4.14 低通滤波器电路

低通滤波器原理图如图 8-80 所示。低通滤波器采用一阶无源 LC 低通滤波器,低通滤波器 L、C 的取值可由下式得到。

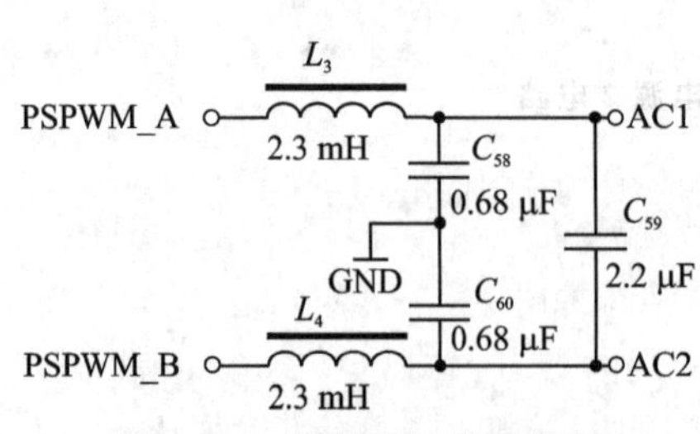

图 8-80 低通滤波器原理图

$$C=\frac{Q}{R_L(2\pi f_c)} \tag{8-22}$$

$$L=\frac{1}{(2\pi f_c)^2\times C} \tag{8-23}$$

为了避免磁环电感饱和,Q 值取 0.1,截止频率为 3.5 kHz,经计算,C 的值为 1.13 μF,实取 0.68 μF。L 的值为 3.04 mH,实取 2.36 mH。

8.4.15 单片机及外围电路

1. ADC0832 简介

ADC0832 是美国国家半导体公司生产的一种 8 位分辨率、双通道 A/D 转换芯片。它体积小,兼容性强,性价比高。正常情况下 ADC0832 与单片机的接口应为 4 条数据线,分别是 CS、CLK、DO 和 DI。但由于 DO 端与 DI 端在通信时并未同时有效,而且与单片机的接口是双向的,所以电路设计时可以将 DO 和 DI 并联在一根数据线上使用。当 ADC0832 未工作时,其 CS 输入端应为高电平,此时芯片禁用,CLK 和 DO/DI 的电平可任意。当进行 A/D 转换时,须先将 CS 使能端置于低电平并且保持低电平直到转换完全结束。此时芯片开始转换工作,同时由处理器向芯片时钟输入端 CLK 输入时钟脉冲,DO/DI 端则使用 DI 端输入通道功能选择的数据信号。在第 1 个时钟脉冲的下沉之前,DI 端必须是高电平,表示起始信号。在第 2、3 个脉冲下沉之前,DI 端应输入 2 位数据用于选择通道功能。当此 2 位数据为“1”、“0”时,只对 CH0 进行单通道转换;当 2 位数据为“1”、“1”时,只对 CH1 进行单通道转换;当 2 位数据为“0”、“0”时,将 CH0 作为正输入端 IN+,CH1 作为负输入端 IN−进行输入;当 2 位数据为“0”、“1”时,将 CH0 作为负输入端 IN−,CH1 作为正输入端 IN+进行输入。ADC0832 工作时序图如图 8-81 所示。

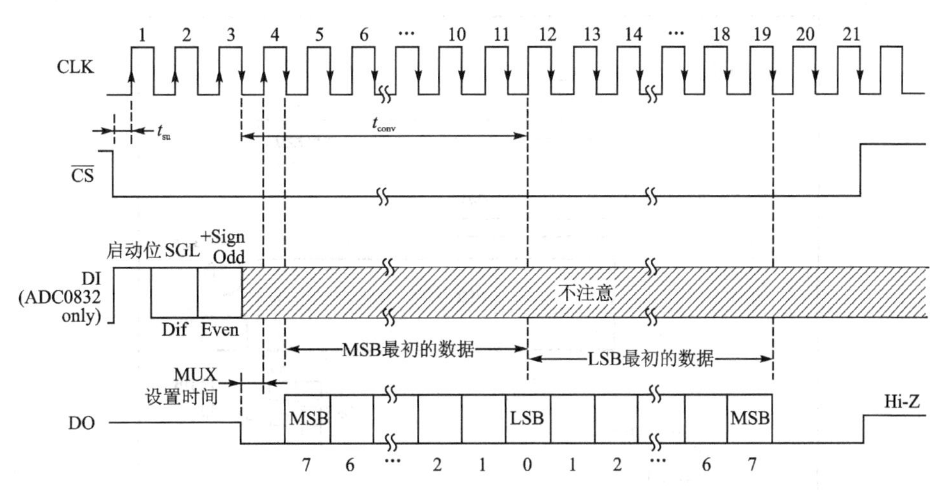

图 8-81　ADC0832 工作时序图

2. ADC0832 与单片机的连接

单片机及外围电路如图 8-82 所示。ADC0832 的接线图比较简单,将 D0 和 DI 短接,CLK、$\overline{CS}$和 D0 分别与 STC89C52 单片机的端口连接。CH0 和 CH1 分别为电压输入通道 0 和通道 1,此处用通道 0 来测量逆变电源输出的电压。

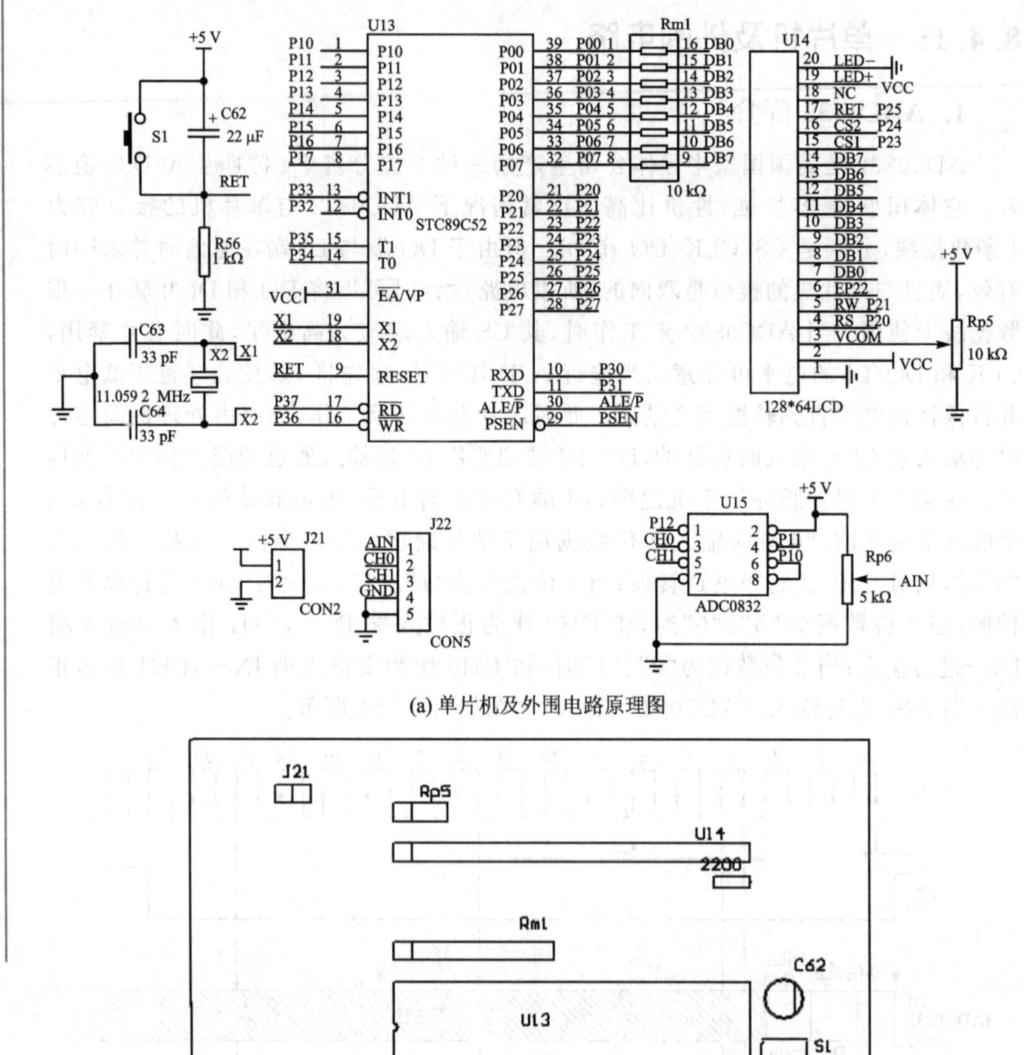

(a) 单片机及外围电路原理图

(b) 单片机及外围电路元件布局图

图 8－82 单片机及外围电路

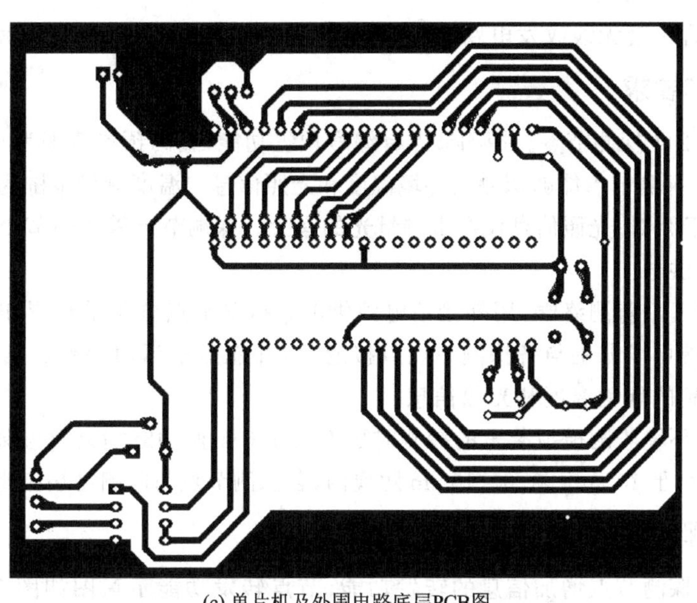

(c) 单片机及外围电路底层PCB图

图 8-82　单片机及外围电路(续)

3. 单片机程序设计

单片机程序开发仿真软件使用 Keil μVision2,用 C 语言编程。显示器采用 YJD12864C-1(汉字图形点阵液晶显示模块),可显示汉字及图形,内置 8 192 个中文汉字(16×16 点阵)、128 个字符(8×16 点阵)及 64×256 点阵显示 RAM(GDRAM),显示内容为 128 列×64 行。该模块有并行和串行两种连接方法,在本设计中采用并行连接方法。该部分利用 STC89C52 单片机来控制液晶显示,显示输出电压。

单片机采样与显示程序流程图如图 8-83所示。

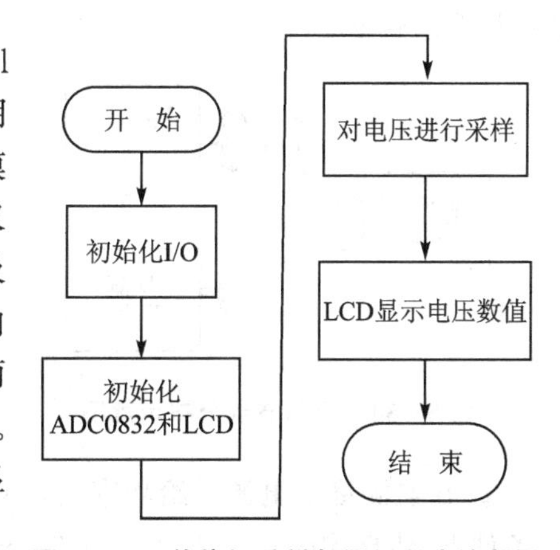

图 8-83　单片机采样与显示程序流程图

8.5 无线环境监测模拟装置

8.5.1 设计要求

设计并制作一个无线环境监测模拟装置,实现对周边温度和光照信息的探测。该装置由 1 个监测终端和不多于 255 个探测节点组成(实际制作 2 个)。监测终端和探测节点均含一套无线收发电路,要求具有无线传输数据功能,收发共用一个天线。

1. 基本要求

① 制作 2 个探测节点。探测节点有编号预置功能,编码预置范围为 00000001B～11111111B。探测节点能够探测其环境温度和光照信息。温度测量范围为 0～100 ℃,绝对误差小于 2 ℃;光照信息仅要求测量光的有无。探测节点采用两节 1.5 V 干电池串联,单电源供电。

② 制作 1 个监测终端,用外接单电源供电。探测节点分布示意图如图 8－84 所示。监测终端可以分别与各探测节点直接通信,并能显示当前能够通信的探测节点编号及探测到的环境温度和光照信息。

③ 无线环境监测模拟装置的探测时延不大于 5 s,监测终端天线与探测节点天线的距离 D 不小于 10 cm。在 0～10 cm 距离内,各探测节点与监测终端应能正常通信。

2. 发挥部分

① 每个探测节点增加信息的转发功能,节点转发功能示意图如图 8－85 所示。探测节点 B 的探测信息,能自动通过探测节点 A 转发,以增加监测终端与节点 B 之间的探测距离 $D+D_1$。该转发功能应自动识别完成,无须手动设置,且探测节点 A、B 可以互换位置。

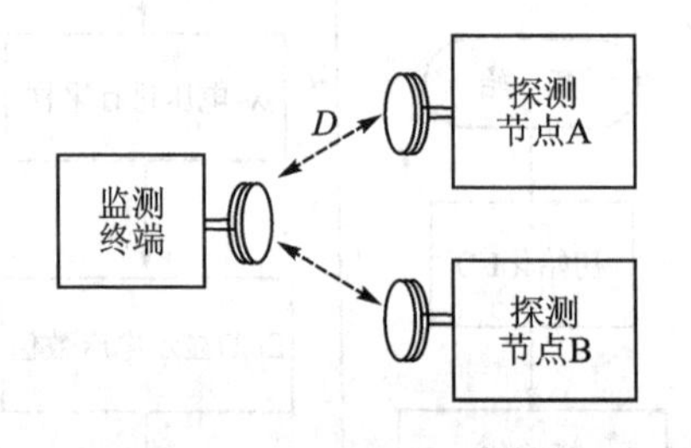

图 8－84　探测节点分布示意图

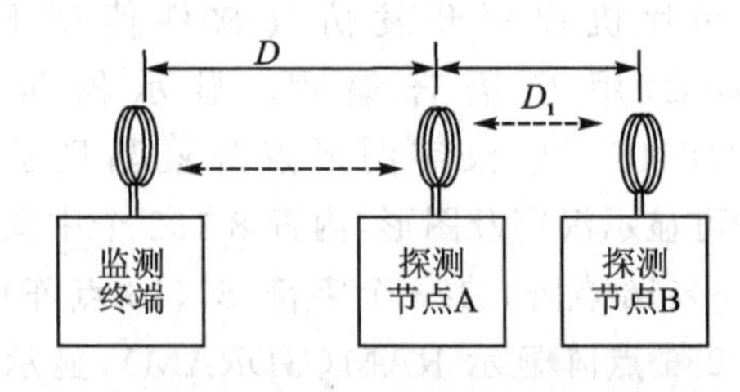

图 8－85　节点转发功能示意图

② 在监测终端电源供给功率≤1 W,无线环境监测模拟装置探测时延不大于 5 s 的条件下,使探测距离 $D+D_1$ 达到 50 cm。

③ 尽量降低各探测节点的功耗,以延长干电池的供电时间。各探测节点应预留干电池供电电流的测试端子。

④ 其他。

3. 说　明

① 监测终端和探测节点所用天线为圆形空芯线圈,用直径不大于 1 mm 的漆包线或有绝缘外皮的导线密绕 5 圈制成。线圈直径为(3.4±0.3)cm(可用一号电池作骨架)。天线线圈间的介质为空气。无线传输载波频率低于 30 MHz,调制方式自定。监测终端和探测节点不得使用除规定天线外的其他耦合方式。无线收发电路须自制,

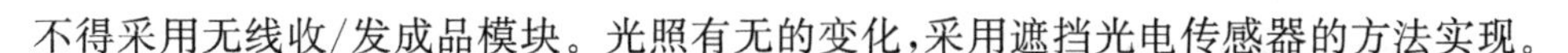

不得采用无线收/发成品模块。光照有无的变化，采用遮挡光电传感器的方法实现。

② 发挥部分须在基本要求的探测时延和探测距离达到要求的前提下实现。

③ 测试各探测节点的功耗采用图 8-85 所示的节点分布图，保持距离 $D+D_1=50$ cm，通过测量探测节点 A 干电池供电电流来估计功耗。电流测试电路见图 8-86。图中，电容 C 为滤波电容，电流表采用 3 位半数字万用表直流电流挡，读正常工作时的最大显示值。如果 $D+D_1$ 达不到 50 cm，则此项目不进行测试。

④ 设计报告正文中应包括系统总体框图、核心电路原理图、主要流程图和主要的测试结果。完整的电路原理图和重要的源程序用附件给出。

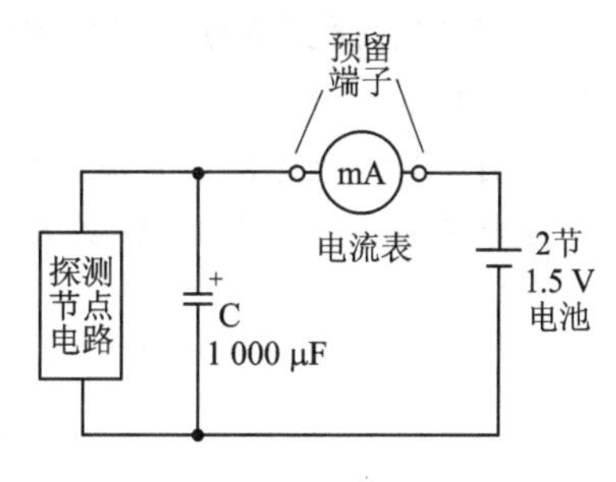

图 8-86　节点电流测试

4. 评分标准

评分标准如表 8-5 所列。

表 8-5　评分标准

	项　目	主要内容	满　分
设计报告	系统方案	无线环境监测模拟装置总体方案设计	4
	理论分析与计算	发射电路分析 接收电路分析 通信协议分析	6
	电路与程序设计	发射电路设计计算 接收电路设计计算 总体电路图 工作流程图	9
	测试方案与测试结果	调试方法与仪器 测试数据完整性 测试结果分析	6
	设计报告结构及规范性	摘要 设计报告正文的结构 图表的规范性	5
	总分		30
基本要求	实际制作完成情况		50
发挥部分	完成第①项		20
	完成第②项		15
	完成第③项		10
	其他		5
	总分		50

8.5.2　系统方案设计

本设计要求在 1 个监测终端与不多于 255 个探测节点之间，通过无线收发电路实现数据通信。探测节点的编号可预置，且监测终端能自动探测通信范围内的探测节点，并获取各探测节点的编号和环境参数(温度值和光照变化)。其系统方框图如图 8－87 所示。

说明：本设计是由湖南理工学院参加 2009 年全国大学生电子竞赛湖南省一等奖获得者尹慧、王立、何华梁，以及指导老师陈松、胡文静、刘翔完成。

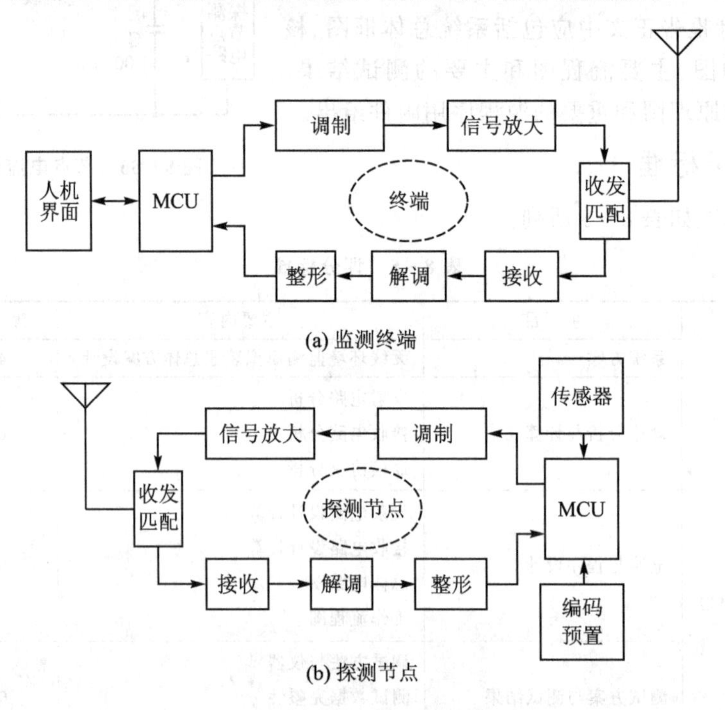

图 8－87　系统方框图

由图 8－87 可见，无论是终端或节点电路，均包括一个数据发射电路和一个数据接收电路。这两种电路有多种方式可实现，但其主要差别在于数字的调制/解调方式不同。基本的数字调制/解调方式有 ASK、FSK 和 PSK 三种。ASK 的主要优点是调制/解调电路简单，主要缺点是抗干扰能力差；PSK 的主要优点是抗干扰能力强，比特率可以很高，但电路颇为复杂；FSK 的优、缺点则介于上述二者之间。鉴于本题目的要求，通信距离短，数据量小，故采用 ASK 调制/解调方式。

另一方面，本环境模拟监测装置实际是一个点对点半双工系统，且根据节点彼此转发功能和其他功能的要求，各收/发系统均可采用同一发射和接收载波频率，以简化主、从机和系统的制作。

本系统的基本工作过程如下：主机发射命令，从机接到命令后即时上报探测到的信息(温度值和光照信息),主机收到信息后,即显示出节点号和信息值。若主机发现有从机不能直接上报信息时,将命令有关节点从机代为转发。

8.5.3　理论分析与计算

1. 发射电路分析

以如图 8－87 所示监测终端发射系统为例,所有发射命令存储在 MCU 的 RAM 中,当通过从机界面决定发射命令时,命令数据由 RAM 调出,从 MCU 的 TXD 口输出,其中“0”为低电平,“1”为高电平,分别控制晶振的停振或工作,晶振的输出信号送往发射高频放大器(电压与功率放大),经负载匹配网络,由天线辐射出去。

参见发射电路图 8－89 和图 8－90。本题中天线 L_3 等效为一个电感 L_A 与辐射电阻 R_A 串联,在发射状态下,发射管的负载电路(包括天线 L_A 和 R_A)发生串联谐振,R_A 上吸收到最大能量,从而提高了辐射功率;同时天线设计成螺旋管的形式,具有定向意义,可以增加发射距离。

2. 接收电路分析

仍以如图 8－87 所示监测终端接收机为例,并参见图 8－89。接收机的天线也是图 8－89 中的 L_3,天线匹配网络可以等效为如图 8－88 所示的电路。由于接收频率相同,匹配网络在接收时也发生串联谐振,设天线感应电压为 v_A,则 C_B 上的电压将大于 v_A($v_{CA}+v_{CB}=Q_A v_A$),从而有利于提高接收灵敏度。

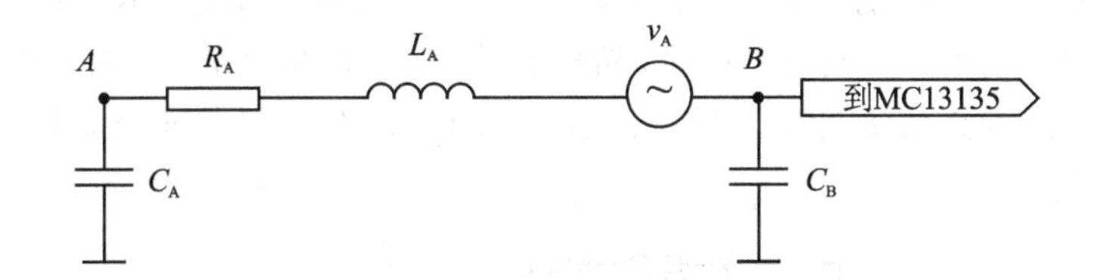

图 8－88　接收天线等效电路

本题通过共用匹配天线、增大发射功率和提高接收灵敏度的方法,远远优于采用收/发开关共用天线的方法。

本机接收电路的放大与解调过程,主要是利用了 MC13135 芯片第 12 引脚的 ASK 解调功能。MC13135 是具有低噪声、低功耗特点的窄带调频接收芯片,当然也可以用来接收 ASK 已调波,其第 12 引脚为接收信号强度指示器输出端,当感知到有输入信号时,12 脚输出高电平,没有输入信号时,12 脚输出低电平。该信号经反相放大和整形,即可送 MCU 处理。

3. 通信协议分析

本系统采用 ASK 编码发送,单片机将要发送的数据封装成数据包,通过自带的

UART 串行通信接口发送给硬件调制电路，串口波特率为 9.6 kbps。

数据包格式为：起始位 0xFF＋命令位 cmd＋地址高位＋地址低位＋数据位＋CRC 校验位。若一次数据包大小为 6 字节，则发送一次数据包所用时间约为 6 ms。

每次接收从起始位开始，接收 6 字节就置位标志位，单片机对数据进行 CRC 校验，如果是错误则丢弃，如果是正确则接收并处理。

系统具体的工作方式如下：

① 监测终端为主机，各探测节点为从机。开始时，由主机进行遍历搜寻，得知各节点的信息；然后由主机对从机发命令，从机按照命令上传环境信息。

② 若主机对某从机 A 发出上传信息命令时，得不到从机 A 响应，则主机启动自动搜索功能。这时，主机对已确认的从机（如从机 B）依次发出转发命令；当从机 B 发出转发命令，从机 A 响应，即发给从机 B 环境信息，就达到了转发信息的目的。若从机 A 不响应，则主机继续遍历，直到最后一个受控节点；若最后一个节点也不响应，则主机判断从机 A 故障或不存在。

8.5.4 发射电路设计

ASK 调制与发射电路如图 8－89 所示。图中，CY1（YYJZ）为有源正弦波晶振，振荡频率为 $f_0=24$ MHz；Q_1、Q_3 为开关 BJT，由 3 V 或者 5 V 供电，当 MCU 发出数字信号到 Q_3 的基极，低电平“0”时，Q_1 截止，晶振不工作，高电平“1”时，晶振工作，从而实现了 ASK 调制；R_{15} 为限流电阻；C_{15} 为 CY1 电源引脚滤波电容；Q_2 为高频信号放大与发射 BJT，Q_2 集电极为 3 V 或 5 V 供电，L_4 为高扼圈；R_{11} 和 R_{21} 为限流与 Q_2 发射结保护电阻。当数字信号为“1”时，晶振有输出，输出电压正半周使 Q_2 导通。Q_2 的负载匹配电路为天线 L_3 和电容 C_A、C_B（$C_{12}+C_{36}$），在发射状态下，其等效电路如图 8－90所示。

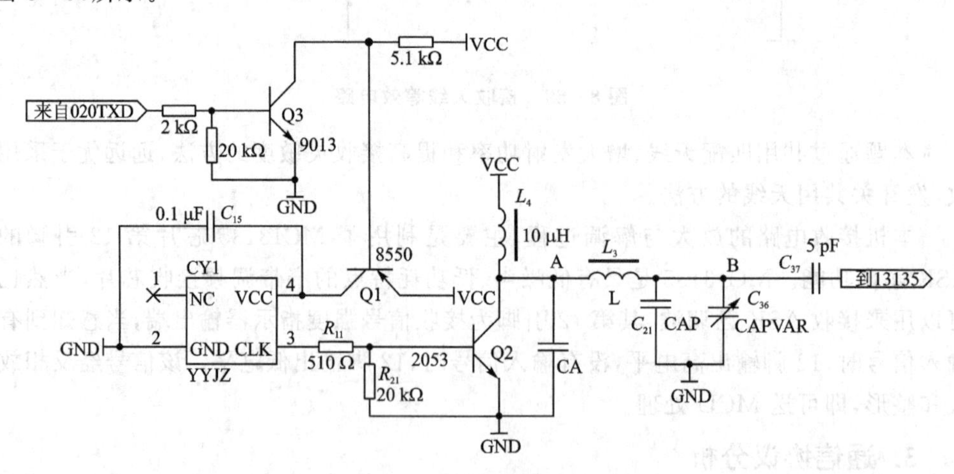

图 8－89 ASK 调制与发射电路

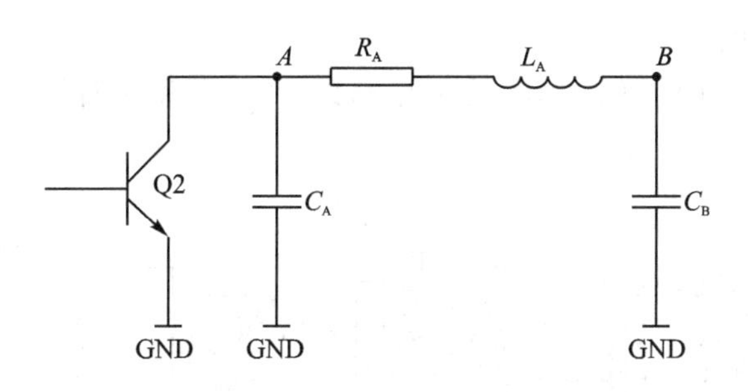

图 8-90　发射机末级等效匹配负载电路

在 Q_2 导通状态下，$C_A \approx 0$，R_A、L_A 和 C_B 发生串联谐振，R_A 上得到最大辐射功率。经粗测，$L_A \approx 1.4\ \mu H$，由 $\omega_0 = 1/\sqrt{L_A C_B}$，得 $C_B \approx 31.4$ pF。

$C_{37} = 20$ pF 为耦合电容，将接收信号送 MC13135。

8.5.5　接收电路设计

1. 接收 ASK 解调电路

接收 ASK 解调电路如图 8-91 所示，来自 MC13135 的 12 脚输出一个约 1.4 V 直流电压的解调信号，交流部分的幅度为 100～200 mV。该信号经跟随器 A_1 输出，上面一路经 R_1C_1 滤波，变为直流参考电压，送入 A_3 的反相端；下面一路经交流放大器 A_2 放大 20 倍，并保留原直流电位，经 R_3C_3、R_4C_4 两级高频滤波，滤除 455 kHz 干扰信号，然后送至同相迟滞比较器 A_3，从而进行波形整形，恢复原调制信号。

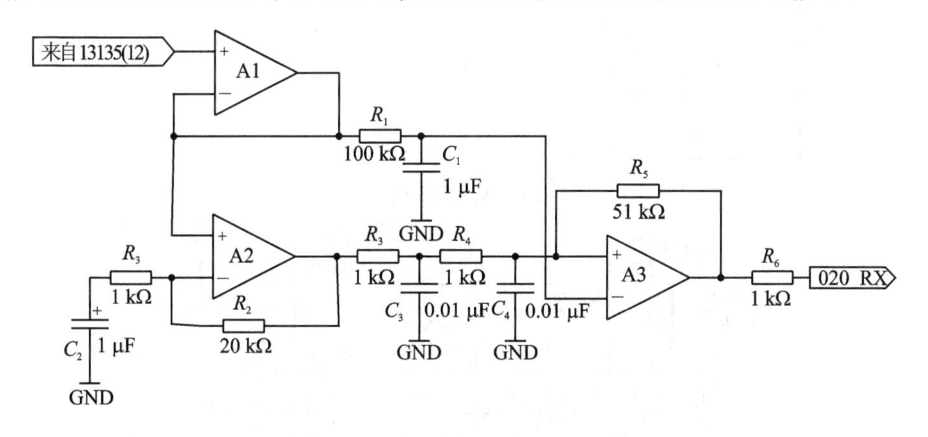

图 8-91　接收 ASK 解调电路

2. 接收电路第一本振电路

MC13135 第一本振信号采用 TI 公司生产的可编程低功耗 PLL 锁相环芯片 CDCE937 产生，编程频率为 34.7MHz，具有非易失性功能，第一次刷进数据后，即可保存在芯片自带的 EEPROM 中，持续产生高精度输出信号，从而确保中频

10.7 MHz的稳定性。

系统总电路如图 8-92 所示，主要电路的 PCB 图和元器件布局图如图 8-93 所示。

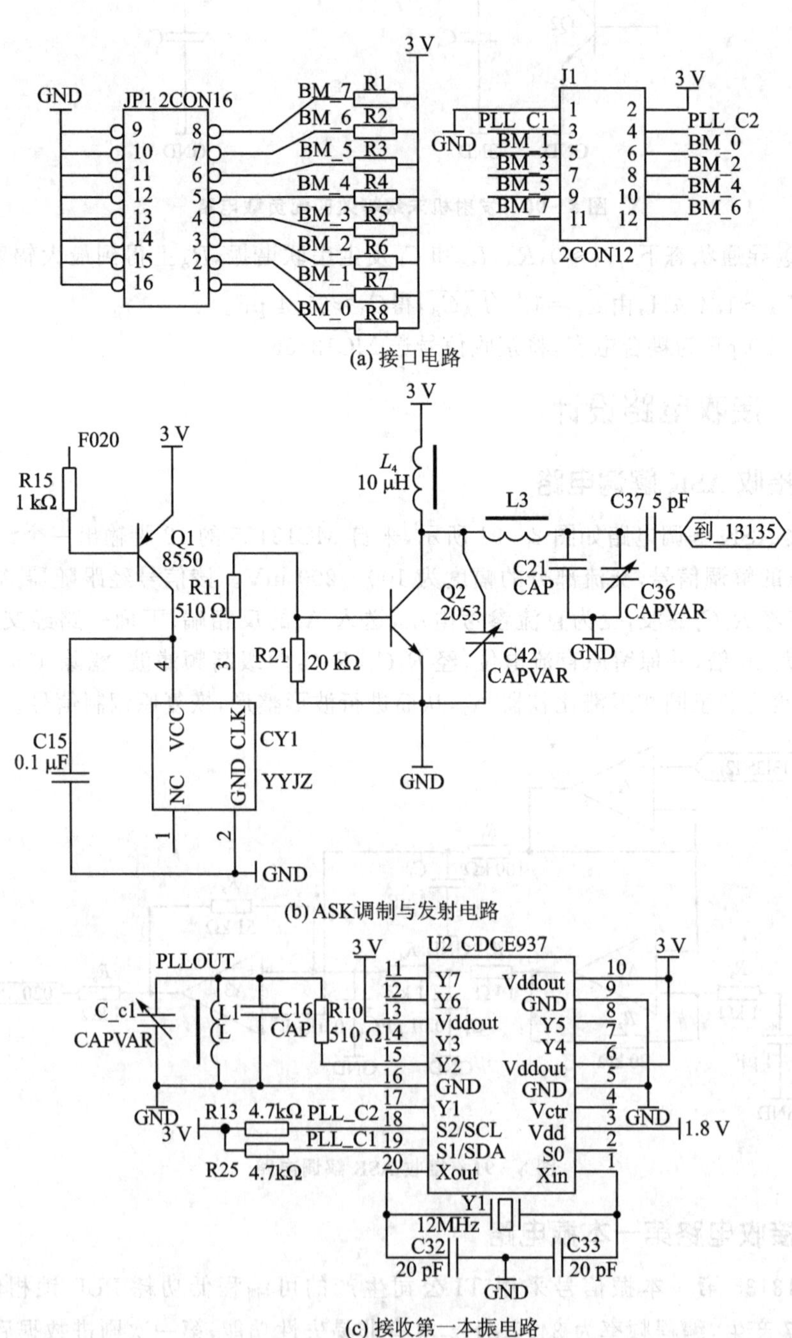

(a) 接口电路

(b) ASK调制与发射电路

(c) 接收第一本振电路

图 8-92　系统总电路图

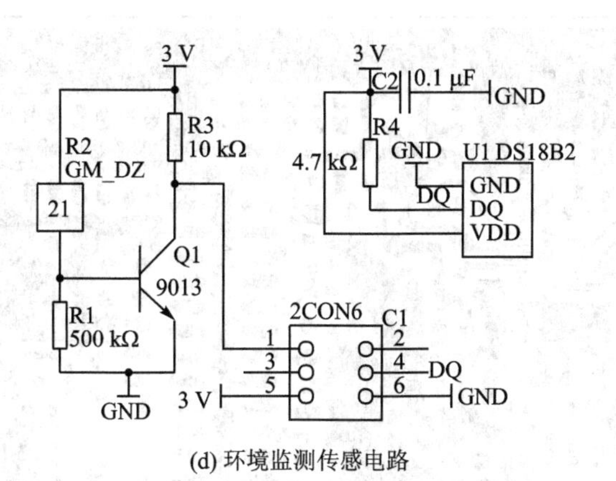

(d) 环境监测传感电路

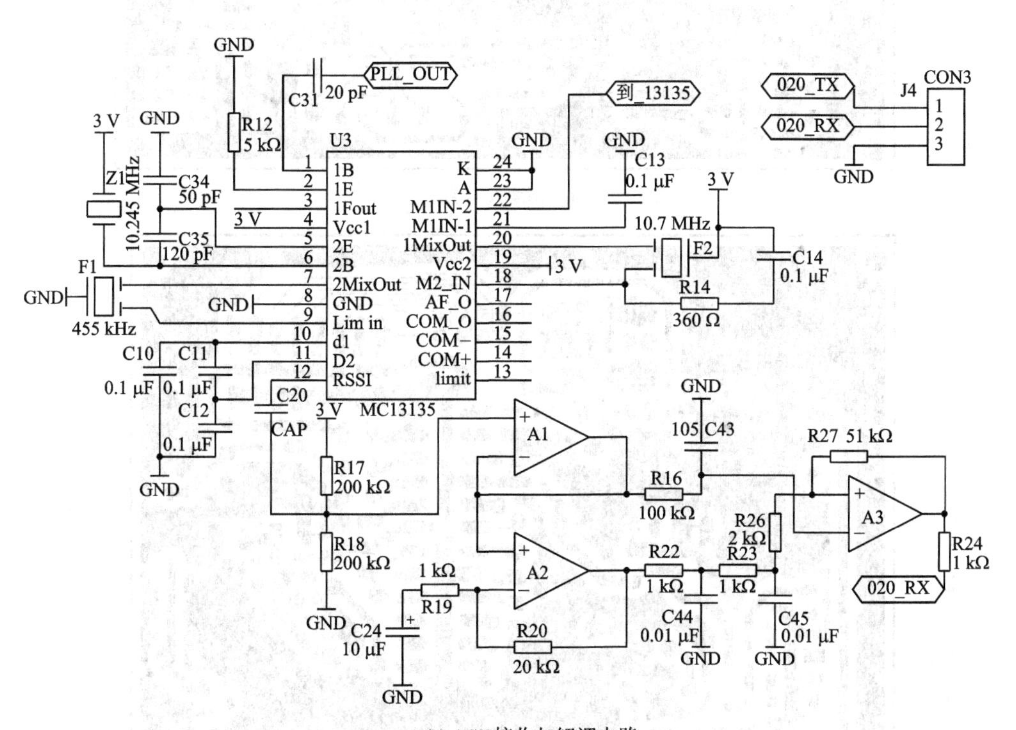

(e) ASK接收与解调电路

图 8-92 系统总电路图(续)

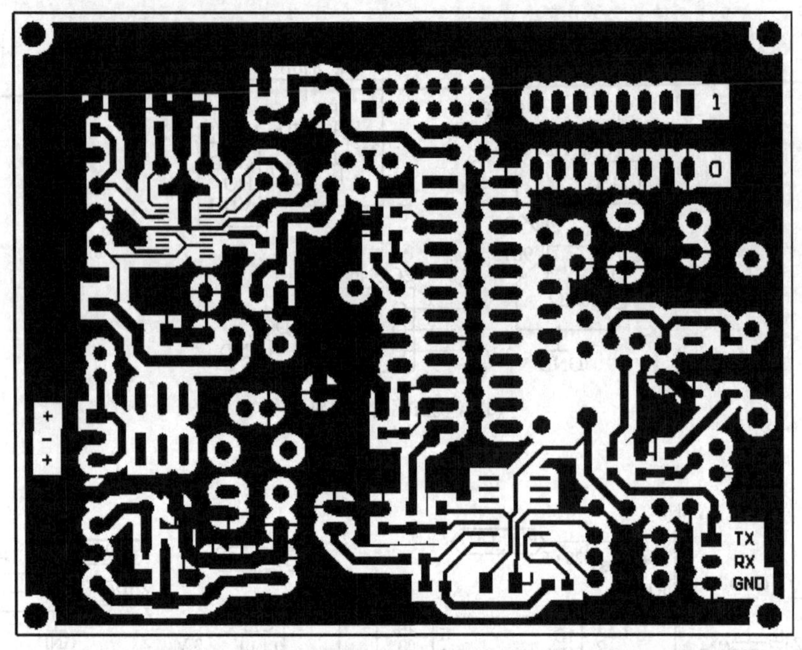

(a) 顶层PCB图

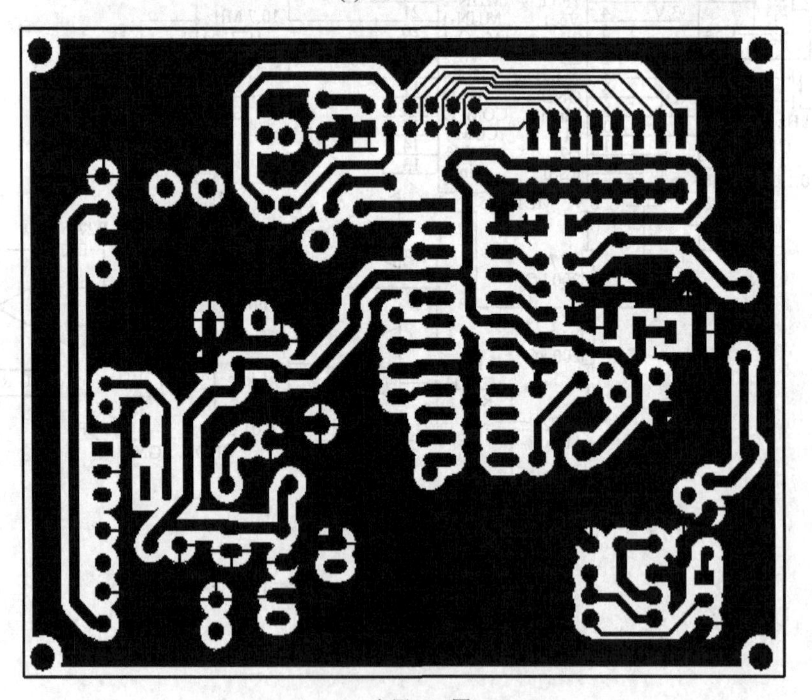

(b) 底层PCB图

图 8-93　主要电路的 PCB 图和元器件布局图

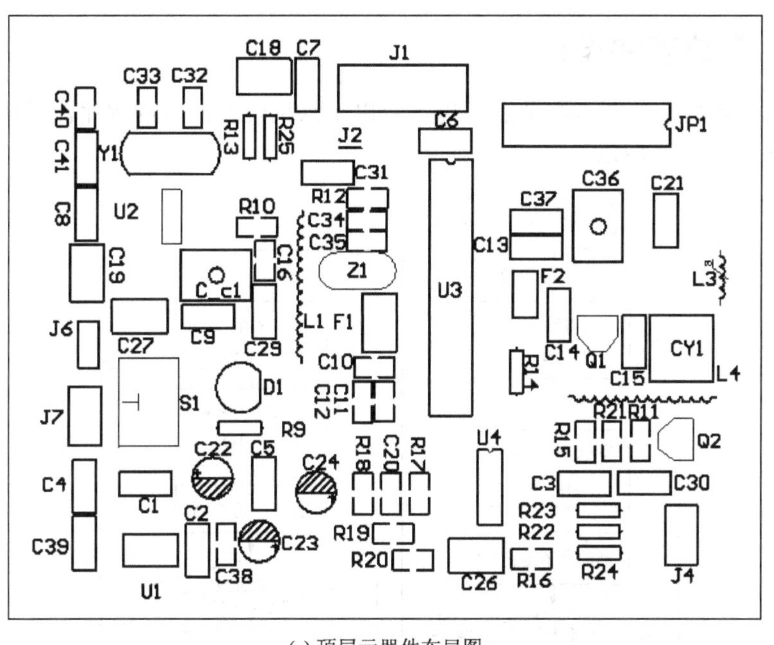

(c) 顶层元器件布局图

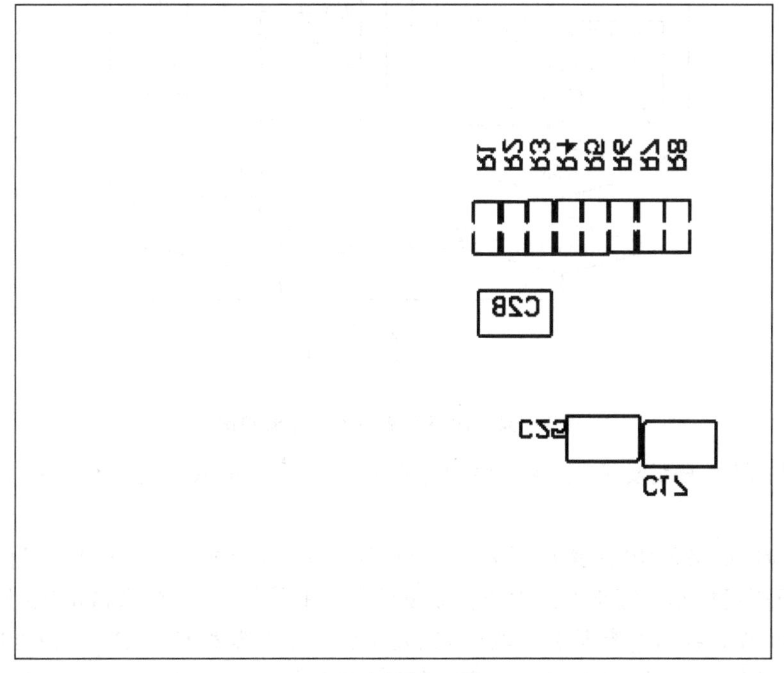

(d) 底层元器件布局图

图8-93　主要电路的PCB图和元器件布局图(续)

8.5.6　系统软件设计

主机遍历节点、主机读取节点环境参数以及从机转发信息的程序流程图,分别如图 8 - 94～图 8 - 96 所示。

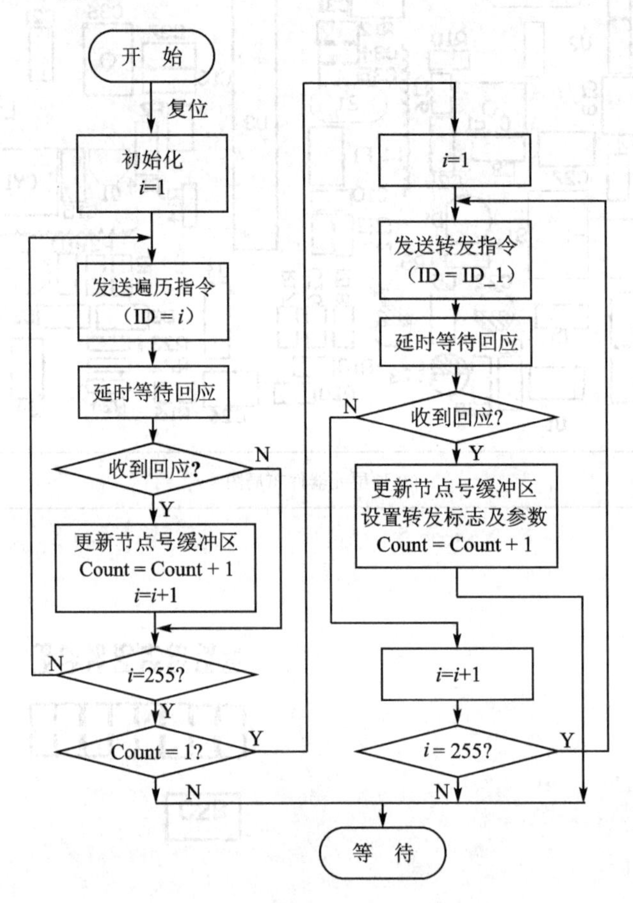

图 8 - 94　遍历探测节点程序流程图

说明: 根据赛题要求"监测终端和探测节点不得使用除规定天线外的其他耦合方式"。

测试时,如果采用"短路环形天线(L3)"的方法,将会缩短发射距离,但仍有几十 cm。其原因可能是:短路 L3,改变了原设计电路的结构形态,将杂散电感(如短路用的导线、PCB 导线和电容器引线电感)以及 L4 等与电容器 C42、C21 和 C36 组成了一个并联谐振电路,如图 8 - 97 所示。由于 Q2 工作在开关状态,如果并联谐振电路的各参数组合正巧合适,则电路仍能保持一定的发射距离(几十 cm)。同时被短路的 L3 也可作为一个发射天线存在。

经实验,如果拆除 L3,电路将只有几 cm 的发射距离。

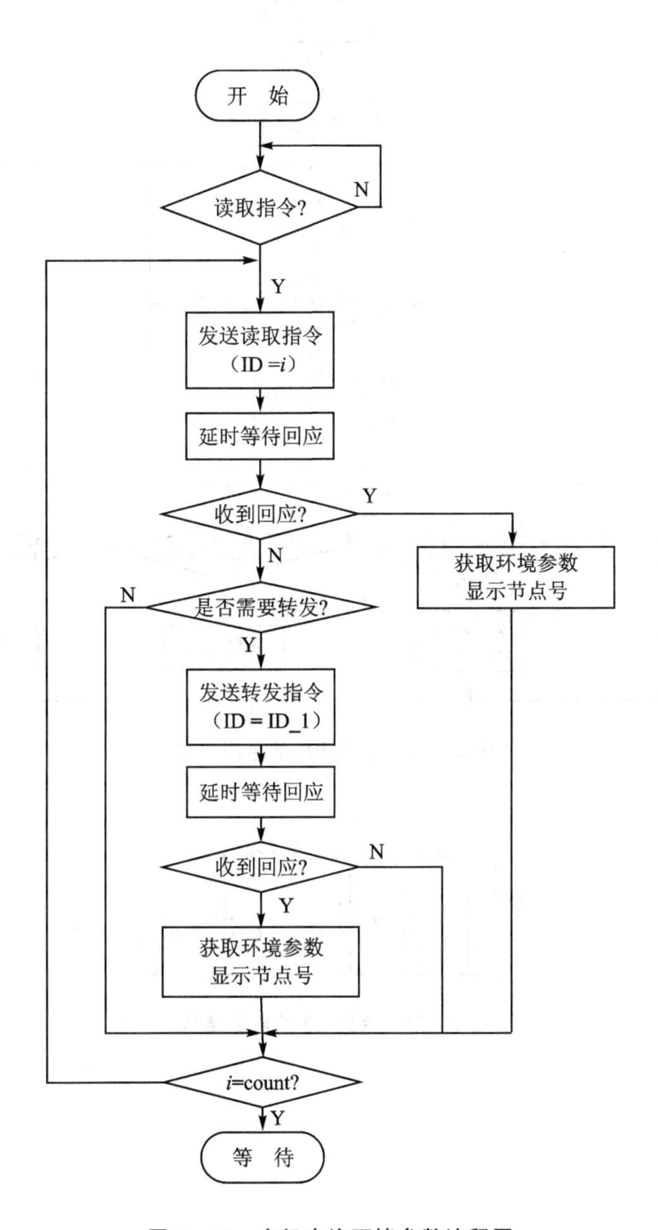

图 8－95　主机查询环境参数流程图

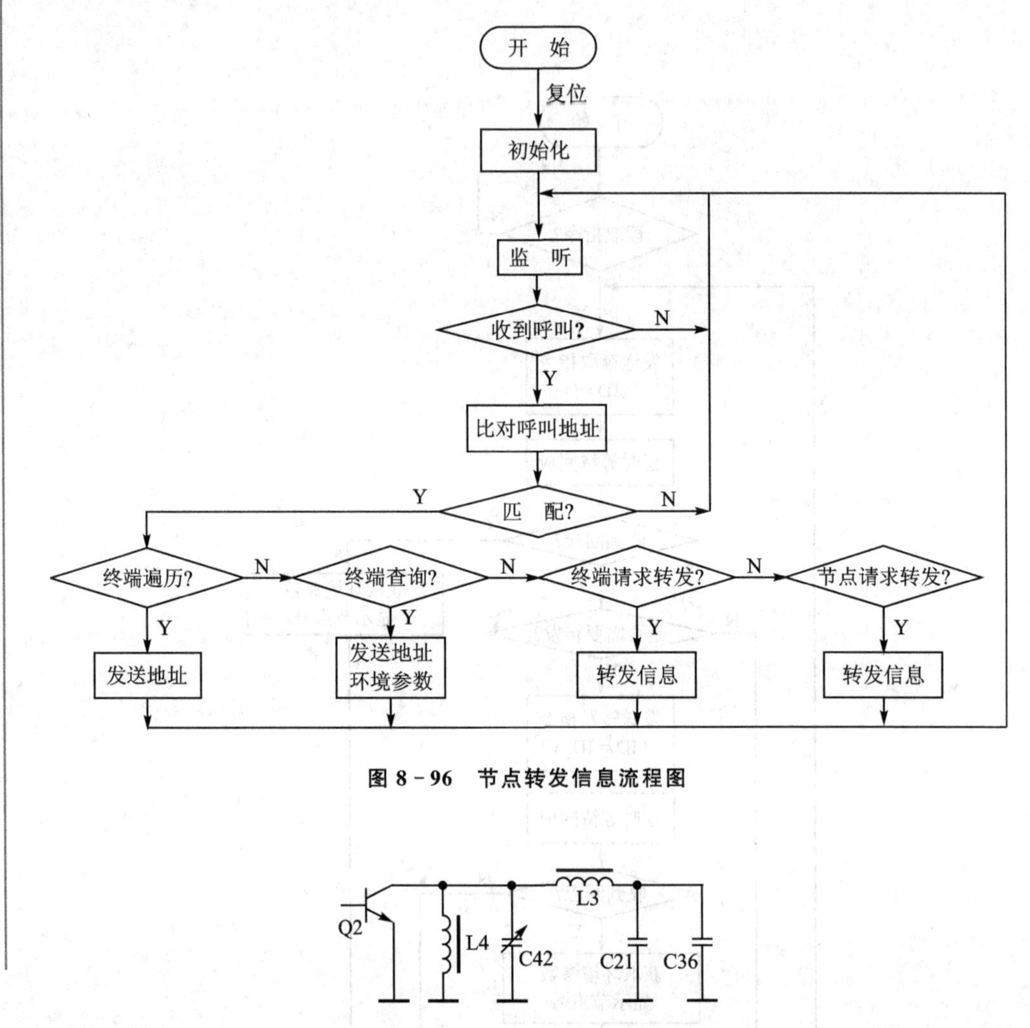

图 8－96　节点转发信息流程图

图 8－97　短路 L3 的电路结构

第9章

系统的接地、供电和去耦

9.1 接 地

9.1.1 地线的定义

接地属于线路设计的范畴，是电子、电气设备或系统正常工作时必须采取的重要技术。它不仅是保护设施和人身安全的必要手段，还是抑制电磁干扰，保障设备或系统电磁兼容性，提高设备或系统可靠性的重要技术措施，对产品 EMC 有着至关重要的意义。

在教科书上所谓的“地”(Ground)，一般定义为电路或系统的零电位参考点。直流电压的零电位点或者零电位面，不一定是实际的大地，可以是设备的外壳或其他金属板或金属线。

接地(Grounding)一般是指将电路、设备或系统连接到一个作为参考电位点或参考电位面的良好的导体上，为电路或系统与“地”之间建立一个低阻抗通道。一个比较通用的定义是：接地(或者“地”)是电流返回其源的低阻抗通道。这里“源”的含义包含有 AC 电源、DC 电源、信号源和干扰源等。

地线是作为电路或系统电位基准点的等电位体，是电路或系统中各电路的公共导体，任何电路或系统的电流都需要经过地线形成回路。然而，任何导体都存在着一定的阻抗(其中包括电阻和电抗)，记住这一点很重要。地线有电流流过，根据欧姆定律，地线上就会有电压存在。既然地线上有电压，说明地线不是一个等电位体。在设计电路或系统时，关于地线上各点的电位一定相等的假设就可能不成立。实际的情况是，地线上各点之间的电位并不是相等的。如果用仪表测量一下，会发现地线上各点的电位可能相差很大。地线的公共阻抗使各接地点间形成一定的电压，从而产生接地干扰。

接地无疑是电子系统设计中最为棘手的问题之一。尽管它的概念相对比较简单，但实施起来却很复杂。它没有一个简明扼要可用详细步骤描述的方法来保证取得良好的效果，但如果在某些细节上处理不当，则可能会导致令人头痛的问题。

目前的信号处理系统一般都需要混合信号器件，例如模/数转换器(ADC)、数/

模转换器(DAC)和快速数字信号处理器(DSP)。由于需要处理宽动态范围的模拟信号,因此必须使用高性能的ADC和DAC。在恶劣的数字环境内,能否保持宽动态范围和低噪声与采用良好的高速电路设计技术密切相关,包括适当的信号布线、去耦和接地。

在接地设计中,需要研究适用于模拟/数字混合信号环境的接地技术。事实上,高质量接地这个问题可以、也必然会影响到混合信号PCB设计的整个布局原则。设计时,电路或系统的接地设计与其功能设计同等重要,合理的接地设计是最经济有效的电磁兼容设计技术。90%的电磁兼容问题是由于布线和接地不当造成的,良好的布线和接地既能够提高抗扰度,又能够减小干扰发射。设计良好的地线系统并不会增加成本,可以在花费较少的情况下解决许多电磁干扰问题。在设计的一开始就考虑布局与地线是解决EMI问题最廉价和有效的方法。

应注意的是:如何解决接地问题,显然没有一本快捷的使用手册,没有可以保证接地成功的通用技术,没有任何一种接地方案适用于所有应用。例如,在某一个频率范围内行之有效的方法,在另一个频率范围内可能行不通。另外还有一些要求是相互冲突的。处理接地问题的关键在于理解电流的流动方式。

9.1.2 接地的分类

在电路及其设备中,接地按其作用可分类为安全接地(Safety Grounds)和信号接地(Signal Grounds)。其中安全接地就是采用低阻抗的导体将用电设备的外壳连接到大地上,使操作人员不致因设备外壳漏电或静电放电而发生触电危险。信号接地是为设备、系统内部各种电路的信号电压提供一个零电位的公共参考点或面。

1. 安全接地

安全接地包含设备安全接地、接零保护接地和防雷接地。

(1) 设备安全接地

设备安全接地是指为防止接触电压及跨步电压危害人身和设备安全而设置的设备外壳的接地。设备安全接地是将设备中平时不带电的金属部分(机柜外壳、操作台外壳等)与地之间形成良好的导电连接,与大地连接成等电位,以保护设备和人身安全。设备安全接地也称为保护接地,即除了零线以外,另外配备一根保护接地线,它与电子电气设备的金属外壳、底盘、机座等金属部件相连。

(2) 接零保护接地

用电设备通常采用220 V或者380 V电源提供电力。设备的金属外壳除了正常接地之外,还应与电网零线相连接,称之为接零保护接地。

(3) 防雷接地

防雷接地是将建筑物等设施和用电设备的外壳与大地连接,将雷电电流引入大地,是在雷雨季节为防止雷电过电压的保护接地。防雷接地有信号(弱电)防雷地和电源(强电)防雷地之分,在工程实践中信号防雷地常附在信号独立地上,与电源防雷地分开设置。防雷接地是一项专门技术,详细内容请查阅其他相关技术文献。

2. 信号接地

信号接地是为电子设备、系统内部各种电路的信号电压提供一个零电位的公共参考点或面,即在电子设备内部提供一个作为电位基准的导体(接地面),以保证设备工作稳定,抑制电磁干扰。

信号接地的连接对象是种类繁多的电路,因此信号接地的方式也是多种多样的。在一个复杂的电子系统中,既有高频信号,又有低频信号;既有强电电路,又有弱电电路;既有模拟电路,又有数字电路;既有频繁开关动作的设备,又有敏感度极高的弱信号装置。为了满足复杂电子系统的电磁兼容性要求,必须采用分门别类的方法将不同类型的信号电路分成若干类别,以同类电路构成接地系统。

(1) 按电路信号特性分类

按电路信号特性,信号接地可以分为敏感信号和小信号电路的接地、非敏感信号或者大信号电路的接地、产生强电磁干扰的器件及设备的接地,以及金属构件的接地,每种类型的接地可能采用不同的接地方式。

1) 敏感信号和小信号电路的接地

敏感信号和小信号电路的接地包括低电平电路、小信号检测电路、传感器输入电路、前级放大电路、混频器电路等的接地。由于这些电路工作电平低,特别容易受到电磁干扰而出现电路失效或电路性能降级现象。因此,小信号电路的接地导线应避免混杂于其他电路中。

2) 非敏感信号或者大信号电路的接地

非敏感信号或者大信号电路的接地包括高电平电路、末级放大器电路、大功率电路等的接地。这些电路中的工作电流都比较大,使其接地导线中的电流也比较大,容易通过接地导线的耦合作用对小信号电路造成干扰,使其不能正常工作。因此,必须将其接地导线与小信号接地导线分开设置。

3) 产生强电磁干扰的器件及设备的接地

产生强电磁干扰的器件及设备的接地包括电动机、继电器、开关等产生强电磁干扰的器件或者设备的接地。这类器件或者设备在正常工作时,会产生冲击电流、火花等强电磁干扰。这样的干扰频谱丰富,瞬时电平高,往往会使电子电路受到严重的电磁干扰。因此,除了采用屏蔽技术抑制这样的骚扰外,还必须将其接地导线与其他电子电路的接地导线分开设置。

4) 金属构件的接地

金属构件的接地包括机壳、设备底座、系统金属构架等的接地,其作用是保证人身安全和设备工作稳定。

(2) 按电路性质和用途分类

在电路设计时,根据电路性质和用途的不同,也可以将工作地分为直流地、交流地、信号地、模拟地、数字地、电源地、功率地、设备地、系统地等。不同的接地应分别设置,不要在一个电路里将它们混合设在一起,如数字地和模拟地就不能共用一根地线,否则两种电路将产生非常强大的干扰,使电路不能正常工作。

1) 模拟地

模拟地是模拟电路零电位的公共基准地线。模拟电路既可承担小信号的放大,又可承担大信号的功率放大;既有低频的放大,又有高频的放大,不适当的接地会引起干扰,影响电路的正常工作。模拟电路既易受到干扰,又可能产生干扰。模拟地是所有接地中要求最高的一种,它是整个电路正常工作的基础之一,合理的接地设计对整个电路的作用不可忽视。

2) 数字地

数字地是数字电路零电位的公共基准地线。数字电路工作在脉冲状态,特别是脉冲的前、后沿较陡或频率较高时,会产生大量的电磁波干扰。如果接地不合理,则会使干扰加剧。所以,合理地选择数字地的接地点和充分考虑接地线的铺设是十分重要的。

3) 电源地

电源地是电源零电位的公共基准地线,通常是电源的负极。由于电源往往同时供电给系统中的各个单元,而各个单元要求的供电性质和参数可能有很大差别,因此既要保证电源稳定可靠地工作,又要保证其他单元稳定可靠地工作。所以,合理地选择电源地的接地点和充分考虑接地线的铺设是十分重要的。

4) 功率地

功率地是负载电路或功率驱动电路零电位的公共基准地线。由于负载电路或功率驱动电路的电流较强、电压较高,如果接地的地线电阻较大,则会产生显著的压降而生成较大的干扰,所以功率地线上的干扰较大。因此,功率地必须与其他弱电地分别设置,以保证整个系统稳定可靠地工作。

5) 屏蔽地

屏蔽地就是屏蔽网络的接地,用来抑制变化的电磁场的干扰。屏蔽(静电屏蔽与交变电场屏蔽)与接地应当配合使用,才能达到屏蔽的效果。

屏蔽地是为防止电磁感应而对视/音频线的屏蔽金属外皮、电子设备的金属外壳、屏蔽罩、建筑物的金属屏蔽网(如用来测量灵敏度、选择性等参数的屏蔽室)进行接地的一种防护措施。在所有接地中,屏蔽地最复杂,因为屏蔽本身既可防外界干扰,又可能通过它对外界构成干扰,而在设备内各元器件之间也须防 EMI,屏蔽不良、接地不当会引起干扰。

① 电路的屏蔽罩接地。各种信号源和放大器等易受电磁辐射干扰的电路应设置屏蔽罩。由于信号电路与屏蔽罩之间存在寄生电容,因此要将信号电路地线末端与屏蔽罩相连,以消除寄生电容的影响,并将屏蔽罩接地,以消除共模干扰。

② 低频电路电缆的屏蔽层接地。低频电路电缆的屏蔽层接地应采用一点接地

的方式，且屏蔽层接地点应当与电路的接地点一致。对于多层屏蔽电缆，每个屏蔽层应在一点接地，各屏蔽层应相互绝缘。这是因为两端接地的屏蔽层为磁感应的地环路电流提供了分流，使得磁场屏蔽性能下降。

③ 高频电路电缆的屏蔽层接地。高频电路电缆的屏蔽层接地应采用多点接地的方式。当电缆长度大于工作信号波长的 0.15 倍时，采用工作信号波长的 0.15 倍的间隔多点接地。如果不能实现，则至少将屏蔽层两端接地。

④ 系统的屏蔽体接地。当整个系统需要抵抗外界 EMI，或需要防止系统对外界产生 EMI 时，应将整个系统屏蔽起来，并将屏蔽体接到系统地上。

6）设备地

一个典型的电子设备的接地如图 9－1 所示。设备外壳接地应注意以下几点：

① 50 Hz 电源零线应接到安全接地螺栓处，对于独立的设备，安全接地螺栓设在设备金属外壳上，并有良好电连接。

② 为防止机壳带电，危及人身安全，不许用电源零线作地线代替机壳地线。

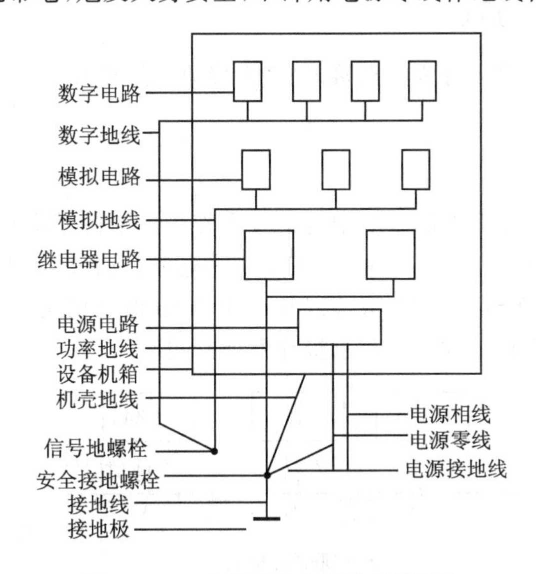

图 9－1　一个典型的电子设备的接地

③ 为防止高电压、大电流和强功率电路（如供电电路、继电器电路）对低电平电路（如高频电路、数字电路、模拟电路等）的干扰，应将它们的接地分开。前者为功率地（强电地），后者为信号地（弱电地），信号地又分为数字地和模拟地，信号地线应与功率地线和机壳地线相绝缘。

④ 对于信号地线可另设一个信号地螺栓（和设备外壳相绝缘），该信号地螺栓与安全接地螺栓有三种连接方法（取决于接地的效果）：一是不连接，成为浮地式；二是直接连接，成为单点接地式；三是通过一只 3 μF 电容器连接，成为直流浮地式、交流接地式。其他的接地最后汇聚在安全接地螺栓上（该点应位于交流电源的进线处），

然后通过接地线接至接地极。

7) 系统地

系统地是为了使系统及与之相连的电子设备均能可靠运行而设置的接地，它为电路系统的各个部分、各个环节提供稳定的基准电位(一般是零点位)，该基准电位可以设为电路系统中的某一点、某一段或某一块等。系统地可以接大地，也可以仅仅是一个公共点。

当该基准电位不与大地连接时，视为相对的零电位。但这种相对的零电位是不稳定的，它会随着外界电磁场的变化而变化，使系统的参数发生变化，从而导致电路系统工作不稳定。

当该基准电位与大地连接时，基准电位视为大地的零电位，而不会随着外界电磁场的变化而变化。但是不正确的系统地反而会增加干扰，如共地线干扰、地环路干扰等。

9.1.3 接地的方式

信号接地的方式可以分为单点接地、多点接地、混合接地和悬浮接地(简称浮地)等方式。

1. 单点接地

单点接地就是把整个电路系统中的某一点作为接地的基准点，所有电路及设备的地线都必须连接到这一接地点上，以该点作为电路、设备的零电位参考点(接地平面)。单点接地适用于低频电路，或者线长小于 1/20 波长的情况。如图 9-2 所示，单点接地有串联单点接地和并联单点接地两种方式。

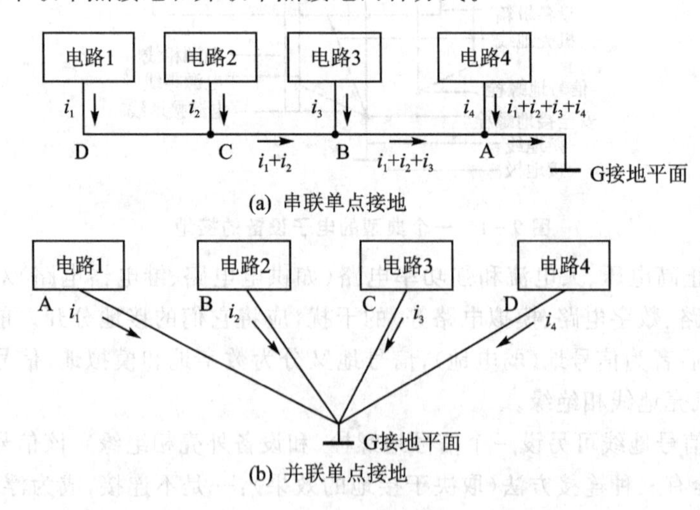

图 9-2 单点接地方式

串联单点接地方式的结构比较简单，如果各个电路的接地引线比较短，则其电阻也会相对小。如果各个电路的接地电平差别不大，则可以采用这种接地方式。

在图9-2(a)所示的串联单点接地方式中，电路1、电路2、电路3和电路4注入地线(接地导线)的电流依次为i_1、i_2、i_3和i_4，流向接地点G。由于地线导体存在着阻抗(地线电阻和电感，阻抗$Z(Z=R_{AD}+j\omega L)$)，通常地线的直流电阻和电感均不为零，特别是在高频情况下，地线的交流阻抗比其直流电阻大。所以在A点至B点之间的一段地线(AB段)上存在着电阻Z_1，B点至C点之间的一段地线(BC段)上存在着电阻Z_2，C点至D点之间的一段地线(CD段)上存在着电阻Z_3，D点至接地点G之间的一段地线(DG段)上存在着电阻Z_4。因此，由于i_1、i_2、i_3和i_4流过各段地线，A、B、C、D点的电位不再是零，各个电路之间将会相互发生干扰，尤其是强信号电路将严重干扰弱信号电路。

如果必须采用串联单点接地方式，应当尽量减小地线的公共阻抗，使其能达到系统的抗干扰容限要求。采用串联单点接地时必须注意，要把具有最低接地电平的电路放置在最靠近接地点G的地方，即把最怕干扰的电路的地接D点，而最不怕干扰的电路的地接A点。

在图9-2(b)所示的并联单点接地方式中，将每个电路单元单独用地线连接到同一个接地点，其优点是各电路的地电位只与本电路的地电流及地线阻抗有关，不受其他电路的影响。在低频时，可有效避免各电路单元之间的地阻抗干扰。

但是，并联单点接地方式存在以下缺点：

① 因各个电路分别采用独立地线接地，需要多根地线，势必会增加地线长度，从而增加了地线的阻抗。使用比较麻烦，结构复杂。

② 这种接地方式会造成各地线相互间的耦合，并且随着频率增加，地线阻抗、地线间的电感及电容耦合都会增大。

③ 这种接地方式不适用于高频。如果系统的工作频率很高，以致工作波长$\lambda=c/f$缩小到可与系统的接地平面的尺寸或接地引线的长度比拟时，就不能再用这种接地方式了。因为，当地线的长度接近于$\lambda/4$时，它就像一根终端短路的传输线。由分布参数理论可知，终端短路$\lambda/4$线的输入阻抗为无穷大，即相当于开路，此时地线不仅起不到接地作用，而且将有很强的天线效应向外辐射干扰信号。所以，一般要求地线长度不应超过信号波长的$\lambda/20$。显然，这种接地方式只适用于工作频率在1 MHz以下的低频电路。

由于串联单点接地容易产生公共阻抗耦合的问题，而并联单点接地往往由于地线过多，实现困难。因此，在实际电路设计时，通常灵活采用这两种单点接地方式。一种改进的单点接地系统如图9-3所示，设计时将电路按照信号特性分组，相互不会产生干扰的电路放在一组，一组内的电路采用串联单点接地，不同组的电路采用并联单点接地。这样，既解决了公共阻抗耦合的问题，又避免了地线过多的问题。当电路板上有分开的模拟地和数字地时，应将二极管(VD1和VD2)背靠背互连，以防止电路板上的静电积累。

如果采用单点接地方式，其地线长度不得超过 0.05λ，否则应采用多点接地方式。

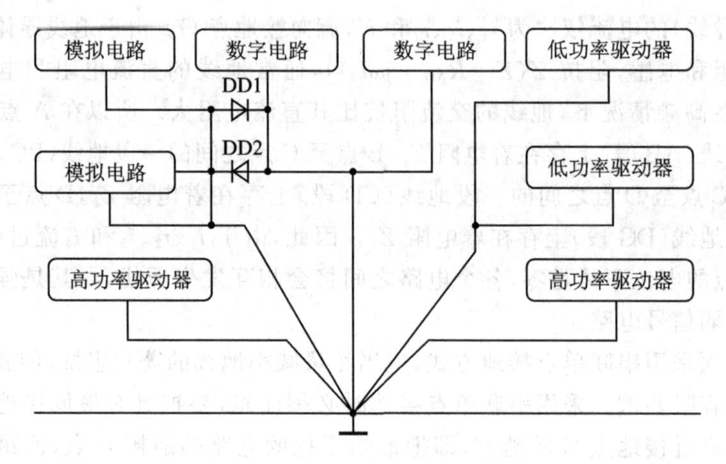

图 9-3 改进的单点接地系统

2. 多点接地

多点接地是指某一个系统中每个需要接地的电路、设备都直接接到距它最近的接地平面上，以使接地线的长度最短，使接地线的阻抗减到最小。接地平面，可以是设备的底板，也可以是贯通整个系统的地导线，在比较大的系统中，还可以是设备的结构框架等。多点接地示意图如图 9-4 所示。

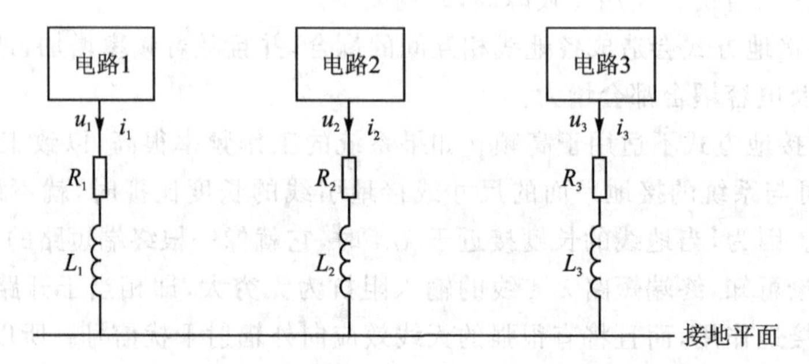

图 9-4 多点接地方式

在图 9-4 中，各电路的地线分别连接至距它最近的接地平面上（低阻抗公共地）。设每个电路的地线电阻及电感分别为 R_1、R_2、R_3 和 L_1、L_2、L_3，每个电路的地线电流分别为 i_1、i_2 和 i_3，则各电路对地的电位为

$$u_1 = i_1(R_1 + j\omega L_1) \quad (9-1)$$

$$u_2 = i_2(R_2 + j\omega L_2) \quad (9-2)$$

$$u_3 = i_3(R_3 + j\omega L_3) \quad (9-3)$$

因为接地引线的感抗与频率和长度成正比，工作频率高时将增加共地阻抗，从而

增大共地阻抗产生的 EMI。为了降低电路的地电位，每个电路的地线应尽可能缩短，以降低地线阻抗。但在高频时，由于趋肤效应，高频电流只流经导体表面，即使加大导体厚度也不能降低阻抗。在导体截面积相同的情况下，为了减小地线阻抗，常用矩形截面导体制成接地导体带。

多点接地方式的地线较短，适用于高频情况，但存在地环路，容易对设备内的敏感电路产生地环路干扰。

一般来说，频率在 1 MHz 以下可采用单点接地方式，频率高于 10 MHz 应采用多点接地方式，频率在 1～10 MHz，可以采用混合接地方式。

3. 混合接地

混合接地是单点接地方式和多点接地方式的组合，一般是在单点接地的基础上再利用一些电感或电容实现多点接地。混合接地利用电感、电容器件在不同频率下有不同阻抗的特性，使接地系统在低频和高频时呈现不同的特性，适用于工作在低频和高频混合频率下的电路系统。

采用电容实现的混合接地方式如图 9－5 所示。如图 9－5(a)所示，在低频时，电容的阻抗较大，故电路为单点接地方式，低频接地采用单点方式。在高频时，电容阻抗较低，故电路成为两点接地方式，高频接地通过电容实现。在图 9－5(b)中，对于直流，电容是开路的，电路是单点接地方式；对于高频，电容是导通的，电路是多点接地方式。采用电容实现的混合接地方式结构比较简单，安装较容易。应用中，将那些只需高频接地的点，利用旁路电容和接地平面连接起来，但应尽量防止旁路电容和引线电感产生的谐振现象。

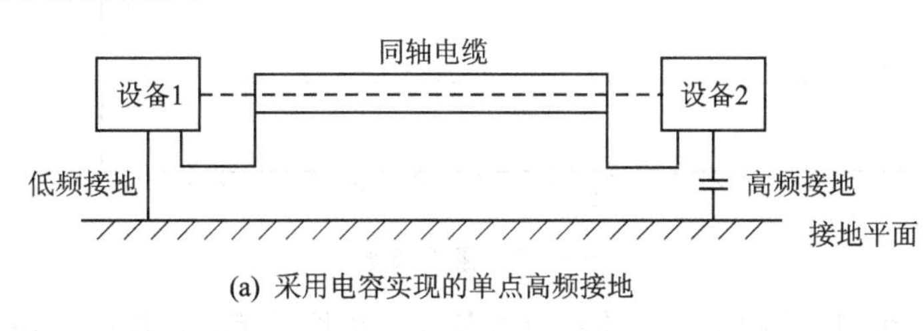

(a) 采用电容实现的单点高频接地

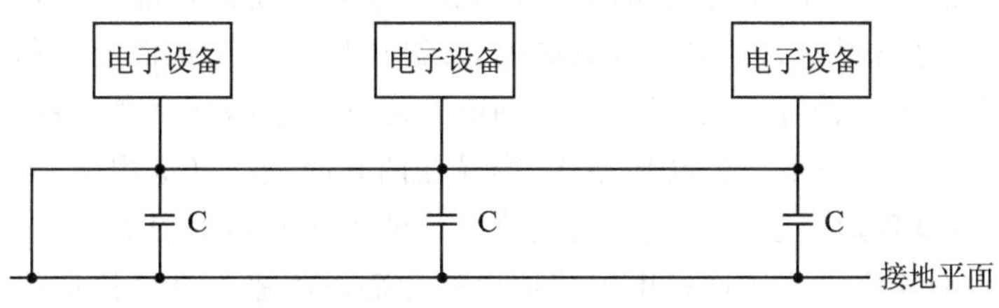

(b) 采用电容实现的多点高频接地

图 9－5　采用电容实现的混合接地

高频电路的混合接地如图 9－6 所示。在图 9－6(a)所示的电路中，利用一个电感（约 1 mH）来泄放静电，同时将高频电路与机壳地隔离。在图 9－6(b)中，电容器沿着电缆每 0.1λ 的长度安放,可防止高频驻波并避免低频接地环路。在采用图 9-6 中的这两种方式时,必须避免接地系统中分布电容和电感引起的谐振现象。

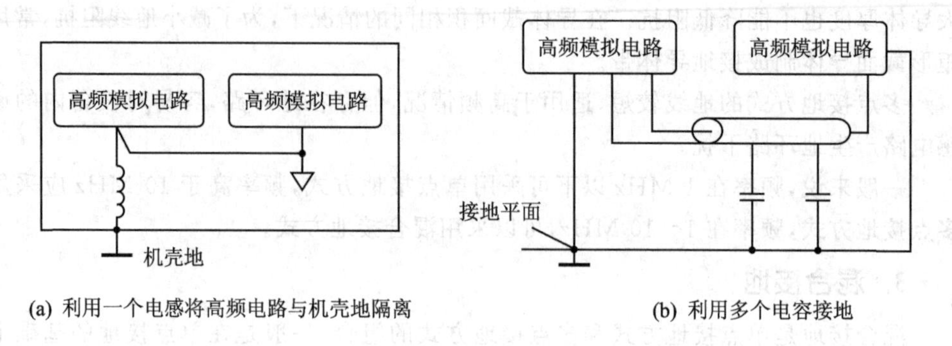

(a) 利用一个电感将高频电路与机壳地隔离　　(b) 利用多个电容接地

图 9-6　高频模拟电路的混合接地

4. 悬浮接地

悬浮接地如图 9-7 所示,它是将电路、设备的信号接地系统与安全接地系统、结构地及其他导电物体隔离。图中三个电路通过低阻抗接地导线连接到信号地,信号地与建筑物结构地及其他导电物体隔离。悬浮接地使电路的某一部分与大地线完全隔离,从而抑制来自接地线的干扰。由于没有电气上的联系,因而也就不可能形成地环路电流而产生地阻抗的耦合干扰。

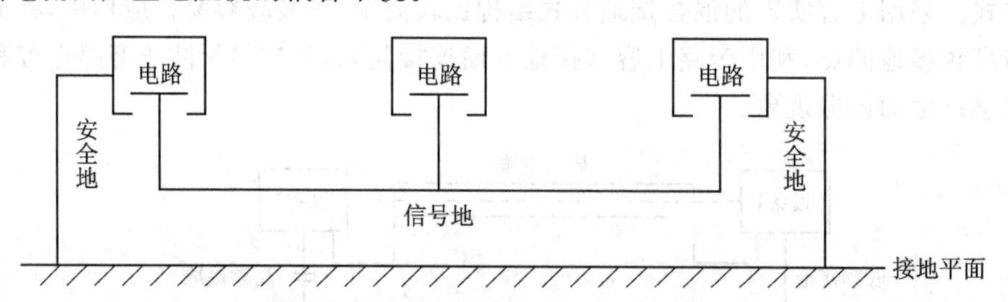

图 9-7　悬浮接地

采用悬浮接地的目的是将电路或设备与公共接地系统或可能引起环流的公共导线隔离开来,使电路不受大地电性能的影响,提高电路的抗干扰性能。利用变压器隔离和光电隔离技术,悬浮接地还可以使不同电位之间的电路配合变得容易。

悬浮接地由于设备不与公共地相连,容易在两者间造成静电积累,当电荷积累到一定程度后,在设备地与公共地之间的电位差可能引起剧烈的静电放电,产生干扰放电电流。通常推荐将该系统通过电阻接地以避免静电积累。悬浮接地的电路也易受寄生电容的影响,从而使该电路的地电位变动,增加对模拟电路的感应干扰。悬浮接地的效果与悬浮接地寄生电容的大小和信号的频率有关。

9.1.4　接地系统的设计原则

接地系统设计是一个十分复杂的系统工程，它目前没有一个系统的理论或模型，在考虑接地时只能依靠过去的设计经验或从书本上看到的经验介绍。面对一个电路系统，很难提出一个绝对正确的接地方案，在其他场合使用很好的方案在这里不一定好，设计中多少都会遗留一些问题。在对接地系统进行设计时，很大程度上依赖于设计人员对"接地"这个概念的理解程度和设计经验。

1. 理想的接地要求

理想的接地要求如下：

① 理想的接地应使流经地线的各个电路、设备的电流互不影响，即不使其形成地电流环路，避免使电路、设备受磁场和地电位差的影响。

② 理想的接地导体(导线或导电平面)应是零阻抗的实体，流过接地导体的任何电流都不应该产生电压降，即各接地点之间没有电位差，或者说各接地点间的电压与电路中任何功能部分的电位比较均可忽略不计。

③ 接地面应是零电位，它是作为系统中各电路任何位置所有电信号的公共电位参考点。

④ 良好的接地面与布线间将有大的分布电容，而接地面本身的引线电感将很小。理论上，它必须能吸收所有信号，使设备稳定地工作。接地面应采用低阻抗材料制成，并且有足够的长度、宽度和厚度，以保证在所有频率上它的两边之间均呈现低阻抗。用于安装固定式设备的接地面，应由整块铜板或者铜网组成。

2. 接地系统设计的一般规则

接地系统设计的一般规则如下：

① 要降低地电位差，必须限制接地系统的尺寸。电路尺寸小于 0.05λ 时可用单点接地，大于 0.15λ 时可用多点接地。对工作频率很宽的系统要用混合接地。对于敏感系统，接地点之间的最大距离应当不大于 0.05λ(λ 是该电路系统中最高频率信号的波长)。

低频电路可以采用串联和并联的单点接地。并联单点接地最为简单而实用，它没有公共阻抗耦合和低频地环路的问题，每个电路模块都接到一个单点地上，每个子单元在同一点与参考点相连，地线上其他部分的电流不会耦合进电路。这种接地方式在 1 MHz 以下的工作频率下能工作得很好。但是，随着频率的升高，接地阻抗随之增大，电路上会产生较大的共模电压。

对于工作频率较高的电路和数字电路，由于各元器件的引线和电路布局本身的电感都将增加接地线的阻抗，为了降低接地线阻抗、减小地线间的杂散电感和分布电容造成的电路间的相互耦合，通常采用就近多点接地，把各电路的系统地线就近接至低阻抗地线上。一般来说，当电路的工作频率高于 10 MHz 时，应采用多点接地的方式。由于高频电路的接地关键是尽量减小接地线的杂散电感和分布电容,所以在接地的实施方法上与低频电路有很大的区别。

整机系统通常采用混合接地。系统内的低频部分需要采用单点接地,而高频部分则要采用多点接地。通常把系统内部的地线分为电源地线、信号地线、屏蔽地线三大类。所有的电源地线都接到电源总地线上,所有的信号地线都接到信号总地线上,所有的屏蔽地线都接到屏蔽总地线上,三根总地线最后汇总到公共的参考地(接地面)。

② 使用平衡差分电路,以尽量减少接地电路干扰的影响。低电平电路的接地线在必须交叉的地方要使导线互相垂直。可以采用浮地隔离(如变压器、光电)技术解决所出现的地线环路问题。

③ 对于那些将出现较大电流突变的电路,要有单独的接地系统,或者有单独的接地回线,以减少对其他电路的瞬态耦合。

④ 需要用同轴电缆传输信号时,要通过屏蔽层提供信号回路。低于 100 kHz 的低频电路可在信号源端单点接地,高于 100 kHz 的高频电路则采用多点接地,多点接地时要做到每隔 0.05λ~0.1λ 有一个接地点。端接电缆屏蔽层时,避免使用屏蔽层辫状引出线,屏蔽层接地不能用辫状接地,而应当让屏蔽层包裹芯线,然后再让屏蔽层 360°接地。

⑤ 所有接地线要短。接地线要导电良好,避免高阻性。如果接地线长度接近或等于干扰信号波长的 1/4,则其辐射能力将大大增强,接地线将成为天线。

9.1.5 导体的电阻

1. 导体电阻的计算公式

地线通常采用良好的导体构成,导体的几何形状可以有多种形式,如圆导线、扁平导体条和 PCB 导线等。在导线两端加上电压,导线中流过电流,根据欧姆定律可知电阻 $R=u/i$。

对于一条横截面恒定的导线,其电阻值可以用下述公式近似计算:

$$R = \rho \frac{l}{A} \tag{9-4}$$

式中,R 为电阻值(Ω),ρ 为导线的体电阻率(Ω·cm),l 为导线的长度(cm),A 为横截面积(cm^2)。

例如,一条长为 0.2 cm(即 80 mil,1 mil$=2.54\times10^{-3}$ cm),直径为 0.002 5 cm(即 1 mil),体电阻率为 2.5 μΩ·cm 的金键合线,其电阻为 0.1 Ω。

注意:体电阻率是材料的固有特性,是对材料阻止电流流动的内在阻力的度量。它与材料大小无关,边长为 1 mil 的铜与边长为 1 in(1 in=2.54 cm)的铜有相同的体电阻率。体电阻率的单位是欧姆乘以长度单位,例如 Ω·in(欧姆·英寸)或 Ω·cm(欧姆·厘米)。常用互连线材料的体电阻率如表 9-1 所列。

表 9-1　常用互连线材料的体电阻率

材　料	体电阻率/(μΩ·cm)	材　料	体电阻率/(μΩ·cm)
银	1.47	银填充玻璃	≈10
铜	1.58	锡	10.1
金	2.01	易溶铅/锡焊料	15
铝	2.61	铅	19.3
钼	5.3	科瓦铁镍钴合金	49
钨	5.3	合金-42	57
镍	6.2	银填充环氧树脂	≈300

由于工艺条件的不同。如是否经过电镀、非电方式淀积、喷涂、包金、挤压或者退火等处理),大多数互连线材料体电阻率的变化范围高达 10%,例如铜的体电阻率为 1.5～1.8 μΩ·cm。

2. 单位长度电阻

对于横截面均匀的导线,例如 IC 引线或 PCB 电路板上的线条,导线电阻与长度成正比,其单位长度的电阻为

$$R_L = \frac{R}{l} = \frac{\rho}{A} \tag{9-5}$$

式中,R_L为单位长度电阻,R 为线条电阻,l 为互连线长度,ρ 为体电阻率,A 为导线的横截面积。

例如,一个直径为 1 mil、横截面均匀的金键合线,其横截面积 $A=\pi/4\times1\ \text{mil}^2=0.8\times10^{-6}\ \text{in}^2$,金的体电阻率约等于 1 μΩ·in,可以求得其单位长度电阻为 0.8～1.2 Ω/in。

注意:金键合线的单位长度电阻大约是 1 Ω/in。常见长度为 0.1 in 的金键合线,其典型的阻值大约是 1 Ω/in×0.1 in=0.1 Ω;0.05 in 长的金键合线,其阻值就是 1 Ω/ in×0.05 in=0.05 Ω 或者 50 mΩ。

如果知道导体层的方块电阻(方块电阻 $R_{sq}=\rho/t$),就可以计算出单位长度电阻和该导体层中所有导线的电阻。

导线线条通常用宽度 w 和长度 l 来定义,所以导线的单位长度电阻也可以用下式计算:

$$R_L = \frac{R}{d} = R_{sq}\times\frac{1}{w} \tag{9-6}$$

式中,R_L为单位长度电阻,R 为线条电阻,R_{sq}为方块电阻,w 为线条宽度,l 为线条长度。

3. PCB 的导线电阻

如图 9-8 所示,对于不同线宽,1 oz(盎司,1 oz=28.349 5 g)和 0.5 oz 铜导线的

单位长度电阻不同,线越宽,单位长度电阻就越低。一个 5 mil 宽的线条,0.5 oz 铜导线的单位长度电阻是 0.2 Ω/in,一个 10 mil 宽的线条,0.5 oz 铜导线的单位长度电阻是 0.1 Ω/in。

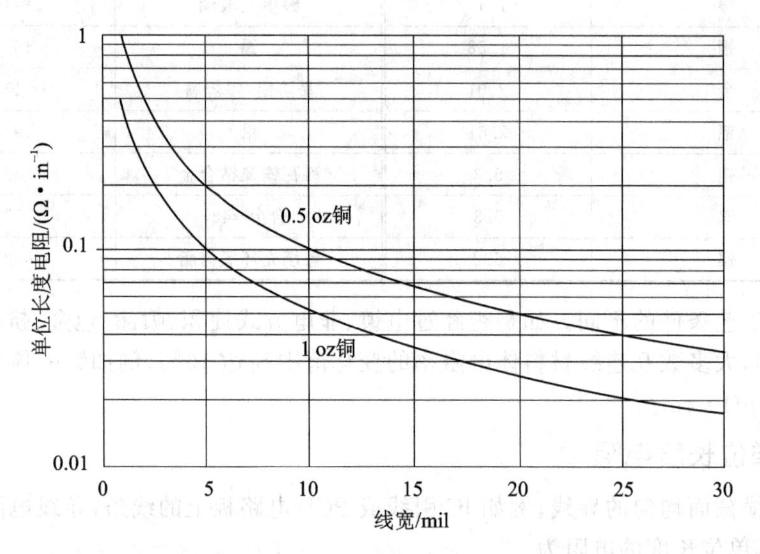

图 9-8 不同宽度 1 oz 和 0.5 oz 铜导线的单位长度电阻

在常见的铜导体的 PCB 中,铜的厚度用每平方英尺(ft^2,1 ft = 30.48 cm)的铜的质量加以描述。所谓的 1 盎司铜就表示电路板上每平方英尺的铜的质量为 1 盎司,1 盎司铜对应的厚度约为 1.4 mil 或 35 μm。0.5 oz 铜对应的厚度是 0.7 mil 或 17.5 μm。

例如,图 9-9 所示的 PCB 导线,对于 1 oz 铜有:当 $Y=0.0038$ cm 时,$\rho=1.724\times10^{-6}$ Ω·cm,$R=0.45\ Z/X$ mΩ。1 个正方形电阻($Z=X$),$R=0.45$ mΩ/square。

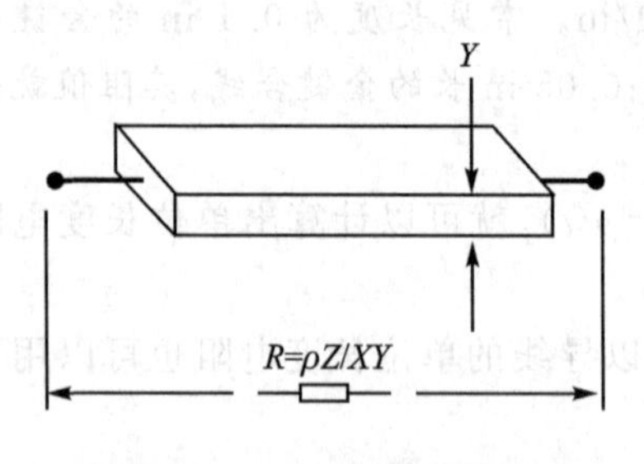

图 9-9 PCB 的导线电阻

如图 9-10 所示,一条 1 in(7 mil)、1/2 oz 的铜导线,流过 10 μA 的电流产生的压降为 1.3 μV。**注意:**一个 24 位的 ADC,1 个最低有效位为 298 nV。

注意:所计算的这些阻值都是指在直流时或者低频情况时的电阻。随着信号频率的升高,由于趋肤效应的影响,高频信号分量在贴近导线表面的很薄的层上传播,虽然铜的体电阻率不变,但导线上的电流分布却发生了变化,这使得导线的有效横截面积减小了,导线的阻值也将随着频率的升高而加大。例如 1 oz 的铜导线,在信号频率超过 20 MHz 后,电阻值大致随着频率的平方根增加。

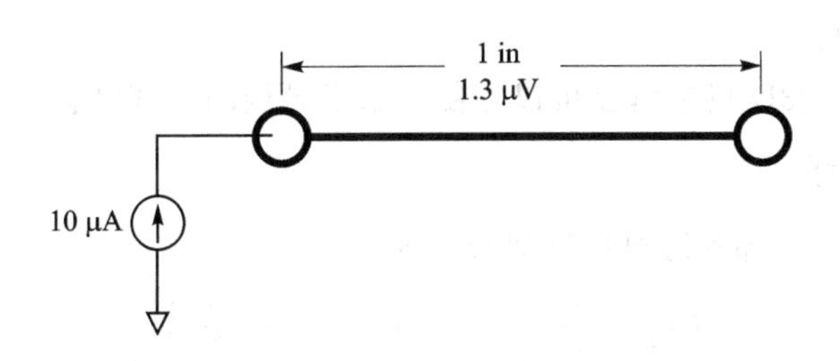

图 9-10　1 in PCB 导线产生的电压降

9.1.6　导体的电感

1. 导体电感的计算公式

任何导体都有电感。对于一个圆截面的导体为

$$L = 0.2l\,[\ln(4.5/d) - 1] \qquad (\mu\text{H}) \tag{9-7}$$

式中，l 为导体长度(m)，d 为导体直径(m)。电感与导线的长度成正比。

对于一个扁平导体条的电感可以表示为

$$L_{\text{ext}} = \frac{\mu_0 l}{2\pi}\left(\ln\frac{2l}{w+t} + 0.5 + 0.2235\,\frac{w+t}{l}\right) \qquad (\mu\text{H}) \tag{9-8}$$

扁平导体条的宽度增加，电感减少；厚度增加，电感也减少。但是，宽度增加比厚度增加产生的电感减少量要大得多。

2. 局部自感

在计算磁力线的时候，假设这段导线所属的电流回路的剩余部分中不存在电流。仅考虑了电流回路的一部分，且假设回路的其他部分不存在电流，可以把这种电感称为局部电感。局部电感可以分为局部自感和局部互感。**注意**：实际的电流只在完整的回路中流动。

一个用于近似求解局部自感的圆杆几何结构如图 9-11 所示，可以使用简单的近似式计算其局部自感：

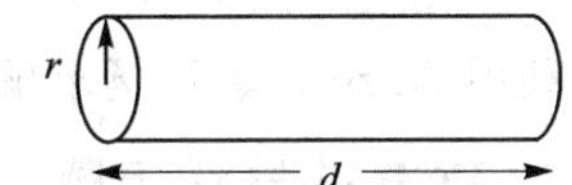

图 9-11　用于近似求解局部自感的圆杆几何结构

$$L = 5d\left[\ln\left(\frac{2d}{r}\right) - \frac{3}{4}\right] \tag{9-9}$$

式中，L 为导线的局部自感，单位为 nH；r 为导线的半径，单位为 in；d 为导线的长度，单位为 in。

例如，一个直径为 10 mil，线长为 1 in 的导线，可以计算其局部自感为 26 nH。

有一个可以用来粗略估计导线局部自感的经验法则，导线的局部自感大约是 25 nH/in或 1 nH/mm。在工程中，可以运用这个经验法则，估算许多互连线的局部自感。例如，从电容到过孔约 50 mil 长的表面布线，其局部自感约为 25 nH/in×0.05 in=1.2 nH；厚度为 64 mil 电路板上的一个通孔，其局部自感约为 25 nH/in×

0.064 in=1.6 nH。

利用 Ansoft Q3D 场求解器可以方便地求解导线的局部电感。

3. 局部互感

两段导线间的局部互感可以近似表示为

$$M = 5d\left[\ln\left(\frac{2d}{s}\right) - 1 + \frac{s}{d} - \left(\frac{s}{2d}\right)^2\right] \tag{9-10}$$

式中,M 为导线间的局部互感,单位为 nH;d 为两圆杆的长度,单位为 in;s 为两导线的中心距,单位为 in。

当 $s \ll d$ 时,即中心距 s 相对于圆杆长度 d 很小时,式(9-10)可以进一步近似简化为

$$M = 5d\left[\ln\left(\frac{2d}{s}\right) - 1\right] \tag{9-11}$$

式(9-11)忽略了两圆杆之间远距离耦合的一些细节,牺牲了一些精确度来简化计算。

例如,对于 100 mil 长的两条导线,利用式(9-11)可以计算得到其各自的局部自感均为 2.5 nH。如果它们之间的间距为 5 mil,则其局部互感为 1.3 nH。也就是说,如果其中一条导线中有 1 A 的电流,则在另外一条导线周围就会有 1.3 nH×1 A=1.3 nWb 的磁力线,这时局部互感大约是任一导线局部自感的 50%。

一般来说,两导线间的局部互感仅是它们各自局部自感的一小部分,而且一旦两导线距离拉大,互感就会迅速减小。有一个经验法则:当两条导线段间距远大于导线长度时,两段导线间的局部互感小于任一段导线局部自感的 10%,这时互感通常可以忽略不计。例如,两个长 20 mil 的过孔,当它们的中心距大于 20 mil 时,可以认为这两个过孔之间几乎不存在互感。

利用 Ansoft Q3D 场求解器可以方便地求解导线的局部互感。

4. PCB 的导线电感

PCB 导线电感示意图如图 9-12 所示,PCB 导线电感为

$$\text{PCB 导线电感} = 0.000\,2L\left[\ln\left(\frac{2L}{W+H}\right) + 0.223\,5\left(\frac{W+H}{L}\right) + 0.5\right]\mu\text{H} \tag{9-12}$$

例如,一条 L=10 cm,W=0.25 mm,H=0.038 mm 的 PCB 导线有 141 nH 的电感。

对于有接地平面的 PCB 导线,如图 9-13 所示,在印制电路板的表面上有一根布线宽度为 W(m),长度为 l(m)的信号线。这根信号线的单位长度的等效电感 L(H)可以用下式求得

$$L_{\text{eff}} = \frac{\mu_0}{2\pi}\left(\ln\frac{5.98h}{0.8W+t} + \frac{l}{4}\right) \tag{9-13}$$

式中,μ_0 为真空中的导磁率($4\pi\times10^{-7}$ H/m),h 为布线和接地面之间的距离(m),W

为布线的宽度(m)，t 为布线的厚度(m)，l 为导线长度。从式(9-13)可以看出，如果使电路板的厚度变薄，即缩小布线和接地面之间的距离，则能够减小电感。

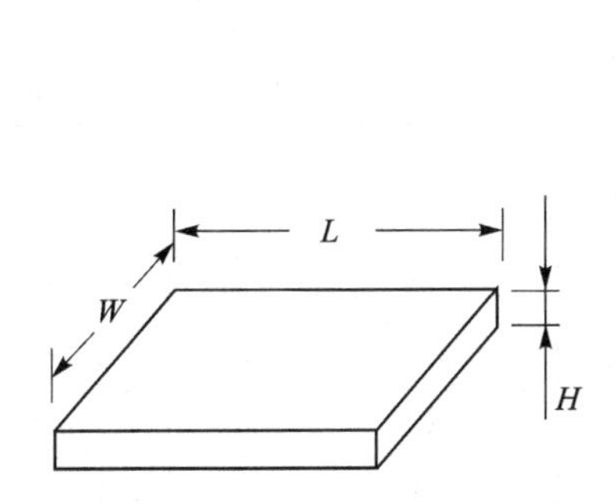

图 9-12　PCB 导线电感示意图

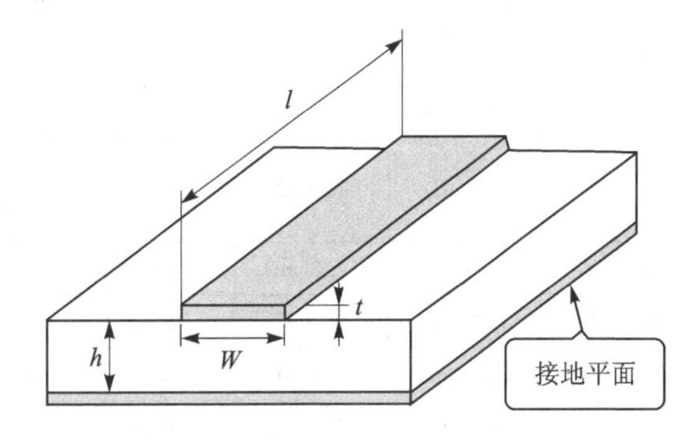

图 9-13　有接地平面的 PCB 导线的等效电感

对于图 9-14 所示有接地平面的 PCB 导线，有

$$L = \mu_0 h \frac{l}{W} \tag{9-14}$$

式中，$\mu_0 = 4\pi \times 10^{-7}$ H/m=0.32 nH/in。

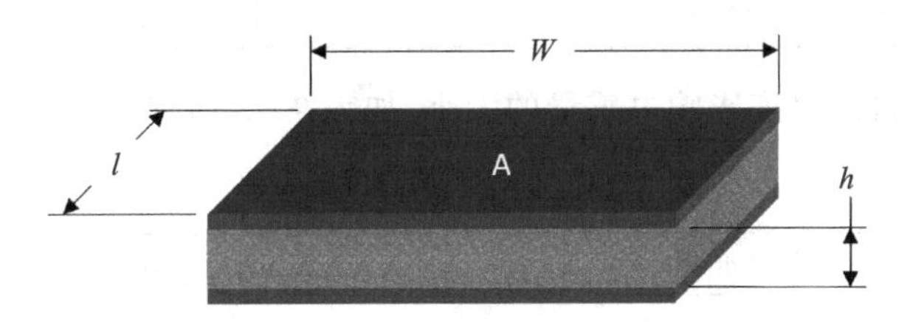

图 9-14　有接地平面的 PCB 导线

对于图 9-15 所示的宽度为 W 的有限平面 PCB 导线的电感近似式为

$$L_{平面}(\text{nH/cm}) \approx 5 \times h/W \tag{9-15}$$

PCB 导线的阻抗随频率变化如表 9-2 所列。

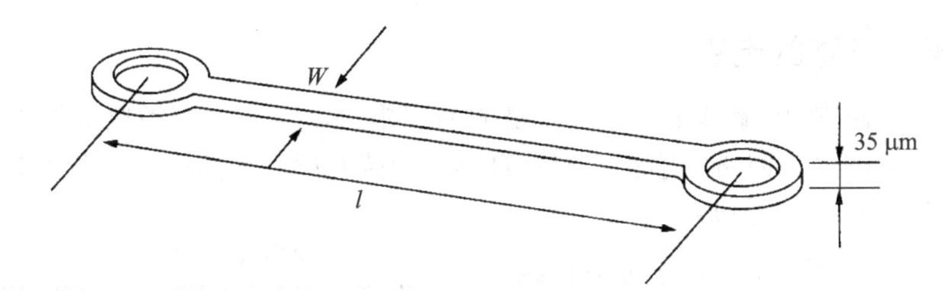

图 9-15　宽度为 W 的有限平面 PCB 导线

表 9-2　PCB 导线的阻抗随频率变化

频　率	阻　抗						
	W=1 mm				W=3 mm		
	l=1 cm	l=3 cm	l=10 cm	l=30 cm	l=3 cm	l=10 cm	l=30 cm
DC, 50 Hz～1 kHz	5.7 mΩ	17 mΩ	57 mΩ	170 mΩ	5.7 mΩ	19 mΩ	57 mΩ
10 kHz	5.75 mΩ	17.3 mΩ	58 mΩ	175 mΩ	5.9 mΩ	20 mΩ	61 mΩ
100 kHz	7.2 mΩ	24 mΩ	92 mΩ	310 mΩ	14 mΩ	62 mΩ	225 mΩ
300 kHz	14.3 mΩ	54 mΩ	225 mΩ	800 mΩ	40 mΩ	175 mΩ	660 mΩ
1 MHz	44 mΩ	173 mΩ	730 mΩ	2.6 mΩ	0.13 mΩ	0.59 mΩ	2.2 mΩ
3 MHz	0.13 Ω	0.52 Ω	2.17 Ω	7.8 Ω	0.39 Ω	1.75 Ω	6.5 Ω
10 MHz	0.44 Ω	1.7 Ω	7.3 Ω	26 Ω	1.3 Ω	5.9 Ω	22 Ω
30 MHz	1.3 Ω	5.2 Ω	21.7 Ω	78 Ω	3.9 Ω	17.5 Ω	65 Ω
100 MHz	4.4 Ω	17 Ω	73 Ω	260 Ω	13 Ω	59 Ω	220 Ω
300 MHz	13 Ω	52 Ω	217 Ω		39 Ω	175 Ω	
1 GHz	44 Ω	170 Ω			130 Ω		

FR4 介质材料的厚度影响电感量的大小,如表 9-3 所列。

表 9-3　FR4 不同厚度的电感

FR4 介质材料厚度/mil	电感(pH/square)
8	260
4	130
2	65

9.1.7　回路电感

1. 导线回路的电感

在实际电路中,电流总是在一个完整的回路中流动。一个完整电流回路的总电感称之为回路电感。回路电感包含回路自感和回路互感。回路电感实际上就是整个电流回路的自感,或者回路自感。

如图 9-16 所示,一个有两条直线支路的导线回路,这种结构是很常见的,如信号路径和信号返回路径、电源路径和地返回路径。其中支路 a 是初始电流(如信号电流路径),而支路 b 是返回电

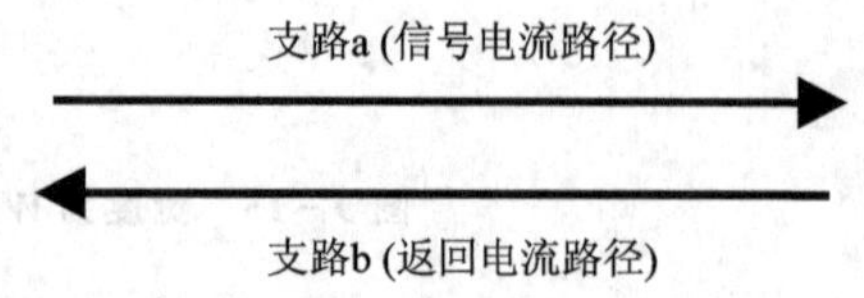

图 9-16　一个有两条直线支路的导线回路

流(如返回电流路径)。当沿着支路a并累计其周围的磁力线匝数时,会发现既有a自身电流产生的磁力线(即支路a的局部自感),又有源自b的磁力线(即a、b间的局部互感)。

沿着支路a所累计到的磁力线总匝数就是支路a的总电感,而沿着支路b所累计到的就是支路b的总电感,将这两部分合起来就是整个回路的回路自感:

$$L_{\text{Loop}} = L_{\text{a}} - L_{\text{ab}} + L_{\text{b}} - L_{\text{ab}} = L_{\text{a}} + L_{\text{b}} - 2L_{\text{ab}} \tag{9-16}$$

式中,L_{Loop}表示双直线回路的回路自感,L_{a}表示支路a的局部自感,L_{b}表示支路b的局部自感,L_{ab}表示支路a和b之间的局部互感。

从式(9-16)可见,两条支路的导线靠得越近,局部互感就越大,而回路电感就越小。在工程中,使返回路径靠近信号路径是减小回路自感的有效方法。

2. 回路面积对电感的影响

有资料说明回路自感取决于"回路的面积"。但在图9-17中所示的两个面积相等、形状不同的电流回路中(图9-17中的(a)与(b)形状不同),它们的局部互感也不一样,所以两个回路的电感也不相同,$L_{\text{ALoop}} > L_{\text{BLoop}}$。一个回路中两个支路的电流方向相反时,两条支路靠得越近,局部互感就越大,回路电感也就越小。

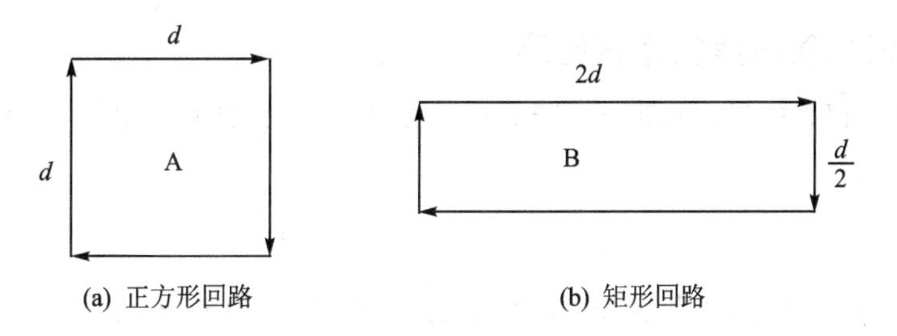

图9-17　两个形状不同但面积相等的电流回路

回路面积对电感有明显的影响,例如图9-18所示的导线具有相同的尺寸,从左到右不同回路面积形状的电感分别为730 nH、530 nH、330 nH和190 nH。

3. 环形线圈的回路电感

对于环形线圈,其回路电感可以近似为

$$L_{\text{Loop}} = 32 \times r \times \ln\left(\frac{4r}{D}\right) \tag{9-17}$$

式中,L_{Loop}为回路电感,单位为nH;r为线圈的半径,单位为in;d为构成线圈的导线的直径,单位为in。

例如,一个10 mil粗的导线,将其弯成一个直径为1 in的圆,其回路电感大约为85 nH。

回路电感大致与半径成正比。如果圆周长增大,回路电感也会增大。例如,一个线圈直径为1 in,其圆周长就等于1 in×3.14,即约为3.14 in,则单位长度的回路电

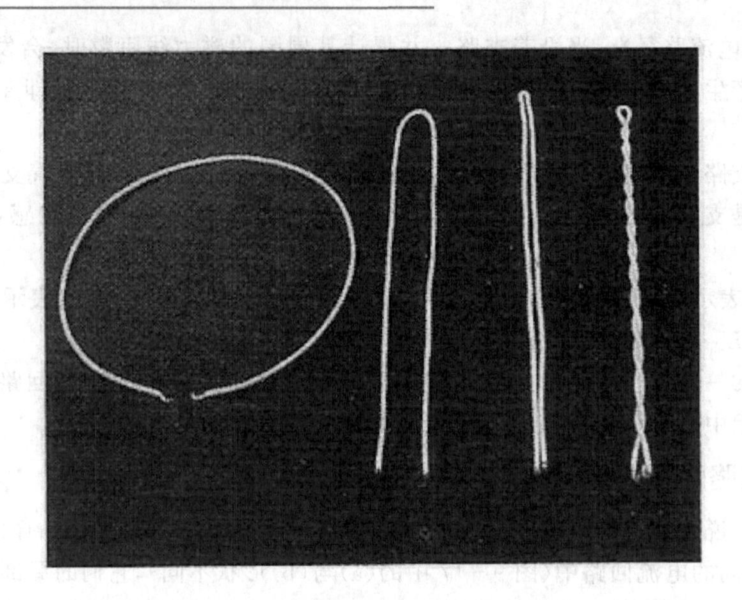

图 9-18 具有相同尺寸不同形状的导线

感就为 85 nH/3.14 in≈27 nH/in。

4. 两根相邻导线的回路电感

对于两根相邻的导线(圆杆),若其中一条为另一条的返回电流路径,则回路电感为

$$L_{\text{Loop}} = 10 \times l \times \ln\left(\frac{s}{r}\right) \tag{9-18}$$

式中,L_{Loop}为回路电感,单位为 nH;l 为圆杆长度,单位为 in;r 为圆杆半径,单位为 mil;s 为两圆杆的中心距,单位为 mil。

式(9-18)表明,两根平行导线的回路电感直接与导线的长度成正比,与中心距的自然对数成正比。对于长且直的并行圆杆的回路电感直接与圆杆长度成正比。

例如,两根直径为 1 mil 的键合线,其长度为 100 mil,中心距为 5 mil,则这两根导线的回路电感为 2.3 nH。

例如,一个半径为 10 mil,中心距为 50 mil 的扁平电缆导线,则电流大小相等而方向相反的两根相邻导线的回路电感约为 16 nH/in。

9.1.8 导体的阻抗

导体的阻抗 Z 由电阻部分和感抗部分这两部分组成,即

$$Z = R_{\text{AC}} + \text{j}\omega L \tag{9-19}$$

导体的阻抗是频率的函数,随着频率升高,阻抗增加很快。例如一个直径为 0.065 m、长度为 10 cm 的导线,在频率为 10 Hz 时,阻抗为 5.29 mΩ,在频率为 100 MHz时,阻抗达到 71.4 Ω。一个直径为 0.04 m、长度为 10 cm 的导线,在频率为

10 Hz 时，阻抗为 13.3 mΩ，在频率为 100 MHz 时，阻抗达到 77 Ω。

当频率较高时，导体的阻抗远大于直流电阻。如果将 10 Hz 时的阻抗近似认为是直流电阻，可以看出当频率达到 100 MHz 时，对于 10 cm 长的导线，它的阻抗是直流电阻的 1 000 多倍。因此对于高速数字电路而言，电路的时钟频率是很高的，脉冲信号包含丰富的高频成分，因此会在地线上产生较大的电压，地线阻抗对数字电路的影响十分可观。对于射频电路，当射频电流流过地线时，压降也是很大的。

同一导体在直流、低频和高频情况下所呈现的阻抗是不同，而导体的电感同样与导体半径、长度及信号频率有关。增大导线的直径对于减小直流电阻是十分有效的，但对于减小交流阻抗的作用很有限。而在 EMC 中，为了减小交流阻抗，一个有效的办法是多根导线并联。当两根导线并联时，其总电感 L 为

$$L=\frac{L_1+M}{2} \tag{9-20}$$

式中，L_1 为单根导线的电感，M 为两根导线之间的互感。

从式(9-20)中可以看出，当两根导线相距较远时，它们之间的互感很小，总电感相当于单根导线电感的一半。因此，可以通过多条接地线来减小接地阻抗。但是，多根导线之间的距离过近时，要注意导线之间互感增加的影响。

同时设计时应根据不同频率下的导体阻抗来选择导体截面大小，并尽可能地使地线加粗和缩短，以降低地线的公共阻抗。

9.1.9　地线公共阻抗产生的耦合干扰

在电子系统中，地线是采用良好导体（通常是铜的导线或者平面）构成的。由于导体存在由电阻和感抗组成的阻抗，所以两个不同的接地点之间电流流过时，会产生一定的电位差，称为地电压。这个地电压直接加到电路上形成共模干扰电压。

当多个电路共用一段地线时，由于存在地线的阻抗 $Z(Z=R_{AC}+j\omega L)$，所以地线的电位会受到每个电路的工作电流的影响。一个电路的地电位会受另一个电路工作电流的调制。这样，一个电路中的信号会耦合进入另一个电路，这种耦合称为公共阻抗耦合。一个地线公共阻抗产生的耦合干扰示例如图 9-19 所示。

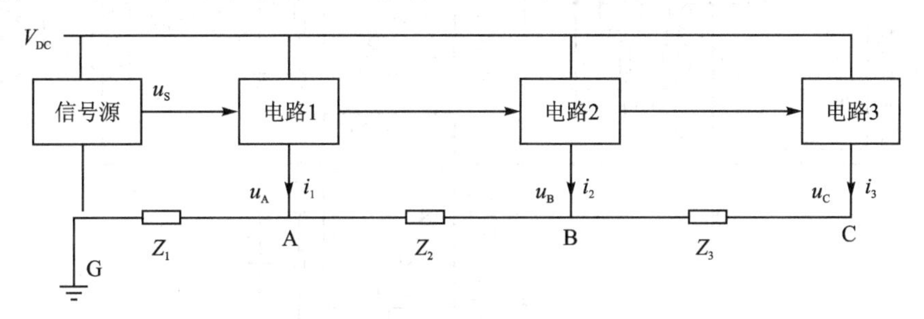

图 9-19　一个公共阻抗耦合示例

在图 9-19 所示的电路中,A、B、C 各点的电位分别为

$$u_A = (i_1 + i_2 + i_3)Z_1 \tag{9-21}$$

$$u_B = u_A + (i_2 + i_3)Z_2 = (i_1 + i_2 + i_3)Z_1 + (i_2 + i_3)Z_2 \tag{9-22}$$

$$u_C = u_B + i_3 Z_3 = (i_1 + i_2 + i_3)Z_1 + (i_2 + i_3)Z_2 + i_3 Z_3 \tag{9-23}$$

电流 $i_1+i_2+i_3$ 包含有电路的直流电源电流 i_{DC} + 信号电流 i_S。i_1 包含有电路 1 的直流电源电流 i_{DC1} 和信号电流 i_{S1}。i_2 包含有电路 2 的直流电源电流 i_{DC2} 和信号电流 i_{S2}(电路 2 的输入信号源就是电路 1 的输出)。i_3 包含有电路 3 的直流电源电流 i_{DC3} 和信号电流 i_{S3}(电路 2 的输出就是电路 3 的输入信号源)。

从式(9-21)～式(9-23)可见,A、B、C 各点的电位 u_A、u_B、u_C 与各电路的工作电流 i_1、i_2、i_3 有关,随各电路的工作电流($i_1+i_2+i_3$)变化而变化。u_A、u_B、u_C 的电位变化,直接耦合到各电路,由此产生的干扰称为公共阻抗耦合干扰。

9.2 模/数混合系统的电源电路

9.2.1 模拟前端小信号检测和放大电路的电源电路结构

电子设计竞赛题目要求设计与制作的作品通常是一个包含有微控制器(MCU)、传感器、放大器、ADC/DAC 等的模/数混合系统。

在一个模/数混合系统中,电源电路通常采用开关稳压电路。如图 9-20(b)所示,DC-DC 开关稳压器的输出具有较高的噪声电压,显然会对模拟电路造成干扰。特别是对模拟前端小信号检测和放大电路而言,所产生的噪声电压往往将远大于所检测的小信号电压,这将是不可容忍的。如图 9-20(a)所示,模拟前端小信号检测和放大电路供电需要采用专门的线性稳压器电路提供。

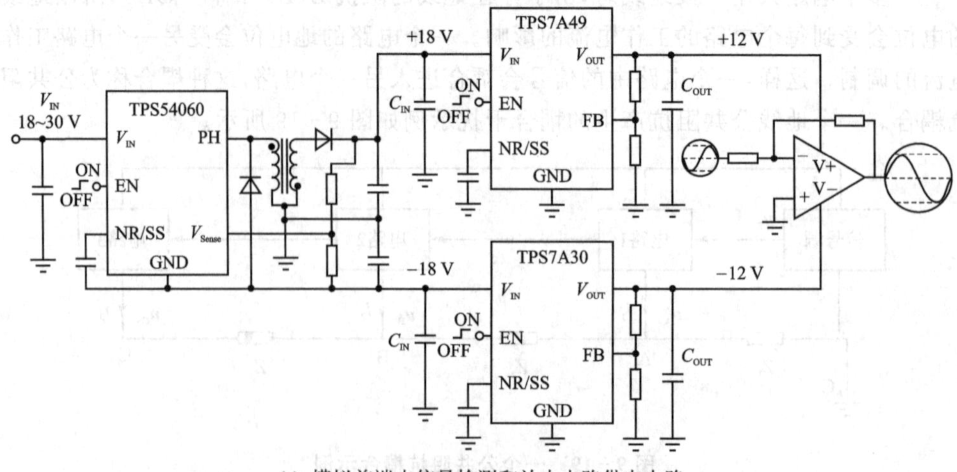

(a) 模拟前端小信号检测和放大电路供电电路

图 9-20 模/数混合系统的电源电路结构

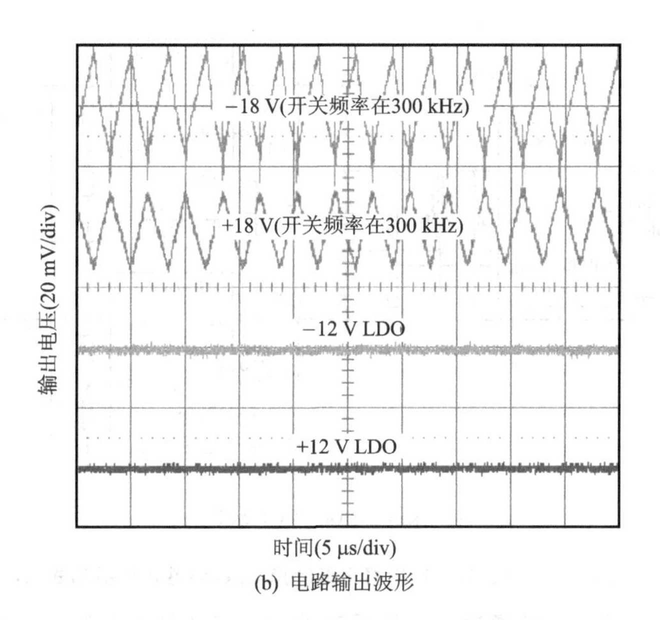

(b) 电路输出波形

图 9-20　模/数混合系统的电源电路结构(续)

9.2.2　ADC 和 DAC 的电源电路结构

DC-DC 开关稳压器+低噪声 LDO 线性稳压器是系统设计人员设计 ADC 和 DAC 电源电路最常用的电路结构形式，如图 9-21 所示。

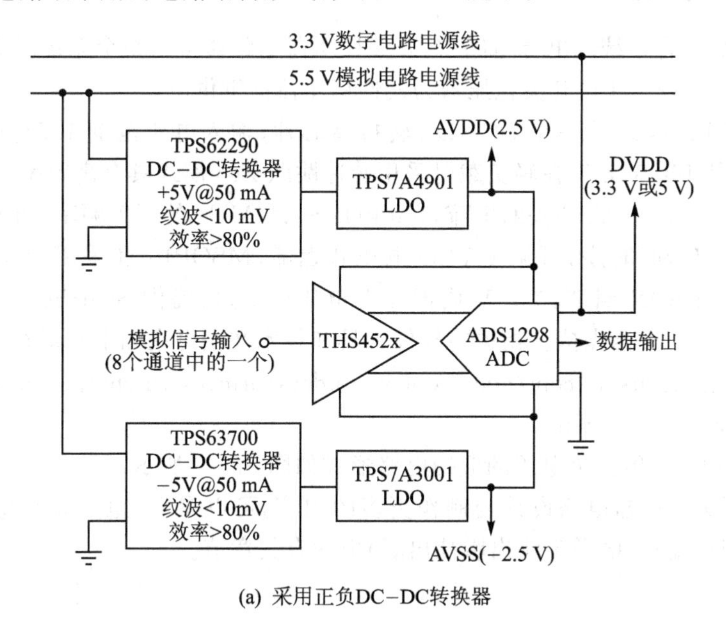

(a) 采用正负DC−DC转换器

图 9-21　DC-DC 开关稳压器+低噪声 LDO 线性稳压器形式

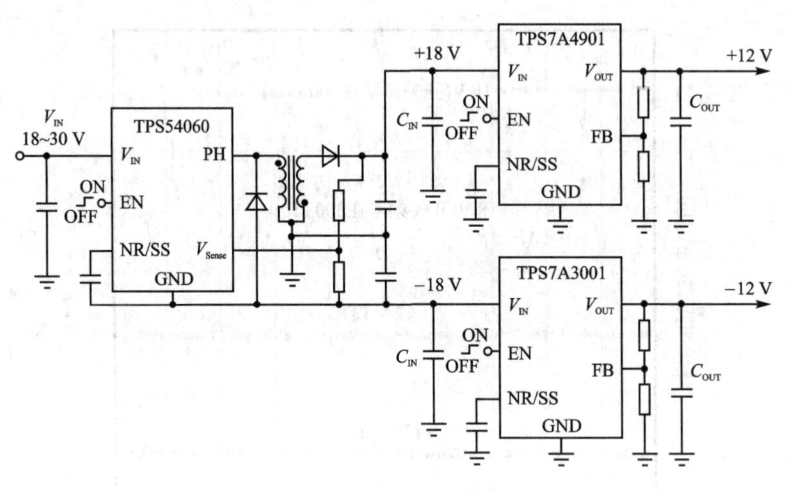

(b) 采用单个DC-DC转换器

图 9-21 DC-DC 开关稳压器+低噪声 LDO 线性稳压器形式(续)

通常,系统设计人员都通过一个低噪声的线性稳压器来为数据转换器(ADC 或 DAC)供电,而不使用开关稳压器。

这是因为设计人员担心开关稳压器的噪声会进入数据转换器的输出频谱,从而极大地降低数据转换器的 AC 性能。

9.2.3 开关稳压器电路

在模/数混合系统的电源电路中,开关稳压器电路通常为整个系统提供供电。如图 9-20 所示,DC-DC 开关稳压器为线性稳压器提供供电。

例如,TPS54060 是一个 DC-DC 转换器芯片,输入电压范围 1.5~60 V,具有 200 mΩ 高侧 MOSFET,在轻负载时采用脉冲跳跃 Eco 模式具有高效率,116 mA 的静态工作电流,1.3 mA 的关断电流,100 kHz~2.5 MHz 的开关频率,与外部时钟同步,可调的慢启动/时序,可调 UVLO 电压和迟滞,MSOP10 和采用 PowerPAD 的 3 mm×3 mm SON 封装,0.8 V 内部参考电压(V_{REF}),提供 SwitcherPro Software Tool 和 SWIFT 文档支持。相关的软件工具和技术文档可在如下网址查询。

- http://focus.ti.com/docs/toolsw/folders/print/s witcherpro.html;http://www.ti.com/swift。

TPS54060 输出正负电压的应用电路形式如图 9-22 所示。

有关开关稳压器电路设计与制作更多的内容,可以参考《电子系统电源电路设计》(由黄智伟编写,电子工业出版社出版)中的有关章节。

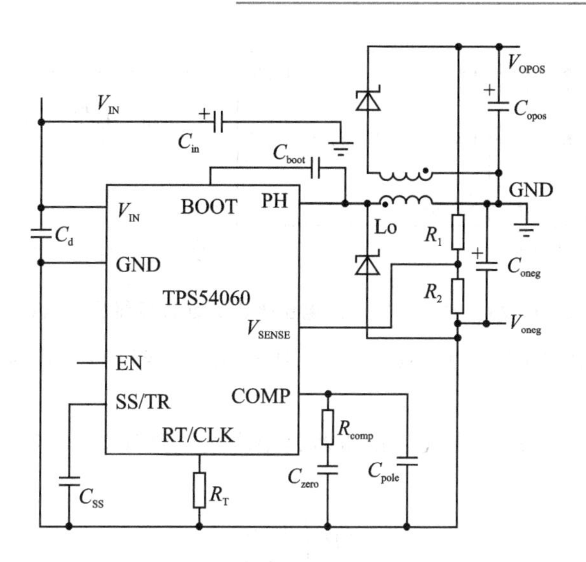

图9-22　TPS54060输出正负电压的应用电路形式

9.2.4　线性稳压器电路

1. 正电压输出线性稳压器电路

TI公司可以提供系列正电压输出线性稳压器芯片。例如，TPS7A49xx正电压输出线性稳压器的输入电压范围为+3～+36 V；噪声为12.7 μ V_{RMS}(20 Hz～20 kHz)，11.4 μ V_{RMS}(10 Hz～100 kHz)；PSRR为-72 dB(120 Hz)；可调节的输出电压范围为+1.194～+33 V；最大输出电流为150 mA；输入/输出压降260 mV@100 mA，外接陶瓷电容器≥2.2 μF；采用MSOP-8 PowerPAD封装；工作温度范围为-40～+125 ℃。

TPS7A49xx正电压输出线性稳压器典型应用电路如图9-23所示，电路参数计算如下：

$$R_1 = R_2\left(\frac{V_{OUT}}{V_{REF}} - 1\right) \tag{9-24}$$

$$\frac{V_{OUT}}{R_1 + R_2} \geqslant 5\ \mu A \tag{9-25}$$

式中，V_{REF}为芯片内部基准电压(1.176～1.212 V)，典型值为1.194 V。

2. 负电压输出线性稳压器电路

TI公司可以提供系列负电压输出线性稳压器芯片。例如，TPS7A30xx负电压输出线性稳压器的输入电压范围为-3～-36 V；噪声为14 μ V_{RMS}(20 Hz～20 kHz)，11.1 μ V_{RMS}(10 Hz～100 kHz)；PSRR为-72 dB(120 Hz)；可调节的输出电压范围为-1.18～-33 V；最大输出电流为200 mA；输入/输出压降216 mV@100 mA，外

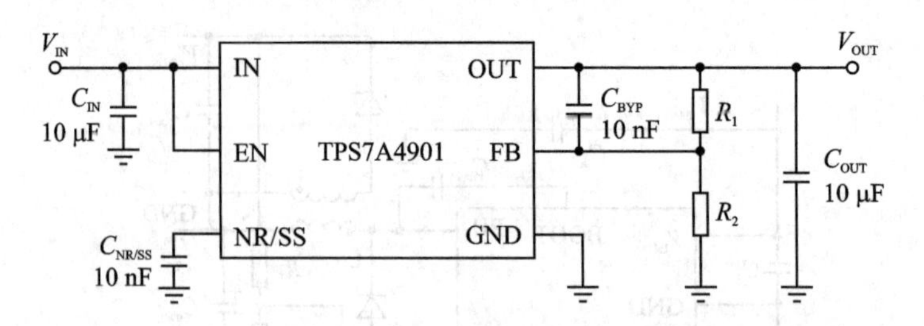

图 9-23 TPS7A49xx 正电压输出线性稳压器应用电路

接陶瓷电容器≥ 2.2 μF；采用 MSOP-8 PowerPAD 封装；工作温度范围为-40～+125 ℃。

TPS7A30xx 负电压输出线性稳压器典型应用电路如图 9-24 所示，电路参数计算如下：

$$R_1 = R_2\left(\frac{V_{OUT}}{V_{REF}} - 1\right) \tag{9-26}$$

$$\frac{V_{OUT}}{R_1 + R_2} \geqslant 5\ \mu A \tag{9-27}$$

式中，V_{REF}为芯片内部基准电压(-1.202～-1.166 V)，典型值为-1.184 V。

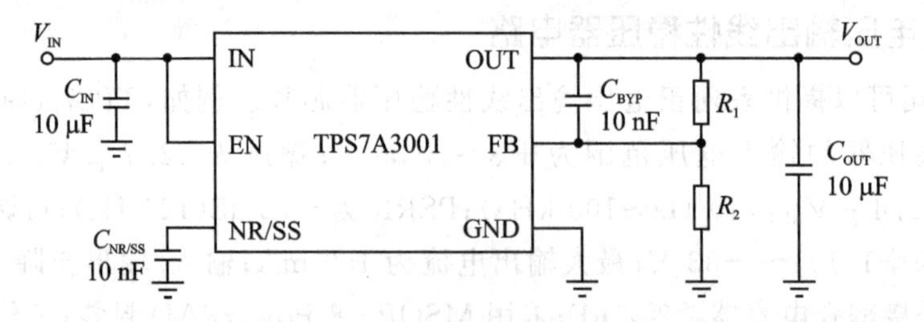

图 9-24 TPS7A30xx 负电压输出线性稳压器应用电路

有关线性稳压器电路设计与制作的更多内容，可以参考《电子系统电源电路设计》(由黄智伟编写，电子工业出版社出版)中的有关章节。

9.2.5 ±15 V 输出的低噪声线性稳压器电路

TI 公司推荐的 TPS7A30xx 到 TPS7A49xx 正负电压(+15 V@150 mA，-15 V@200 mA)输出线性稳压器电路和 PCB 图如图 9-25 所示。其中：TPS7A49xx 正电压输出线性稳压器的输入电压范围为+3～+36 V；噪声为 12.7 μV_{RMS}(20 Hz～20 kHz)，11.4 μV_{RMS}(10 Hz～100 kHz)；PSRR 为-72 dB(120 Hz)；可调节的输出电压范围为+1.194～+33 V；最大输出电流为 150 mA；输入/输出压降 260 mV@100 mA，外接陶瓷电容器≥2.2 μF；采用 MSOP-8 PowerPAD 封装；工作温度范围为-40～+125 ℃。TPS7A30xx 负电压输出线性稳压器的输入电压范围为-3～-36 V；噪声为 14 μV_{RMS}(20 Hz～20 kHz)，11.1 μV_{RMS}(10 Hz～100 kHz)；PSRR

为－72 dB(120 Hz)；可调节的输出电压范围为－1.18～－33 V；最大输出电流为 200 mA；输入/输出压降 216 mV@100 mA，外接陶瓷电容器≥2.2 μF；采用 MSOP－8 PowerPAD 封装；工作温度范围为－40～＋125 ℃。

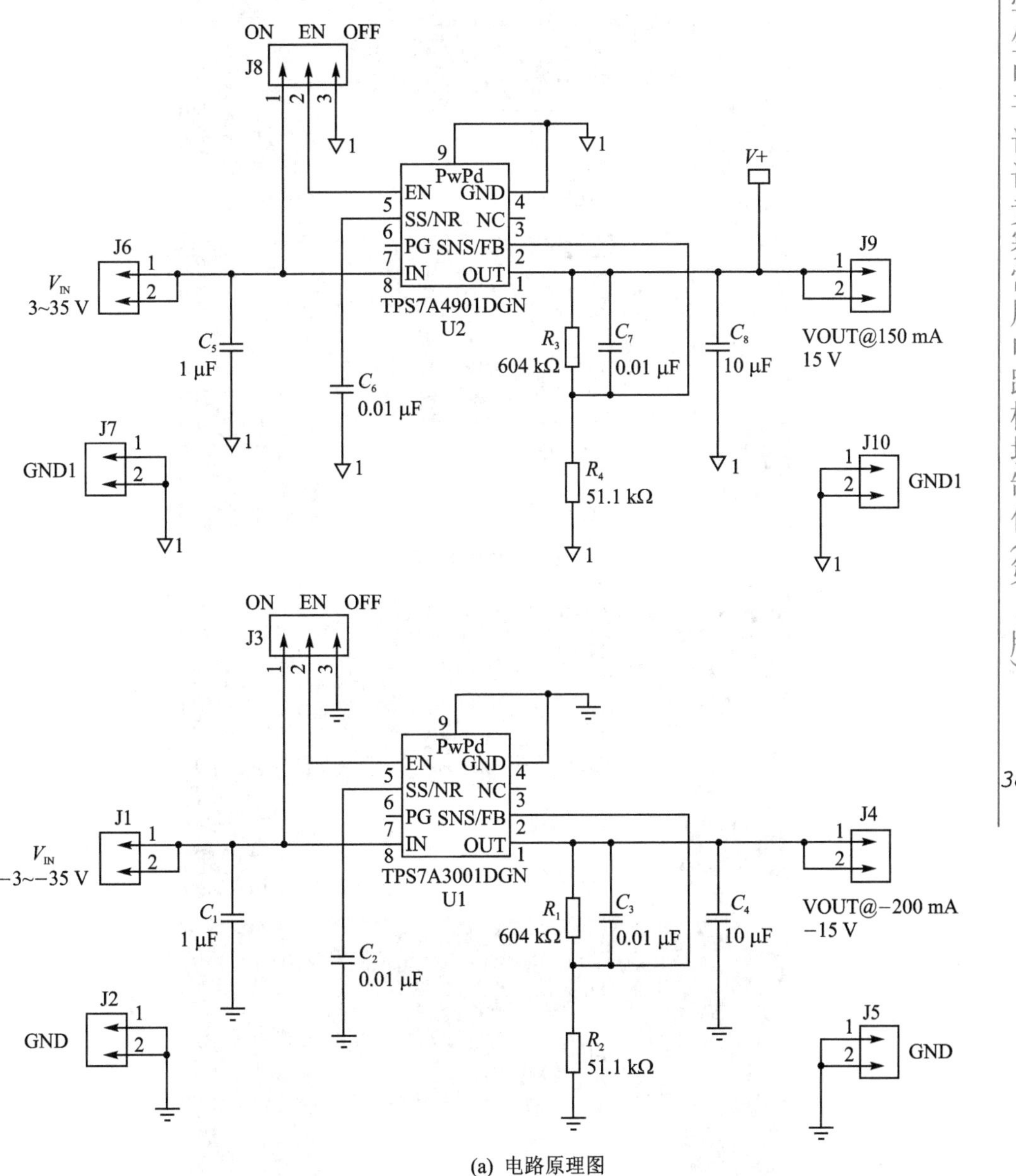

(a) 电路原理图

图 9－25　TPS7A30xx 到 TPS7A49xx 正负电压输出线性稳压器电路和 PCB 图

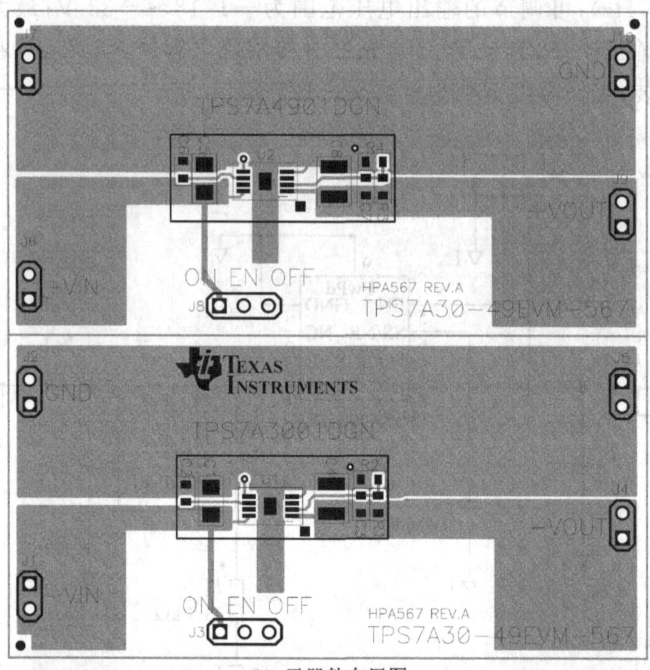

(b) 元器件布局图

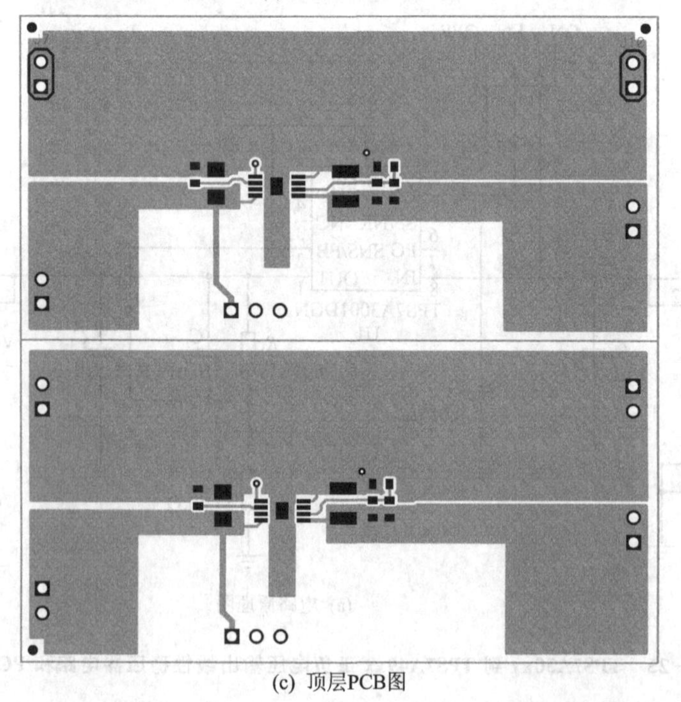

(c) 顶层PCB图

图 9－25　TPS7A30xx 到 TPS7A49xx 正负电压输出线性稳压器电路和 PCB 图(续)

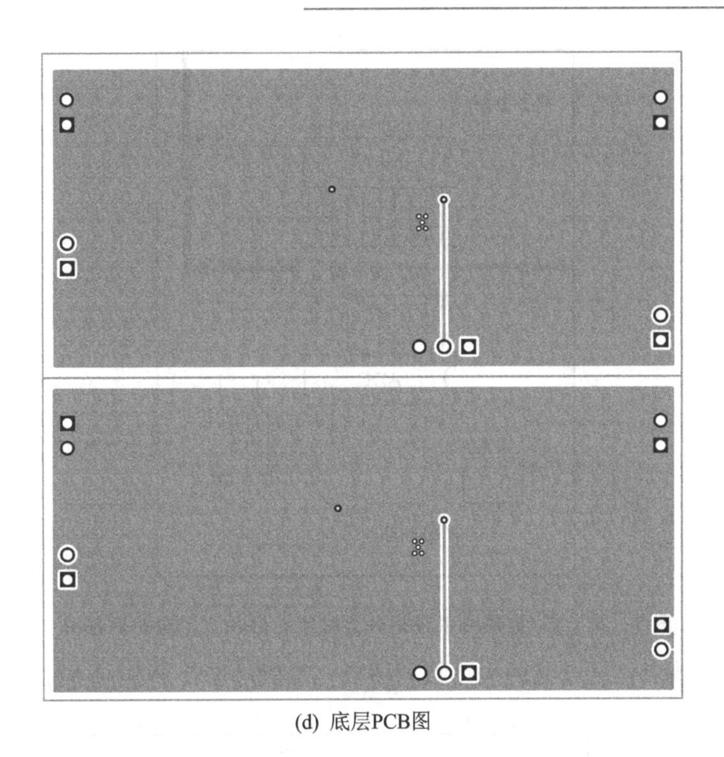

(d) 底层PCB图

图 9-25　TPS7A30xx 到 TPS7A49xx 正负电压输出线性稳压器电路和 PCB 图(续)

9.3　模/数混合电路的接地和电源 PCB 设计

9.3.1　PCB 按电路功能分区

如图 9-26 所示,模/数混合系统可以简单地划分为数字电路和模拟电路两部分。然而,模/数混合系统大都包含有不同的功能模块,例如一个典型的主控板可以包含有微处理器、时钟逻辑、存储器、总线控制器、总线接口、PCI 总线、外围设备接口和视/音频处理等功能模块。每个功能模块都由一组器件和它们的支持电路组成。在 PCB 上,为缩短走线长度,降低串扰、反射,以及电磁辐射,保证信号完整性,系统所有的元器件需尽可能紧密地放置在一起。但其所带来的问题是,在高速数字系统中,不同的逻辑器件所产生的 RF 能量的频谱都不同,信号的频率越高,与数字信号跳变相关的操作所产生的 RF 能量的频带也越宽。传导的 RF 能量会通过信号线在功能子区域和电源分配系统之间进行传输,辐射的 RF 能量通过自由空间耦合。所以在 PCB 设计时,必须要防止工作频带不同的器件间的相互干扰,尤其是高带宽器件对其他器件的干扰。

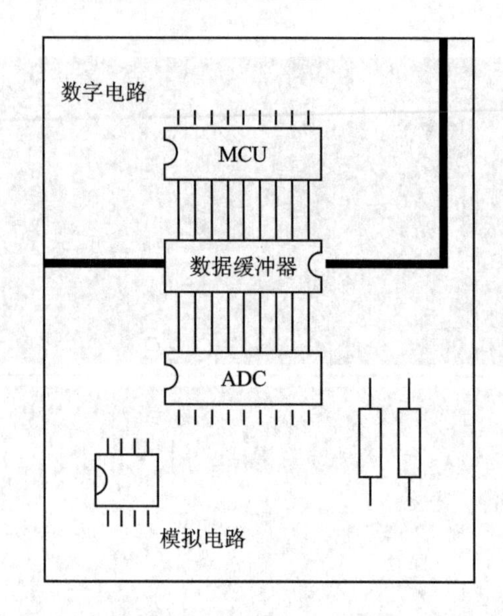

图 9-26 模/数混合系统划分为数字电路和模拟电路两部分

可以根据数字信号电流的大小按照图 9-27 所示进行 PCB 布局。

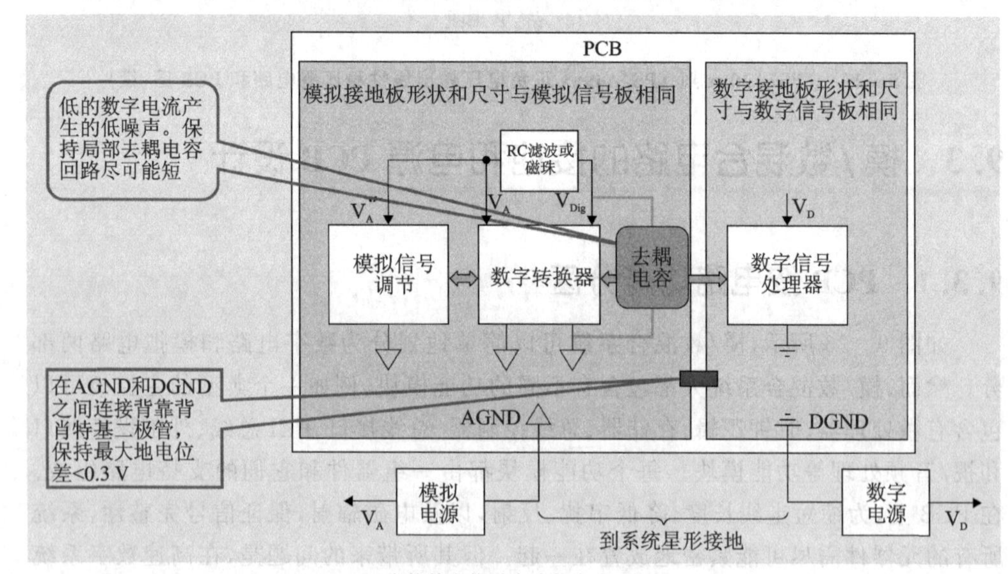

(a) 小的数字信号电流状态布局示例

图 9-27 根据数字信号电流的大小进行 PCB 布局

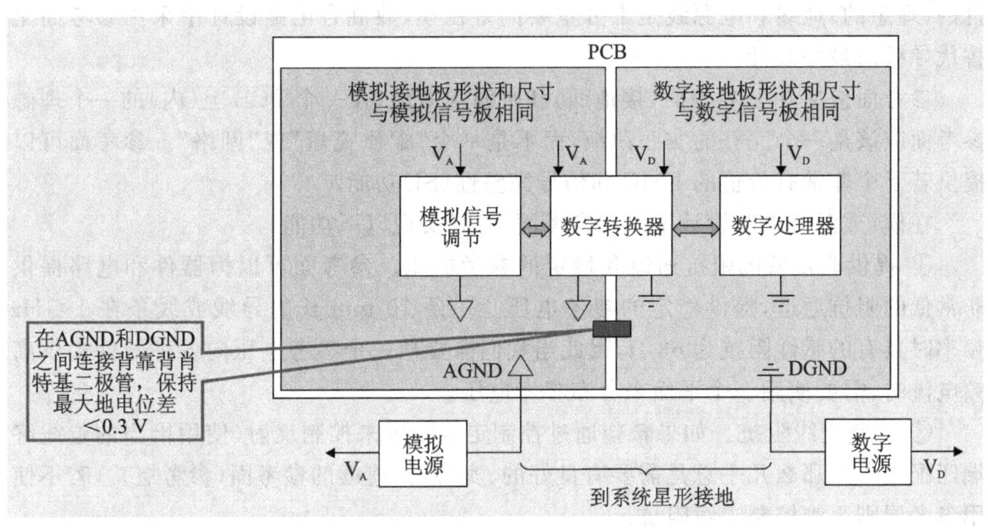

(b) 大的数字信号电流布局示例

图 9-27　根据数字信号电流的大小进行 PCB 布局(续)

解决上述问题的办法是采用功能分区。在一块印刷电路板上，按电路功能接地布局的设计如图 9-28 所示。当模拟的、数字的、有噪声的电路等不同类型的电路在同一块印刷电路板上时，每一个电路都必须以最适合该电路类型的方式接地，然后再将不同的地电路连接在一起。

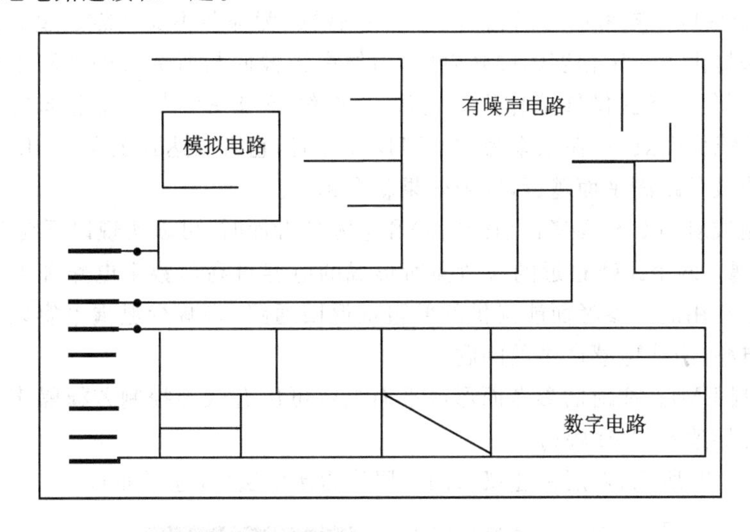

图 9-28　按电路功能分区

9.3.2　设计理想的接地和电源参考面

由于 PCB 的导线存在电阻、电感和电容，在 PCB 设计时，设计一个纯净的、无阻抗的(理想的)地线和电源线是十分重要的。在模/数混合电路设计中采用参考面是替代导线的最好设计。

参考面包括 0 V 参考面(接地面)和电源参考面,在一个 PCB 上(内)的一个理想参考面应该是一个完整的实心薄板,而不是一个"铜质充填"或"网络"。参考面可以提供若干个非常有价值的 EMC 和信号完整性(SI)功能。

在模/数混合电路设计中采用参考面,可以实现以下功能。

① 提供非常低的阻抗通道和稳定的参考电压。参考面可以为器件和电路提供非常低的阻抗通道,提供稳定的参考电压。一条 10 mm 长的导线或线条在 1 GHz 频率时具有的感性阻抗为 63 Ω,因此当我们需要从一个参考电压向各种器件提供高频电流时,需要使用一个平面来分布参考电压。

② 控制走线阻抗。如果希望通过控制走线阻抗来控制反射(使用恰当的走线终端匹配技术),那么几乎总是需要有良好的、实心的、连续的参考面(参考层)。若不使用参考层则很难控制走线阻抗。

③ 减小回路面积。回路面积可以看作是由信号(在走线上传播)路径与它的回流信号路径决定的面积。当回流信号直接位于走线下方的参考面上时,回路面积是最小的。由于 EMI 直接与回路面积相关,所以当走线下方存在良好的、实心的、连续的参考层时,EMI 也是最小的。

④ 控制串扰。在走线之间进行隔离和走线靠近相应的参考面是控制串扰最实际的两种方法。串扰与走线到参考面之间距离的平方成反比。

⑤ 屏蔽效应。参考面可以相当于一个镜像面,为那些不那么靠近边界或孔隙的元件和线条提供了一定程度的屏蔽效应,即便在镜像面与所关心的电路不相连接的情况下,它们仍然能提供屏蔽作用。例如,一个线条与一个大平面上部的中心距为 1 mm,由于镜像面效应,在频率为 100 kHz 以上时,它可以达到至少 30 dB 的屏蔽效果。元件或线条距离平面越近,屏蔽效果就会越好。

当采用成对的 0 V 参考面(接地面)和电源参考面时,可以实现以下功能。

① 去耦。两个距离很近的参考面所形成的电容对高速数字电路和射频电路的去耦合是很有用的。参考面能提供的低阻抗返回通路,将减少退耦电容以及与其相关的焊接电感、引线电感产生的问题。

② 抑制 EMI。成对的参考面形成平面电容可以有效地控制差模噪声信号和共模噪声信号导致的 EMI 辐射。

如图 9-29 所示,双层板建议采用一层作为接地层(接地平面)。

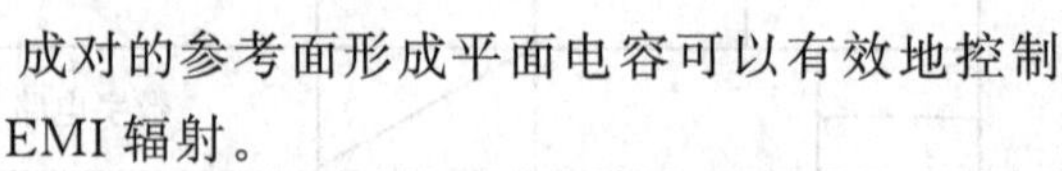

顶层	电源和信号层	▬
底层	接地层	▬

图 9-29 双面板叠层结构形式

四层板通常包含有 2 个信号层、1 个电源平面(电源层)和 1 个接地平面(接地层)，一个经典的结构形式如图9-30所示，可以采用均等间隔距离结构和不均等间隔结构形式。均等间隔距离结构的信号线条有较高阻抗，可以达到105～130 Ω。不均等间隔结构的布线层阻抗可以具体设计为期望的数值。紧贴的电源层和接地层具有退耦作用，如果电源层和接地层之间的间距增大，电源层和接地层的层间退耦作用会基本上不存在，那么电路设计时需在信号层(顶层)安装退耦电容。在四层板中，使用了电源层和接地层参考平面，使信号层到参考平面的物理尺寸要比双层板小很多，可以减小RF辐射能量。

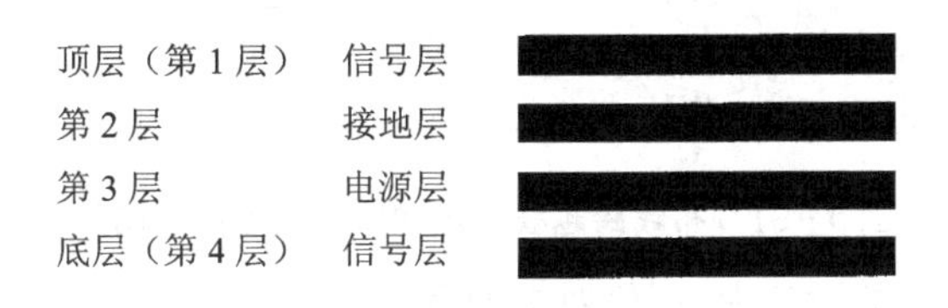

图9-30　四层板经典叠层结构形式

在四层板中，源线条与回流路径间的距离还是太大，仍然无法对电路和线条所产生的RF电流进行通量对消设计。可以在信号层布放一条紧邻电源层的地线，提供一个RF回流电流的回流路径，增强RF电流的通量对消能力。

在设计PCB(印制电路板)时，需要考虑的一个最基本的问题就是实现电路要求的功能需要多少个布线层、接地平面和电源平面，印制电路板的布线层、接地平面和电源平面的层数的确定与电路功能、信号完整性、EMI、EMC、制造成本等要求有关。对于大多数的设计，PCB的性能要求、目标成本、制造技术和系统的复杂程度等因素存在许多相互冲突的要求，PCB的叠层设计通常是在考虑各方面的因素后折中决定的。对于高速数字电路和射频电路通常采用多层板设计。

有关PCB的叠层设计的更多内容，可以参考《印制电路板(PCB)设计与实践》(由黄智伟编写，电子工业出版社出版)中的有关章节。

9.3.3　采用独立的模拟地和数字地

1. 模拟地(AGND)和数字地(DGND)分割

分割是指利用物理上的分割来减少不同类型线之间的耦合，尤其是通过电源线和地线的耦合。在模/数混合系统中，如何降低数字信号和模拟信号的相互干扰是必须考虑的问题。在设计之前，必须了解PCB电磁兼容性的两个基本原则：一是尽可能减小电流回路的面积；二是系统尽量只采用一个参考平面。如前面介绍，假如信号不能由尽可能小的环路返回，那么有可能形成一个大的环状天线；如果系统存在两个参考面，就会形成一个偶极天线。因此，在设计中要尽可能避免这两种情况。避免这两种情况的有效方法是将混合信号电路板上的数字地和模拟地分开，形成隔离。但是这种方法一旦跨越分割间隙(“壕”)布线，就会急剧增加电磁辐射和信号串扰，如

图 9－31所示。在PCB设计中，信号线跨越分割参考平面，就会产生EMI问题。

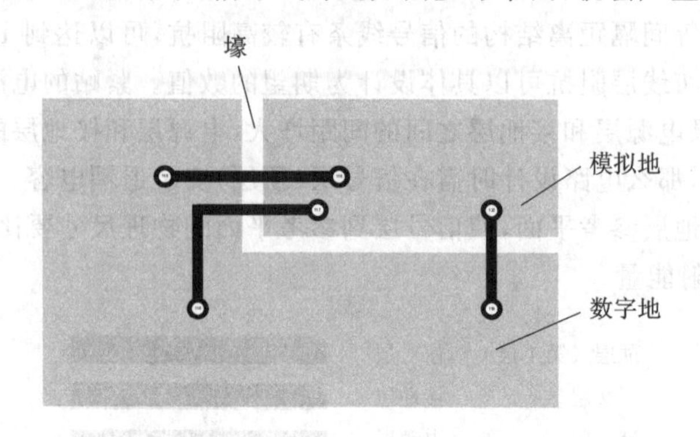

图 9－31　布线跨越模拟地和数字地之间的间隙

在混合信号PCB的设计中，不仅对电源和“地”有特别要求，而且要求模拟噪声和数字电路噪声相互隔离以避免噪声耦合。对电源分配系统的特殊需求，以及隔离模拟和数字电路之间噪声耦合的要求，使混合信号PCB的布局和布线具有一定的复杂性。

通常情况下，分割的两个“地”会在PCB的某处连在一起（即在PCB的某个位置单点连接），电流将形成一个大的环路。对高速数字信号电流而言，流经大环路时，会产生RF辐射和呈现一个很高的地电感；对模拟小信号电流而言，则很容易受到其他高速数字信号的干扰。另外，模拟地和数字地由一个长导线连接在一起会形成一个偶极天线。

对设计者来说，不能仅仅考虑信号电流从何处流过，而忽略了电流的返回路径。了解电流回流到“地”的路径和方式是最佳化混合信号电路板设计的关键。

在进行混合信号PCB的设计时，如果必须对接地平面进行分割，而且必须由分割之间的间隙布线，则可以先在被分割的“地”之间进行单点连接，形成两个“地”之间的连接“桥”，然后经由该连接“桥”布线，如图9－32所示。这样，在每一个信号线的下方都能够提供一个直接的电流返回路径，从而使形成的环路面积很小。

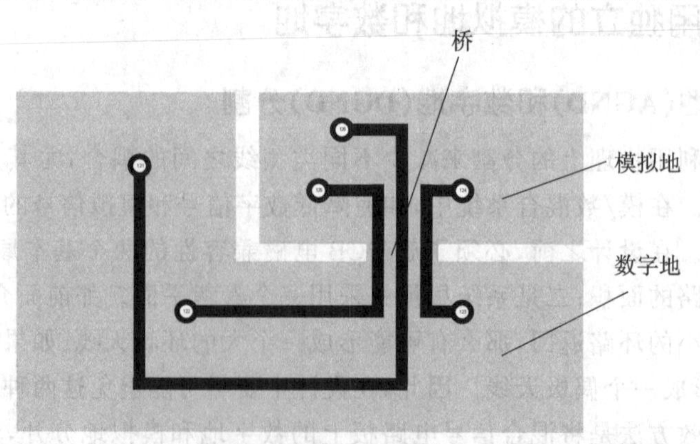

图9－32　布线通过连接“桥”跨越模拟地和数字地之间的间隙

对于采用光隔离元件或变压器实现信号跨越分割间隙的设计，以及采用差分对的设计（信号从一条线流入，从另一条线返回），可以不考虑返回路径。

2. 避免模拟电源/接地层的一部分与数字电源/接地层的一部分发生重叠

在 PCB 布局过程中的一个重要步骤就是确保各个元件的电源平面（和地平面）可以有效进行分组，并且不会与其他的电路发生重叠，如图 9-33 所示。例如在A/D 电路中，通常是数字电源参考层和数字地参考层（数字接地面）位于 IC 的一侧，模拟电源参考层与模拟地参考层（模拟接地面）位于另一侧。用 0 Ω 电阻或者是铁氧体磁环在 IC 下面（或者最少在距离 IC 非常近的位置）的一个点把数字地层和模拟地层连接起来。

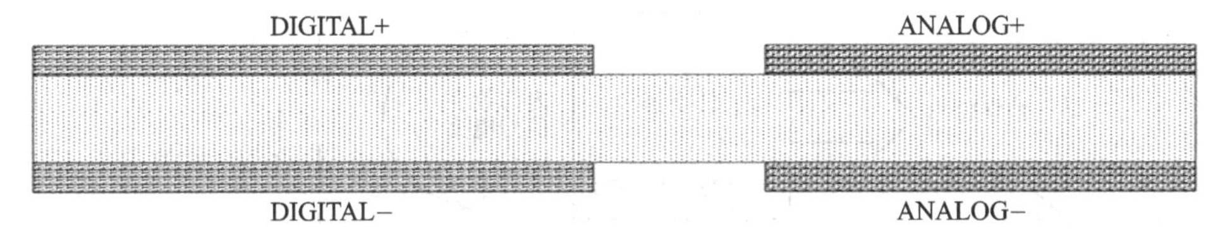

注：DIGITAL+为数字电源+，DIGITAL−为数字电源−，ANALOG+为模拟电源+，ANALOG−为模拟电源−。

图 9-33　模/数电源平面和地平面进行分组

如果使用多个独立的电源并且这些电源有着自己的参考层，那么不要让这些层之间不相关的部分发生重叠。因为，两层被电介质隔开的导体表面就会形成一个电容。如图 9-34 所示，当模拟电源层的一部分与数字地层的一部分发生重叠时，两层发生重叠的部分就形成了一个小电容。事实上这个电容可能会非常小。不管怎样，任何电容都能为噪声提供从一个电源到另一个电源的通路，从而使隔离失去意义。

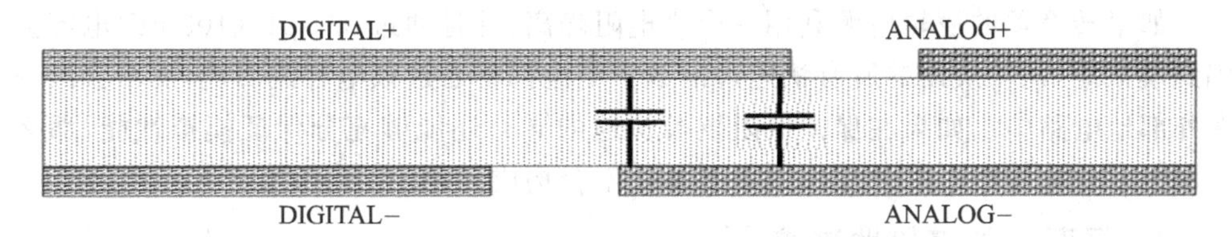

图 9-34　层的重叠部分会形成一个电容

9.3.4　模拟地和数字地的连接

1. ADC 和 DAC 的接地连接

许多 ADC 和 DAC 都有单独的模拟地（AGND）和数字地（DGND）引脚。在设备数据手册上，通常建议用户在器件封装处将这些引脚连在一起，这点似乎与要求在电源处连接模拟地和数字地的建议相冲突。如果系统具有多个转换器，那么这点似乎与要求在单点处连接模拟地和数字地的建议相冲突。

其实并不存在冲突。这些引脚的模拟地和数字地标记是指引脚所连接到的转换器内部部分,而不是引脚必须连接到的系统地。对于ADC,这两个引脚通常应该连在一起,然后连接到系统的模拟地。由于转换器的模拟部分无法耐受数字电流经由焊线流至芯片时产生的压降,因此无法在IC封装内部将二者连接起来。但它们可以在外部连在一起。

ADC的接地连接示意图如图9-35所示,数据转换器的模拟地和数字地引脚应返回到系统模拟地。这样的引脚接法会在一定程度上降低转换器的数字噪声抗扰度,降幅等于系统数字地和模拟地之间的共模噪声量。但是,由于数字噪声抗扰度经常在数百或数千毫伏水平,因此一般不太可能有问题。

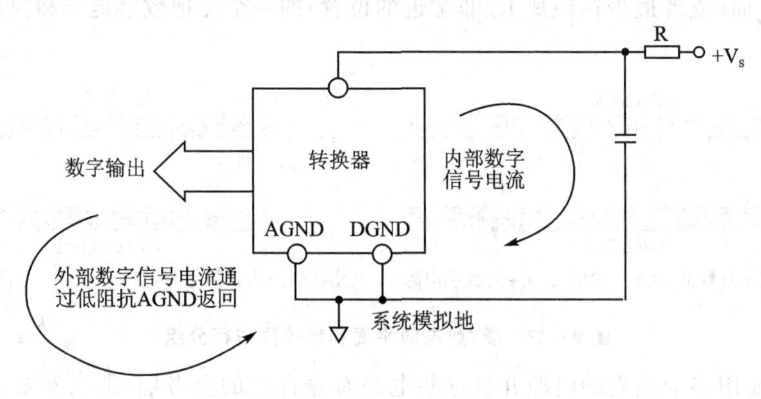

图9-35 数据转换器的模拟地和数字地连接

模拟噪声抗扰度只会因转换器本身的外部数字电流流入模拟地而降低。这些电流应该保持很小,要确保转换器输出端没有高的负载电流。实现这一目标的好方法是在ADC输出端使用低输入电流缓冲器,例如CMOS缓冲器-寄存器IC。

如果转换器的逻辑电源利用一个小电阻隔离,并且通过0.1 μF (100 nF)电容去耦到模拟地,则转换器的所有快速边沿数字电流都将通过该电容流回地,而不会出现在外部地电路中。如果在保持低阻抗模拟地的同时还能够充分保证模拟性能,那么外部数字地电流所产生的额外噪声基本上不会构成问题。

2. 星形或单点接地连接

如图9-36所示为流入模拟返回路径的数字电流产生误差电压。图9-36(a)显示了数字信号返回电流调制模拟返回电流的情况。接地返回导线电感和电阻由模拟和数字电路共享,这会造成相互影响,最终产生误差。

一个可能的解决方案是让数字信号返回电流路径直接流向GND REF(接地参考点),如图9-36(b)所示。图9-36(b)显示了星形或单点接地系统的基本概念。**注意:**在包含多个高频返回路径的系统中,是很难实现真正的单点接地。因为各返回电流导线的物理长度将引入寄生电阻和电感,所以获得低阻抗高频接地就很困难。在实际操作中,电流回路必须由大面积接地层组成,以便获取高频电流下的低

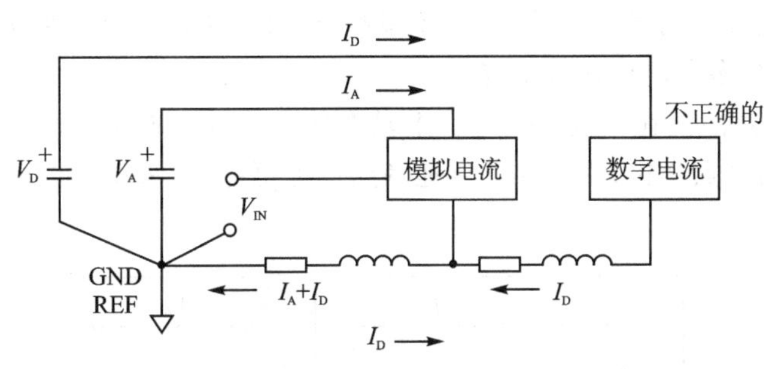

(a) 数字信号返回电流调制模拟返回电流的情况

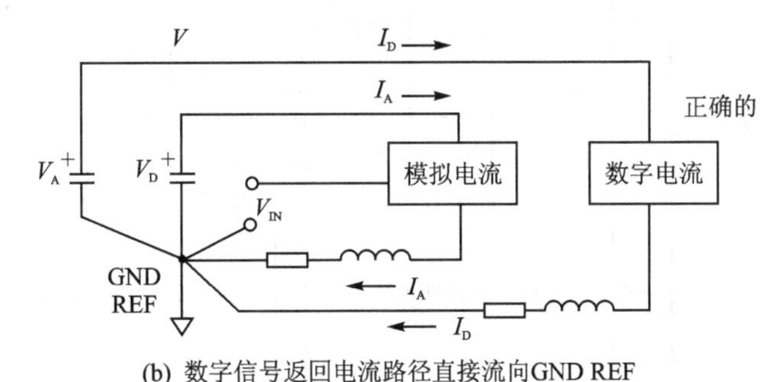

(b) 数字信号返回电流路径直接流向GND REF

图 9－36　流入模拟返回路径的数字电流产生误差电压

阻抗。如果无低阻抗接地层，则几乎不可能避免上述共享阻抗，特别是在高频下的影响。

所有集成电路接地引脚应直接焊接到低阻抗接地层，从而将串联电感和电阻降至最低。对于高速器件，不推荐使用传统 IC 插槽。即使是小尺寸插槽，额外电感和电容也可能引入无用的共享路径，从而破坏器件性能。如果插槽必须配合 DIP 封装使用，那么在制作原型时，个别"引脚插槽"或"笼式插座"是可以接受的。以上引脚插槽提供封盖和无封盖两种版本。由于使用弹簧加载接触点，确保了 IC 引脚具有良好的电气和机械连接。不过，反复插拔可能降低其性能。

应使用低电感、表面贴装陶瓷电容，将电源引脚直接去耦至接地层。如果必须使用通孔式陶瓷电容，则它们的引脚长度应该小于 1 mm。陶瓷电容应尽量靠近 IC 电源引脚。噪声过滤还可能需要铁氧体磁珠。

大多数 ADC、DAC 和其他混合信号器件数据手册是针对单个 PCB 讨论接地，通常是制造商自己的评估板。将这些原理应用于多卡或多 ADC/DAC 系统时，就会让人感觉困惑茫然。通常建议将 PCB 接地层分为模拟层和数字层，并将转换器的 AGND 和 DGND 引脚连接在一起，并且在同一点连接模拟接地层和数字接地层，如图 9－37 所示。这样就基本在混合信号器件上产生了系统星形接地。所有高噪声数字电流通过数字电源流入数字接地层，再返回数字电源，与电路板敏感的模拟部分隔离开。系统星形接地结构出现在混合信号器件中模拟和数字接地层连接在一起的位置。该方法一般仅适用于具有单个 PCB 和单个 ADC/DAC(具有低的数字电流)的简单系统,不适合多卡混合信号系统。

在不同 PCB(甚至在相同 PCB 上)上具有数个 ADC 或 DAC 的系统中,模拟和数字接地层采用多点连接,使得建立接地环路成为可能,而采用单点星形接地系统则不可能。

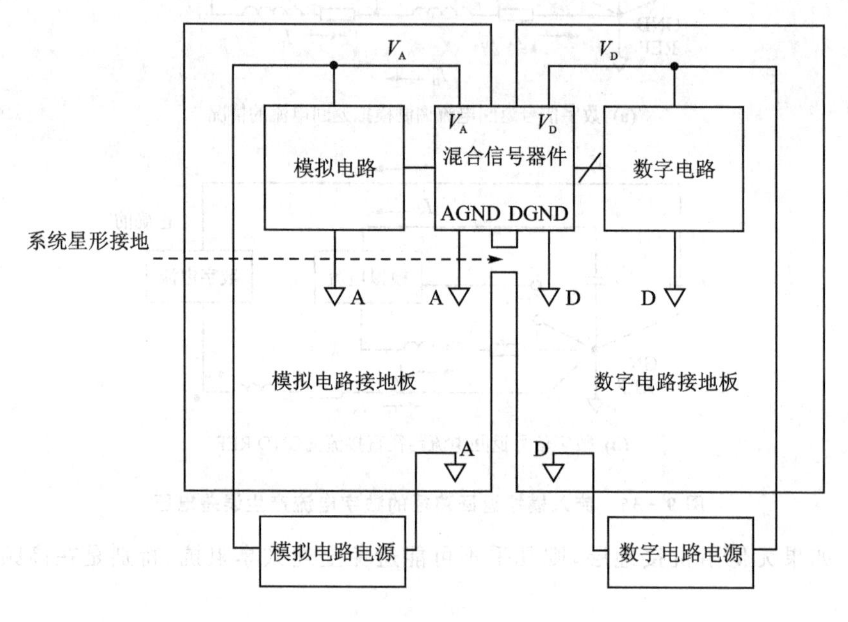

图 9-37　混合信号 IC 接地

3. 具有低数字电流的混合信号 IC(ADC 或 DAC)的接地连接

同时具有模拟和数字电路的 IC(如 ADC 或 DAC),通常有指定的模拟接地(AGND)和数字接地(DGND)引脚。

敏感的模拟元件,如放大器和基准电压源,必须参考和去耦至模拟接地层。

同时具有模拟和数字电路的 IC 内部,接地通常保持独立,以免将数字信号耦合至模拟电路内。图 9-38 显示了一个简单的转换器模型。将芯片焊盘连接到封装引脚难免产生线焊电感和电阻,IC 设计人员对此是无能为力的。快速变化的数字电流在 B 点产生电压,且必然会通过杂散电容 C_{STRAY} 耦合至模拟电路的 A 点。此外,IC 封装的每对相邻引脚间约有 0.2 pF 的杂散电容,这也同样无法避免。IC 设计人员的任务是排除此影响,让芯片正常工作。不过,为了防止进一步耦合,AGND 和 DGND 应通过最短的引线在外部连在一起,并接到模拟接地层。DGND 连接内的任何额外阻抗将在 B 点产生更多的数字噪声,继而使更多的数字噪声通过杂散电容耦合至模拟电路。**注意**:将 DGND 连接到数字接地层会在 AGND 和 DGND 引脚两端施加噪声电压 V_{NOISE},带来严重问题!

DGND 引脚端表示此引脚连接到 IC 的数字地(接地层),但并不意味着此引脚

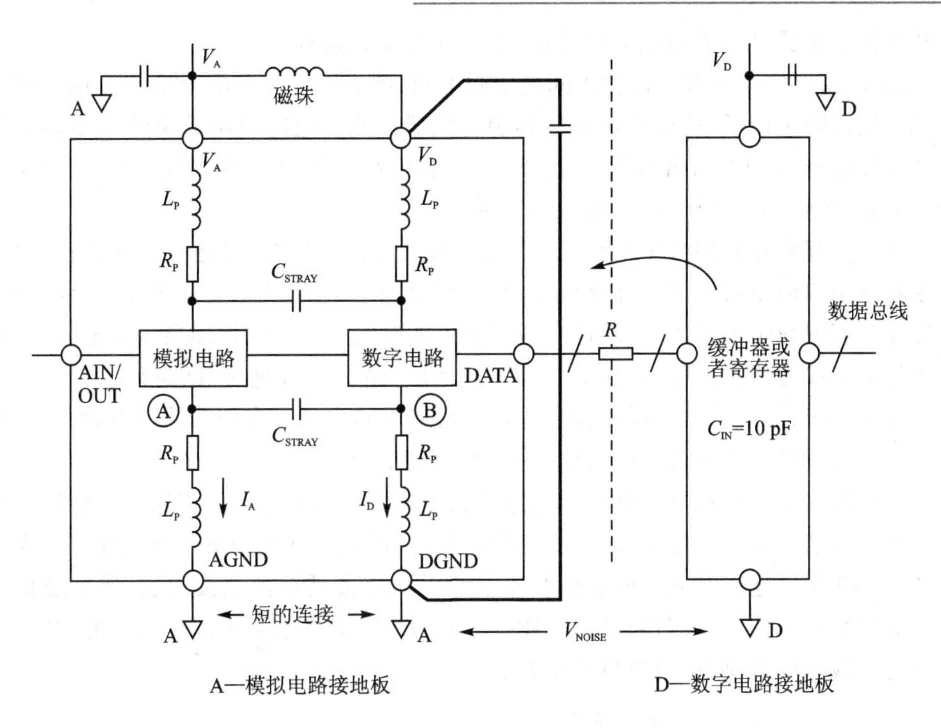

图 9-38　具有低内部数字电流的混合信号 IC 的正确接地

必须连接到系统的数字地。**注意**：*具有低数字电流的 ADC 和 DAC(和其他混合信号 IC)一般可以视为模拟元件，同样接地并去耦至模拟接地层。这种安排可能给模拟接地层带来少量的数字噪声。*

将转换器数字端口上的扇出降至最低(也意味着电流更低)，能够让转换器逻辑转换波形少受振铃影响，尽可能减少数字开关电流，从而减少至转换器模拟端口的耦合。通过插入小型有损铁氧体磁珠(见图 9-38)，逻辑电源引脚(V_D)可进一步与模拟电源隔离。转换器的内部瞬态数字电流将在小环路内流动，从 V_D 经去耦电容到达 DGND(此路径用图中粗线表示)。因此瞬态数字电流不会出现在外部模拟接地层上，而是局限于环路内。V_D 引脚去耦电容应尽可能靠近 ADC 转换器安装，以便将寄生电感降至最低。去耦电容应为低电感陶瓷型，通常介于 0.01 μF (10 nF)和 0.1 μF(100 nF)之间。

4. 利用数据缓冲器隔离数字输出与数据总线

将数据缓冲器放置在转换器旁是一个好办法，可将数字输出与数据总线噪声隔离开(如图 9-38 所示)。数据缓冲器也有助于将转换器数字输出上的负载降至最低，同时提供数字输出与数据总线间的法拉第屏蔽。虽然很多转换器具有三态输出/输入，但这些寄存器仍然在芯片上。它们使数据引脚信号能够耦合到敏感区域，因而隔离缓冲区依然是一种良好的设计方式。某些情况下，甚至需要在模拟接地层上紧靠转换器输出提供额外的数据缓冲器，以提供更好的隔离。

ADC 输出与缓冲寄存器输入间的串联电阻（图 9－39 中标示为“R”）有助于将数字瞬态电流降至最低，这些电流可能影响转换器性能。电阻可将数字输出驱动器与缓冲寄存器输入的电容隔离开。此外，由串联电阻和缓冲寄存器输入电容构成的 RC 网络用作低通滤波器，以减缓快速边沿。

缓冲寄存器和其他数字电路应接地并去耦至 PCB 的数字接地层。**注意**：模拟与数字接地层间的任何噪声均可降低转换器数字接口上的噪声裕量。由于数字噪声抗扰度在数百或数千毫伏水平，因此一般不太可能有问题。模拟接地层噪声通常不高，但如果数字接地层上的噪声（相对于模拟接地层）超过数百毫伏，则应采取措施减小数字接地层阻抗，以将数字噪声裕量保持在可接受的水平。在任何情况下，两个接地层之间的电压都不得超过 300 mV，否则 IC 可能受损。

最好提供针对模拟电路和数字电路的独立电源。模拟电源应当用于为转换器供电。如果转换器具有指定的数字电源引脚（V_D），则应采用独立模拟电源供电，或者如图 9－39 所示进行滤波。所有转换器电源引脚应去耦至模拟接地层，所有逻辑电路电源引脚应去耦至数字接地层，如图 9－39 所示。如果数字电源相对安静，则可以使用它为模拟电路供电，但要特别小心。

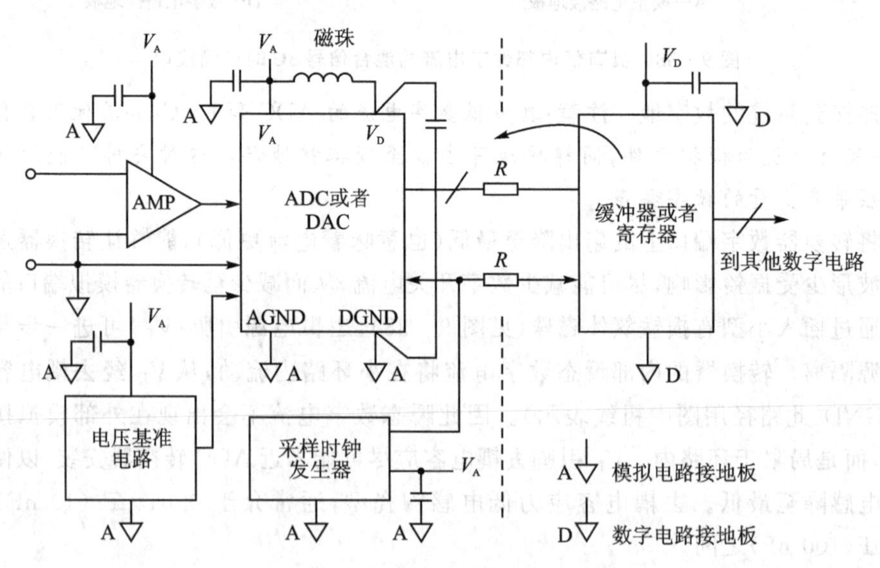

图 9－39　ADC/DAC 的接地和去耦点

某些情况下，不可能将 V_D 连接到模拟电源。一些高速 IC 可能采用＋5 V 电源为其模拟电路供电，而采用＋3.3 V 或更小的电源为数字接口供电，以便与外部逻辑接口。这种情况下，IC 的＋3.3 V 引脚应直接去耦至模拟接地层。另外建议将铁氧体磁珠与电源走线串联，以便将引脚连接到＋3.3 V 的数字逻辑电源上。

采样时钟产生电路应与模拟电路同样对待，也接地并深度去耦至模拟接地层。

采样时钟上的相位噪声会降低系统信噪比(SNR)。

5. 割裂接地层改变电流流向

那么,可以说“地”越多越好吗? 接地层能解决许多地阻抗问题,但并不能全部解决。即使是一片连续的铜箔,也会有残留电阻和电感,在特定情况下,这些就足以妨碍电路的正常工作。如图 9-40(a)所示,一个具有 15 A 的功率输出级,在 0.038 mm 厚覆铜接地板(层)流过时,将产生一个 0.7 mV/cm 的电压降,这个 0.7 mV/cm 的电压降,可能影响到旁边的精密模拟电路。解决方法如图 9-40(b)所示,可以割裂接地层,让大电流不流入精密电路区域,利用割裂接地层来改变电流流向,迫使它环绕割裂位置流动,从而减少对精密模拟电路的影响,提高系统精度。

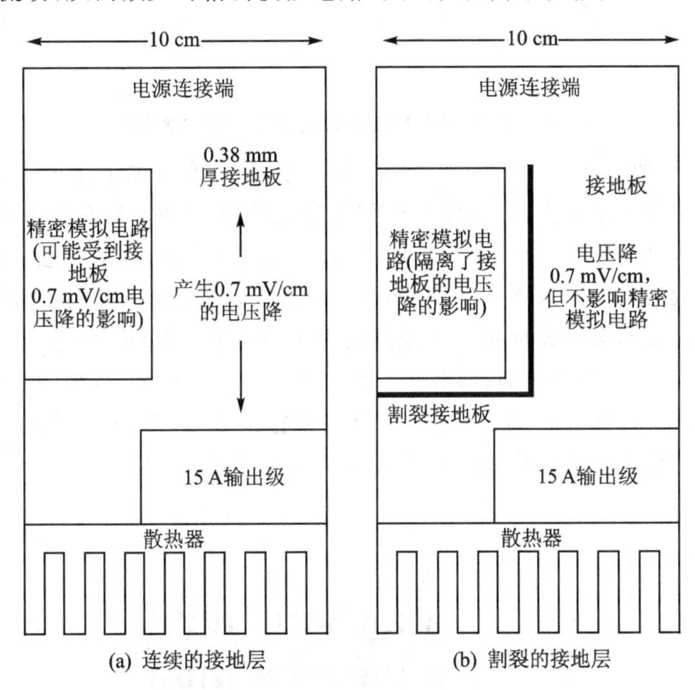

图 9-40　割裂接地层可以改变电流流向

注意:在多个接地层系统中,请务必避免覆盖接地层,特别是模拟层和数字层。两个接地层中间用绝缘体隔离会形成一个电容器。该问题将导致产生从一个层(可能是数字地)到另一个层的容性耦合。

6. 采用“统一地平面”形式

在 ADC 或者 DAC 电路中,需要将 ADC 或者 DAC 的模拟地和数字地引脚连接在一起时,一般的建议是:将 AGND 和 DGND 引脚以最短的引线连接到同一个低阻抗的地平面上。

如果一个数字系统使用一个 ADC,如图 9-41 所示,则可以将“地平面”分割开,在ADC芯片的下面把模拟地和数字地部分连接在一起。但是要求,必须保证两个地之间的连接桥宽度与IC等宽,并且任何信号线都不能跨越分割间隙。

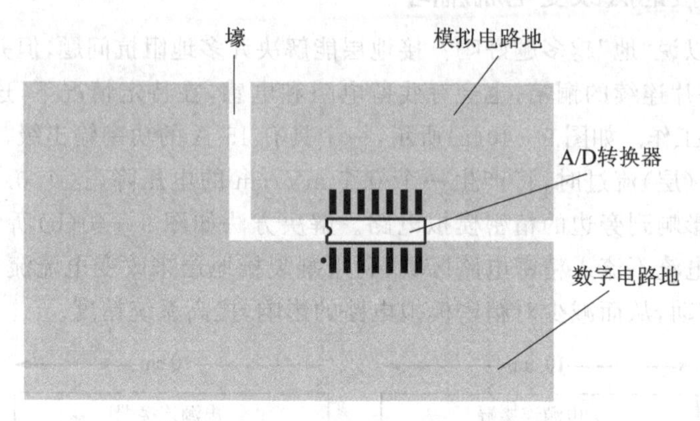

图9-41 利用ADC跨越模拟地和数字地之间的间隙

如果在一个数字系统中有多个ADC,每一个ADC的下面都将模拟地和数字地连接在一起,则会产生多点相连,模拟地和数字地的“地平面”分割也就没有意义了。对于这种情况,可以使用一个“统一的地平面”。如图9-41所示,将统一的地平面分为模拟部分和数字部分,这样的布局、布线既满足了对模拟地和数字地引脚低阻抗连接的要求,同时又不会形成环路天线或偶极天线所产生的EMC问题。

最好的方法是开始设计时就用统一地。如图9-42所示,将统一的地分为模拟部分和数字部分,这样的布局、布线既满足对模拟地和数字地引脚低阻抗连接的要求,同时又不会形成环路天线或偶极天线所产生的EMC问题。

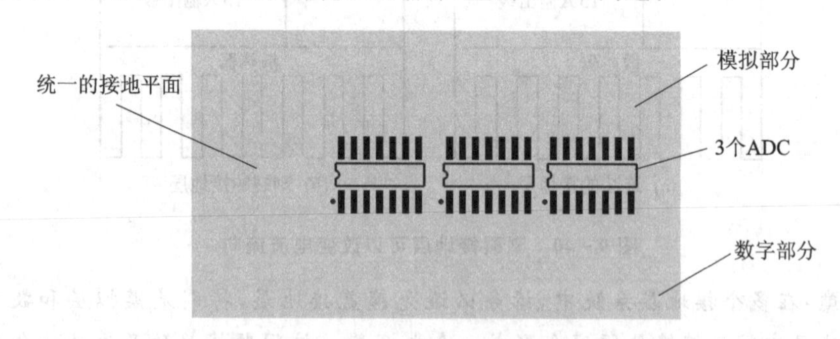

图9-42 采用“统一地平面”

因为大多数A/D转换器芯片内部没有将模拟地和数字地连接在一起,必须由外部引脚实现模拟地和数字地的连接,任何与DGND连接的外部阻抗都会由寄生电容将更多的数位噪声耦合到IC内部的模拟电路上。而使用一个“统一的地平面”,需要将A/D转换器的AGND和DGND引脚都连接到模拟地上,但这种方法会产生如数字信号去耦电容的接地端应该接到数字地还是模拟地的问题。

7. 一个模/数混合系统的电源和接地布局示例

图9-43给出了一个温度测量系统推荐的接线布局图。模拟电路不应受到诸如交流声干扰和高频电压尖峰等此类干扰的影响。模拟电路与数字电路不同,连接必须尽可能的短以减少电磁感应现象,通常采用在V_{CC}和地之间的星形结构来连接。通过公共电源线可以避免电路其他部分耦合所产生的干扰电压。

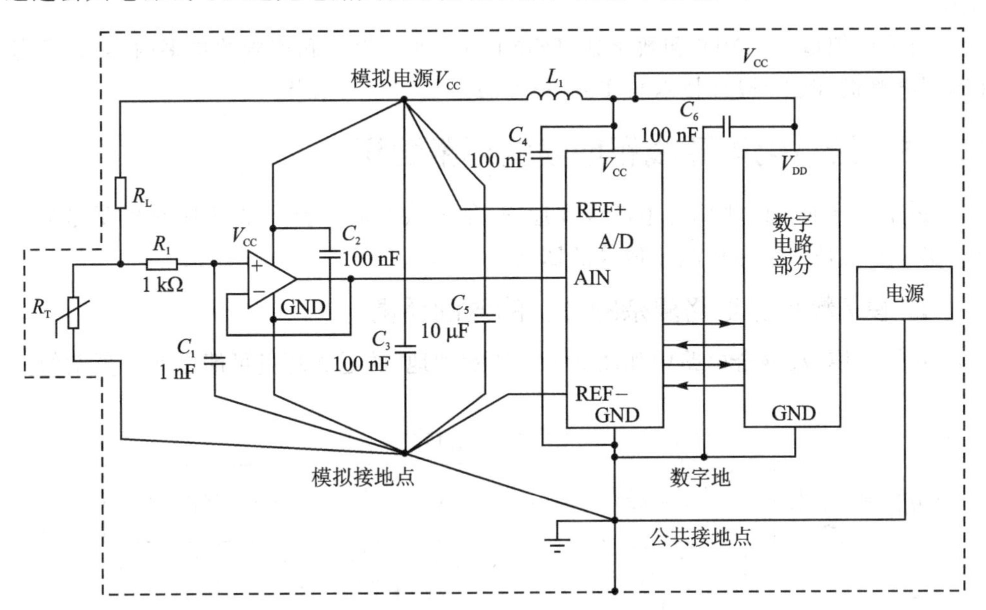

图9-43　推荐的温度测量系统接线布局图

该温度测量电路采用一个独立的电源为数字器件和模拟器件供电。电感L_1和旁路电容C_3用来降低由数字电路产生的高频噪声。电解电容C_5用来抑制低频干扰。该电路结构中心的模拟接地点是必不可少的。正确的电路布局可以避免测量数据时的不必要耦合,这种耦合可以导致测量结果的错误。ADC的参考电压连接点(REF+和REF−)是模拟电路的一部分,所以它们分别连接到模拟电源电压点(V_{CC})和接地点上。

连接到运算放大器同相输入端的RC网络用来抑制由传感器引入的高频干扰。即使干扰电压的频率远离运算放大器的输入带宽,仍然存在这样的危险,因为这些电压会由于半导体元件的非线性特性而得到整流,并最终叠加到测量信号上。

在此电路中所使用的ADC TLV1543有一个单独的内部模拟电路和数字电路的公共接地点(GND)。模拟电源和数字电源的电压值均是相对于该公共接地点的。在ADC器件区域应采用较大的接地面。TLV1543的模拟接地和数字接地信号都连接到公共的接地点上(见图9-43)。所有的可用屏蔽点和接地点,都要连接到公共接地点上。

在设计 PCB 时,合理放置有源器件的旁路(去耦)电容是十分重要。旁路(去耦)电容应提供一个低阻抗回路,将高频信号引入到地,用来消除电源电压的高频分量,并避免不必要的反馈和耦合路径。另外,旁路(去耦)电容能够提供部分能量,用于抵消快速负载变化的影响,特别是对于数字电路。为了能够满足高速电路的需要,旁路(去耦)电容采用 100 nF 的陶瓷电容器。10 μF 的电解电容用来拓宽旁路的频率范围。

有关模拟地(AGND)和数字地(DGND)的 PCB 设计和连接的更多内容,请参考《印制电路板(PCB)设计技术与实践(第 2 版)》中的有关章节。

9.3.5 最小化电源线和地线的环路面积

最小化环面积的规则是电源线和地线、信号线与其回路构成的环面积要尽可能小,实际上就是为了尽量减小信号的回路面积。

1. 模/数混合电路复杂的"地"的返回环境

在一个模/数混合电路中如图 9-44 所示,"地"的返回环境可能是非常复杂的。

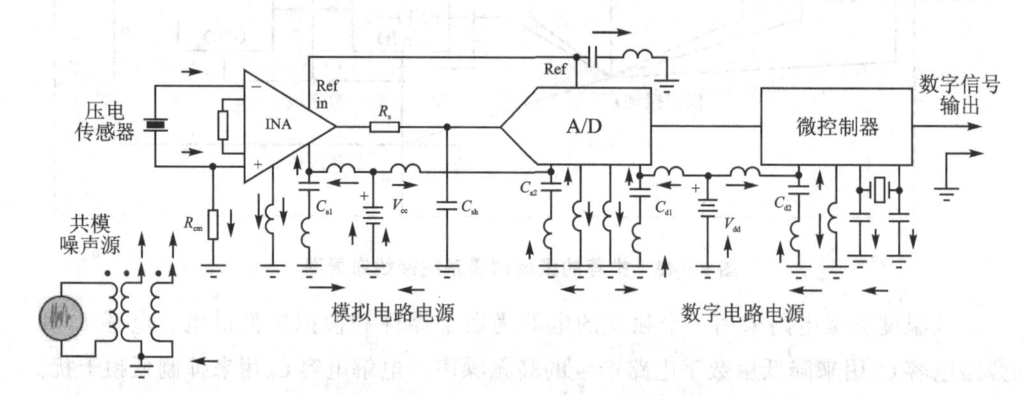

图 9-44 模/数混合电路复杂的"地"的返回环境

2. 最小化电源线和信号线的"地"环路面积

保持电源线和信号线及它的"地"返回线紧靠在一起将有助于最小化地环路面积,以避免潜在的天线环。地环路面积越小,对外的辐射越少,接收外界的干扰也越小。根据这一规则,在地平面(接地面)分割时,要考虑到地平面与重要信号走线的分布,防止由于地平面开槽等带来的问题。双层板设计中,在为电源留下足够空间的情况下,应该将留下的部分用参考地(接地面)填充,且增加一些必要的过孔,将双面信号有效连接起来,对一些关键信号尽量采用地线隔离。对一些频率较高的设计,需特别考虑其地平面信号回路问题,建议采用多层板为宜。减小地环路面积的设计示例如图 9-45~图 9-47 所示。

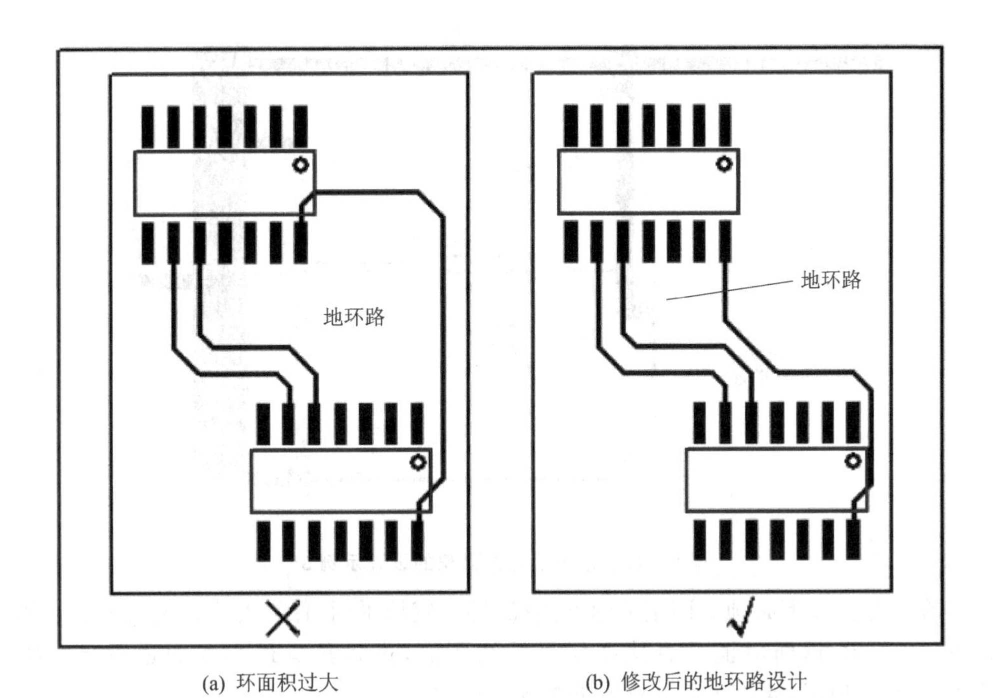

(a) 环面积过大　　　　(b) 修改后的地环路设计

图9-45　减小地环路面积的设计示例1

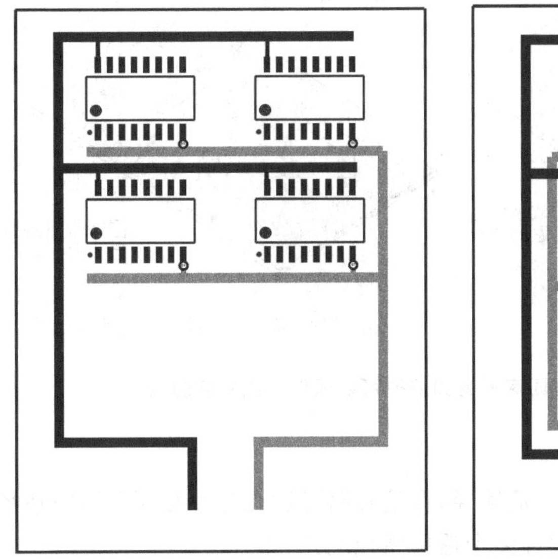

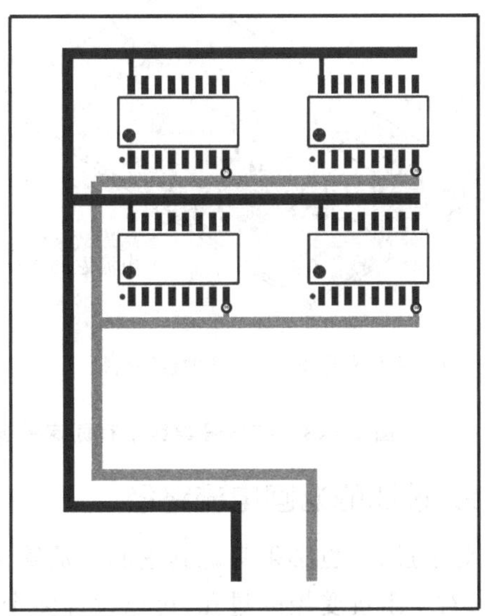

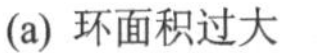

(a) 环面积过大　　　　(b) 修改后的地环路设计

图9-46　减小地环路面积的设计示例2

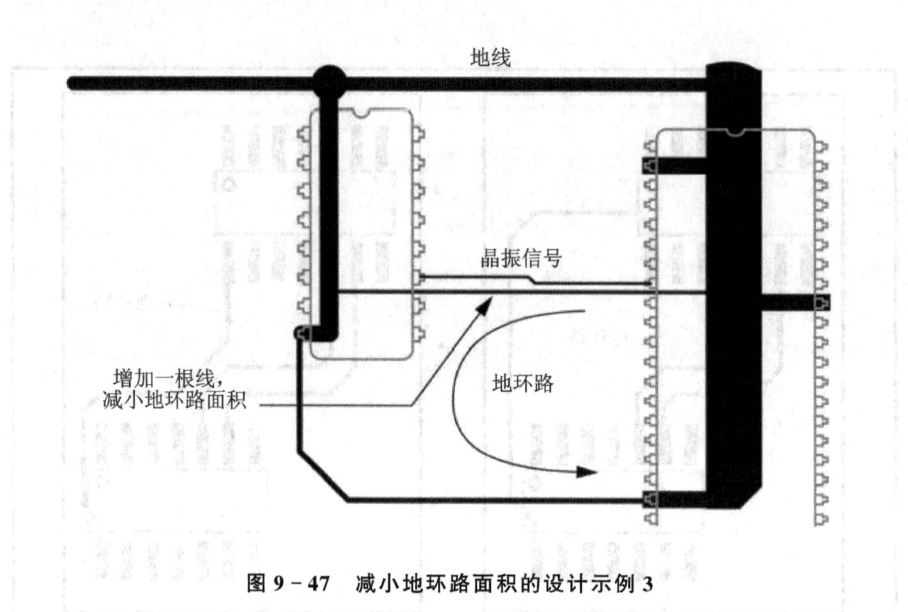

图 9-47 减小地环路面积的设计示例 3

在信号导线下必须有固定的返回路径(即固定地平面)保持电流密度均匀性。如图 9-48所示，返回电流是直接在信号导线下面，这将具有最小的通道阻抗。如图 9-48(b)所示，接地平面开槽影响电流返回路径。

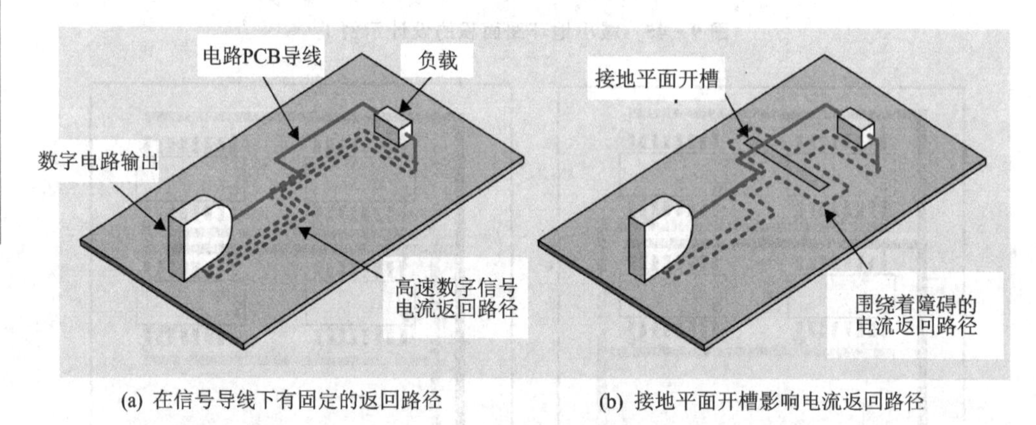

(a) 在信号导线下有固定的返回路径　　(b) 接地平面开槽影响电流返回路径

图 9-48 在信号导线下有固定的返回路径可以保持电流密度的均匀性

3. 过孔的返回电流路径

对于过孔，也必须考虑其返回电流路径，在信号路径过孔旁边必须有返回路径的过孔，对于阻抗受控的过孔，可以设计多个返回路径过孔。

有关最小化电源线和地线、信号线、过孔与其回路环面积的 PCB 设计的更多内容，请参考《印制电路板(PCB)设计技术与实践(第 2 版)》中的有关章节。

9.4 去　耦

9.4.1 PDN 与 SI、PI 和 EMI

1. PDN 是 SI、PI 和 EMI 的公共基础互连

SI(Signal Integrity,信号完整性)、PI(Power Integrity,电源完整性)和 EMI(Electromagnetic Integrity,电磁完整性)是高速数字系统设计需要解决的 3 个重要问题。高速数字系统设计必须同时保证 SI、PI 和 EMI 这 3 个完整性。

SI 需要解决的主要问题是高速信号互连的设计,SI 用来保证数字电路的正常工作和芯片或系统间的正常通信。PI 需要解决的问题不仅仅是功率传输,PI 还可用来保证高速数字系统拥有可靠的系统供电和良好的噪声抑制,PI 直接影响和制约 SI 和 EMI。EMI 特指高速数字系统电路级互连的电磁兼容(EMC)品质,EMI 保证 PCB 板级电路系统不干扰其他系统或者被其他系统所干扰。与传统 EMC 设计的大多以宏观电路的电磁辐射为研究对象不同,在高速数字系统中 EMI 的研究对象主要是 PCB 及封装内部电路的高速信号及对应的高速互连。高速数字系统需要在电路和互连设计阶段解决潜在的 EMC 问题。

SI、PI 和 EMI 设计紧密关联,而 PDN(Power Distribution Network,电源分配网络)是 SI、PI 和 EMI 的公共基础互连,相互关系如图 9-49 所示。而 SI、PI 和 EMI 协同设计是高速数字系统设计的唯一有效途径。

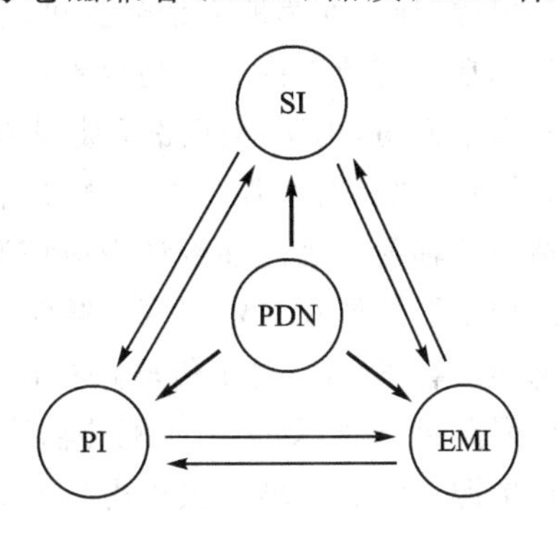

图 9-49　SI、PI 和 EMI 与 PDN 的相互关系

2. 优良的 PDN 设计是 SI、PI 和 EMI 的基本保证

SI 问题主要是高速信号互连的设计问题,优良的 SI 设计建立在优良的 PDN 设计基础之上。PDN 的设计影响 SI 的原因有:一是所有的收发器都是由 PDN 供电的,PDN 为这些器件提供了参考电压。供电电压的波动严重影响收发器的时序问题,例如驱动器上升沿的提前或滞后,接收器参考电位的漂移等。二是电源/地平面构成了所有信号的返回路径,其设计的好坏直接影响高速信号传输的质量。

从电路理论知道,在电子电路中电流永远都是一个回路,电流总是流向阻抗最低的通路。这是电子电路的两个基本定律。根据电流是一个回路的概念,在高速数字电路中,这意味着所有信号必须有返回路径。不考虑返回路径的设计,问题将十分严重。在高速数字电路中,不考虑信号的返回路径是不可能获得高速信号传输的。

根据电流总是流向阻抗最低的通路的概念,在高速数字电路中,需要注意阻抗的状态,返回路径往往不是我们想的那样。在PCB和封装中,走线拐角、走线尺寸/介质变化、走线分支、过孔、焊盘、封装引脚、键合线、连接器、电源/地平面上的开槽等,这些结构都将导致高速信号感受的瞬时阻抗发生突变。PDN的重要组成部分——电源/地平面(包括电源/地过孔、去耦电容器、稳压器等)也是高速信号的返回路径,电源/地平面上的开槽和信号切换参考平面都将造成返回路径的偏离,导致信号回路阻抗的突变,从而造成SI、PI和EMI问题。

PDN上的高频噪声,尤其是电源/地平面之间的高频电源噪声和高速信号回路是影响PCB和封装EMI及宏观EMC的两个源头。这两点都与PDN的设计密切相关,如果能够通过设计严格控制或抑制PDN的电源噪声,就可以大幅度减小由电源噪声引起的电磁辐射。通过恰当设计高速信号的返回路径使其紧邻信号路径分布,使得形成的回路面积最小,保持电流通路的阻抗连续不变,就可以减小潜在的辐射威胁。

电源/地平面为所有信号提供返回路径。在高速设计中,必须使传输线的阻抗突变控制在一定范围内。当高速走线经过带有开槽的参考平面或是经由过孔切换到其他参考平面时,由于返回路径被强制流向离信号路径较远的地方,导致回路面积增大,进而导致辐射增强。由于电磁辐射的强度与频率成正比,减小信号的边沿率能降低造成的辐射。因此在设计中应该选择满足系统性能指标的速度最低的器件,采用边沿控制器件能在一定程度上减缓EMI问题。另外,采用小电流信令标准和差分信令都能改善EMI。对于传输路径而言,应尽量减少传输线的不连续,使返回路径紧邻信号路径分布,如采用匹配传输线、避免信号横跨凹槽等。对于敏感电路而言,可采用电源/地隔离、增加去耦电容器和电磁屏蔽等措施,切断电磁场的传播路径。

作为PDN的重要组成部分——电源/地平面,如果设计不好将可能成为一个严重的辐射源。例如,当信号切换参考平面时,整个电源/地平面构成了返回路径,高速切换的返回电流将注入电源/地平面中。由于电源/地平面形成了一个平面谐振腔,因此具有固有的谐振频率。当信号的频率分量落在平面的谐振频率上时,平面谐振腔就会被激励,从而产生谐振。在谐振频率上,由电源/地平面产生的电磁辐射是最严重的。减小这种辐射是PDN设计的一个重要内容。

PDN的电源/地平面构成了所有信号的返回路径。良好的电源/地平面设计是获得良好的SI、PI和EMI的基本保证。

9.4.2 PDN的拓扑结构

PDN的拓扑结构如图9-50所示,主要包括DC-DC稳压器(VRM)、去耦电容器(包括体电容器(大容量电容器)、表贴(SMT)电容器和嵌入式电容(板电容器))、PCB电源/地平面、封装电源/地平面、芯片内电源分配网络等。

PDN中的各组成部分从提供电荷的能力和速度来看,可以划分为不同的等级。

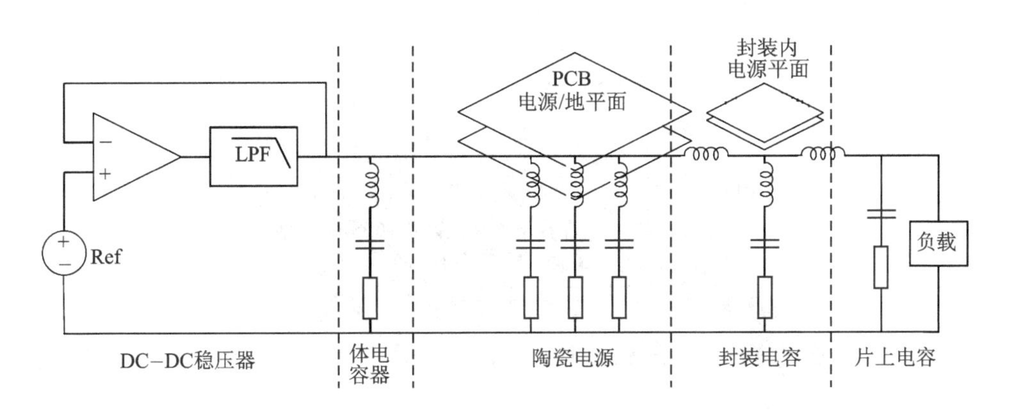

图 9-50 PDN 的拓扑结构

VRM 是 PDN 中最大的电荷储存和输送源,它为整个高速数字系统提供电能,包括储存在去耦电容器和电源/地平面中的电荷,以及 IC 消耗的功率。由于 VRM 的结构特点(如存在很大的接入电感),即反应速度很慢(其反应速度在整个 PDN 中是最慢的),不能提供变化率在 1 MHz 以上的变化电流。体电容器构成了 PDN 中的第二大电荷储存和输送源,其电容量范围一般在几十 μF 到几十 mF。体电容器能够为系统提供大于数百纳秒的变化电流,由于受到自身电感和 PCB 等电感的影响,其反应速度次慢。SMT 去耦电容器其容量在几十 nF 到几百 μF 之间,紧靠芯片安装,能提供小于数十纳秒的高速变化电流,反应速度第 2 快。电源/地平面能提供数纳秒以下的快速变化电流,反应速度最快。

如图 9-51 所示,去耦电容器按其位置可以分为体电容器(大容量电容器,Bulk Capacitor)、PCB 电容器(板电容器,On-PCB Decoupling Capacitor)、封装去耦电容器(On-Package Decoupling Capacitor)和片上去耦电容(On-Chip Decoupling Capacitor)等几种类型。实际电路中,由于 PCB-封装连接和封装-芯片连接所引入的寄生电感导致功率不能及时有效地传输。在功率不能及时传输时,通常就需要用去耦电容器提供瞬时电流。从去耦速度的角度来看,去耦电容器越靠近芯片内部电路去耦速度越快。这就是在高速器件引入封装去耦电容器和片上去耦电容的根本原因。去耦网络设计是整个 PDN 设计的重点和难点。

稳压电源电路和去耦电容是构成电源系统的两个重要部分。在高速数字系统中,芯片(电源负载)的电流需求变化是极快的,尤其是一些高速微处理器。内部晶体管开关速度极快,假设微处理器内部有 1 000 个晶体管同时发生状态翻转,状态转换时间是 1 ns,总电流需求是 500 mA,那么此时要求电源系统必须在 1 ns 时间内迅速补充上 500 mA 瞬态电流变化。遗憾的是,稳压电源电路在这么短的时间内是反应不过来的,相对于瞬态电流变化速度,稳压电源电路的反应就显得很迟钝。通常,稳压电源电路的频率响应范围在直流到几百 kHz 之间。从时域角度来理解,假设稳压电源电路的频率响应范围是直流到 100 kHz,那么 100 kHz 对应时域的时间间隔为

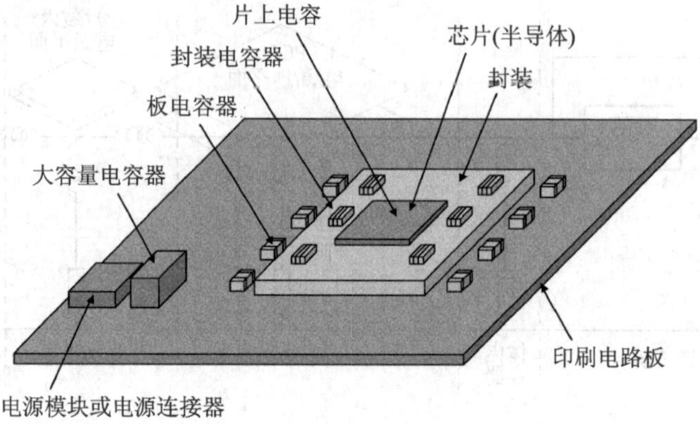

图 9-51 不同位置的去耦电容器

10 μs。也就是稳压电源电路最快的响应速度是 10 μs,如果芯片(电源负载)要求在 20 μs 内提供所需的电流,那么稳压电源电路有足够的反应时间(稳压器的调整时间),因此可以提供芯片所需要的电流。但是,如果芯片要求在 1 ns 内提供所需的电流(相对稳压电源电路最快 10 μs 的响应速度来说,1 ns 的变化太快了),那么稳压电源电路还没有反应,瞬态电流的需求已经过去了。芯片(电源负载)不会等着稳压电源电路来做出反应,如果稳压电源电路不能及时给芯片提供电流,那么在电源输出功率确定的状态下,电流增大了,电压必然会减小(即把电源电压拉下来),这就会产生轨道塌陷和噪声。因此,所说的稳压电源电路的频率响应范围,在时域中对应的是一个响应时间问题。

当 IC 芯片(负载)瞬态电流发生变化时(如增加),如前所述,由于 IC 芯片内部晶体管电平转换速度极快,必须在极短的时间内为 IC 芯片提供足够的电流。但是稳压电源电路无法很快响应负载电流的变化要求,因此 IC 芯片(负载)电源电压就会降低。但是由于去耦电容与 IC 芯片(负载)连接,因此电容对 IC 芯片(负载)放电,电容电流 I_C不再为 0,而为 IC 芯片(负载)提供电流。根据电容等式

$$I = C\frac{\mathrm{d}V}{\mathrm{d}t} \tag{9-28}$$

只要电容量 C 足够大,只需很小的电压变化,电容就可以提供足够大的电流,满足负载瞬态电流的要求。这样就可以保证 IC 芯片(负载)电源电压的变化在容许的范围内。这里,电容作为储能元件,相当于电容预先存储了一部分电能,在 IC 芯片(负载)需要的时候释放出来。储能电容的存在使 IC 芯片(负载)消耗的能量得到快速补充,因此保证了 IC 芯片(负载)两端电压不至于有太大变化,此时电容担负的是局部电源的角色。

例如前例,稳压电源电路要 10 μs 才能反应过来,那从 0~10 μs 这段时间怎么办?这就需要去耦电容来补偿。例如,加入一个 31.831 μF 电容,能提供 100 kHz~1.6 MHz 频段的去耦。从时域来说,这个电容的最快反应时间是 1/1.6 MHz=

0.625 μs。也就是说从0.625～10 μs这段时间内，利用这个电容提供IC芯片(负载)所需电流。在稳压电源电路没有反应时，先用电容顶上，过10 μs后再由稳压电源电路提供IC芯片(负载)所需电流。0.625～10 μs这段时间就是电容的有效去耦时间。

加一个31.831 μF电容后，稳压电源电路的反应时间还是很长，还有625 ns，还是不能满足要求，那就需要再增加电容，增加一些很小的电容，比如13个0.22 μF电容，提供1.6～100 MHz的去耦，那么这13个小电容的最快反应时间为1/100 MHz(即1 ns)。如果有1 ns电流需求，1 ns后这些小电容就可以顶上了。

通常这个反应时间还不够，那就需要再加一些更小的电容，把去耦频率提到500 MHz，反应时间可以提高到200 ps。不同容值的电容产生去耦作用都需要一定的时间，这就是去耦时间。不同的去耦时间对应不同的有效去耦频率段，这就是为什么去耦电容要分频段设计的原因。

需要说明的是，从信号的角度来说，瞬态电流具有很宽的带宽，要想很好地满足电流需求，必须在它的整个带宽范围内都提供去耦，才能满足瞬态电流变化的要求。在一个电源系统中，稳压电源电路对瞬态电流中的低频成分起作用。瞬态电流由很多频率成分组成，稳压电源电路、大电容、小电容、更小的电容分别负责补偿瞬态电流中不同频率的部分，各司其职，协同工作，这些作用合成在一起，物尽其用，才能产生一个类似阶跃信号的补偿电流。

9.4.3　目标阻抗

目标阻抗是衡量PDN的重要参数。电源供电示意图如图9-52所示。目标阻抗Z_{target}的定义如下：

$$Z_{target}=\frac{V_{DD}\times \text{TOLERANCE}}{I_{max}-I_{min}} \tag{9-29}$$

式中，Z_{target}为目标阻抗，V_{DD}为电源电压，TOLERANCE为允许的电压波动，I_{max}为负载所需的最大电流，I_{min}为负载所需的最小电流，最大瞬态变化电流ΔI为$I_{max}-I_{min}$。

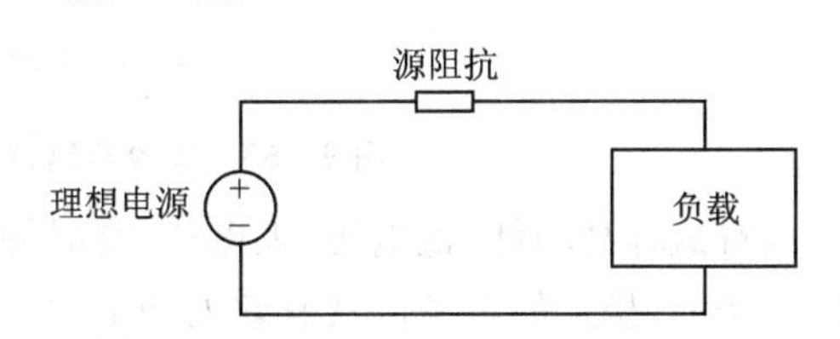

图9-52　电源供电示意图

例如：一个FPGA系统，电源电压为1.6 V，需要提供的最大电流为56 A，最小电流为28 A，即负载阻抗变化为28～57 mΩ，电压允许波动为±5%，可以求得目标阻抗为2.8 mΩ，等效电路、电流和电压波形如图9-53所示。

ITRS预测的微处理器的目标阻抗在不断地下降。如2003年，150 W、1.2 V微处理器的目标阻抗为0.5 mΩ，到2010年，218 W、0.6 V微处理器的目标阻抗已经低至0.1 mΩ。

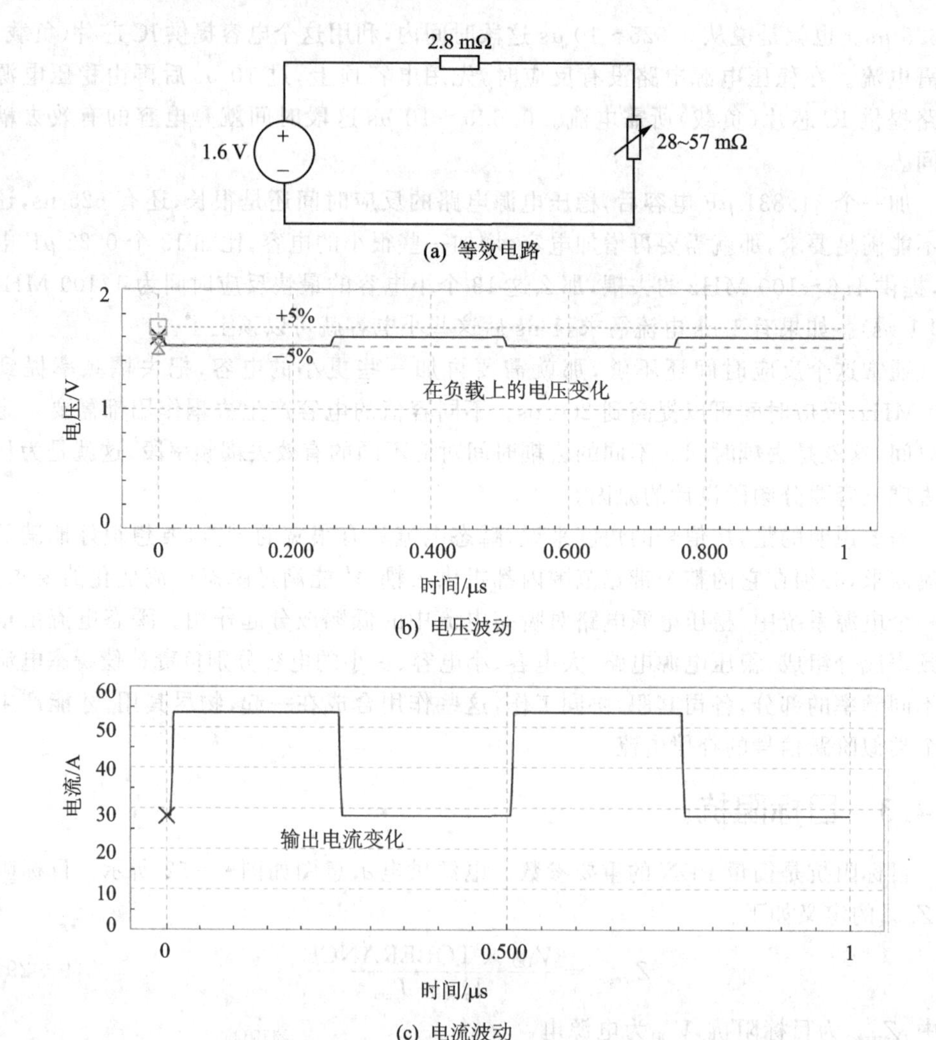

图 9-53 等效电路、电流和电压波形

面对这种高功耗、低电压、大电流、高时钟频率的设计要求,如何为高速数字系统提供干净的、稳定的电源以及有效处理 PDN 引起的噪声干扰,已经成为当今高速数字系统设计必须考虑的重要问题。

9.4.4 基于目标阻抗的 PDN 设计

1. IC 电源的目标阻抗

一个 IC 电源的目标阻抗示意图如图 9-54 所示,IC 工作所必须的电源阻抗目标值称之为目标阻抗(Z_T),在 IC 工作的频率范围内,保持电源阻抗低于目标值是必须的。虽然在图 9-54 中的目标值是个常数,但是根据频率它也可能出现变化。

PDN包括电源、去耦电容器,以及它们之间的连线等。所设计的PDN必须满足目标阻抗要求。

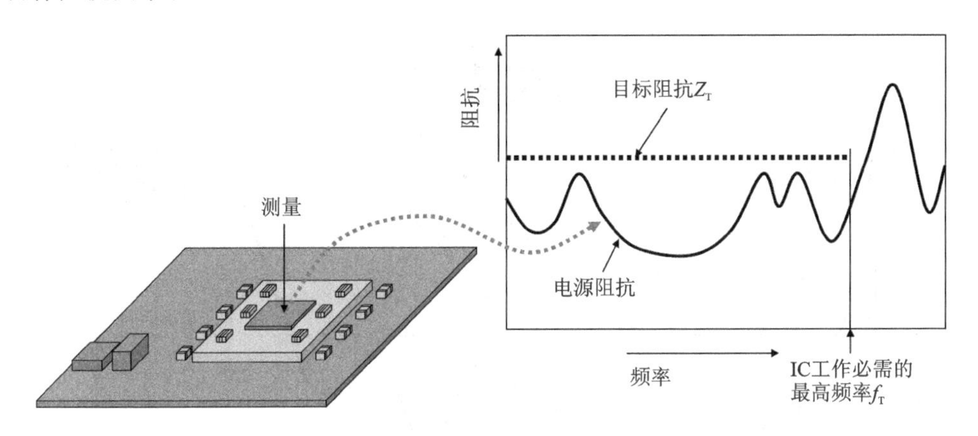

图9-54 IC电源的目标阻抗

2. PCB上的目标阻抗

如图9-50所示,片上电容与封装电容器由IC提供,在PCB设计阶段不能控制它们。

因此,在PCB设计阶段,通常片上电容与封装电容器覆盖的频率下限被认为是PCB的目标阻抗的上限频率$f_{T@PCB}$,这个频率通常认为是10~100 MHz。

在设计PCB上的去耦电容器时,设计目标是满足上限频率$f_{T@PCB}$所要求的目标阻抗,而没必要以IC工作的最高频率为目标。此目标阻抗的测量点是IC封装的电源端。

大容量电容器在低频区域提供低的阻抗,如电解电容器。在大容量电容器不起作用的更高频率区域,由位于IC旁的PCB上的电容器提供低阻抗,如MLCC电容器。

对于一个相对小型且低速的IC,一个去耦电容器足矣。但对于具有低目标阻抗的高性能IC,可能就需要使用多个并联电容器。

3. PDN的输入阻抗必须小于目标阻抗

如图9-55所示,基于目标阻抗的PDN设计方法将PDN看成一个系统,以平均交流电流激励PDN,为使PDN的输出电压波动小于电源噪声容限,PDN的输入阻抗必须小于目标阻抗。如图9-56所示,为了使PDN的输入阻抗低于目标阻抗,需要多个不同容量的电容器并联以获得平坦的输

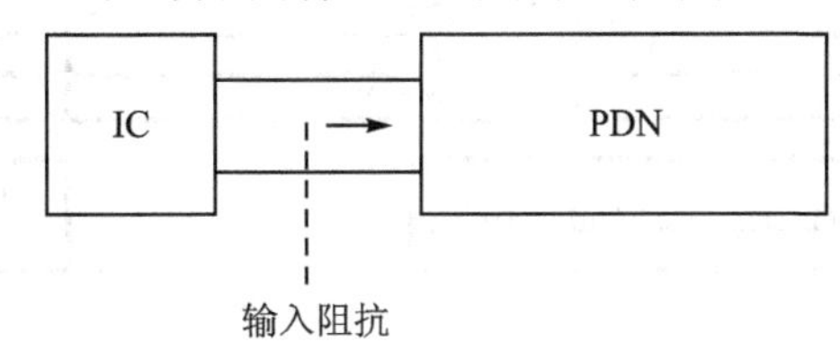

图9-55 PDN的输入阻抗

入阻抗特性。

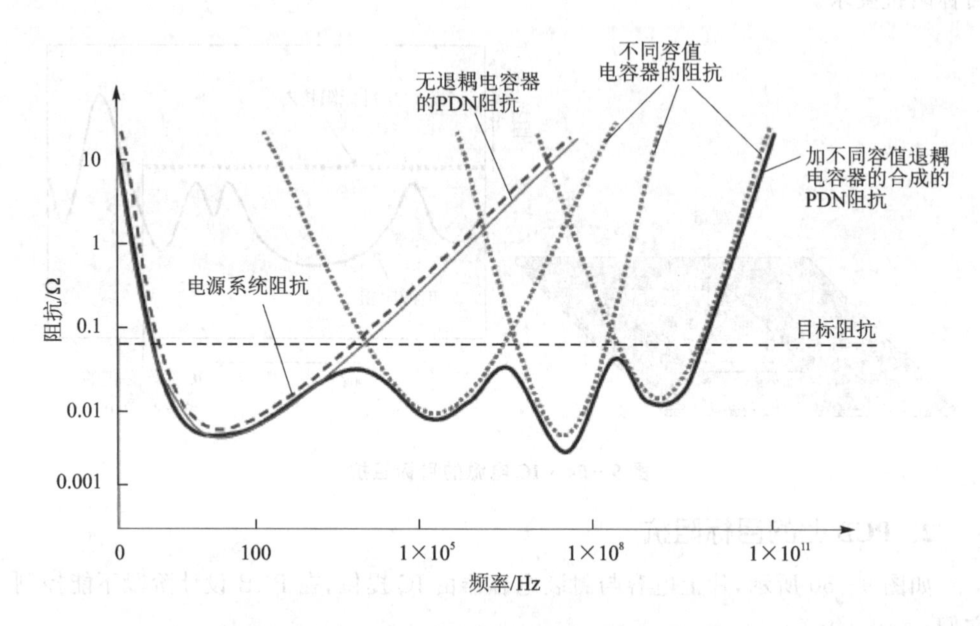

图 9-56　采用多个不同容量的电容器并联以获得平坦的 PDN 输入阻抗特性

图 9-57 是采用一个电容器电子表设计一个平坦的输入阻抗特性的设计示例。从图 9-57(a)可见,容量不同的电容器具有不同的阻抗特性,采用多个不同容量的电容器并联,可以获得一个平坦的输入阻抗特性。

Cap Value	Units	Footprint	Number of Caps	ESR (ohm)	ESL (nH)	Mounting Inductance (nH)	Total Inductance (nH)
0.001	uF	0603	12	0.272	0.5	1	1.5
0.0022	uF	0603	10	0.189	0.5	1	1.5
0.0047	uF	0603	6	0.135	0.5	1	1.5
0.01	uF	0603	4	0.098	0.5	1	1.5
0.022	uF	0603	2	0.072	0.5	1	1.5
0.047	uF	0603	2	0.053	0.5	1	1.5
0.1	uF	0603	1	0.04	0.5	1	1.5
0.22	uF	0603	1	0.03	0.5	1	1.5
0.47	uF	0603	0	0.023	0.5	1	1.5
1	uF	0603	1	0.02	0.5	1	1.5
2.2	uF	0603	1	0.017	0.5	1	1.5
4.7	uF	0603	0	0.015	0.5	1	1.5
330	uF	0603	2	0.01	3	0.5	3.5
0.0093	uF	PCB	1	0	0.1248	0	0.1248
0	uF	VRM	1	0.001	33.6	0	33.6

Target Impedance (ohm)	0.05

High Frequency Target (Fh) (MHz)	200

(a) 电容器电子表

图 9-57　采用多个不同容量的电容器并联以获得平坦的 PDN 输入阻抗特性的设计示例

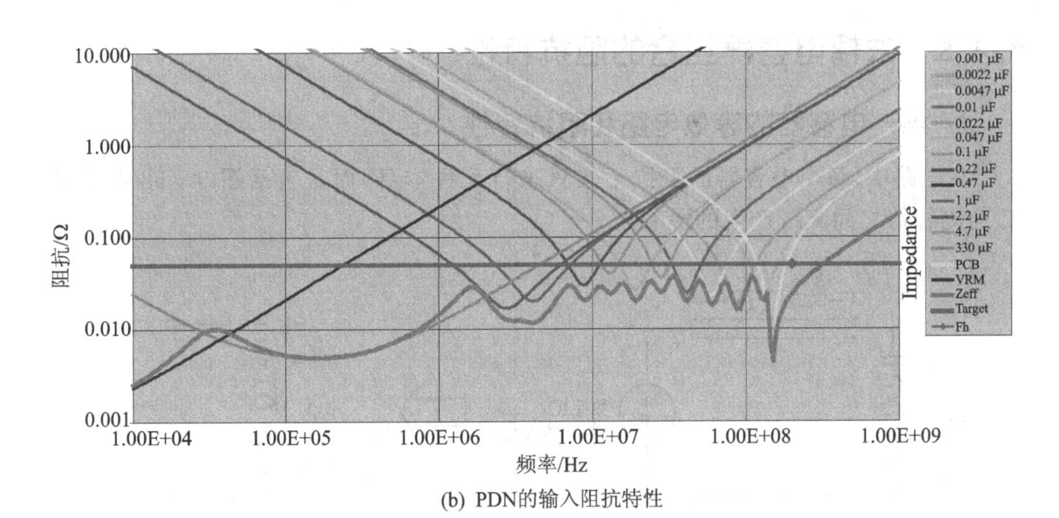

(b) PDN的输入阻抗特性

图9-57 采用多个不同容量的电容器并联以获得平坦的PDN输入阻抗特性的设计示例(续)

基于目标阻抗的PDN设计方法将PDN设计成满足在感兴趣的带宽范围内从IC看过去的输入阻抗小于某一给定的目标阻抗值,以确保电源噪声可以控制在系统预算的噪声容限范围内。频率范围一般为IC的工作频率。

如图9-50所示,在PDN系统中的不同位置安装有不同的去耦电容器,利用每个电容器所覆盖的频率区域,通过组合以满足总的目标阻抗要求。去耦电容器的应用改变了PDN的输入阻抗,为了使PDN的输入阻抗满足目标阻抗的要求,使输入阻抗低于目标阻抗,需要多个不同容量的电容器并联以获得平坦的输入阻抗。

基于目标阻抗的PDN设计方法利用电容器谐振频率周围阻抗达到最小的特性来获得低输入阻抗,大容量的体电容器维持低频输入阻抗,SMT电容器维持中高频输入阻抗,而平面电容、嵌入式电容和片上/封装电容则维持高频阻抗。去耦网络的设计是PDN设计最重要的部分,也是PDN设计和噪声管理的难点。

频域阻抗分析法是平面PDN设计的典型方法。通过PDN的频域阻抗曲线,可以清楚地判断在哪些频率点上会出现严重的电源噪声。这种分析方法非常有利于分析并设计PDN对SI和EMI的影响。

判断一个PDN设计是否优良的标准如下:

① 在可接受的电源噪声下,功率得到及时可靠地传输;

② 维持PCB上高速信号的完整性;

③ 将系统的电磁辐射控制在可接受的范围内。

9.4.5 去耦电容器组合的阻抗特性

1. 单一电容器的等效电路和阻抗特性

在电路中,每个电容器的阻抗不仅只来自元件本身,而是包括图 9-58 所示的 IC 与电容器之间配线产生的影响。

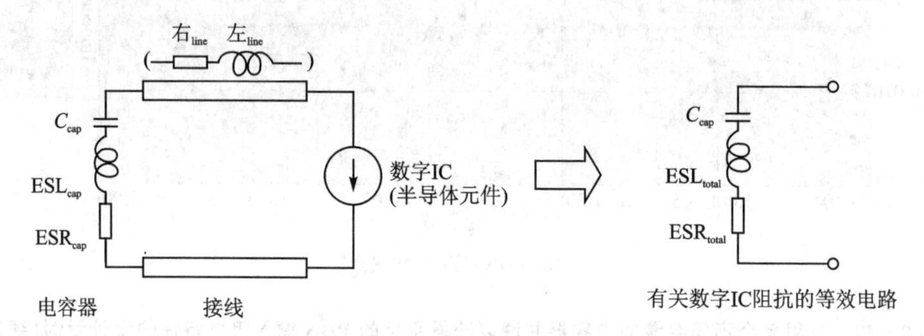

图 9-58 单一电容器的等效电路

满足目标阻抗 Z_T 的曲线范围被称为电容器的有效频率范围。如图 9-59 所示,有效频率范围的下限 f_{min} 受电容器 C_{cap} 电容的限制,上限 f_{max} 受电容器 ESL_{total} 电感的限制。ESL_{total} 包括电容器 C_{cap} 的电感(电容器自身的 ESL 以及电容器安装焊盘和过孔的电感)以及接线 L_{line} 电感。

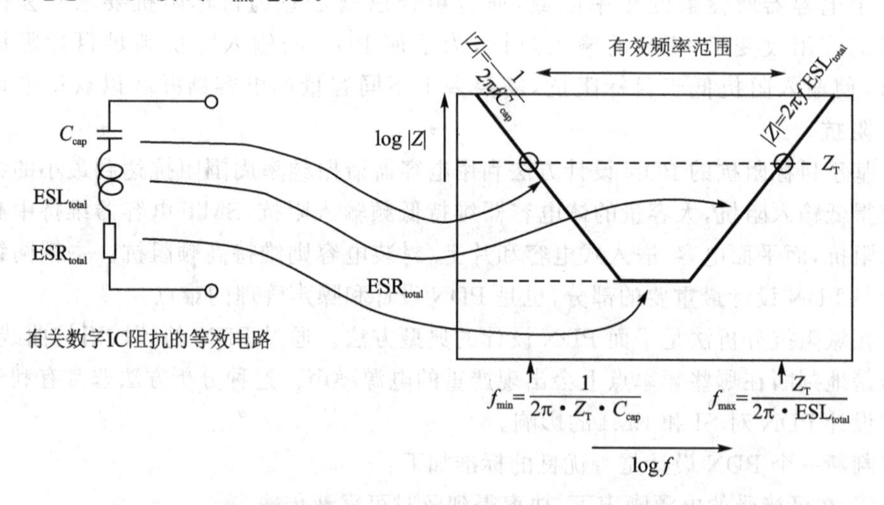

图 9-59 满足目标阻抗 Z_T 的曲线范围被称为电容器的有效频率范围

从图 9-59 中可见,当 Z_T 大时,电容器的有效频率范围就变宽;当 Z_T 小时,电容器的有效频率范围就变窄。

电容器阻抗下限受 ESR_{total} 的限制,所使用的电容器其 ESR 必须小于电源的 Z_T。

2. 利用低频电容器与高频电容器组合，提高电容器的有效覆盖频率范围

如图 9-60 所示，利用低频段的电容器(电容器 1)与高频段的电容器(电容器 2)组合，可以提高电容器的有效覆盖频率范围。低频段的电容器(电容器 1)与高频段的电容器(电容器 2)的有效频率范围必须相交。**注意**：阻抗在频率相交连接区域可能会增加。这是因为并联的电容器可能发生反谐振。

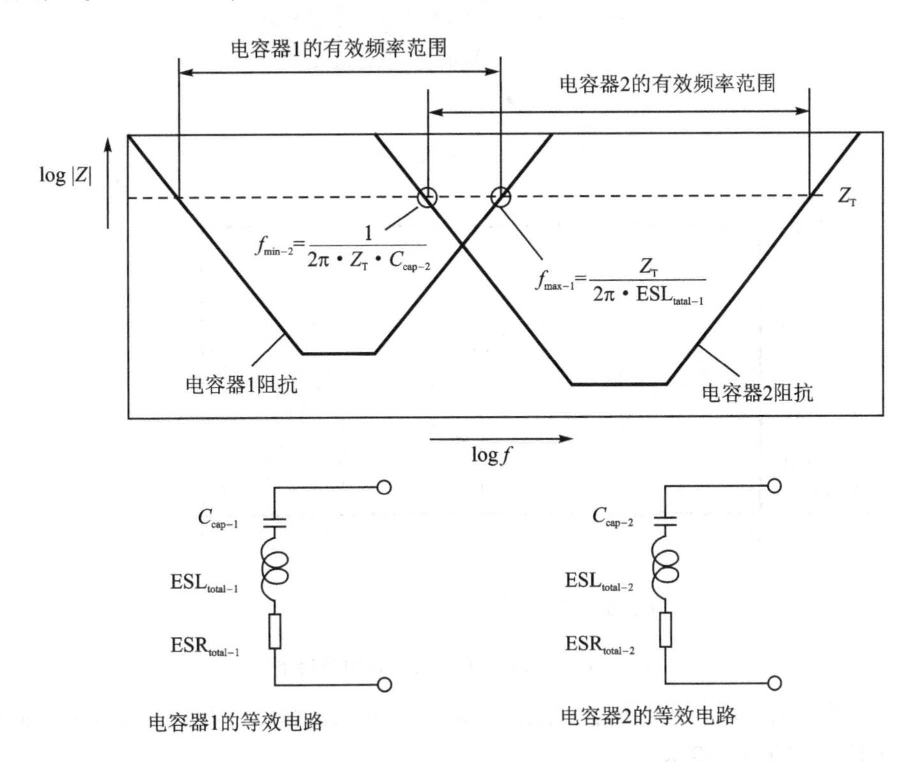

图 9-60　电容器的组合阻抗

如图 9-61 所示，并联安装不同容量的电容器，利用其在自谐振频率上的差异，扩大有效频率范围。需要注意并联电容器的反谐振问题。

如图 9-62 所示，并联安装相同容量的电容器，利用多个电容器阻抗并联，扩大有效频率范围。在这种情况下，不会轻易产生反谐振问题。

如图 9-63 所示，使用一个低 ESL 电容器将产生与多个电容器并联同样的效果。使用低 ESL 电容器更有利于节省空间与降低成本。在图 9-63 中，一个低 ESL 电容器可以实现相当于使用 10 个并联 MLCC 产生的阻抗。

3. 电容器的并联和反谐振

当电容器的电容不足，或者目标阻抗以及插入损耗由于高 ESL 和 ESR 难以实现时，可能需要并联多个电容器，如图 9-64 所示。在这种情况下，必须注意出现在

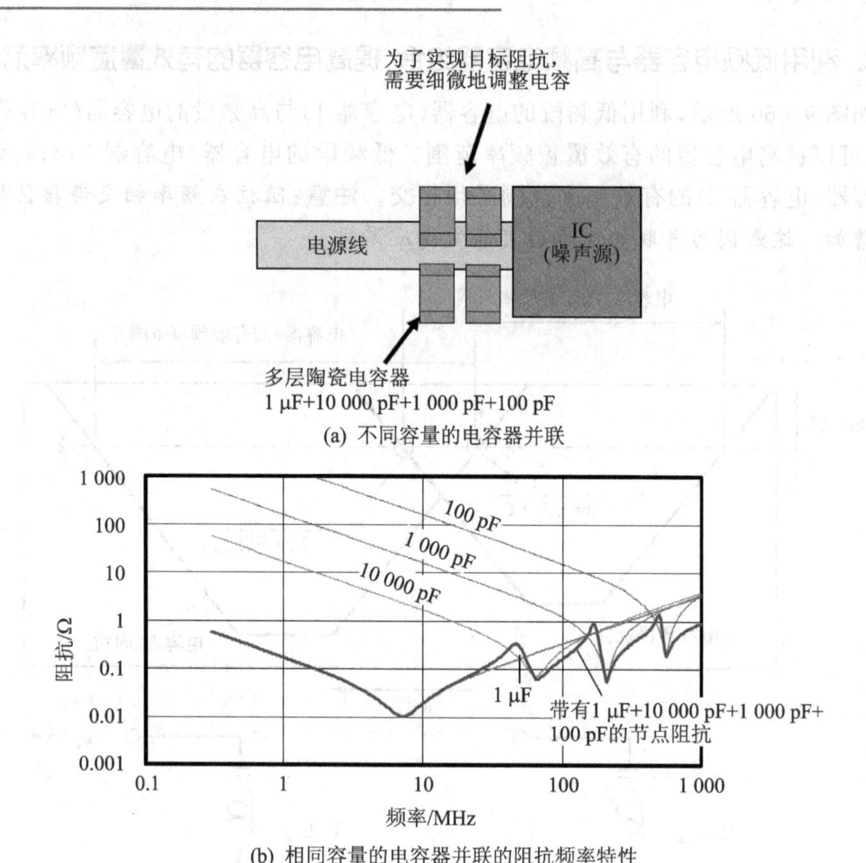

(a) 不同容量的电容器并联

(b) 相同容量的电容器并联的阻抗频率特性

图 9-61　并联安装不同容量的电容器

这些电容器中的并联谐振(称为反谐振)，如图 9-65 所示，可以看到从电源端的阻抗由于反谐振会趋向于变大。

反谐振是发生在两个电容器间的自谐振频率不同时的一种现象。如图 9-66 所示，并联谐振发生在其中一个电容器的电感区以及另一个电容器的电容区的频率范围内。并联谐振造成该频率范围的总阻抗增加。因此，在出现反谐振的频率范围，插入损耗会变小。

可以采用图 9-67 所示的一些方法来抑制反谐振。如图 9-67(a)所示，在电容器间嵌入谐振抑制元件如铁氧体磁珠；如图 9-67(b)所示，匹配电容器的电容调整自谐振频率；如图 9-67(c)所示，缩小电容器之间的间距和使用不同电容的电容器相结合，电容值的差值低于 10∶1。

图 9-67(a)所示方法对改善插入损耗相当有效。然而，降低电源阻抗的效果就变小。采用图 9-67(b)和图 9-67(c)的方法，可以减弱反谐振，但要完全抑制反谐振是很难的。如图 9-67(d)所示，可以采用低 ESL 和 ESR 的高性能电容器来消除反谐振问题。

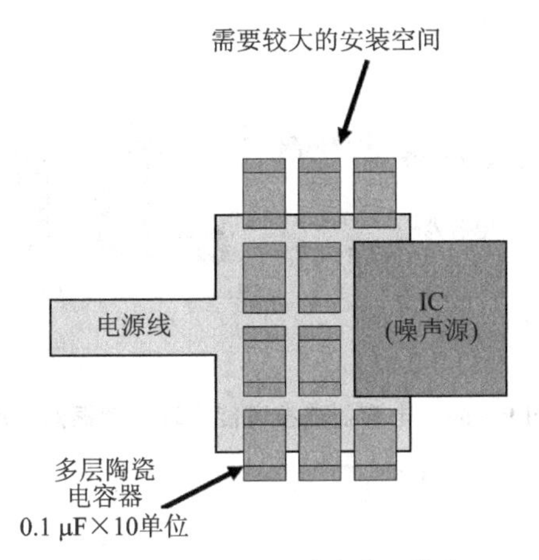

(a) 相同容量的电容器并联

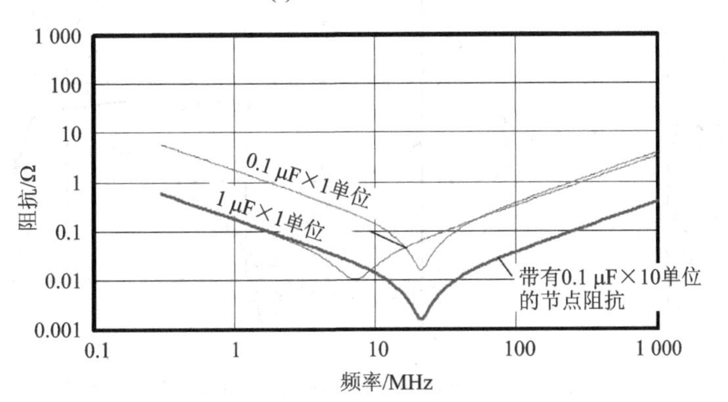

(b) 相同容量的电容器并联的阻抗频率特性

图 9－62　并联安装相同容量的电容器

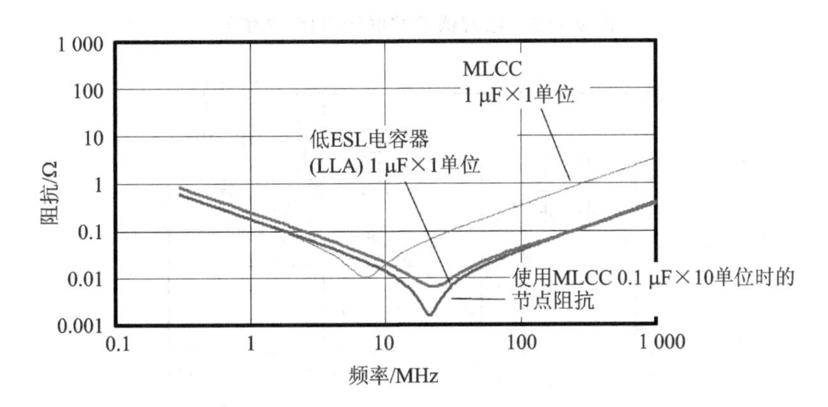

图 9－63　一个低 ESL 电容器与多个 MLCC 并联使用的比较(计算值)

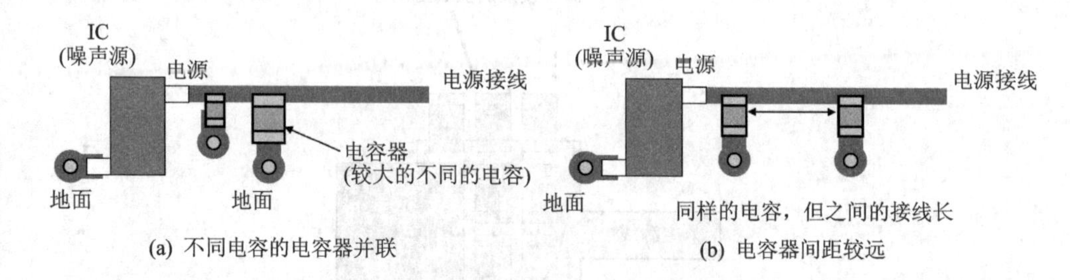

图9－64　电容器连接可能出现反谐振的情况

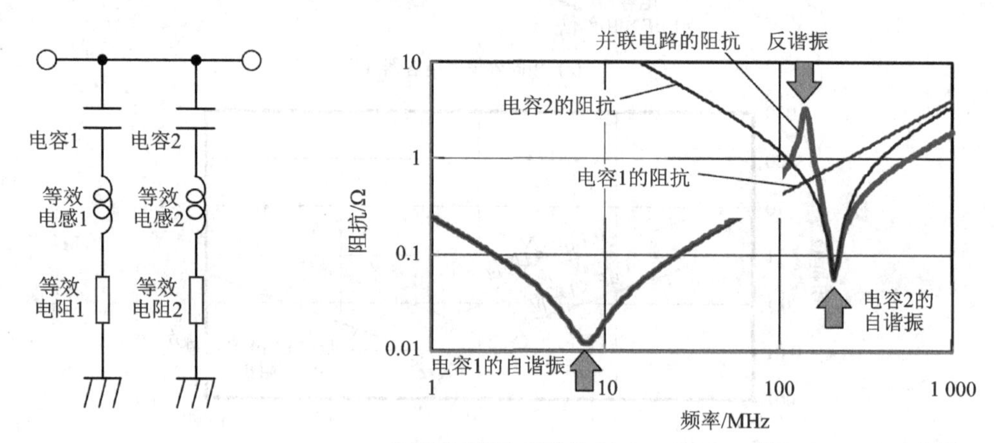

电容1的阻抗：封装尺寸1.6 mm×0.8 mm的MLCC，1 μF电容器的等效电感近似值为0.6 nH，等效电阻近似值为10 mΩ；
电容2的阻抗：封装尺寸1.6 mm×0.8 mm的MLCC，1 000 pF电容器的等效电感近似值为0.6 nH，等效电阻近似值为600 mΩ。

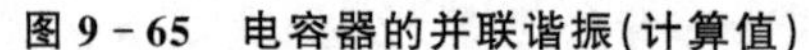

图9－65　电容器的并联谐振(计算值)

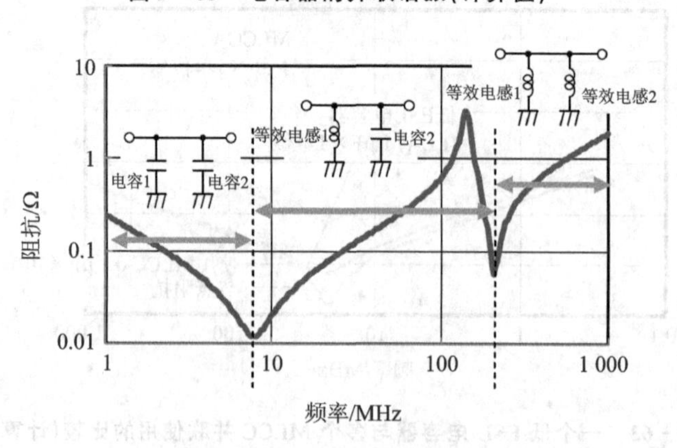

图9－66　电容器的并联谐振频率范围

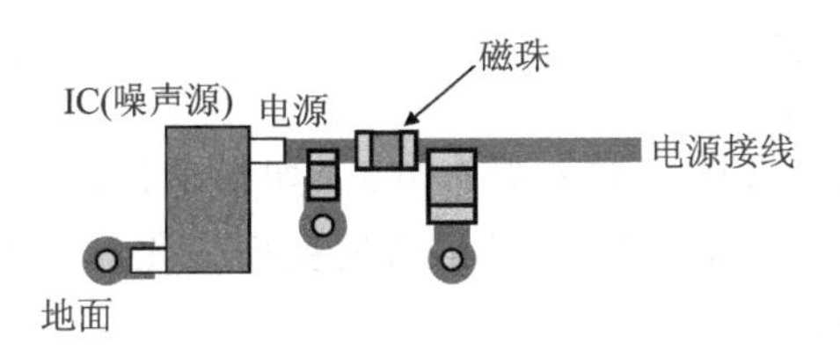

(a) 电容器间嵌入铁氧体磁珠

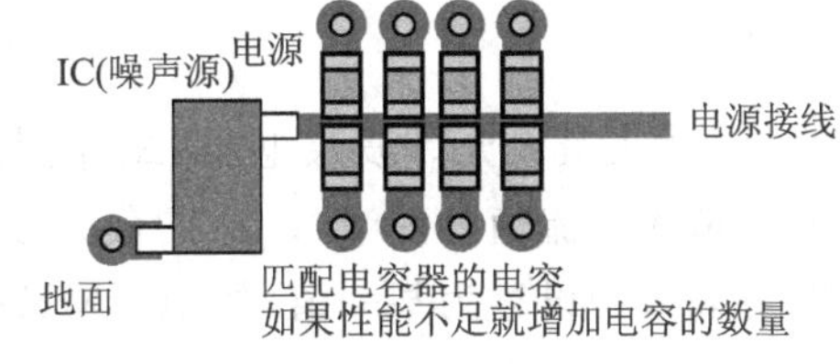

(b) 匹配电容器的电容

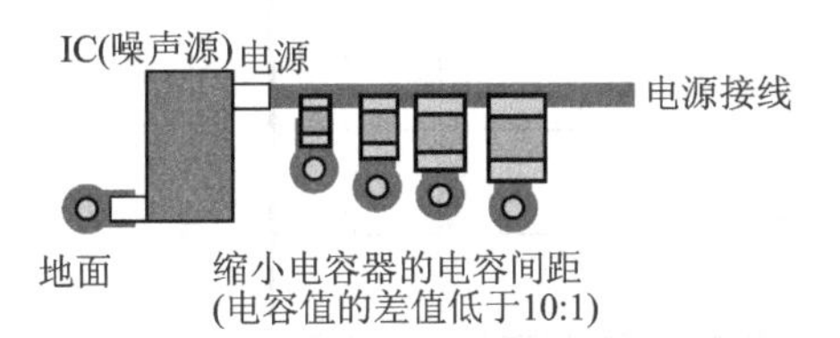

(c) 使电容器间的电容强度变小

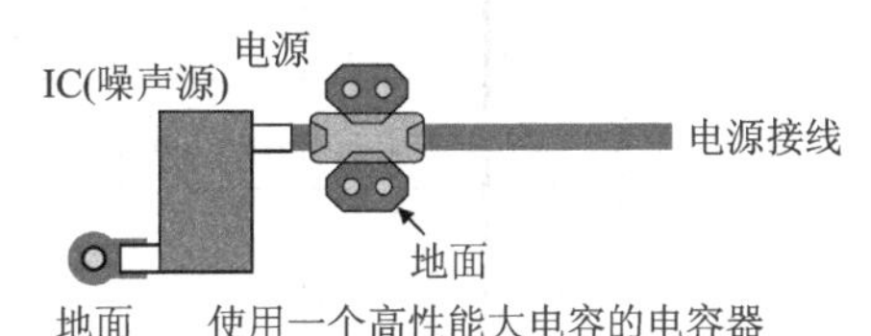

(d) 使用高性能的电容器

图9-67 抑制反谐振的一些方法

9.4.6 去耦电容器的容量计算

1. 计算去耦电容器容量的模型

计算去耦电容器容量的模型如图9-68所示。需要考虑到大容量电容器(体电容器)与板电容器放置在电源模块与IC之间的什么位置上,可以先大约确定电容器的安装位置,并使用MSL连接。

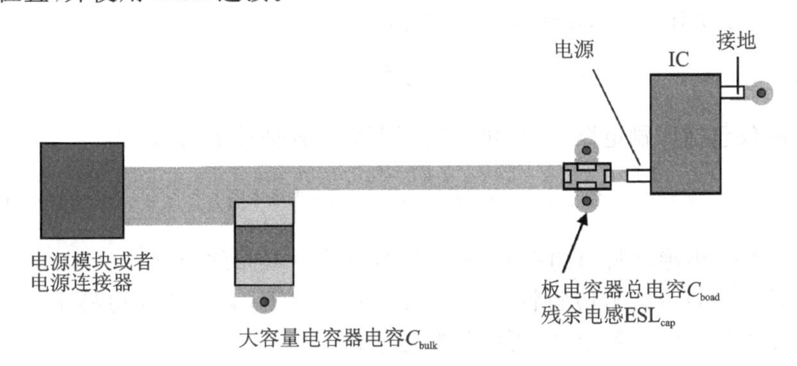

图9-68 计算去耦电容器容量的模型

2. 确定目标阻抗

如果已经知道目标值与IC工作所必需的电源阻抗最大频率,如图9-69所示,目标阻抗Z_T可以由图9-69所决定。如果未知,可以用下面的公式确定:

$$Z_{\mathrm{T}} = \frac{\Delta V}{\Delta I} \tag{9-30}$$

式中,ΔV 代表最大允许波纹电压,ΔI 代表最大静态波动瞬态电流(如果未知,可以选择 IC 最大电流值的一半)。Z_{T}的最大频率 $f_{\mathrm{T@PCB}}$ 根据 IC 运行速度而变化。如果未知,可以大约设置为某一值,如 100 MHz。

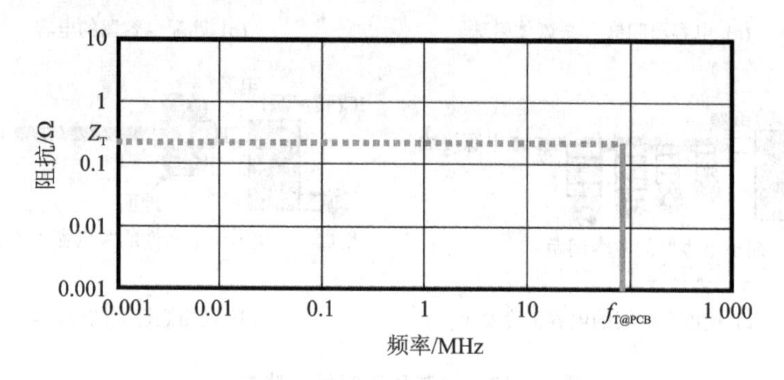

图 9-69 确定目标阻抗

3. 确定大容量电容器的容量

首先确定低频端电容器的容量,即大容量电容器(体电容器)的容量。其模型如图 9-70 所示。

可以假定电源模块与电路或印制电路间的导线阻抗(电感)是阻止大容量电容器在安装位置达到目标阻抗的主要因素。当电源模块理想工作时,这个导线阻抗(电感)为 L_{Power},可以由下式确定大容量电容器的容量 C_{bulk}。

$$C_{\mathrm{bulk}} \geqslant \frac{L_{\mathrm{Power}}}{Z_{\mathrm{T}}^{2}} \tag{9-31}$$

当电路仅包括印刷电路板时,可以使用下面公式估计 L_{Power}。

$$L_{\mathrm{Power}} = 0.4l\left(\frac{h}{w}\right)^{0.6} \times 10^{-6} \quad (\mathrm{H}) \tag{9-32}$$

式中,h 是 MSL 中绝缘材料的厚度,w 是接线宽度,l 是接线长度。

在电源模块自身的响应特性不可以忽略的情况下,必须考虑电感 $L_{\mathrm{PowerResponce}}$ 的影响。根据电感时间常数公式,可以粗略地估计:

$$L_{\mathrm{PowerResponce}} = Z_{T} \cdot t_{\mathrm{PowerResponce}} \tag{9-33}$$

式中,$t_{\mathrm{PowerResponce}}$ 是电源模块的响应时间。

4. 确定板电容器的容量

确定板电容器的容量 C_{boad} 模型如图 9-71 所示。假设大容量电容器与板电容器间的接线电感为 L_{bulk},在板电容器安装区域必需的电容器计算公式如下:

$$C_{\mathrm{boad}} \geqslant \frac{L_{\mathrm{bulk}}}{Z_{\mathrm{T}}^{2}} \tag{9-34}$$

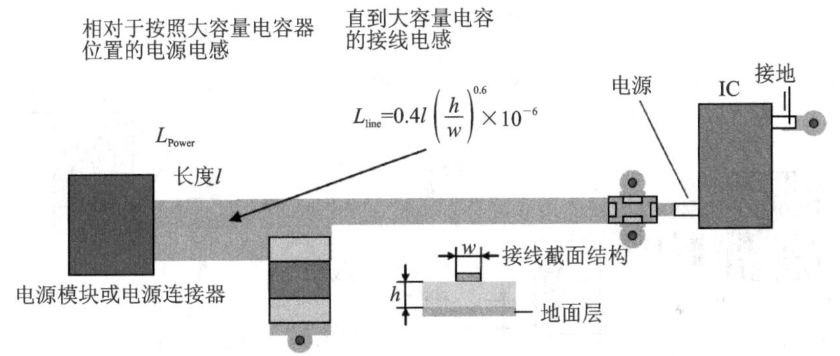

(a) 大容量电容器的容量计算模型

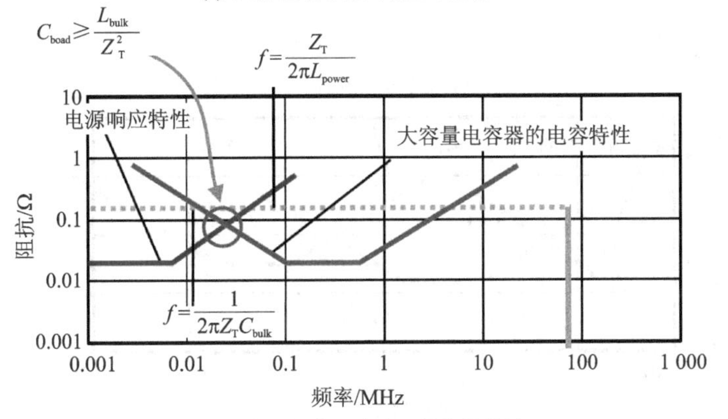

(b) 电容和大容量电容器的阻抗特性

图 9-70　确定大容量电容器的容量

严格来说，L_{bulk}应包括大容量电容器的 ESL 以及 IC 与大容量电容器间的所有接线电感，在图 9-71 中，仅包括大容量电容器与板电容器间的接线电感。

5. 确定板电容器的安装位置

板电容器的安装位置必须在 IC 电源端最大允许接线长度 l_{max}之内。最大允许接线长度 l_{max}的计算公式如下：

$$l_{max}\cong 0.4\frac{Z_T-2\pi f_{T@PCB}ESL_{cap}}{f_{T@PCB}\left(\frac{h}{w}\right)^{0.6}}\times10^6\quad(m)\tag{9-35}$$

式中，ESL_{cap} 代表板电容器的 ESL，并且包括电容器安装焊盘与过孔的电感（ESL_{PCB}）。

如图 9-72 所示，最大允许接线长度 l_{max}要求在 $f_{T@PCB}$频率时满足 Z_T。板电容器的安装位置必须在 IC 电源端最大允许接线长度 l_{max}之内。

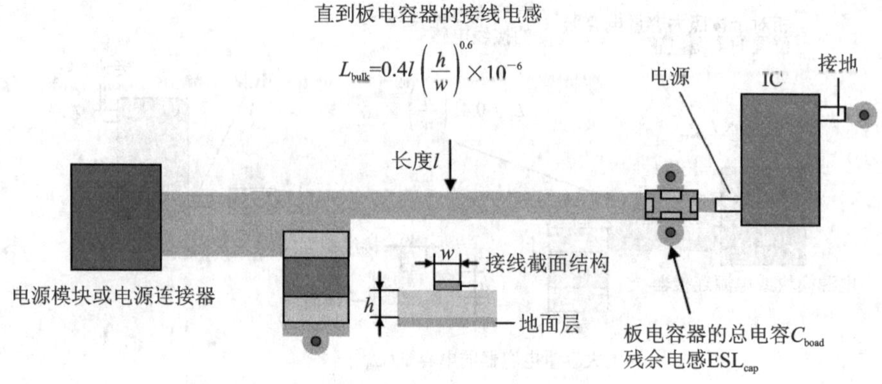

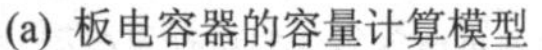
(a) 板电容器的容量计算模型

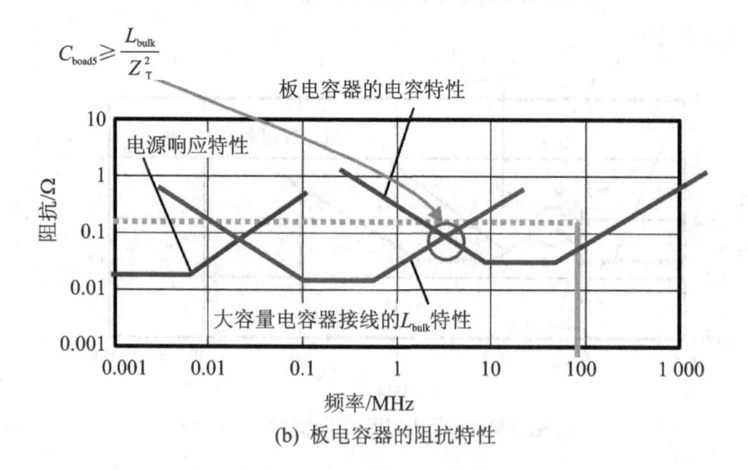

(b) 板电容器的阻抗特性

图 9-71　确定板电容器的容量

6. 减少 ESL_{cap}

如图 9-73 所示，在 l_{max} 要求长度的范围内，当一个电容器不能达到目标阻抗时，可以使用多个电容器并联以减少 ESL_{cap}，达到设计要求。

7. mΩ 级超低目标阻抗设计

对于低电压，同时又需要大电流与高速响应的电源，如大型 CPU 的内核电源，可能需要 mΩ 级的低阻抗。在这种情况下，组合各层的多个电容器(并联连接)，以达到要求的 mΩ 级目标阻抗，是很有必要的。在这种情况下，由于电容器数量以及电源端的剧增，阻抗设计变得很复杂，并且电源接线配置也很复杂。使用低 ESL 电容器，可能会使电源设计简单，并且由于电容器数量的减少，在空间与成本方面变得有利。

组合各层的多个电容器(并联连接)以达到 mΩ 级目标阻抗的设计示例如图 9-74所示。

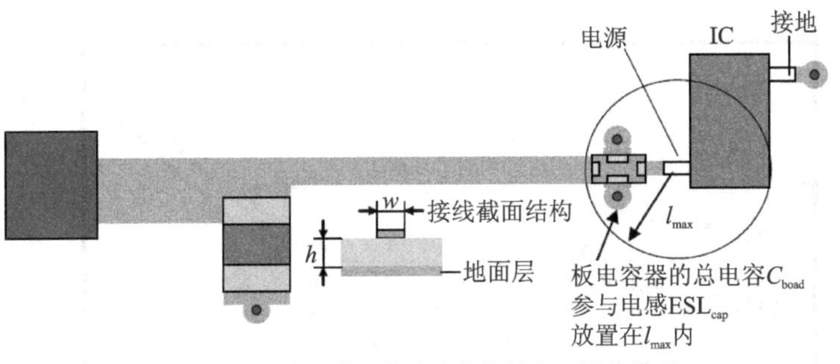

(a) 板电容器的最大允许接线长度l_{max}计算模型

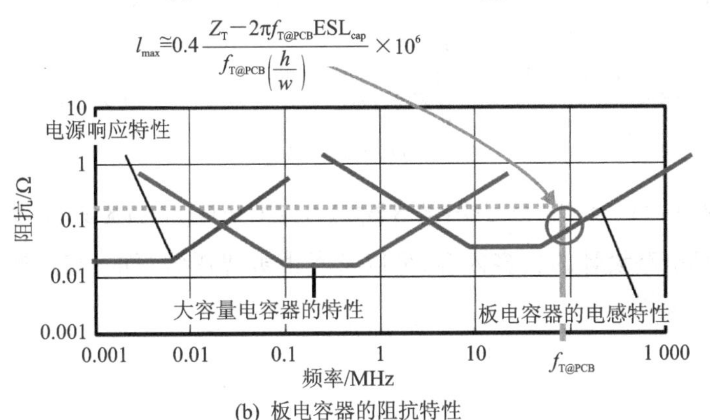

(b) 板电容器的阻抗特性

图 9-72　确定板电容器的位置

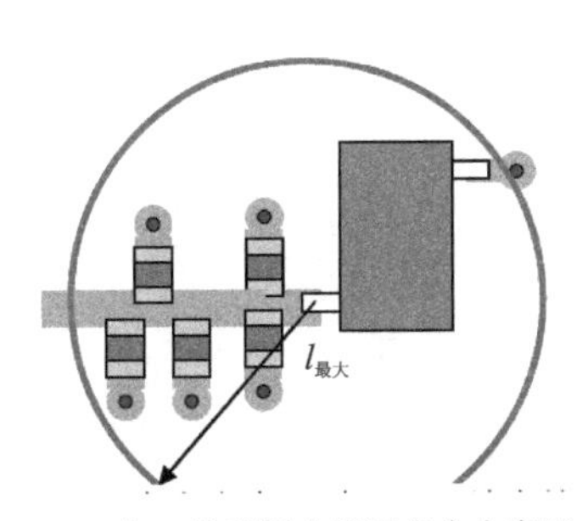

(a) 在l_{max}的范围内使用多个电容器

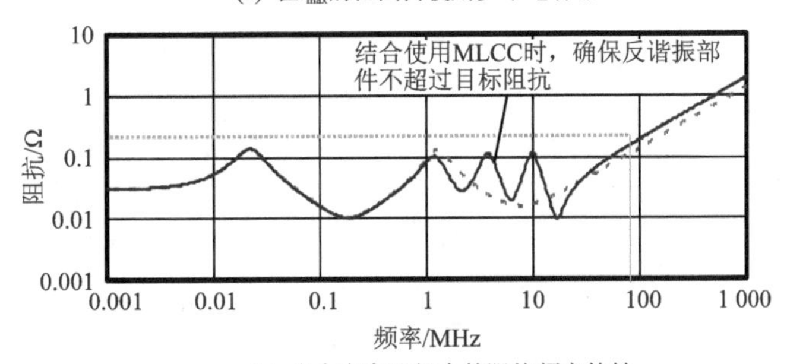

(b) 多个电容器组合的阻抗频率特性

图 9-73　多个电容器并联减少 ESL_{cap}

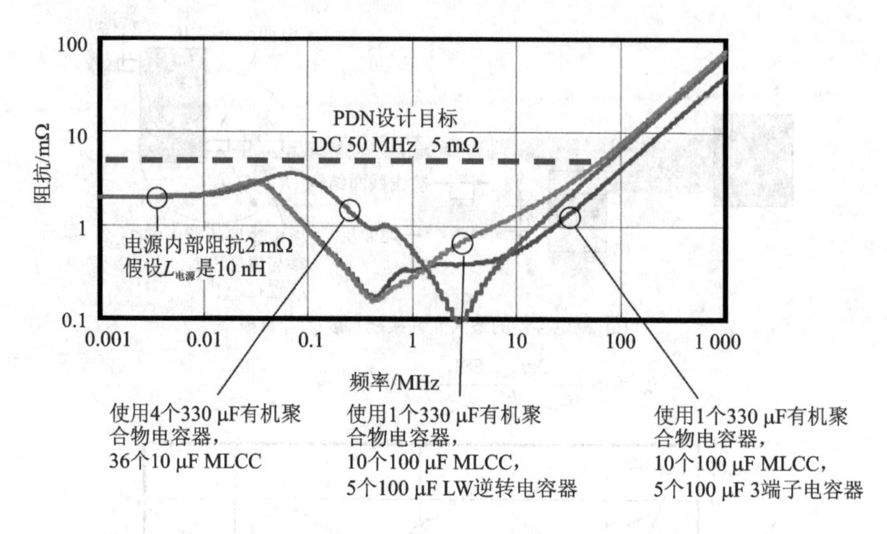

图 9-74 组合各层的多个电容器以达到要求的目标阻抗的设计示例

有关去耦电路设计的更多内容，可以参考由黄智伟编写的《高速数字电路设计入门》中的相关章节。

参 考 文 献

[1] Atmel Corporation. 8-bit Microcontroller with 8K Bytes In-System Programmable Flash AT89S52 [EB/OL]. [2014]. http://www. atmel. com.

[2] Atmel Corporation. 8 位微处理器,具有 128K 字节的系统内可编程 Flash ATmega128 ATmega128L[EB/OL]. [2014]. http://www. atmel. com.

[3] Atmel Corporation. 具有 8 KB 系统内可编程 Flash 的 8 位微控制器 ATmega8 ATmega8L[EB/OL]. [2014]. http://www. atmel. com.

[4] Silicon Laboratories. C8051F330/1/2/3/4/5 Mixed Signal ISP Flash MCU Family[EB/OL]. [2014]. http://www. silabs. com.

[5] 周立功公司. LM3S615 ARM Cortex-M3 微控制器数据手册[EB/OL]. [2014]. http://www. zlgmcu. com.

[6] 周立功公司. PHILIPS 单片 16/32 位微控制器 LPC2101/2102/2103 数据手册[EB/OL]. [2014]. http://www. zlgmcu. com.

[7] Analog Devices, Inc. Low Noise, 90 MHz Variable Gain Amplifier AD603[EB/OL]. [2014]. http://www. analog. com.

[8] Analog Devices, Inc. AD624 Precision Instrumentation Amplifier[EB/OL]. [2014]. http://www. analog. com.

[9] Analog Devices, Inc. Monolithic Synchronous Voltage-to-Frequency Converter AD652[EB/OL]. [2014]. http://www. analog. com.

[10] Analog Devices, Inc. High Performance Video Op Amp AD811[EB/OL]. [2014]. http://www. analog. com.

[11] Analog Devices, Inc. Low Cost, 300 MHz Voltage Feedback Amplifiers AD8055/AD8056 [EB/OL]. [2014]. http://www. analog. com.

[12] Analog Devices, Inc. CMOS, 125 MHz Complete DDS Synthesizer AD9850 [EB/OL]. [2014]. http://www. analog. com.

[13] Texas Instruments Inc. 8-Bit, 30 MHz Sampling ANALOG-TO-DIGITAL CONVERTER ADS930[EB/OL]. [2014]. http://www. ti. com.

[14] Texas Instruments Inc. 250 mA HIGH-SPEED BUFFER BUF634[EB/OL]. [2014]. http://www. ti. com.

[15] National Semiconductor. CD4049UBM/CD4049UBC Hex Inverting Buffer [EB/OL]. [2014]. http://www. national. com.

[16] Intersil. CD40106BMS CMOS Hex Schmitt Triggers [EB/OL]. [2014]. http://www. intersil. com.

[17] Texas Instruments Inc. 14-Bit, 165 MSPS DIGITAL-TO-ANALOG CONVERTER DAC904 [EB/OL]. [2014]. http://www. ti. com.

[18] Maxim. Chopper-Stabilized Op Amps ICL7650/ICL7650B/ICL7653/ICL7653B [EB/OL]. [2014]. http://www.maxim-ic.com.

[19] STMicroelectronics. L297 STEPPER MOTOR CONTROLLERS[EB/OL]. [2014]. http://www.st.com.

[20] STMicroelectronics. L298 DUAL FULL-BRIDGE DRIVER[EB/OL]. [2014]. http://www.st.com.

[21] TOSHIBA. TA8435H PWM CHOPPER TYPE BIPOLAR STEPPING MOTOR DRIVER [EB/OL]. [2014]. http://www.toshiba.com.cn.

[22] National Semiconductor . LM111/LM211/LM311 Voltage Comparator [EB/OL]. [2014]. http://www.national.com.

[23] National Semiconductor . LM139/LM239/LM339/LM2901/LM3302 Low Power Low Offset Voltage Quad Comparators[EB/OL]. [2014]. http://www.national.com.

[24] National Semiconductor . LM386 Low Voltage Audio Power Amplifier[EB/OL]. [2014]. http://www.national.com.

[25] Maxim. High-Frequency Waveform Generator MAX038 [EB/OL]. [2014]. http://www.maxim-ic.com.

[26] Maxim. 100% Duty Cycle, Low-Noise, Step-Down, PWM DC-DC Converter MAX887[EB/OL]. [2014]. http://www.maxim-ic.com.

[27] Maxim. 低功耗、限摆率、RS－485/RS－422 收发器 MAX481/MAX483/MAX485/MAX487-MAX491/MAX1487 [EB/OL]. [2014]. http://www.maxim-ic.com.

[28] Maxim. 12 V or Adjustable, High-Efficiency, Low IQ, Step-Up DC-DC Controller MAX1771 [EB/OL]. [2014]. http://www.maxim-ic.com.

[29] Maxim. Low-Cost, High-Speed, Single-Supply Op Amps with Rail-to-Rail Outputs MAX4012/MAX4016/MAX4018/MAX4020[EB/OL]. [2014]. http://www.maxim-ic.com.

[30] Microchip Technology Inc. MCP3202 带 SPI 串行接口的 2.7 V 双通道 12 位 A/D 转换器 [EB/OL]. [2014]. http://www.microchip.com.

[31] Philips Semiconductors. NE/SA/SE5532/5532A Internally-compensated dual low noise operational amplifier [EB/OL]. [2014]. http://www.AllDataSheet.com.

[32] Texas Instruments Inc. Wideband, Low Distortion, Low Gain OPERATIONAL AMPLIFIER OPA642 [EB/OL]. [2014]. http://www.ti.com.

[33] Philips Semiconductors. PCA82C250 CAN controller interface [EB/OL]. [2014]. http://www.semiconductors.philips.com.

[34] Philips Semiconductors. SJA1000 Stand-alone CAN controller [EB/OL]. [2014]. http://www.semiconductors.philips.com.

[35] 飞思卡尔半导体公司. SG3525A PULSE WIDTH MODULATOR CONTROL CIRCUITS [EB/OL]. [2014]. http://www.freescale.com.cn.

[36] SENSIRION Inc. Datasheet SHT1x (SHT10, SHT11, SHT15) Humidity and Temperature Sensor[EB/OL]. [2014]. http://www.sensirion.com.

[37] STMicroelectronics. TEA2025B TEA2025D STEREO AUDIO AMPLIFIER [EB/OL].

[2014]. http://www. st. com.

[38] maxim . D 类放大器:基本工作原理和近期发展[EB/OL]. [2014]. http://www. maxim-ic. com. cn.

[39] Texas Instruments Inc. THS5661 12-BIT, 100 MSPS, CommsDACE DIGITAL-TO-ANALOG CONVERTER[EB/OL]. [2014]. http://www. ti. com.

[40] Texas Instruments Inc. TLV5618A 2. 7-V TO 5. 5-V LOW-POWER DUAL 12-BIT DIGITAL-TO-ANALOG CONVERTER WITH POWER DOWN[EB/OL]. [2014]. http://www. ti. com.

[41] STMicroelectronics. UC2842/3/4/5 UC3842/3/4/5 CURRENTMODE PWM CONTROLLE [EB/OL]. [2014]. http://www. st. com.

[42] 全国大学生电子设计竞赛组织委员会. 历届题目[EB/OL]. [2014]. http://www. nuedc. com. cn/news. asp? bid=1.

[43] Eric Bongatin. 信号完整性分析[M]. 北京:电子工业出版社,2008.

[44] 张木水,等. 信号完整性分析与设计[M]. 北京:电子工业出版社,2010.

[45] Texas Instruments Inc. Analog Signal_1 Precision Analog Designs Demand Good PCB Layouts [EB/OL]. [2014]. http://www. ti. com.

[46] 久保寺忠. 高速数字电路设计与安装技巧[M]. 北京:科学出版社,2006.

[47] Michel Mardinguian. 辐射发射控制设计技术[M]. 北京:科学出版社,2008.

[48] Texas Instruments Inc. 面向工业设计的负载点(POL)电源解决方案[EB/OL]. [2014]. http://www. ti. com. cn.

[49] Texas Instruments Inc. Power Management for Precision Analog [EB/OL]. [2014]. http://www. ti. com. cn.

[50] Texas Instruments Inc. SLVS919A 0. 5 A, 60 V STEP DOWN SWIFT DC/DC CONVERTER WITH ECO-MODE TPS54060 [EB/OL]. [2014]. http://www. ti. com. cn.

[51] Texas Instruments Inc. +36 V, +150 mA, Ultralow-Noise, Positive LINEAR REGULATOR TPS7A49xx [EB/OL]. [2014]. http://www. ti. com. cn.

[52] Texas Instruments Inc. − 36 V, − 200 mA, Ultralow-Noise, Negative LINEAR REGULATOR TPS7A30xx [EB/OL]. [2014]. http://www. ti. com. cn.

[53] Texas Instruments Inc. SLVU405 User's Guide TPS7A30-49EVM-567 [EB/OL]. [2014]. http://www. ti. com. cn.

[54] Mark I, Montrose. 电磁兼容的印制电路板设计[M]. 北京:机械工业出版社,2008.

[55] Hank Zumbahlen. 良好接地指导原则[EB/OL]. [2014]. http://www. analog. com.

[56] 张木水. 高速电路电源分配网络设计与电源完整性分析[D]. 西安电子科技大学,2009.

[57] 于博士信号完整性研究网. 电源完整性设计详解[EB/OL]. [2014]. http://www. sig007. com.

[58] murata Inc. 数字 IC 电源静噪和去耦应用手册. [EB/OL]. [2014]. http://www. murata. com.

[59] Philippe Garrault. Methodologies for Efficient FPGA Integration into PCBs [EB/OL]. [2014]. http://www. xilinx. com

[60] 黄智伟. LED驱动电路设计[M]. 北京:电子工业出版社,2014.
[61] 黄智伟. 电源电路设计[M]. 北京:电子工业出版社,2014.
[62] 黄智伟. 嵌入式系统中的模拟电路设计[M]. 2版. 北京:电子工业出版社,2014.
[63] 黄智伟. 全国大学生电子设计竞赛基于TI器件的模拟电路设计[M]. 北京:北京航空航天大学出版社,2014.
[64] 黄智伟. 印制电路板(PCB)设计技术与实践[M]. 2版. 北京:电子工业出版社,2013.
[65] 黄智伟,等. ARM9嵌入式系统基础教程[M]. 2版. 北京:北京航空航天大学出版社,2013.
[66] 黄智伟. 高速数字电路设计入门[M]. 北京:电子工业出版社,2012.
[67] 黄智伟,王兵,朱卫华. STM32F 32位微控制器应用设计与实践[M]. 北京:北京航空航天大学出版社,2012.
[68] 黄智伟. 低功耗系统设计——原理、器件与电路[M]. 北京:电子工业出版社,2011.
[69] 黄智伟. 超低功耗单片无线系统应用入门[M]. 北京:北京航空航天大学出版社,2011.
[70] 黄智伟,等. 32位ARM微控制器系统设计与实践[M]. 北京:北京航空航天大学出版社,2010.
[71] 黄智伟. 基于NI mulitisim的电子电路计算机仿真设计与分析[M]. 修订版. 北京:电子工业出版社,2011.
[72] 黄智伟. 全国大学生电子设计竞赛系统设计[M]. 2版. 北京:北京航空航天大学出版社,2011.
[73] 黄智伟. 全国大学生电子设计竞赛电路设计[M]. 2版. 北京:北京航空航天大学出版社,2011.
[74] 黄智伟. 全国大学生电子设计竞赛技能训练[M]. 2版. 北京:北京航空航天大学出版社,2011.
[75] 黄智伟. 全国大学生电子设计竞赛制作实训[M]. 2版. 北京:北京航空航天大学出版社,2011.
[76] 黄智伟. 全国大学生电子设计竞赛常用电路模块制作[M]. 北京:北京航空航天大学出版社,2011.
[77] 黄智伟,等. 全国大学生电子设计竞赛ARM嵌入式系统应用设计与实践[M]. 北京:北京航空航天大学出版社,2011.
[78] 黄智伟. 全国大学生电子设计竞赛培训教程[M]. 修订版. 北京:电子工业出版社,2010.
[79] 黄智伟. 射频小信号放大器电路设计[M]. 西安:西安电子科技大学出版社,2008.
[80] 黄智伟. 锁相环与频率合成器电路设计[M]. 西安:西安电子科技大学出版社,2008.
[81] 黄智伟. 混频器电路设计[M]. 西安:西安电子科技大学出版社,2009.
[82] 黄智伟. 射频功率放大器电路设计[M]. 西安:西安电子科技大学出版社,2009.
[83] 黄智伟. 调制器与解调器电路设计[M]. 西安:西安电子科技大学出版社,2009.
[84] 黄智伟. 单片无线发射与接收电路设计[M]. 西安:西安电子科技大学出版社,2009.
[85] 黄智伟. 无线发射与接收电路设计[M]. 2版. 北京:北京航空航天大学出版社,2007.
[86] 黄智伟. GPS接收机电路设计[M]. 北京:国防工业出版社,2005.
[87] 黄智伟. 单片无线收发集成电路原理与应用[M]. 北京:人民邮电出版社,2005.
[88] 黄智伟. 无线通信集成电路[M]. 北京:北京航空航天大学出版社,2005.

[89] 黄智伟. 蓝牙硬件电路 [M]. 北京:北京航空航天大学出版社,2005.
[90] 黄智伟. 射频电路设计 [M]. 北京:电子工业出版社,2006.
[91] 黄智伟. 通信电子电路 [M]. 北京:机械工业出版社,2007.
[92] 黄智伟. FPGA 系统设计与实践 [M]. 北京:电子工业出版社,2005.
[93] 黄智伟. 凌阳单片机课程设计 [M]. 北京:北京航空航天大学出版社,2007.
[94] 黄智伟. 单片无线数据通信 IC 原理应用 [M]. 北京:北京航空航天大学出版社,2004.
[95] 黄智伟. 射频集成电路原理与应用设计 [M]. 北京:电子工业出版社,2004.
[96] 黄智伟. 无线数字收发电路设计 [M]. 北京:电子工业出版社,2004.

[89] [illegible]. 蓝牙硬件电路[M]. 北京:北京航空航天大学出版社,2005.
[90] [illegible]平. [illegible]电路设计[M]. 北京:电子工业出版社,200[illegible].
[91] 黄智伟. 通信电子电路[M]. 北京:机械工业出版社,200[illegible].
[92] 黄智伟. FPGA系统设计与实践[M]. 北京:电子工业出版社,2005.
[93] 黄智伟. 嵌入式系统中的模拟电路设计[M]. 北京:北京航空航天大学出版社,200[illegible].
[94] 黄智伟. 单片无线数据通信IC原理应用[M]. 北京:北京航空航天大学出版社,2004.
[95] 黄智伟. 射频集成电路原理与应用设计[M]. 北京:电子工业出版社,2004.
[96] 黄智伟. 无线数字收发电路设计[M]. 北京:电子工业出版社,2004.